FPGA 设计及应用

(第 三 版)

Design and Application of FPGA

褚振勇　翁木云　高楷娟　编著

西安电子科技大学出版社

内 容 简 介

本书系统介绍了有关可编程逻辑器件的基本知识以及相关软件的使用方法，讲述了 FPGA 电路设计的方法和技巧，并给出了设计实例。本书内容包括：FPGA 设计概述、Altera 可编程逻辑器件、VHDL 硬件描述语言、Quartus Ⅱ 10.0 软件集成环境、Quartus Ⅱ 中的元器件库、Altera 器件编程与配置、FPGA 设计中的基本问题和 FPGA 电路设计实例。

本书内容全面、取材新颖、叙述清楚，理论联系实际，突出实用特色，并使用大量图表和实例说明问题，便于读者理解和掌握。

本书既可用作高等工科院校电子与通信类各专业高年级本科生和研究生相关课程的教材和参考书，又可作为广大电子设计人员的设计参考书或使用手册。

图书在版编目(CIP)数据

FPGA 设计及应用 / 褚振勇，翁木云，高楷娟编著. —3 版.
—西安：西安电子科技大学出版社，2012.4(2025.1 重印)
ISBN 978-7-5606-2712-0

Ⅰ. ① F…　Ⅱ. ① 褚…　② 翁…　③ 高…　Ⅲ. ① 可编程序逻辑器件—系统设计
Ⅳ. ① TP332.1

中国版本图书馆 CIP 数据核字(2011)第 258157 号

策　　划　臧延新
责任编辑　臧延新
出版发行　西安电子科技大学出版社(西安市太白南路 2 号)
电　　话　(029)88202421　88201467　　　邮　　编　710071
网　　址　www.xduph.com　　　电子邮箱　xdupfxb001@163.com
经　　销　新华书店
印　　刷　广东虎彩云印刷有限公司
版　　次　2012 年 4 月第 3 版　2025 年 1 月第 13 次印刷
开　　本　787 毫米×1092 毫米　1/16　印 张　26
字　　数　615 千字
定　　价　52.00 元
ISBN 978 – 7 – 5606 – 2712 – 0
XDUP 3004003 - 13

前　言

本书第二版出版至今已逾五年。在这五年中，现场可编程门阵列(Field Programmable Gate Array，FPGA)器件在结构与速度方面的发展都非常迅速，设计开发软件的版本也不断升级，应用领域更加广泛。为了满足广大读者和设计人员的需求，本书结合最新的技术资料和研究成果，对书中大部分章节的内容进行了更新和修订。

褚振勇担任本书主编并规划了全书的主要内容。在保持本书整体框架与第二版基本一致的前提下，翁木云重新编写了第4章，并对第1、2、6章及第5.1节内容进行了修订。褚振勇修订了第3、7、8章及附录，高楷娟完成了本书部分英文资料的翻译和校对工作。

在本书的撰写过程中，得到了空军工程大学科研部和电讯工程学院的领导、老师及同事们的支持，特别是大学科研部的杨建军教授，电讯工程学院的黄国策教授、达新宇教授、梁俊教授给予了本书大力的支持与帮助。同时，徐沫、潘延明、田宠、裘勋、申勇和郭强也承担了本书资料的编辑和整理的工作。骏龙科技有限公司的宋士权工程师、Altera公司中文网站(http://www.altera.com.cn)以及可编程逻辑器件中文网站(http://www.fpga.com.cn)为本书提供了技术资料和技术支持。西安电子科技大学出版社的臧延新副社长、张媛编辑为本书的出版付出了艰辛的劳动。书中还参考和引用了许多专家和学者的著作及研究成果。在此向上面提到的所有人员表示衷心的感谢。另外，本书还得到了国家自然科学基金项目(60972042)的资助。

由于FPGA技术发展极其迅速，加之作者的认知水平和能力有限，书中难免有不妥之处，恳请各位读者和同行批评指正。同时也建议广大读者在FPGA学习和设计过程中，能够不断地从PLD生产厂商、销售商和各种EDA网站上获取更新的资料和技术支持，实现最佳的设计。

作　者

2011年12月于西安

第二版前言

自本书第一版出版以来，FPGA 器件的结构及规模飞速发展，设计开发软件不断更新，应用领域也日益扩大。为了满足广大读者和设计人员的需求，本书在第一版的基础上，结合最新的软硬件资料，对书中各章节的内容进行了全面的更新和修订。

全书共分为 8 章。第 1 章分析了可编程逻辑器件的结构特点、基本设计方法和设计流程。第 2 章重点介绍了 Altera 公司各个系列器件的特点、结构及功能。第 3 章介绍了 VHDL 硬件描述语言。第 4 章详细介绍了 Altera 可编程逻辑器件开发软件 QuartusⅡ的安装和使用方法。第 5 章主要讲述了 Altera 公司可编程逻辑器件的配置方式和调试技术。第 6 章主要讲述了 QuartusⅡ集成设计环境中的宏模块及其应用。第 7 章详细介绍了 FPGA 设计时需要注意的一些基本问题，例如数的表示方法、时钟、逻辑竞争和冒险、信号的时延和歪斜、流水线操作等问题。第 8 章给出了几个 FPGA 电路设计实例，这些设计实例均来源于科研实践和工程设计项目，其中包括序列产生器、数字相关器、汉明距离的电路计算、交织编译码器、直接数字频率合成器、奇偶数分频器、串并/并串变换器、FFT/IFFT 和 FIR 滤波器等。

在本书的撰写过程中，得到了空军工程大学电讯工程学院和西安电子科技大学综合业务网理论及关键技术国家重点实验室的领导、老师和同事们的支持，特别是西安电子科技大学的易克初教授、田斌副教授、王勇博士，以及空军工程大学电讯工程学院的黄国策教授、梁俊副教授和工程学院的向新副教授都给予了大力的支持与帮助。骏龙科技有限公司的尹志华、宋士权、胡晟工程师和 Altera 公司中文网站(http://www.altera.com.cn)以及可编程逻辑器件中文网站(http://www.fpga.com.cn)为本书提供了许多技术资料和技术支持。西安电子科技大学出版社的臧延新、曹昳编辑以及有关工作人员为本书的出版付出了艰辛的劳动。书中还参考和引用了许多专家和学者的著作及研究成果。在此向上面提到的所有人员表示衷心的感谢。

褚振勇担任本书主编并规划了全书的主要内容。本书的第 1 章由田红心编写；高楷娟编写了第 2 章和第 5 章的 5.1～5.7 节，并完成了本书英文资料的翻译和校对工作；刘海和李倩编写了本书的第 3 章；第 4 章和第 5 章的 5.8、5.9 节由齐亮编写；褚振勇编写了第 6～8 章及附录，并对全书统稿。另外，空军工程大学的高晶、王轶、吴华新和刘雄也为本书做了大量的工作。

FPGA 设计技术发展极其迅速，作者建议广大读者在 FPGA 的学习和设计过程中，能够不断地从 PLD 生产厂商、销售商和各种 EDA 网站上获取更新的资料信息和技术支持，以保证实现最佳的设计。在本书的写作过程中，作者希望将最新的技术介绍给读者，因而在内容的选取、组织和叙述方面可能会存在诸多不足，书中难免有不妥之处，恳请各位读者和同行批评指正。

作　者

2006 年 6 月于西安

第一版前言

现场可编程门阵列(FPGA，Field Programmable Gate Array)的出现是超大规模集成电路(VLSI)技术和计算机辅助设计(CAD)技术发展的结果。FPGA 器件集成度高、体积小，具有通过用户编程实现专门应用的功能。它允许电路设计者利用基于计算机的开发平台，经过设计输入、仿真、测试和校验，直到达到预期的结果。使用 FPGA 器件可以大大缩短系统的研制周期，减少资金投入。更吸引人的是，采用 FPGA 器件可以将原来的电路板级产品集成为芯片级产品，从而降低了功耗，提高了可靠性，同时还可以很方便地对设计进行在线修改。FPGA 器件成为研制开发的理想器件，特别适合于产品的样机开发和小批量生产，因此有时人们也把 FPGA 称为可编程的 ASIC。

近年来，FPGA 市场发展十分迅速，各大 FPGA 厂商不断采用新技术来提高 FPGA 器件的容量，增强软件的性能。如今，FPGA 器件广泛用于通信、自动控制、信息处理等诸多领域，越来越多的电子设计人员在使用 FPGA，熟练掌握 FPGA 设计技术已经是对电子设计工程师的基本要求。

本书的作者较早接触 FPGA 技术，并将其应用于科研和工程实践，深切感受到 FPGA 技术是数字电路设计的利器，从中受益颇深。但是，目前专门讲述 FPGA 设计及应用方面的书籍还很少，更多情况下需要设计人员直接查找和阅读英文资料，以获取所需信息。同时，FPGA 设计技术是一项实践性非常强的专业技术，需要一定的经验积累，这就给许多迫切需要了解和掌握 FPGA 设计技术的人员带来一定的困难。为了能使更多的人尽快掌握 FPGA 设计技术，并能应用于实际，作者在阅读和参考大量中英文资料的基础上，结合科研和工程实践经验，最终写成此书。

全书系统地介绍了有关可编程逻辑器件的基本知识以及相关软件的使用方法。着重讲述了 FPGA 电路设计的方法和技巧，并给出了设计实例。本书共分为 9 章。第 1 章分析了可编程逻辑器件的结构特点、基本设计方法和设计流程。第 2 章重点介绍了 Altera 公司各个系列器件的特点、结构及功能。第 3 章详细介绍了 Altera 可编程逻辑器件开发软件 MAX+PLUS Ⅱ和 Quartus Ⅱ的安装和使用方法。第 4 章主要介绍第三方工具软件，特别是目前较为常用的 FPGA Express 和 LeonardoSpectrum 软件的特点、设计流程及使用方法。第 5 章介绍了 Altera 公司 PLD 器件的命名方法，以及 PLD 器件的多种编程和配置方式。第 6 章详细介绍了 FPGA 设计时需要注意的一些基本问题，例如数的表示方法、时钟、逻辑竞争和冒险、信号的时延等问题。第 7 章主要讲述 MAX+PLUS Ⅱ开发软件中的宏模块及其应用，详细介绍了时序电路、运算电路和存储器三大类宏模块的组成和使用方法。第 8 章给出了几个 FPGA 电路设计实例，这些设计实例均来源于科研实践和工程设计项目，其中包括序列产生器、数字相关器、汉明距离的电路计算、交织编译码器、直接数字频率合成器等，本章最后以误码率在线测试电路为例，给出了一个完整的 FPGA 设计。第 9 章涉及 FPGA 高端开发技术，主要包括可再配置计算、可编程单芯片系统(SOPC)以及 IP 模块。本书的三个附录分别给出了 MAX+PLUS II 文件的后缀、相关网址检索和光盘文件索引。

本书附赠的光盘上主要包含第 8 章设计实例的源程序以及 Altera 公司全线产品的技术资料和 MAX+PLUS II 10.1 基本版、Quartus II 2.0 Web 版等开发软件。

FPGA 技术发展日新月异，新技术、新方法、新器件层出不穷。本书在撰写时虽加入了目前最新的资料，但是读者在阅读本书时，可能又出现了更新的器件。所以本书主要是向大家提供有关 FPGA 设计与应用方面较为基础的内容，读者可以从 EDA 厂商的网站上获取更新的资料，也可以从销售商或可编程逻辑器件中文网站(http://www.fpga.com.cn& http://ww.pld.com.cn)上获取相关的信息和技术支持。

在本书的撰写过程中，得到了空军工程大学电讯工程学院和西安电子科技大学综合业务网理论及关键技术国家重点实验室的领导、老师和同事们的支持，特别是西安电子科技大学易克初教授，空军工程大学电讯工程学院谢德芳教授、黄国策副教授、梁俊副教授以及西北工业大学何明一教授给予了本书大力的支持与帮助。西安电子科技大学田斌副教授、田红心讲师和王凯东博士生为本书提出了很好的改进意见。骏龙科技公司上海办事处的胡晟工程师，西安办事处的董祥、杨晓云工程师和可编程逻辑器件中文网站为本书提供了许多技术资料和技术支持。西安电子科技大学出版社的臧延新编辑和有关工作人员也为本书的出版付出了艰辛的劳动。书中还参考和引用了许多专家和学者的著作及研究成果。在此向上面提到的所有人员表示衷心的感谢。

本书的第 1～4 章、第 5 章的 5.3～5.7 节以及第 8 章的 8.7 节主要由翁木云撰写，第 6～9 章、第 5 章的 5.1～5.2 节以及附录主要由褚振勇撰写，第 6 章的 6.3 节由胡晟工程师整理提供。本书所附光盘由褚振勇整理。空军工程大学电讯工程学院外语室的高楷娟老师完成了本书大量的英文翻译和校对工作。全书最后由褚振勇统稿。

由于作者水平有限，书中难免有不妥甚至错误之处，欢迎各位读者和同行批评指正。

作　者
2002 年 5 月于西安

目 录

第 1 章 绪 论

本章首先介绍 EDA 技术的发展历程，然后详述 PLD 器件发展的各阶段典型器件的结构及特点，最后对 PLD 的基本设计方法、设计流程以及基于 IP 的设计技术进行介绍，以便读者对可编程逻辑器件的原理、结构、功能、特点及其开发应用有一个总体的认识。

1.1 EDA 发展历程

EDA(Electronic Design Automation，电子设计自动化)是指利用计算机完成电子系统的设计。随着科学技术的飞速发展，电子系统的规模越来越大，复杂度也越来越高，集成电路的制作工艺已经达到 28 nm 甚至更小的尺寸。因此，现代高速复杂数字系统设计已经离不开 EDA 工具。

EDA 工具是以计算机为工作平台，融合了微电子技术、计算机技术和智能化技术的一种先进电子系统设计工具，汇集了计算机图形学、拓扑学、逻辑学、微电子工艺与结构学、计算数学等多种计算机应用学科的最新技术成果。

从 20 世纪 60 年代中期开始，人们就不断开发出各种计算机辅助设计工具来帮助设计人员进行电子系统的设计。电路理论和半导体工艺水平的提高，对 EDA 技术的发展起了巨大的推进作用，使 EDA 作用范围从 PCB 板设计延伸到电子线路和集成电路设计，直至整个系统的设计，也使 IC 芯片系统应用、电路制作和整个电子系统生产过程都集成在一个环境之中。根据电子设计技术的发展特征，EDA 技术的发展大致可分为三个阶段。

1. CAD 阶段

CAD(Computer Aided Design，计算机辅助设计)阶段是从 20 世纪 60 年代中期到 20 世纪 80 年代初期。EDA 工具发展的初期特点是工具软件的功能单一，主要针对 PCB(Printed Circuit Board)布线设计、电路模拟、逻辑模拟及版图的绘制等，通过计算机的使用，从而将设计人员从大量繁琐重复的计算和绘图工作中解脱出来。例如，Protel 的早期版本 Tango，以及用于电路模拟的 SPICE 软件和后来产品化的 IC 版图编辑与设计规则检查系统等软件，都是这一阶段的产品。

20 世纪 80 年代初，随着集成电路规模的增大，EDA 技术有了较快的发展。许多软件公司如 Mentor、Daisy System 及 Logic System 等进入市场，开始供应带电路图编辑工具和逻辑模拟工具的 EDA 软件。这个时期的软件主要针对产品开发，按照设计、分析、生产和测试等多个阶段，不同阶段分别使用不同的软件包，每个软件只能完成其中的一项工作，通过顺序循环使用这些软件，可完成设计的全过程。但这样的设计过程存在两个方面的问题：第一，由于各个工具软件是由不同的公司和专家开发的，只解决一个领域的问题，若将一个工具软件的输出作为另一个工具软件的输入，就需要人工处理，很繁琐，影响了设计速度；第二，对于复杂电子系统的设计，由于缺乏系统级的设计考虑，不能提供系统级的仿真与综合，设计错误如果在开发后期才被发现，将给修改工作带来极大不便。

2. CAE 阶段

CAE(Computer Aided Engineering，计算机辅助工程)阶段是从 20 世纪 80 年代初期到 90 年代初期。这个阶段在集成电路与电子设计方法学以及设计工具集成化方面取得了许多成果。各种设计工具，如原理图输入、编译与连接、逻辑模拟、测试码生成、版图自动布局以及各种单元库已齐全。由于采用了统一数据管理技术，因此能够将各个工具集成为一个 CAE 系统。按照设计方法学制定的设计流程，可以实现从设计输入到版图输出的全程设计自动化。这个阶段主要采用基于单元库的半定制设计方法，采用门阵列和标准单元设计的各种 ASIC(Application Specific Integrated Circuit，专用集成电路)得到了极大的发展，将集成电路工业推入了 ASIC 时代。多数系统中集成了 PCB 自动布局布线软件以及热特性、噪声、可靠性等分析软件，进而实现电子系统设计自动化。

3. EDA 阶段

20 世纪 90 年代以来，电子设计技术发展到 EDA 阶段，其中微电子技术以惊人的速度发展，其工艺水平达到纳米级，在一个芯片上可集成数十亿只晶体管，这为制造出规模更大、速度更快和信息容量很大的芯片系统提供了条件，但同时也对 EDA 系统提出了更高的要求，并促进了 EDA 技术的发展。此阶段主要出现了以高级语言描述、系统仿真和综合技术为特征的第三代 EDA 技术，不但极大地提高了系统的设计效率，而且使设计人员摆脱了大量的辅助性及基础性工作，将精力集中于创造性的方案与概念的构思上。这一阶段 EDA 技术的主要特征如下。

(1) 高层综合(HLS，High Level Synthesis)的理论与方法取得较大进展，将 EDA 设计层次由 RTL(寄存器传输描述)级提高到了系统级(又称行为级)，分为逻辑综合和测试综合。逻辑综合就是对不同层次和不同形式的设计描述进行转换，通过综合算法，以具体的工艺背景实现高层目标所规定的优化设计。通过设计综合工具，可将电子系统的高层行为描述转换到低层硬件描述和确定的物理实现，使设计人员无须直接面对底层电路，不必了解具体的逻辑器件，从而把精力集中到系统行为建模和算法设计上。测试综合是以设计结果的性能为目标的综合方法，以电路的时序、功耗、电磁辐射和负载能力等性能指标为综合对象。测试综合是保证电子系统设计结果稳定可靠工作的必要条件，也是对设计进行验证的有效方法，其典型的有 Synplicity 公司的 Synplify pro(7.3 及以上)、Synopsys 公司的 DCFPGA，以及 Amplify、Leonardo 等综合工具。

(2) 采用硬件描述语言(HDL，Hardware Description Language)，并形成了 VHDL 和 Verilog HDL 两种标准硬件描述语言。这两种语言均支持不同层次的描述，使得复杂 IC 的描述规范化，便于传递、交流、保存与修改，也便于重复使用。随着 VHDL 和 Verilog HDL 规范化语言的完善，设计工程师已经习惯用语言而不是电路图来描述电路。

(3) 采用平面规划(Floorplaning)技术对逻辑综合和物理版图设计进行联合管理，做到在逻辑综合早期设计阶段就考虑到物理设计信息的影响。通过这些信息，设计者能更进一步进行综合与优化，并保证所作的修改只会提高性能而不会对版图设计带来负面影响。这在纳米级布线延时已成为主要延时的情况下，对加速设计过程的收敛与成功是很有帮助的。在 Synopsys 和 Cadence 等公司的 EDA 系统中均采用了这项技术。

(4) 可测性综合设计。随着 ASIC 的规模与复杂性的增加，测试难度与费用急剧上升，由此产生了将可测性电路结构制作在 ASIC 芯片上的想法，于是开发了扫描插入、BLST(内建自测试)、边界扫描测试(BST)、JTAG 等可测性设计工具，并已集成到 EDA 系统中。其典型产品有 Compass 公司的 Test Assistant 和 Mentor Graphics 公司的 LBLST Architect、BSD Architect、DFT Advisor 等。

(5) 为带有嵌入 IP(知识产权)模块的 ASIC 设计提供软硬件协同系统设计工具。协同验证弥补了硬件设计和软件设计流程之间的空隙，保证了软硬件之间的同步协调工作。协同验证是当今系统集成的核心，它以高层系统设计为主导，以性能优化为目标，融合逻辑综合、性能仿真、形式验证和可测性设计，产品如 Mentor Graphics 公司的 Seamless CAV。

(6) 建立并行设计工程 CE(Concurrent Engineering)框架结构的集成化设计环境，以适应当今 ASIC 的如下一些特点：数字与模拟电路并存，硬件与软件设计并存，产品上市速度要快。这种集成化设计环境中，使用统一的数据管理系统与完善的通信管理系统，由若干相关的设计小组共享数据库和知识库，并行地进行设计，而且在各种平台之间可以平滑过渡。

全球 EDA 厂商有近百家之多，大体可分两类：一类是 EDA 专业软件公司，较著名的有 Mentor Graphics、Cadence Design Systems、Synopsys、Viewlogic Systems 和 Protel 等；另一类是半导体器件厂商，为了销售他们的产品而开发 EDA 工具，较著名的公司有 Altera、Xilinx、AMD、TI 和 Lattice 等。EDA 专业软件公司独立于半导体器件厂商，推出的 EDA 系统具有较好的标准化和兼容性，也比较注意追求技术上的先进性，适合于搞学术性基础研究的单位使用。而半导体厂商开发的 EDA 工具，能针对自己器件的工艺特点作出优化设计，提高资源利用率，降低功耗，改善性能，比较适合于产品开发单位使用。在 EDA 技术发展策略上，EDA 专业软件公司面向应用，提供 IP 模块和相应的设计服务，而半导体厂商则采取三位一体的战略，在器件生产、设计服务和 IP 模块的提供上都下了工夫。

总之，EDA 开发工具经历了多年的发展，已经成为电子系统硬件设计工程师不可或缺的设计手段。随着电子信息技术的不断进步和需求的强力牵引，EDA 工具未来将会有更大的应用空间。

1.2　可编程逻辑器件的基本结构

1.2.1　ASIC 的分类

ASIC 是专门为某一应用领域或某一专门用户需要而设计制造的集成电路，具有体积小、重量轻、功耗低，以及高性能、高可靠性和高保密性等优点。ASIC 的分类如图 1.1 所示。

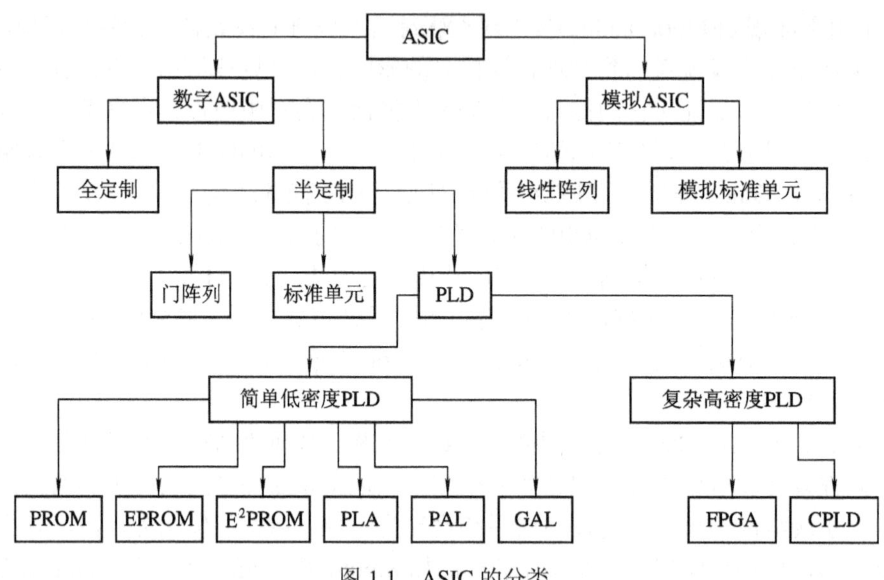

图 1.1 ASIC 的分类

由图 1.1 可见，ASIC 分为数字 ASIC 和模拟 ASIC 两大类。在模拟 ASIC 方面，除目前传统的运算放大器、功率放大器等电路外，模拟 ASIC 由线性阵列和模拟标准单元组成。与数字 ASIC 相比，它的发展还相当缓慢，其原因是模拟电路的频带宽度、精度、增益和动态范围等暂时还没有一个最佳的办法加以描述和控制，但其发展前景也应该非常广阔。目前，生产厂家可提供由线性阵列和标准单元构成的运算放大器、比较器、振荡器、无源器件和开关电容滤波器等产品，

数字 ASIC 包括全定制 ASIC(Full custom design approach ASIC)和半定制 ASIC (Semi-custom design approach ASIC)。全定制 ASIC 的各层掩膜都是按特定电路功能专门制造的，设计人员从晶体管的版图尺寸、位置和互连线开始设计，以达到芯片面积利用率高、速度快、功耗低的最优化性能。设计全定制 ASIC，不仅要求设计人员具有丰富的半导体材料和工艺技术知识，还要具有完整的系统和电路设计的工程经验。全定制 ASIC 的设计费用高，周期长，比较适用于大批量的 ASIC 产品，如彩电中的专用芯片。半定制 ASIC 是一种约束型设计方法，它在芯片上制作好一些具有通用性的单元元件和元件组的半成品硬件，用户仅需考虑电路逻辑功能和各功能模块之间的合理连接即可。这种设计方法灵活方便，性价比高，缩短了设计周期，提高了成品率。半定制 ASIC 包括门阵列、标准单元和可编程逻辑器件(PLD，Programmable Logic Device)三种。

(1) 门阵列(Gate Array)是按传统阵列和组合阵列在硅片上制成具有标准逻辑门的形式。它是不封装的半成品，生产厂家可根据用户要求，在掩膜中制作出互连的图案(码点)，最后封装为成品再提供给用户。

(2) 标准单元(Standard Cell)是由 IC 厂家将预先设置好、经过测试且具有一定功能的逻辑块作为标准单元存储在数据库中的，包括标准的 TTL、CMOS、存储器、微处理器及 I/O 电路的专用单元阵列。设计人员在电路设计完成之后，利用 CAD 工具在版图一级完成与电路一一对应的最终设计。标准单元设计灵活、功能强，但设计和制造周期较长，开发费用也较高。

(3) 可编程逻辑器件是 ASIC 的一个重要分支，是厂家作为一种通用性器件生产的半定制电路，用户可通过对器件编程实现所需要的逻辑功能。PLD 是用户可配置的逻辑器件，它的成本比较低、使用灵活、设计周期短，而且可靠性高、风险小，因而得到快速普及，发展非常迅速。

目前，ASIC 的设计与制造已不再完全由半导体厂商独立承担，系统设计师在实验室里就可以设计出合适的 ASIC 芯片，并且立即投入实际应用之中，这都得益于可编程逻辑器件的出现。经过不断地变迁，PLD 这个术语现在包括简单的 PLD(SPLD，Simple Programmable Logic Device)、复杂的 PLD(Complex Programmable Logic Device，CPLD)和现场可编程门阵列(FPGA，Field Programmable Gate Array)。在器件的制作工艺上从采用严格的双极工艺和简单结构发展到采用 CMOS EPROM、SRAM、Flash 和反熔丝等工艺及精巧的电路设计，使器件的密度更大、可靠性更高、功耗更小、价格更低。

1.2.2　SPLD 基本结构

SPLD 的结构特点是由与阵列和或阵列组成，能有效地实现“积之和”形式的布尔逻辑函数。与或阵列在硅片上也非常容易实现。在数字电路中，可以利用卡诺图、摩根定理和 Q-M 表，将真值表或其它形式表示的逻辑关系转换成与或表达式的逻辑函数。与或表达式是布尔代数的常用表达式形式，根据布尔代数的知识，所有的逻辑函数均可以用与或表达式描述。通过改变与或阵列的连接就可以改变与或阵列的结构，不论是改变与阵列还是改变或阵列的连接，都可以使逻辑函数发生变化，从而实现所希望的逻辑功能。

最早的 PLD 是 1970 年制成的 PROM(Programmable Read Only Memory)，即可编程只读存储器，它是由固定的与阵列和可编程的或阵列组成的。PROM 采用熔丝工艺编程，只能写一次，不能擦除和重写。随着技术的发展和应用要求，此后又出现了 UVEPROM(紫外线可擦除只读存储器)、E^2PROM(电可擦除只读存储器)，由于它们价格低、易于编程、速度低，适合于存储函数和数据表格，因此主要用作存储器。典型的 EPROM 有 2716、2732 等。

可编程逻辑阵列(PLA，Programmable Logic Array)于 20 世纪 70 年代中期出现。它是由可编程的与阵列和可编程的或阵列组成的，但由于器件的资源利用率低，价格较贵，编程复杂，支持 PLA 的开发软件有一定难度，因而没有得到广泛应用。

可编程阵列逻辑器件(PAL，Programmable Array Logic)是 1977 年美国 MMI 公司(单片存储器公司)率先推出的，它由可编程的与阵列和固定的或阵列组成，采用熔丝编程方式，双极性工艺制造，器件的工作速度很高。由于它的输出结构种类很多，设计很灵活，因而成为第一个得到普遍应用的可编程逻辑器件，如 PAL16L8。

通用阵列逻辑器件(GAL，Generic Array Logic)是 1985 年 Lattice 公司最先发明的电可擦写、可重复编程、可设置加密位的 PLD。GAL 在 PAL 基础上，采用了输出逻辑宏单元形式 E^2CMOS 工艺结构。具有代表性的 GAL 芯片有 GAL16V8、GAL20V8，这两种 GAL 几乎能够仿真所有类型的 PAL 器件。在实际应用中，GAL 器件对 PAL 器件仿真具有百分之百的兼容性，所以 GAL 几乎完全代替了 PAL 器件，并可以取代大部分 SSI、MSI 数字集成电路，如标准的 54/74 系列器件，因而获得广泛应用。

SPLD 的基本结构框图如图 1.2 所示，图中的与阵列和或阵列是电路的主体，主要用来实现组合逻辑函数。输入由缓冲器组成，它使输入信号具有足够的驱动能力并产生互补输入信号。输出电路可以提供不同的输出方式，如直接输出(组合方式)或通过寄存器输出(时序方式)。此外，输出端口上往往带有三态门，通过三态门控制数据直接输出或反馈到输入端。

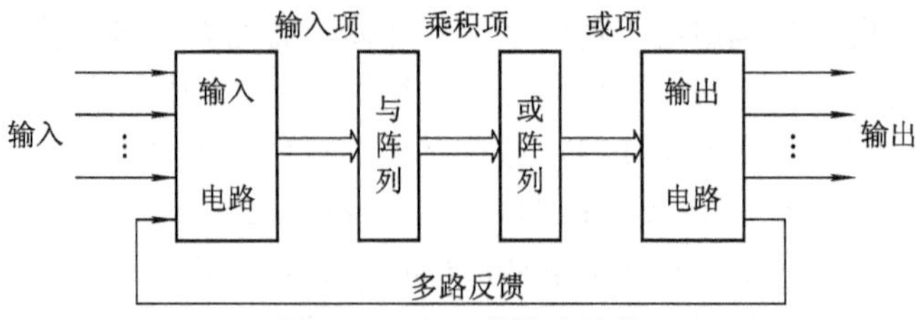

图 1.2 SPLD 的基本结构

PROM、PLA、PAL 和 GAL 四种 SPLD 电路的结构特点如表 1.1 所示。

表 1.1 四种 SPLD 电路的结构特点

类 型	阵 列		输 出 方 式
	与	或	
PROM	固定	可编程	TS(三态)、OC(可熔极性)
PLA	可编程	可编程	TS、OC
PAL	可编程	固定	TS、I/O、寄存器反馈
GAL	可编程	固定	用户定义

图 1.3、图 1.4 和图 1.5 分别画出了 PROM、PLA 和 PAL(GAL)的阵列结构图。在这些图中，左边部分为与阵列，右边部分为或阵列，与门采用“线与”的形式；在交叉点上的符号，实点表示固定连接，“*”号表示可编程连接。输入信号通过互补缓冲器输入，通过交叉点上的连接加到函数的与或表达式的乘积项中。与阵列产生的多个乘积项，通过或阵列的交叉点连接，完成函数的或运算。其中 PAL 和 GAL 基本门阵列结构相同，均为与阵列可编程，或阵列固定连接，编程容易实现且费用低。一般在 PAL 和 GAL 产品中，最多的乘积项数可达 8 个。

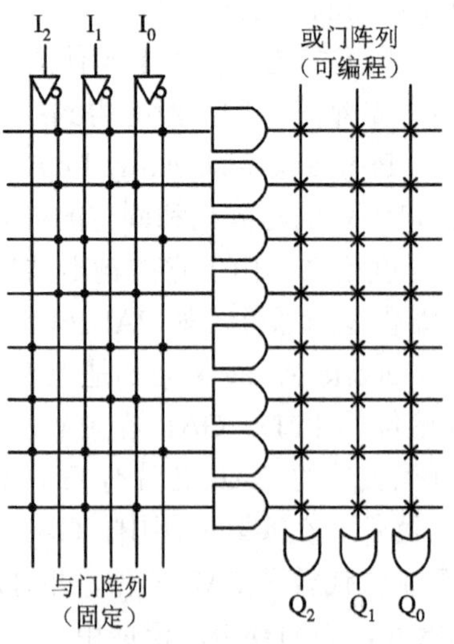

图 1.3 PROM 阵列结构图

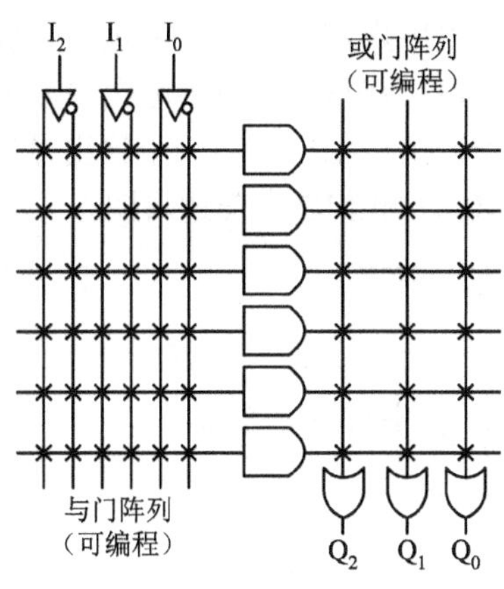

图 1.4　PLA 阵列结构图

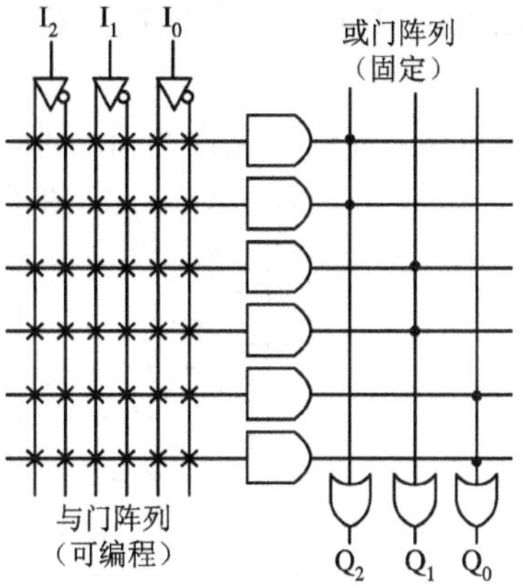

图 1.5　PAL(GAL)的阵列结构图

PAL 和 GAL 的输出结构并不相同。PAL 的输出结构是固定的，不能编程，芯片型号选定后，输出结构也就选定了。根据输出和反馈的结构不同，PAL 器件主要有可编程输入/输出结构、带反馈的寄存器型结构、异或结构、专用组合输出和算术选通反馈结构等。PAL 产品有 20 多种不同型号可供设计人员选择。

可编程的输入/输出结构如图 1.6 所示，其输出电路是一个三态缓冲器，反馈部分是一个具有互补输出的缓冲器。与阵列的第一个与门的输出控制三态门的输出：当与门输出为“0”时，三态门禁止，输出呈高阻状态，I/O 引脚可作为输入使用；当与门输出为“1”时，三态门被选通，I/O 引脚作为输出使用。或阵列的输出信号经缓冲器反相后，一路从 I/O 引脚送出，另一路经互补缓冲器反馈至与阵列的输入端。图 1.6 中只画出了一个输出，如产品 PAL16L8 则有八个输出。

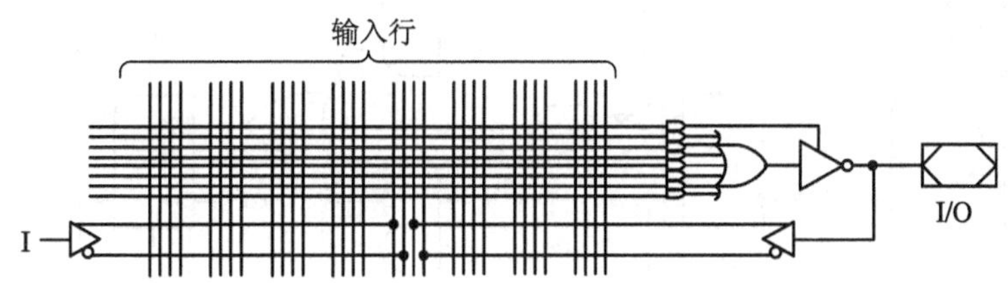

图 1.6　可编程输入/输出结构

带反馈的寄存器输出结构如图 1.7 所示。当系统时钟 CLK 的上升沿到来后，或门的输出被存入 D 触发器，然后通过选通三态缓冲器送到输出端，D 触发器的 Q 非输出经反馈缓冲器送到与阵列的输入端，这样的 PAL 具有记忆功能，能实现时序逻辑功能，而 PROM 和 PLA 没有寄存器结构，不能实现时序逻辑。产品 PAL16R8(R 代表 Register)就属于寄存器输出结构。

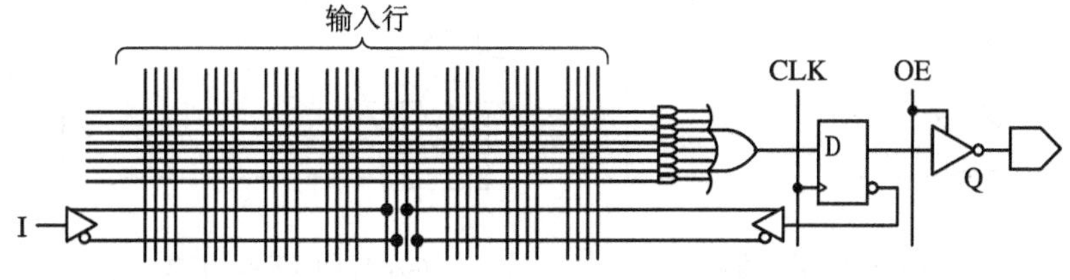

图 1.7　带反馈的寄存器输出结构

GAL 和 PAL 最大的差别在于 GAL 的输出结构可由用户定义，是一种灵活可编程的输出结构。GAL 的两种基本型号 GAL16V8(20 引脚)和 GAL20V8(24 引脚)可代替数十种 PAL 器件，因而称为通用可编程逻辑器件。GAL 的每一个输出端都集成了一个输出逻辑宏单元 OLMC(Output Logic Macro Cell)，图 1.8 是 GAL22V10 的 OLMC 内部逻辑图。

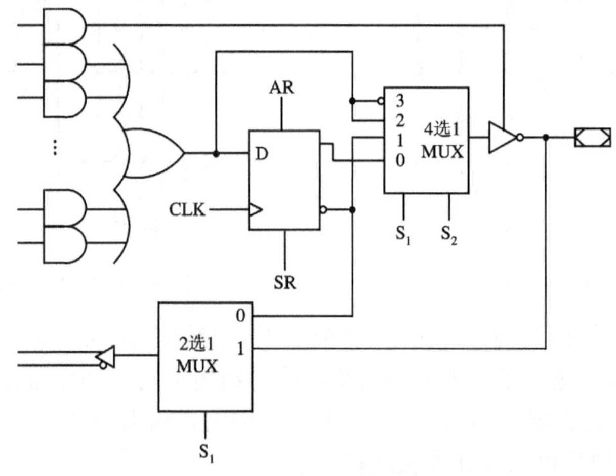

图 1.8 GAL22V10 的 OLMC

OLMC 中除了包含或门阵列和 D 触发器之外，还多了两个数选器(MUX)，其中 4 选 1 MUX 用来选择输出方式和输出极性，2 选 1 MUX 用来选择反馈信号。数选器的状态取决于两位可编程特征码 S_1S_0 的控制。编程信息使得 S_1S_0 编为 00、01、10、11 中的一个，OLMC 便可以分别被组态为四种输出方式中的一种，如图 1.9 所示。

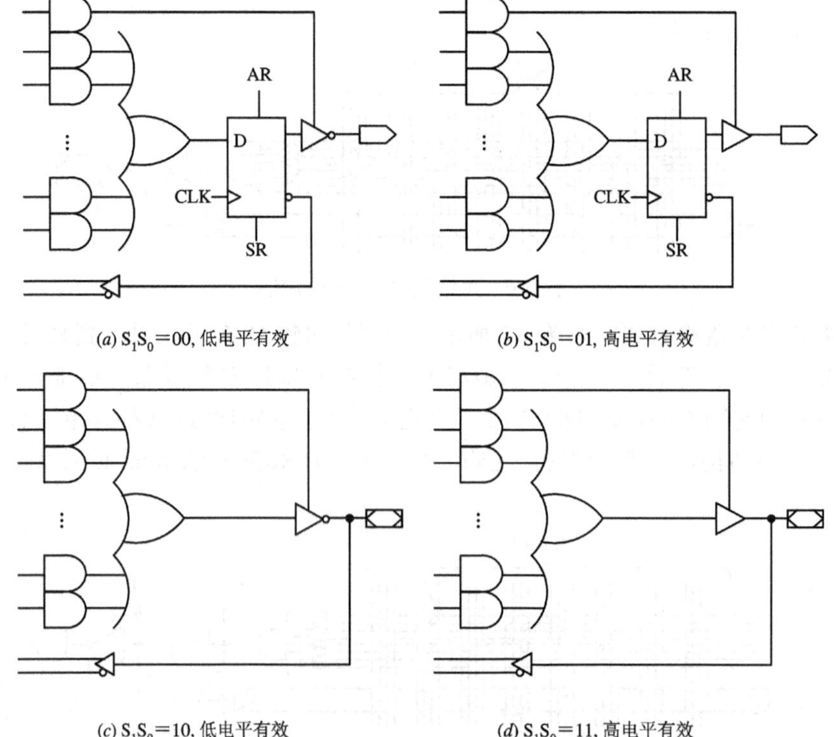

(*a*) S_1S_0=00, 低电平有效 (*b*) S_1S_0=01, 高电平有效

(*c*) S_1S_0=10, 低电平有效 (*d*) S_1S_0=11, 高电平有效

图 1.9 GAL22V10 的四种输出组态

这四种输出方式分别是：$S_1S_0=00$ 时，低电平有效寄存器输出；$S_1S_0=01$ 时，高电平有效寄存器输出；$S_1S_0=10$ 时，低电平有效组合 I/O 输出；$S_1S_0=11$ 时，高电平有效组合 I/O 输出。GAL16V8 和 GAL20V8 的 OLMC 与 GAL22V10 的 OLMC 相似。

PAL 和 GAL 器件与 SSI、MSI 标准产品相比，有许多突出的优点：

① 提高了功能密度，缩小了体积，节省了空间，提高了系统可靠性，通常一片 PAL 或 GAL 可以代替 4～12 片 MSI；

② 使用方便，设计灵活；

③ 提高了系统速度，降低了成本；

④ 具有上电复位功能和加密功能，可防止非法复制等。

PAL 和 GAL 结构简单，设计灵活，对开发软件的要求低，但规模小，难以实现复杂的逻辑功能。随着技术的发展，SPLD 在集成密度和性能方面的局限性也暴露出来，其寄存器、I/O 引脚、时钟资源的数目有限，并且没有内部互连，因此包括可擦除可编程逻辑器件(EPLD，Erasable PLD)、CPLD 和 FPGA 在内的复杂 PLD 迅速发展起来，并向着高密度、高速度、低功耗以及结构体系更灵活、适用范围更宽广的方向发展。

1.2.3　CPLD 基本结构

CPLD 是从 PAL、GAL 基础上发展起来的高密度 PLD 器件。它们大多采用 CMOS、EPROM、E^2PROM 和快闪存储器(Flash Memory)等编程技术，因而具有高密度、高速度和低功耗等特点。

20 世纪 80 年代末 Lattice 公司提出了在线可编程(ISP，In System Programmability)技术。在此基础上，于 20 世纪 90 年代初推出了 CPLD。20 世纪 80 年代中期，Altera 公司推出了基于 UVEPROM 和 CMOS 技术的 PLD，后来改用 E^2CMOS 技术，Altera 公司称其为 EPLD。其实 EPLD 和 CPLD 属于同等性质的逻辑器件，Altera 公司目前已将其 EPLD 器件改称为 CPLD。

CPLD 器件大多采用 E^2CMOS 工艺制作，也有少数厂商采用 Flash 工艺。CPLD 至少包含三种结构：可编程逻辑宏单元、可编程 I/O 单元和可编程内部连线。部分 CPLD 器件内部还集成了 RAM、FIFO 或双口 RAM 等存储器，以适应 DSP 应用设计的要求。世界著名的可编程逻辑器件公司如 Altera、Xilinx、Lattice 等均有 CPLD 产品。

尽管不同 PLD 厂家所生产的 CPLD 器件的性能特点各有不同，但它们的基本结构都是相似的。下面以 Altera 公司的早期 CPLD 器件 MAX7000A 系列为例，介绍 CPLD 器件的一般结构特点，以便了解 PLD 器件结构发展的过程。

MAX7000A 的基本结构如图 1.10 所示，包括逻辑阵列块(LAB)、宏单元、扩展乘积项(共享和并联)、可编程连线阵列(PIA)和 I/O 控制块等五部分。

1. 逻辑阵列块

LAB 由 16 个宏单元阵列组成，多个 LAB 通过可编程连线阵列(PIA)和全局总线连接在一起，全局总线由所有的专用输入、I/O 引脚和宏单元馈给信号。每个 LAB 都包括以下输入信号：

① 来自 PIA 的 36 个通用逻辑输入信号；

② 用于辅助寄存器功能的全局控制信号；

③ 从 I/O 引脚到寄存器的直接输入信号。

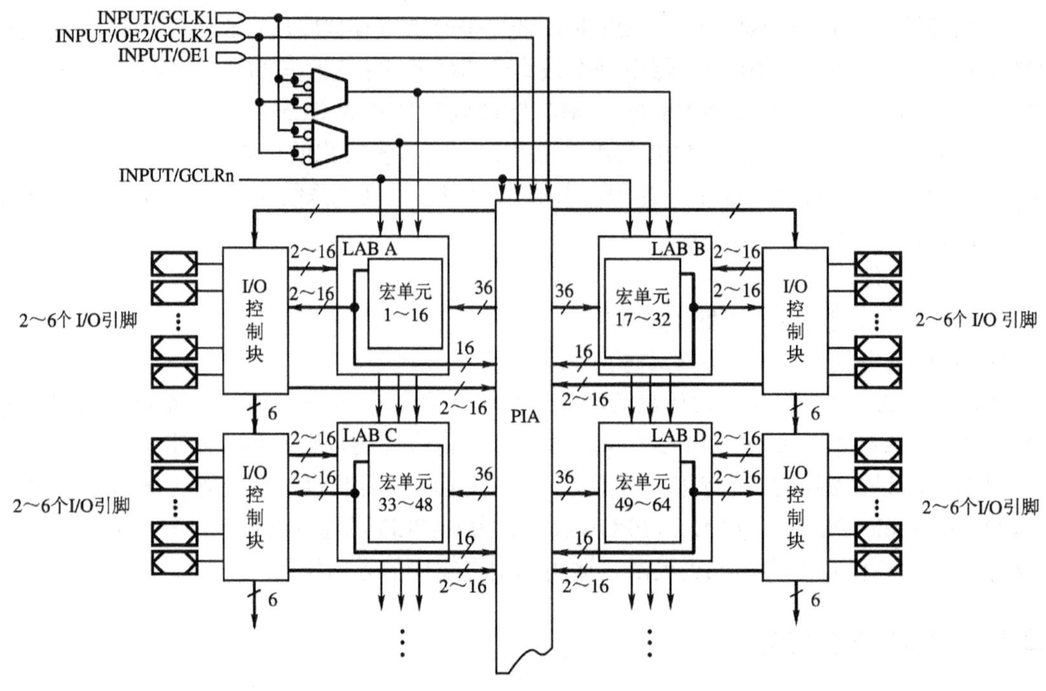

图 1.10 MAX7000A 器件基本结构

2. 宏单元

宏单元的基本结构与 PAL 和 GAL 类似，也是通过改变与或逻辑阵列来完成时序逻辑或者组合逻辑功能。CPLD 的宏单元同 I/O 引脚做在一起，称为输出逻辑宏单元。一般 CPLD 的宏单元在内部，称为内部逻辑宏单元。CPLD 除了高密度以外，许多优点都体现在逻辑宏单元上。每个宏单元由逻辑与阵列、乘积项选择矩阵和可编程寄存器等三个功能块组成。MAX7000A 器件的宏单元结构如图 1.11 所示。

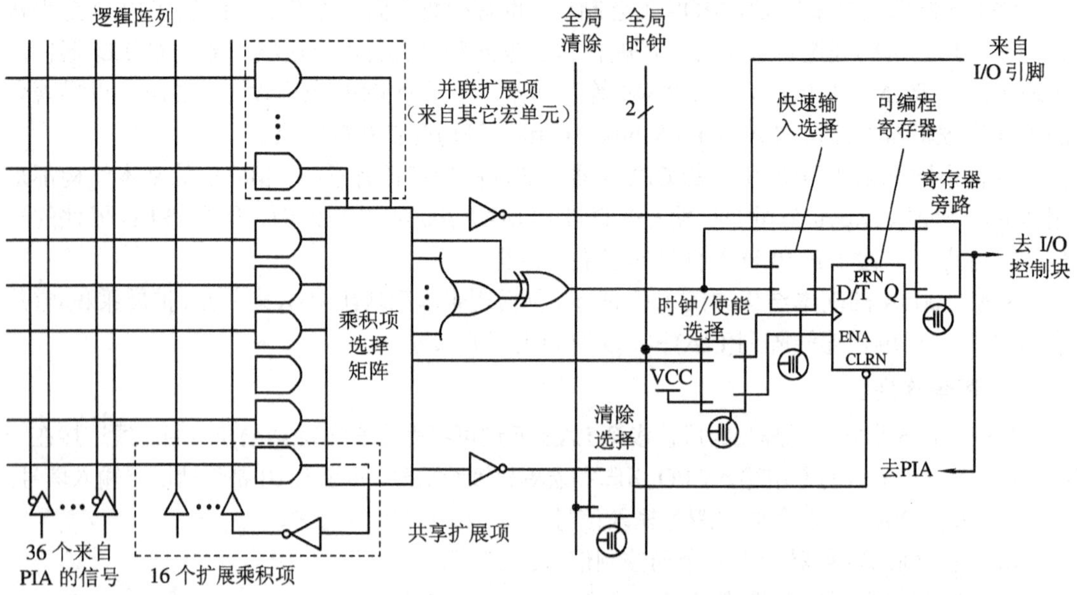

图 1.11 MAX7000A 的宏单元

逻辑与阵列由图 1.11 左边相互交叉的连线表示，其输入可以来自 I/O 模块、另外一个功能模块或同一模块的反馈。每一个交叉点都是一个可编程的熔丝，如果导通就实现与逻辑。逻辑与阵列用来实现组合逻辑，它为每个宏单元提供五个乘积项。乘积项选择矩阵把这些乘积项分配到或门和异或门来作为基本逻辑输入，以实现组合逻辑功能，或者把这些乘积项作为宏单元的辅助输入来实现寄存器清除、预置、时钟和时钟使能等控制功能。两种扩展乘积项可用来补充宏单元的逻辑资源：

① 共享扩展项，反馈到逻辑阵列的反向乘积项；

② 并联扩展项，借自邻近宏单元中的乘积项，可编程时钟寄存器可配置为 D、T、JK 和 RS 四种触发器，其时钟可配置为三种不同方式，分别为全局时钟、中高电平有效使能的全局时钟和乘积项时钟。

图 1.10 中 GCLK1、GCLK2 及其反相信号为两个全局时钟信号。乘积项选择矩阵分配乘积项来控制寄存器的异步清除和异步置位功能，置位和复位信号是高电平有效，但也可通过逻辑阵列将信号反相得到低电平有效控制。

3. 扩展乘积项

尽管大多数逻辑功能可以用每个宏单元中的五个乘积项实现，但对于更复杂的逻辑功能，如与门不够用，就需借助其它宏单元的与门，或者用共享扩展来实现。MAX7000 系列就允许利用共享和并联扩展乘积项，作为附加的乘积项直接输送到本 LAB 的任一宏单元中。这样可保证在逻辑综合时，用尽可能少的逻辑资源得到尽可能快的工作速度，如图 1.12 和图 1.13 所示。

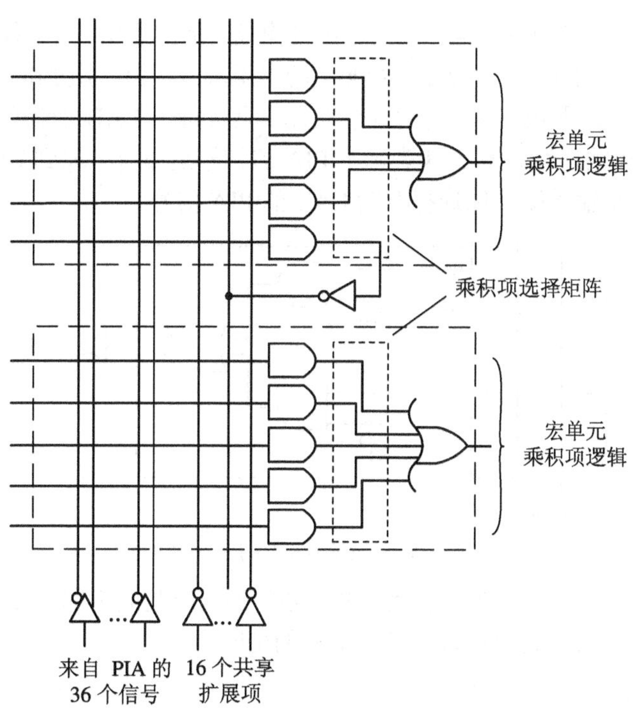

图 1.12 MAX7000A 共享扩展项

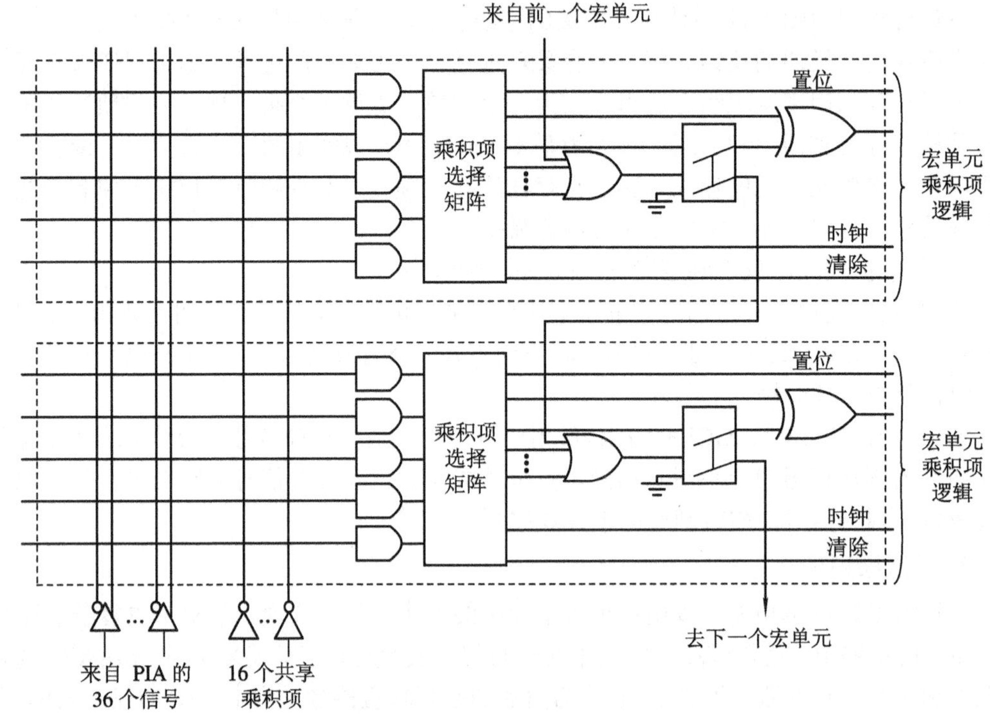

图 1.13 MAX7000A 并联扩展项

4. 可编程连线阵列

通过可编程连线阵列把各 LAB 相互连接可构成所需的逻辑。可编程 PIA 可把器件中任一信号源连接到其目的地，所有 MAX7000A 的专用输入、I/O 引脚和宏单元输出均馈送到 PIA，PIA 可把这些信号送到器件内的各个地方。只有每个 LAB 所需的信号才真正给它布置从 PIA 到该 LAB 的连线。图 1.14 表示了 PIA 的信号是如何布线到 LAB 的，E^2PROM 控制二输入与门的一个输入端，以选择驱动 LAB 的 PIA 信号。

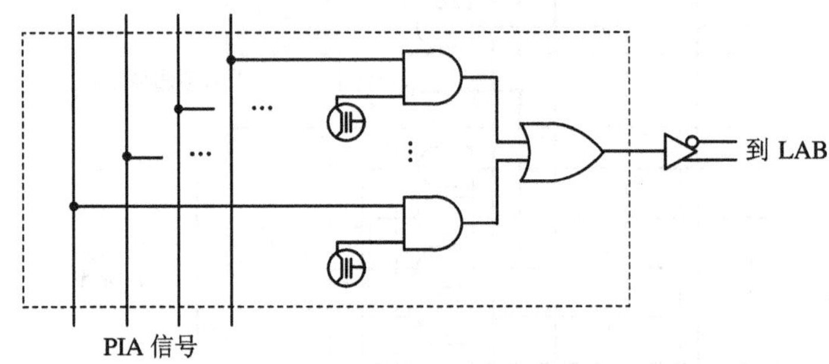

图 1.14 MAX7000A 的 PIA 结构

CPLD 开关矩阵的一个重要优点就是通过芯片的延时是固定的。设计人员通过计算 I/O 模块和矩阵开关的延时，就可以确定任何信号的延时。

5. I/O 控制块

输入/输出控制单元是内部信号到 I/O 引脚的接口部分，可控制 I/O 引脚单独地配置为输入、输出或双向工作方式。如图 1.15 所示，所有 I/O 引脚都有一个三态缓冲器，它由全局使能信号中的一个控制，或者把使能端直接连接到地(GND)或高电平(VCC)上。当三态缓冲器的控制端接到地时，其输出为高阻态，此时 I/O 引脚可作专用输入引脚，当接高电平时，输出使能有效。

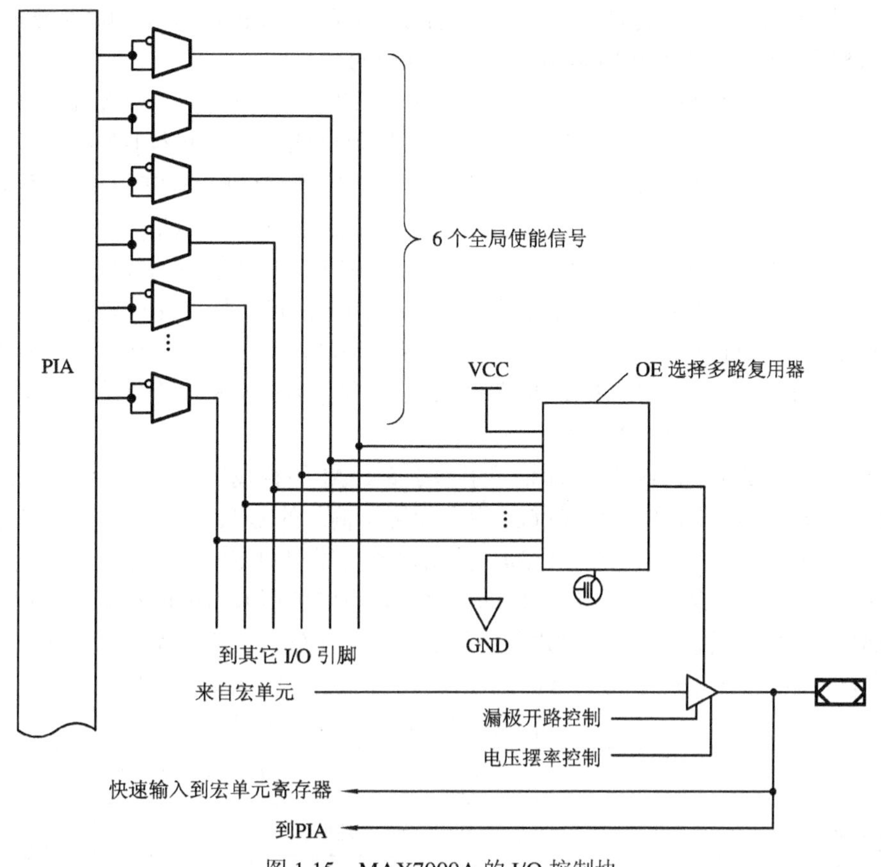

图 1.15　MAX7000A 的 I/O 控制块

1.2.4　FPGA 基本结构

现场可编程门阵列 FPGA 器件是 Xilinx 公司 1985 年首家推出的。它是一种新型的高密度 PLD，采用 CMOS-SRAM 工艺制作。FPGA 的结构与门阵列 PLD 不同，其内部由许多独立的可编程逻辑模块组成，逻辑块之间可以灵活地相互连接。FPGA 结构一般分为三部分：可编程逻辑块、可编程 I/O 模块和可编程内部连线。配置数据存放在片内的 SRAM 或者熔丝图上，基于 SRAM 的 FPGA 器件工作前需要从芯片外部加载配置数据。配置数据可以存储在片外的 EPROM 或者计算机上。设计人员可以控制加载过程，在现场修改器件的逻辑功能，即所谓现场可编程。

FPGA 的发展非常迅速，形成了各种不同的结构。按逻辑功能块的大小分类，FPGA 可分为细粒度 FPGA 和粗粒度 FPGA。细粒度 FPGA 的逻辑功能块较小，资源可以充分利用，但是随着设计密度的增加，信号不得不通过许多开关，路由延迟也快速增加，从而削弱了整体性能，导致速度降低；粗粒度 FPGA 的逻辑功能块规模大，功能强，用较少的功能块和内部连线就能完成较复杂的逻辑功能，易于获得较好的性能，但其缺点是资源不能充分利用。从逻辑功能块的结构上分类，可分为查找表结构、多路开关结构和多级与非门结构。根据 FPGA 内部连线的结构不同，可分为分段互连型 FPGA 和连续互连型 FPGA 两类。分段互连型 FPGA 中具有多种不同长度的金属线，各金属线段之间通过开关矩阵或反熔丝编程连接，走线灵活方便，但走线延时无法预测；连续互连型 FPGA 采用相同长度的金属线，连接与距离远近无关，布线延时是固定的和可预测的。

根据编程方式，FPGA 可分为一次编程型和可重复编程型两类。一次编程型采用反熔丝开关元件，具有体积小、集成度高、互连线特性阻抗低、寄生电容小和高速度的特点，此外还具有加密位、防拷贝、抗辐射、抗干扰、不需外接 PROM 或 EPROM 的特点，但只能一次编程，比较适合于定型产品及大批量应用。Actel 公司和 Quicklogic 公司提供此类产品。可重复编程型 FPGA 采用 SRAM 开关元件或快闪 EPROM 控制的开关元件，配置数据存储在 SRAM 或快闪 EPROM 中。SRAM 型 FPGA 的突出优点是可反复编程，系统上电时，给 FPGA 加载不同的配置数据就可完成不同的硬件功能，甚至在系统运行中改变配置，实现系统功能的动态重构。快闪 EPROM 型 FPGA 具有非易失性和可重复编程的双重优点，但不能动态重构，功耗也较 SRAM 型高。

目前，绝大多数的 FPGA 器件都采用了基于 SRAM 的查找表结构。查找表(LUT，Look Up Table)本质上就是一个 RAM。FPGA 中多使用 4 输入的 LUT，所以每一个 LUT 可以看成一个有 4 位地址线的 16×1 位的 RAM。当用户通过原理图或硬件描述语言描述了一个逻辑电路以后，PLD/FPGA 开发软件会自动计算逻辑电路的所有可能的结果，并把结果事先写入 RAM，这样，每输入一个信号进行逻辑运算就等于输入一个地址进行查表，找出地址对应的内容，然后输出即可。表 1.2 给出了一个利用 LUT 实现 4 输入与门的例子。

表 1.2 利用 LUT 实现 4 输入与门

实际逻辑电路		LUT 的实现方式	
a b c d out		地址线 a b c d 16×1 RAM (LUT) 输出	
a,b,c,d 输入	逻辑输出	地址	RAM 中存储的内容
0000	0	0000	0
0001	0	0001	0
⋮	0	⋮	0
1111	1	1111	1

1. Xilinx 公司 FPGA 基本结构

下面以 Xilinx 公司早期的 XC4000 系列 FPGA 为例，介绍其结构特点。XC4000 系列器件由三种可编程电路和一个用于存放编程数据的 SRAM 组成，这三种可编程电路是：可编程逻辑块 CLB(Configurable Logic Block)、输入/输出模块 IOB(I/O Block)和互连资源 IR(Interconnect Resource)，其基本结构如图 1.16 所示。

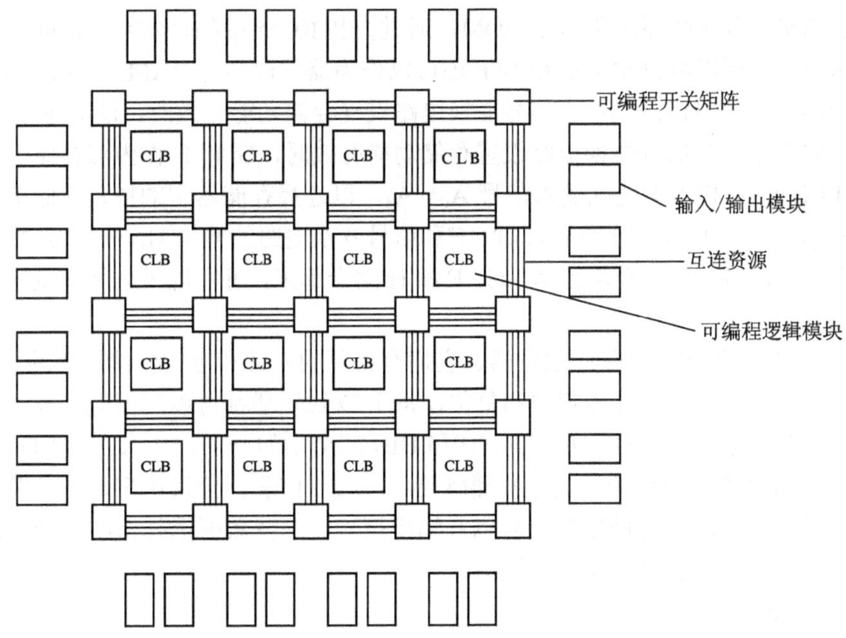

图 1.16 Xilinx 公司 FPGA 的基本结构

1) 可编程逻辑块 CLB

CLB 是 FPGA 的主要组成部分，是实现逻辑功能的基本单元。XC4000 系列的 CLB 基本结构框图如图 1.17 所示，它主要由逻辑函数发生器、触发器、数据选择器等电路组成。CLB 有三个逻辑函数发生器 G、F 和 H，相应的输出是 G'、F' 和 H'。

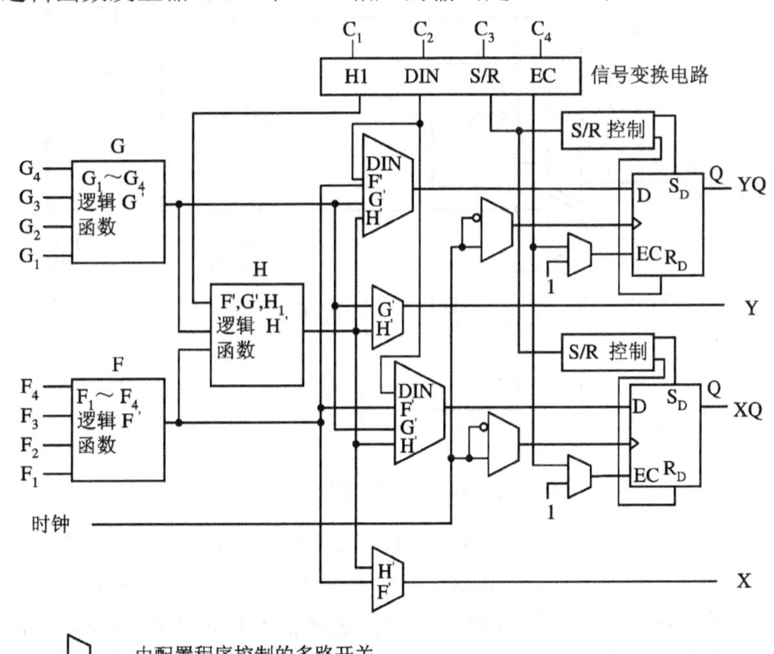

图 1.17 XC4000 的 CLB 基本结构

逻辑函数发生器 G 和 F 的输入变量分别是 G_4、G_3、G_2、G_1 和 F_4、F_3、F_2、F_1。G 和 F

均为查找表结构，其工作原理类似于 ROM，通过查找 ROM 中的存储数据，就可以得到任意组合逻辑输出。逻辑函数发生器 G 和 F 还可以作为器件内高速 RAM 或小的可读/存储器使用，它由信号变换电路控制，当信号变换电路设置存储功能无效时，G 和 F 作为组合逻辑函数发生器使用；当信号变换电路设置存储功能有效时，G 和 F 作内部存储器使用，此时 F_1～F_4 和 G_1～G_4 相当于地址输入信号 A_0～A_3，以选择存储器中的特定存储单元。逻辑函数发生器 H 有三个输入，分别来自 G'、F'和信号变换电路的输出 H_1，这个函数发生器能实现三输入变量的各种组合逻辑函数。G、F 和 H 结合起来，可实现多达九变量的组合逻辑函数。

CLB 中有两个边沿触发的 D 触发器，它们有公共的时钟和时钟使能输入端。S/R 控制电路可以分别对两个触发器异步置位和复位，每个 D 触发器都可以配置成上升沿触发或下降沿触发。D 触发器的输入可为 G'、F'、H'和 DIN 四个中的一个，从 XQ 和 YQ 输出。

CLB 中有许多不同规格的数据选择器(4 选 1、2 选 1 等)，分别用来选择触发器激励输入信号、时钟有效边沿、时钟使能信号以及输出信号。这些数据选择器的地址控制信号均由编程信息提供，从而实现所需电路结构。

2) 输入/输出模块 IOB

IOB 提供了器件引脚和内部逻辑阵列之间的连接，通常排列在芯片的四周，主要由输入触发器、输入缓冲器、输出触发/锁存器和输出缓冲器组成。其结构如图 1.18 所示。每个 IOB 控制一个引脚，可被配置为输入、输出或双向 I/O 功能。

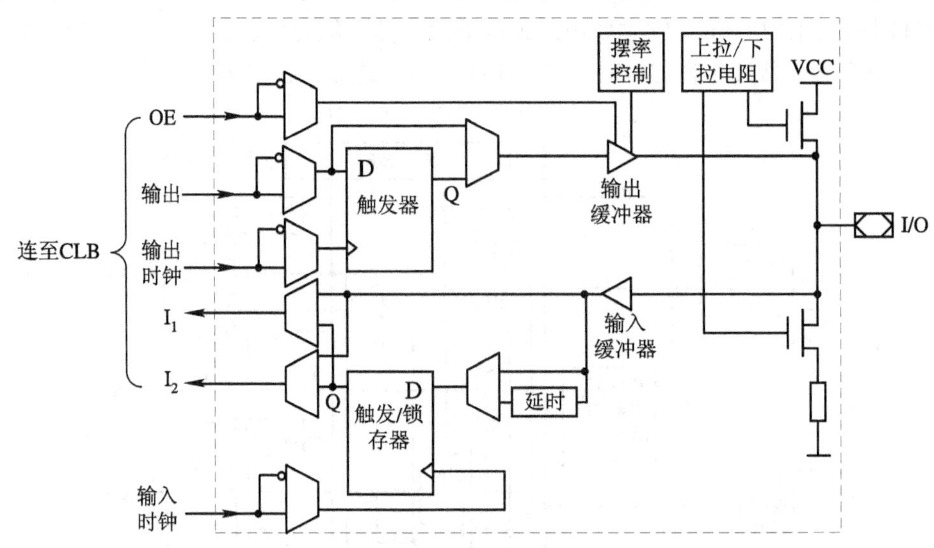

图 1.18 XC4000 的 IOB 基本结构

当 IOB 控制的引脚被定义为输入时，通过该引脚的输入信号先送入输入缓冲器，缓冲器的输出分为两路：一路直接送到 MUX；另一路经延时几纳秒后(或不延时)送到输入通路 D 触发器，再送到数据选择器。通过编程给数据选择器不同的控制信息，可确定送至 CLB 阵列的 I_1 和 I_2 是来自输入缓冲器还是来自触发器。D 触发器可通过编程来确定是边沿触发还是电平触发，且由于配有独立的时钟，因此也可任选上升沿或下降沿有效。

当 IOB 控制的引脚被定义为输出时，CLB 阵列的输出信号 OUT(或 $\overline{\text{OUT}}$)也可以有两条传输途径：一条直接经 MUX 送至输出缓冲器，另一条先存入输入通路 D 触发器，再送至输出缓存器。输出通路 D 触发器也有独立的时钟，且可任选触发边沿。输出缓冲器既受 CLB 阵列送来的信号 OE(或$\overline{OE}$)控制，使输出引脚有高阻状态，还受转换速率(摆率)控制电路的控制，使它可高速或低速运行。转换速率控制电路有抑制噪声的作用。

IOB 输出端配有两只 MOS 管，它们的栅极均可编程，使 MOS 管导通或截止，分别经上拉电阻和下拉电阻接通 VCC、地线或者不接通，用以改善输出波形和负载能力。

3) 可编程互连资源 IR

可编程互连资源包括各种长度的金属连线线段和一些可编程连接开关。它们将各个 CLB 之间和 CLB 与 IOB 之间互相连接起来，构成各种复杂功能的系统。XC4000 系列采用分段互连资源能力，片内连线按相对长度分单长度线、双长度线和长线三种。

单长度线和双长度线结构如图 1.19 所示。单长度线是贯穿 CLB 之间的八条垂直和水平金属线段，在这些金属线段的交叉点处是可编程开关矩阵 PSM。CLB 的输入和输出分别接至相邻的单长度线与开关矩阵相连，通过编程可将某个 CLB 与其它 CLB 或 IOB 连在一起。双长度线是四条垂直和水平金属线，其长度为单长度金属线的两倍，要穿过两个 CLB 之后，这些金属线段才与 PSM 相连。因此，利用双长度线可将两个非相邻的 CLB 连接在一起。

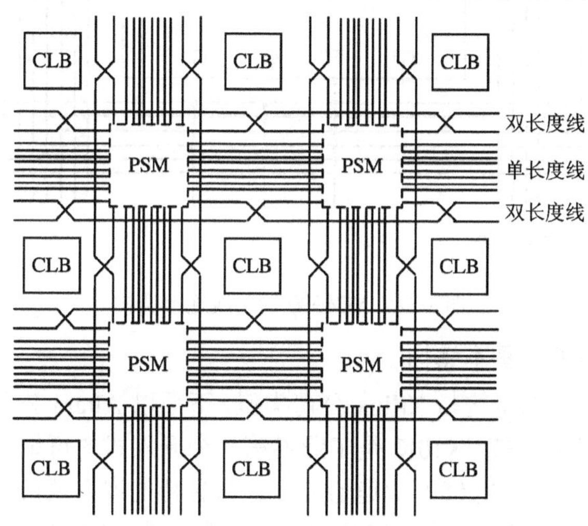

图 1.19　XC4000 的单长度线和双长度线结构

可编程开关矩阵(PSM)的结构如图 1.20 所示。每个连线点上有 6 个选通晶体管，进入开关矩阵的信号，可与任何方向的单、双长度线互连。

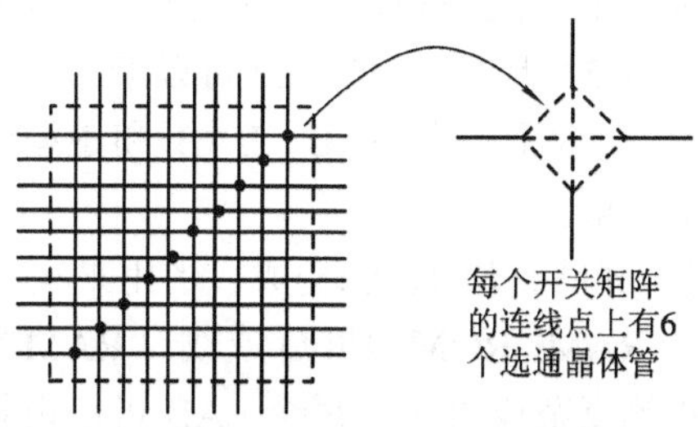

图 1.20　XC4000 的 PSM 结构

长线连接结构如图 1.21 所示。由长线网构成的金属网络，布满了阵列的全部长和宽，这些长线不经过可编程开关矩阵，信号延时小，长线用于高扇出以及关键信号的传输。每条长线中间有可编程分离开关，使长线分成两条独立的连线通路，每条连线只有阵列的宽度或高度的一半。CLB 输入可以由邻近的任一长线驱动，输出可以通过三态缓冲器驱动长线。单长度线和长线之间的连接由位于线交叉处的可编程互连点所控制，双长度线不与其它线相连。

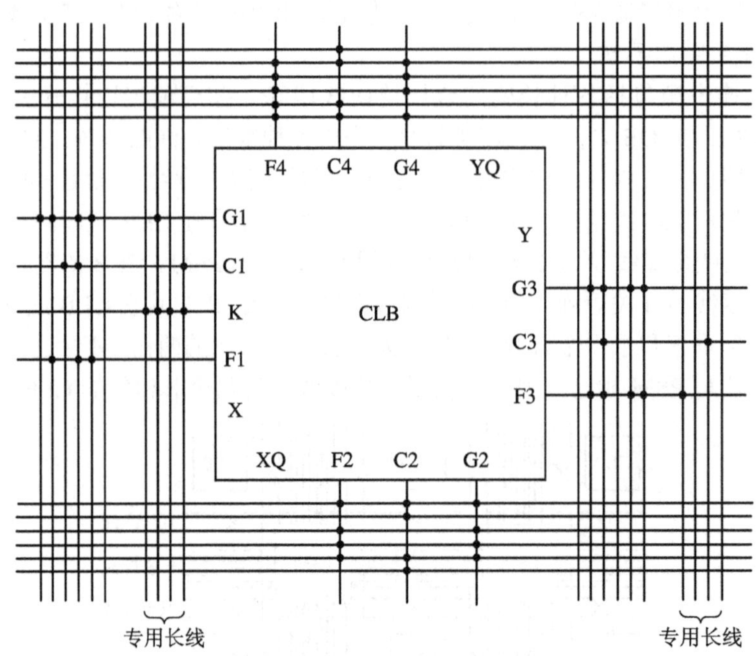

图 1.21 XC4000 的长线连接结构

2. Altera 公司 FPGA 基本结构

Altera 公司 FPGA 基本结构与 Xilinx 公司类似，下面以 Altera 公司原来应用相当广泛的 FLEX10K 为例进行说明。FLEX10K 是工业界第一个嵌入式的可编程逻辑器件，采用可重构的 CMOS SRAM 工艺，把连续的快速通道互连与独特的嵌入式阵列结构相结合，同时也结合了众多可编程器件的优点来完成普通门阵列的宏功能。FLEX10K 的集成度已达到 25 万门。它能让设计人员轻松地开发出集存储器、数字信号处理器及特殊逻辑包括 32 位多总线系统等强大功能于一身的芯片。

FLEX10K 系列器件主要由嵌入式阵列块、逻辑阵列块、快速通道(FastTrack)互连和 I/O 单元四部分组成，其结构如图 1.22 所示。由图 1.22 可以看出，一组 LE 构成一个 LAB，LAB 是排列成行和列的，每一行也包含了一个 EAB。LAB 和 EAB 是由快速通道连接的，IOE 位于快速通道连线的行和列的两端。

嵌入式阵列由一系列嵌入式阵列块(EAB)构成。当用来实现有关存储器功能时，每个 EAB 提供 2048 位，用来构造 RAM、ROM、FIFO 或双口 RAM 等功能。当用来实现乘法器、微控制器、状态机以及 DSP 等复杂逻辑时，每个 EAB 可以贡献 100 到 600 个门。EAB 可以单独使用，也可组合起来使用。EAB 用作 RAM 时，每个 EAB 能配置成 256×8、512×4、1024×2 或 2048×1 等尺寸。更大的 RAM 可由多个 EAB 结合在一起组成。例如，两个 256×8

的 RAM 块可组成一个 256×16 的 RAM，两个 512×4 的 RAM 可组成一个 512×8 的 RAM。

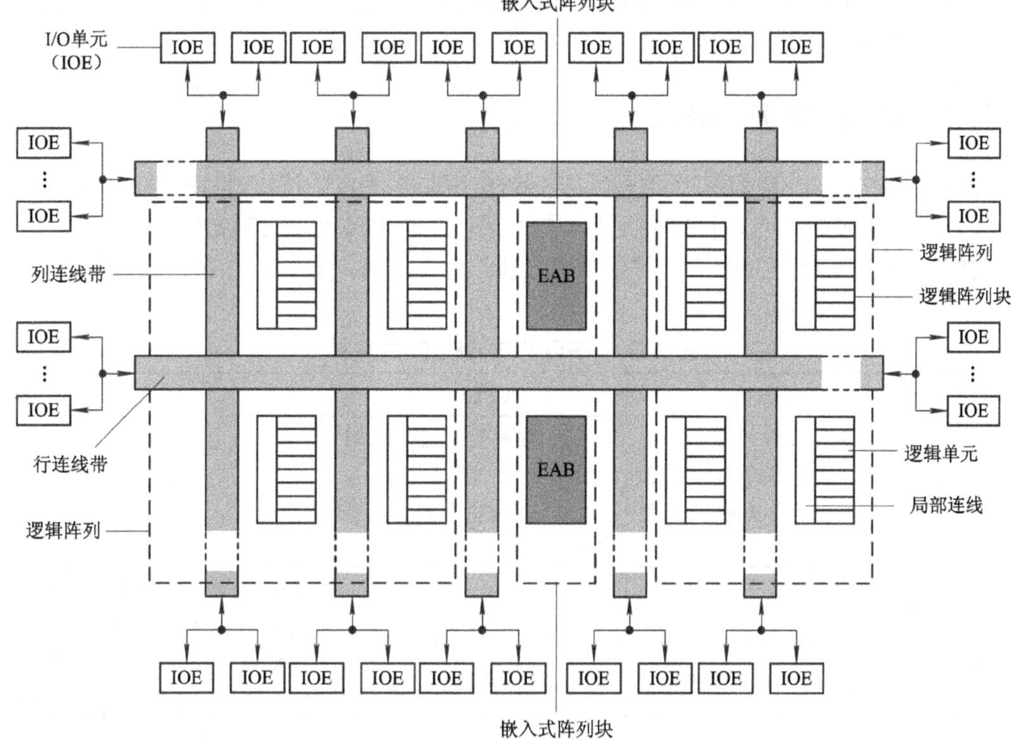

图 1.22 FLEX10K 器件的结构

逻辑阵列由一系列逻辑阵列块构成。每个 LAB 包含八个 LE 和一些局部互连，每个 LE 含有一个四输入查找表(LUT)、一个可编程触发器、进位链和级联链。八个 LE 可以构成一个中规模的逻辑块，如八位计数器、地址译码器和状态机。多个 LAB 组合起来可以构成更大的逻辑块。每个 LAB 代表大约 96 个可用逻辑门。

器件内部信号的互连和器件引脚之间的信号互连由快速通道(FastTrack)连线提供，FastTrack 互连是一系列贯通器件长、宽的快速连续通道。

FLEX10K 系列器件的 I/O 引脚由一些 I/O 单元(IOE)驱动。IOE 位于快速通道的行和列的末端，每个 IOE 有一个双向 I/O 缓冲器和一个既可作输入寄存器也可作输出寄存器的触发器。当 I/O 引脚作为专用时钟引脚时，这些寄存器提供特殊的性能。当作为输入时，可提供少于 1.6 ns 的建立时间；而作为输出时，这些寄存器可提供少于 5.3 ns 的时钟到输出延时。IOE 还具有许多特性，如 JTAG 编程支持、摆率控制、三态缓冲和漏极开路输出等。

FLEX10K 器件提供了六个专用输入引脚，这些引脚用来驱动触发器的控制端，以确保控制信号高速、低偏移(少于 1.5 ns)、有效地分配。这些信号使用了专用的布线支路，以便具有比快速通道更短的延迟和更小的偏移。专用输入中的四个输入引脚可用来驱动全局信号，这四个全局信号也能由内部逻辑驱动，它为时钟分配或产生用以清除器件内部多个寄存器的异步清除信号提供了一个理想的方法。

FLEX10K 器件的结构还提供了两种类型的专用高速数据通道，即进位链和级联链，它们连接相邻 LE，但不使用局部互连通道。进位链支持高速计数器和加法器，级联链可以在最小延时的情况下实现多输入逻辑函数。进位链和级联链连接同一 LAB 中所有的 LE 和同一行中的所有 LAB。由于大量使用进位链和级联链会降低布局布线的灵活性，因此，只有在对速度有要求的关键部分才使用它们。

1.2.5 FPGA 与 CPLD 的比较

尽管 FPGA 和 CPLD 都属于可编程逻辑器件，有很多相似的特点，但由于 CPLD 和 FPGA 结构上的差异，使得二者在性能上互有长短。表 1.3 将 FPGA 和 CPLD 做了一个对比，列出了 FPGA 和 CPLD 之间的性能差异。用户在选择器件时，必须要注意到这些性能差异给设计项目所带来的影响。

表 1.3 FPGA 与 CPLD 的比较

项　目	FPGA	CPLD	说　明
结构工艺	多为 LUT 加寄存器结构，采用 SRAM 工艺制造，也包含 Flash、反熔丝等工艺	多为乘积项结构，采用 E^2CMOS 工艺，也包含 E^2PROM、Flash 和反熔丝等工艺	
触发器数量	多	少	FPGA 更适合于完成时序逻辑，而 CPLD 更适合完成组合逻辑
规模和逻辑复杂度	规模大，逻辑复杂度高	规模小，逻辑复杂度低	FPGA 用以实现高复杂度设计，CPLD 用以实现较低复杂度的设计
内部连线资源	分布式结构，具有丰富的布线资源	集总式结构，布线资源相对有限	FPGA 布线灵活，但是时序更难规划，一般需要通过时序约束、静态时序分析、时序仿真等手段提高并验证时序性能
引脚延时	不可预测	固定可预测	对 FPGA 而言，时序约束和时序仿真非常重要
编程与配置	有两种配置方式，即外挂 Boot ROM 和通过 CPU 或者 DSP 等器件在线编程。大多数 FPGA 器件基于 RAM 工艺，掉电后程序丢失	有两种编程方式，一种是通过编程器烧写芯片，另一种是通过 ISP 模式将编程数据下载到目标器件。CPLD 大多基于 ROM 工艺，掉电后程序不丢失	对于基于反熔丝工艺的 FPGA，如 Actel 的某些器件系列和目前内嵌 Flash 或 E^2CMOS 的 FPGA，如 Lattice XP 系列器件，可以实现非易失配置方式
保密性	一般器件的保密性较差	好	一般类型的 FPGA 不易实现加密，但是目前采用 Flash 加 SRAM 工艺的新型器件，如 Lattice XP 系列、Altera 的 Stratix II 和 Stratix II GX 系列，其内部嵌入了加载 Flash 以及高性能的加密算法，能提供更高的保密性
成本与价格	成本高，价格高	成本低，价格低	CPLD 用于实现低成本设计
适用的设计类型	复杂的时序功能	简单的逻辑功能	

1.2.6 PLD 厂商介绍

PLD 厂商不断采用更先进的设计和生产工艺，使得 PLD 的集成度不断增大，性能不断提高，而功耗和价格却不断降低，从而促进了 PLD 器件在通信和电子系统的各个领域的广泛应用。目前，以 Altera、Xilinx、Lattice、Actel 等公司为代表的世界知名 PLD 厂商，其软、硬件产品占据了绝大部分的市场份额。其中，全球 PLD/FPGA 产品 60%以上是由 Altera 和 Xilinx 提供的，可以说 Altera 和 Xilinx 共同决定了 PLD 技术的发展方向。通常来说，在欧洲用 Xilinx 的人多，在日本和亚太地区用 Altera 的人多，在美国则是平分秋色。

ALTERA®

Altera 公司的 PLD 器件种类丰富，目前该公司的可编程逻辑器件主要分为 FPGA、CPLD 和结构化 ASIC 三个大类，高、中、低档多个器件系列，本书的第 2 章将对这些器件的主要特点、结构及功能进行介绍。

在 PLD 器件的开发工具方面，Altera 公司的产品以其优异的性能和易用性，在业内已得到广泛的认可。Altera 公司的软件开发平台主要包括 MAX + PLUS II 和 Quartus II。MAX + PLUS II 是 Altera 公司上一代的 PLD 开发软件，使用者众多。目前，Altera 已停止开发 MAX + PLUS II，而完全转向 Quartus II 软件平台，目前其常用版本为 Quartus II 10.0。Altera 公司另外还有两款开发软件：SOPC Builder 是配合 Quartus II，完成集成 CPU 的 FPGA 芯片开发的软件；DSP Builder 是 Quartus II 与 Mathlab 的接口软件，可以利用 IP 核在 Mathlab 中快速完成数字信号处理的仿真和最终 FPGA 实现。Quartus II Web 为 Altera 公司的免费版本，界面与标准版的 Quartus II 完全一样。本书的第 4～6 章将详细介绍 Quartus II 10.0 集成开发环境的安装、功能、元器件库、项目的设计过程以及器件的编程、配置、调试方法等。

XILINX®

Xilinx(中文名：赛灵思)是 FPGA 的发明者，其产品可分为 FPGA 和 CPLD 两大类。

Xilinx 的主流 FPGA 包括两大系列：一种侧重于低成本应用，容量中等，性能可以满足一般的逻辑设计要求的 Spartan 系列；还有一种侧重于高性能应用，容量大，性能可满足各类高端应用的 Virtex 系列。用户可以根据自己的实际应用要求进行选择。在性能可以满足的情况下，优先选择低成本器件。

Virtex-II 于 2002 年推出，采用 0.15 μm 工艺，1.5 V 内核，属于大容量的高端 FPGA 产品，也是 Xilinx 比较成功的产品，目前在高端产品中使用广泛。Virtex-II 系列是面向建立在 IP 核心和用户化模块的从低密度到高密度的高性能设计，这个系列为电信、无线、网络、视频和 DSP 应用(包括 PCI、LVDS 和 DDR 接口)提供完全解决方案。

Virtex-II pro 基于 Virtex II 的结构，内部集成 CPU 和高速接口的 FPGA 产品，是 Xilinx 第一款集成 PowerPC 和高速收发模块的 FPGA。

Virtex-4 是 Xilinx 新一代高端 FPGA 产品，包含三个子系列：LX、SX 和 FX。其各项指标比上一代 VirtexⅡ均有很大提高，将逐步取代 VirtexⅡ和 VirtexⅡ-Pro，成为未来几年 Xilinx 在高端 FPGA 市场中的最重要的产品。最新一代高端 FPGA 产品为 Virtex-5。

Spartan-ⅡE 1.8V FPGA 系列为使用者提供了很高性价比和丰富的逻辑资源。该系列的七种型号提供从 50000 到 600000 密度的系统门电路。系统性能超过 200 MHz。通过将先进的处理器技术与基于 Virtex-E 平台的流线式体系结构相结合，Spartan-ⅡE 比其它的 FPGA 拥有更多的门电路和 I/O 接口以及更低廉的价格。其特点包括区块 RAM(达到 288 kb)、分布 RAM(达到 221 184 b)、支持 19 个不同的 I/O 接口标准和 4 个 DLL(延迟锁定回路)。

Spartan-3/3L 是 Xilinx 的主流 FPGA 产品，结构与 VirtexⅡ类似，是全球第一款 90 nm 工艺 FPGA，1.2 V 内核。Spartan-3E 是 Xilinx 最新推出的低成本 FPGA，基于 Spartan-3/3L，对性能和成本进一步优化。

Xilinx 的主流 CPLD 包括 XC9500 系列和 CoolRunner-Ⅱ系列器件。

XC9500 系列器件提供了当今前沿系统设计所需要的高性能、丰富的性能组合以及灵活性。另外，其出色的引脚锁定功能使设计者能够修改其 CPLD 设计，而不会影响电路板布局。XC9500 器件是实现高速率、低成本设计的理想选择。XC9500 系列有三种类型，分别为 5 V 的 XC9500、3.3 V 的 XC9500XL 和 2.5 V 的 XC9500XV，常见的型号有 XC9536、XC9572 和 XC95144 等，型号尾数表示该芯片内宏单元的数量。

Xilinx 的 CoolRunner-ⅡCPLD 提供了先进的系统功能和低功耗的运行状态，具有低至 28.8 μW 的待机功耗，非常适合在电池供电设备以及便携式设备中使用。它支持将分立系统的功能集成到单个可重编程器件中，从而获得了更低的成本、更高的可靠性和更快上市时间以及更小的封装。该系列器件还提供了诸如 I/O 组、高级时钟控制和出色的设计安全性等先进功能来支持系统级设计。

Foundation 是 Xilinx 公司上一代的 PLD 开发软件。目前 Xilinx 已经停止开发 Foundation，而转向 ISE 集成软件平台。ISE WebPACK 为 Xilinx 公司的免费 PLD 开发软件。

Lattice(中文名：莱迪思)是 ISP 技术的发明者，ISP 技术极大地促进了 PLD 产品的发展。该公司的中小规模 PLD 比较有特色，其种类齐全，性能不错。该公司于 1999 年推出可编程模拟器件，同年收购 Vantis(原 AMD 子公司)，2001 年收购 Lucent 微电子的 FPGA 部门，2004 年开始大规模进入 FPGA 领域，是世界第三大可编程逻辑器件供应商，也是唯一一家开发可编程数模混合电路的 FPGA 厂商。

Lattice 在 PLD 领域发展多年，拥有众多产品系列，目前主流产品是 ispMACH4000 系列与 LatticeEC/ECP 系列 FPGA，以及 MachXO 系列 CPLD。此外，在混合信号芯片上也有诸多建树，如可编程模拟芯片 ispPAC、可编程电源管理、时钟管理等。

ispMACH4000V/B/C/Z 是 Lattice 收购 Vantis 公司以后推出的新一代 PLD，是目前的主流 PLD 产品，采用 0.18 μm 工艺。其中 4000Z 系列是零功耗 PLD，静态功耗非常低，适用于电池供电系统。

LatticeEC/ECP 是 Lattice 的 FPGA 产品，采用 0.13 μm 工艺，1.5 V 内核供电。LatticeEC 不包含 DSP 单元，侧重于普通逻辑应用；ECP 包含 DSP 模块，可用于数字信号处理，目前的主流产品是ECP2，采用90 nm工艺，1.2 V内核供电，Lattice ECP2包含硬件乘法器。该系列FPGA可以使用通用的存储器对FPGA进行配置，不需要专用的配置芯片。

LatticeXP也是Lattice的FPGA产品，它将非易失的Flash单元和SRAM技术组合在一起，不需要配置芯片。上电时，LatticeXP芯片内置的Flash单元在1 ms内完成FPGA的数据配置，具有“瞬间”启动和无限可重复配置的功能。

Lattice公司的在系统可编程模拟电路(ispPAC，in system programmability Programmable Analog Circuits)与数字的在系统可编程大规模集成电路(ispLSI)一样，允许设计者使用开发软件在计算机中设计，修改模拟电路，进行电路特性模拟，最后通过编程电缆将设计方案下载至芯片中。该系列器件目前已经推出了五种芯片，可以实现信号调理、信号处理和信号转换三种功能，包括对信号进行放大、衰减、滤波，对信号进行求和、求差、积分运算，以及完成数字信号到模拟信号的转换。ispPAC-Power还可以为电路板提供全面的供电定序控制与电源监控功能。

ispDesignEXPERT是Lattice公司早期的集成环境，目前新一代集成开发软件名为ispLEVER。ispLEVER5.0是Lattice公司目前的最新版本。PAC Designer为Lattice公司的电源管理开发软件，用于ispPAC器件的开发。

Actel

Actel是反熔丝(一次性烧写)PLD的领导者。由于反熔丝PLD抗辐射，耐高低温，功耗低，速度快，因此在军品级和宇航级产品上有较大优势。Altera和Xilinx则较少涉足军品级和宇航级产品。

Actel公司的FPGA产品主要包括低功耗Flash FPGA、混合信号FPGA、反熔丝FPGA、军用/宇航级耐辐射FPGA系列。其中低功耗Flash FPGA包括IGLOO序列、ProASIC3序列；混合信号FPGA包括Smart Fusion、Fusion系列；反熔丝FPGA包括Axcelerator、SX-A/SX、eX以及MX FPGA系列；RTSX-SU和RTAX-S则属于军用/宇航级耐辐射FPGA系列。

Actel可编程系统芯片(PSC)是全球首个混合信号FPGA器件。它将可配置模拟部件、大型Flash内存构件、全面的时钟生成和管理电路，以及高性能可编程逻辑集成在单片器件中。这种创新的Actel Fusion架构可与Actel的软MCU内核同用，是终极的可编程系统芯片平台。Actel Fusion可编程系统芯片为电源管理、智能电池充电、时钟生成和管理及电机控制等应用领域带来可编程逻辑的优势。Actel Fusion器件还集成了频率高达600 ks/s且可配置的12位逐次逼近(SAR)模数转换器(ADC)。这种模拟电路非常灵活，能支持MOSFET栅极驱动输出和多个模拟输入，输入电压在−12 V到+12 V之间，更可选配预调器，以便对各种模拟系统进行直接连接及控制，如电压、差分电流或温度的监控等。

SmartFusion是行业唯一集成FPGA、ARMCortex-M3处理器内核以及可编程模拟资源于一体的器件，能够实现完全可定制系统设计和IP保护能力，而且易于使用。SmartFusion器件基于爱特的快闪技术而开发，为需要真正的单芯片系统的硬件和嵌入式系统设计师提供了比传统专属功能微控制器更大的灵活性，而其成本又比现有使用软核处理器的FPGA低得多。

ProASIC3/3E系列器件的密度可达到3～100万系统门，拥有18～108 kb真正的双端口SRAM，内核电压为1.5 V，支持3.3 V、64位66 MHz PCI接口，可提供81～288个I/O引脚，I/O 接口电平兼容 1.5 V、1.8 V、2.5 V 和 3.3 V 四种电压。ProASIC3E 器件结构与 ProASIC3 相同，只是器件的密度更高，拥有 60～300 万个系统门。108～504 kb 真正的双端口 SRAM，以及多达 616 个的 I/O 引脚。

Axcelerator 系列器件采用 0.15 μm、7 层金属反熔丝工艺，基于 Actel 的 AX 架构，提供高达 500 MHz 的内部工作频率和 100%的资源利用率。Axcelerator 拥有嵌入式 SRAM/FIFO 块、PLLs，支持 JTAG(IEEE 1149.1 标准)边界扫描，兼容 LVDS 700 Mb/s 速率的 I/O 接口。

SX-A/SX 系列 FPGA 的器件密度为 12～108 K 个系统门，内部工作时钟可达 350 MHz，支持 66 MHz、64 位、3.3 V/5 V 的 PCI 接口，支持带电热插拔和 JTAG。SX-A/SX 器件的功耗低，具有很高的性能价格比，适用于 ATM、IP、WDM、DBE 和 SONET 等领域的应用。

eX 系列 FPGA 是一款低价位、低能耗、高性能的设计方案，继承了反熔丝技术的低能耗特点，与静态低耗模式相配合，使器件符合对能量变化敏感应用的要求。用先进的 0.22 μm CMOS 反熔丝器件制造，有很好的性能。

MX 的结构体系基于 Actel 的反熔丝技术，采用 0.4 μm 三层金属 CMOS 工艺，容纳从 3000 到 54000 系统门电路，Actel 的 MX FPGAs 提供的 I/O 引脚数达到 202 个，在封装和速度上适用范围很大。

Libero IDE 是 Actel 公司的集成化 FPGA 开发环境。Libero 的第二代智能设计开发工具 SmartDesign 为创建完整的、基于简单和复杂处理器的系统级芯片(SoC)设计提供了有效的方法。

QUICKLOGIC®

Quicklogic 是专业 PLD/FPGA 公司，以一次性反熔丝工艺的产品为主。其 FPGA 产品系列主要包括 PolarPro、EclipseⅡ、中密度 FPGA、军用 FPGA 以及早期的 FPGA 器件。PolarPro 系列基于低功耗的 FPGA 结构，可满足便携式和大容量的应用。EclipseⅡ系列器件具有极低的功耗，较高的灵活性，拥有片内嵌入式 RAM。中密度 FPGA 的成熟产品包括 Eclipse、Eclipse Plus、QuickRAM、QuickPCI 和 pASIC 3，早期 FPGA 产品主要包括 pASIC 1 和 pASIC 2 系列器件。

QuickWorks 是 Quicklogic 公司的 PLD/FPGA 开发软件，目前最新的版本是 QuickWorks 2010.3.1。

PLD/FPGA 不是 ATMEL 的主要业务，但其小规模 PLD 器件的性能不错，同时也做了一些与 Altera 和 Xilinx 兼容的芯片，多用在低端产品上。ATMEL 的 SPLD 产品包括 16V8、20V8 和 22V10，CPLD 产品包括 ATF15××、ATF750C 和 ATF2500C，FPGA 产品主要是 AT40KAL 系列。ProChip Designer V5.0 为 ATMEL 复杂 PLD(ATF15××序列)器件的开发软件，对于 ATMEL 的小规模 PLD 器件 SPLD 和 CPLD，可以用 WinCUPL 设计软件开发。

PLD 产品不是 Cypress(中文名：赛普拉斯)的最主要业务，但有一定的用户群。ISR Release 3.0.13 开发工具软件为 Cypress 的用户提供了可编程逻辑器件的完整设计环境。

众多公司的竞争促进了可编程集成电路技术的提高，使其性能不断改善，产品日益丰富，价格逐步下降。可以预计，可编程逻辑器件将在结构、密度、功能、速度和性能等方面得到进一步发展。

1.3 可编程逻辑器件的设计

可编程逻辑器件的设计是指利用 EDA 开发软件和编程工具对 PLD 器件进行开发的过程。尽管 FPGA 与 CPLD 在结构上存在一定的差异，在性能上也各有所长，但是用户在使用 EDA 软件进行项目开发的过程中，FPGA 和 CPLD 的设计方法和设计流程都是相似的，没有明显的区别。在设计的过程中，用户只需充分发挥所选器件的特性和片内资源，而无需过多地关注器件的内部结构。

1.3.1 设计方法

1. 自下而上的设计方法

传统的硬件电路采用自下而上(Bottom Up)的设计方法，其主要步骤是：根据系统对硬件的要求，详细编制技术规格书，并画出系统控制流图；然后根据技术规格书和系统控制流图，对系统的功能进行分化，合理地划分功能模块，并画出系统功能框图；接着进行各功能模块的细化和电路设计；各功能模块电路设计调试完毕以后，将各功能模块的硬件电路连接起来，再进行系统的调试；最后完成整个系统的硬件电路设计。如一个系统中，其中一个功能模块是一个十进制计数器，设计的第一步是选择逻辑元器件，由数字电路的知识可知，可以用与非门、或非门、D 触发器、JK 触发器等基本逻辑元器件来构成一个计数器。设计人员根据电路尽可能简单、价格合理、购买和使用方便及各自的习惯来选择元器件。第二步是进行电路设计，画出状态转移图，写出触发器的真值表，按逻辑函数将元器件连接起来，这样计数器模块就设计完成了。系统的其它模块也照此方法进行设计，在所有硬件模块设计完成后，再将各模块连接起来进行调试，如有问题则进行局部修改，直至系统调试完毕。

从上述过程可以看到，系统硬件的设计是从选择具体逻辑元器件开始的，并用这些元器件进行逻辑电路设计，完成系统各独立功能模块设计，再将各功能模块连接起来，完成整个系统的硬件设计。上述过程从最底层设计开始，到最高层设计完毕，故将这种设计方法称为自下而上的设计方法。

传统自下而上的硬件电路设计方法的主要特征如下：

✧ 采用通用的逻辑元器件。设计者根据需要，选择市场上能买得到的元器件，如 54/74

系列，以构成所需要的逻辑电路。随着微处理器的出现，系统的部分硬件电路功能可以用软件来实现，在很大程度上简化了系统硬件电路的设计。但是，选择通用的元器件来构成系统硬件电路的方法并未改变。

✧ 在系统硬件设计的后期进行仿真和调试。系统硬件设计好以后才能进行仿真和调试，进行仿真和调试的仪器一般为系统仿真器、逻辑分析仪和示波器等。由于系统设计时存在的问题只有在后期才能较容易发现，一旦考虑不周，系统设计存在缺陷，就得重新设计系统，使得设计费用和周期大大增加。

✧ 主要设计文件是电原理图。在设计调试完毕后，形成的硬件设计文件主要是由若干张电原理图构成的。在电原理图中详细标注了各逻辑元器件的名称和相互间的信号连接关系。该文件是用户使用和维护系统的依据。如果是小系统，这种电原理图只要几十张、几百张就行了，但是，如果系统很复杂，那么就可能需要几千张、几万张甚至几十万张。如此多的电原理图给归档、阅读、修改和使用都带来了极大的不便。

传统的自下而上的硬件电路设计方法已经沿用了几十年，随着计算机技术、大规模集成电路技术的发展，这种设计方法已落后于当今技术的发展。一种崭新的自上而下的设计方法已经兴起，它为硬件电路设计带来了一次重大的变革。

2. 自上而下的设计方法

随着大规模专用集成电路的开发和研制，为了提高开发的效率，缩短开发时间，增加已有开发成果的可继承性，各种新兴的 EDA 工具开始出现，特别是硬件描述语言(HDL)的出现，使得传统的硬件电路设计方法发生了巨大的变革。新兴的 EDA 工具对大系统的设计通常都采用自上而下(Top Down)的设计方法。所谓自上而下的设计方法，就是从系统总体要求出发，自上而下地逐步将设计内容细化，最后完成系统硬件的整体设计。

EDA 自上而下的设计方法具有以下主要特点。

✧ 电路设计更趋合理。硬件设计人员在设计硬件电路时使用 PLD 器件，就可自行设计所需的专用功能模块，而无需受通用元器件的限制，从而使电路设计更趋合理，其体积和功耗也可大为缩小。

✧ 采用系统早期仿真。在系统设计过程中进行了三级仿真，即行为级仿真、RTL 级仿真和门级仿真，从而可以在系统设计早期发现设计中存在的问题，这样就可以大大缩短系统的设计周期，降低费用。

✧ 降低了硬件电路设计难度。在使用传统的硬件电路设计方法时，往往要求设计人员设计电路前应写出该电路的逻辑表达式和真值表(或时序电路的状态表)，然后进行化简等，这一工作是相当困难和繁杂的，特别是在设计复杂系统时，工作量大且易出错。如采用 HDL，就可免除编写逻辑表达式或真值表的过程，使设计难度大幅度下降，从而也缩短了设计周期。

✧ 主要设计文件是用 HDL 编写的源程序。在传统的硬件电路设计中，最后形成的主要文件是电原理图，而采用 HDL 设计系统硬件电路时，主要的设计文件是用 HDL 编写的源程序。用 HDL 的源程序作为归档文件有很多好处：一是资料量小，便于保存；二是可继承性好，当设计其它硬件电路时，可以使用文件中的某些库、进程和过程程序；三是阅读方便，阅读程序很容易看出某一硬件电路的工作原理和逻辑关系，而阅读电原理图，推知其工作原理需要较多的硬件知识和经验，而且看起来也不那么一目了然。如果需要，也可以将HDL编写的源程序转换成电原理图形式输出。

利用HDL对系统硬件电路的自上而下设计一般分为三个层次，如图1.23所示。

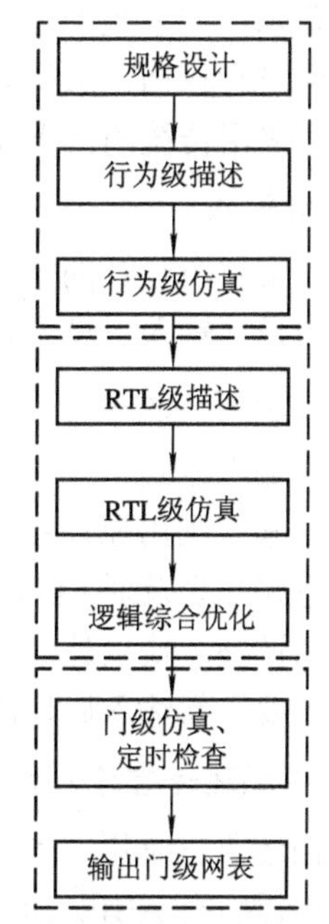

图1.23 自上而下设计系统硬件电路的过程

第一层次为行为描述，它是对整个系统的数学模型的描述。一般来说，对系统进行行为描述的目的是试图在系统设计的初始阶段，通过对系统行为描述的仿真来发现系统设计中存在的问题。在行为描述阶段，并不真正考虑其实际的操作和算法用什么方法来实现，考虑更多的是系统的结构及其工作过程是否能达到系统设计规格书的要求，其设计与器件工艺无关。

第二层是寄存器传输方式描述RTL(又称数据流描述)。用行为描述的系统结构程序是很难直接映射到具体逻辑元件结构的。要想得到硬件的具体实现，必须将行为方式描述的HDL程序，针对某一特定的逻辑综合工具，采用RTL方式描述，然后导出系统的逻辑表达式，再用仿真工具对RTL方式描述的程序进行仿真。如果仿真通过，就可以利用逻辑综合工具进行综合了。

第三层是逻辑综合。利用逻辑综合工具，可将RTL方式描述的程序转换成用基本逻辑元件表示的文件(门级网络表)，也可将综合结果以逻辑原理图方式输出，也就是说逻辑综合结果相当于在人工设计硬件电路时，根据系统要求画出了系统的逻辑电原理图。此后再对逻辑综合结果在门电路级上进行仿真，并检查定时关系，如果一切正常，那么系统的硬件设计基本结束；如果在某一层上仿真发现问题，就应返回上一层，寻找和修改相应的错误，再向下继续未完的工作。

由逻辑综合工具产生门级网络表后，在最终完成硬件设计时，还可以有两种选择：一种是由自动布线程序将网络表转换成相应的ASIC芯片的制造工艺，定制ASIC芯片；第二种是将网络表转换成相应的PLD编程码点，利用PLD完成硬件电路的设计。

1.3.2 设计流程

复杂高密度可编程逻辑器件的设计流程如图1.24所示，它包括设计准备、设计输入、功能仿真、设计处理、时序仿真、器件编程及器件测试等七个主要步骤。

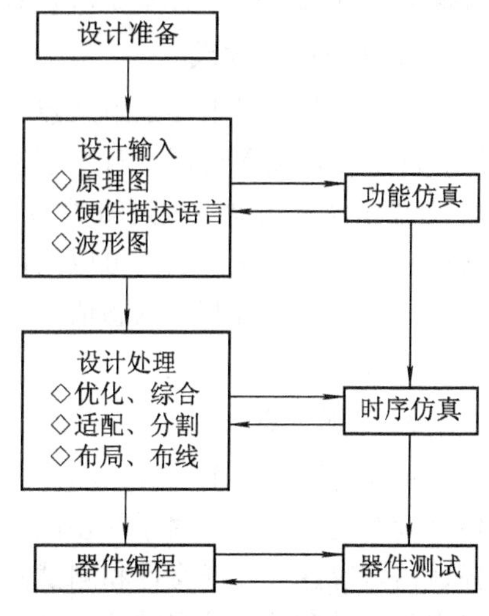

图1.24 可编程逻辑器件设计流程

1. 设计准备

在系统设计之前，首先要进行方案论证、系统设计和器件选择等准备工作。设计人员根据任务要求，如系统的功能和复杂度，对工作速度和器件本身的资源、成本及连线的可布性等方面进行权衡，选择合适的设计方案和器件类型。一般采用自上而下的设计方法，小系统也可采用传统的自下而上的设计方法。

2. 设计输入

设计人员将所设计的系统或电路以开发软件要求的某种形式表示出来，并送入计算机的过程称为设计输入。设计输入通常有以下几种形式。

1) 原理图输入方式

原理图输入方式是一种最直接的设计描述方式，要设计什么，就从软件系统提供的元件库中调出来，画出原理图，这样比较符合人们的传统设计习惯。这种方式要求设计人员有丰富的电路知识及对 PLD 的结构比较熟悉。其主要优点是容易实现仿真，便于信号的观察和电路的调整；缺点是效率低，特别是产品有所改动，需要选用另外一个公司的 PLD 器件时，就需要重新输入原理图，而采用硬件描述语言输入方式就不存在这个问题。

2) 硬件描述语言输入方式

硬件描述语言是用文本方式描述设计，它分为普通硬件描述语言和行为描述语言。普通硬件描述语言有 ABEL、CUR 和 LFM 等，它们支持逻辑方程、真值表、状态机等逻辑表达方式，主要用于 SPLD 的设计输入。行为描述语言是目前常用的高层硬件描述语言，主要有 VHDL 和 Verilog HDL 两个 IEEE 标准。硬件描述语言的突出优点是：

✧ 语言与工艺的无关性，可以使设计人员在系统设计、逻辑验证阶段便确立方案的可行性；语言的公开可利用性，便于实现大规模系统的设计；

✧ 具有很强的逻辑描述和仿真功能，而且输入效率高，在不同的设计输入库之间的转换非常方便，用不着熟悉底层电路和 PLD 的结构。

3) 波形输入方式

波形输入方式主要是用来建立和编辑波形设计文件，以及输入仿真向量和功能测试向量。波形设计输入适用于时序逻辑和有重复性的逻辑函数。系统软件可以根据用户定义的输入/输出波形自动生成逻辑关系。波形编辑功能还允许设计人员对波形进行拷贝、剪切、粘贴、重复与伸展，从而可以用内部节点、触发器和状态机建立设计文件，并将波形进行组合，显示各种进制的状态值，还可以将一组波形重叠到另一组波形上，对两组仿真结果进行比较。

3. 功能仿真

功能仿真也叫前仿真。用户所设计的电路必须在编译之前进行逻辑功能验证，此时的仿真没有延时信息，对于初步的功能检测非常方便。仿真前，要先利用波形编辑器和硬件描述语言等建立波形文件和测试向量(即将所关心的输入信号组合成序列)，仿真结果将会生成报告文件和输出信号波形，从中便可以观察到各个节点的信号变化。如果发现错误，则返回设计输入中修改逻辑设计。目前，仿真工具比较多，其中 Cadence 公司的 NC-Verilog、Synopsys 公司的 VCS 和 Mentor 公司的 Modelsim 都是业界广泛使用的仿真工具。

4. 设计处理

设计处理是器件设计中的核心环节。在设计处理过程中，编译软件将对设计输入文件进行逻辑化简、综合优化和适配，最后产生编程用的编程文件。设计处理具体包括以下几步。

1) 语法检查和设计规则检查

设计输入完成后，首先进行语法检查，如原理图中有无漏连信号线，信号有无双重来源，文本输入文件中关键字有无输错等各种语法错误，并及时列出错误信息报告供设计人员修改，然后进行设计规则检验，检查总的设计有无超出器件资源或规定的限制，并将编译报告列出，指明违反规则情况以供设计人员纠正。

2) 逻辑优化和综合

化简所有的逻辑方程或用户自建的宏，使设计所占用的资源最少。所谓综合，也就是根据设计功能和实现该设计的约束条件(如面积、速度、功耗和成本等)，将设计输入转换成满足要求的电路设计方案，该方案必须同时满足其的功能和约束条件。综合的过程也是设计目标的优化过程，其目的是将多个模块化设计文件合并为一个网表文件，供布局布线使用，网表中包含了目标器件中的逻辑单元和互连的信息。FPGA 综合工具主要有 Synopsys 公司的 ComplierⅡ FPGA 和 Synplicity 公司的 Synplify pro 等。

3) 适配和分割

确立优化以后的逻辑能否与器件中的宏单元和 I/O 单元适配，然后将设计分割为多个便于识别的逻辑小块形式映射到器件相应的宏单元中。如果整个设计较大，不能装入一片器件时，可以将整个设计划分(分割)成多块，并装入同一系列的多片器件中。分割可全自动、部分或全部用户控制，目的是使器件数目最少，器件之间通信的引脚数目最少。

4) 布局和布线

前面的工作完成以后，就需要进行布局和布线操作。布局布线就是根据设计者指定的约束条件(如面积、延时、时钟等)、目标器件的结构资源和工艺特性，以最优的方式对逻辑元件布局，并准确地实现元件间的互连，完成实现方案(网表)到实际目标器件(FPGA 或 CPLD)的变换。在布局布线过程中，时序信息会形成一个反标注文件，以供后续的时序仿真使用，同时还产生器件编程文件。布局布线工具主要由 PLD 厂商提供，布线以后软件会自动生成报告，提供有关设计中各部分资源的使用情况等信息。

5. 时序仿真

时序仿真又称后仿真或延时仿真。由于不同器件的内部延时不一样，不同的布局布线方案也给延时造成不同的影响，因此在设计处理以后，对系统和各模块进行时序仿真，分析其时序关系，估计设计的性能，以及检查和消除竞争冒险等。这一步是非常有必要的，如果存在问题就需要一步步往上修改，直到修改设计输入。实际上这一步的仿真结果与实际器件工作的情况基本相同。

6. 器件编程

时序仿真无误后，软件就可产生供器件编程使用的有效数据文件了；对 CPLD(包括 EPLD)来说，是产生熔丝图文件，即 JED 文件；对 FPGA 来说，是产生位流数据文件(Bitstream

Generation)。器件编程就是将布局布线后形成的数据文件通过下载工具下载到各公司具体的 PLD 器件中。下载工具软件一般由各个 PLD 厂家提供。

器件编程需要满足一定的条件，如编程电压、编程时序和编程算法等。普通的 CPLD 器件和一次性编程的 FPGA 需要专用的编程器完成器件的编程工作。基于 SRAM 的 FPGA 可以由 EPROM 或其它存储体进行配置。在线可编程的 PLD 器件不需要专门的编程器，只要一根编程下载电缆就可以了。

7. 器件测试

器件在编程完毕后，可以用编译时产生的文件对器件进行校验、加密等工作。对于支持 JTAG 技术，具有边界扫描测试 BST(Boundary-Scan Testing)能力和在系统编程能力的器件来说，测试起来就更加方便。

1.3.3 基于 IP 的设计

一个较复杂的数字系统往往由许多功能模块构成，而设计者的新思想往往只体现于部分单元之中，其它单元的功能则是通用的，如 FFT、FIR、IIR、Viterbi 译码、PCI 总线接口、调制解调、信道均衡等。这些通用单元具有可重用性，适用于不同的系统。FPGA 厂家及其第三方预先设计好这些通用单元并根据各种 FPGA 芯片的结构对布局和布线进行优化，从而构成具有自主知识产权的功能模块，称之为 IP(Intellectual Property)模块，也可称为 IP 核(IP Core)。

IP 模块可分为硬件 IP(Hard IP)模块、软件 IP(Soft IP)模块和固件 IP(Firm IP)模块三种。硬件 IP 模块已完成了布局布线和功能验证并将设计映射到 IC 硅片的物理版图上。虽然硬件 IP 模块的可靠性高，但是它的可重用性和灵活性较差，往往不能直接转换到采用新工艺的芯片中。软件 IP 模块通常是可综合的寄存器级硬件描述语言模型，它包括仿真模型、测试方法和说明文档。但是以 HDL 代码的形式将软件 IP 模块提供给用户不是最有效的方法，原因是用户将 IP 模块嵌入到自己的系统中后，新的布局布线往往会降低 IP 模块的性能，甚至使整个系统都无法工作。因此，一种有效的方法就是将带有布局布线信息的网表提供给用户，这样就避免了用户重新布线所带来的问题。这种含有布局布线信息的软件 IP 模块又称做固件 IP 模块。Xilinx 和 Altera 公司便是采用这种方式向用户提供 IP 模块的。而 Actel 和 Lucent 公司虽是以 HDL 程序的方式提供 IP 模块，但他们事先也针对芯片的结构作了优化。设计者可以利用这些 IP 模块更快、更高效、更可靠地完成系统设计。

随着 PLD 集成度的不断提高，设计的难度也不断加大。为了能够采用他人的成功设计进行再应用，这样就促进了具有知识产权的 IP 模块的进一步发展。目前，各大 FPGA 厂商都在不断扩充其 IP 模块库。这些库都是预定义的、经过测试和验证的、优化的，可保证正确的功能。设计人员可以利用这些现成的 IP 库资源，高效准确地完成 SOPC 设计。典型的 IP 模块库有 Altera 公司提供的 MegaCore，以及 Xilinx 公司提供的 LogiCore 和 AllianceCore 等。

为了便于设计者使用不同公司的 IP 模块，IP 模块最好遵循统一的标准接口。目前大约已有 170 多家公司，包括芯片厂商、EDA 公司、IP 设计公司等，成立了虚拟插座接口协会(Virtual Socket Interface Association)，制定关于 IP 产品的重复使用和验证的统一标准。VSI 标准包括关于 IP 模块的公共描述、接口技术和流通保护技术等。

下面我们以 Altera 公司和他的第三方合作伙伴(AMPP，Altera Megafunction Partners Program)所提供的 IP 模块为例，介绍其使用流程。有关 Altera 及其 AMPP 的 IP 模块资料请登录这些公司的网站查询，相关网址已经在附录 B 中给出。

Altera 公司将其 IP 模块称为 MegaCore，同时将 AMPP 的 IP 模块称为 AMPP Megafunction，二者可统称为 Megafunction。目前，该公司及其 AMPP 提供的 IP 模块已涉及到数字信号处理、通信、总线接口和微处理器及其外围设备等领域。Altera 公司向用户提供集成化的系统级设计工具 MAX + PLUS Ⅱ和 Quartus Ⅱ，它们均采用了自上而下的设计流程。图 1.25 给出了 FPGA 软件开发环境自上而下的设计流程。

图 1.26 显示了 Megafunction 的开发过程。在设计中直接调用 IP 模块是使用 IP 模块的主要方法。例如在原理图输入方式中，IP 模块与其它通用宏功能一样，是以 Symbol 的形式出现的，与通用宏功能的区别在于用户无法打开 Symbol 查看 IP 模块的设计细节，其目的是保护 IP 模块开发者的知识产权。也就是说在使用中，IP 模块相当于一个黑箱，用户只能设置其基本参数并与其 I/O 接口打交道。为了保护用户的投资，Altera 公司向用户提供免费的 OpenCore 模块，用于对 Megafunction 的测试。OpenCore 模块可以帮助设计者完成对设计的功能验证，但不能生成硬件配置文件。设计者在设计之初可以用 OpenCore 模块代替 IP 模块完成系统设计，编译后，通过仿真对系统功能进行验证，最后决定是否购买该 IP 模块。因此，利用 OpenCore 模块可以实现无风险设计。

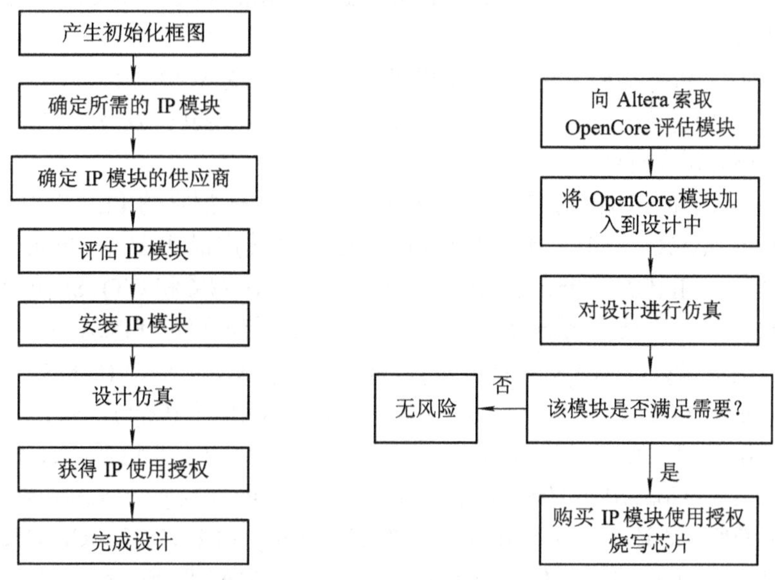

图 1.25　自上而下的设计流程　　　图 1.26　Megafunction 开发过程

在现今的大多数电路设计中，设计方案确定之后，便是向不同的半导体器件公司购买所需的各种芯片，然后进行电路测试、联调。IP 技术发展的最终结果将改变这一模式，IP 供应商将部分地取代现今专用芯片制造商地位。用户所购买的不再是传统的用于完成不同功能的专用芯片，而是相应的 IP 模块，然后将各个 IP 模块与设计者的核心单元连接在一起，利用 EDA 工具完成系统集成、仿真和测试，最后得到的往往不再是一块 PCB 板，而是利用 FPGA 芯片实现的 SOPC。

第 2 章 Altera 可编程逻辑器件

Altera 公司经过近 30 年的发展，面向各种不同的应用环境，先后推出了数十个系列可编程逻辑器件。目前该公司的可编程逻辑器件主要分为 FPGA、CPLD 和结构化 ASIC 三个大类。本章分别介绍了这些器件的主要特点、结构及功能，并给出了常用器件的选型指南，以便于用户快速、合理地选择器件。

2.1 概 述

Altera 公司创立于 1983 年，总部位于美国硅谷圣荷塞。1984 年，Altera 成功开发了第一个可重复编程的逻辑器件——EP300。其第一款商业化的 PLD，即 Classic 器件直到今天还在市场上销售。

Altera 分别在 1988 年和 1992 年又推出了基于乘积项的 MAX 构架和基于查找表(LUT)的 FLEX 构架，以及推出的更新、更强大和更高效的 QuartusⅡ开发系统和广泛的 IP 功能，进一步拓展了该公司在行业中的技术领先地位。

作为世界上最大的可编程逻辑器件供应商之一，Altera 把它的 PLD 产品分为 FPGA、CPLD 和结构化 ASIC 三个大类。目前其 FPGA 高端产品主要是 Stratix 家族，包括 Stratix(GX)、Stratix Ⅱ(GX)、Stratix Ⅲ(L 和 E)、Stratix Ⅳ(E,GX 和 GT)、Stratix Ⅴ(E, GX, GS, GT)；FPGA 中端产品主要是 Arria (GX)、Arria Ⅱ(GX)系列器件；FPGA 低成本产品主要是 Cyclone 家族，包括 Cyclone、Cyclone Ⅱ、Cyclone Ⅲ(LS)、Cyclone Ⅳ(E 和 GX)、Cyclone Ⅴ系列器件。Altera 的 CPLD 产品主要是 MAX 3000A、MAX Ⅱ(G, Z)、MAX Ⅴ系列器件。Altera 的结构化 ASIC 则主要是 HardCopy 家族器件，目前主要包括 HardCopy Stratix、HardCopy Ⅱ、HardCopyⅢ和 HardCopy Ⅳ(E 和 GX)、HardCopy Ⅴ系列器件。Altera 早期成熟产品属于 FPGA 的还有 APEX Ⅱ、APEX20K、Mercury、FLEX10K、ACEX1K、FLEX6000、FLEX8000 和 Excalibur 系列器件；属于 CPLD 的还有 MAX5000、MAX7000、MAX9000 以及 Classic 系列器件；属于结构化 ASIC 的还有 HardCopy APEX 系列器件。

Altera 公司的 PLD 器件有着比较规范的命名方法。通过器件的名称可以了解该器件的基本特征，如器件系列、器件类型、封装形式、工作温度、引脚数目、速度等级等，所以熟悉其命名规则对 PLD 器件的合理使用将会有很大帮助。

图 2.1 给出了 Altera 公司各个系列的 PLD 器件以及配置器件的命名方法。若想获得有关器件的最新信息，请浏览 Altera 公司的中文网站(http://www.altera.com.cn)，也可与器件销售商联系。

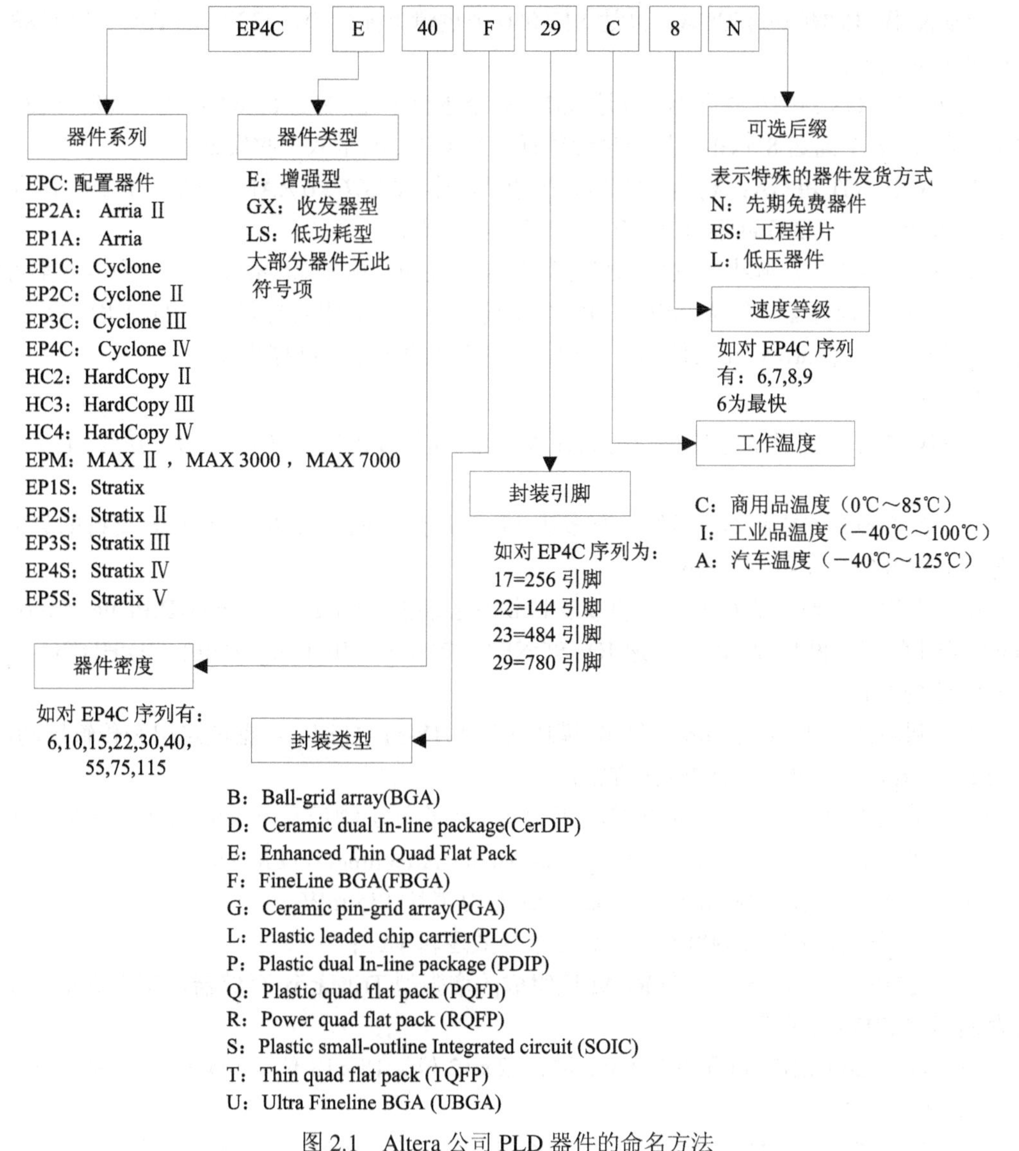

图 2.1　Altera 公司 PLD 器件的命名方法

2.2　FPGA

2.2.1　高端 FPGA 器件 Stratix Ⅳ

Altera 公司的 Stratix Ⅳ系列 FPGA 在高端应用中提供了具有突破性水平的系统带宽和较高的功率效率。Stratix Ⅳ系列 FPGA 基于台湾半导体制造公司(TSMC)40 nm 处理技术，超越其它高端 FPGA，具有最高的逻辑密度，最多的收发器，最低的功率需求。

Stratix 器件系列包含三个已优化类型，分别是 Stratix Ⅳ E、Stratix Ⅳ GX 和 Stratix Ⅳ GT，以满足不同的应用需求。

Stratix Ⅳ E(增强型)FPGA：高达 813 050 个逻辑单元(LE)，33294 kb RAM 和 1288 个 18×18 位乘法器；

Stratix Ⅳ GX FPGA 收发器：高达 531 200 个逻辑单元，27376 kb RAM，1288 个 18×18 位乘法器和 48 个高达 8.5 Gb/s 基于时钟数据恢复(CDR)的全双工收发器；

Stratix Ⅳ GT FPGA：高达 531 200 个逻辑单元，27376 kb RAM，1288 个 18×18 位乘法器，48 个高达 11.3 Gb/s 基于 CDR 的全双工收发器。

Altera 完整的高端解决方案包括最低风险和最低的总成本。该家族所有系列器件都可以 HardCopy Ⅳ结构化器件做成 ASIC，为终端市场的用户定制组合提供全面的应用解决方案。其与业界领先的 Quartus Ⅱ软件结合使用，可以提高生产能力和性能。

1. 特点

Stratix Ⅳ系列器件的总体特点为高速收发器功能、FPGA 架构和 I/O 功能。主要如下所示。

✧ 在 Stratix GX 和 GT 器件中有多达 48 个基于 CDR 的全双工收发器，支持的数据速率分别高达 8.5 Gb/s 和 11.3 Gb/s；

✧ 专用电路对于流行的串行协议支持物理层功能，如 PCI-Express(PIPE)的 Gen1 和 Gen2、吉比特以太网协议、串行快速 IO、SONET/SDH、XAUI/HiGig、(OIF)、SD/HD/3G-SDI、光纤信道 SFI-5；

✧ 利用嵌入式 PCI Express 硬 IP 模块实现 PHY-MAC 层、数据链路层和传输层功能，完成 PCI Express(PIPE)协议的解决方案；

✧ 可编程的发射机预加重和接收机均衡电路弥补了物理介质中的频率选择性衰落。

✧ 典型的物理介质附属子层(Physical Media Attachment，PMA)功率消耗为：每个通道在 3.125 Gb/s 时消耗 100 mW，在 6.375 Gb/s 时消耗 135 mW；

✧ 每个器件具有 72 600 至 813 050 个等效逻辑单元；

✧ 7370～33294 kb 由三个 RAM 块组成的增强型 TriMatrix 存储器，实现真正的双端口存储器和 FIFO 缓冲器；

✧ 高达 600 MHz 可配置为 9×9 位、12×12 位、18×18 位、36×36 位全精度乘法器的高速 DSP 模块；

✧ 每个器件多达 16 个全局时钟(GCLK)，88 个局部时钟(RCLK)，132 个外围时钟(PCLK)；

✧ 可编程电源技术，最大化器件性能的同时最小化功耗；

✧ 高达 1120 个用户 I/O 引脚安排在 24 个模块化 I/O 区域，支持宽范围的单端和差分 I/O 标准；

✧ 在 24 个模块化 I/O 区域，都支持包括 DDR、DDR2、DDR3、SDRAM、RLDRAM Ⅱ、QDR Ⅱ和 QDR Ⅱ+ SRAM 的高速外部存储器接口；

✧ 串行化器/解串行化器(SERDES)、动态相位调整(DPA)和软 CDR，支持高速 LVDS I/O，数据速率能达到 1.6 Gb/s；

✧ 支持源同步总线标准，包括 SGM Ⅱ、千兆以太网、SPI-4 的第二阶段(POS-PHY 第 4 级)、XSBI、UTOPIA Ⅳ、NPSI 和 CSIX-L1；

✧ Stratix Ⅳ E 器件输出引脚设计允许移植 Stratix Ⅲ的设计到 Stratix Ⅳ E 中，对 PCB 具有最小的影响。

高速收发器的功能只适用于 Stratix Ⅳ GX 和 Stratix Ⅳ GT 器件。Stratix Ⅳ GX 器件支持数据速率高达 8.5 Gb/s，Stratix Ⅳ GT 器件支持的数据速率高达 11.3 Gb/s。

所有的 Stratix 器件都支持热插拔；具有四种配置模式：被动串行(PS)、快速被动并行(FPP)、快速主动串行(FAS)、JTAG 配置；支持远程系统升级；配置数据中具有 256 bit 高级加密标准(AES)的加密位，以保护用户的设计，以防拷贝、逆向工程和篡改；配置 RAM 单元的内置软件错误检测。

2．结构

Stratix Ⅳ GX 器件中每个器件提供多达 48 个全双工 CDR 的收发器通道，每个器件实际收发器通道数目随着所选择的器件型号不同而变化。48 个收发器通道中的 32 个有专门的物理编码子层(Physical Coding Sublayer，PCS)和物理介质附属子层(Physical Media Attachment，PMA)电路，支持在 600 Mb/s 和 8.5 Gb/s 之间的数据速率。余下的 16 个收发器通道仅有专门的 PMA 电路，支持的数据速率在 600 Mb/s 和 6.5 Gb/s 之间。

Stratix Ⅳ GT 器件中每个器件提供高达 48 个基于 CDR 的收发器通道，每个器件实际收发器通道数目随着所选择的器件型号不同而变化。48 个收发器通道中的 32 个有专门的 PCS 和 PMA 电路，支持的数据速率在 2.488 Gb/s 和 11.3 Gb/s 之间，余下的 16 个收发器通道仅有专门的 PMA 电路，支持的数据速率在 2.488 Gb/s 和 6.5 Gb/s 之间。

Stratix GX 和 Stratix Ⅳ GT 芯片视图基本一样，只是两者收发器通道模块支持的数据速率不同。图 2.2 为 Stratix GX 和 Stratix Ⅳ GT 芯片视图。

收发器模块：Stratix Ⅳ GX：600 Mb/s～8.5 Gb/s 基于 CDR 的收发器；Stratix Ⅳ GT：2.488 Gb/s～11.3 Gb/s 基于 CDR 的收发器

普通 I/O 接口与具有 DPA 和 Soft-CDR 的高速 LVDS I/O：普通 I/O 接口与具有 DPA 和 Soft-CDR、速率高达 1.6 Gb/s 的LVDS 接口

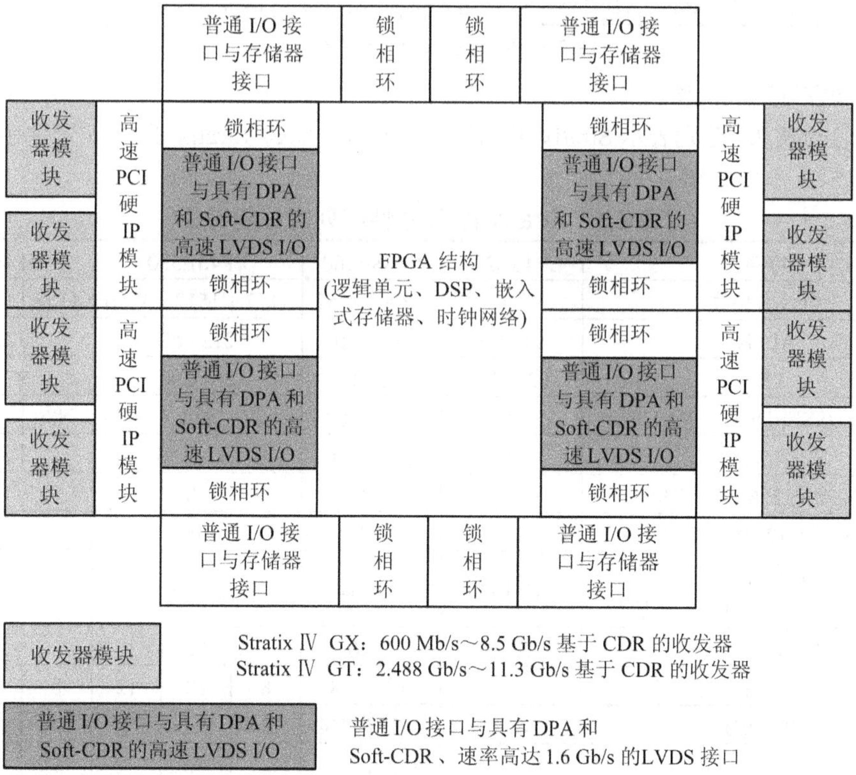

图 2.2　Stratix Ⅳ GX 和 Stratix Ⅳ GT 芯片视图

Stratix Ⅳ E 器件对于不要求高速基于 CDR 收发器的应用，而是关于逻辑、用户 I/O 和存储器的应用能提供一个非常优秀的解决方案。图 2.3 为 Stratix Ⅳ E 器件芯片视图。

普通 I/O 接口与存储器接口 | 锁相环 | 锁相环 | 普通 I/O 接口与存储器接口

锁相环
普通 I/O 接口与具有 DPA 和 Soft-CDR 的高速 LVDS I/O
锁相环
锁相环
普通 I/O 接口与具有 DPA 和 Soft-CDR 的高速 LVDS I/O
锁相环

FPGA 结构
(逻辑单元、DSP、嵌入式存储器、时钟网络)

锁相环
普通 I/O 接口与具有 DPA 和 Soft-CDR 的高速 LVDS I/O
锁相环
锁相环
普通 I/O 接口与具有 DPA 和 Soft-CDR 的高速 LVDS I/O
锁相环

普通 I/O 接口与存储器接口 | 锁相环 | 锁相环 | 普通 I/O 接口与存储器接口

普通 I/O 接口与具有 DPA 和 Soft-CDR 的高速 LVDS I/O — 普通 I/O 接口与具有 DPA 和 Soft-CDR 的 150 Mb/s～1.6 Gb/s 的LVDS 接口

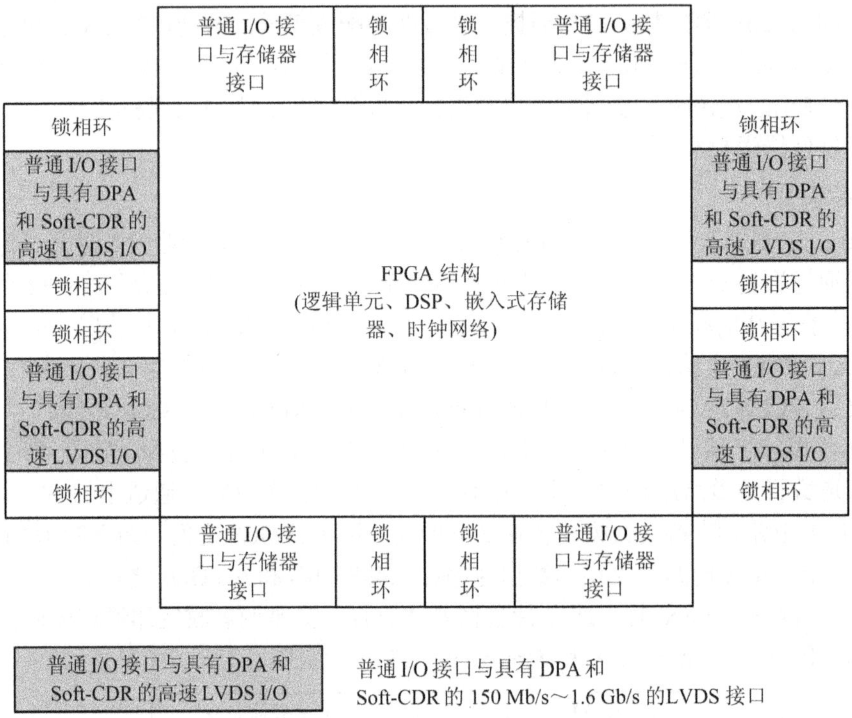

图 2.3 Stratix Ⅳ E 器件芯片视图

3. 器件性能及选择

表 2.1～表 2.3 分别表示 Stratix Ⅳ E、Stratix Ⅳ GX、Stratix Ⅳ GT 器件序列的性能特征。

表 2.1 Stratix Ⅳ E 器件序列的性能特征

特性	EP4SE230	EP4SE360		EP4SE530			EP4SE820		
封装引脚数	780	780	1152	1152	1517	1760	1152	1517	1760
ALMs	91 200	141 440		212 480			325 220		
LEs	228 000	353 600		531 200			813 050		
高速 LVDSSERDES(到 1.6 Gb/s)	56	56	88	88	112	112	88	112	132
SPI-4.2 链路	3	3	4	4	6		4	6	6
M9K 模块(256 × 36 比特)	1235	1248		1280			1610		
M114K 模块(2048 × 72 比特)	22	48		64			60		
总存储器 (MLAB + M9K + M144K)千比特	17 133	22 564		27 376			33 294		
嵌入式乘法器(18 × 18)	1288	1040		1024			960		
PLLs	4	4	8	8	12	12	8	12	12
用户 I/O	488	488	744	744	976	976	744	976	1120
速度级(最快到最慢)	−2 −3 −4	−2 −3 −4	−2 −3 −4	−2 −3 −4	−2 −3 −4	−2 −3 −4	−3 −4	−3 −4	−3 −4

表 2.2　Stratix Ⅳ GX 器件序列的性能特征

特性	EP4SGX70		EP4SCX110			EP4SGX180				EP4SGX230				EP4SGX290						EP4SGX360						EP4SGX530			
封装选项	F780	F1152	F780	F1152		F780	F1152		F1517	F780	F1152		F1517	F780	F1152		F1517	F1760	F1932	F780	F1152		F1517	F1760	F1932	F1152	F1517	F1760	F1932
ALMs	29 040		42 240			70 300				91 200				116 430						141 440						212 430			
LEs	72 600		165 600			175 750				223 000				291 200						359 600						531 200			
0.6 Gb/s～8.5 Gb/s 发射接收器(PMA+PCS)	—	16	—	—	16	—	—	16	24	—	—	16	24	—	—	16	24	24	32	—	—	16	24	24	32	16	24	24	32
0.6 Gb/s～6.5 Gb/s 发射接收器(PMA+PCS)	8	—	8	16	—	8	16	—	—	8	16	—	—	16	16	—	—	—	—	16	16	—	—	—	—	—	—	—	—
CMU 通道 仅 PMA (0.6 Gb/s～6.5 Gb/s)	—	8	—	—	8	—	—	8	12	—	—	8	12	—	—	8	12	12	16	—	—	8	12	12	16	8	12	12	16
PCI 专线硬 IP 模块	1	2	1	2		1	2			1	2			2					4	2					4	2	4		
高速 LVDS SERDER (到 1.6 Gb/s)	28	56	28	28	56	28	44		88	28	44		88	—	44		88	88	98	—	44		88	88	98	44	88	88	98
SPI-4.2 链路	1		1			1	2		4	1	2		4	—	2		4			—	2		4			2	4		
M9K 模块 (256 × 36 比特)	462		560			950				1235				936						1248						1280			
M144K 模块（2048 × 72 比特）	16		16			20				22				36						48						64			
总存储器 (MLAB+M9K+M114K)kb	7370		9564			13627				17133				17248						22564						27376			
嵌入式乘法器(18 × 18)	384		512			920				1288				832						1040					1024	1024			
PLLs	3	4	3	4		3	6		6	3	6		8	4	6		8	12	12	4	6		8	12	12	6	8	12	12
用户 I/O	372	488	372	372	488	372	564	564	744	372	564	564	744	289	564	564	744	880	920	289	564	564	744	880	920	564	744	880	920
速度级 (最快到最慢)	–2 –3 –4	–2 –3 –4	–2 –3 –4	–2 –3 –4	–2 –3 –4	–2 –3 –4	–2 –3 –4	–2 –3 –4	–2 –3 –4	–2 –3 –4	–2 –3 –4	–2 –3 –4	–2 –3 –4	–2 –3 –4	–2 –3 –4	–2 –3 –4	–2 –3 –4	–2 –3 –4	–2 –3 –4	–2 –3 –4	–2 –3 –4	–2 –3 –4	–2 –3 –4	–2 –3 –4	–2 –3 –4	–2 –3 –4	–2 –3 –4	–2 –3 –4	–2 –3 –4

表 2.3　Stratix Ⅳ GT 器件序列的性能特征

特性	EP4S40G2	EP4S40G5	EP4S100G2	EP4S100G3	EP4S100G4	EP4S100G5	
封装引脚数	1517	1517	1517	1932	1932	1517	1932
ALMs	91 200	212 480	91 200	116 480	141 440	212 480	
LEs	228 000	531 200	228 000	291 200	353 600	531 200	
总发射接收器通道	36	36	36	48	48	36	48
10 G 发射接收器通道 (2.488 Gb/s～11.3 Gb/s 带 PMA + PCS)	12	12	24	24	24	24	32
8 G 发射接收器通道 (2.488 Gb/s～8.5 Gb/s 带 PMA + PCS)	12	12	0	8	8	0	0
CMU 通道仅 PMA (2.488 Gb/s～6.5 Gb/s)	12	12	12	16	16	12	16
PCI 专线硬 IP 模块	2	2	2	4	4	2	4
高速 LVDS SERDES (到 1.6 Gb/s)	46	46	46	47	47	46	47
SPI-4.2 链路	2	2	2	2	2	2	2
M9K 模块 (256×72 比特)	1235	1280	1235	936	1248	1280	
M114K 模块 (2048 × 72 比特)	22	64	22	36	48	64	
总存储器(MLAB + M9K + M144K)千比特	17 133	27 376	17 133	17 248	22 564	27 376	
嵌入式乘法器(18 × 18)	1288	1024	1288	832	1024	1024	
PLLs	8	8	8	12	12	8	12
用户 I/O	654	654	654	781	781	654	781
速度级(最快到最慢)	−1,−2,−3	−1,−2,−3	−1,−2,−3	−1,−2,−3	−1,−2,−3	−1,−2,−3	−1,−2,−3

2.2.2　高端 FPGA 器件 Stratix V

Altera 公司的 28 nm 的 Stratix Ⅴ FPGA 器件包含一些创新性的内容，比如增强的核结构，高达 28 Gb/s 的集成收发器，独一无二的集成硬 IP 模块阵列等。一些新的器件特征及加强特征将在 Quartus Ⅱ 10.0 版本中给出。正是基于这些创新，Stratix Ⅴ FPGA 使得优化目标器件在以下的应用中达到一个新的等级：中心带宽的应用和协议；在 40 G/100 G 甚至更高范围内的数据密集型应用；在高性能高精度的数字信号处理(DSP)应用。

Stratix V FPGA 有四种不同的类型(GT、GX、GS 和 E)，对应于不同目标类型的应用对象。对于更大量的产品，可以用 Stratix Ⅴ FPGA 做原型，通过低风险、低成本的途径完成到 HardCopy Ⅴ ASIC。

Stratix Ⅴ GT 系列器件有 28 Gb/s 和 12.5 Gb/s 两种收发器，已经针对高带宽、高性能领域的应用进行了优化，例如 40 G/100 G/400 G 范围的光通信系统和光测试系统。

Stratix Ⅴ GX 系列器件提供最高 66 个集成的 12.5 Gb/s 收发器支撑底板和光学模块。这些器件已经针对高带宽、高性能领域的应用进行了优化，例如 40 G/100 G/400 G 范围的光传输、信息包处理以及业务管理。

Stratix Ⅴ GS 系列器件拥有多达 3680 个可变精度数字信号处理(DSP)模块和支撑底板和光学模块的集成 12.5 Gb/s 收发器。这些器件已经针对基于收发器的 DSP 中心应用进行了优化。

Stratix Ⅴ E 系列器件在 Stratix Ⅴ家族器件中拥有最高的逻辑密度，其最大的器件超过一百万个逻辑单元(LEs)，它是 Stratix Ⅴ系列器件中密度最高的一种变型。这些器件已经针对 ASIC 和系统仿真，诊断成像以及仪器仪表等应用进行了优化。

所有 Stratix Ⅴ家族器件变化类型的一个共同点，是都拥有一套丰富的高性能内建模块，包括一个重新设计的逻辑模块(ALM)，20 kb 的嵌入式存储器模块(M20K)，可变精度的 DSP 模块以及分数时钟综合 PLL(fPLLs)。所有这些内建模块通过 Altera 的高级多跟踪路由结构以及全面布局的时钟网络相互联系在一起。

所有 Stratix Ⅴ家族器件变化类型的另一个共同点是拥有一个新的嵌入式 HardCopy 模块(EHB)。该模块是用户定制的固定 IP 模块，可以衡量 Altera 独一无二的 HardCopy ASIC 能力。EHB 主要用于固化标准和加强逻辑功能，例如接口协议、特别应用功能和用户专有的 IP。将 IP 固化到 EHB 中能放有价值的核心逻辑资源，减少整个系统的功率和成本。当前 Stratix Ⅴ器件系列中的 EHB 模块包括一个 PCI Express Gen1/Gen2 的硬 IP 实例。更多的 EHB 硬 IP 选项将在未来的 Quartus Ⅱ软件版本中发布。

1．特点

Stratix Ⅴ系列器件的主要特点如下。

✧ 工艺：28 nm 的 TSMC 加工技术，0.85 V 的核心电压。

✧ 低功率串行收发器：Stratix Ⅴ GT 器件中的 28 Gb/s 收发器；600 Mb/s～12.5 Gb/s 的底板能力；发射预加重和去加重；独立通道的动态重新配置。

✧ 通用的 I/O 端口：1.6 Gb/s LVDS；533 MHz/1066 Mb/s 外部存储器接口；单片终端(OCT)；Stratix Ⅴ GX/GS/E 系列器件 1.2 V 到 3.3 V 接口电压；Stratix Ⅴ GT 器件的 1.2 V 到 2.5 V 接口电压。

✧ 嵌入式 HardCopy 模块：PCI Express Gen1/Gen2 完全协议堆栈，×1/×4/×8 端点和起点端口。

✧ 嵌入式收发器硬 IP：内嵌 PCS；吉比特以太网(GbE)和 XAUI PCS；10 G 以太网 PCS；串行快速 I/O(SRIO) PCS；共同的公众无线电接口(CPRI)PCS；吉比特无源光网络(GPON) PCS。

✧ 电源管理：可编程的电源技术；集成 PowerPlay 和功率分析的 Quartus Ⅱ。

✧ 高性能的核心结构：有 4 个寄存器的增强型 ALM；改进的路由方式可减少拥堵、提高编译效率。

✧ 嵌入式存储模块：M20K，具有硬 ECC 的 20 Kb；MLAB 为 640 bit；

✧ 可变精度 DSP 模块：性能最高 500 MHz；支持信号处理精度从 9×9 到 54×54；新增 27×27 乘法模式；中心 FIR 的 64 bit 累加器和级联；嵌入式内部系数存储器；预先的加法器/减法器可改善效率；增强的输出数目允许更多独立的乘法器。

✧ 分数锁相环：分数模式具有三级顺序和 δ-γ 调制；整数模式；精确的时钟综合、时钟延迟补偿和零延迟缓冲。

✧ 时钟网络：717 MHz 分数时钟；全局、四分频的外围时钟网络；可以关闭闲置的时钟网络以降低动态功率。

✧　配置：串行和并行 flash 接口；嵌入的 AES 安全特点；篡改保护。

✧　高性能的封装：同一封装引脚布置的器件具有不同的器件密度，使得在不同密度的 FPGA 之间可以无缝移植；FBGA 封装在封装上面具有去耦电容。

✧　HardCopy Ⅴ的可移植性。

2．结构

Stratix Ⅴ收发器具有 600 Mb/s～28 Gb/s 的最高带宽，低比特差错率(BER)和低功耗。Stratix Ⅴ已经做了许多加强来提高灵活性和鲁棒性。这些改进包括健全的模拟接收时钟和数据恢复(CDR)，12.5 Gb/s 底板的先进预加重和均衡。此外，所有的收发器对嵌入式 PCS 硬 IP 的全部特征具有同一性，以简化设计，降低功耗，节省有效核心资源。Stratix Ⅴ收发器被设计为标准化部件以适应宽范围内的协议和数据速率，被用作各种信号特征条件下支持底板、光学模块和芯片到芯片方面的应用。

这些收发器安置在芯片的左边和右边，如图 2.4 所示，它们与芯片上的其余部分隔离开，防止核心和 I/O 的噪声耦合进收发器。为了确保最优信号的完整性，由物理媒介附件(PMA)，物理编码子层(PCS)和时钟网络组成收发器信道。闲置的收发器 PMA 信道也可以作为额外的发送锁相环 PLL 使用。

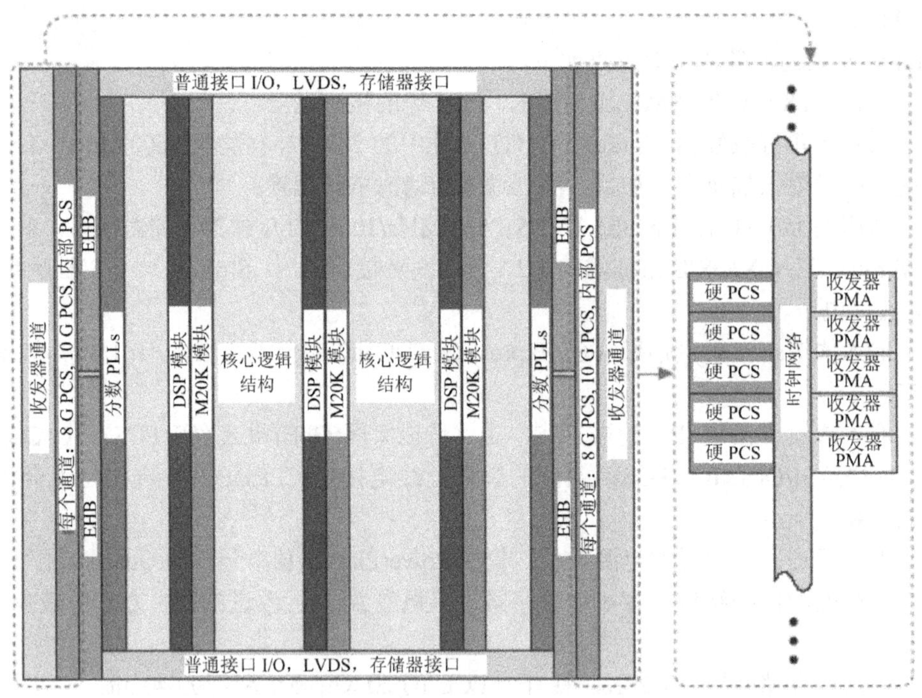

图 2.4　Stratix Ⅴ GT/GX/GS 芯片视图

Stratix Ⅴ核心逻辑依靠收发器数据率和协议，通过 8，10，16，20，32，40，64 或者 66 bit 的接口连接到 PCS。Stratix Ⅴ器件包含硬 IP 的 PCS 来支持 PCI Express Gen1/Gen2，内置 10GE，XAUI，GbE，SRIO，CPRI 和 GPON。所有其它的标准和专有协议通过收发器 PCS 硬 IP 支持。图 2.4 为 Stratix Ⅴ GT/GX/GS 芯片视图。

3．器件性能及选择

表 2.4 和表 2.5 分别给出了 Stratix Ⅴ GT/GX/GS 和 Strativ Ⅴ E 器件序列的性能特性。

表 2.4　Stratix Ⅴ GT/GX/GS 器件序列的性能特征

特　性		器件型号									
		Stratix Ⅴ GT		Stratix Ⅴ GX						Stratix V GS	
		EP5SGT420	EP5SGT630	EP5SGX240	EP5SGX310	EP5SGX420	EP5SGX630	EP5SGX400	EP5SGX540	EP5SGS480	EP5SGS730
逻辑单元		424 K	635 K	239 K	311 K	424 K	635 K	403 K	536 K	482 K	726 K
寄存器		640 K	958 K	360 K	469 K	640 K	958 K	608 K	809 K	728 K	1096 K
28 G 收发器(最大比率)		4	4	0	0	0	0	0	0	0	0
12.5 G 收发器(最大比率)		32	32	24 to 36	24 to 36	24 to 48	24 to 48	66	66	27	27
PCI 专线 Gen1/Gen2 硬 IP 模块		1	1	1 to 2	1 to 2	1 to 4	1 to 4	1 to 4	1 to 4	1 to 2	1 to 2
存储器模块(每个 20 Kb)		2300	2508	1400	1620	2300	2508	2000	2583	1550	1955
总存储器(Mbits)		47	51	29	33	47	51	41	53	32	40
可变精度乘法器—18 × 18		640	684	400	486	640	684	700	738	3310	3660
可变精度乘法器—27 × 27		320	342	200	243	320	342	350	369	1655	1840
DDR3 SDRAM × 72 DIMM 接口		4	4	1 to 4	1 to 4	2 to 6	2 to 6	2 to 4	2 to 4	3 to 7	3 to 7
封装	尺寸	最大用户 I/O(普通接口，LVDS，收发器)									
HF29-F780	29 × 29 mm^2			270,67,24	270,67,24						
HF35-F1152	35 × 35 mm^2			560,140,240	560,140,24	560,140,24	560,140,24				
IF35-F1152	35 × 35 mm^2									523,130,27	523,130,27
KF35-F1152	35 × 35 mm^2			444,111,36	444,111,36	444,111,36	444,111,36				
KF40-F1517	40 × 40 mm^2			624,156,36	624,156,36	707,176,36	707,176,36				
RF40-F1517	40 × 40 mm^2							439,109,66	439,109,66		
IF40-F1517	40 × 40 mm^2									781,195,27	781,195,27
KF40-F1517	40 × 40 mm^2	597,149,36	597,149,36								
NF40-F1517	40 × 40 mm^2					597,149,48	597,149,48				
NF45-F1932	45 × 45 mm^2					840,210,48	840,210,48				
RF45-F1932	45 × 45 mm^2							648,162,66	646,162,66		
IF45-F1932	45 × 45 mm^2									1020,255,27	1020,255,27

表 2.5 Stratix Ⅴ E 器件序列的性能特征

特 性	器件型号	
	EP5SE970	EP5SE1100
逻辑单元	968K	1087K
寄存器	1461K	1640K
存储器模块(每个 20 Kb)	1596	2100
总存储器(Mbits)	33	43
可变乘法器精度—18 × 18	1064	110
可变乘法器精度—27 × 27	532	550
普通接口 I/O	900	900
LVDS	225	225

2.2.3 低成本 FPGA 器件 Cyclone Ⅲ

Cyclone Ⅲ是唯一同时具有高性能、低功耗和低成本特点的器件系列。它是基于台湾半导体制造公司(TSMC)的低功耗(LP)处理技术、硅芯片最优化和软件优化技术来降低功耗。Cyclone Ⅲ器件系列为高容量、低功耗和成本敏感的应用需求提供了理想的解决方案。为了解决独特的设计需求，Cyclone Ⅲ器件系列还提供了两种变化类型。Cyclone Ⅲ以最低的成本实现了最低功耗和高性能；Cyclone Ⅲ LS 是安全可靠的最低功耗 FPGA。

Cyclone Ⅲ器件系列具有 5 K～200 K 的逻辑单元密度范围和 0.5 Mb～8 Mb 的存储器范围，静态功耗不足 0.25 W。Cyclone Ⅲ LS 器件系列首次在低功耗、高性能的 FPGA 平台上，在硅片、软件以及知识产权(IP)核的层次上实现了一套安全措施。这套安全措施可确保 IP 免受篡改、逆向工程操作和复制。

1．特点

Cyclone Ⅲ系列器件的主要特点如下。

1) 最低功耗 FPGA

✧ 最低功耗归因于：TSMC 低功耗处理技术；Altera 的功率意识的设计流程。

✧ 低功耗运行提供以下好处：延长便携式和手持式应用的电池寿命；减少或消除冷却系统成本；适应温度影响关键的环境。

✧ 支持热插拔操作。

2) 设计安全功能

Cyclone Ⅲ LS 器件系列提供以下设计安全特征。

✧ 配置安全使用高级加密标准(AES)的 256 位可变密码。

✧ 使用 Quartus Ⅱ软件对设计分离流程进行路由结构优化：设计分离流程在设计分离区各部分之间达到物理和功能上的隔离。

✧ 禁用外部 JTAG 端口的能力。

✧ 核心的错误检测(ED)周期指示器：在每个 ED 周期里提供一个通过及不通过指示标志；通过随机存储器(CRAM)的位比特为有意或无意的配置变化提供可视性。

✧ 具有清除 FPGA 逻辑、CRAM、嵌入式存储器和 AES 密钥内容的能力。

✧　内部振荡器使之具有系统监测和健康检查能力。

3) 增强的系统集成度

✧　高存储器和乘数器与逻辑的比率。

✧　高 I/O 数量、低密度和中密度器件满足用户 I/O 高需求的应用：可调整的 I/O 回转率以提高信号完整性；支持各种 I/O 标准如 LVTTL、LVCMOS、SSTL、HSTL、PCI、PCI-X、LVPECL、VDS、总线 LVDS(BLVDS)、LVDS、微型 LVDS、RSDS 和 PPDS；支持多值片上终端(OCT)校准功能消除处理、电压和温度(PVT)变化。

✧　每个器件有四个锁相环(PLL)为器件时钟管理、外部系统时钟管理和 I/O 接口提供强大的时钟管理和合成能力：每个锁相环有五个输出；通过级联节省 I/O 口，容易的 PCB 布线，并能降低抖动；通过动态可重构改变相移、频率乘法或除法，或两者兼而有之，并在系统中输入频率时无需重新配置器件。

✧　无需外部控制器就可进行远程系统升级。

✧　专用循环冗余码校验电路检测单事件翻转(SEU)问题。

✧　Cyclone Ⅲ器件系列的 Nios Ⅱ嵌入式处理器，提供低成本、适合用户的嵌入式解决方案。

✧　能够从 Altera 和 Altera 项目合作(AMPP)伙伴那里广泛收集预先建立和验证的 IP 内核。

✧　支持高速外部存储器接口，如 DDR、DDR2、SDR SDRAM 和 QDRII SRAM：自动校准 PHY 功能，简化了时序收敛过程并通过 PVT 消除 DDR、DDR2 和 QDRII SRAM 的接口变化。

✧　Cyclone Ⅲ器件系列支持垂直移植。对于给定的封装器件密度，允许用户将所用器件移植到与其具有相同的专用引脚、配置引脚和电源引脚的其它器件中。这使用户可以随着设计的进展优化设备密度和成本。

2. 结构特点

Cyclone Ⅲ器件系列包括针对便携式应用优化的客户定义的特征集，它提供了宽范围密度、存储器、嵌入式乘法器和 I/O 选项。Cyclone Ⅲ器件系列支持多种外部存储器接口和高容量应用中常见的 I/O 协议。Quartus Ⅱ软件的功能和参数化的 IP 核使用户更轻松使用 Cyclone Ⅲ器件系列的接口和协议。

1) 逻辑单元和逻辑阵列块

一个逻辑阵列模块由 16 个逻辑单元和 1 个 LAB 控制模块组成。LE 是 Cyclone Ⅲ器件系列结构的最小逻辑单位。每个 LE 有 4 个输入、1 个四输入查找表(LUT)、1 个寄存器和输出逻辑。四输入 LUT 是一个函数发生器，能够实现四变量的任何功能。

2) 内存模块

Cyclone Ⅲ器件系列的每个 M9K 内存块提供 9 kb 的片上内存，在 Cyclone Ⅲ器件中存储器工作频率高达 315 MHz，在 Cyclone Ⅲ LS 器件中工作频率高达 274 MHz。嵌入式存储器结构由 M9K 内存块阵列组成，可以配置为 RAM、先入先出(FIFO)缓冲器或 ROM。Cyclone Ⅲ器件系列内存块已针对高速数据包处理、嵌入式处理器程序和嵌入式数据存储进行了优化。

Quartus Ⅱ软件允许充分利用 M9K 存储器模块，可以通过专用宏功能模块向导示例或直接从 VHDL 或 Verilog 源代码中推断为内存。

M9K 存储器模块支持单端口、简单双端口和真双端口工作模式。单端口模式和简单双端口模式支持所有端口宽度配置为×1，×2，×4，×8，×9，×16，×18，×32 和×36。真双端口模式支持端口宽度配置为×1，×2，×4，×8，×9，×16 和×18。

3) 嵌入式乘法器和数字信号处理

Cyclone Ⅲ器件支持多达 288 个嵌入式乘法器模块，Cyclone Ⅲ LS 器件支持多达 396 个嵌入式乘法器模块。每个模块支持一个单独的 18×18 位乘法器或两个单独的 9×9 位乘法器。

Quartus Ⅱ软件包含的宏功能模块被用来控制基于用户参数设置的嵌入式乘法器模块操作模式。乘法器也可以直接从 VHDL 或 Verilog 源代码中推断出。除了嵌入式乘法器，Cyclone Ⅲ器件系列包括片上资源和外部接口的组合，这样使它们在增强性能、降低系统成本和降低数字信号处理(DSP)系统功耗方面变得更加理想。用户可以单独使用 Cyclone Ⅲ器件系列或作为 DSP 器件的协处理器提高 DSP 系统的性价比。

Cyclone Ⅲ器件系列的 DSP 系统设计支持包括以下特点。

✧ DSP IP 核：通用 DSP 处理功能，如有限冲击响应(FIR)、快速傅立叶变换(FFT)以及数控振荡器(NCO)函数；普通视频和图像处理函数套件。

✧ 为最终市场应用提供的完整参考设计。

✧ 在 Quartus Ⅱ软件与 MathWorks Simulink 和 Matlab 设计环境之间提供 DSP Builder 接口工具。

✧ DSP 开发工具套件。

4) 时钟网络和 PLL

Cyclone Ⅲ器件系列包括 20 个全局时钟网络，可以从专用时钟引脚、双重目的时钟引脚、用户逻辑和锁相环 PLL 上驱动全局时钟信号。Cyclone Ⅲ器件系列包括最高 4 个五输出锁相环(PLL)，每个 PLL 都可以进行强大的时钟管理和综合。可以利用 PLL 进行器件时钟管理、外部系统时钟管理和 I/O 接口管理。

可以动态重新配置 Cyclone Ⅲ器件系列的 PLL，对正在工作的器件外部存储器接口进行自动校准。该功能支持多输入源频率，并且能满足相应的乘法、除法和相移要求。Cyclone Ⅲ器件系列的锁相环可以级联，从一个单一的外部时钟源在输出引脚上产生多达 10 个内部时钟和两个外部时钟。

5) I/O 功能

Cyclone Ⅲ器件系列有 8 个 I/O 组。所有 I/O 组支持单端和差分 I/O 标准。Cyclone Ⅲ器件系列 I/O 还支持可编程总线保持、可编程上拉电阻、可编程延迟、可编程驱动强度、为优化信号完整性的可编程摆率控制及热插拔。Cyclone Ⅲ器件系列可以用每面只有一个 OCT 校准模块支持片上串行终端(R_sOCT)校准或单端 I/O 标准驱动阻抗匹配(R_s)。

6) 支持标准的工业嵌入式处理器

为了采用 Cyclone Ⅲ器件系列迅速、简单地进行系统级设计，可以选择其中的×32 位软处理器核：Freescale V1 Coldfire、ARM、Cortex M1 或 Altera Nios Ⅱ。随着片上系统(SOPC)生成器工具的使用，会带有 50 个其它 IP 模块库。SOPC Builder 是 Altera 公司 Quartus Ⅱ

的一种设计工具，能将 IP 模块系统集成进 FPGA 设计中。SOPC Builder 自动产生互连逻辑并创建一个测试平台对功能进行验证，从而节省了宝贵的设计时间。

7) 扩展了传统嵌入式处理器的性能

单个或多个 Nios Ⅱ嵌入式处理器被设计到 Cyclone Ⅲ器件系列中，旨在提高附加的协处理能力甚至取代系统中的传统嵌入式处理器。同时使用 Cyclone Ⅲ器件系列和 Nios Ⅱ可以提供低成本、高性能的嵌入式处理解决方案，从而允许扩展产品生命周期，相对于标准产品解决方案缩短了上市时间。Freescale 和 ARM 嵌入式处理器需要单独许可授权。

8) 热插拔和上电复位

Cyclone Ⅲ器件系列具有热插拔功能和无需外部器件支持的顺序上电。可以在系统运行过程中插入或拔出一块或更多块 Cyclone Ⅲ器件系列的组件，不会对正在运行的系统总线或插入的系统板造成不良影响。该热插拔功能允许在混合有 3.3 V、2.5 V、1.8 V、1.5 V 和 1.2 V 器件的 PCB 板上使用 FPGA。Cyclone Ⅲ器件系列的热插拔功能，无需为了 FPGA 正常运作对板上其它器件进行上电顺序要求。

9) JTAG 边界扫描测试

Cyclone Ⅲ器件系列支持 IEEE 1149.1 标准的 JTAG 规范。当器件正常运行时，边界扫描测试(BST)结构提供了测试引脚连接的能力，而不需要使用物理测试探针和捕获函数数据。Cyclone Ⅲ器件系列的边界扫描单元可以强制信号到引脚或从引脚捕获数据或逻辑阵列信号中获得信号。强制测试数据被串行移入边界扫描单元。捕获数据串行移出并与预期结果在外部进行比较。除了 BST，用户还可以使用 IEEE 1149.1 标准的控制器进行 Cyclone Ⅲ LS 器件的在电路重构(ICR)。

10) 配置

Cyclone Ⅲ器件系列采用 SRAM 单元存储配置数据。每次器件启动时，配置数据下载到 Cyclone Ⅲ器件系列中。低成本配置选项包括 Altera 公司的 EPCS 系列串行闪存以及常用并行闪存配置。这些配置选项为通用目的的应用和满足特定配置的能力及唤醒时间要求提供了灵活性。Cyclone Ⅲ器件系列支持 AS、PS、FPP 和 JTAG 配置方案。AP 配置方案仅在 Cyclone Ⅲ器件中支持。

11) 远程系统升级

Cyclone Ⅲ器件系列无需外部控制器即可进行远程系统升级。Cyclone Ⅲ器件系列中的远程系统升级能力允许系统在远端进行升级。在 Cyclone Ⅲ器件中实现的软逻辑(不论是 Nios Ⅱ嵌入式处理器或用户逻辑)可以在远端下载一个新的配置映像，将它存储在配置存储器中，并且指示专用远程系统升级电路开始一个新的配置周期。专用电路可以在配置处理过程中和配置完成后进行错误检测，并且可以从错误状态中恢复出来回复到安全配置映像中。专用电路还提供了错误状态信息。Cyclone Ⅲ器件在 AS 与 AP 配置方案上支持远程系统升级，而 Cyclone Ⅲ LS 器件只在 AS 配置方案上支持远程系统升级。

12) 设计安全性(仅 Cyclone Ⅲ LS 器件)

Cyclone Ⅲ LS 器件具有设计安全特点，在竞争激烈的军事和商业环境的大容量和关键设计中具有重要作用。Cyclone Ⅲ LS 器件配备了配置位流加密和防篡改功能，保护用户的设计，防止复制、逆向工程和篡改。Cyclone Ⅲ LS 器件使用了 256 位 AES 安全密钥确保配置安全。

3. 器件性能及选择

表 2.6～表 2.9 分别列出了 Cyclone Ⅲ器件序列的性能特征、封装尺寸、速度等级和配置方式。

表 2.6　Cyclone Ⅲ器件序列的性能特征

系列	器件	LE	M9K 模块数	总 RAM 比特	18 × 18 乘法器	PLL	全局时钟网络	最大用户 I/O 数量
Cyclone Ⅲ	EP3C5	5136	46	423 936	23	2	10	182
	EP3C10	10320	46	423 936	23	2	10	182
	EP3C16	15408	56	516 096	56	4	20	346
	EP3C25	24624	66	608 256	66	4	20	215
	EP3C40	39600	126	1 161 216	126	4	20	535
	EP3C55	55856	260	2 396 160	156	4	20	377
	EP3C80	81264	305	2 810 880	244	4	20	429
	EP3C120	119088	3 981 312	432	288	4	20	531
Cyclone Ⅲ LS	EP3CLS70	70208	3 068 928	333	200	4	20	413
	EP3CLS100	100448	4 451 328	483	276	4	20	413
	EP3CLS150	150848	6 137 856	666	320	4	20	413
	EP3CLS200	198464	8 211 456	891	396	4	20	413

表 2.7　Cyclone Ⅲ器件系列封装尺寸

系列	封装	间距/mm	公称面积 /mm^2	长 × 宽 /mm × mm	高度/mm
Cyclone Ⅲ	E144	0.5	484	22 × 22	1.60
	M164	0.5	64	8 × 8	1.40
	P240	0.5	1197	34.6 × 34.6	4.10
	F256	1.0	289	17 × 17	1.55
	U256	0.8	196	14 × 14	2.20
	F324	1.0	361	19 × 19	2.20
	F484	1.0	529	23 × 23	2.60
	U484	0.8	361	19 × 19	2.20
	F780	1.0	841	29 × 29	2.60
Cyclone Ⅲ LS	F484	1.0	529	23 × 23	2.60
	U484	0.8	361	19 × 19	2.20
	F780	1.0	841	29 × 29	2.60

表 2.8　Cyclone Ⅲ器件系列速度等级

系列	器件	E144	M164	P240	F256	U256	F324	F484	U484	F780
Cyclone Ⅲ	EP3C5	C7、C8、I7、A7	C7、C8、I7	—	C6、C7、C8、I7、A7	C6、C7、C8、I7、A7	—	—	—	—
	EP3C10	C7、C8、I7、A7	C7、C8、I7	—	C6、C7、C8、I7、A7	C6、C7、C8、I7、A7	—	—	—	—
	EP3C16	C7、C8、I7、A7	C7、C8、I7	C8	C6、C7、C8、I7、A7	C6、C7、C8、I7、A7	—	C6、C7、C8、I7、A7	C6、C7、C8、I7、A7	—
	EP3C25	C7、C8、I7、A7	—	C8	C6、C7、C8、I7、A7	C6、C7、C8、I7、A7	C6、C7、C8、I7、A7	—	—	—
	EP3C40	—	—	C8	—	—	C6、C7、C8、I7、A7	C6、C7、C8、I7、A7	C6、C7、C8、I7、A7	C6、C7、C8、I7、A7
	EP3C55	—	—	—	—	—	—	C6、C7、C8、I7	C6、C7、C8、I7	C6、C7、C8、I7
	EP3C80	—	—	—	—	—	—	C6、C7、C8、I7	C6、C7、C8、I7	C6、C7、C8、I7
	EP3C120	—	—	—	—	—	—	C7、C8、I7	—	C7、C8、I7
Cyclone Ⅲ LS	EP3CLS70	—	—	—	—	—	—	C7、C8、I7	C7、C8、I7	C7、C8、I7
	EP3CLS100	—	—	—	—	—	—	C7、C8、I7	C7、C8、I7	C7、C8、I7
	EP3CLS150	—	—	—	—	—	—	C7、C8、I7	—	C7、C8、I7
	EP3CLS200	—	—	—	—	—	—	C7、C8、I7	—	C7、C8、I7

表 2.9　Cyclone Ⅲ器件系列配置方式

配 置 方 式	Cyclone Ⅲ	Cyclone Ⅲ LS
主动串行 AS 模式	√	√
主动并行 AP 模式	√	—
被动串行 PS 模式	√	√
快速被动并行 FPP 模式	√	√
JTAG 模式	√	√

2.2.4　低成本 FPGA 器件 Cyclone Ⅳ

Cyclone Ⅳ器件定位为高容量，成本敏感的应用，可满足系统设计师日益增长的带宽需求，同时降低了成本。为了实现最优化的低功耗处理，Cyclone Ⅳ家族器件提供两种变化类型。

Cyclone Ⅳ E：功耗和成本最低的高性能 FPGA，其器件核心电压为 1.0 V 和 1.2 V。

Cyclone Ⅳ GX：具有 3.125 Gb/s 收发器的最低功耗和成本的 FPGA。

假设功率和成本的节省不牺牲性能，连同低成本的集成收发器选项，在无线、有线、广播、工业、消费领域和通信产业对于低成本、小型化的应用来说，Cyclone Ⅳ器件是理想的。

1．特点

Cyclone Ⅳ系列器件的主要特点如下。

✧ 低成本、低功耗的 FPGA 架构：6 K～150 K 的逻辑单元；高达 6.3 Mb 的嵌入式存储器；多达 360 个 18×18 乘法器强化 DSP 处理应用；总功率 1.5 W 以下的协议桥接应用。

✧ Cyclone Ⅳ GX 器件提供的高达 8 个高速收发器具有：数据速率高达 3.125 Gb/s；8 位或 10 位物理媒介附件(PMA)到物理编码子层(PCS)接口；字校准器；速率匹配 FIFO；对通用公共无线接口(CPRI)的 TX 比特滑动；动态信道重新配置允许工作时改变数据速率和协议；为保证重要信号的完整性而静态均衡和预加重；每通道功耗 150 mW；灵活的时钟结构在单一的收发器模块中支持多协议。

✧ 对 PCI Express (PIPE) (PCIe) Gen 1，Cyclone Ⅳ GX 器件提供专用的硬 IP；提供×1、×2、×4 窄通道配置；端点和根端口配置；多达 256 个字节的有效载荷；一个虚拟通道；2 KB 的重试缓冲器；4 KB 的接收器(Rx)缓冲器。

✧ Cyclone Ⅳ GX 器件提供了一个广泛的协议支持：PCIe (PIPE) Gen 1 ×1、×2 和×4(2.5 Gb/s)；CPRI(高达 3.072 Gb/s)；XAUI(3.125 Gb/s)；三重速率串行数字接口(SDI)(高达 2.97 Gb/s)；串行快速 IO(3.125 Gb/s)；基本模式(高达 3.125 Gb/s)；V-by-One(高达 3.0 Gb/s)；OBSAI(高达 3.072 Gb/s)。

✧ 多达 532 个用户 I/O：LVDS 接口高达 840 Mb/s 的发射机(Tx)、875 Mb/s 的接收 Rx；支持 DDR2 接口的 SDRAM 高达 200 MHz；支持 QDRII SRAM 和支持 DDR 内存高达 167 MHz。

✧ 每个器件多达 8 个锁相环 PLL。

✧ 提供商业和工业温度级。

2．器件性能及选择

表 2.10～表 2.15 分别给出了 Gyclone Ⅳ E 器件和 Cyclone Ⅳ GX 器件的资源封装产品及速度等级。

表 2.10 Cyclone Ⅳ E 器件系列资源

资源	EP4CE6	EP4CE10	EP4CE15	EP4CE22	EP4CE30	EP4CE40	EP4CE55	EP4CE75	EP4CE115
逻辑单元	6272	10320	15408	22320	28848	39600	55856	75408	114480
嵌入式存储器/Kb	270	414	504	594	594	1134	2340	2745	3888
嵌入式 18×18 乘法器	15	23	56	66	66	116	154	200	266
通用锁相环 PLL	2	2	4	4	4	4	4	4	4
全局时钟网络	10	10	20	20	20	20	20	20	20
用户 I/O 组	8	8	8	8	8	8	8	8	8
最大用户 I/O 数	179	179	343	153	532	532	374	426	528

表 2.11　Cyclone Ⅳ GX 器件系列资源

资源	EP4CGX15	EP4CGX22	EP4CGX30	EP4CGX40	EP4CGX50	EP4CGX75	EP4CGX110	EP4CGX115
逻辑单元	14400	21280	29440	29440	49888	73920	109424	149760
嵌入式存储器/kb	540	756	1080	1080	2502	4158	5490	6480
嵌入式 18 × 18 乘法器	0	40	40	80	140	198	280	360
通用锁相环 (GPLLs)	1	2	2	4	4	4	4	4
多用途锁相环 (MPLLs)	2	2	2	2	4	4	4	4
全局时钟网络	20	20	20	30	30	30	30	30
高速收发器	2	4	4	4	8	8	8	8
最大数据速率收发器/Gb/s	2.5	2.5	2.5	3.125	3.125	3.125	3.125	3.125
支持 PCIe(PIPE) 硬 IP 模块	1	1	1	1	1	1	1	1
用户 I/O 组	9	9	9	11	11	11	11	11
最大用户 I/O 数	72	150	150	290	310	310	475	475

表 2.12　Cyclone Ⅳ E 封装产品

封装	E144		F256		F484		F780	
尺寸/mm × mm	22 × 22		17 × 17		23 × 23		29 × 29	
间距/mm	0.5		1.0		1.0		1.0	
器件	用户 I/O	LVDS	用户 I/O	LVDS	用户 I/O	LVDS	用户 I/O	LVDS
EP4CE6	91	21	179	66	—	—	—	—
EP4CE10	91	21	179	66	—	—	—	—
EP4CE15	81	18	165	53	343	137	—	—
EP4CE22	79	17	153	52	—	—	—	—
EP4CE30	—	—	—	—	328	124	532	224
EP4CE40	—	—	—	—	328	124	532	224
EP4CE55	—	—	—	—	324	132	374	160
EP4CE75	—	—	—	—	292	110	426	178
EP4CE115	—	—	—	—	280	103	528	230

表 2.13 Cyclone Ⅳ GX 封装产品

封装	N148			F169			F324			F484			F672			F896		
尺寸/mm × mm	11 × 11			14 × 14			19 × 19			23 × 23			27 × 27			31 × 31		
间距/mm	0.5			1.0			1.0			1.0			1.0			1.0		
器件	用户 I/O	LVDS	XCVRs	用户 I/O	LVDS	XCVRs	用户 I/O	LVDS	XCVRs	用户 I/O	LVDS	XCVRs	用户 I/O	LVDS	XCVRs	用户 I/O	LVDS	XCVRs
EP4CGX15	72	25	2	72	25	2	—	—	—	—	—	—	—	—	—	—	—	—
EP4CGX22	—	—	—	72	25	2	150	64	4	—	—	—	—	—	—	—	—	—
EP4CGX30	—	—	—	72	25	2	150	64	4	290	130	4	—	—	—	—	—	—
EP4CGX50	—	—	—	—	—	—	—	—	—	290	130	4	310	140	8	—	—	—
EP4CGX75	—	—	—	—	—	—	—	—	—	290	130	4	310	140	8	—	—	—
EP4CGX110	—	—	—	—	—	—	—	—	—	270	120	4	393	181	8	475	220	8
EP4CGX150	—	—	—	—	—	—	—	—	—	270	120	4	393	181	8	475	220	8

表 2.14 Cyclone Ⅳ E 器件速度等级

器件	F144	F256	F484	F780
EP4CE6	C8L、C9L、I8L、C6、C7、C8、I7、A7	C8L、C9L、I8L、C6、C7、C8、I7、A7		
EP4CE10	C8L、C9L、I8L、C6、C7、C8、I7、A7	C8L、C9L、I8L、C6、C7、C8、I7、A7		
EP4CE15	C8L、C9L、I8L、C6、C7、C8、I7	C8L、C9L、I8L、C6、C7、C8、I7、A7	C8L、C9L、I8L、C6、C7、C8、I7、A7	
EP4CE22	C8L、C9L、I8L、C6、C7、C8、I7、A7	C8L、C9L、I8L、C6、C7、C8、I7、A7		
EP4CE30			C8L、C9L、I8L、C6、C7、C8、I7、A7	C8L、C9L、I8L、C6、C7、C8、I7
EP4CE40			C8L、C9L、I8L、C6、C7、C8、I7、A7	C8L、C9L、I8L、C6、C7、C8、I7
EP4CE55			C8L、C9L、I8L、C6、C7、C8、I7	C8L、C9L、I8L、C6、C7、C8、I7
EP4CE75			C8L、C9L、I8L、C6、C7、C8、I7	C8L、C9L、I8L、C6、C7、C8、I7
EP4CE115			C8L、C9L、I8L、C7、C8、I7	C8L、C9L、I8L、C7、C8、I7

表 2.15　Cyclone Ⅳ GX 器件速度等级

器　件	N148	F169	F324	F484	F672	F896
EP4CGX15	C8	C6、C7、C8、I7	—	—	—	—
EP4CGX22	—	C6、C7、C8、I7	C6、C7、C8、I7	—	—	—
EP4CGX30	—	C6、C7、C8、I7	C6、C7、C8、I7	C6、C7、C8、I7	—	—
EP4CGX50	—	—	—	C6、C7、C8、I7	C6、C7、C8、I7	—
EP4CGX75	—	—	—	C6、C7、C8、I7	C6、C7、C8、I7	—
EP4CGX110	—	—	—	C7、C8、I7	C7、C8、I7	C7、C8、I7
EP4CGX150	—	—	—	C7、C8、I7	C7、C8、I7	C7、C8、I7

2.2.5　中端 FPGA 器件 Arria Ⅱ

Arria Ⅱ GX 器件系列是为了方便使用而专门设计的，以达到成本最优化和低功耗。其具有 40 纳米器件系列的结构特点，可编程逻辑引擎以及经过改进的收发器和 I/O。通用接口如 PCI Express(PIPE)，以太网和 DDR-2 内存都可以用 Altera 公司的 Quartus Ⅱ软件、SOPC Builder 设计软件以及来自于 Altera 的硬 IP 和软 IP 解决方案在设计中实现。Arria Ⅱ GX 器件系列能又快又好地为要求收发器高达 3.75 Gb/s 速率的应用进行设计。

1．特点

Arria Ⅱ GX 系列器件的主要特点如下。

✧ 40 nm 低功耗 FPGA 引擎；自适应逻辑模块(ALM)提供工业界最高逻辑效率；8 输入可分割查找表(LUT)；存储器逻辑阵列(MLAB)模块可有效实现小型 FIFO。

✧ 高达 350 MHz 的高性能数字信号处理(DSP)模块：可配置为 9×9 位、12×12 位、18×18 位和 36×36 位全精度乘法器；硬编码加法器、减法器、累加器和求和函数；利用 Altera 公司的 Matlab 和 DSP Builder 软件的全集成设计流程。

✧ 最大系统带宽：高达 16 路基于全双工时钟数据恢复(CDR)的收发器，支持速率为 155 Mb/s～3.75 Gb/s；对流行的串行协议，包括 PCI 总线(PIPE)Gen 1、吉比特以太网、快速串行 IO、普通公众无线接口(CPRI)、开放式主动基站结构(OBSAI)、SD/HD/3G SDI、XAUI、HiGig/HiGig+ 和 SONET/SDH；具有专用电路支持其物理层功能。

✧ 利用一个嵌入式硬 IP 模块提供的 PHY-MAC 层、数据链路层和处理层功能作为完整的 CPI 总线(PIPE)协议解决方案。

✧ 对高带宽系统接口的优化：高达 612 个用户 I/O 引脚分布在 12 个模块化 I/O 组，支持宽范围的单端和差分 I/O 标准；高速 LVDS I/O 支持串行器/解串行器(SERDES)和动态相位调整(DPA)电路，数据速率范围为 150 Mb/s～1 Gb/s。

✧ 低功耗：结构功耗降低技术专利；在 3.125 Gb/s 的典型条件下每通道收发器功耗大约是 100 mW；功率最优化方法集成到 Quartus Ⅱ开发软件中。

✧ 高级可用性和安全性：并行和串行配置选项；片上串行和差分 I/O 终端；256 位高级加密标准(AES)，针对掉电和非掉电密钥存储对设计文档编程加密；针对处理、串行协议和存储器接口的稳健 IP 组件；低成本、易上手的开发套件特征化高速中层连接器(HSMC)。

2．结构特点

Arria Ⅱ GX 器件序列包括一个用户定义项设置使成本感测应用软件最优化并且提供宽泛的密度、存储器、嵌入式乘法器、I/O 和封装选择。Arria Ⅱ GX 器件支持无线、有线、广播、计算机、存储器和军用市场所需的外部存储接口和 I/O 协议。它们从 Stratix Ⅳ器件系列中继承了 8 输入高级逻辑模块，M9K 嵌入式 RAM 模块和高性能 DSP 模块，并具有一个成本最优的 I/O 单元和一个优化速度达到 3.75 Gb/s 的收发器。

Arria Ⅱ GX 器件序列支持主动串行(AS)、被动串行(PS)、快速被动并行(FPP)和 JTAG 配置方案。

无需外部控制器的允许，系统就可安全、可靠地进行远程升级，并具有容错性。其具有来自一个远程位置的安全的、可靠的、不需要外部控制的系统升级的差错空闲配置。器件中实现的软逻辑(不论是 Nios Ⅱ嵌入式处理器或用户逻辑)可以在远端下载一个新的配置映像，将它存储在配置存储器中，并且指示专用远程系统升级电路开始一个新的配置周期。远程系统升级中的专用电路可以在配置处理过程中和配置完成后进行错误检测，并且可以从错误状态中恢复出来回复到安全配置映像中。专用电路还提供了错误状态信息。

Arria Ⅱ GX 器件支持 JTAG IEEE Std.1149.1 和 IEEE Std.1149.6 规范：IEEE Std.1149.6 支持高速串行接口(HSSI)收发器和在交流耦合(AC)收发器通道中执行边界扫描。当器件正常运行时，边界扫描测试(BST)结构提供了测试引脚连接能力而不需要使用物理检测探头和数据捕获功能。图 2.5 为 Arria Ⅱ GX 芯片视图。

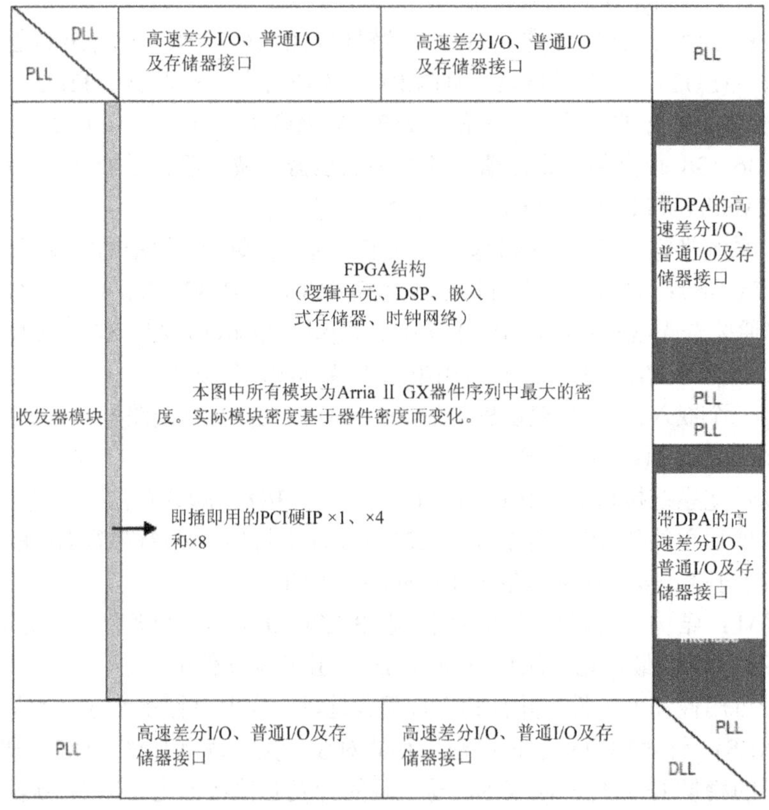

图 2.5　Arria Ⅱ GX 芯片视图

3. 器件性能及选择

表 2.16～表 2.18 分别列出了 Arria Ⅱ GX 器件特性、封装类型、I/O 信息和速度等级。

表 2.16　Arria Ⅱ GX 器件特性

特性	EP2AGX45	EP2AGX65	EP2AGX95	EP2AGX125	EP2AGX190	EP2AGX260
自适应逻辑模块 (ALM)	18 050	25 300	37 470	49 640	76 120	102 600
等价 LE	42 959	60 214	89 178	118 143	181 165	244 188
PCI Express 硬 IP 模块	1	1	1	1	1	1
M9K 存储器块	319	495	612	730	840	950
M9K 存储器模块中总嵌入式内存/Kb	2871	4455	5508	6570	7560	8550
总芯片内存 (M9K + MLABs)/Kb	3435	5246	6679	8121	9939	11 756
嵌入式乘法器 (18 × 18)	232	312	448	576	656	736
通用 PLLs	4	4	6	6	6	6
收发器 T × PLLs	2 或 4	2 或 4	4 或 6	4 或 6	6 或 8	6 或 8
用户 I/O 组	6	6	8	8	12	12

表 2.17　Arria Ⅱ GX 器件封装类型和 I/O 信息

器件	358-管脚倒装芯片 UBGA 17 mm × 17 mm			572-管脚倒装芯片 FBGA 25 mm × 25 mm			780-管脚倒装芯片 FBGA 29 mm × 29 mm			1152-管脚倒装芯片 FBGA 35 mm × 35 mm		
	I/O	LVDS	XCVRs	I/O	LVDS	XCVRs	I/O	LVDS	XCVRs	I/O	LVDS	XCVRs
EP2AGX45	156	33(Rd or eTx) + 32 (Rx,Tx, or eTx)	4	252	57(Rd or eTx) + 56 (Rx,Tx, or eTx)	8	364	85(Rd or eTx) + 84 (Rx,Tx, or eTx)	8			
EP2AGX65	156	33(Rd or eTx) + 32 (Rx,Tx, or eTx)	4	252	57(Rd or eTx) + 56 (Rx,Tx, or eTx)	8	364	85(Rd or eTx) + 84 (Rx,Tx, or eTx)	8			
EP2AGX95				260	57(Rd or eTx) + 56 (Rx,Tx, or eTx)	8	372	85(Rd or eTx) + 84(Rx,Tx, or eTx)	12	452	105(Rd or eTx) + 104 (Rx,Tx,or eTx)	12
EP2AGX125				260	57(Rd or eTx) + 56 (Rx,Tx, or eTx)	8	372	85(Rd or eTx) + 84(Rx,Tx, or eTx)	12	452	105(Rd or eTx) + 104 (Rx,Tx,or eTx)	12
EP2AGX190							372	85(Rd or eTx) + 84(Rx,Tx, or eTx)	12	612	105(Rd or eTx) + 104 (Rx,Tx,or eTx)	16
EP2AGX260							372	85(Rd,eTx) + 84(Rx,Tx, or eTx)	12	612	105(Rd, eTx) + 104 (Rx,Tx,or eTx)	16

注：Arria Ⅱ GX 器件可用于三种速度等级：–4(最快)、–5 和 –6(最慢)。

表 2.18　Arria Ⅱ GX 器件速度等级

器件	358-管脚倒装芯片 UBGA	572-管脚倒装芯片 FBGA	780-管脚倒装芯片 FBGA	1152-管脚倒装芯片 FBGA
EP2AGX45	C4、C5、C6、I5	C4、C5、C6、I5	C4、C5、C6、I5	
EP2AGX65	C4、C5、C6、I5	C4、C5、C6、I5	C4、C5、C6、I5	
EP2AGX95		C4、C5、C6、I5	C4、C5、C6、I5	C4、C5、C6、I5
EP2AGX125		C4、C5、C6、I5	C4、C5、C6、I5	C4、C5、C6、I5
EP2AGX190			C4、C5、C6、I5	C4、C5、C6、I5
EP2AGX260			C4、C5、C6、I5	C4、C5、C6、I5

2.3 CPLD

2.3.1 MAX 3000A 器件

MAX 3000A 器件是 Altera 公司 1999 年推出的 3.3 V、低价格、高集成度的 CPLD，其集成度范围为 600～10000 可用门，共有 32～512 个宏单元以及 34～208 个可用 I/O 引脚。这些基于 EEPROM 器件的引脚到引脚的传输延迟快至 4.5 ns，计数器的频率可达 227.3 MHz。MAX 3000 具有多个系统时钟，还具有可编程的速度/功耗控制功能。MAX 3000A 器件提供 JTAG BST 电路和 ISP 支持，利用符合工业标准的四引脚 JTAG 接口实现在系统编程。这些器件也支持热拔插和多电压接口，其 I/O 引脚与 5.0 V、3.3 V 和 2.5 V 逻辑电平相兼容，使 MAX 3000A 器件能够工作于混合电压系统中。MAX 3000A 器件的速度等级包括 −4、−5、−6、−7 和 −10 五个级别，其定时特性完全满足 PCI SIG 的要求。

1．特点

MAX 3000A 系列器件的主要特点如下：

✧ 基于 CMOS EEPROM 技术的高性能、低成本可编程逻辑器件；

✧ 通过内置的 IEEE Std.1149.1 JTAG(Joint Test Action Group，联合测试行动组)接口实现 3.3 V 在线可编程(ISP)，具有高级的引脚锁定功能，兼容 IEEE Std.1532 标准；

✧ 内置边界扫描测试(BST)电路，符合 IEEE Std.1149.1—1990 标准；

✧ 具有增强型 ISP 功能：

➢ 增强型 ISP 算法，实现快速编程；

➢ 设置 ISP_Done 比特，保证数据完全下载；

➢ 系统编程期间，在 I/O 引脚上自动设置上拉电阻。

✧ 拥有 600～10000 个可用门；

✧ 引脚到引脚的逻辑时延只有 4.5 ns，计数器最高工作频率可达 227.3 MHz；

✧ MultiVolt I/O 接口，可使器件内核工作于 3.3 V 而器件引脚与 5.0 V、3.3 V 和 2.5 V 逻辑电平相兼容；

✧ 器件引脚数目在 44～256 之间，封装类型包括 TQFP、PQFP、PLCC 和 FineLine BGA；

✧ 支持热插拔；

✧ 可编程互联阵列(PIA)连续布线结构具有快速和可预测的性能；

- ✧ 器件的工作温度范围达到工业级标准；
- ✧ 与 PCI 兼容；
- ✧ 易于总线连接的结构，包括可编程摆率控制；
- ✧ 开漏输出选项；
- ✧ 具有独立的清零、预置、时钟和时钟使能端的可编程宏单元触发器；
- ✧ 可编程的省电模式，每一个宏单元的功耗可降低 50%以上；
- ✧ 可配置的扩展乘积项分布，每个宏单元可拥有多达 32 个乘积项；
- ✧ 可编程的保密位，用于保护设计者的版权；
- ✧ 增强型的结构具有以下特点：
  - ➢ 6 或 10 个引脚或逻辑驱动输出使能信号；
  - ➢ 2 个全局时钟信号，可选择倒相信号；
  - ➢ 增强型互联资源以提高布线的成功率；
  - ➢ 可编程摆率输出控制。

2. 结构与性能

MAX 3000A 器件拥有 32～512 个宏单元，每 16 个宏单元结合成一组，称为逻辑阵列块(LAB)。每一个宏单元都由一个“与(可编程)/或(固定)”阵列和一个可配置寄存器组成，这个寄存器具有独立可编程的时钟、时钟使能、清零和预置端口。为了能够实现复杂的逻辑功能，每一个宏单元都可以通过可共享的或高速并行扩展乘积项进行补充，每个宏单元最多拥有 32 个乘积项。

MAX 3000A 器件具有可编程的速度/功率最优化功能。一个设计的速度敏感部分能够在高速/全功率下运行，而其它部分则可工作于低速/低功耗状态。这种速度/功率最佳化的特点可以使设计者把一个或多个宏单元配置成工作于半功率或更低功率的状态。MAX 3000A 器件还向设计者提供了一个选项，以减少输出缓冲器的摆率，并使得在切换速度不敏感信号时产生的暂态噪声最小。

图 2.6 给出了 MAX 3000A 器件的结构框图。

表 2.19 列出了 MAX 3000A 系列器件的性能。

表 2.19　MAX 3000A 系列器件的性能

器件	可用门数	宏单元	LABs	引脚/封装	用户 I/O 引脚数	供电电压	速度等级
EPM 3032A	600	32	2	44-Pin PLCC/TQFP	34	3.3 V	–4、–7、–10
EPM 3064A	1250	64	4	44-Pin PLCC/TQFP、100-Pin TQFP	34、66	3.3 V	–4、–7、–10
EPM 3128A	2500	128	8	100-Pin TQFP、144-Pin TQFP、256-Pin FBGA	80、96、98	3.3 V	–5、–7、–10
EPM 3256A	5000	256	16	144-Pin TQFP、208-Pin PQFP、256-Pin FBGA	116、158、161	3.3 V	–7、–10
EPM 3512A	10000	512	32	208-Pin PQFP、256-Pin FBGA	172、208	3.3 V	–7、–10

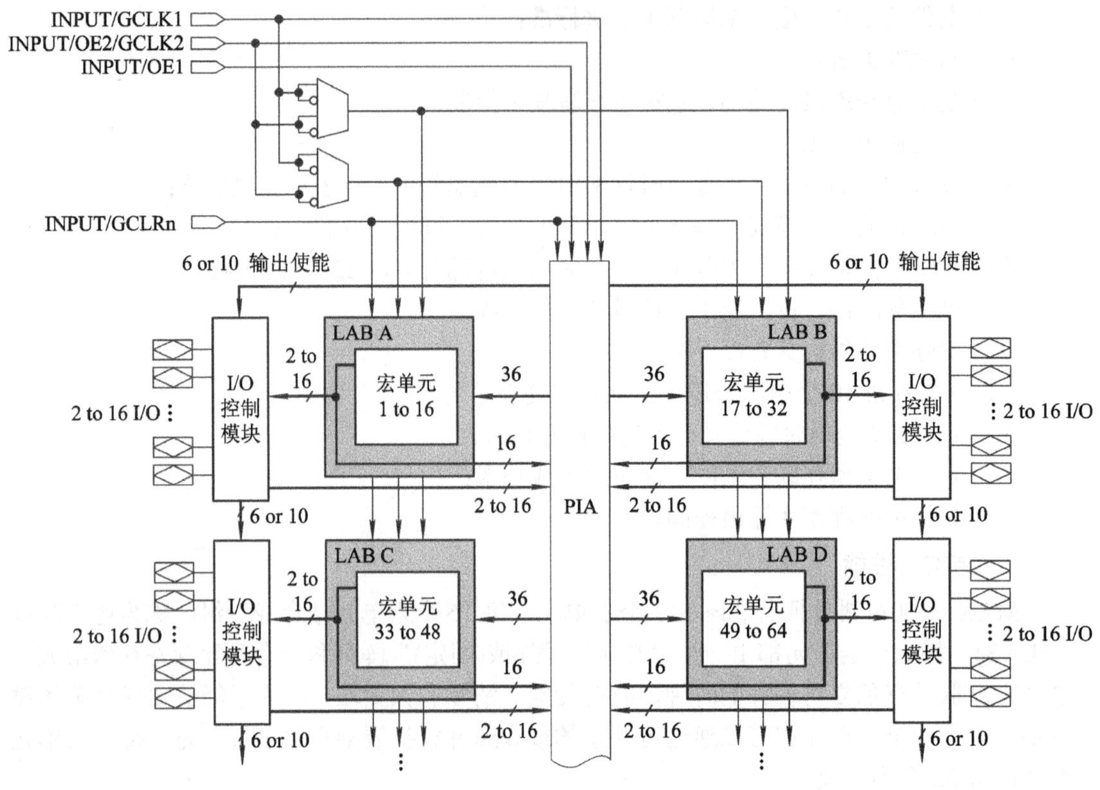

图 2.6 MAX 3000A 器件结构框图

2.3.2 MAX II 器件

MAX II 器件序列是采用查找表(LUT)体系结构，非电压易失性的 CPLD。其基于 0.18 μm 六层金属嵌入 Flash 工艺处理，密度范围为 240 至 2210 个逻辑单元(128～2210 个等效宏单元)，具有 8 K 比特容量的非易失性 Flash 存储器，配置芯片集成在内部。相对于其它 CPLD 结构，MAX II 器件具有更高的 I/O 数、更快的性能、更可靠的适配。其功率只有以往 MAX 器件的十分之一，成本降低了一半，同时还保持了 MAX 系列原有的瞬态启动、单芯片、非易失性和易用性。MAX II 采用 2.5 V 或者 3.3 V 内核电压，MAX II G 系列采用 1.8 V 内核电压。MAX II 器件在所有的 CPLD 系列中具有最低的单位 I/O 成本和最低的功耗，能够替代成本或功率更高的 FPGA、ASSP 和标准逻辑器件。以具有多电压内核(MultiVolt core)技术、用户 Flash 存储器(User Flash Memory，UFM)模块以及增强的在线可编程(ISP)能力为主要特色，MAX II 器件在总线桥接、I/O 扩展、电源复位(Power-on Reset，POR)、序列控制和器件配置控制方面提供了低成本和低功耗的解决方案。

1. 特点

MAX II 器件的主要特点如下：

✧ 低成本、低功耗；

✧ 非易失和即用功能，以单芯片方案降低成本，节省 PCB 板的空间；

✧ 待机电流可低至 25 μA；

- ✧ 具有更短的传输时延和时钟输出时间；
- ✧ 拥有 4 个全局时钟，每个 LAB 有 2 个可用时钟；
- ✧ UFM 模块最大可提供 8K 比特容量的非易失存储空间；
- ✧ MultiVolt 核技术使得器件的外部支持电压在 3.3 V、2.5 V 或 1.8 V 中可选；
- ✧ MultiVolt I/O 接口 1.5 V、1.8 V、2.5 V 或 3.3 V 逻辑电平；
- ✧ 易于总线连接的结构，包括可编程摆率、驱动强度、总线保持和可编程的上拉电阻；
- ✧ 施密特触发器能够容忍噪声的输入(可对每个引脚编程)；
- ✧ I/O 全面兼容 3.3 V/66 MHz 的外围器件互联特别兴趣组(PCI SIG)标准；
- ✧ 支持热插拔；
- ✧ 内置 JTAG 边界扫描测试电路，兼容 IEEE Std. 1149.1—1990；
- ✧ ISP 电路与 IEEE Std.1532 兼容。

表 2.20 给出了 MAX II 器件的特性。

表 2.20　MAX II 系列器件的性能

器件	逻辑单元 LEs	用户 Flash 存储容量	引脚/封装	用户 I/O 引脚	供电电压	速度等级
EPM 240	240	8192	100-Pin TQFP	80	3.3 V、2.5 V	−3、−4、−5
EPM 570	570	8192	100-Pin TQFP、144-Pin TQFP、256-Pin FBGA	76、116、160	3.3 V、2.5 V	−3、−4、-5
EPM 1270	127	8192	144-Pin TQFP、256-Pin FBGA	116、212	3.3 V、2.5 V	−3、−4、−5
EPM 2210	2210	8192	256-Pin FBGA、324-Pin FBGA	204、272	3.3 V、2.5 V	−3、−4、−5

2．结构与性能

MAX II 器件采用二维行—列结构来实现定制逻辑，其行与列连接线能够将不同的逻辑阵列块(LAB)相互连接到一起。MAX II 的逻辑阵列由若干个 LAB 组成，每个 LAB 包含 10 个逻辑单元(LE)。LE 就是一个能够完成用户逻辑功能的最小逻辑单元。所有 LAB 在整个器件内部按行和列的顺序排列，MultiTrack 内部互连提供了 LAB 之间的快速连接。

MAX II 器件的 I/O 引脚由 I/O 单元(IOE)驱动，IOE 位于器件外围 LAB 行和列的末端。每一个 IOE 包含一个双向 I/O 缓冲器。I/O 引脚支持施密特触发器和多种单端标准，例如 33 MHz、32 位 PCI 和 LVTTL。

MAX II 提供全局时钟网络，它包含 4 条贯穿整个器件的全局时钟线，可为片内的所有资源提供时钟。全局时钟线还可被用做控制信号，如清零、复位和输出使能等。图 2.7 给出了 MAX II 器件的结构框图。

MAX II 器件具有和小容量 FPGA 相竞争的定价，以及作为单芯片即用型非易失器件的工程优势。如图 2.8 所示，在传统的 CPLD 架构中，随着 LAB 数量的增加，布线资源呈指数性增长，布线资源占据了裸片面积的主导地位。而 MAX II 架构中，随着 LAB 数量的增长，布线资源仅呈线性增长，因而可以获得更多的裸片面积。图 2.9 是 MAX II 器件平面图，包括一个基于 LUT 的 LAB 阵列，一组非易失 Flash 存储器和 JTAG 控制电路。多轨道连线设计采用最有效的直接将逻辑输入连接到输出的连线方式，从而获得了更高的性能和最低的功耗。

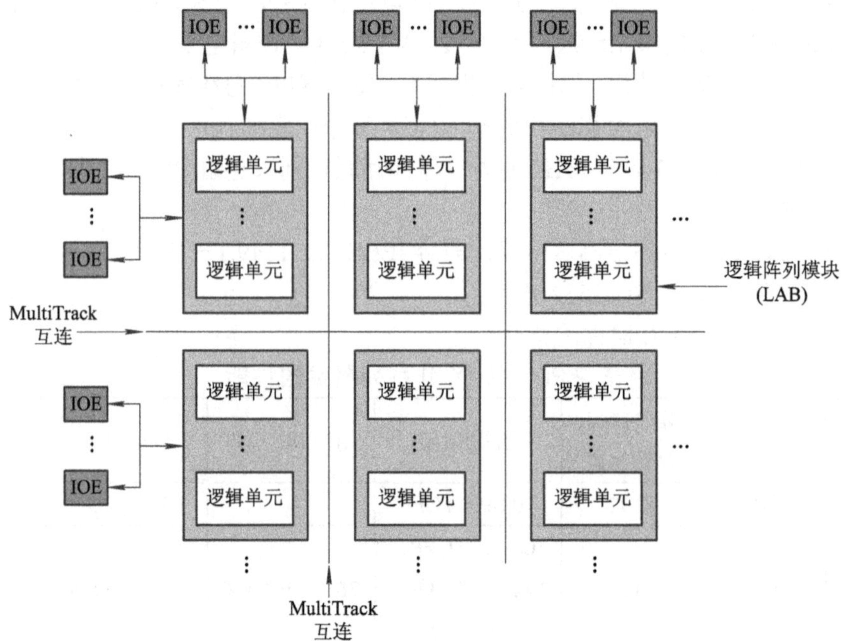

图 2.7　MAX II 器件结构框图

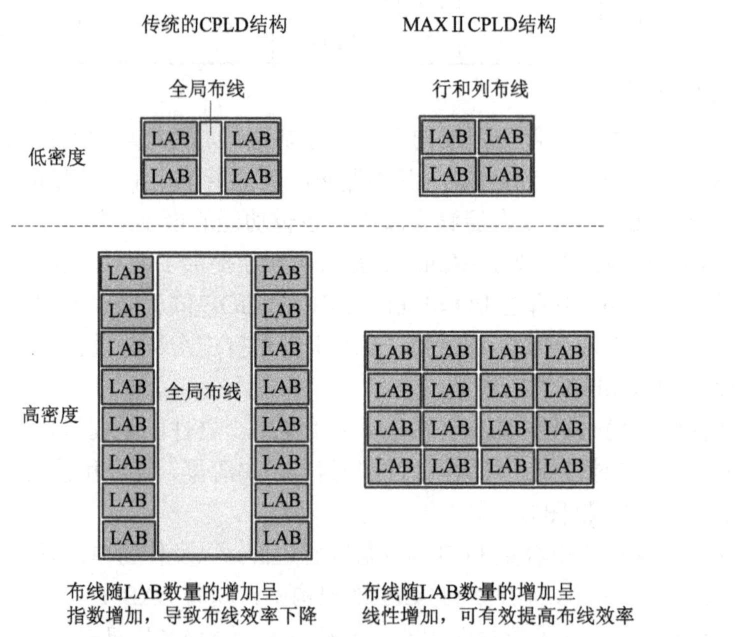

图 2.8　低成本 MAX II 架构的优点

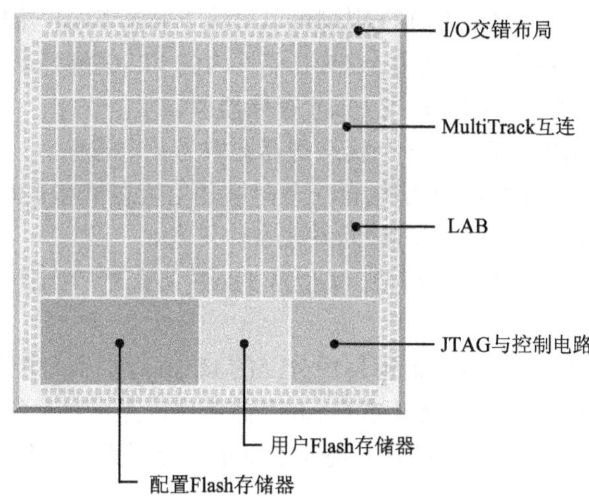

图 2.9 MAX II 器件平面图

每一个 MAX II 器件内部都包含一个 Flash 存储器。在 EPM 240 器件中，Flash 存储模块位于器件的左侧，而在 EPM 570、EPM 1270 和 EPM 2210 器件中，这个 Flash 存储器位于器件的左下侧。这种 Flash 存储器大多数情况下是专门用做配置 Flash 存储器(Configuration Flash Memory，CFM)。CFM 模块为所有 SRAM 配置信息提供了非易失的存储空间，可实现实时 ISP 功能。新的设计能够直接下载到器件中，也可以等到下一次上电循环的时候再加载。有了实时 ISP 功能，升级时就不需要停止系统运行，而可以在现场或远程直接快速升级。

MAX II 器件中的部分 Flash 存储器被分割出一个小的区域来存储用户数据，这个 Flash 区域(UFM)的容量为 8192 比特，供用户存储数据。UFM 提供了连接到逻辑阵列的可编程接口，进行读写操作。与 UFM 模块相邻的有三个 LAB 行和若干个 LAB 列，具体数目与器件型号有关。表 2.21 给出了 EPM 570、EPM 1270 和 EPM 2210 等型号的 MAX II 器件中，与 Flash 存储区域相邻的 LAB 行和 LAB 列的数目。长 LAB 行是指从行 I/O 模块的一端至另一端上全部的 LAB 行，而短 LAB 行临近 UFM 模块，其长度就是表中所示的 LAB 行的宽度。

表 2.21 MAX II 器件资源

特性	UFM	LAB 列数	LAB 行数		LABs 总数
			长 LAB 行	短 LAB 行(宽度)	
EPM 240	1	6	4	—	24
EPM 570	1	12	4	3(3)	57
EPM 1270	1	16	7	3(5)	127
EPM 2210	1	20	10	3(7)	221

如图 2.10 所示，MAX II 器件具有一种独有的 JTAG 翻译器特性。该特性允许通过 MAX II 器件执行定制的 JTAG 指令，配置单板上不兼容 JTAG 协议的器件(如标准 Flash 存储器件)。这项功能让不具备 JTAG 的器件使用 JTAG 电路，从而简化了单板管理。利用 JTAG 翻译器，通过定制的指令，就可以用一个专用的 I/O 扫描链来编程和验证 Flash 器件。这种翻译器使用 JTAG 状态机访问 MAX II 器件内的可编程逻辑，执行 Flash 存储器驱动程序和

译码功能。编程指令经过所连接的I/O引脚可以直接下载给Flash器件。QuartusⅡ软件以宏功能的形式支持这种应用方案。利用MAXⅡ器件内的JTAG翻译器可实现以下功能：

✧ Flash存储器下载，编程标准Flash存储器件。

✧ 上电复位(POR)功能，用一个状态寄存器做为上电诊断。

✧ 内置自测功能(BIST)，内部包含一个向量发生状态机和CRC寄存器。

✧ 事件日志，通过JTAG接口访问系统事件日志。

✧ JTAG接口到串口或并口桥接，实现从JTAG协议端口到任何串行或并行协议端口的桥接。

在图2.10中，MAXⅡ器件还能够使用分立的Flash存储器件配置多个FPGA。这种方式利用了系统板上任何可共享的低成本Flash存储器件，是一种合算、快速和灵活的方案。MAXⅡCPLD系列的大容量产品可以实现非常复杂的配置策略，包括在Flash中存放多个页面，根据需要重新编程FPGA。

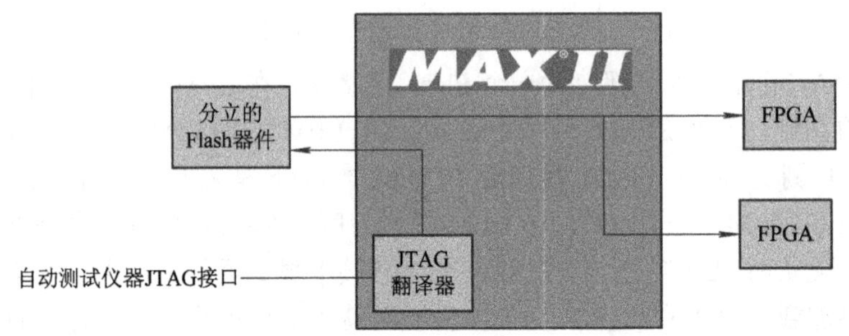

图2.10 FPGA配置管理和Flash控制器

MAXⅡ架构支持MultiVolt内核，该内核允许器件在1.8 V、2.5 V或3.3 V电源电压环境下工作。该特性使设计者得以减少电源电压种类数量，简化板级设计。MAXⅡ器件还支持多电压I/O接口特性，允许其它器件保持1.5 V、1.8 V、2.5 V或3.3 V逻辑级的无缝连接。其中，EPM240和EPM570器件含两个I/O区，EPM1270和EPM2210器件含4个I/O区。每个I/O区有其自己的VCCIO管脚，可以被独立地配置成支持1.5 V、1.8 V、2.5 V或3.3 V接口，每个I/O区能支持一个独立的I/O标准。

在Altera的CPLD系列器件中，MAX7000目前已经不推广，MAX3000A仍然是主流器件，但会逐渐被MAXⅡ取代，建议100个逻辑单元以上的设计改用MAXⅡ。由于MAXⅡ没有小容量型号，所以小容量的MAX3000A器件仍然会被广泛使用。

2.4 结构化ASIC

2.4.1 简述

作为电子设计的两大主流技术，全定制ASIC和FPGA分别针对不同的市场定位。全定制ASIC被用于大批量的专用产品，具有良好的性价比，而FPGA虽单价昂贵，但由于其可编程的灵活性广而受小批量应用的青睐。随着日渐增大的产品面市时间的压力，再加上对产品设计的快捷性和灵活性要求的提升，使得 FPGA 的发展势头强劲，但是原有 FPGA 固有的弱点：如功耗高、速度慢、资源冗余、价格昂贵等，使其在面对复杂功能设计的要求时还是会感到力不从心。因此人们开始考虑通过技术上的融合，在全定制 ASIC 和 FPGA 之间找到一条“中间道路”，结构化 ASIC 可以说是这条中间道路的最成功的尝试。

Altera 将其推出的结构化 ASIC 产品命名为 HardCopy 系列，它提供了从原型到批量成品的完整解决方案，让设计者能够应对成本和风险的上升及市场的不确定性。Altera 的 HardCopy 器件系列主要包括 HardCopy Stratix、HardCopy Ⅱ、HardCopyⅢ、HardCopyⅣ(E 和 GX)和 HardCopyⅤ器件。其相应原型 FPGA 分别为 Stratix、Stratix Ⅱ、Stratix Ⅲ、StratixⅣ 和 StratixⅤ。每种 HardCopy 器件具有同其相应原型 FPGA 同样的大容量、体系和强大的功能。

HardCopy 采用 Stratix 系列 FPGA 对设计进行原型开发，然后将设计无缝移植到 HardCopy 系列 ASIC，实现量产。使用 Quartus Ⅱ设计软件，用户可以借助一家公司，使用一种方法、一个工具和一组知识产权(IP)内核来开发设计，然后，在市场成熟时，迅速进行大批量投产。HardCopy 是 FPGA 的优势与全定制 ASIC 优势的结合。Altera 的 HardCopy 设计中心使用成熟的全包工艺来实现低成本、低功耗、功能等价、引脚兼容的 HardCopy ASIC。该方法不仅是快速的 ASIC 开发方法，还是优秀的系统开发方法。(注意：一般小批量用户没必要用 HardCopy ASIC，原因是目前成本还较高。)

HardCopy 器件是可编程逻辑器件的准确再现，但没有可编程性，采用用户专用的配置和金属互连布线。这样器件更小、更划算。HardCopy 器件支持 Altera 的大容量器件，是那些寻求低风险、低成本、批量化生产大容量可编程逻辑器件客户的理想选择。第一代 HardCopy 系列构建在粗粒度 FPGA 架构上，而 HardCopy Ⅱ以上架构构建在 HCell 精细粒度架构上。HCell 可支持 FPGA 无缝移植，可实现 ASIC 技术那样的密度、成本、性能和功耗特性。HardCopyⅤ的工艺技术也由原来 HardCopy 的 0.18 μm 提高到 28 nm，与 Stratix Ⅴ FPGA 原型(动态和静态)相比，内核功耗降低了 50%。

为了制造 HardCopy 器件，Altera 在多个设计中使用同样的基本阵列，用顶层的金属层实现用户专用的设计。只有 Altera 提供从 FPGA 和在系统验证的设计到掩膜编程器件的无缝移植。Altera 的 QuartusⅡ软件提供了业界唯一的 FPGA 和掩膜编程器件统一设计流程的设计软件，设计者使用 QuartusⅡ软件能够使用与 Stratix FPGA 类似的体系、软件包和设计流程预先针对 HardCopy Stratix 器件系列进行设计。他们能够直接设计 HardCopy 器件(非常类似 ASIC)或针对支持 HardCopy 器件的 Stratix 系列 FPGA 进行设计，在移植到掩膜编程 HardCopy 器件之前在系统对功能进行验证。

系统设计者现在能够用 QuartusⅡ软件中的 HardCopy Timing Optimization (HardCopy 时序优化)向导设计吞吐量最大的系统，估计移植后的性能和功耗，并给出优化 HardCopy 器件的策略。设计者也可以使用 QuartusⅡ Design Assistant(设计助理)，确保设计符合 HardCopy 设计规则；HardCopy Files 向导能够自动生成所有发布所需的文件，简化了移植过程。

在所有设计方法中，HardCopy 系统开发方法的总成本和系统风险都是最低的。TSMC 和 Altera 联合开发实现了预内建设计，便于进行生产和大批量设计，具有很高的可靠性。HardCopy 后端流程支持 Altera 插入测试设计，包括固定型故障覆盖率、延迟故障覆盖率、存储器测试和 JTAG 支持的 I/O 测试等。

HardCopy 系列器件支持：

(1) 产品迅速面市以及迅速获得收益。

✧ 真正的硬件/软件协同设计，更快地实现系统设计；

✧ 可以利用 Stratix 系列 FPGA 系统进行市场测试或者试产；

✧ HardCopy 设计中心通过 Altera 的 HardCopy 全包工艺，在 8 到 12 个星期内无缝开发出经过全面测试的产品级合格样片。

(2) 最低的风险和总成本。

✧ HardCopy 器件设计流程保证了 HardCopy 器件和原型 FPGA 具有相同的功能和 IP，因此不需要花费时间和精力来“转换”设计；

✧ HardCopy 方法使基于 FPGA 的系统能够经得起市场验证，在 HardCopy ASIC 发售之前，确保产品有合适的特性和功能；

✧ 更小的开发团队、更少的硬件和软件开发时间以及更低的 EDA 工具成本，大大降低了总成本。

(3) 低功耗，提高了抗单事件反转(SEU)能力，以及更高的安全性。

2.4.2 HardCopy 系统开发流程

在系统设计过程中，Altera 的 HardCopy ASIC 无缝原型开发技术利用灵活的 FPGA 和低功耗、低成本 ASIC 来实现对功耗敏感的应用以及大批量应用。一旦采用 Stratix 系列 FPGA 迅速完成设计，并对系统进行了硬件和软件验证，就可以更快地把系统推向市场。HardCopy 与传统 ASIC 开发系统流程对比如图 2.11 所示。

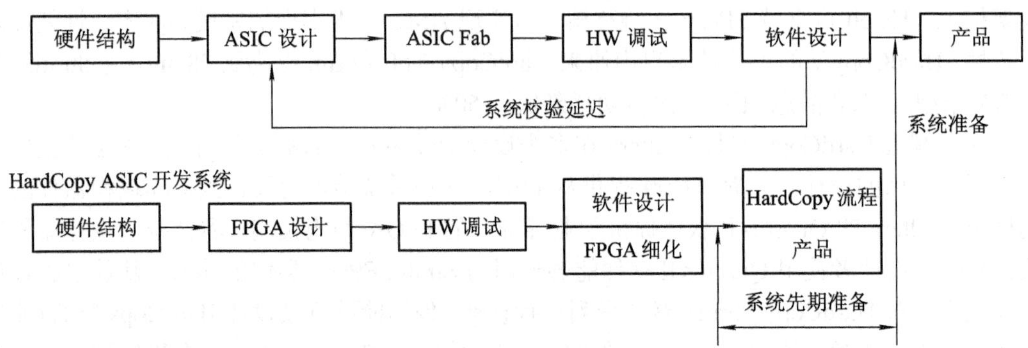

图 2.11 HardCopy 开发与传统 ASIC 开发系统流程对比

当系统准备好之后，用户可以利用 Stratix 系列 FPGA 选择进行市场测试或者试产。如果出于功耗或者其它原因，产品需要采用 HardCopy 器件，Altera 的 HardCopy 设计中心提供快速可预测的全包工艺，包括了全面测试插入。因此，用户并不需要进行测试设计。在 8 个星期内，用户就可以得到经过全面测试的产品级样片。

2.4.3 HardCopy Ⅴ 器件

1. 特点

当 FPGA 原型设计准备量产时，采用 Altera HardCopy Ⅴ ASIC 可以最低风险实现最低总成本和最低功耗。HardCopy Ⅴ ASIC 与 Stratix Ⅴ FPGA 封装、引脚和信号完整性兼容。

1) 统一的设计环境

用户可以使用 Quartus Ⅱ软件开发一个设计、一个寄存器传送级(RTL)、一组知识产权(IP)，同时实现 FPGA 和 ASIC。采用 Stratix Ⅴ FPGA 对系统进行无缝原型开发，在交付 ASIC 设计之前，全面准备好系统投产。Altera HardCopy 设计中心使用成熟的全包工艺来实现低成本、低功耗、功能等价、引脚兼容的 HardCopy Ⅴ器件。这一方法不仅仅是快速 ASIC 开发方法，还是最好的系统开发方法。

2) 风险最低，总成本最低

与台积电(TSMC)的合作有利于大批量生产易于制造、高可靠性的 HardCopy Ⅴ ASIC。通过系列测试芯片，对所有构建模块进行验证，包括收发器、I/O、锁相环(PLL)和 SRAM。对于 Stratix Ⅴ FPGA 和 HardCopy Ⅴ ASIC，收发器和其它 IP 模块都是相同的。在 HardCopy 后端工艺过程中插入所有测试，生成测试程序，实现了优异的故障定位和延时故障覆盖功能。结果，Altera 为深亚微米 ASIC 提供了风险最低的方法。

使用系统的开发方法，典型的硬件和软件系统设计时间可以缩短 9 到 12 个月。这一系统开发方法避免了采用测试设计、制造性设计以及投产设计工具，在这方面不会花费时间，从而极大地减少了用户的工程投入。这些因素结合低 NRE，实现了最低的总成本。

2. HardCopy 系列器件性能

表 2.22、表 2.23 分别给出了 HardCopy 系列器件的推出时间与工艺以及 HandCopy 系列中的 ASIC 性能对比。

表 2.22 HardCopy 系列器件的推出时间与工艺

器件系列	HardCopy APEX	HardCopy Stratix	HardCopy Ⅱ	HardCopy Ⅲ	HardCopy Ⅳ	HardCopy Ⅴ
推出时间	2001 年	2003 年	2005 年	2008 年	2008 年	2010 年
工艺技术	180 nm	130 nm	90 nm	40 nm	40 nm	28 nm
建议在新设计中使用	否	否	是	是	是	是

表 2.23 HardCopy 系列中的 ASIC 性能对比

特性	HardCopy Ⅱ	HardCopy Ⅲ	HardCopy Ⅳ E	HardCopy Ⅳ GX
可用 ASIC 逻辑门 (1)	1～3.6 M	2.7～7.0 M	3.8～15 M	2.8～11.5 M
收发器	—	—	—	8～36 个 6.5+ Gb/s
嵌入式存储器	0.86～8.6 Mb	4.1～15.9 Mb	8.1～18.4 Mb	6.3～20.3 Mb
18 位 × 18 位乘法器(2)	64～384	288～896	512～1360	384～1288

注：(1) 计算方法为，12 乘以 LE 数量加上 5000 乘以 18 位 × 18 位乘法器数量；

(2) 使用 HCell 实现乘法器。

2.5 成熟器件

表 2.24 是 Altera 公司较早时间推出的器件列表，其中包括产品系列的名称、推出时间、密度和工艺特点。在这些器件中，有些已经不再使用了，但是还有一些器件在今天仍被广泛使用。

表 2.24 Altera 的成熟器件

	产品系列	推出时间	密度(宏单元或逻辑单元)	工艺特点
CPLD	MAX7000B	2000	32～512	0.3 μm
	MAX7000S	1995	32～256	0.3 μm
	MAX9000	1994	320～560	0.42 μm
	MAX5000	1988	16～192	0.8 μm/0.65 μm
	Classic	1990	16～48	0.5 μm
FPGA	ACEX1K	2000	576～4992	0.22 μm
	APEX II	2001	16640～67200	0.13 μm
	APEX20KC	2000	8320～38400	0.15 μm
	APEX20KE	1999	1200～51840	0.18 μm
	APEX20K	1998	4160～16640	0.22 μm
	FLEX10KE	1998	1728～9984	0.22 μm
	FLEX10KA	1996	576～12160	0.3 μm
	FLEX10K	1995	576～4992	0.42 μm
	FLEX6000/A	1998	880～1960	0.42 μm/0.3 μm
	FLEX8000	1993	208～1296	0.42 μm
	Mercury	2000	4800～14400	0.15 μm
	Excalibur	2000	4160～38400	0.18 μm
	HardCopyAPEX	2001	16640～51840	0.18 μm

第 3 章
硬件描述语言

硬件描述语言(HDL，Hardware Description Language)是硬件设计人员和 EDA 工具之间的设计媒介，主要用于从多种抽象设计层次上进行数字系统的建模。利用 EDA 技术设计复杂数字系统，不仅可以极大地提高系统的设计效率，而且可以使设计者摆脱大量的辅助性工作，使他们能专心致力于新概念的构思和设计的创新。FPGA 设计越来越复杂，所以使用硬件描述语言设计复杂的可编程逻辑电路已经逐渐成为一种趋势，目前最主要的硬件描述语言是 VHDL(1076 号 IEEE 标准)和 Verilog HDL(1364 号 IEEE 标准)。本章主要以 VHDL 为例介绍利用硬件描述语言进行数字系统设计的方法和流程。

3.1 硬件描述语言概述

VHDL 源于美国政府 1980 年开始启动的超高速集成电路(VHSIC，Very High Speed Intergrated Circuit)计划。在这一计划的执行过程中，专家们认识到需要有一种标准的语言来描述集成电路的结构和功能。1981 年，美国国防部开始组织实施 VHDL(VHSIC Hardware Description Language)的开发计划。随后，美国电气和电子工程师协会(IEEE，Institute of Electrical & Electronic Engineers)于 1986 年 5 月开始了 VHDL 的标准化工作，并在 1987 年 12 月发布了 VHDL 的第一个标准(IEEE Standard 1076-1987[LRM87])。1993 年，该标准被重新修订，即 IEEE Standard 1076—1993[LRM93]。从此以后，美国国防部实施新的技术标准，要求电子系统开发商的合同文件一律采用 VHDL 文档，使第一个官方 VHDL 标准迅速得到推广、实施和普及。

VHDL 的特点是：

✧ VHDL 是 IEEE 标准，语法比较严格；

✧ VHDL 支持各种设计方法和技术，例如自上而下和自下而上设计，同步和异步设计等；

✧ VHDL 能够处理各种对象，从描述逻辑门层次的电路到描述整个数字系统；

✧ VHDL 支持由若干小组协同完成一个系统的设计。

Verilog HDL 是在 C 语言的基础上发展起来的一种硬件描述语言，语法较自由，目前 ASIC 设计很多采用这种语言。Verilog HDL 是美国 Cadence Design Systems 公司于 1983～1984 年组织开发的，并于 1995 年成为 IEEE 标准，即 Verilog HDL 1364—1995，2001 年又发布了 Verilog HDL 1364—2001 标准。该语言的主要特点是：

✧ 过程性描述和结构性描述两者都能接受；

✧ 所使用的基本数据类型是“线”和“寄存器”，它采用四状态制表示布尔值：“0”、“1”、“X”、“Z”，其中“X”表示不确定状态，“Z”表示悬空；

✧ 能够使用混合模式的模型，即用其描述的设计可以包含不同的抽象层次，并能用一个仿真程序做仿真；

✧ 能够描述模块的并行行为以及描述有限状态机。

现在，VHDL 和 Verilog HDL 作为 IEEE 的工业标准硬件描述语言，得到众多 EDA 公司的支持，在电子工程领域，已成为事实上的通用硬件描述语言。VHDL 和 Verilog HDL 两者相比，学习 VHDL 更难一些，但 Verilog HDL 自由的语法也使得初学者容易上手，同时也容易出错。从 EDA 技术的发展趋势上看，直接采用 C 语言设计可编程逻辑电路将是一个发展方向，现在已出现用于可编程逻辑电路设计的 C 语言编译软件。可以预见，C 语言很可能将逐渐成为继 VHDL 和 Verilog HDL 之后设计大规模可编程逻辑电路的又一种手段。

用 VHDL/Verilog HDL 语言开发可编程逻辑电路的完整流程为：

(1) 文本编辑：用任何文本编辑器都可以进行，也可以用专用的 HDL 编辑环境。通常 VHDL 文件保存为.vhd 文件，Verilog HDL 文件保存为.v 文件。

(2) 功能仿真：将文件调入 HDL 仿真软件进行功能仿真，检查逻辑功能是否正确(也叫前仿真，对简单的设计可以跳过这一步，只有在布线完成以后，才进行时序仿真)。

(3) 逻辑综合：将源文件调入逻辑综合软件进行综合，即把语言综合成最简的布尔表达式。逻辑综合软件会生成.edf(EDIF)的 EDA 工业标准文件。

(4) 布局布线：将.edf 文件调入 FPGA 厂商提供的软件中进行布线，即把设计好的逻辑安放到 CPLD/FPGA 内。

(5) 时序仿真：需要利用在布局布线中获得的精确参数，用仿真软件验证电路的时序(也叫后仿真)。

以上过程通常都可以在 FPGA 厂家提供的开发工具中完成，如 Altera 公司的 MAX + PLUS Ⅱ和 QuartusⅡ，Xilinx 公司的 Foundation 和 ISE 等。如果使用专用 HDL 工具完成逻辑综合，如 Synplicity 公司的 Synplify/Synplify Pro，Mentor 公司的 LeonardoSpectrum 和 Precision RTL，Synopsys 公司的 FPGA ComplierⅡ，等等，效果可能会更好。

由于 HDL 来源于不同的地方，为了各平台之间的相互转换，有人推出了 EDIF(Electronic Design Interchange Format，电子设计交换格式)，EDIF 并不是一种语言，而是用于不同数据格式的 EDA 工具之间交换设计数据。

如果编写的 HDL 程序仅用于仿真，那么几乎所有的语法和编程方法都可以使用。但如果程序是用于 FPGA 硬件实现，那么就必须保证程序具有“可综合性”，即程序所描述的功能可以用硬件电路实现。不可综合的 HDL 语句在软件综合时将被忽略或者报错。也就是说，所有的 HDL 程序都可以用于仿真，但不是所有的 HDL 程序都能用硬件实现。掌握 HDL 语言的关键是充分理解 HDL 语句和硬件电路的关系。编写 HDL 程序，就是在描述一个电路，设计者应当对生成的电路有一些大体上的了解，而不能用纯软件的设计思路来编写硬件描述语言。在 HDL 学习中还应看到，使用 30%左右的基本 HDL 语句就可以完成 95%以上的电路设计，很多生僻的语句并不能被所有的综合软件所支持，并且在程序移植或者更换软件平台时，很容易产生兼容性问题，也不利于其它人阅读和修改。所以，能够深刻理解和灵活运用一些常用的 HDL 语句，往往比多掌握几个新的语法要有用得多。

在 FPGA 设计中，HDL 和传统的原理图输入方法的关系就好比高级语言和汇编语言的关系。HDL 的可移植性好，使用方便，但效率不如原理图；原理图输入的可控性好，效率高，比较直观，但设计大规模可编程逻辑电路时显得比较繁琐。在可编程逻辑电路设计中，通常建议采用原理图和 HDL 结合的方法来设计，适合用原理图的地方就用原理图，适合用 HDL 的地方就用 HDL，并没有强制的规定。在最短的时间内，用自己最熟悉的工具设计出高效、稳定、符合要求的电路才是我们的最终目的。

3.2　VHDL 程序的基本结构

一段完整的 VHDL 程序由实体(ENTITY)说明、结构体(ARCHITECTURE)、配置(CONFIGURATION)、库(LIBRARY)和程序包(PACKAGE)，等五个组成部分，其中前四部分是可分别编译的源设计单元。设计实体是一个 VHDL 语言程序的基本单元，无论是简单的或者是复杂的数字电路，设计实体的基本构成是一致的，即由实体说明和结构体两部分组成。它既可以简单到描述一个门电路，也可以复杂到描述一个微处理器或一个片上系统(SOC)。实体说明部分用于描述所设计系统的外部端口信号与参数的属性和设置，而结构体部分则定义了设计单元的具体功能、行为、数据流程或内部结构。配置用于从库中选取所需单元来组成系统设计的不同版本。程序包用于存放各设计模块能共享的数据类型、常数、子程序等。库用于存放已编译的实体、结构体、程序包和配置，它可由用户生成或由 ASIC 芯片制造商提供，以便于在设计中为大家所共享。

例 3-1 给出了一个触发器的 VHDL 程序，从中可以了解 VHDL 程序的一般结构。

【例 3-1】　触发器的 VHDL 设计。

```
库说明    LIBRARY IEEE;                              --IEEE 标准库
          USE IEEE.STD_LOGIC_1164.ALL;               --STD_LOGIC_1164 程序包

          ENTITY flipflop IS                         -- flipflop 是实体名
           PORT (    d: IN  STD_LOGIC;               --定义输入/输出信号
                     clk: IN     STD_LOGIC;
实体说明             clrn: IN    STD_LOGIC;
                     ena: IN     STD_LOGIC;
                     q: OUT      STD_LOGIC);
          END flipflop;

          ARCHITECTURE a OF flipflop IS              -- a 是结构体名
           SIGNAL   q_signal : STD_LOGIC;
          BEGIN
           PROCESS (clk,clrn)
            BEGIN
```

结构体

```
      IF clrn='0' THEN
          q_signal<='0';
      ELSIF (clk'EVENT AND clk='1') THEN
        IF ena='1' THEN
            q_signal<=d;
        ELSE
            q_signal<=q_signal;
        END IF;
      END IF;
    END PROCESS;
    q<=q_signal;
END a;
```

由例 3-1 可以看出，VHDL 程序中设计实体的保留字为 ENTITY，结构体的保留字为 ARCHITECTURE。一个设计实体有且只能有一个实体说明，但可以有一个或多个结构体。图 3.1 显示了 VHDL 程序的基本组成。

对于 VHDL 的编译器和综合器来说，VHDL 代码是不区分其大小写字母的，但是为了方便阅读和识别，建议将 VHDL 语句中的保留字用大写字母来表示，设计者自己添加的内容用小写字母来表示。有关 VHDL 中的保留字，请参见 3.3.1 节。

设计实体
实体说明
结构体1 结构体描述
结构体2 结构体描述
…
结构体n 结构体描述

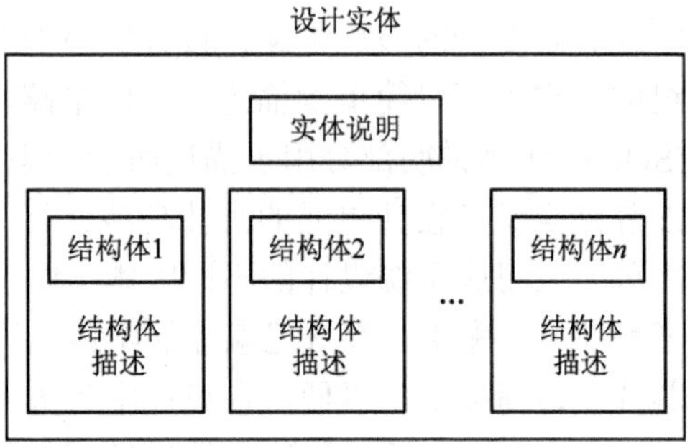

图 3.1　VHDL 程序的基本组成

3.2.1　实体说明

VHDL 程序中的实体说明的一般格式为：

```
ENTITY 实体名 IS
[类属参数说明];
[端口说明];
END 实体名;
```

一个基本设计单元的实体说明以“ENTITY 实体名 IS”开始，至“END 实体名；”结束。例如在例 3-1 中，从“ENTITY flipflop IS”开始，至“END flipflop;”结束。

实体说明一般由类属参数说明和端口说明两部分构成。类属参数说明用来指定参数，它与常数不同，区别在于：类属的值可以由设计实体外部提供，设计者可以容易地从外面改变类属参量对整个设计实体进行修改；而常数是由实体内部得到赋值并且其值不可以发生改变。类属参数说明必须放在端口说明之前，用于设置实体和外部电路间的静态参数，其书写格式为：

```
GENERIC (参数名: 类型名: = 缺省值;
```

⋮

参数名: 类型名: = 缺省值);

端口说明用于描述实体和外部电路的接口信号，也可以说是对外部引脚信号的名称、数据类型和输入输出方向的描述，其书写格式为：

PORT (端口名，端口名: 端口方向　数据类型名;

⋮

端口名，端口名: 端口方向　数据类型名);

端口名是给予每个外部引脚的名称，通常用一个或多个英文字母，或者是英文字母加数字的方式来命名，如例 3-1 中的外部引脚 d、clk、clrn 等。

端口方向用于定义外部引脚的信号的流向，常用的端口方向有 IN、OUT、INOUT、BUFFER 和 LINKAGE。以“IN”定义的端口为输入端口，只允许信号流入端口，由外部电路驱动输入该设计实体；以“OUT”定义的端口为输出端口，只允许信号流出端口，由该设计实体驱动外部电路；以“INOUT”定义的端口为双向端口，信号可以流入或流出该设计实体；而“BUFFER”为缓冲端口，它与输出端口类似，只是缓冲端口允许设计实体内部使用该端口信号，它可以用于输出，也可以用于端口信号的反馈。当一个结构体用“BUFFER”说明输出端口时，与其连接的另一个结构体的端口也要用“BUFFER”说明。以“LINKAGE”定义的端口不指定方向，无论哪个方向的信号都可以连接。

在数字逻辑电路的设计中最常用的数据类型有两种，即 BIT 和 BIT_VECTOR。端口的数据类型定义为 BIT 时，该端口信号的取值只能是逻辑值“0”或“1”；而当定义为 BIT_VECTOR 时，该端口的取值是一组二进制位的矢量值，它可以代表设计中的多位矢量信号或是电路中的总线数据。

【例 3-2】 实体说明示例一。

```
ENTITY ha IS
 PORT ( h1, h2: IN BIT;
        q     : OUT BIT;
        haq   : OUT BIT_VECTOR ( 7 DOWNTO 0));
END ha;
```

例 3-2 中的端口 h1、h2、q 的数据类型为 BIT，而端口 haq 的数据类型为 BIT_VECTOR，其中的(7 DOWNTO 0)表示 haq 端口是一个 8 位的端口，由最高位 B_7 到最低位 B_0，位矢量长度为 8。

【例 3-3】 实体说明示例二。

```
LIBRARY IEEE;
USE IEEE.STD_LOGIC_1164.ALL;


ENTITY ha IS
 PORT (h1, h2: IN STD_LOGIC;
       q     : OUT STD_LOGIC;
       haq   : OUT STD_LOGIC _VECTOR (7 DOWNTO 0));
END ha;
```

例 3-3 和例 3-2 是完全等效的，这里只是替换了原有的数据类型 BIT 和 BIT_VECTOR 为新定义的 STD_LOGIC 和 STD_LOGIC_VECTOR 类型，并且加上了这种新的数据类型的库和程序包的说明语句，以便在对 VHDL 程序进行编译时，能够从指定库的程序包中找到相应的数据类型。

3.2.2 结构体

1. 基本格式

结构体(ARCHITECTURE)为一个基本设计实体的另一重要组成部分，它描述了设计实体所要实现的功能，指明了设计实体中的行为、内部器件的连接关系以及数据流程。由于结构体是对实体功能的具体描述，因此它一定要跟在实体说明的后面。

一个结构体通常由结构体名称、定义语句和并行处理语句构成，有如下两种格式：

格式 1

```
ARCHITECTURE 结构体名 OF 实体名 IS
[定义语句] 内部信号, 常数, 数据类型, 函数等的定义;
BEGIN
[并行处理语句];
END 结构体名;
```

格式 2

```
ARCHITECTURE 结构体名 OF 实体名 IS
[定义语句] 内部信号, 常数, 数据类型, 函数等的定义;
BEGIN
[并行处理语句];
END ARCHITECTURE 结构体名;
```

格式 1 和格式 2 分别对应于 IEEE Standard 1076—1987 和 IEEE Standard 1076—1993 标准。

结构体的名称是由设计者自由命名的，它是结构体的唯一名称。OF 后面的实体名称表明该结构体是属于哪个设计实体的。为了让人一目了然，通常采用以下三种方式来命名结构体：

```
ARCHITECTURE behavioral OF flipflop IS      用结构体的行为命名
ARCHITECTURE dataflow OF flipflop IS        用结构体的数据流命名
ARCHITECTURE structural OF flipflop IS      用结构体的结构命名
```

这三种命名方式对应了结构体的三种描述方式，即行为级描述、数据流级描述和结构级描述，下一小节将详细介绍这三种描述方式。设计者可以根据自己设计的 VHDL 程序的结构体描述方式来给结构体命名，以方便阅读和使用。

结构体的名称后面就是定义语句，用于定义结构体内部使用到的信号、常数、数据类型和函数等。定义语句位于 ARCHITECTURE 和 BEGIN 之间，也就是在结构体内部，而不是实体内部，因为一个实体可以有多个结构体。结构体内部的定义语句和端口说明语句类似，因为是内部连接使用，所以不用说明方向。

【例 3-4】 结构体的定义语句。

```
ARCHITECTURE structural OF flipflop IS
  SIGNAL   q : BIT;
        ⋮
BEGIN
        ⋮
END structural;
```

并行处理语句是结构体功能描述的主要语句，它位于 BEGIN 和 END 之间。所谓并行处理语句就是指语句的执行不以书写的顺序为执行顺序，而是并行进行处理的。比如在 ARCHITECTURE 中存在两条语句：

```
D<=A+E;
A<=B+C;
```

这两条语句将产生两个加法器，第二个输出作为第一个的一个输入。在仿真时，当 B 或 C 变化时，激活语句 2，当 A 或 E 变化时，激活语句 1。

2. 描述方式

结构体对基本设计单元的输入输出关系可以有三种描述方式：

✧ 行为级描述：也称为算法级描述，它不是对某一个器件的描述，而是对整个设计单元的数学模型描述，所以属于一种高层次描述方式。

✧ 数据流级描述：也称为寄存器传输级(RTL)描述，即采用进程语句顺序描述数据流在控制流作用下中被加工、处理和存储的全过程。这种描述方式与采用原理图输入方式进行电路设计处于同一个层次。

✧ 结构级描述：也称为逻辑元器件连接描述或门级描述，即采用并行处理语句，使用最基本的逻辑门单元来描述设计实体内部的结构组织和元器件的连接关系。

这三种描述方式的划分是根据寄存器和组合逻辑的确定性而言的：

✧ 行为级描述：寄存器和组合逻辑都不明确；

✧ 数据流级描述：寄存器明确，组合逻辑不明确；

✧ 结构级描述：寄存器和组合逻辑都明确。

结构体三种不同层次的描述方式从不同角度对硬件系统进行了行为和功能的描述，下面以设计图 3.2 所示的二选一复用器结构电路为例，分别对这三种描述方式进行具体说明。

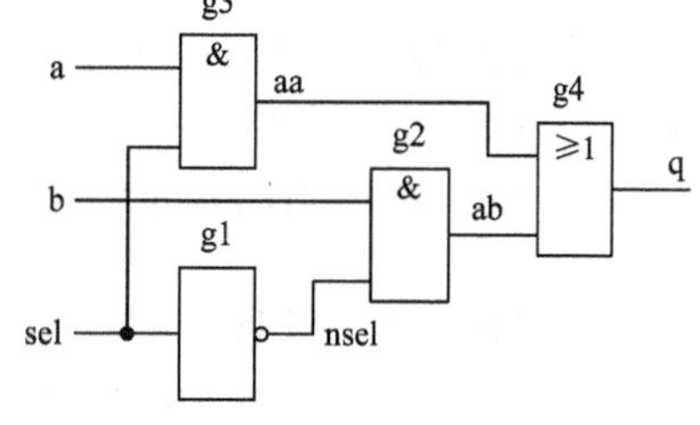

图 3.2　二选一复用器结构电路

1) 行为级描述

在采用行为级描述方式的程序中，大量采用了逻辑运算、算术运算和关系运算，是对系统基本模型的数学描述，抽象程度较高。

【例 3-5】 二选一复用器的行为级描述。

```
LIBRARY IEEE;
USE IEEE.STD_LOGIC_1164.ALL;

ENTITY mux2 IS
```

```
  PORT (a, b, sel : IN STD_LOGIC;
            q : OUT STD_LOGIC);
END mux2;

ARCHITECTURE behavioral OF mux2 IS
BEGIN
  PROCESS (a, b)
  BEGIN
    IF sel='1' THEN
      q<=a;
    ELSE
      q<=b;
    END IF;
  END PROCESS;
END behavioral;
```

采用行为级描述方式的程序不是从设计实体的电路组织和门级实现来完成设计的，而是着重设计正确的实体行为、准确的函数模型和精确的输出结果。采用行为级描述方式的VHDL 程序，在一般情况下只能用于行为层次的仿真，而不能进行逻辑综合。只有将行为级描述方式改写为数据流级描述方式，才能进行逻辑综合。随着设计技术的发展，一些 EDA 软件能够自动完成行为综合，如 Synopsys 的 Behavioral Complier，从而可以把行为级描述转换为数据流级描述方式。

2) 数据流级描述

数据流级描述方式是一种明确规定寄存器描述的方法，它要么采用寄存器硬件的一一对应的直接描述，要么采用寄存器之间的功能描述，所以数据流级描述方式可以进行真正的逻辑综合，模拟实际电路和元器件的工作性能。在数据流描述的程序中，常用的语法有CASE-WHEN(条件信号赋值语句)和 WITH-SELECT-WHEN(选择信号赋值语句)。它们着重设计实体中数据流的运动路径、方向和结果。

【例 3-6】 二选一复用器的数据流描述。

```
LIBRARY IEEE;
USE IEEE.STD_LOGIC_1164.ALL;

ENTITY mux2 IS
  PORT (a, b, sel : IN STD_LOGIC;
            q : OUT STD_LOGIC);
END mux2;

ARCHITECTURE dataflow OF mux2 IS
BEGIN
  q<=a WHEN sel='1' ELSE b;
END dataflow;
```

采用数据流级描述方式的程序设计中，必须注意以下几项原则：

✧ 禁止在一个进程中存在两个寄存器描述；
✧ 禁止使用 IF 语句中的 ELSE 项；
✧ 寄存器描述中必须代入信号值。

3) 结构级描述

所谓结构级描述方式，就是在多层次的设计中，高层次的设计模块调用低层次的设计模块，或者直接用门电路设计单元来构成一个复杂的逻辑电路的描述方法。例 3-7 给出了一个采用结构级描述方式的二选一复用器的设计实例。

【例 3-7】 二选一复用器的结构级描述。

```
LIBRARY IEEE;
USE IEEE.STD_LOGIC_1164.ALL;

ENTITY mux2 IS
  PORT (a, b, sel : IN STD_LOGIC;
            q : OUT STD_LOGIC);
END mux2;

ARCHITECTURE structural OF mux2 IS
    COMPONENT and2
  PORT (a, b : IN STD_LOGIC;
          c : OUT STD_LOGIC);
 END COMPONENT;

 COMPONENT or2
  PORT (a, b : IN STD_LOGIC;
          c : OUT STD_LOGIC);
 END COMPONENT;

 COMPONENT inv
  PORT (a : IN STD_LOGIC;
        b : OUT STD_LOGIC);
 END COMPONENT;

SIGNAL aa, ab, nsel : STD_LOGIC;

BEGIN
  g1 : inv PORT MAP (sel, nsel);
  g2 : and2 PORT MAP (nsel, b, ab);
  g3 : and2 PORT MAP (a, sel, aa);
```

```
    g4 : or2 PORT MAP (aa, ab, q);
  END structural;
```

结构级描述方式能够进行逻辑综合，但它的缺点是要求设计者必须具备较为丰富的硬件设计知识，并且投入大量精力描述电路的具体细节，无法体现出高层描述的优点。

3. 子结构描述

在比较复杂的电子设计中，如果全部电路都用一个模块来描述，是非常不方便的。为此，设计者总是希望将整个电路分成若干个相对比较独立的模块来进行电路的描述。这样，一个结构体可以用几个相对比较独立的子结构来构成。VHDL 包含以下三种形式的子结构描述语句：

(1) 进程(PROCESS)的子结构方式；

(2) 模块(BLOCK)的子结构方式；

(3) 子程序(SUBPROGRAM)的子结构方式。

1) 进程的子结构方式

采用 PROCESS 的子结构方式描述的电路结构类似于 BLOCK 方式，VHDL 程序中每个 PROCESS 的一般格式为：

```
[进程名:] PROCESS (信号 1,信号 2, …)
    变量说明
BEGIN
    ⋮
END PROCESS [进程名];
```

PROCESS 的子结构方式从“PROCESS”开始，至“END PROCESS”结束。在一般情况下，进程名是可以省略的。在多个进程的结构体描述中，进程名是区分各个进程的标志。与 BLOCK 语句不同的是，PROCESS 结构中的语句是按书写顺序一条一条向下执行的，而不是并行执行的。这种顺序执行的语句只在 PROCESS 和 SUBPROGRAMS 的结构体中使用。

进程只有两种运行状态，即执行状态和等待状态。在 PROCESS 语句的括号中有几个信号量，通常称为敏感信号，这些信号量只要有一个发生了变化，都将启动该 PROCESS 语句。一旦启动之后，PROCESS 中的语句将从上到下逐句执行一遍。当最后一个语句执行完毕后，就返回到开始的 PROCESS 语句，等待下一次敏感信号的变化。总之，只要 PROCESS 中的敏感信号变化一次，该 PROCESS 进程就会执行一遍。

进程也可以不包含敏感信号，它的启动也可以用 WAIT 语句等待一个触发条件的成立。这种进程语句的一般格式为：

```
PROCESS
    变量说明
BEGIN
        WAIT 语句
    ⋮
END PROCESS [进程名];
```

需要特别强调的是，进程一定要有敏感信号表或 WAIT 语句，否则该进程就会进入死循环状态。

在复杂的电子系统中，设计实体可以由多个结构体构成，而每个结构体又可以由多个进程构成，同一结构体中的多个进程是并行执行的，也可以通过进程之间的信号或共享变量进行通信。为了方便了解多进程结构体的结构，例 3-8 给出了一个含有两个进程，且两者之间可以互相通信的结构体，这两个进程之间的关系如图 3.3 所示。

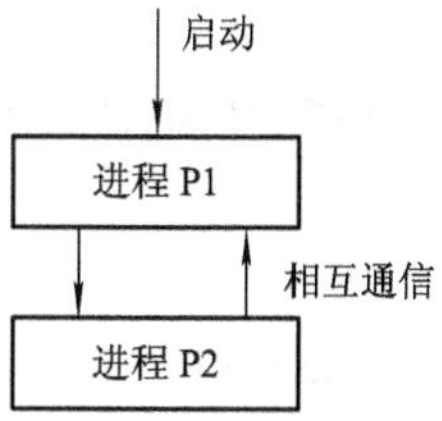

图 3.3　两个进程的通信关系

【例 3-8】　两进程结构体的结构。

```
LIBRARY IEEE;
USE IEEE.STD_LOGIC_1164.ALL;

ENTITY two_process IS
  PORT (d : IN STD_LOGIC;
        q : OUT STD_LOGIC);
END two_process;

ARCHITECTURE structural OF two_process IS
  SIGNAL a : STD_LOGIC;
BEGIN
  P1:
  PROCESS (d, b)
  BEGIN
    IF  (b='1') THEN
      q<=d;
    ELSIF  (d' EVENT AND d='1') THEN
      a<=d;
    END IF;
  END PROCESS P1;
  P2:
  PROCESS (a)
  BEGIN
    IF  (a' EVENT AND a='1') THEN
      b<=a;
    END IF;
  END PROCESS P2;
END structural;
```

例 3-8 中所示的一个结构体由两个进程 P1 和 P2 构成。当 P1 进程的敏感信号(d, b)发生变化，P1 进程被启动，P1 进程处理完后，P2 进程的敏感信号(a)发生了变化，接着 P2 进程开始工作，这又触发了 P1 进程工作，如此循环。

2) 模块的子结构方式

采用 BLOCK 的子结构方式描述电路的一般格式为：

```
ENTITY 实体名 IS
    ⋮
ARCHITECTURE 结构体名 OF 实体名
    ⋮
BEGIN
 BLOCK1
  BLOCK
    ⋮
 BLOCK2
  BLOCK
    ⋮
 BLOCK3
  BLOCK
    ⋮
END 结构体名;
```

VHDL 程序中每个 BLOCK 的一般格式为：

```
块结构名：
BLOCK
 BEGIN
    ⋮
END BLOCK 块结构名;
```

VHDL 程序中的结构体可以只有一个 BLOCK 模块，也可以同时有几个 BLOCK 模块。在对程序进行仿真时，BLOCK 语句中所描述的各个语句是并发执行的，与书写顺序无关。在 BLOCK 模块之外，结构体内的各个语句也是并发执行的。并发执行的语句分为无条件并发执行和有条件并发执行两类。有条件并发执行的 BLOCK 称为 GUARDED BLOCK(卫式 BLOCK)，其书写格式为：

BLOCK (条件布尔表达式)

【例 3-9】 GUARDED BLOCK 编程方法。

```
LIBRARY IEEE;
USE IEEE.STD_LOGIC_1164.ALL;

ENTITY flipflop IS
  PORT (d, clk : IN     STD_LOGIC;
            q : OUT STD_LOGIC);
END flipflop;

ARCHITECTURE flipflop-guarded OF flipflop IS
```

```
BEGIN
  D1:
    BLOCK (clk='1')
    BEGIN
      q<= GUARED d;
    END BLOCK D1;
END flipflop-guarded;
```

在 BLOCK 模块中的语句中都有保留字 GUARDED，这表明只有条件布尔表达式为真时(例中 clk='1' 时为真)，该 BLOCK 语句才会启动执行；而当条件布尔表达式为假时，该 BLOCK 语句将不执行。上述程序的结构体中只有一个 BLOCK 块，如果电路较复杂，可以由几个 BLOCK 块组成。

3) 子程序的子结构方式

采用 SUBPROGRAM 的子结构方式描述电路，要先清楚子程序的用法。所谓子程序就是能够被主程序调用的具有某一特定功能的程序段。子程序在被调用时，首先要初始化，执行功能后，将处理的结果返回到主程序。因为子程序是一个非重入程序，所以它的内部值不能保持，子程序返回后，才能被再次调用，再次初始化。VHDL 有两种子程序格式，即过程(PROCEDURE)和函数(FUNCTION)。下面分别介绍它们的概念。

(1) 过程。VHDL 中过程语句的一般格式为：

```
PROCEDURE 过程名 (参数 1; 参数 2; …) IS
  [定义语句];          (变量等的定义)
BEGIN
  [顺序处理语句];      (过程的语句)
END 过程名;
```

在过程语句中，参数可以是输入也可以是输出，都列在过程名后面的括号内。一般地，IN 作为常数处理，OUT 和 INOUT 作为变量进行拷贝，当过程语句在主程序调用以后，将变量 OUT 和 INOUT 拷贝到调用者的信号和变量中。在过程中，如果需要把 IN 和 INOUT 作为信号使用，则应该用定义语句特别指明。

【例 3-10】 过程语句示例。

```
USE LIBRARY IEEE;
USE IEEE. STD_LOGIC _1164.ALL;
PROCEDURE vector_to_int (z : IN std_logic_vector;
                         x_flag : OUT BOOLEAN;
                             q : INOUT INTEGER) IS
BEGIN
    q := 0;
    x_flag := false;
    FOR i IN z' RANGE LOOP
        q := q * 2;
      IF z(i) = '1' THEN
```

```
            q := q + 1;
          ELSIF z(i) /= 0 THEN
            x_flag := TRUE;
          END IF;
        END LOOP;
    END vector_to_int;
```

该过程是将输入位矢量 z 的数据类型转换为整数。但是，如果输入数组中包含未知量，x_flag 输出为“真”，则说明不能得到正确的转换值。因为参数 q 在过程中被读取，所以将其定义为 INOUT 方式。

过程调用时，先将初始值传递给过程的输入参数，然后按顺序自上而下执行过程结构中的语句，执行结束后，将输出值拷贝到调用者 OUT 和 INOUT 所定义的变量或信号中。

例 3-10 所描述过程的并行过程调用语句格式为：

```
vector_to_int (z, x_flag, q);
```

上述并行过程调用等价于下面的进程语句：

```
PROCESS
 BEGIN
   vector_to_int (z, x_flag, q);
   WAIT ON z;
 END PROCESS;
```

显然，z 值的变化触发过程执行，最后将结果存于 x_flag 和 q 两个变量中，结构体中的其它语句可直接使用该结果。

(2) 函数。VHDL 中函数语句的一般格式为：

```
FUNCTION 函数名 (参数 1; 参数 2; …) RETURN 数据类型名 IS
 [定义语句];
BEGIN
 [顺序处理语句];
 RETURN [返回变量名];
END 函数名;
```

在函数语句中，函数名后面括号中的参数都为输入信号，所以不用指定信号方向，函数的输入值由函数调用者拷贝到括号里的参数中。通常各种功能的 FUNCTION 程序都被集中在程序包(PACKAGE)中。下面举例说明函数的结构以及调用。

【例 3-11】 函数语句示例一。

```
LIBRARY IEEE;
USE IEEE.STD_LOGIC_1164.ALL;
PACKAGE fun_pac IS
  FUNCTION max   (a : STD_LOGIC_VECTOR;
                 b : STD_LOGIC_VECTOR) RETURN STD_LOGIC_VECTOR;
  END fun_pac;
PACKAGE BODY fun_pac IS
```

```
    FUNCTION max    (a : STD_LOGIC_VECTOR;
                b : STD_LOGIC_VECTOR) RETURN STD_LOGIC_VECTOR IS;
    VARIABLE temp : STD_LOGIC (a' RANGE);
    BEGIN
      IF   (a>b) THEN
        temp : = a;
      ELSE
        temp : =b;
      END IF;
    RETURN temp;
    END max;
  END fun_pac;
```

例 3-11 在程序包 fun_pac 中定义了函数 max(a, b)，从 a 和 b 中选择最大值输出。

【例 3-12】　函数语句示例二。

```
  LIBRARY IEEE.NEWLIB;
  USE IEEE.STD_LOGIC_1164.ALL;
  USE NEWLIB.fun_pac.ALL;

  ENTITY max_detect IS
  PORT (data : IN STD_LOGIC_VECTOR (7 DOWNTO 0);
       clk, set : IN STD_LOGIC;
       dataout : OUT STD_LOGIC_VECTOR (7 DOWNTO 0));
  END max_detect;

  ARCHITECTURE appliance OF max_detect IS
    SIGNAL peak : STD_LOGIC_VECTOR (7 DOWNTO 0);
  BEGIN
    PROCESS   (clk)
    BEGIN
        IF   (clk'EVENT AND clk='1') THEN
          IF   (set='1') THEN
            peak<=data;
          ELSE
          peak<=max (data, peak);            --函数调用
          END IF;
        END IF;
    END PROCESS;
    dataout<=peak;
  END appliance;
```

在例 3-12 的程序中，peak<=max (data, peak)就是调用例 3-11 中定义的 FUNCTION 语句。在程序包中的参数 a 和 b 在程序中用 data 和 peak 代替，而返回值 temp 被赋予信号 peak。

过程和函数之间的区别在于：

✧ 函数有返回值，而过程无返回值。

✧ 函数中的参数仅限定为 IN 方式，而过程中的参数可以为 IN，OUT 或者 INOUT 方式。

✧ 函数中的参数允许的对象类型可以是变量或信号，而过程的形式允许的对象类型可以是变量、信号或常量。

✧ 函数中的参数默认的对象类型为常量，而过程的参数默认的对象类型对 IN 方式为常量，而对 INOUT 和 OUT 方式为变量。

✧ 在过程中允许使用等待语句和顺序信号赋值语句，而在函数中则不允许。

3.2.3 配置

配置(CONFIGURATION)是 VHDL 程序的一个基本组成部分，它用于描述层与层之间和实体说明与结构体之间的连接关系。在实体说明与结构体之间的连接关系配置说明中，设计者可以利用配置语句为实体选择不同的结构体。配置语句的一般格式为：

```
CONFIGURATION 配置名 OF 实体名 IS
  [说明语句];
END 配置名;
```

在 VHDL 程序设计中，配置的功能就是把元件安装到设计实体中，元件和设计实体的连接有多种方式，这里只简单举例说明配置语句的默认配置方式。

【例 3-13】 计数器的配置。

```
LIBRARY IEEE;
USE IEEE.STD_LOGIC_1164.ALL;

ENTITY counter IS
 PORT   (load, clear, clk : IN STD_LOGIC;
         data_in : IN INTEGER;
         data_out : OUT INTEGER);
END counter;

ARCHITECTURE count_255 OF counter IS
BEGIN
  PROCESS   (clk)
    VARIABLE count : INTEGER := 0;
  BEGIN
    IF clear = '1' THEN
      count := 0;
```

```
        ELSIF load = '1' THEN
          count := data_in;
        ELSE
          IF  (clk'EVENT) AND  (clk = '1')  AND
            (clk'LAST_VALUE = '0')  THEN
            IF  (count = 255)  THEN
              count := 0;
            ELSE
              count := count + 1;
            END IF;
          END IF;
        END IF;
        data_out <= count;
      END PROCESS;
    END count_255;

    ARCHITECTURE count_64k OF counter IS
    BEGIN
      PROCESS  (clk)
        VARIABLE count : INTEGER := 0;
      BEGIN
        IF clear = '1' THEN
          count := 0;
        ELSIF load = '1' THEN
          count := data_in;
        ELSE
          IF   (clk'EVENT) AND  (clk = '1') AND
                (clk'LAST_VALUE = '0') THEN
            IF  (count = 65535) THEN
              count := 0;
            ELSE
              count := count + 1;
            END IF;
          END IF;
        END IF;
        data_out <= count;
      END PROCESS;
    END count_64k;
```

```
CONFIGURATION small_count OF counter IS
  FOR count_255
  END FOR;
END small_count;

CONFIGURATION big_count OF counter IS
  FOR count_64k
  END FOR;
END big_count;
```

3.2.4 库

库(LIBRARY)用于存储和放置可编译的设计单元的集合，它存放实体说明、结构体、配置说明、程序包标题和程序包体，可以通过其目录进行查询和调用。库方便了设计者共享已经编译成功的设计成果。在 VHDL 程序中，库的描述语句总是放在设计实体的最前面，其一般格式为：

LIBRARY 库名;

在 VHDL 中，可以存在多个不同的库，但是库与库之间是独立的，不能互相嵌套。当前在 VHDL 中使用的库的种类有：STD 库、IEEE 库、ASIC 矢量库、WORK 库和用户定义库。

✧ STD 库是 VHDL 的标准库，为所有设计单元所共享、默认的库，包含有 STANDARD 和 TEXTIO 两个程序包，使用 STANDARD 不需按标准格式说明，但使用 TEXTIO 时，要先说明库和程序包名，然后才可使用其中的数据。

✧ IEEE 库为被 IEEE 正式认可的标准化库，例如 IEEE 库中的“STD_LOGIC_1164”程序包。现在有些公司，如 Synopspsys 公司提供的程序包“STD_LOGIC_ARITH”、“STD_LOGIC_UNSIGNED”也被汇集在 IEEE 库中。

✧ ASIC 矢量库为各个 EDA 厂商和公司提供的面向 IC 设计的特色工具库和元件库，在该库中存放着与逻辑门一一对应的实体，例如 Altera 公司提供的 LMP 库。为了使用面向 ASIC 的库，对库进行说明是非常必要的。

✧ WORK 库为 VHDL 的现行工作库，用于保存当前的设计单元，是用户的临时仓库，用户的设计成品、半成品、设计模块和元件都放在其中。在使用该库时无需进行任何说明。

✧ 用户定义库为设计者自己所开发的设计单元的集合库。在使用该库时需要说明库名。

在使用库时，除了 STD 库和 WORK 库，其它库都需要进行说明，同时还要说明库中的程序包名和项目名，其一般格式为：

LIBRARY 库名;

USE 库名.程序包名.项目名;

其中第一条语句表明使用什么库，第二条语句说明设计者要使用的是库中哪一个程序包以及程序包中的项目(如过程名、函数名等)。

【例3-14】　库描述语句示例。

```
LIBRARY IEEE;
USE IEEE.STD_LOGIC_1164.ALL;
```

上例表明，在该VHDL程序中要使用IEEE库中STD_LOGIC_1164程序包的所有项目。这里，项目名为ALL，表示使用程序包中的所有项目。

库说明语句的作用范围是从一个实体说明开始到它所属的结构体和配置结束为止。当一段 VHDL 程序中出现多个实体时，使用的库说明语句应在每个实体说明前重复书写。

3.2.5　程序包

程序包(PACKAGE)用来单纯地罗列 VHDL 中所要用到的信号定义、常数定义、数据类型、元件语句、函数定义和过程定义等。它是可编译、可调用的设计单元，也是库结构中的一个层次。程序包由两部分构成：程序包标题(PACKAGE HEADER)和程序包体(PACKAGE BODY)。程序包标题为程序包定义的接口，声明其中的信号、常数、数据类型、元件、子程序等，声明方式与实体说明中的端口定义类似。程序包体规定程序的实际功能，以及存放说明中的子程序，其方式与结构体中语句方法相同。简单地讲，程序包标题列出了所有项的名称，而程序包体则给出了各项的细节。程序包体是一个可选项，也就是说，程序包可以只由程序包标题构成，原因是程序包标题中也允许使用数据赋值和有实质性的操作语句。程序包的一般格式为：

```
PACKAGE 程序包名 IS
  [说明语句];
END 程序包名;
PACKAGE BODY 程序包名 IS
  [说明语句];
END 程序包名;
```

在前面的例 3-11 中已经给出了程序包的结构说明，其程序包名为 fun_pac，包含了程序包标题和程序包体两个完整的部分。在程序包标题中，定义了数据类型和函数的调用说明，而在程序包体中才具体地描述了实现该函数功能的语句和数据的赋值。这种分开描述的好处在于，当函数的功能需要做某些调整或更改某些数据的赋值时，只要改变程序包体的相关语句就可以了，而不需要改变程序包标题的说明，从而减少了需重新编译的单元数目。

3.3　VHDL 的描述方法

3.3.1　标识符

标识符(IDENTIFIERS)规则是 VHDL 中符号书写的一般规则，用以表示 VHDL 语句中的变量、块、进程等对象和保留字。

基本的 VHDL 程序就是由标识符和分界符构成的。

IEEE Standard 1076—1987 标准中有关标识符的语法规范已经被 IEEE Standard 1076-1993 标准全部接受并加以扩展。为了对二者加以区别，前者称为短标识符，后者则称为扩展标识符。下面分别介绍扩展前后的标识符命名规则。

VHDL 语言的短标识符遵循以下命名规则：

✧ 短标识符必须以英文字母开头；
如：adder4 为合法命名，而 4ladder 为不合法命名。

✧ 短标识符由 26 个字母(A～Z，a～z)、数字(0～9)和下划线“_”字符组成；
如：counter_ adder、FIRST_2000 为合法命名，而 counter & adder 为不合法命名。

✧ 下划线“_”的前后都必须有英文字母或者数字；
如：adder4_1 为合法命名，而 adder4_、_first 均为不合法命名。

✧ 短标识符不区分大小写；
如：EDA、Eda、eda 均为相同的命名。

VHDL 语言的扩展标识符遵循以下命名规则：

✧ 扩展标识符用反斜杠来分隔；
如：\adde\，\begin-add\等。

✧ 扩展标识符允许包含图形符号及空格等；
如：\counter & adder\，\entity%end\等。

✧ 扩展标识符的两个反斜杠之间可以用保留字；
如：\entity\，\architecture\等。

✧ 扩展标识符的两个反斜杠之间可以用数字开头；
如：\1 adder\，\44counter\等。

✧ 扩展标识符中允许多个下划线相连；
如：\adder.es__ counter\等。

✧ 同名的扩展标识符和短标识符不表示同一名称；
如：\adder\和 adder 不相同。

✧ 扩展标识符区分大小写字母；
如：\EDA\和\eda\不相同。

✧ 扩展标识符中如果含有一个反斜杠，可以两个反斜杠来代替。
如：\adder\\counter\表示的扩展标识符名称为 adder\countera。

下面列出了 VHDL 中的保留字，短标识符的命名不能使用这些保留字。

ABS	ACCESS	AFTER	AGGREGATE
ALIAS	ALL	AND	ALLOCATOR
ARCHITECTURE	ARRAY	ASSERT	ATTRIBUTE
BEGIN	BIT	BIT_VECTOR	BLOCK
BOOLEAN	BUFFER	BUS	CASE
CHARACTER	COMPONENT	COMPOSITE	CONCATENATION
CONFIGURATION	CONSTANT	DELAY	DISCONNECT

DOWNTO	DRIVER	ELSE	ELSIF
END	ENTITY	ENUMERATION	EVENT
EXIT	EXPRESSION	FILE	FOR
FUNCTION	GENERATE	GENERIC	GROUP
GUARD	IDENTIFIER	IF	IMPURE
IN	INERTIAL	INOUT	INTEGER
IS	LABEL	LIBRARY	LINKAGE
LITERAL	LOOP	MAP	MOD
NAME	NAND	NEW	NEXT
NOR	NOT	NULL	OF
ON	OPEN	OPERATORS	OR
OTHERS	OUT	PACKAGE	PHYSICAL
PORT	POSTPONED	PROCEDURE	PROCESS
PURE	RANGE	RECORD	REGISTER
REJECT	REM	REPORT	RESOLUTION
RESUME	RETURN	ROL	ROR
SCALAR	SELECT	SENSITIVITY	SHARED
SIGNAL	SLA	SLICE	SLL
SRA	SRI	STANDARD	STD_LOGIC
STD_LOGIC_1164	STD_LOGIC_VECTOR	STRING	SUBTYPE
SUSPEND	TESTBENCH	THEN	TO
TRANSPORT	TYPE	UNAFFECTED	UNITES
UNTIL	USE	VARIABLE	VECTOR
VITAL	WAIT	WAVEFORM	WHEN
WHILE	WITH	XNOR	XOR

3.3.2　词法单元

词法单元是指不可以拆分为其它更小元素的字符串，它是 VHDL 的最小单位。VHDL 的词法单元包括注释、语句、数字、字符、字符串及位串。

1. 注释

VHDL 中的注释是用“--”开头，直到本行末尾的一段文字，其内容可包含所有特殊字符。注释既可以跟在一行词法单元之后，又可以是该行惟一的词法单元。如果注释中的内容较多，可以采用分行注释的方法，且每行注释均以“--”开头。

注释的内容不是 VHDL 设计描述的一部分，其目的仅是为了提高程序的可读性，所以在程序编译之后，注释部分将不作为程序的一部分放入数据库中。

【例 3-15】 注释语句示例。

```
LIBRARY IEEE;
USE IEEE.STD_LOGIC_1164.ALL;        --库描述语句

ENTITY nand2 IS                     --实体说明
  PORT (a, b : IN STD_LOGIC;         --端口
        y: OUT STD_LOGIC);           --说明
END nand2;

ARCHITECTURE and2_1 OF nand2 IS     --结构体
BEGIN
    y <= a nand b;
END nand2_1;
```

上例给出了 2 输入与非门的 VHDL 程序，其中的中文文字对该程序的结构进行了注释。

2. 语句

除了某些特定的框架结构以外，VHDL 中的语句均以“;”作为结束符。如在上例中，“ENTITY nand2 IS”和“ARCHITECTURE and2_1 OF nand2 IS”均属于特定的框架结构，不以“;”结尾，而“PORT (a, b : IN STD_LOGIC;”、“y <= a nand b;”等语句应用“;”结尾。

3. 数字

在 VHDL 中，数字用于表示一个数，是标量。数字包括实数和整数，实数含小数点，整数不含小数点。依据进制的不同，数字可分为十进制数字和基数字两类。

十进制数的定义格式为：

整数[.整数][指数]

其中整数可表示为“数字_数字”，指数可表示为“E+ (或–)整数”，但只有十进制的实数才允许指数为负值。在相邻的数字之间插入下划线，对数值并无影响，而且允许在数字之前冠以若干个零，但是不允许在数字中存在空格或其它字符。

【例 3-16】 十进制数示例。

```
108         合法，表示十进制数 108
000108      合法，表示十进制数 108
1_08        合法，表示十进制数 108
1.0_8       合法，表示十进制数 1.08
1.08E2      合法，表示十进制数 108
1.08e-2     合法，表示十进制数 0.0108
10 8        不合法，数字中间不能有空格
1, 08       不合法，数字中间不能有其它字符
1.08 E2     不合法，E 前不能有空格
.108        不合法，未用数字开头
```

以基表示的数，其定义格式如下：

基 # 基于基的整数[.基于基的整数]#指数

基是一个整数，其最小值是 2，最大值是 16。基于基的整数可表示为“扩展数字_扩展数字”，其中扩展数字为数字(或字母，如十六进制中的 A、B、C、D、E、F，且大小写字母所表达的意义相同)，插入下划线不会影响其数值大小。

【例 3-17】 基数字示例。

2#111111_11#　　等效于(2#11111111#)，表示十进制数 255

8#00377#　　等效于(8#377#)，表示十进制数 255

016#0Ff#　　等效于(16#FF#)，表示十进制数 255

16#8F#E1　　表示十进制数 2288，即 143 × 16

2#1.1111_01#e8　　表示十进制数 500

16#0.E#E0　　表示十进制数 0.875

4. 字符

VHDL 中的字符是仅包含一个字符的词法单元，其定义格式为：

'ASCII 字符'

例如：'A'，'*'，'!'，')'等。

5. 字符串

VHDL 中的字符串是包含若干个字符的词法单元，其定义格式为：

“ASCII 字符序列”

【例 3-18】 字符串示例。

“This is a string”　　长度为 16 的字符串，包含 3 个空格

“”　　长度为 0 的字符串，不包含任何内容

“A”　　长度为 1 的字符串，与字符‘A’不同

“”””　　长度为 1 的字符串，为一个双引号

“!,%,& ”　　长度为 6 的字符串，包含特殊字符 !、% 和 &

6. 位串

VHDL 中的位串用于表示位矢量，它由进制标志符和数字字符串组成，其定义格式为：

基数说明符“数字字符串”

其中的基数说明符包括 B、O 和 X，B 表示二进制数，O 表示八进制数，X 表示十六进制数。数字字符串可表示为“扩展数字_扩展数字”，下划线仅是为了提高可读性，它不会影响位串的值和长度。位串的长度是该位串中扩展数字序列的等价位数。表 3.1 对位串文字进行了说明和示例。

表 3.1　位 串 说 明

基数说明符	表示的意义	数字字符串元素	示　　例
B	二进制	0，1	B “00011011” (位串长度为 8)
O	八进制	0～7	O “207” (位串长度为 9，等效于 B “010_000_111”)
X	十六进制	0～9，A～F	X“A0F”(位串长度为 12，等效于 B“1100_0000_1111”)

3.3.3 数据对象

在 VHDL 中，数据对象(DATA OBJECT)是可以赋予一个值的客体，它主要有三种类型：常量(CONSTANT)、变量(VARIABLE)、信号(SIGNAL)。

✧ 常量：全局量，在实体说明、结构体描述、程序包标题、进程说明、过程说明和函数调用说明中使用。

✧ 变量：局部量，在进程说明、过程说明和函数调用说明中使用。

✧ 信号：全局量，在实体说明、结构体描述和程序包标题中使用。

下面详细介绍这三类数据对象。

1. 常量

常量是系统设计中对某一常量名赋予的固定值，相当于硬件电路中的恒定电平。常量说明就是将一个固定值赋予某一个常量名，它通常被放置在程序的开始，数据类型也同时在说明语句中指明。常量说明语句的一般格式为：

CONSTANT 常量名：数据类型 := 表达式;

【例 3-19】 常量说明语句示例。

设计实体的供电电压：CONSTANT Vcc : REAL : = 5.0;

某一单元的延时时间：CONSTANT DELAY : TIME : = 50ns;

常量只在它被说明时赋值，在整个器件工作期间其值不变化，对常量的多次赋值是错误的。如果要改变常量值，必须要改变设计，改变常量说明，然后重新编译。需要注意的是，定义在程序包中的常量可由所在的任何实体和结构体调用，定义在实体内的常量仅在实体内使用，定义在进程内的常量仅在进程内使用。常量所赋予的值应该与定义的数据类型相一致。

2. 变量

变量是局部量，它相当于电路连接线上的信号值，只能够在进程语句、函数语句和过程语句结构中使用。变量说明语句的一般格式为：

VARIABLE 变量名: 数据类型 约束条件: = 表达式;

【例 3-20】 变量说明语句示例。

```
VARIABLE m, n : INTEGER;
VARIABLE num : INTEGER RANGE 0 TO 127 : = 20;
```

变量 num 为整数类型，RANGE 0 TO 127 是对类型 INTEGER 的附加限制，该语句一旦执行，就立即将初始值 20 赋予变量 num。

变量赋值语句的一般格式为：

[变量名] : = [表达式];

其中，变量赋值符号为“: =”。对变量的赋值是立即生效的，没有赋值延时，而且在赋值时也不能附加延时。变量在硬件电路中没有直接的对应物，它只是临时存贮，表示需要立即改变的行为，最后还是要将变量赋给信号，而且变量不能作为进程的敏感信号。

3. 信号

信号是一个全局量，可用于进程之间的通信。信号与硬件电路中的“连线”相对应，是电路内部硬件相互连接的抽象，它除了没有数据流动方向说明以外，其它性质几乎与前面所述的“端口”概念完全一致。信号通常在结构体、程序包和实体中说明。信号说明语句的一般格式为：

SIGNAL 信号名: 数据类型 约束条件: = 表达式;

【例 3-21】 信号说明语句示例一。

SINGNAL gnd : BIT : = '0';

其中，符号“: =”表示对信号的直接赋值，可以用来指定信号的初始值，不产生延时。

信号赋值语句的一般格式为：

[信号名] <= [表达式] [AFTER[时间表达式]];

其中，“<=”表示信号的代入赋值，是信号之间的传递，时间表达式用于指定延迟时间，如果省略 AFTER 语句，则延迟时间取默认值。

【例 3-22】 信号说明语句示例二。

D1<=D2 AFTER 15 ns; 表明信号 D2 的值延时 15 ns 后传递给 D1。

4. 信号和变量的区别

信号与变量是不同的，表 3.2 给出了二者之间的差异。

表 3.2　信号和变量的区别

	信　号	变　量
赋值符号	<=	: =
赋值后的变化	经过一段时间延迟才能够成为当前值	变量立即改变
作用范围	全局	局部

信号与变量在结构体的位置说明如下：

```
ARCHITECTURE 结构体名 OF 实体名 IS
[信号说明]        --在进程外部对信号说明，该信号对所有的进程都是可见的
BEGIN
  进程标号 1: PROCESS
    [变量说明]    --在进程内部对变量说明，该变量只在该进程内部是可见的
      ⋮
  END PROCESS 进程标号 1;
  进程标号 2: PROCESS
    [变量说明]
      ⋮
  END PROCESS 进程标号 2;
END 结构体名;
```

在变量赋值语句中，该语句一旦被执行，其值立即被赋予变量，在执行下一条语句时，该变量的值就为上一句新赋的值。而信号的代入赋值语句即使被执行也不会使信号值立即发生变化，在下一条语句执行时，该信号仍旧使用原来的信号值。直到进程结束之后，所

有信号代入语句的代入才顺序处理。所以说，信号的实际代入过程和代入语句的执行是分开进行的。下面给出了一个例子。

【例 3-23】 变量和信号的赋值。

```
LIBRARY IEEE;
USE IEEE.STD_LOGIC_1164.ALL;
ENTITY valuation IS
 PORT (signal_out : OUT BIT_VECTOR (7 DOWNTO 0));
END valuation;
ARCHITECTURE behavioral OF valuation
SIGNAL s1, s2: BIT;
 BEGIN
  PROCESS (s1, s2)
     VARIABLE v1, v2: BIT;
     BEGIN
     v1 :='1';
     v2 :='1';
     s1 <='1';
     s2 <='1';
     signal_out (0) <=v1;
     signal_out (1) <=v2;
     signal_out (2) <=s1;
     signal_out (3) <=s2;
     v1 :='0';
     v2 :='0';
     s2 <='0';
     signal_out (4) <=v1;
     signal_out (5) <=v2;
     signal_out (6) <=s1;
     signal_out (7) <=s2;
  END PROCESS;
END behavioral;
```

在上例中，语句“s2 <='1';”对执行结果没有影响，原因是该进程中后面的语句“s2 <='0'”取代了前面对 s2 的赋值。上例最终执行结果为：

```
signal_out (0) =1
signal_out (1) =1
signal_out (2) =1
signal_out (3) =0
signal_out (4) =0
signal_out (5) =0
```

signal_out (6) =1

signal_out (7) =0

5. 信号的属性函数

信号的属性函数用来得到信号的行为信息和功能信息，它可以获知一个信号值是否发生了变化、信号从最后一次变化到现在经历的时间以及信号变化之前的值等。定义属性的一般格式为：

项目名 ’ 属性表示符;

信号的属性函数有以下几种：

✧ signal’DELAYED[(time)]：延时函数，由延时表达式 time 所约束，信号 signal 在 time 表达式成立时得到。

✧ signal’STABLE[(time)]：如果信号 signal 在时间表达式 time 所确定时间内保持稳定，没有事件发生，函数返回布尔型变量“真”(TURE)，否则返回“假”(FALSE)。

✧ signal’QUIET[(time)]：如果信号 signal 无事项需要处理或者在 time 表达式所指定的时间内没有事项处理时，则返回“真”(TURE)，否则返回“假”(FALSE)。

✧ signal’TRANSACTION：建立一个 BIT 类型的信号，当信号 signal 每发生一次变化时，该 BIT 信号翻转一次。

✧ signal’EVENT：如果在当前模拟周期内，该信号发生某个事件(信号值发生了变化)，函数返回布尔型变量“真”(TURE)，否则返回“假”(FALSE)。

✧ signal’ACTIVE：在当前模拟周期内，如果信号发生了变化，事件作了处理，则返回“真”(TURE)，否则返回“假”(FALSE)。

✧ signal’LAST_EVENT：返回信号最后一次改变到现在时刻所经历的时间。

✧ signal’LAST_VALUE：返回信号最后一次变化前的值。

✧ signal’LAST_ACTIVE：返回信号前一次改变到现在所经过的时间。

【例 3-24】 信号属性函数的应用。

```
LIBRARY IEEE;
USE IEEE.STD_LOGIC_1164.ALL;


ENTITY Dff IS
  PORT (d, clk : IN      STD_LOGIC;
             q : OUT STD_LOGIC);
END Dff;


ARCHITECTURE structual OF Dff IS
BEGIN
  PROCESS   (clk)
  BEGIN
    IF   (clk’EVENT AND clk'='1' AND clk’LAST_VALUE='0') THEN
      q<= d;
```

```
        END IF;
      END PROCESS;
    END structual;
```

在上例中，D 触发器在 clk 发生变化且值为“1”，即时钟脉冲上升沿到来时，D 触发器把 d 输入端的数据送到输出端 q，其中为了保证不出现 clk 从“X”变到“1”的错误，还使用了 clk'LAST_VALUE='0'，确保了 clk 从“0”变到“1”时，D 触发器的正常工作。

3.3.4 数据类型

1. 标准数据类型

在 VHDL 中，定义了 10 种标准的数据类型：

✧ 布尔量(BOOLEAN)：取值为逻辑“真”(TRUE)或“假”(FALSE)，无数值含义，不能进行算术运算，只能进行逻辑运算，初始值一般为 FALSE。

✧ 字符(CHARACTER)：ASICII 字符，区分大小写字母，在编程时要用单引号括起来。

✧ 字符串(STRING)：由双引号括起来的字符序列，也称字符矢量或字符串数组，常用于程序的提示和结果的说明。

✧ 整数(INTEGER)：取值范围$[-(2^{31}-1), (2^{31}-1)]$，只能用于算术运算，不能进行逻辑运算。

✧ 实数(REAL)：取值范围 -1.0E + 38 到 +1.0E + 38。有些数既可以用整数来表示，也可以用实数来表示，例如数字 1 的整数表示为 1 而实数表示为 1.0，虽然这两个数的值一样，当其数据类型是不同的。

✧ 位(BIT)：取值为逻辑“0”和“1”，在程序中用‘1’或‘0’表示(将值放在单引号中)。位数据可以用来描述数字系统中总线的值，它不同于布尔数据，但也可以用转换函数进行转换。

✧ 位矢量(BIT_VECTOR)：由逻辑“0”和“1”组成的矢量串，是在程序中用双引号括起来的一组数据矢量信号的值，例如“0011011”。

✧ 时间(TIME)：物理数据，包含整数和单位两部分，且整数和单位之间至少应留一个空格的位置，其单位有：fs、ps、ns、μs、ms、sec、min、hr。时间数据常用于仿真，用于表示信号延时，使模型系统能够更逼近实际系统的运行环境。

✧ 错误等级(SEVRITY LEVEL)：用于表征电子系统的工作状态，在仿真时给设计者提供电子系统的工作情况，分为注意(NOTE)、警告(WARNING)、错误(ERROR)、失败(FAILURE)四种状态。

✧ 自然数(NATURAL)和正整数(POSITIVE)：整数的子集，正整数是指所有大于 0 的整数，而自然数则包括 0 和所有正整数。

在 VHDL 中，由于 BIT 类型数据只能取值逻辑量“0”或“1”，而在实际的电路设计和仿真中，还存在不定状态‘X’、高阻状态‘Z’等其它状态，因此 IEEE 在 1993 年制定出了新的标准(IEEE STD1164)，定义了“STD_LOGIC”型数据的 9 种不同值：

‘U’——初始值；

'X' ——不定值；
'0' ——0；
'1' ——1；
'Z' ——高阻；
'W' ——弱信号不定；
'L' ——弱信号 0；
'H' ——弱信号 1；
'—' ——不可能情况。

"STD_LOGIC"和"STD_LOGIC_VECTOR"是 IEEE 的标准化数据类型，是 VHDL 语法以外添加的数据类型，因此将它归属到用户自定义的数据类型中，当要使用这两种数据类型时，在程序中必须写出库说明语句和使用程序包标题语句。

2. 用户定义的数据类型

VHDL 允许用户自己定义数据类型，这给电子系统的设计者带来了很大的方便。用户可以自行定义的数据类型有：

✧ 枚举类型(ENUMERATED)；
✧ 整数类型(INTEGER)；
✧ 实数、浮点数类型(REAL FLOATING)；
✧ 数组类型(ARRAY)；
✧ 存取类型(ACCESS)；
✧ 文件类型(FILE)；
✧ 记录类型(RECODE)；
✧ 物理类型(PHYSICAL)。

下面对比较常用的几种用户定义的类型进行简单的介绍。

1) 枚举类型

枚举类型是把类型中的各个可能的取值都列举出来，用文字符号来表示一组实际的二进制数。它最适合表示有限状态机的状态，有助于改善复杂电路的可读性。

枚举类型定义的一般格式为：

TYPE 数据类型名 IS (元素 1, 元素 2, …);

【例 3-25】 枚举类型定义示例。

```
TYPE week IS (sun, mon, tue, wed, thu, fri, sat);
```

上例定义了一个叫"week"的数据类型，它包含 7 个元素。在综合过程中，依据定义式中各元素自左至右的出现顺序，分别分配一个二进制代码，即：

```
sun=000
mon=001
tue=010
wed=011
thu=100
fri=101
```

sat=110

同时综合成三根信号线来表示 week。基于这个定义，凡是用于代表星期天的日子都可以用 sun 来代替，这就比用二进制代码“000”来表示星期天要直观得多，也不易出错。

上例中枚举类型元素数目小于 2^n，则剩余的二进制代码综合成任意项。

2) 整数、实数和浮点数类型

整数、实数或浮点数类型定义的一般格式为：

TYPE 数据类型名 IS 数据类型定义 约束范围;

【例 3-26】 整数、实数和浮点数类型示例。

```
TYPE data IS INTEGER RANGE –128 TO 127;
TYPE value IS REAL RANGE –1.0 to 1.0;
```

上例分别定义了名为 data 的整数类型，取值范围是–128 至 127，以及名为 value 的实数类型，取值范围从–1.0 至 1.0。

3) 数组类型

数组类型是相同类型数据集合在一起形成的一个新的数据类型。数组可以是一维的，也可以是多维的。VHDL 允许用户自定义两种不同类型的数组，即限定性数组和非限定性数组。限定性数组下标的取值范围在数组定义时就被确定了。所谓非限定性数组类型，就是先不说明所定义数组下标的取值范围，而是在定义某一数据对象为此数组类型时才说明，这样就可以通过不同的取值，使相同的数据对象具有不同下标的数组类型。

限定性数组类型定义的一般格式为：

TYPE 数组名 IS ARRAY (数组范围) OF 数据类型;

其中，数组名是新定义的限定性数组类型的名称，而数组范围则明确指出数组元素的数量和排列方式，并以整数形式来表示数组的下标。同时，数据类型还要与数组元素的数据类型相同。

【例 3-27】 限定性数组类型定义示例。

```
TYPE word IS ARRAY (1 TO 8) OF STD_LOGIC;
TYPE value IS ARRAY (15 DOWNTO 0) OF BIT;
```

上面分别定义了一个名为“world”和一个名为“value”的数组。数组 world 包含 8 个元素，保留字“TO”表明各元素的下标按照升序排列，各位的名称分别是 world(1)，world(2)，world(3)，……，world(8)。数组 value 包含 16 个元素，保留字“DOWNTO”表明各元素的下标按照降序排列，各位的名称分别是 value(15)，value(14)，value(13)，……，value(0)。

非限定性数组类型定义的一般格式为：

TYPE 数组名 IS ARRAY (数组下标名 RANGE <>) OF 数据类型;

其中，数组名就是新定义的非限定性数组的名称；数组下标名是以整数类型设定的一个数组下标名称，符号“<>”是下标范围待定符号，用到该数组类型时，再填入具体的数值范围；数据类型是数组中每一个元素的数据类型。

4) 记录类型

前面提到，数组是同一类型数据的集合，而记录则可以将不同类型的数据和数据名组织在一起，从而形成一个新的数据类型。记录类型定义的一般格式为：

TYPE 数据类型名 IS RECORD

```
        元素名: 数据类型名;
        元素名: 数据类型名;
        ⋮
    END RECORD;
```

下面给出了一个例子。

【例 3-28】　记录类型定义示例。

```
TYPE bank IS   RECORD
       addr : STD_LOGIC_VECTOR(15 DOWNTO 0);
       data : STD_LOGIC_VECTOR( 7 DOWNTO 0);
       seed : INTEGER RANGE 0 TO 255;
       date : week;    --数据类型 week 的定义参见例 3-25
END RECORD;
--以上定义了一个记录类型
SIGNAL   address : STD_LOGIC_VECTOR(31 DOWNTO 0);
SIGNAL   data_r : STD_LOGIC_VECTOR(7 DOWNTO 0);
SIGNAL   result : INTEGER;
SIGNAL   today : week;
SIGNAL   r_bank : bank := ("0000000000000000", "00000000", 0, mon);
address <= r_bank.addr;
data_r <= r_bank.data;
result <= r_bank.seed;
today <= r_bank.date;
```

在例 3-28 中，从"TYPE"到"END RECORD;"之间的语句定义了一个名为"bank"的记录数据类型。其中，"addr"为 16 位矢量，"data"为 8 位矢量，"seed"为一整数，"date"为例 3-25 所定义的"week"类型数据。随后，程序定义了一个名为"r_bank"的"bank"型信号，并且按照记录数据类型中各元素的定义顺序，给该信号中的四个元素赋初值，然后分别将"r_bank"中的"addr"、"data"、"seed"和"date"四个元素值分别赋给信号"address"、"data_r"、"result"和"today"。

由上例可见，在定义记录类型的数据时需要一一定义，在从记录数据类型中提取元素数据类型时应用"."。用记录描述总线和通信协议是比较方便的，适用于系统仿真。记录数据类型在生成逻辑电路时应将其分解。

5) 物理类型

物理类型也被称做时间类型，它是表示时间的数据类型，在仿真时是必不可少的。物理类型定义的一般格式为：

```
TYPE  数据类型名  IS  范围;
UNITS  基本单位;
         单位;
END UNITS;
```

【例 3-29】 物理类型定义示例。

```
TYPE time IS RANGE 0 to 4095;
  UNITS fs;
    ps = 1000 fs;
    ns = 1000 ps;
    us = 1000 ns;
    ms = 1000 us;
    sec = 1000 ms;
    min = 60 sec;
    hr = 60 min;
  END UNITS;
```

上例定义了一个名为"time"的时间类型，其基本单位是"fs"，其 1000 倍是"ps"等。

3. 数据类型转换

在 VHDL 中，数据类型的定义是很严格的，不同类型的数据之间不能直接进行运算和赋值。为了完成不同数据类型之间的正确操作运算，就要进行数据类型的转换。数据类型转换的方法有类型标记法、函数转换法和常数转换法三种形式。

在函数转换法中，变换函数通常在程序包中提供。常见的函数有：

✧ STD_LOGIC_1164 程序包中的转换函数。

- TO_STD_LOGIC_VECTOR (A)——由 BIT_VECTOR 转成 STD_LOGIC_VECTOR；
- TO_BIT_VECTOR (A) ——由 STD_LOGIC_VECTOR 转成 BIT_VECTOR；
- TO_STD_LOGIC (A) ——由 BIT 转成 STD_LOGIC；
- TO_BIT (A) ——由 STD_LOGIC 转成 BIT。

✧ STD_LOGIC_ARITH 程序包中的转换函数。

- CONV_STD_LOGIC_VECTOR (A，位长)
  ——由 INTEGER、SIGNED、UNSIGNED 转成 STD_LOGIC_VECTOR；
- CONV_INTEGER (A) ——由 SIGNED、UNSIGNED 转成 INTEGER；
- CONV_UNSIGNED (A) ——由 SIGNED、INTEGER 转成 UNSIGNED。

✧ STD_LOGIC_UNSIGNED 程序包中的转换函数。

- CONV_INTEGER (A) ——由 STD_LOGIC_VECTOR 转成 INTEGER。

【例 3-30】 数据类型转换示例。

```
SIGNAL A: INTEGER RANGER 0 TO 15;
SIGNAL B:STD_ LOGIC_ VECTOR(3 DOWNTO 0);
  B<=CONV_ STD_ LOGIC_ VECTOR(A, 4);
```

上例中的语句完成了把 INTEGER 数据类型的信号 A 转换为 STD_LOGIC_VECTOR 数据类型的操作，并把数值赋给 B。

3.3.5 操作运算符

在 VHDL 中，有五种运算符：逻辑运算符(LOGICAL)，算术运算符(ARITHMETIC)，关系运算符(RELATIONAL)、并置运算符(CONCATENATION)以及移位运算符(SHIFT),下面分别加以介绍。

1. 逻辑运算符

VHDL 中的逻辑运算符有 6 种，如表 3.3 所示。

表 3.3 逻辑运算符

逻辑运算符	功 能	操作数据类型
NOT	取反	位、位矢量或布尔量
AND	与	位、位矢量或布尔量
OR	或	位、位矢量或布尔量
NAND	与非	位、位矢量或布尔量
NOR	或非	位、位矢量或布尔量
XOR	异或	位、位矢量或布尔量

在逻辑运算符的左右两边以及代入的数据类型必须相同。在一个 VHDL 语句中出现多个逻辑表达式时，各表达式左右没有优先级之分。一个逻辑表达式中，先作括号里的运算，再作括号外的运算。

【例 3-31】 逻辑运算示例。

```
a<=b AND c AND d AND e        --对应的逻辑表达式为   a=b·c·d·e
a<=b OR c OR d OR e           --对应的逻辑表达式为   a = b + c + d + e
a<= (b OR c) AND  (d OR e)    --对应的逻辑表达式为   a = (b + c) • (d + e)
```

2. 算术运算符

VHDL 中的算术运算符有 10 种，如表 3.4 所示。

表 3.4 算术运算符

算术运算符	功 能	操作数据类型
+	加	整数、实数
–	减	整数、实数
*	乘	整数、实数
/	除	整数、实数
MOD	取模	整数
REM	取余	整数
+	正数	整数、实数
–	负数	整数、实数
**	指数	整数

其中只有加、减、乘三种运算能够综合为逻辑电路，其余运算综合成逻辑电路很困难，或完全没有可能。对于乘法而言，它能完成电路的综合，但是消耗的电路资源较大。

3. 关系运算符

VHDL 中的关系运算符有 6 种，如表 3.5 所示。

表 3.5 关系运算符

关系运算符	功 能	操作数据类型
=	等于	任何数据类型
/=	不等于	任何数据类型
<	小于	整数、实数、位矢量和数组类型
<=	小于等于	整数、实数、位矢量和数组类型
>	大于	整数、实数、位矢量和数组类型
>=	大于等于	整数、实数、位矢量和数组类型

其中，小于等于的符号“<=”与信号赋值语句的赋值符号相同，读程序时注意按上下文来判断。还要注意的就是，在比较两个 BIT_VECTOR 或 STD_LOGIC_VECTOR 类型的数据时，是从左到右逐位比较的。

4. 并置运算符

VHDL 中的并置运算符为“&”，用于位的连接，形成位矢量，也可以进行多个矢量的连接形成位长更大的位矢量。

【例 3-32】 并置运算示例一。

```
SIGNAL data_a : STD_LOGIC_VECTOR 3 DOWNTO 0;
SIGNAL data_b : STD_LOGIC_VECTOR 3 DOWNTO 0;
SIGNAL data_c : STD_LOGIC_VECTOR 7 DOWNTO 0;
data_a<= “0000”;
data_b<= “1111”;
data_c<= a&b;
```

上例中“data_c”的结果为“00001111”。

对于“BIT”数据类型和“STD_LOGIC”位的并置，还可以使用集合体的方法，即将并置符“&”换成逗号就可以了，如例 3-33 所示。

【例 3-33】 并置运算示例二。

```
SIGNAL data_a : STD_LOGIC;
SIGNAL data_b : STD_LOGIC;
SIGNAL data_c : STD_LOGIC_VECTOR 7 DOWNTO 0;
data_a<= “0”;
data_b<= “1”;
data_c<= (data_a, data_a, data_a, data_b);
```

上例中“data_c”的结果为“0001”。需要注意的是，集合体方法不能用于位矢量之间的连接。

5. 移位运算符

VHDL 中的移位运算符有 6 种，如表 3.6 所示。移位运算符的格式是：

操作数名称 移位运算符 移位位数;

表 3.6　移位运算符

移位运算符	功　能	操作数据类型	移位位数
SLL	逻辑左移	位矢量或布尔量的一维数组	INTEGER
SRL	逻辑右移	BIT 或 BOOLEAN 型的一维数组	INTEGER
SLA	算术左移	BIT 或 BOOLEAN 型的一维数组	INTEGER
SRA	算术右移	BIT 或 BOOLEAN 型的一维数组	INTEGER
ROL	逻辑循环左移	BIT 或 BOOLEAN 型的一维数组	INTEGER
ROR	逻辑循环右移	BIT 或 BOOLEAN 型的一维数组	INTEGER

如图 3.4 所示，SLL 是将位向量左移，右边移空位补零；SLA 是将位向量左移，右边第一位的数值保持原值不变；SRL 是将位向量右移，左边移空位补零；SRA 是将位向量右移，左边第一位的数值保持原值不变。ROR 和 ROL 是自循环移位方式。

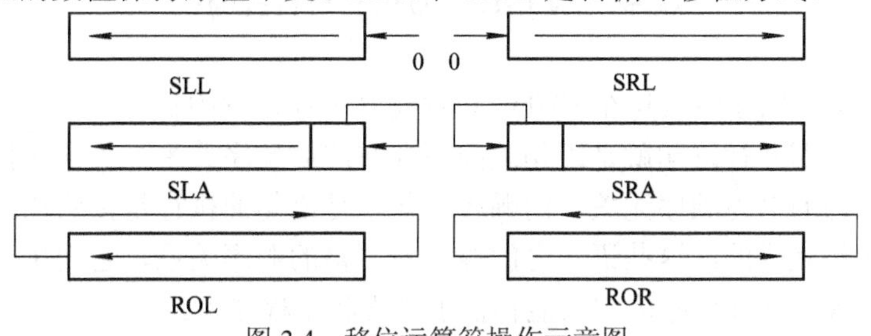

图 3.4　移位运算符操作示意图

【例 3-34】　移位运算示例。

```
A<= "0101";
B<=A SLL 1;
C<=A SRL 1;
D<=A SLA 1;
E<=A SRA 1;
F<=A ROL 1;
G<=A ROR 1;
```

仿真的结果是:

```
B = 1010
C = 0010
D = 1011
E = 0010
F = 1010
G = 1010
```

6. 操作运算符的优先级

在 VHDL 中，这四种操作运算符的优先级各有不同。表 3.7 按照由高优先级到低优先级的顺序，列出各个操作运算符的优先级别。

操作运算符的优先顺序仅在同一行的程序中有优先，不同行的程序是同时的。但是为了阅读程序的方便，还是尽可能地多加上些括号，表明各种操作运算的顺序。

表 3.7 操作运算符的优先级次序

操作运算符	优先级
NOT，ABS，**	高
*，/，MOD，REM	↓
+(正号)，-(负号)	↓
+，-，&	↓
SLL，SLA，SLR，SRA，ROL，ROR	↓
=，/=，<，<=，>，>=	↓
AND，OR，NAND，NOR，XOR，XNOR	低

3.4 VHDL 的常用语句

在 VHDL 中，可以按照语句在 VHDL 程序仿真编译过程中执行的顺序分为并行语句和顺序语句两种。所谓并行语句就是语句之间不存在前后顺序关系，各条在执行过程中是并发完成的，与语句的书写顺序无关。而顺序语句就是语句的执行是按照在程序中出现的次序，自上而下逐句完成的，这些语句之间存在着严格的顺序关系，它们执行的顺序应和它们仿真顺序相一致，并且顺序语句只能存在于进程和子程序中。

3.4.1 并行语句

结构体是由一个以上的并行语句构成的，每个并行语句分别用于表示一个功能单元，所有功能单元共同组成一个结构体，如图 3.5 所示。并行语句是作为一个整体运行的，在并行语句中，仅仅是执行被激活的语句，而不是所有的语句，在 1 个模拟周期中，所有被激活语句的执行不受语句前后顺序的影响。

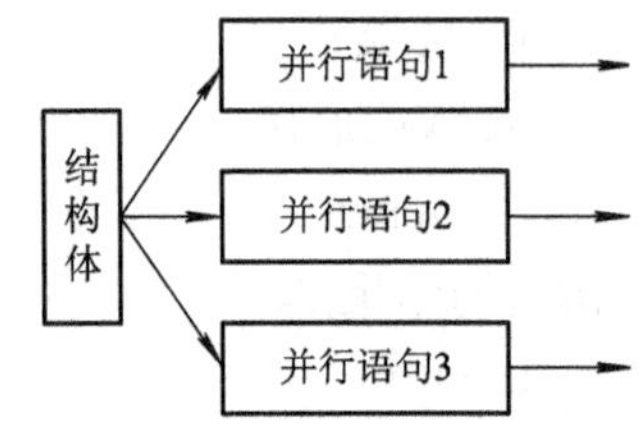

图 3.5 并行语句之间的关系

常用的并行语句有：

- ✧ 进程语句；
- ✧ 块语句；
- ✧ 子程序语句；
- ✧ 信号代入语句；
- ✧ 元件例化语句；
- ✧ 并行断言语句；
- ✧ 生成语句。

其中，进程语句、块语句和子程序语句已在 3.2.2 小节介绍过，这里不再赘述。

1. 信号代入语句

信号代入语句(SIGNAL ASSIGNMENT)可以在进程内部使用，它以顺序语句的形式出现；也可以在进程之外使用，以并行语句的形式出现。信号代入语句的一般格式为：

目的信号量<=信号量表达式;

该语句的功能是将右边信号表达式的值赋值给左边的目的信号量。例如：

```
q<=d;
```

就是将 d 的值赋值给信号量 q，注意信号赋值语句的符号为“<=”。

信号代入语句有 3 种类型：并行信号代入语句，条件信号代入语句和选择信号代入语句。

1) 并行信号代入语句

并行信号代入语句(CONCURRENT SIGNAL ASSIGNMENT)强调了信号代入语句的并发性，它在结构体的进程之外使用。例如：

```
ARCHITECTURE rtl OF device IS
 BEGIN
  D_add<=a+b;
  D_mul<=c*d;
END rtl;
```

这两个并行信号代入语句是并行执行的，加法器和乘法器独立工作，同时处理。

2) 条件信号代入语句

条件信号代入语句(CONDITIONAL SIGNAL ASSIGNMENT)也是并行语句，可以根据不同条件将不同的表达式之一的值代入信号量，它的一般格式为：

```
目的信号量<=表达式 1 WHEN 条件 1  ELSE
            表达式 2 WHEN 条件 2  ELSE
                    ⋮
            表达式 n−1 WHEN 条件 n−1  ELSE
              表达式 n;
```

【例 3-35】 四进制转二进制的编码器。

```
LIBRARY IEEE;
USE IEEE.STD_LOGIC_1164.ALL;

ENTITY coder IS
      PORT (a : IN STD_LOGIC_VECTOR (3 DOWNTO 0 );
            b : OUT STD_LOGIC_VECTOR (1 DOWNTO 0 ) );
END coder;

ARCHITECTURE rtl OF coder IS
BEGIN
      b<="00" WHEN a="0001" ELSE
        "01"  WHEN a="0010" ELSE
        "10"  WHEN a="0100" ELSE
        "11"  WHEN a="1000" ELSE
     "ZZ";
END rtl;
```

3) 选择信号代入语句

选择信号代入语句(SELECTIVE SIGNAL ASSIGNMENT)对选择条件表达式进行测试。当表达式取不同值时，将使信号表达式不同的值代入目标信号量，它的一般格式为：

```
WITH 表达式 SELECT
  目的信号量<=表达式 1 WHEN 选择条件 1，
              表达式 2 WHEN 选择条件 2，
                        ⋮
              表达式 n WHEN 选择条件 n;
```

【例 3-36】 四进制转二进制的编码器。

```
LIBRARY IEEE;
USE IEEE.STD_LOGIC_1164.ALL;

ENTITY coder IS
     PORT (a : IN STD_LOGIC_VECTOR (3 DOWNTO 0 );
           b : OUT STD_LOGIC_VECTOR (1 DOWNTO 0 ) );
END coder;

ARCHITECTURE rtl OF coder IS
BEGIN
  WITH a SELECT
        b<="00" WHEN a="0001",
        "01" WHEN a="0010",
        "10" WHEN a="0100",
        "11" WHEN a="1000",
   "ZZ" WHEN OTHERS;
END rtl;
```

2. 元件例化语句

所谓元件例化，就是将已经设计好的实体定义为一个元件并与当前设计实体中的指定端口相连接。如果把当前的设计实体视为一个电路系统，则该例化元件相当于该电路系统中的一个元器件。通过元件例化语句，高层次设计模块可以调用低层次设计模块，从而用基本的电路单元构成一个复杂的电路系统。

元件例化语句(COMPONENT INSTANTIATIONS)由元件说明和元件例化两部分组成，其一般定义格式为：

```
COMPONENT 元件名称                                   --元件说明
  GENERIC (参数名：类型名 := 缺省值;
                   ⋮
           参数名：类型名 := 缺省值 );
  PORT (端口名，端口名：端口方向   数据类型名;
                   ⋮
        端口名，端口名：端口方向   数据类型名 );
```

```
END COMPONENT;

元件例化名称：元件名称                                              --元件例化
   GENERIC MAP   (参数 1 名称=>参数值，
                  参数 2 名称=>参数值，
                        ⋮
                   参数 n 名称=>参数值 );
   PORT MAP   (元件端口 1 名称=>连接端口，
               元件端口 2 名称=>连接端口，
                        ⋮
              元件端口 n 名称=>连接端口 );
```

在 COMPONENT 和 END COMPONENT 之间可以有参数传递的 GENERIC 说明语句和 PORT 说明语句。GENERIC 说明语句通常用于对元件可变参数的赋值，而 PORT 说明语句用于规定该元件的输入输出端口信号。元件说明中的端口称为局部端口，在元件例化时，端口的关联表必须将每个局部端口与实际连接的信号联系起来。

下面给出一个元件例化语句的例子。在该例中，使用了一个名称为 lq_counter_test 模 4 计数器，如图 3.6 所示。在实体 counter_test 中调用这个计数器，并根据这个计数器的输出给出相应的控制信号。

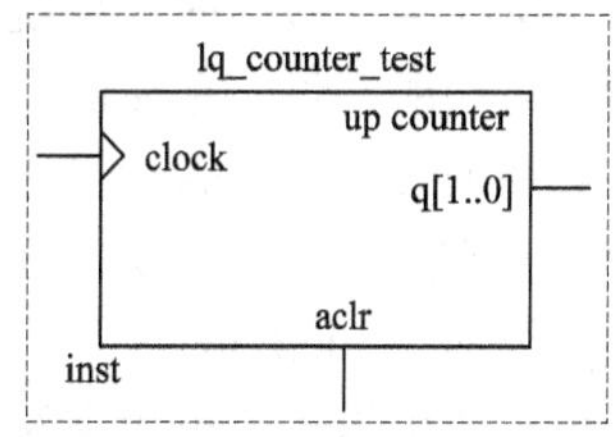

图 3.6　lq_counter_test 模 4 计数器

【例 3-37】　元件例化语句示例。

```
LIBRARY IEEE;
USE IEEE.STD_LOGIC_1164.ALL;
USE IEEE.STD_LOGIC_UNSIGNED.ALL;

ENTITY counter_test IS
      PORT (aclr,clk : IN STD_LOGIC;
        ctrl : OUT STD_LOGIC );
END counter_test;

ARCHITECTURE rtl OF counter_test IS
  COMPONENT lq_counter_test
        PORT (aclr, clock : IN STD_LOGIC;
          q : OUT      STD_LOGIC_VECTOR (1 DOWNTO 0 ) );
  END COMPONENT;

  SIGNAL temp_counter : STD_LOGIC_VECTOR (1 DOWNTO 0 );
BEGIN
  counter: lq_counter_test
        PORT MAP (aclr=>aclr,
                  clock=>clk,
                  q=>temp_counter );
```

```
        PROCESS   (aclr,clk )
        BEGIN
          IF   (clk'event and clk='1' ) THEN
            IF temp_counter="11" THEN
              ctrl<='0';
            ELSE
              ctrl<='1';
            END IF;
          END IF;
        END PROCESS;
    END rtl;
```

3. 并行断言语句

断言语句(ASSERT)在执行过程中不引起任何事件的发生，其用途只是让模拟器在模拟过程中报告指定的错误信息，以方便程序的修改、编译及仿真。并行断言语句可用于结构体和实体的语句说明部分，任何并行断言语句都对应于一个等价的被动进程语句。并行断言语句的基本格式为：

ASSERT 条件 [REPORT 报告信息] [SEVERITY 出错级别];

当条件为“假”时，系统的输出设备就会输出所要报告的信息、信息的严重级别以及该断言语句所在设计单元的名字。断言语句中的报告信息必须是字符串类型的一段文字，出错级别则必须是 SEVERITY_LEVEL 类型的。如果 REPORT 子句缺省，则默认的报告信息为“ASSERTION VIOLATION”，即违背断言条件。如果 SEVERITY 子句缺省，则默认的错误级别为 ERROR。

设计者可以规定输出字符串的严重程度，共有四个级别，按严重程度的递增顺序依次是：NOTE(注意)、WARNING(告警)、ERROR(出错)和 FAILURE(失败)。

NOTE 类别的断言告诉用户关于模块当前所发生的应予注意的事件的信息，例如可以用来提醒设计者当前所执行的进度。

WARNING 类别的断言用于在设计暂时不会完全失败时让设计者做些修改，若不做修改会在后面引起一些有害的结果，例如在执行某进程模块时，如果期望信号为一个已知的值，但实际信号是不同的值，它就会向用户告警，提醒用户要得到预期的结果是不可能的。

ERROR 类别的断言可以让设计者修改不工作或工作不正常的模块。如果计算的预期结果应该返回正值，而实际计算结果得到的是负值，则根据操作将认为计算出错。

FAILURE 类别的断言用于在模型中可能发生有破坏性影响的情况下，它允许设计者修改设计，如用 EXIT 语句退出当前循环。

这四个级别的严重程度允许设计者按适当的类别分类信息。用断言语句为设计者报告一个文本的字符串是非常有效的。

【例 3-38】 并行断言语句示例。

```
    ⋮
    ASSERT (temp < 100)
```

```
    REPORT "out of range"
  SEVERITY ERROR;
  ⋮
```

上例中断言语句的条件是变量 temp<100，在执行该语句时，若此条件不成立，则会输出 REPORT 后面的文字串。该文字串说明此时变量值超过了允许的范围。SEVERITY 后面的错误级别则告诉操作人员，其错误级别为 ERROR。由此可见，断言语句为程序的仿真和调试带来了极大的方便。

4. 生成语句

生成语句(GENERATE)具有复制作用。在设计中，只要根据某些条件，设定好某一元件或设计单元，然后利用生成语句来产生多个相同的结构和描述规则结构，如块、元件调用或进程等。生成语句有两种形式：FOR GENERATE 形式和 IF GENERATE 形式。FOR GENERATE 语句通常用于描述重复模式，其基本格式为：

```
标号名：FOR 循环变量 IN 循环范围 GENERATE
[说明语句]
BEGIN
[并行语句]
END GENERATE [标号名];
```

IF GENERATE 语句则通常用于描述一个结构中的例外情形，其基本格式为：

```
标号名：IF 条件 GENERATE
[说明语句]
BEGIN
[并行语句]
END GENERATE [标号名];
```

说明语句包括对元件数据类型、子程序和数据对象的一些局部说明。结构中的并行语句用于复制基本单元，包括元件、进程语句、块语句、子程序语句甚至生成语句。由于生成语句允许存在嵌套结构，因此可用于生成元件的多位阵列结构。

3.4.2　顺序语句

所谓顺序语句，不仅意味着将完全按照程序中出现的先后顺序来执行语句，还意味着前面语句的执行结果可能直接影响后面语句的结果。常用的顺序语句有：

- ✧ 信号赋值语句；
- ✧ 变量赋值语句；
- ✧ IF 语句；
- ✧ CASE 语句；
- ✧ LOOP 语句；
- ✧ NEXT 语句；
- ✧ EXIT 语句；
- ✧ WAIT 语句；

✧ RETURN 语句；
✧ NULL 语句；
✧ REPORT 语句；
✧ 顺序断言语句。

其中，信号赋值语句和变量赋值语句已在 3.3.3 小节介绍过，这里不再赘述。

1. IF 语句

IF 语句是根据指定的条件来确定语句执行顺序的，它的一般格式为：

```
IF 条件表达式 THEN
   顺序语句;
ELSIF 条件表达式 THEN
   顺序语句;
ELSE
   顺序语句;
END IF;
```

【例 3-39】 IF 语句示例。

```
LIBRARY IEEE;
USE IEEE.STD_LOGIC_1164.ALL;

ENTITY coder IS
      PORT (a : IN STD_LOGIC_VECTOR (3 DOWNTO 0 );
            b : OUT STD_LOGIC_VECTOR (1 DOWNTO 0 ) );
END coder;

ARCHITECTURE rtl OF coder IS
BEGIN
  PROCESS  (a )
  BEGIN
        IF   (a="0001" ) THEN
      b<="00";
        ELSIF  (a="0010" ) THEN
      b<="01";
    ELSIF  (a="0100" ) THEN
      b<="10";
    ELSE
          b<="11";
    END IF;
   END PROCESS;
END rtl;
```

IF 语句的条件表达式判断输出的是布尔量，即是“真”(TRUE)或“假”(FALSE)，所以在 IF 语句中的条件表达式只能是关系运算表达式或逻辑运算表达式。

2. CASE 语句

CASE 语句常用于描述总线或是编译码的工作，它从多个不同的语句序列中选择其中之一执行。CASE 语句的一般格式为：

```
CASE 表达式 IS
   WHEN 条件表达式=>顺序语句;
END CASE;
```

上述 CASE 语句中的条件表达式可以有如下四种不同的表示形式：

```
WHEN 常数值=>顺序语句;
WHEN 常数值|常数值|常数值|…|常数值=>顺序语句;
WHEN 常数值 TO 常数值=>顺序语句;
WHEN OTHERS =>顺序语句;
```

当 CASE 和 IS 之间的表达式取值满足指定的条件表达式的值时，程序执行由符号“=>”所指的顺序语句。

【例 3-40】　CASE 语句示例。

```
LIBRARY IEEE;
USE IEEE.STD_LOGIC_1164.ALL;
ENTITY coder IS
    PORT (a : IN STD_LOGIC_VECTOR (3 DOWNTO 0 );
          b : OUT STD_LOGIC_VECTOR (1 DOWNTO 0 ) );
END coder;
ARCHITECTURE rtl OF coder IS
BEGIN
  PROCESS  (a )
  BEGIN
    CASE a IS
          WHEN "0001" => b <="00";
          WHEN "0010" => b <="01";
          WHEN "0100" => b <="10";
          WHEN "1000" => b <="11";
          WHEN OTHERS => b <="ZZ";
    END CASE;
  END PROCESS;
END rtl;
```

由上例中可以看到，在 CASE 语句中条件表达式的值必须穷尽，且不能重复，不能穷尽的表达式的值用 OTHERS 表示。

3. LOOP 语句

LOOP 语句使程序能进行有规则的循环，循环的次数受迭代算法控制，常用来描述位片逻辑及迭代电路的行为，它有两种形成格式。

(1) FOR 循环形成的 LOOP 语句，其一般格式为：

[标号]：FOR 循环变量 IN 循环范围 LOOP
顺序语句;
END LOOP [标号];

(2) HILE 条件形成的 LOOP 语句，其一般格式为：

[标号]：WHILE 条件表达式 LOOP
顺序语句;
END LOOP [标号];

在该 LOOP 语句中，如果条件为“真”，则进行循环，如果条件为“假”，则循环结束。

【例 3-41】 FOR 循环的 LOOP 结构。

```
LIBRARY IEEE;
USE IEEE.STD_LOGIC_1164.ALL;
USE IEEE.STD_LOGIC_UNSIGNED.ALL;
ENTITY sum_test IS
      PORT (clk : IN STD_LOGIC;
            sumout     : OUT STD_LOGIC_VECTOR (12 DOWNTO 0 ) );
END sum_test;
ARCHITECTURE rtl OF sum_test IS
BEGIN
  PROCESS   (clk )
        VARIABLE temp_loop : STD_LOGIC_VECTOR (7 DOWNTO 0 );
        VARIABLE temp_sum : STD_LOGIC_VECTOR (12 DOWNTO 0 );
  BEGIN
    temp_sum : ="0000000000000";
    FOR temp IN 1 TO 100 LOOP
      temp_sum : =temp_sum+temp_loop;
    END LOOP;
    sumout<=temp_sum;
  END PROCESS;
END rtl;
```

如果将上例中的 FOR 循环语句改用 WHILE 条件语句，则可写成：

```
⋮
WHILE (temp<=100) LOOP
    temp_sum : =temp_sum+temp_loop;
END LOOP;
⋮
```

4. NEXT 语句

NEXT 语句是 LOOP 语句的控制语句，主要用于 LOOP 语句的内部循环控制，用来跳出本次循环并转入下一次循环。NEXT 语句的一般格式为：

NEXT [标号] [WHEN 条件];

其中，[标号]表明下一次循环的起始位置，若省略[标号]，则程序从 LOOP 语句的起始位置进入下一次循环。[WHEN 条件]是 NEXT 语句执行的条件，若省略[WHEN 条件]，则程序立即无条件跳出循环。

【例 3-42】　NEXT 语句示例。

```
⋮
WHILE data > 1 LOOP
  data = data – 2
  NEXT WHEN data =3;                    --条件成立而无标号，跳出循环
  data_t = data_t * data;
END LOOP;
  LP1: FOR i IN 1 TO 10 LOOP
    LP2: FOR j IN 10 DOWNTO 1 LOOP
      NEXT LP 1 WHEN i = j;             --条件成立，跳到 LP1 处
        k = i*j;                        --条件不成立，继续内层循环 LP2 的运行
    END LOOP LP2;
END LOOP LP1;
```

5. EXIT 语句

EXIT 语句也是 LOOP 语句的控制语句，主要用于 LOOP 语句的循环控制，用来跳出 LOOP 语句，结束循环状态。EXIT 语句的一般格式为：

EXIT [标号] [WHEN 条件];

其中，[标号]表明程序跳到标号处继续执行；[WHEN 条件]是 EXIT 语句执行的条件，若条件为真，跳出循环，否则继续执行程序。若省略[标号]和[WHEN 条件]，程序无条件地结束 LOOP 语句的执行。可见，EXIT 语句为程序处于出错、告警状态或需要处理保护时，提供了一种快捷、简便的调试方法。

6. WAIT 语句

WAIT 语句在进程中起到与敏感信号一样的作用，当进程执行到 WAIT 语句时，程序挂起，条件满足后，继续执行。WAIT 语句的一般格式有以下 4 种：

```
WAIT;                      --表示永远等待，通常不用
WAIT ON 敏感信号表;         --使进程暂停，直到敏感信号表中的某个信号值发生变化为止
WAIT UNTIL 条件表达式;      --使进程暂停，直到表达式成立时进程启动
WAIT FOR 时间表达式;        --使进程暂停一段由时间表达式指定的时间
```

在 WAIT ON 语句中，如果没有信号敏感表而有一个条件表达式，则默认的信号敏感表由在该表达式中出现的信号组成。WAIT 语句产生无限等待，WAIT FOR 0ns 语句产生无限循环，此时电路均表现为“死机”，所以在电路设计时应避免出现这两种情况。

在以上四种 WAIT 语句中，只有 WAIT UNTIL 语句能够进行逻辑综合，其它的均被忽略，所以要慎重使用 WAIT 语句。

7. RETURN 语句

RETURN 语句只能用在函数与过程体内，是用来结束当前最内层函数或过程体的执行

并返回主程序的控制语句，其基本格式为：

RETURN [表达式];

过程体中的 RETURN 语句一定不能有表达式，而函数体中的 RETURN 语句必须有一个表达式，因为该语句是结束函数体执行的唯一条件，函数结束时必须用 RETURN 语句。

8. NULL 语句

NULL 语句表示一个空操作，不发生任何动作。执行该语句只是为了使程序流程运行到下一个语句。

NULL 语句的基本格式为：

NULL;

【例 3-43】 NULL 语句示例。

```
⋮
FUNCTION is_x (s: STD_LOGIC_VECTOR)
            RETURN BOOLEAN   IS
BEGIN
  FOR i IN s RANGE LOOP
    CASE s(i) IS
      WHEN 'U' | 'X' | 'Z' | 'W' | '_' =>RETURN TRUE;
      WHEN OTHERS=>NULL;
    END CASE;
  END LOOP;
  RETURN FALSE;
END;
```

9. REPORT 语句

REPORT 语句不增加硬件的任何功能，只是在仿真时用该语句来提高可读性。REPORT 语句的基本格式为：

[标号] REPORT "输出字符串表达式" [SEVERITY 出错级别];

REPORT 语句等价于顺序断言语句，其出错级别默认为 NOTE。

【例 3-44】 REPORT 语句示例。

```
REPORT "Hello!";
ASSERT FALSE REPORT "Hello!" SEVERITY NOTE;
```

上例中的两条语句是等价的。

10. 顺序断言语句

顺序断言语句与并行断言语句基本相同，但是只能用在进程、函数及过程，其基本格式为：

ASSERT 条件 [REPORT 报告信息] [SEVERITY 出错级别];

第 4 章　QuartusⅡ集成环境

Altera 可编程逻辑器件开发软件集成环境主要是 QuartusⅡ和 MAX＋PLUSⅡ，其中 MAX＋PLUSⅡ是 Altera 公司上一代的 PLD 开发软件，比较适合小规模逻辑器件的开发，而 QuartusⅡ则是 Altera 公司新一代 PLD 开发软件，适合大规模 FPGA 的开发，并且 QuartusⅡ可以完成 MAX+PLUSⅡ的所有设计任务。QuartusⅡ具有简单易学、易用、易入门，设计环境可视化、集成化的优点，已被业界所公认。Altera 提供的设计软件还包括针对 Nios Ⅱ 序列嵌入式处理器的 Nios Ⅱ集成开发环境(IDE)，针对数字信号处理设计的 DSP Builder，还有仿真软件 Modelsim 的 Altera 版 Modelsim-Altera。

本章首先对 QuartusⅡ的设计流程、安装过程、图形用户界面进行简要介绍，然后对 QuartusⅡ的设计输入、设计编译(分析、综合、布局布线)、时序分析、仿真(QuartusⅡ仿真器、Modelsim-Altera 仿真器)、SignalTapⅡ逻辑分析、基于模块设计等工程设计过程进行详细论述。初学者按照说明和范例逐步操作练习就能轻松完成入门阶段的学习。

4.1　概　　述

Altera 公司在 20 世纪 90 年代以后发展很快，是全球最大的可编程逻辑器件供应商之一，在推出各种可编程逻辑器件的同时，也在不断升级其相应的开发工具软件。其开发工具从早期的 A＋PLUS、MAX＋PLUS 发展到 MAX＋PLUSⅡ、Quartus，再到 QuartusⅡ，经历了多次版本的升级，软件性能也相应地得到很大的提高。如从 QuartusⅡ6.1 开始支持多核处理器和 64 位操作系统。目前 Altera 已经停止了对 MAX＋PLUSⅡ的开发，而是主要开发 QuartusⅡ集成软件平台。因此，QuartusⅡ是目前 Altera 公司可编程逻辑器件开发工具中的主流软件，目前其常用正式版本为 QuartusⅡ10.0sp1。

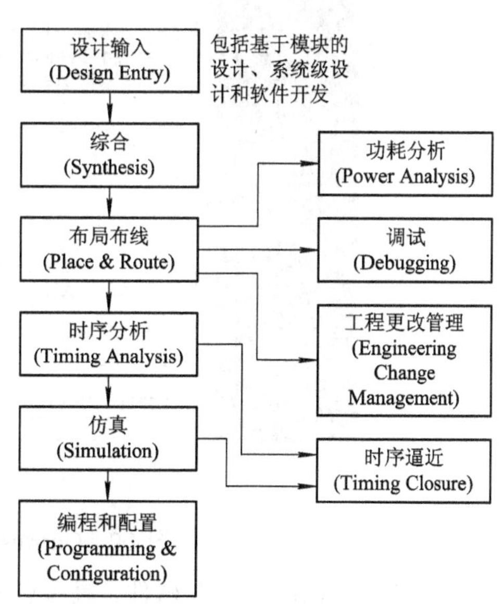

图 4.1　QuartusⅡ的设计流程

QuartusⅡ软件的设计流程如图 4.1 所示。

为了缩短设计周期和降低设计复杂度，QuartusⅡ提供了一种与结构无关的设计环境，设计人员无须精通器件的内部结构，只需利用自己熟练的输入工具(例如原理图输入或高级行为描述语言)进行设计，就可以通过 Quartus II 把这些设计转换为最终所需要的格式。同时，Quartus II 还集成了多种工具软件，含有逻辑分析、功率分析、时序优化功能、EDA 工具集成、多过程支持、增强重编译和 IP 集成等特性，使设计变得更为方便。

4.2 Quartus II 的安装

建议在以下平台上安装 Quartus II 软件：

✧ 运行速度为 1.8 GHz 或更快的 PC，并采用以下 Windows 操作系统之一：

• Microsoft Windows XP (32 / 64 bit)；

• Microsoft Windows 7；

• Windows Vista。

✧ 速度为 1.8 GHz 或更快的 PC，并采用以下 Linux 操作系统之一：

• Red Hat Enterprise Linux 4/5 (32 / 64 bit)；

• CentOS 4/5；

• Suse Linux Server 10/11 (32 / 64 bit)。

✧ 运行 Solaris 8 / 9 版本(32 / 64 bit)的 Sun Ultra 工作站。

Quartus II 分为商业版和 Web 版，安装方法基本相同，这里介绍基于 PC 机在 Windows XP 平台上 Quartus II 10.0sp1 版本的安装过程。

(1) 在网上下载后，在资源管理器中双击 10.0sp1_quartus_windows_full.exe 文件，或插入 Quartus II 安装光盘自动运行后，双击 setup.exe 文件，出现如图 4.2 所示界面。

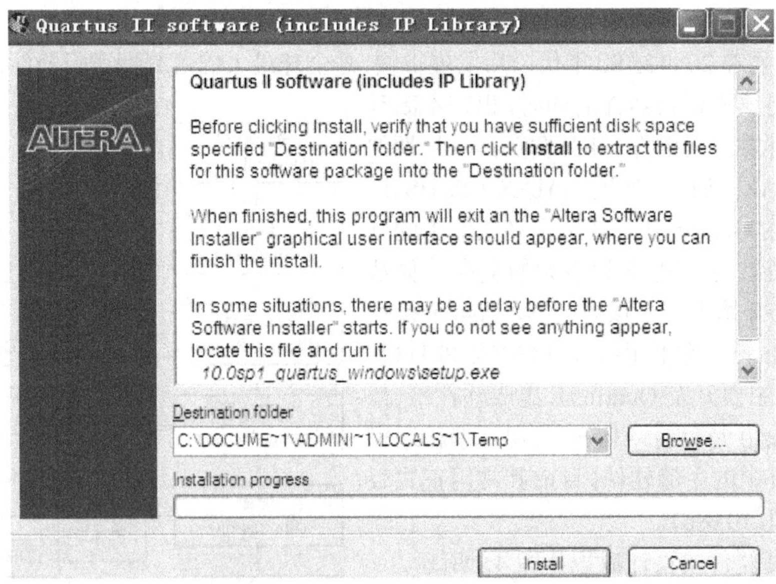

图 4.2 Quartus II 10.0 文件释放界面

(2) 释放 Quartus II 安装软件。鼠标点击“Install”按钮，进入安装文件的释放过程，文件释放完毕后，出现的安装界面如图 4.3 所示。

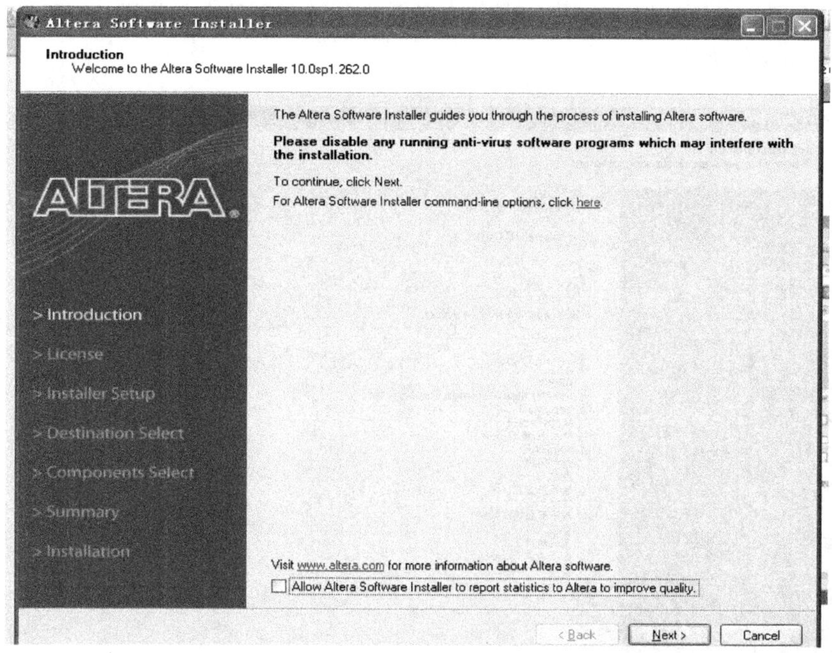

图 4.3　安装界面

(3) 点击“Next”按钮，进入 license 协议窗口，选中方框同意 license 协议，“Next”按钮才有效，如图 4.4 所示，阅读安装协议。

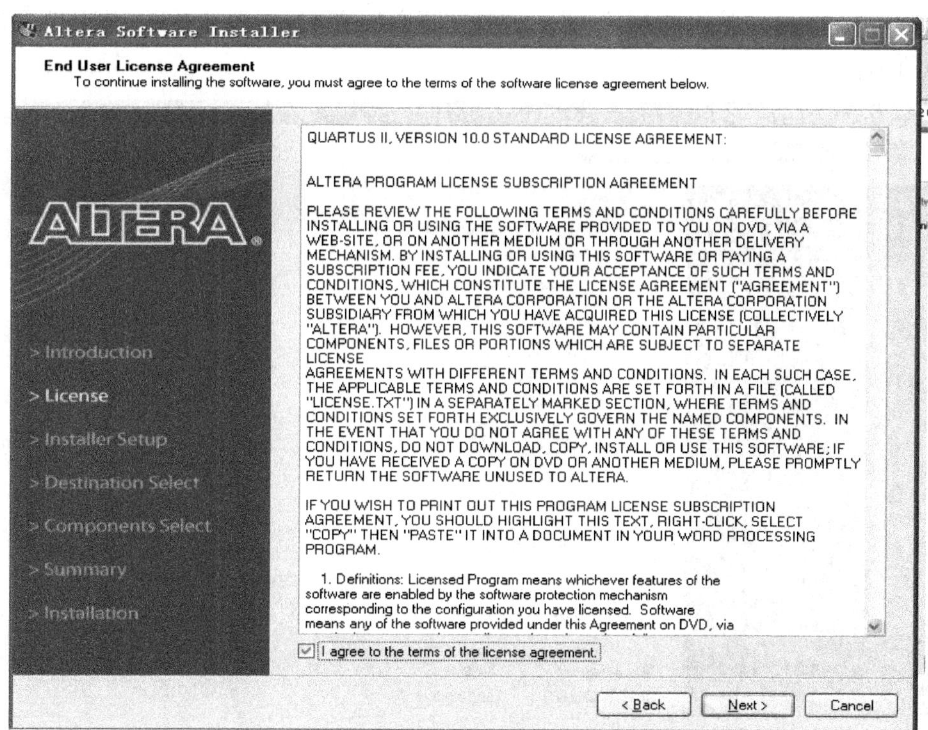

图 4.4　协议界面

(4) 点击“Next”按钮进入下一步，选择安装目录和文件夹，如图 4.5 所示，图中选项为默认目录和文件夹。

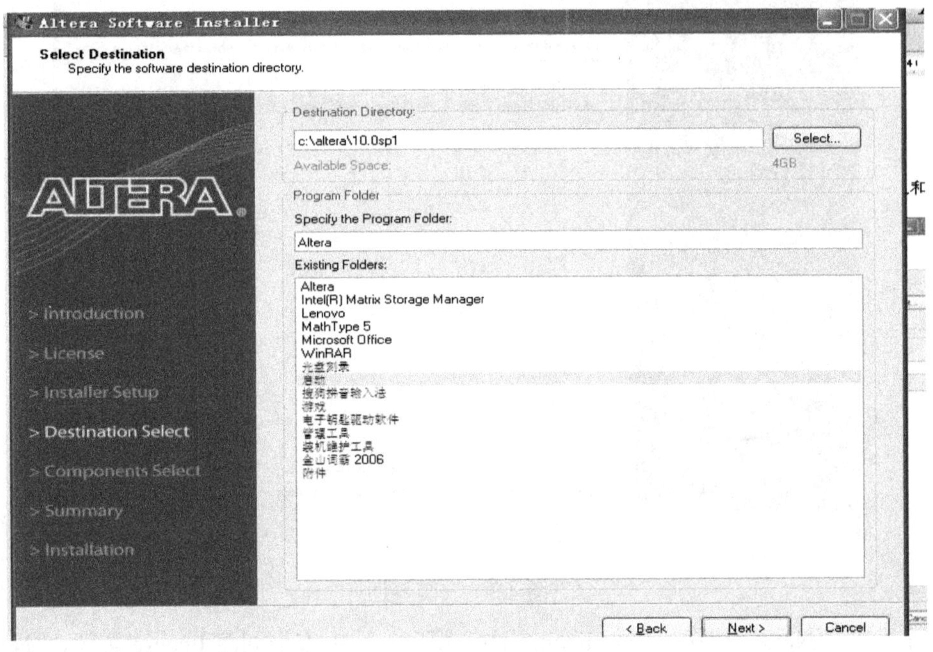

图 4.5 选择安装目录和文件夹

(5) 点击“Next”按钮进入下一步，选择需要安装的 Altera 器件系列，默认为全选，如图 4.6 所示。

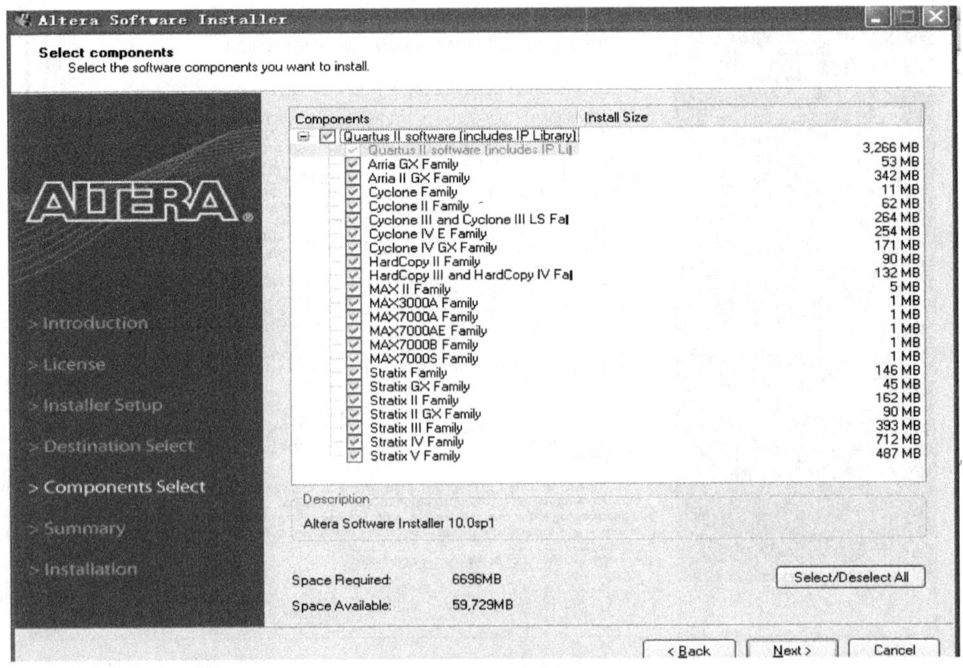

图 4.6 选择安装器件

(6) 点击“Next”按钮进入下一步，安装信息总界面，如图 4.7 所示。

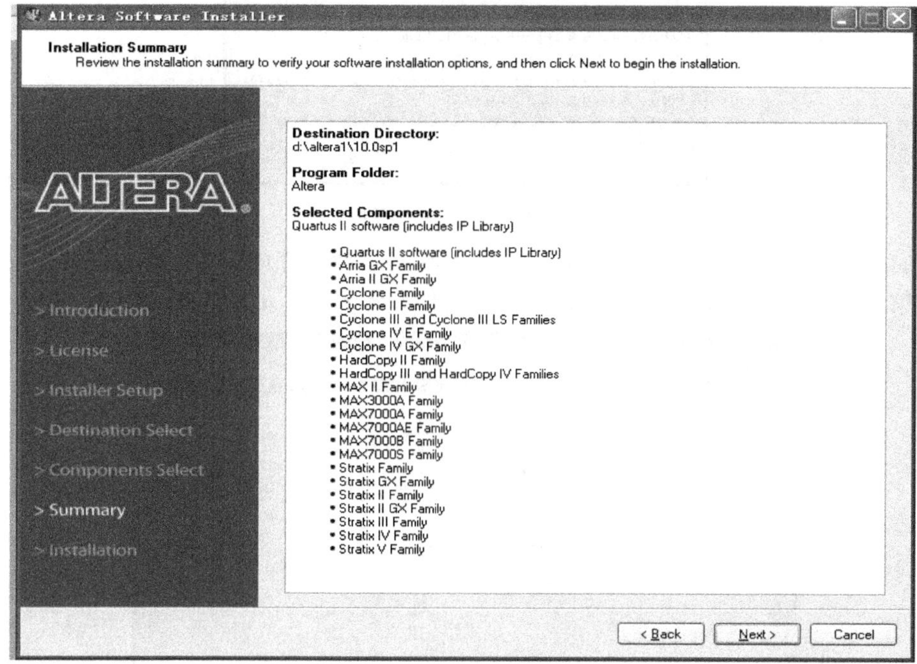

图 4.7　安装信息总界面

(7) 点击“Next”按钮，开始执行软件安装，如图 4.8 所示。

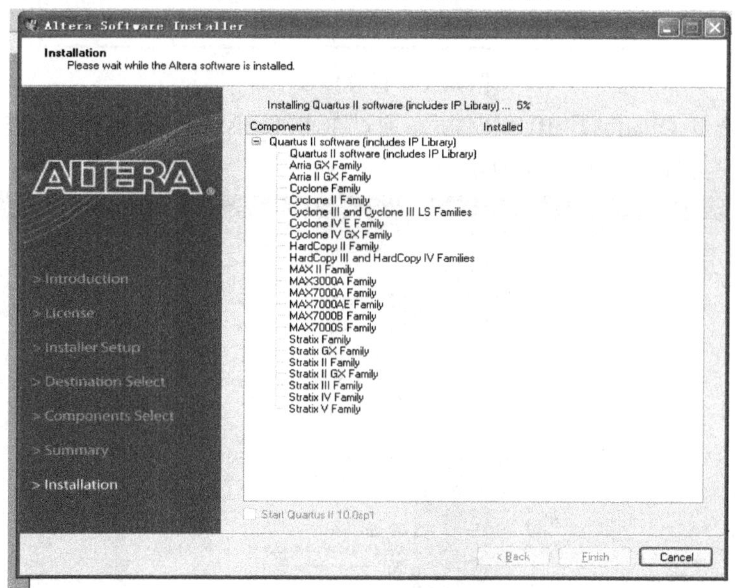

图 4.8　正在安装软件

安装结束后，用户可以选择是否即刻运行 Quartus Ⅱ软件，选中 Start Quartus Ⅱ 10.0sp1，点击“Finish”按钮，完成安装，并开始运行 Quartus Ⅱ 10.0。

(8) 软件授权(License)请求。首次运行 Quartus Ⅱ 10.0，会出现如图 4.9 所示的软件请求授权的选项。

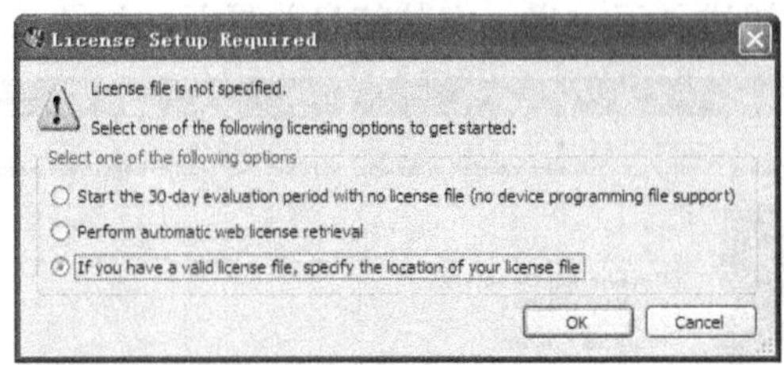

图 4.9 软件请求授权

前面两项分别是 30 天试用期和自动从 Altera 网站请求许可文件，如果拥有授权文件，则选择第三项，点击“OK”按钮。进入授权文件设置界面，如图 4.10 所示。

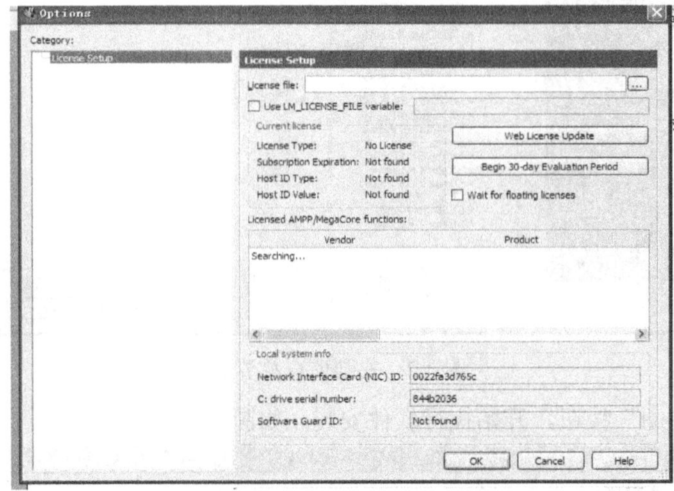

图 4.10 设置授权文件

也可以在运行 QuartusⅡ 10.0 软件后，通过菜单 Tools>License Setup…进入图 4.10 所示的授权文件设置界面，如图 4.11 所示。

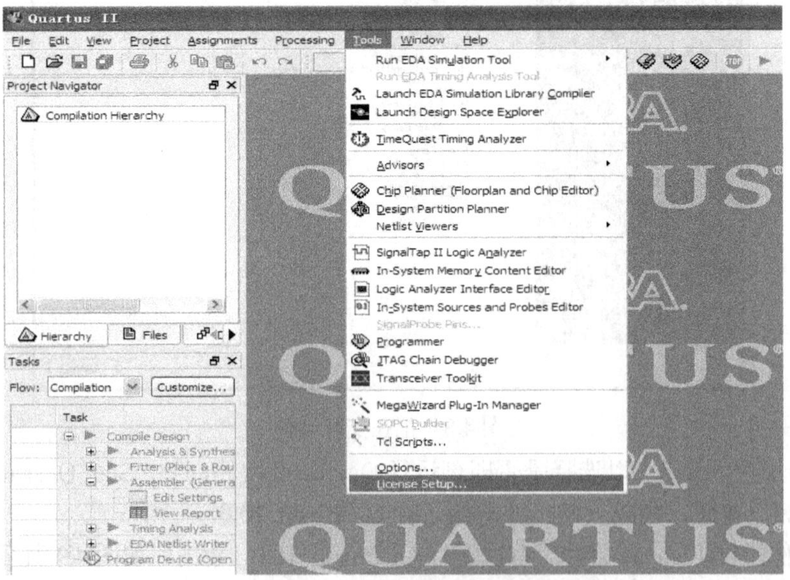

图 4.11 通过菜单进行授权文件设置

(9) 授权文件导入。在图 4.10 中，点击 License File 选项框后面的[...]按钮，在本机中选择您所获得的授权文件，导入授权文件(license 文件)，如图 4.12 所示。

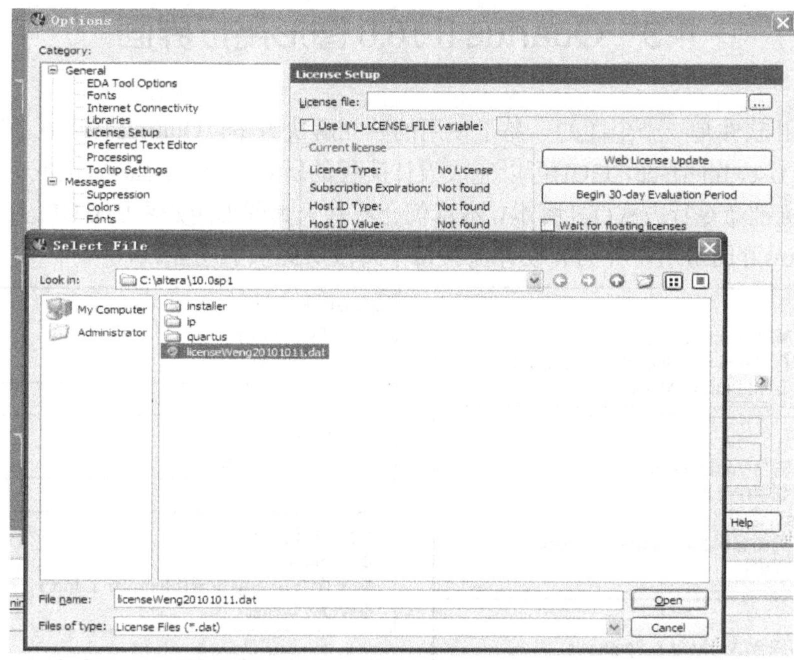

图 4.12　导入授权文件

点击“Open”按钮导入授权文件后，用户信息显示如图 4.13 所示。

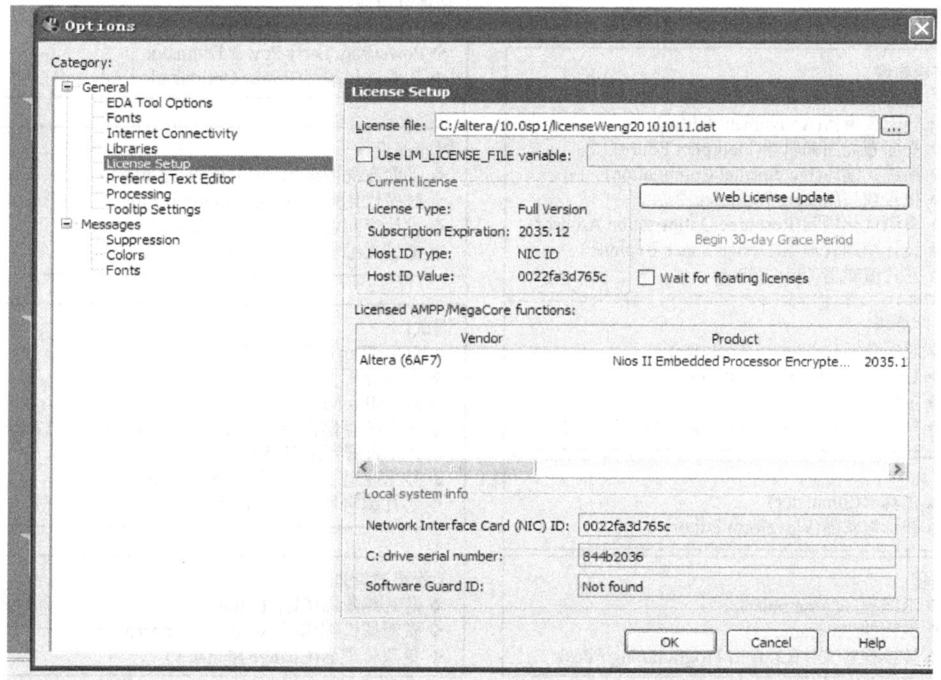

图 4.13　正确导入授权文件后的画面

点击“OK”按钮后，Quartus II 10.0 软件的安装全部结束，就可以开始设计工作了。

4.3　Quartus II 10.0 图形用户界面

Quartus II 软件是一个全面的、易于使用的独立解决方案。Quartus II 10.0 的图形用户界面(Graphical User Interface，GUI)可以完成设计流程的所有阶段，Quartus II 还支持每个阶段分开执行的标准命令行方式(Tcl 脚本)，本章仅介绍基于其图形用户界面 GUI 的设计。图 4.14 显示了 Quartus II 图形用户界面为设计流程每个阶段所提供的功能。

设计输入：
- ❖ 文本编辑器(Text Editor)
- ❖ 模块和符号编辑器(Block&Symbol Editor)
- ❖ MegaWizard Plug-In Manager

约束输入：
- ❖ 分配编辑器(Assignment Editor)
- ❖ 引脚规划器(Pin Planner)
- ❖ Settings对话框
- ❖ 平面布局图编辑器(Flootplan Editor)
- ❖ 设计分区窗口

综合：
- ❖ 分析和综合(Analysis & Synthesis)
- ❖ VHDL,Verilog HDL & AHDL
- ❖ 设计助手
- ❖ RTL查看器(RTL Viewer)
- ❖ 技术映射查看器(Technology Map Viewer)
- ❖ 渐进式综合(Incremental Synthesis)
- ❖ 状态机查看器(State Machine Viewer)

布局布线：
- ❖ 适配器(Fitter)
- ❖ 分配编辑器(Assignment Editor)
- ❖ 平面布局图编辑器(Floorplan Editor)
- ❖ 渐进式编译(Incremental Compilation)
- ❖ 报告窗口(Report Window)
- ❖ 资源优化顾问(Resource Optimization Advisor)
- ❖ 设计空间管理器(Design Space Explorer)
- ❖ 芯片编辑器(Chip Editor)

时序分析：
- ❖ 时序分析仪(Timing Analyzer)
- ❖ TimeQuest Timing Analyzer
- ❖ 报告窗口(Report Window)
- ❖ 技术映射查看器(Technology Map Viewer)

仿真：
- ❖ 仿真器(Simulator)
- ❖ 波形编辑器(Waveform Editor)

编程：
- ❖ 汇编程序(Assembler)
- ❖ 编程器(Programmer)
- ❖ 转换程序文件(Convert Programming Files)

系统级设计：
- ❖ SOPC Builder
- ❖ DSP Builder

软件开发：
- ❖ Software Builder

基于模块的设计：
- ❖ LogicLock
- ❖ 平面布局图编辑器(Floorplan Editor)
- ❖ VQM Writer

EDA界面：
- ❖ EDA NetlistWriter

功耗分析：
- ❖ PowerPlay Power Analyzer工具
- ❖ PowerPlay Early Power Estimator
- ❖ 功率优化顾问(Power Optimization Advisor)

时序逼近：
- ❖ 平面布局图编辑器(Floorplan Editor)
- ❖ 时序优化顾问(Timing Optimization Advisor)
- ❖ 设计空间管理器(Design Space Explorer)
- ❖ 渐进式编辑(Incremental Compilation)

调试：
- ❖ SignalTap II 逻辑分析仪
- ❖ 逻辑分析仪接口工具
- ❖ SignalProbe
- ❖ 在系统存储内容编辑器(In-System Content Editor)
- ❖ RTL查看器(RTL Viewer)
- ❖ 技术映射查看器(Technology Map Viewer)
- ❖ 芯片编辑器(Chip Editor)

工程更改管理：
- ❖ 芯片编辑器(Chip Editor)
- ❖ 资源属性编辑器(Resource Property Editor)
- ❖ 更改管理器(Change Manager)

图 4.14　Quartus II 图形用户界面功能显示

启动 Quartus Ⅱ软件时出现的图形用户界面如图 4.15 所示。Quartus Ⅱ 10.0 图形用户界面分为六个大的区域：工程导航区、状态区、信息区、工作区、快捷命令工具条和菜单命令区。下面分别对这些区域进行详细介绍。

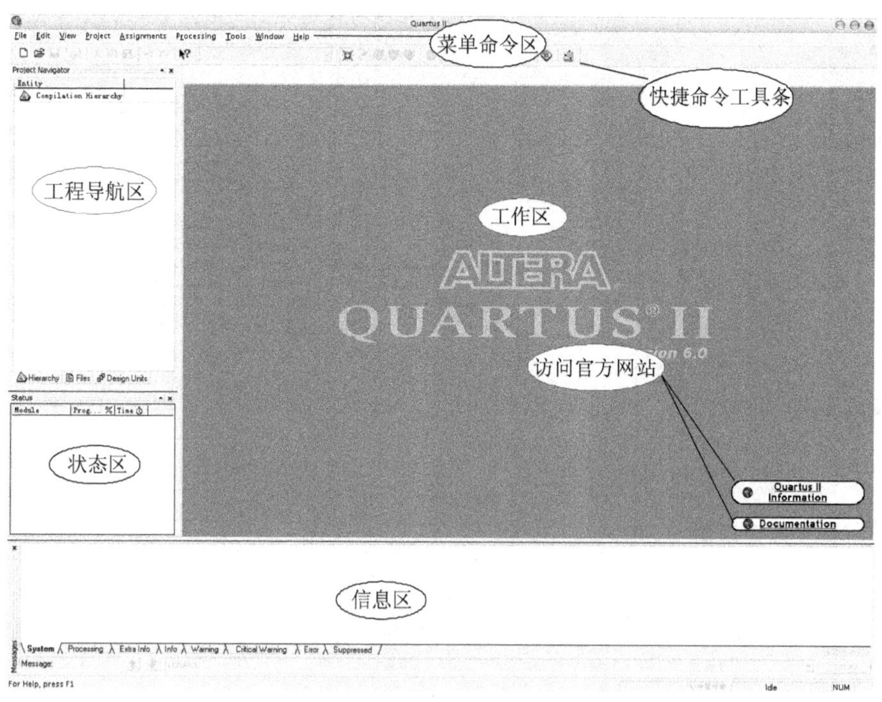

图 4.15　Quartus Ⅱ 10.0 图形用户界面

1. 菜单命令区

Quartus Ⅱ 10.0 集成软件平台的所有功能均可以用菜单命令实现，包括 File、Edit、View、Project、Assignment、Processing、Tools、Window、Help 九大主菜单及其子菜单。菜单命令的功能将结合工程设计进行介绍。

2. 快捷命令工具条

快捷命令工具条是由若干个按钮组成的，用鼠标点击按钮，可快速执行相应的操作。Quartus Ⅱ也为用户提供了个性化的设置功能，用户可以自定义工具条和快捷命令按钮。

将鼠标置于工具条按钮图标上方 1 秒钟左右，各工具条及其按钮的功能将会在弹出标签中显示。另外，状态窗口下方的状态条也会显示其功能。由于工具条中的快捷命令按钮只是菜单选项的简便操作，因此各按钮的功能与菜单命令的功能一样。

3. 工作区

工作区是用户对输入文件进行设计的空间区域。在工作区中，Quartus Ⅱ软件将显示设计文件和工具条以方便用户操作。图 4.16 所示为实际打开一个工程后工作区的显示，图中显示的为当前设计电路图文件，其它文件打开时的内容也显示在此区域。

在默认情况下，Quartus Ⅱ软件会根据用户打开的设计输入文件的类型以及用户当前的工作环境，自动地为用户显示不同的工具条。当然，用户也可以自定义工具条和快捷命令按钮。

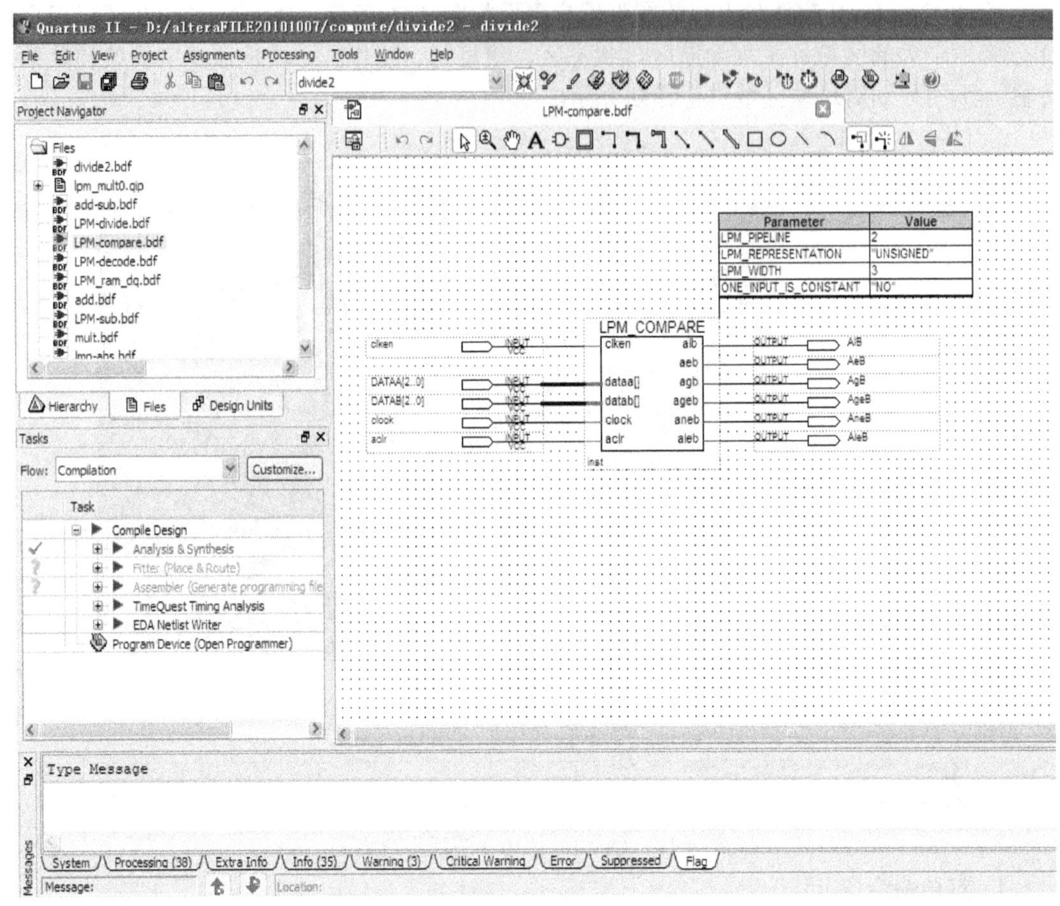

图 4.16 工作区显示

4. 工程导航区

工程导航区显示了当前工程的绝大部分重要信息，使用户对当前工程的文件层次结构、所有相关文档以及设计单元有一个很清晰的认识。工程导航区由三个部分构成。

Hierarchy：设计实体的层次结构，它清楚地显示了顶层实体和各调用实体的层次关系。

Files：显示所有与当前工程相关联的设计文件。当把鼠标放在文件夹中的文件上时，软件会自动显示文件所在的绝对地址。用鼠标双击文件，则会在编辑窗口中打开该文件。

Design Units：当前工程中使用的所有设计单元。这些单元既包含 Quartus II 中自带的设计模块(如乘法器、移位寄存器等)，也包含用户自己设计的单元模块。

5. 任务状态区

任务状态区显示当前工程设计已完成的任务和未完成的任务，并显示某一任务执行时的运行状态和进度，完成的任务打钩表示。如在执行编译任务中的分析和综合时显示完成的进度百分比。用鼠标双击某任务选项就可以直接运行该任务。

6. 信息区

信息区用于显示系统在编译、时序分析过程中所产生的指示信息。例如，语法信息、编译成功信息等。信息区提供五大类操作标记信息：Extra Info、Warning、Info、Critical

Warning 以及 Error。

关于各类信息的描述请见表 4.1。用户可以通过点击信息区的标签来选择显示相应的信息，也可以通过鼠标右键的弹出菜单选择显示或隐藏某类信息，从而进行个性化定制。

表 4.1　五类操作标记信息

图标	信息类型	信 息 描 述
	Extra Info	为设计者提供外部信息，例如外部匹配信息和细节信息
	Info	显示编译、仿真过程中产生的操作信息
	Warning	显示编译、仿真过程中产生的警告信息
	Critical Warning	显示编译、仿真过程中产生的严重警告信息
	Error	显示编译、仿真过程中产生的错误信息

这里需要提醒读者，警告信息和错误信息不同，当编译仿真或软件构造过程中产生错误信息时，用户的操作不会成功；而当出现警告信息时，操作仍能成功。但是这并不能说明用户的设计文件是完全正确的，尤其在分析和综合过程中更要注意警告信息，因为它可能代表逻辑上的错误或芯片性能不符合设计要求。所以在编译阶段，读者最好对每个警告信息都进行仔细检查，寻找原因，这样更能保证设计的稳定性和正确性，而且可以避免由此而给后面设计工作带来的不必要麻烦。

另外，为了设计人员方便查阅信息，除了五类操作标记信息外，Quartus II 10.0 软件又在信息区中增加了 System、Processing、Suppressed 以及 Flag 四项标签信息，但此四项信息仍属于五大类标记信息。Processing 窗口显示所有操作标记信息，即上面提到的五类操作标记信息都会在这个窗口显示。System 窗口显示所有与设计工程无关的任务信息，例如，当把一个设计输入文件作为工程的顶层实体时，在 System 窗口中就会记录下这次任务操作。Suppersed 信息显示受 Message Suppression Manager 对话框中的规则(由用户设置)限制的 Processing 信息，当信息符合受限条件时，它将被转移到 Suppersed 标签页中，而 Porcessing 和其所属大类型标签页中则不再显示此条信息。

4.4　设 计 输 入

Quartus II 软件支持的设计输入方法包括：

(1) Quartus II 本身具有的编辑器，如原理图式图形设计输入，文本编辑输入(如 AHDL、VHDL、Verilog)和内存编辑输入(如 hex、mif)。

(2) 第三方 EDA 工具编辑的标准格式文件，如 EDIF、HDL、VQM。

(3) 采用一些别的方法优化和提高输入的灵活性，如混合设计格式，它利用 LPM 和宏功能模块来加速设计输入。

(4) 对应的设计输入文件如图 4.17 所示。

设计方法分为自上而下和自下而上的设计方法，两种方法各有其自身特点。推荐的设计方法为自上而下，即把整个设计工程划分成若干个模块，然后对各个模块分别进行设计。本章将按自上而下的设计方法，以一个简单实例的形式对设计输入的整个过程做详细介绍，同时也兼顾说明一下自下而上的设计方法。所选实例为一个简单的数据扩频操作过程。接下来本书将从模块的层次结构划分、各层次的硬件实现、顶层实体的生成、综合、工程的编译约束、布局布线、时序分析与逼近、编程、调试及功率分析等方面进行介绍。

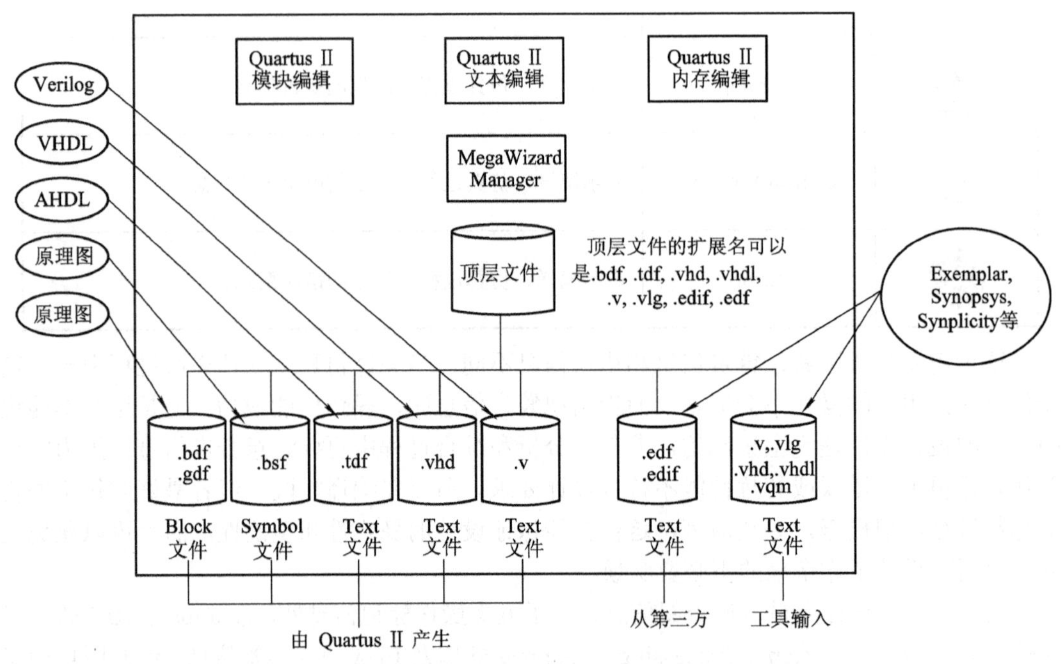

图 4.17 Quartus II 软件的设计文件

自上而下设计一个工程首先需要对工程的模块进行划分，一般来说，层次划分应遵循以下原则：

✧ 各模块的结构应尽量简单清晰；

✧ 各模块功能独立、层次一目了然；

✧ 模块间的数据传输简单；

✧ 便于测试。

满足这些原则有利于提高工程的开发速度和文件的可读性，而且方便升级、修改和协同开发。这里需要指出，模块功能划分环节对整个设计是一个至关重要的步骤。设计者进行模块划分时应尽量考虑多方面因素，划分好的功能层次应经过反复论证与验证。一般对于一个复杂工程来说，层次划分阶段应该分配比较多的时间，以保证以后各环节的设计能够顺利进行。简而言之，应该记住这样一个非常重要的设计原则：“时序是设计出来的，不是仿出来的，更不是凑出来的”。当然本章所举实例比较简单，目的是方便大家掌握一个工程的详细设计过程。

本工程要实现的扩频数据操作是将一基带 2 Mb/s 串行数据流分别与本地产生的 32 Mb/s、16 Mb/s 的两路伪随机码串行数据流相加，完成数据的扩频功能。根据以上原则和功能描述将工程划分为时钟产生模块和数据产生模块。时钟产生模块完成 32 MHz 时钟信号的多次分频功能，得到同源的 16 MHz、8 MHz、2 MHz 时钟信号；数据产生模块从时钟产生模块获得 32 MHz、16 MHz 时钟信号后，分别产生对应速率的两路伪随机码；将两路伪随机码与基带 2 Mb/s 串行数据相加，就完成了对应速率的扩频功能。

4.4.1　创建一个新的工程

Quartus Ⅱ编辑器的工作对象是工程(Project)，所以在进行一个逻辑设计时，首先要指定该设计的工程名称，对于每个新的工程应该建立一个单独的子目录，如果该子目录不存在，Quartus Ⅱ将自动创建，以后所有与该工程有关的文件(包括所有的设计文件、配置文件、仿真文件、系统设置及该设计的层次信息)都将存在这个子目录下。初学者切记，每个设计必须有一个工程名，而且要保证工程名与设计文件名一致。

启动 Quartus Ⅱ 10.0 软件，出现如图 4.18 所示的软件开始界面，Quartus Ⅱ软件开始界面分为开始学习和开始设计两大部分。点击开始学习部分的“Open Interactive Tutorial”开始交互式学习教程(要接入 Internet)。开始设计部分包括两个选择工具条：创建一个新工程“Create a New Project(New Project Wizard)”和打开一个已存在的工程“Open Existing Project”，在“Open Existing Project”工具条下面是一些最近设计的工程列举，鼠标双击就可直接打开对应的工程。点击右上角的×可以关闭 Quartus Ⅱ软件开始界面。

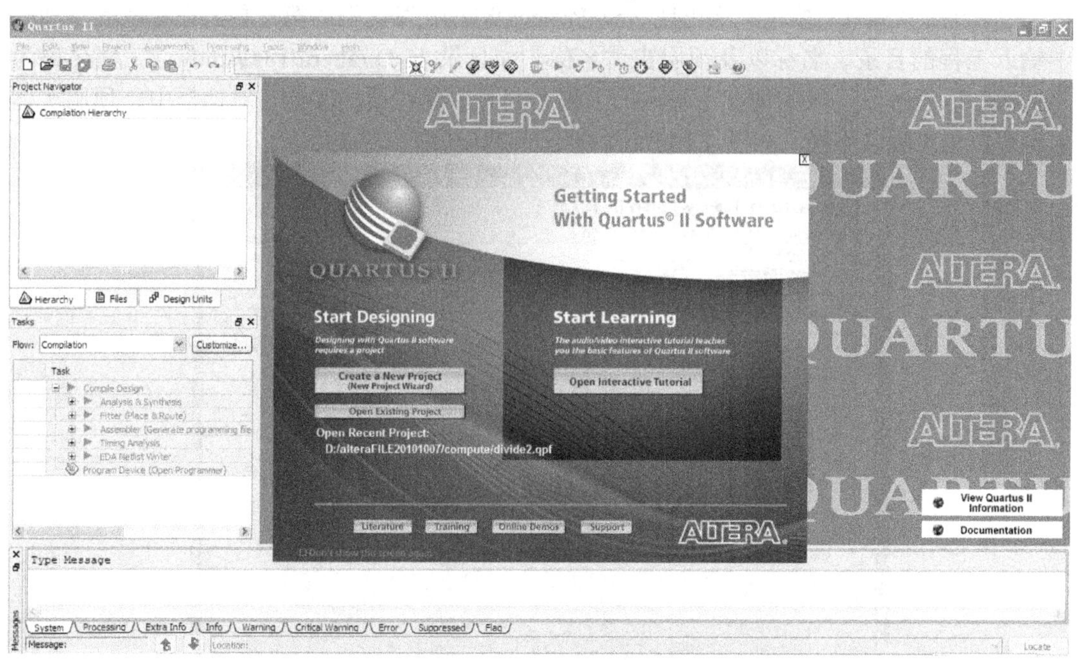

图 4.18　Quartus Ⅱ 10.0 软件开始界面

创建一个新工程的方法步骤如下：

(1) 启动 Quartus Ⅱ 10.0 软件，在图 4.18 所示的软件开始界面中，鼠标点击“Create a New Project(New Project Wizard)”开始创建一个新工程向导，或者在 File 菜单中选择“New Project Wizard…” 项开始创建一个新工程向导，第一次会出现介绍页，如图 4.19 所示。

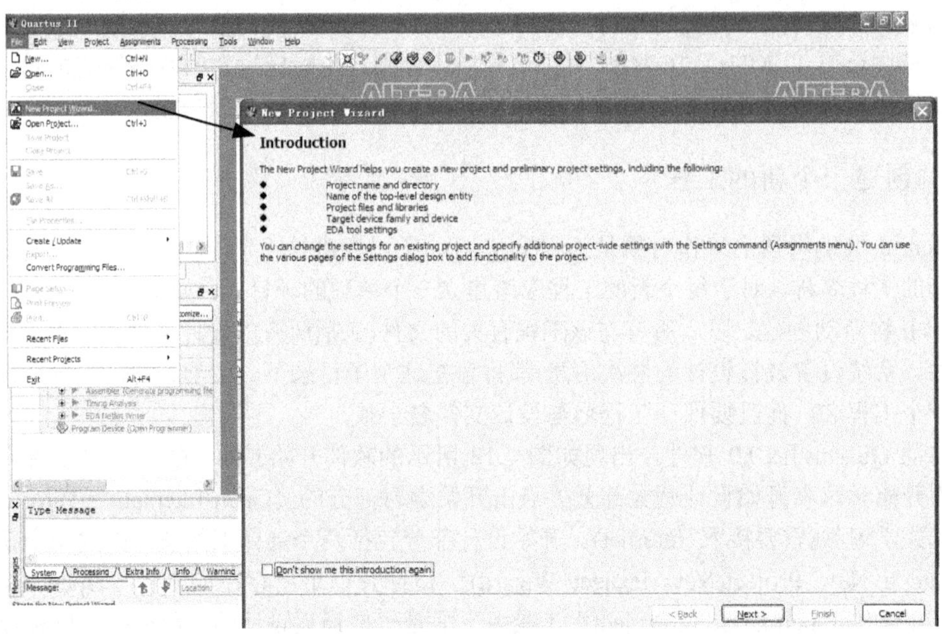

图 4.19　菜单中启动创建新工程向导

(2) 点击“Next”按钮，将出现 New Project Wizard 对话框的第一页。在相应的对话框中输入工程的目录、名称以及顶层实体名称，如目录为 D:/altera/10.0/study，工程名称为“SpreadSpectrum”，缺省情况下输入的工程名同时出现在顶层实体名对话框中，顶层实体名也可以与工程名不同，如图 4.20 所示。

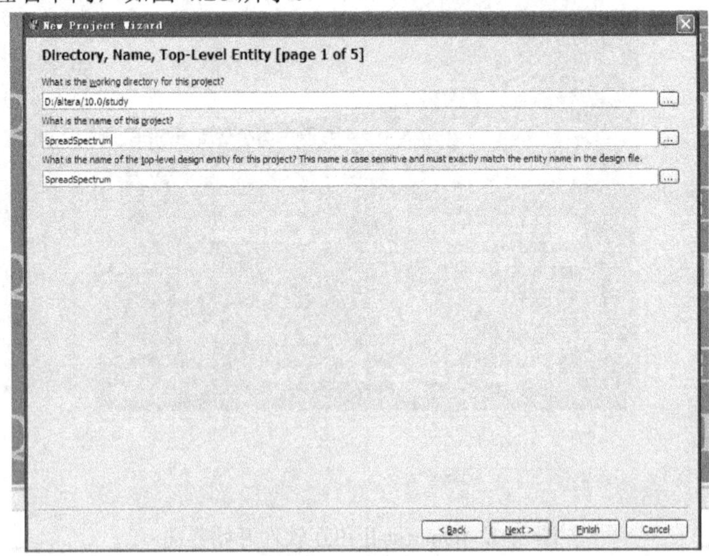

图 4.20　工程目录、名称以及顶层实体名

(3) 点击“Next”按钮，如果目录不存在，提示是否创建，点击“Yes”按钮，出现 New Project Wizard 第二页：添加设计文件。本例中由于“SpreadSpectrum”为新工程，因此内容为空，如果设计人员已经预先输入了设计文件和其它源文件，就可以通过文件名的浏览按钮 ... 选择文件，然后添加到工程。点击“Add All”按钮，可增加所有的设计文件到工程，如图 4.21 所示。

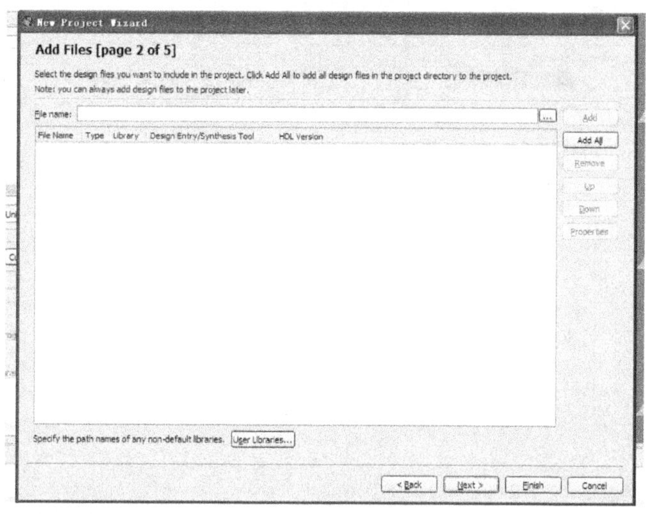

图 4.21　添加设计文件

(4) 点击“Next”按钮，出现 New Project Wizard 第三页(如图 4.22 所示)，选择本工程所使用的器件。用户可以通过“Family”选择器件系列，“Package”选择器件的封装形式，“Pin count”选择器件的引脚数，“Speed grade”选择器件的速度等级，这些选项可以缩小可用器件列表的范围，以便快速找到需要的目标器件；或者直接点击“Available devices”列表中的某一器件，确定用户所需要的器件；也可在“目标器件”选项中选择由适配器自动选择最合适的器件。

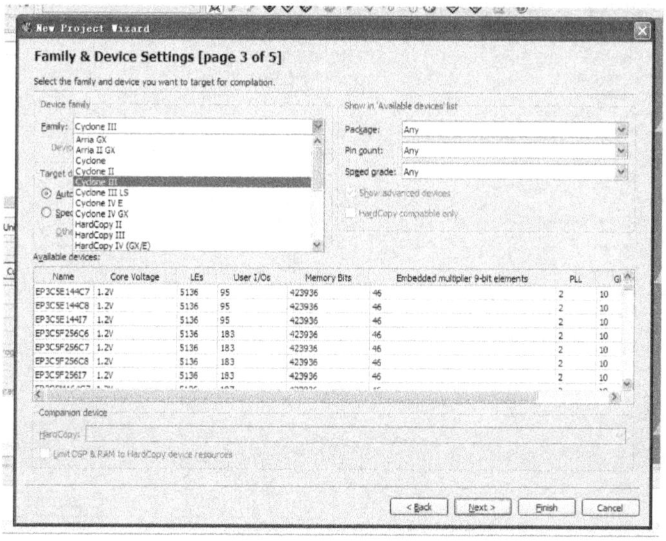

图 4.22　选择器件

(5) 点击“Next”按钮，出现 New Project Wizard 第四页(如图 4.23 所示)，指定第三方 EDA 工具软件。

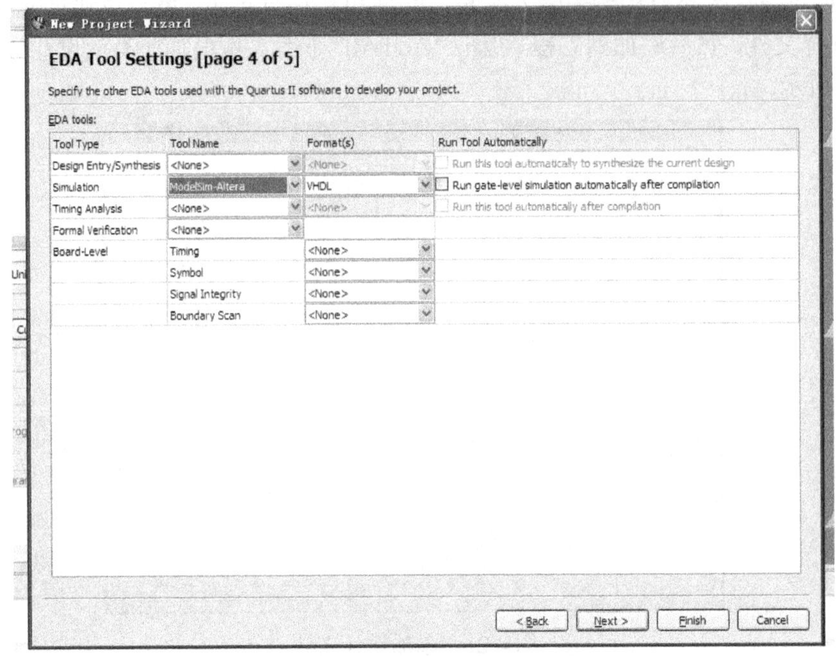

图 4.23 指定第三方 EDA 工具软件

(6) 点击“Next”按钮，出现 New Project Wizard 概要(如图 4.24 所示)，如果需要修改设置，可以点击“Back”按钮返回上一层，核实无误后点击“Finish”按钮，则“SpreadSpectrum”出现在工程导航窗口层次栏中，新工程创建指导完成。

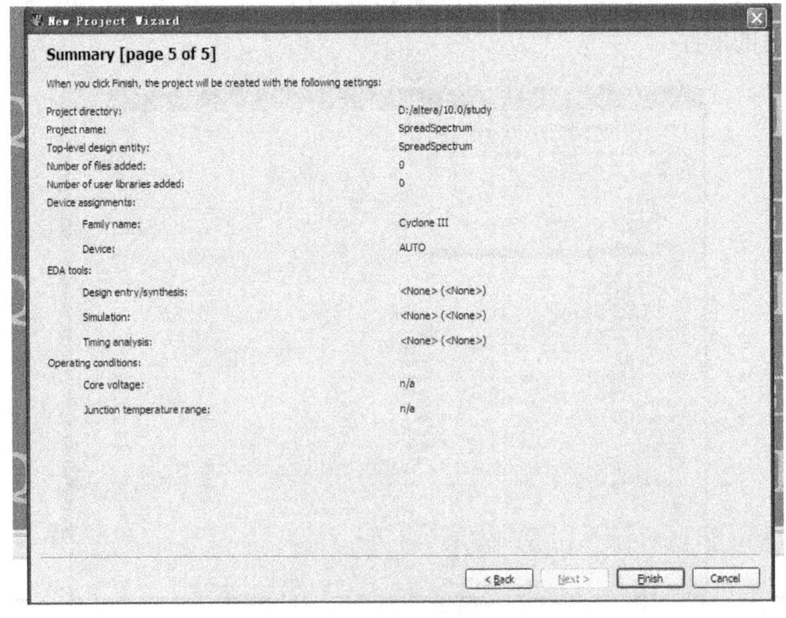

图 4.24 新工程的设置概要

4.4.2　顶层实体文件的建立

Quartus Ⅱ支持的设计输入文件包括文本和图形两种形式。这两种输入形式有各自的优点，在工程设计时可以结合使用。

文本设计输入方法使用硬件描述语言进行设计，控制非常灵活，适合于复杂的逻辑控制和子模块的设计。Quartus Ⅱ支持 AHDL、VHDL 和 Verilog HDL 等硬件描述语言。AHDL 是 Altera Hardware Description Language 的缩写，它是一种高级硬件描述语言，该语言可以使用布尔方程、算术关系运算表达式、真值表、条件语句等方式进行描述，适合于大型的、复杂的状态机设计。VHDL 和 Verilog HDL 是符合 IEEE 标准的高级硬件描述语言，也都适合于大型的、复杂的设计。这些语言都是用文本来进行设计的，它们的输入方式既有共同之处，又各有特点，设计人员可以根据实际情况选择使用。

图形设计输入方法形象直观，使用方便，适用于顶层和高层次实体的构造以及固定器件的调用。Quartus Ⅱ自带了基本逻辑块、参数化模块库和 IP 功能模块，而且用户可以自定义生成图元模块，这样就可以极大地缩短设计周期和简化设计复杂度。Quartus Ⅱ中常见的图元库有：Magefunctions 库(宏功能高级模块)、Primitives 库、Altera 基元(基本逻辑块)库、Maxplus Ⅱ库(Maxplus Ⅱ的元件库)、Project 库(当前工程中生成的图元模块)。

下面就以图形设计输入方法为例，按照自上而下的设计方法将划分好的模块在顶层实体文件中产生，然后再对各个模块分别进行设计。

1．新建图形设计输入文件

Quartus Ⅱ 10.0 软件中，在上面“SpreadSpectrum”工程打开的情况下，在“File\New”所示窗口中选择 Block Diagram/Schematic File，如图 4.25 所示。

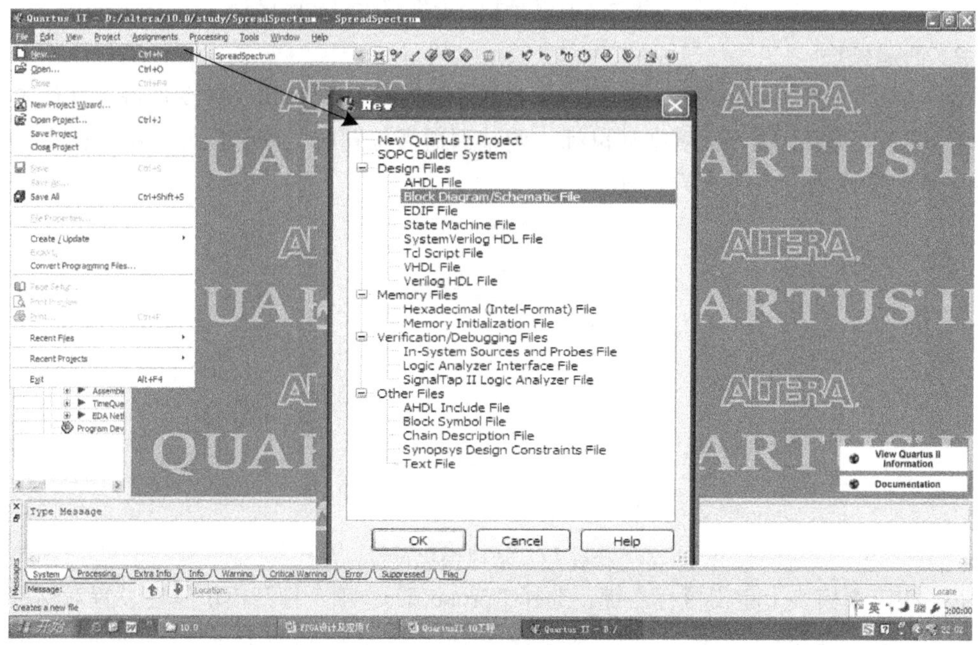

图 4.25　新建图形设计文件

点击“OK”按钮后，在 Quartus II 10.0 软件工作区，出现后缀名为 .bdf 的空白图形设计文件输入界面，图形设计文件输入界面中的快捷工具按钮功能名称如图 4.26 所示。

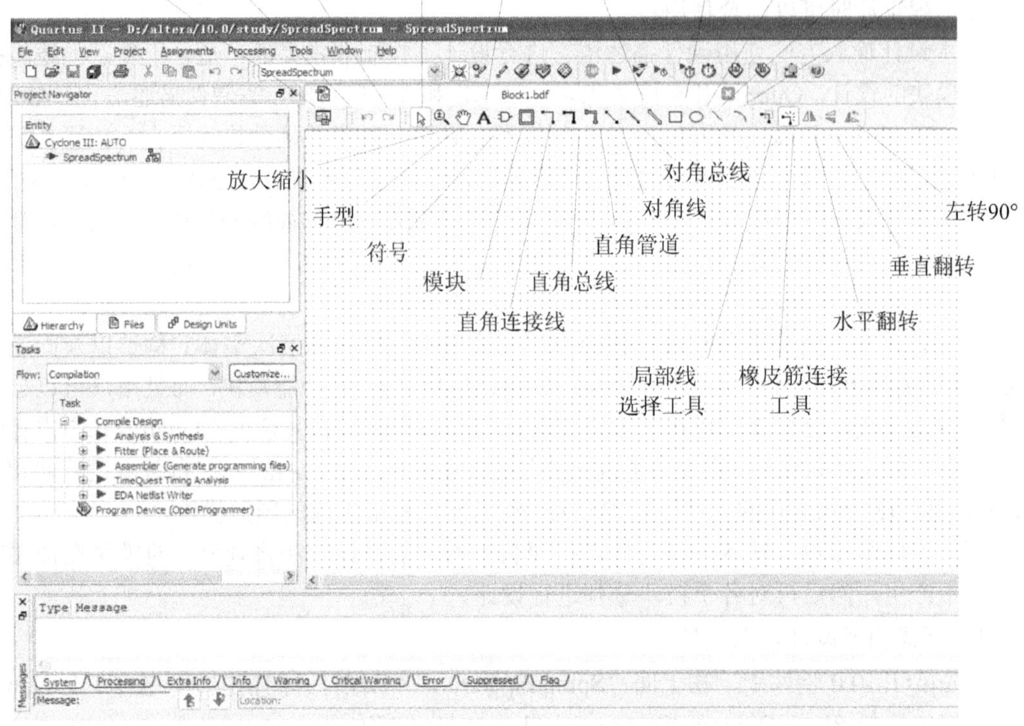

图 4.26 图形设计文件输入界面及按钮功能说明

2. 创建模块

(1) 点击工具栏中的模块按钮 ，用携带模块工具的鼠标箭头在图形输入文件工作内空白区，按下鼠标左键，斜着拖动鼠标，调整到适当位置时，松开鼠标左键，就在该位置插入了一个新模块，如图 4.27 所示。

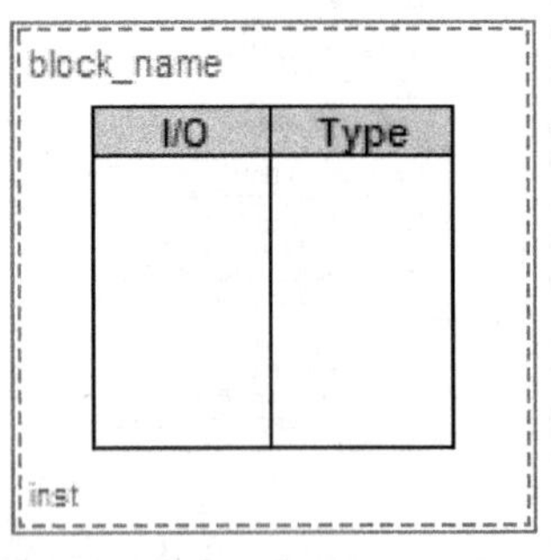

图 4.27 新建模块符号

(2) 在该新模块上单击鼠标右键，选择“properties”项，打开模块属性设置对话框，首先显示的是“General”项，可修改模块名称。这里将该模块命名为时钟产生模块“ClockGenerate”，如图 4.28 所示。

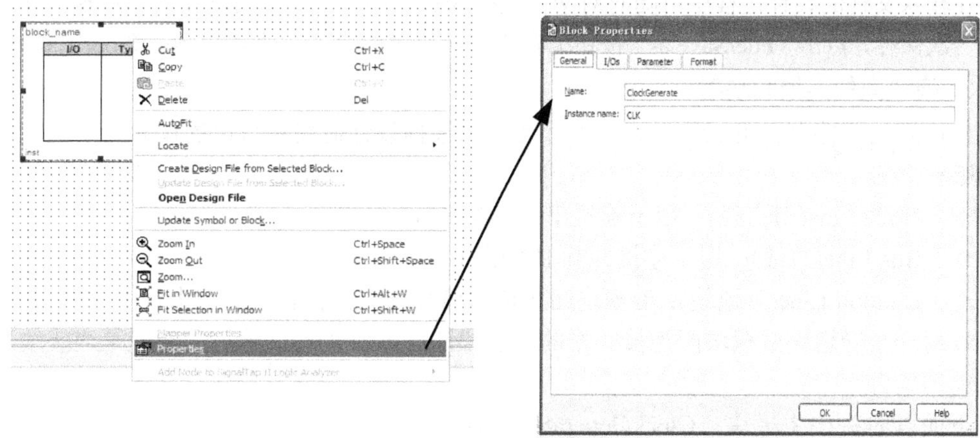

图 4.28　打开模块属性设置对话框

(3) 模块属性设置对话框除中“General”项可设置模块名、实例名外，还包括“I/Os”、“Parameter”、“Format”三项，可以分别设置 I/O 端口、参数、模块外观等。模块属性中的 I/O 端口设置方法为：点击“I/Os”项，出现如图 4.29 左边所示对话框，双击“Name”下面输入框中的默认字符“<New>”，输入本模块设计的输入或输出端口，在“Type”中选择该端口类型为输入、输出或双向。输入完一个端口后，用同样的方法输入该模块其它所有的端口。输入完成后的结果如图 4.29 右边所示。伪随机数据产生模块(PNdataGenerate)的创建设置方法完全类似，这里就不详细介绍了。创建完成的模块如图 4.30 所示。

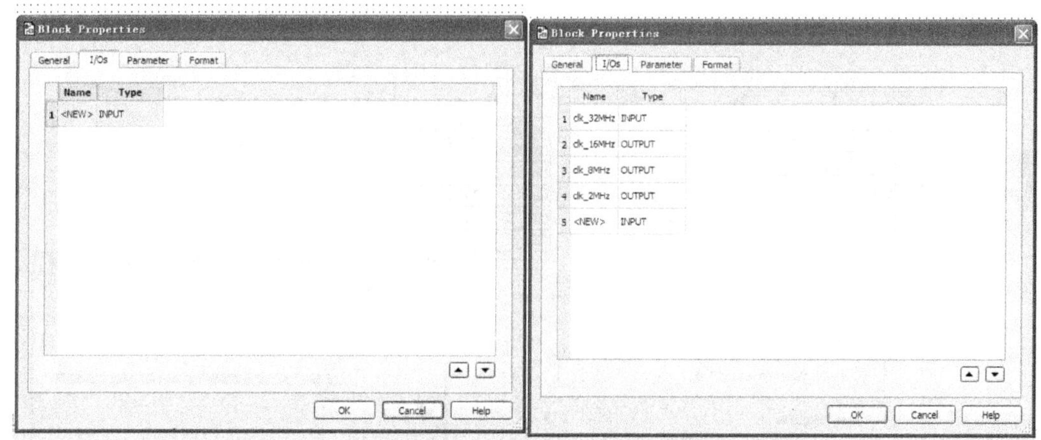

图 4.29　新模块 I/O 端口设置

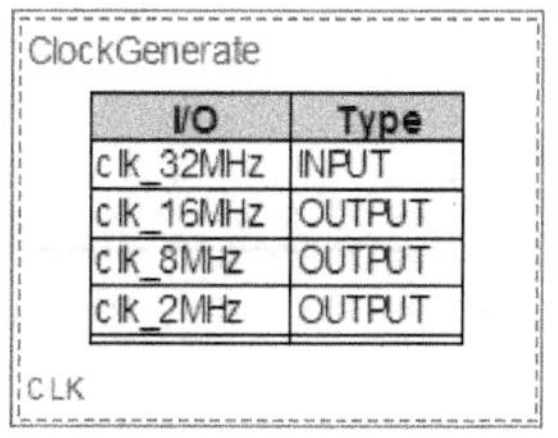

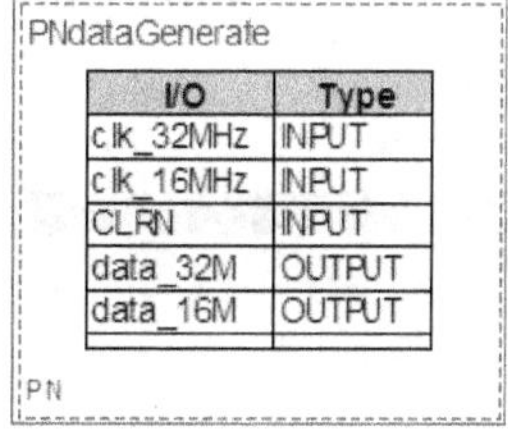

图 4.30　创建完成的模块

在输入文件的设计过程中可随时对文件进行保存。如，此时可对本设计模块输入文件进行第一次保存，点击“File/Save as”按钮另存为默认的模块输入文件名“SpreadSpectrum.bdf”。

3. 模块间的连接和映射

模块间的连接有以下三种形式，设计者可以根据设计需要和自己的设计习惯决定具体选用哪种形式。

✧ Node Line(节点线)：用于连接串行 I/O 端口；

✧ Bus Line(总线)：用于连接并行 I/O 端口；

✧ Conduit Line(管道线)：当模块间传递的信号既有并行总线又有串行 1 比特信号时，就可以用一个管道完成模块间连接关系的映射描述。通常来说，管道的功能是连接线和总线功能的集合。

下面以时钟产生模块“ClockGenerate”的连接和映射为例，介绍模块的映射关系。

(1) 将鼠标移至模块图形边沿时鼠标箭头会变为连接状态，拖动鼠标画出一条连线，在模块图形上会自动出现一个 I/O 端口，如图 4.31 所示。默认情况下，连线的形式是管道形式，I/O 端口的属性是双向端口(BIDIR——bidirection 的缩写)。

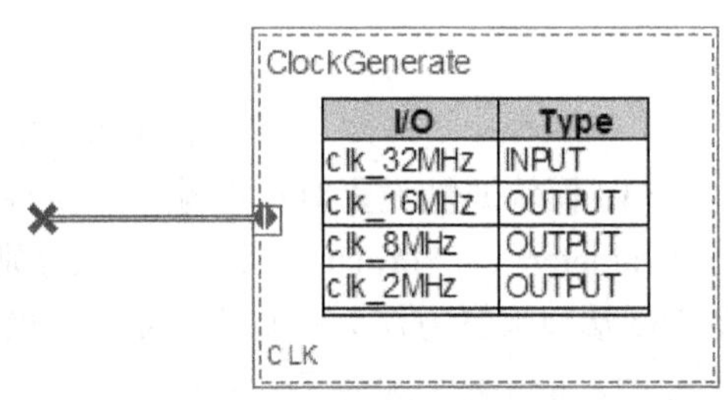

图 4.31　模块的连接线

(2) 双击图 4.31 中连接管道线的端口符号或在模块上单击鼠标右键选择“Mapper Properties”，就可以打开端口映射关系设置对话框，如图 4.32 所示。ClockGenerate 模块输入端口只有一个信号 clk_32MHz，选择连接端口类型 Type 为 INPUT。

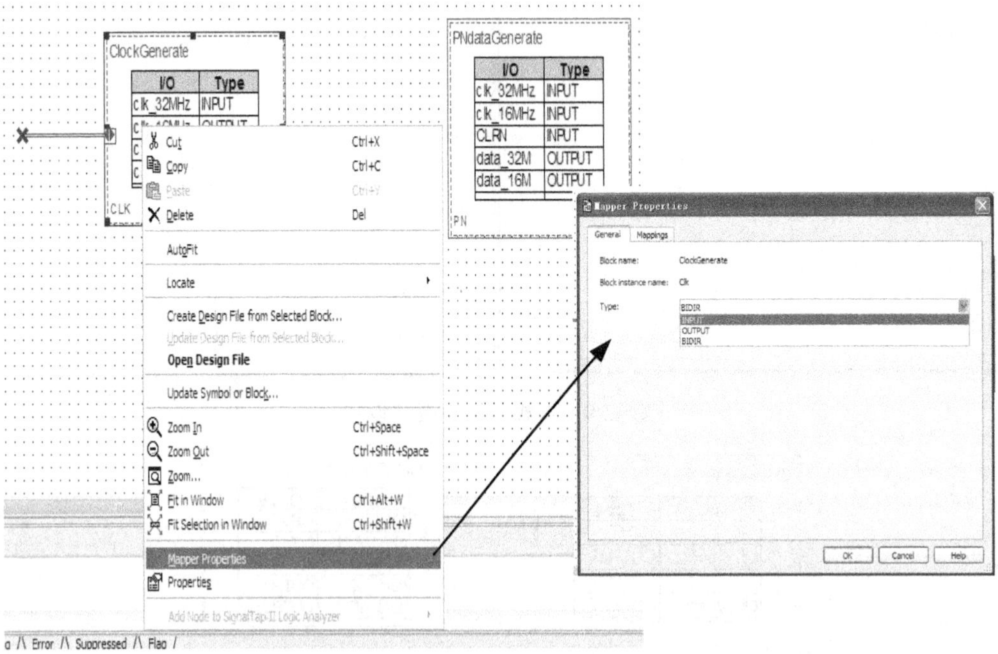

图 4.32　打开端口映射属性设置对话框

(3) 在“Mapper Properties”设置对话框中，点击“Mappings”项，双击“I/O on Block”下面输入框中的默认字符“<New>”，选择输入本模块设计的输入或输出端口，这里选择“clk_32MHz”输入，在管道中的信号“Signal in Conduit”输入框中输入信号名称，这里也输入 clk_32MHz 表示该信号名称，如图 4.33 所示。输入完一个端口后，如果还有其它输入端口，可用同样的方法输入该模块其它所有的输入端口。输入完成后点击“OK”按钮，其结果如图 4.34 所示。

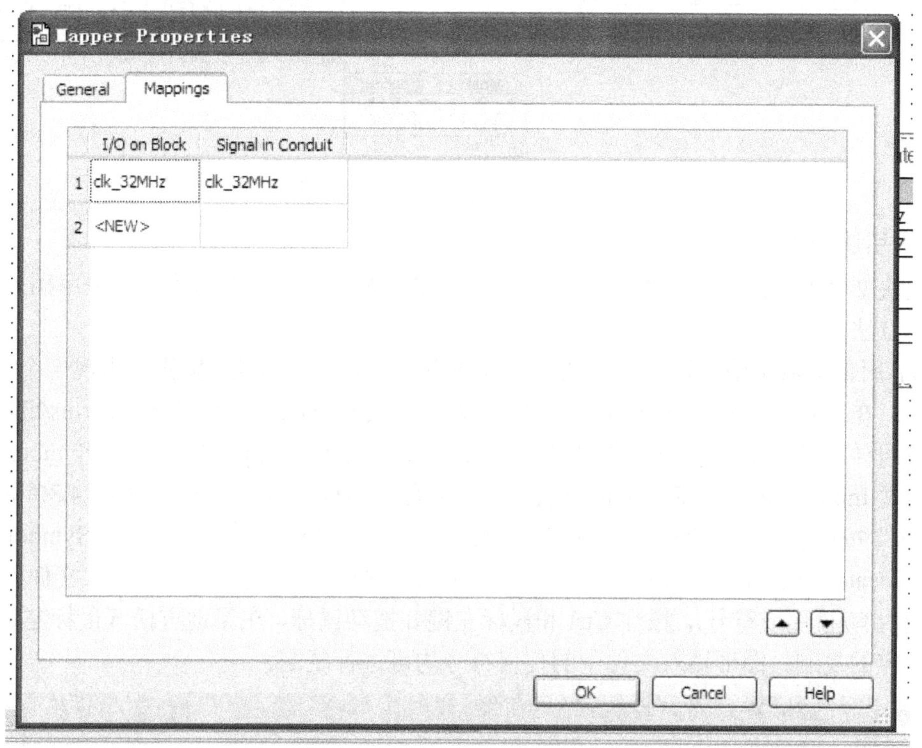

图 4.33　端口映射属性设置

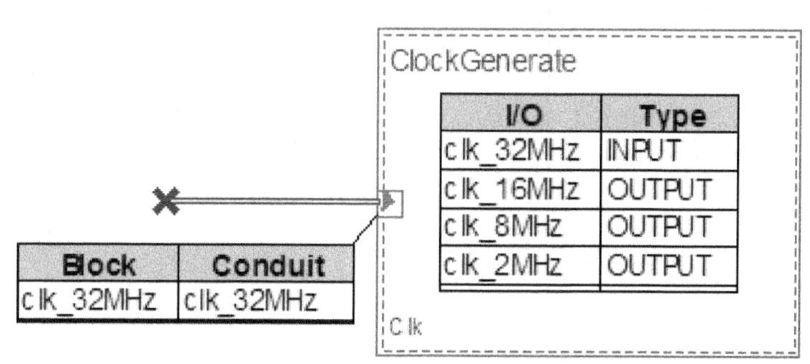

图 4.34　输入端口映射属性

(4) 输出管道连接及端口映射属性设置方法与输入设置方法类似，重复上面(1)～(3)步完成 ClockGenerate 模块输出管道连接及端口映射属性设置。伪随机数据产生模块(PNdataGenerate)的输入和输出管道连接及端口映射属性设置方法完全相同。模块设置完成的结果如图 4.35 所示。

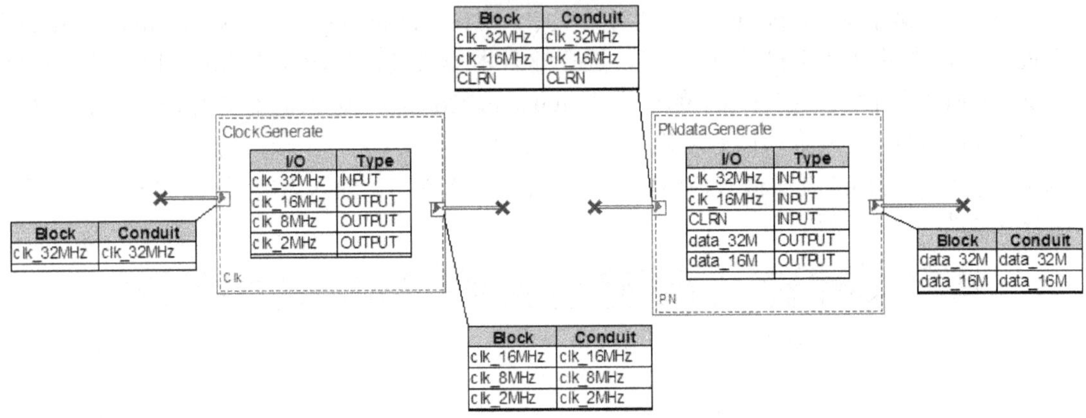

图 4.35　模块管道连接及端口映射属性设置结果

4．引脚输入

模块文件的完成，还需要输入模块的输出和输入引脚。引脚的输入是采用插入元器件符号的方法。

(1) 用鼠标双击图形输入文件的空白处或点击工具栏中的 ⊅ 按钮，出现一个 Symbol 对话框。在符号库 Libraries 框中点击“+”按钮，展开 c:/Altera/10.0sp1/quartus/libraries/文件夹，同样展开 primitives\pin 文件夹。在 pin 文件夹中选择 input 图元，在 Symbol 对话框中就出现 input 图元的预览，也可直接在图元名称对话框中输入 input，如图 4.36 所示。点击“OK”按钮后，在所希望的地方点击左键，即可插入 input 图元。如果在 Symbol 对话框选中 Repeat-insert mode，则可重复插入多个 input 引脚图元；或者在图形输入文件中选中要复制的内容(模块或符号)，按住 Ctrl 和鼠标左键并拖动鼠标，在新地方松开鼠标左键，完成选中内容的复制。图形输入文件中的任何符号均可进行复制。

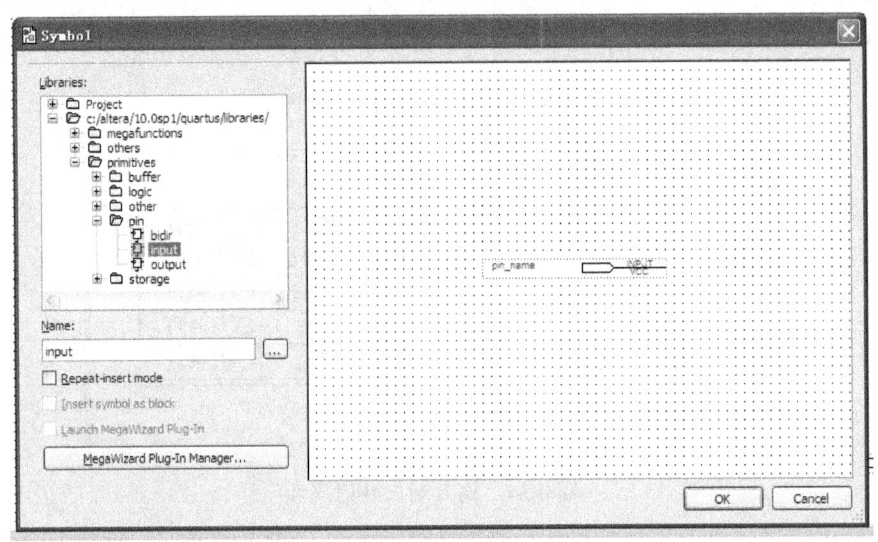

图 4.36　引脚输入

(2) 输出引脚的输入方法也一样，只是在 Symbol 对话框的 Libraries\primitives\pin 文件夹中选择 output 图元。

(3) 修改引脚名称。上面插入的引脚名称都为默认的，为了将引脚和模块或符号的输入输出节点对应，也为了容易区分引脚功能，需要对引脚进行命名。双击引脚名称可直接修改，或在引脚上点击右键，选择“Properties”项，打开引脚属性对话框，输入引脚名称。如本例中输入引脚命名为 clk_32MHz，如图 4.37 所示。

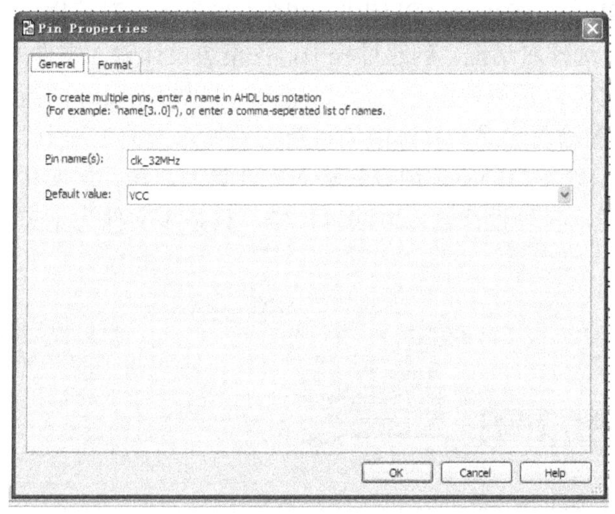

图 4.37　引脚命名

用同样的方法可以对所有引脚进行命名。输入完成后，获得的图形设计输入顶层实体文件如图 4.38 所示。

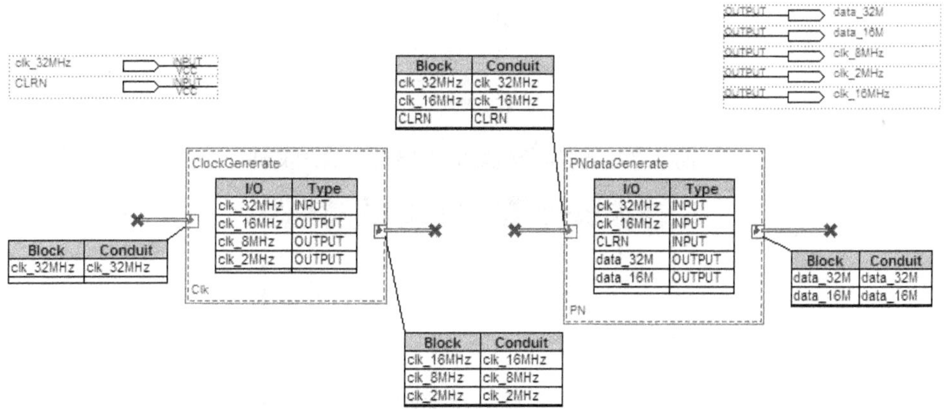

图 4.38　完成设置连接和映射关系后的图形设计输入文件

4.4.3　子模块文件的建立

顶层实体文件设计完成后，就需要对各子模块进行设计输入。这里以时钟产生模块的设计输入为例进行详细说明。

对多速率的系统来说，一般系统时钟只用一个，其它时钟通过锁相环或其它电路来得到。这样做的优点很明显，首先整个硬件电路板上不必放置多个晶振浪费空间，其次，也是最重要的，就是可以使时钟精度高、稳定性好。本例中利用 D 触发器实现 2 分频功能，将输入的 32 MHz 时钟通过多次 2 分频处理，得到频率为 16 MHz、8 MHz 和 2 MHz 的三个同步时钟，也可以使用 altpll 锁相环宏功能模块进行设计。具体操作步骤如下。

1. 创建子模块的下层设计输入文件

将鼠标移至需要创建下层设计输入文件的子模块上方，如时钟产生模块，单击右键选择“Create Design File form Selected Block”，如图 4.39 所示，对该模块的设计输入文件进行创建。出现文件类型选择对话框。创建过程中，各模块设计输入文件的形式可以是多样的，既可以是文本形式也可以是原理图输入形式，用户可以根据设计的需要进行选择。本例中选择 schematic 原理图输入形式，并选中“将新文件加入当前工程中”，如图 4.40 所示。点击“OK”按钮后，出现空白的原理图设计输入文件界面，与顶层实体文件中创建的图形设计输入文件界面一样，各种设计输入方法也一样，只是本文件为本工程的子模块下层设计输入文件。

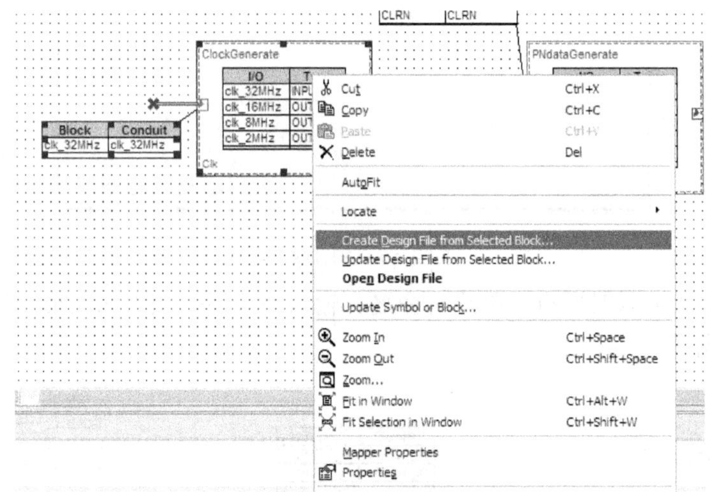

图 4. 39　创建子模块的下层设计输入文件

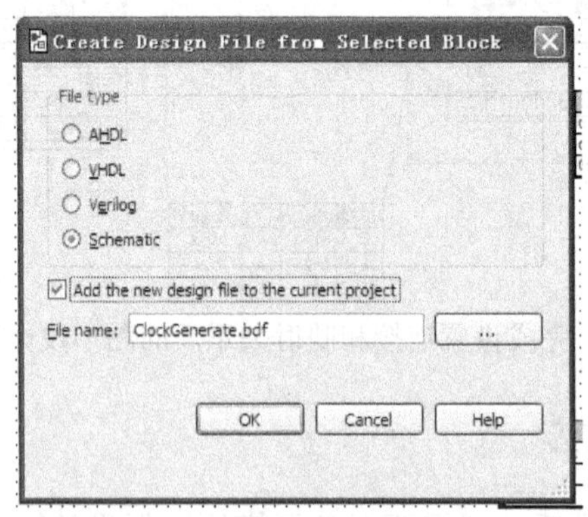

图 4.40　选择时钟产生模块的设计输入文件类型(原理图)

2. 输入元器件

Quartus II 软件的元器件符号库提供实现各种功能的元器件符号，包括图元(Primitive)、LPM(Library of Parameterized Modules)函数和宏功能(Macrofunction)符号。第 5 章将详细介绍 Quartus Ⅱ软件的元器件符号库中各种功能模块作用及使用方法，作为设计者使用时的参考，这里只介绍其输入方法。在 4.4.2 节顶层实体文件的建立中详细介绍了模块符号的输入方法，模块符号设计输入文件和原理图设计输入文件都是以 .bdf 为后缀的同一种类型的设计输入文件，这些 .bdf 文件既能包含模块符号又能包含原理图符号。实际 4.4.1 节顶层实体文件中最后引脚的输入方法就是一种元器件符号输入方法。元器件符号输入方法是原理图设计输入方法中的重点，这里对其输入过程再进行详细介绍，并对整个原理图设计输入方法进行整体介绍，方便初学者掌握。

这里的时钟产生电路主要需要用 D 触发器和非门实现分频器功能，其原理图设计输入过程如下：

(1) 在上一步打开的时钟产生模块的空白原理图设计输入文件界面中的工作区中，用鼠标双击空白处或点击工具栏中 按钮，出现一个 Symbol 对话框。在符号库 Libraries 框中点击“+”按钮，展开 c:/Altera/10.0sp1/quartus/libraries/文件夹，同样展开 primitives\storage 文件夹。在 storage 文件夹中选择 D 触发器的图元符号 dff，在 Symbol 对话框中就出现 dff 图元的预览，也可直接在图元名称对话框中输入 dff，如图 4.41 所示。点击“OK”按钮后，在所希望的地方单击左键，即可插入 dff 图元。如果在 Symbol 对话框选中 Repeat-insert mode，则可重复插入多个 dff 图元符号；或者在图形输入文件中选中要复制的内容(模块或符号)，按住 Ctrl 和鼠标左键并拖动鼠标，在新地方松开鼠标左键，即可完成选中内容的复制，图形输入文件中的任何内容均可进行复制。这里需要 4 个 D 触发器。

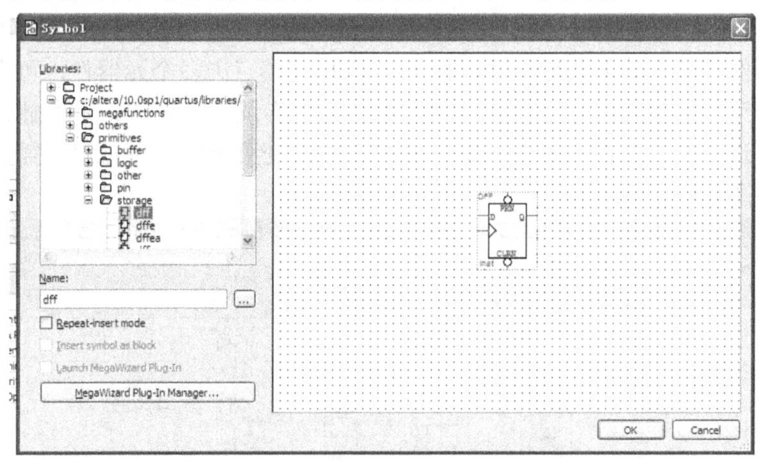

图 4.41　D 触发器图元 dff 输入

(2) 非门及输入、输出引脚的输入。其方法也与 D 触发器的输入方法一样，只是非门在 Symbol 对话框的 Libraries\primitives\logic 文件夹中选择 not 图元，输入、输出引脚在 Symbol 对话框的 Libraries\primitives\pin 文件夹中选择 input、output 图元。本例中输入 4 个非门、1 个输入引脚和 3 个输出引脚。

如果需要输入复杂的参数化宏功能模块符号，在以上步骤中还需要进行相应的参数设置，其使用方法参考第 5 章 Quartus Ⅱ元器件库的介绍。

(3) 修改图元符号的名称。上面插入的 D 触发器、非门及引脚名称都为默认的，一般元器件符号就可以使用默认名称，可以不进行修改。而为了将引脚和模块或符号的输入、输出节点对应，也为了容易区分引脚功能，方便后面的分析、仿真、测试等使用，通常需要对引脚进行自定义命名。双击元器件符号名称可直接修改，或在元器件符号上点击右键，选择“Properties”项，打开元器件符号属性对话框，输入所希望的元器件符号名称，如图 4.42 所示。如本例中输入引脚也命名为 clk_32MHz，和顶层实体文件中的模块符号中的 clk_32MHz 输入信号相对应，表示两个引脚是同一个信号。三个输出引脚分别命名为 clk_16MHz、clk_8MHz、clk_2MHz。

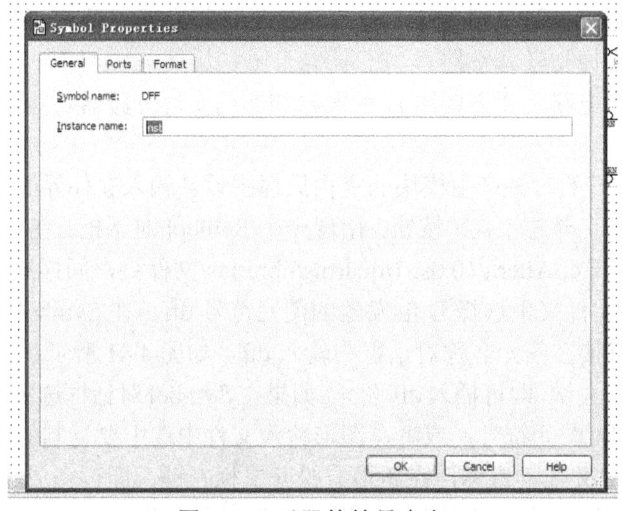

图 4.42　元器件符号命名

(4) 改变元器件符号方向。为了元器件间连接时的美观和方便，有时需要改变元器件的方向。在元器件符号上单击鼠标左键，按 Ctrl 键后连续点击多个元器件，可选中多个元器件，点击快捷菜单栏中最后三个改变方向图标，分别实现水平翻转、垂直翻转和左转 90° 功能，或者在选中的元器件上点击右键，选择方向改变菜单项，可以根据需要改变元器件符号方向，如图 4.43 所示。

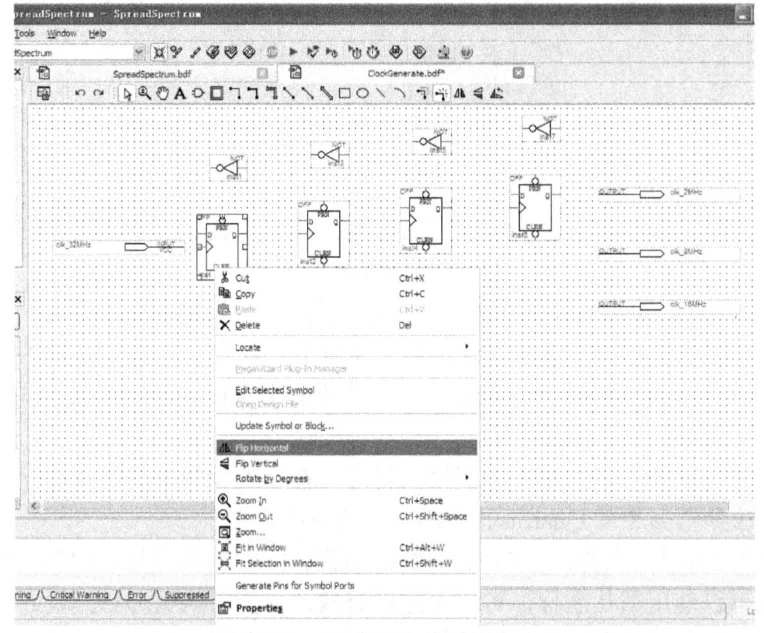

图 4.43　改变元器件符号方向

在输入设计文件的过程中可随时对文件进行保存。如，此时可对本设计原理图文件进行第一次保存，点击“File/Save as”另存为默认的输入文件名“ClockGenerate.bdf”。

3. 连接元器件

如图 4.26 中所示，元器件连接线快捷工具图标中的直角连接线工具是用来连接元器件串行信号的，在线路拐弯处呈现直角，同理，直角总线工具是用来连接并行总线数据流的，而对角线和对角总线工具是在任意两点之间进行直线连接的。根据需要的连接方式点击相应的快捷工具图标进行元器件之间的连接。在不点击快捷工具图标的情况下，如果鼠标移动到元器件符号的输入或输出端，则系统默认为直角连接线方式，并在鼠标箭头符号旁边出现直角连接线工具图标。在元器件的输入、输出端按下鼠标左键，拖动鼠标到目标器件端口，松开鼠标左键，就画出了直线连接线。其中快捷工具图标中的橡皮筋连接线工具比较实用，在橡皮筋连接线工具被选中的情况下，移动任何元器件时其连接线都随其伸缩，始终保持连接关系。时钟模块的原理图设计输入文件 ClockGenerate.bdf 元器件连接后的结果如图 4.44 所示。

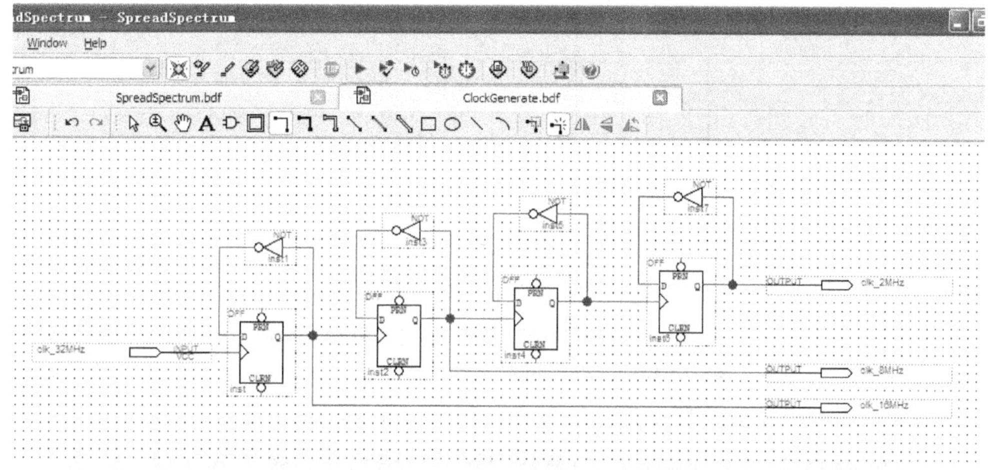

图 4.44　时钟模块的原理图设计输入文件

对连接线的命名方法和对元器件的命名方法一样，也是选择连接线后单击右键，打开属性对话框，输入用户定义的该连接线名称。具有相同名称的连接线，在原理图中即使没有物理连接在一起，系统也默认是连接在一起的同一信号，可以方便原理图的阅读和美观布局。

4. 其它子模块文件的输入

伪随机数据产生子模块(PNdataGenerate)的原理图设计输入文件的输入与时钟模块(ClockGenerate)的原理图设计输入文件的输入方法一样。这里产生两路伪随机码，上面一路的输入时钟速率为 16 MHz，利用 5 个 D 触发器作为五级移位寄存器，根据适当的反馈系数实现 31 位的 m 序列，从输出引脚 data_16M 循环输出。下面一路数据采用八位移位寄存器 74165，用户可任意设置其 8 位数据值，作为另一路 data_32M 的数据输出，还可以用 n 个 74165 串联实现 n 个 8 位的任意数据产生电路。本电路的具体原理可参看第 8 章设计实例中的相关电路说明。其中 CLRN 输入信号为复位信号，当它为低电平时，全部清零，为高电平时开始工作。输入完成后的伪随机数据产生模块的原理图设计输入文件如图 4.45 所示。

在为各模块分别创建下层设计输入文件时，必须要注意测试端口的预留问题。一般情况下，往往需要对关键信号，例如时钟信号、使能信号、控制信号、关键的中间信号等进行测试，以保证系统能够可靠工作。正因为这些信号的测试工作十分重要且必不可少，所以建议在设计输入阶段就事先设计好测试方案，并安排好测试端口，以方便以后的功能测试和硬件调试，避免重复工作。

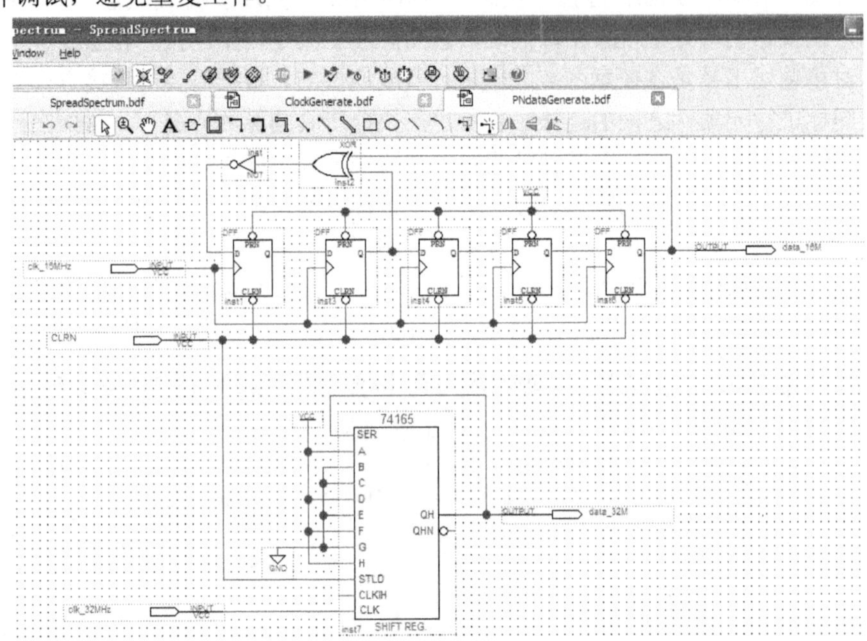

图 4.45　伪随机数据产生模块的原理图设计输入文件

本实例设计的输入的最后，再在顶层设计输入文件 SpreadSpectrum.bdf 中将 2M 基带数据与两路分别为 16 Mb/s 和 32 Mb/s 的数据流相加，实现两路扩频，相加器可用 2 输入异或门实现。本工程最后完成的顶层设计输入文件如图 4.46 所示。

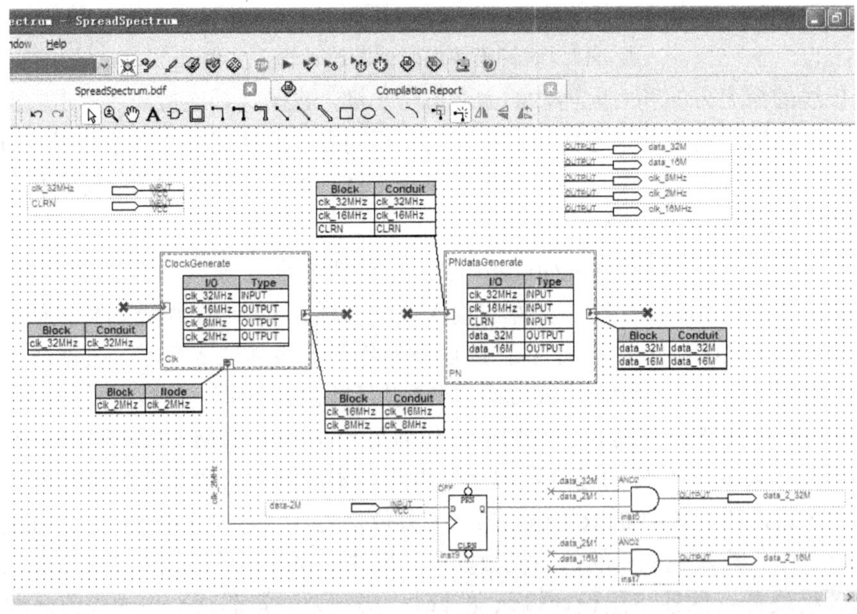

图 4.46　完成的顶层设计输入文件

5. 利用宏模块向导插入管理器

在设计文件中经常要用到参数化宏功能模块，上面介绍了其输入方法可以和一般的元器件输入方法一样，然后针对不同的应用设置不同的参数，不同的参数化宏功能模块具体参数设置方法在第 5 章说明。这里再详细介绍一种参数化宏功能模块输入设计方法，就是利用宏模块向导插入管理器创建用户定制的宏功能模块。创建一个参数化乘法器宏功能模块的方法步骤如下。

(1) 打开宏模块向导插入管理器。在Quartus II 软件的Tool菜单中，选择Megawizard Plug–In Manager 子菜单项，出现宏模块向导插入管理器对话框的首页，选中第一项“创建一个新的宏功能模块”，如图 4.47 所示。

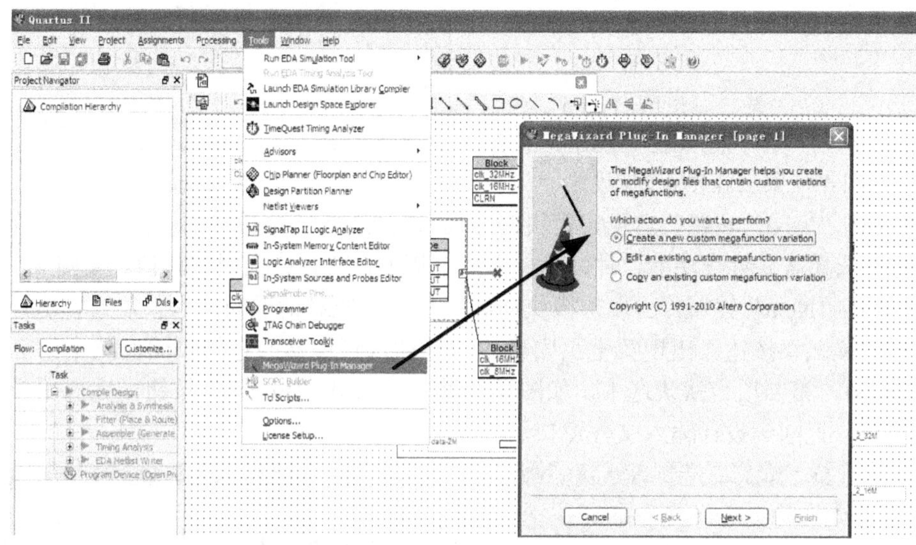

图 4.47　打开宏模块向导插入管理器

(2) 点击“Next”按钮，出现宏模块向导插入管理器对话框的第二页。在最左边一栏中选择需要定制的宏功能模块，扩展 Arithmetic 项，在其下面选中 LPM-MULT 参数化乘法器模块，在右上角下拉选项中选择需要使用的器件序列，如选择 Cyclone Ⅱ，在输出文件类型中可选 VHDL，在输出文件名框中，在默认的目录下直接输入 mult，如图 4.48 所示。

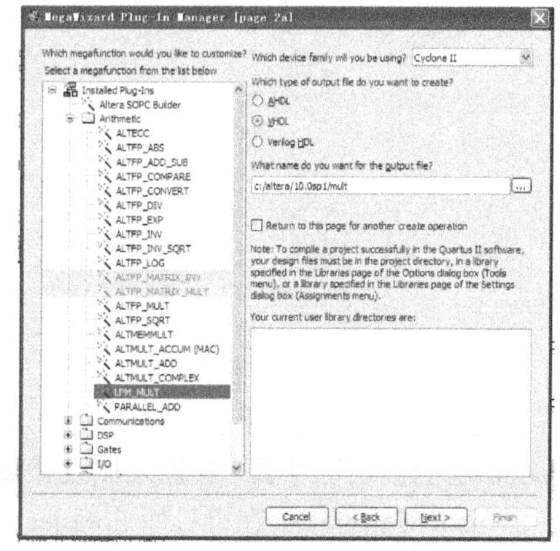

图 4.48　选定参数化宏功能模块

(3) 点击“Next”按钮，出现宏模块向导插入管理器对话框的第三页——乘法器参数设置页。可以设置乘法器数据 a 和数据 b 的总线宽度，这里选择其数据宽度为 8 位，输出结果的数据宽度选中自动计算的宽度，为 16 位，也可以严格限制宽度，如图 4.49 所示。

(4) 点击“Next”按钮，出现宏模块向导插入管理器对话框的第四页，主要有数据 b 是否为常数、乘法类型选择。本页的选项全部可用默认值，如图 4.50 所示。

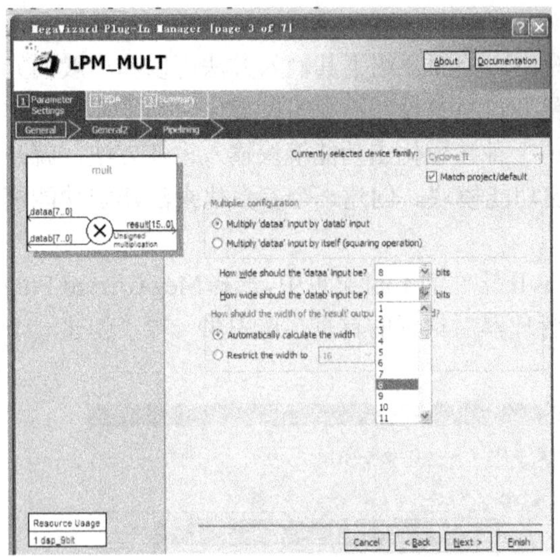

图 4.49　乘法器数据宽度设置

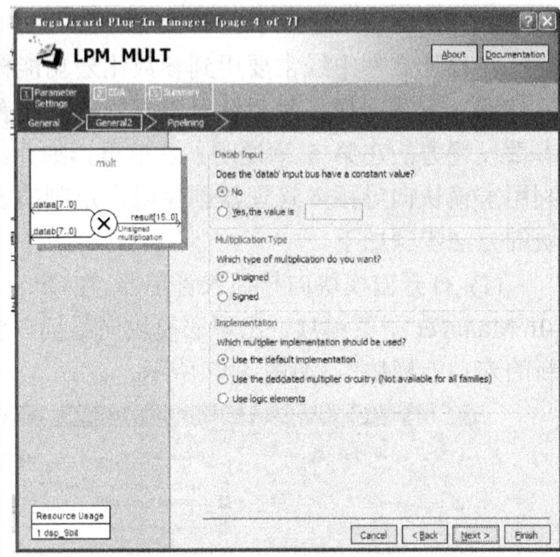

图 4.50　乘法器乘法类型设置

(5) 点击“Next”按钮，出现宏模块向导插入管理器对话框的第五页，主要是管线功能设置，这里选择需要管线功能，时钟等待为两个周期，其它选项用默认值，如图 4.51 所示。

(6) 点击“Next”按钮，出现宏模块向导插入管理器对话框的第六页，查看仿真模型文件，点击“Next”按钮。出现第七页宏模块向导插入管理器的总结页面，选中第三项符号文件 mult.bsf，第二项为默认选中，如图 4.52 所示。点击“Finish”按钮，完成用户定制的宏功能模块，返回到设计输入文件窗口。

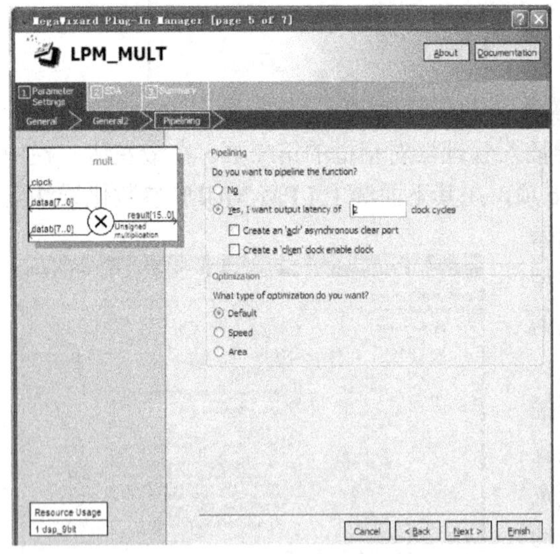

图 4.51　乘法器管线功能设置

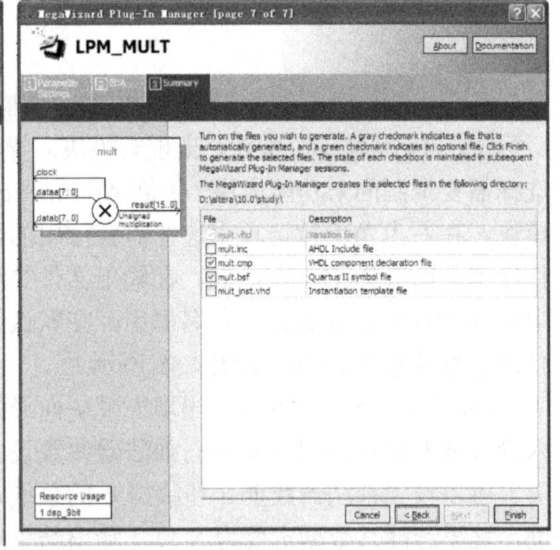

图 4.52　宏模块向导插入管理器的总结页面

(7) 在设计输入文件窗口时，就可以像输入其它元器件一样输入上面用户定制的 mult 乘法器功能模块符号了。在原理图设计输入文件界面中的工作区中，用鼠标双击空白处，在 Symbol 对话框中。在符号库 libraries 框中点击“+”按钮，扩展 Project 文件夹，出现本工程中用户生成的元器件符号，选中 mult，在 Symbol 对话框中就出现 mult 符号的预览，如图 4.53 所示。点击“OK”按钮后，在所希望的地方点击左键，即可插入定制的乘法器

mult 符号，连接到电路中就可以完成所设置的乘法器功能了。

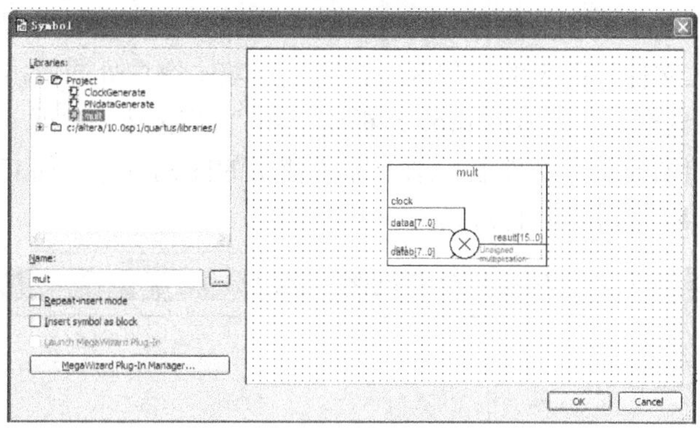

图 4.53　插入定制的宏功能模块符号

6. 文件生成符号

Quartus Ⅱ软件能够将设计输入文件生成用户自定义的元器件符号，可在其上层设计中进行调用，其调用插入方法与 Quartus Ⅱ软件本身提供的元器件库中的图元符号使用方法一样。这种应用方法也可当作“自下而上”的设计方法。但需注意，用户自己设计的文件生成的元器件，不能在该设计文件中调用该元件符号，即自己不能调用自己。如可将上面设计的伪随机数据产生子模块(PNdataGenerate)和时钟子模块(ClockGenerate)的原理图设计输入文件生成为元器件符号。其方法是在某一模块原理图设计输入文件打开的情况下，在菜单中选择 file/create\update/Create Symbol Files for Current File，打开了创建符号文件对话框，可以自己命名符号文件名，系统默认符号文件名称与设计输入文件名一样，但其后缀为.bsf。一般对名称可以不做修改，就用默认名称。如时钟子模块(ClockGenerate)的原理图设计输入文件生成元器件符号文件的过程如图 4.54 所示。点击“保存”按钮完成该模块符号文件的生成。

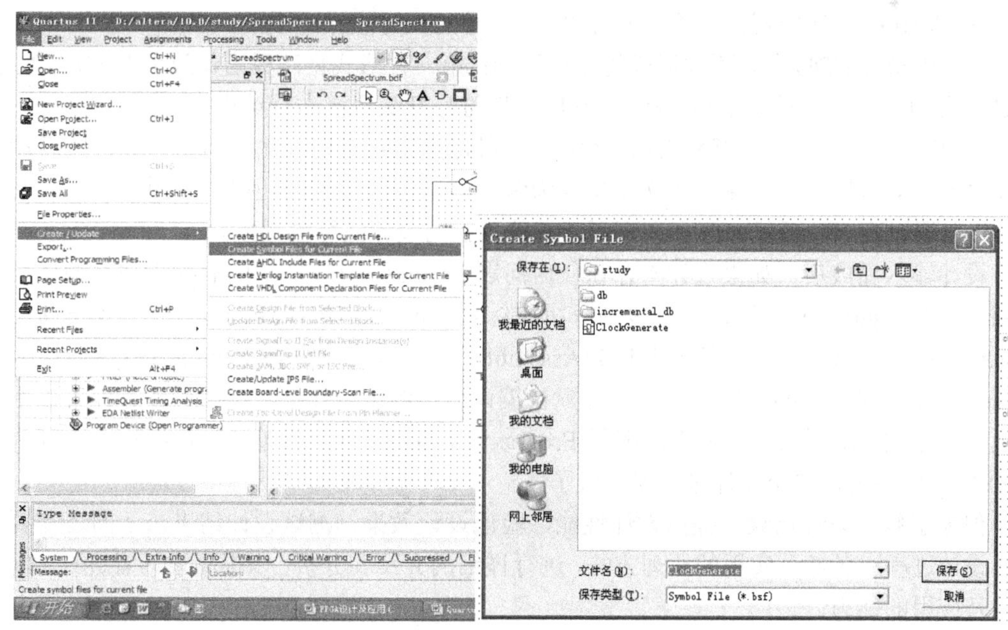

图 4.54　模块设计输入文件生成图元符号

模块符号文件生成后，就可以在其上层文件或其它文件中进行调用。自己生成的时钟模块(ClockGenerate)图元符号的调用方法也和插入其它元器件图元符号的方法一样。如本例，在顶层设计输入文件界面中的工作区中，用鼠标双击空白处或点击工具栏中 按钮，出现一个 Symbol 对话框。在符号库 project 框中点击“+”按钮，扩展 project 文件夹，出现本工程中用户生成的图元符号文件名，选中需要使用的图元符号，如 ClockGenerate，如图 4.55 所示。点击“OK”按钮即可插入。

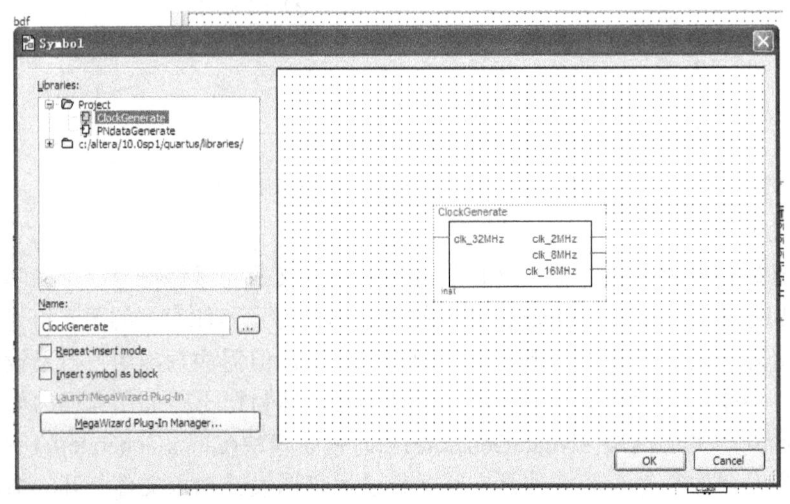

图 4.55　时钟模块(ClockGenerate)生成的图元符号

另外，对于复杂的设计，为了使其具有较强的可读性，往往要在设计输入中加上注释，因为丰富的注释有助于日后对设计进行修改维护，也便于其它人的阅读。

在文本输入法中加注释语句的方法：

- ✧ AHDL 的注释规则是语句前加百分号“%”的视为注释语句，综合时忽略该句。
- ✧ VHDL 的注释规则是语句前含“--”符号的视为注释。
- ✧ Verilog HDL 中有两种形式的注释规则：第一种形式将注释语句放于“/**/”之间，与 C 语言相同，另一种规则是注释语句以“//”符号开头直至本行结束。

原理图设计输入法的注释方法比较简单：鼠标点击希望进行注释的空白处，然后输入注释内容，默认情况下，输入的文本文件为绿色。原理图输入法还提供了图形注释工具，用户可以通过直线、弧线、圆形、矩形工具使自己的设计注释更形象。

设计输入完成后，如果设计不存在任何问题，Quartus II 软件中的后续步骤是编译设计(Compile Design)，编译设计部分包括分析与综合(Analysis &Synthesis)、适配或布局布线(Fitter or Place & Route)、编程文件生成(Assembler or Generate Programming files)、时序分析(TimeQuest Timing Analysis)等过程，在默认编译设计约束条件下，编译设计过程可以用计算机自动完成。最后再进行器件的编程(Program Device)下载，将整个设计编程下载到所选的 PLD 器件中去，整个设计过程就完成了。

但为了修改设计错误，提高设计性能，验证设计效果，测试设计结果，下面还需要对编译设计过程中各部分实现的原理方法，进行详细的介绍和分析，以提高设计者进行 FPGA 设计及应用的能力。

在介绍编译设计各部分之前，首先介绍编译设计的约束条件配置方法。

4.5 编译设计

设计输入完成后， Quartus II软件中的后续步骤是编译设计(Compile Design)。编译设计部分包括分析与综合(Analysis &Synthesis)、适配或布局布线(Fitter or Place & Route)、编程文件生成(Assembler or Generate Programming files)等过程。分析与综合检查设计并对逻辑进行综合，适配就是在器件中进行布局布线，Assembler 产生编程文件。Quartus II软件在编译设计完成后进行时序分析(TimeQuest Timing Analysis)和器件编程(Program Device)下载，整个设计过程就完成了。

Quartus II软件的编译设计流程如图 4.56 所示。编译设计过程可以用一个菜单命令 Start Compilation 一次性进行，也可以在 Start 菜单中分多步进行。

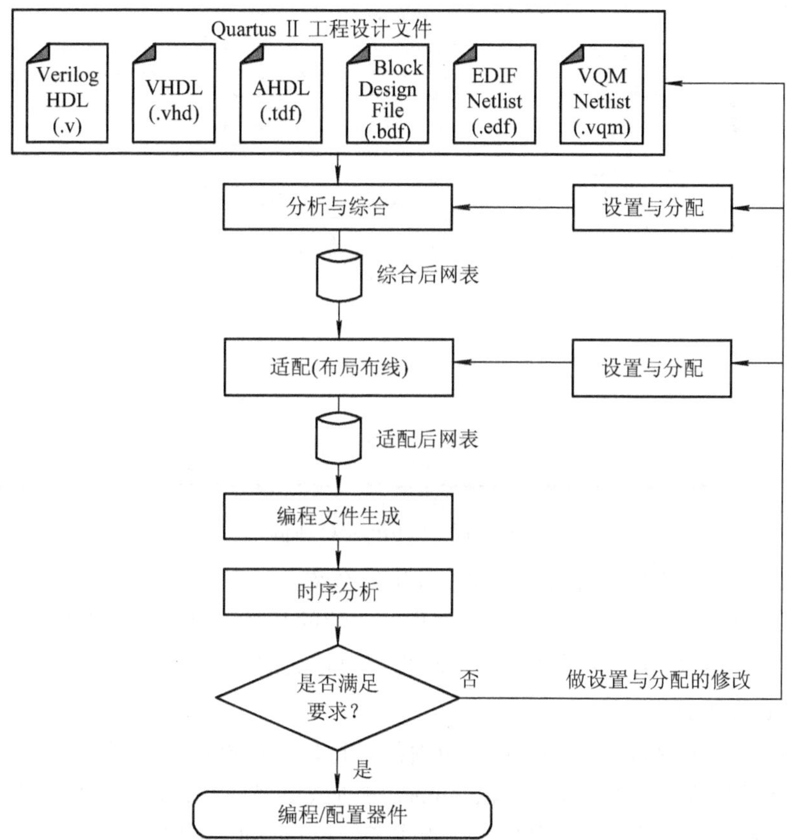

图 4.56 Quartus II的标准编译设计流程

Quartus II还提供一些可选编译器模块，可以提高设计性能，或提供与其它 EDA 工具交换数据的能力。

下面对编译设计的过程进行介绍，包括编译设计的条件设置，编译设计运行，创建引脚分配，分析编译结果。

4.5.1 编译设置

编译设计的条件设置使用 Settings 对话框，在主窗口的 Assignments 菜单中选中 Settings 项，就打开了 Settings 对话框。Settings 对话框实际上是一个全局的配置约束工具，涵盖了大部分的配置约束属性，功能非常强大。它包括工程的基本属性、库设置、文件设置、Timming 设置、EDA 工具设置、编译设置、分析和综合设置、仿真器、适配器、Timming 分析器、软件开发设置、功率分析设置等大部分内容，如图 4.57 所示。

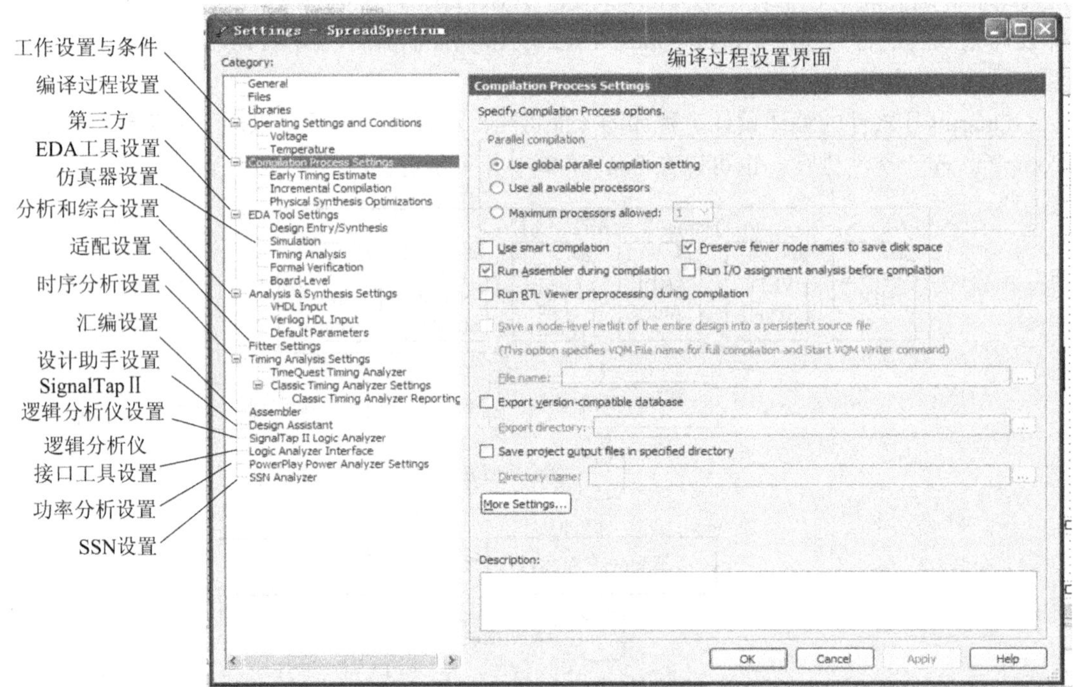

图 4.57 Settings 对话框

这里只对一些编译设计的基本条件设置进行介绍。

General 项设置当前工程的顶层实体文件和工程的基本信息；Files 项设置当前工程所包含的设计输入文件；Libraries 项为当前工程指定自定义的用户库。

1．编译过程设置

通过 Compilation Process Settings 可以对编译过程进行设置，包括指定智能编译选项，在编译过程中保留节点名称，运行 Assembler，渐进式编译或综合，并且保存节点级的网表，导出版本兼容数据库，显示实体名称，使能或者禁止 OpenCore Plus 评估功能，还可以为生成早期时序估算提供选项。合理设置编译过程选项可以减少编译时间。

在左边类型栏中点击“Compilation Process Settings”，打开编译过程设置对话框，点击前面“+”号可以扩展编译过程设置选项。此处选中全局并进行编译设置和智能编译，如图 4.58 所示。

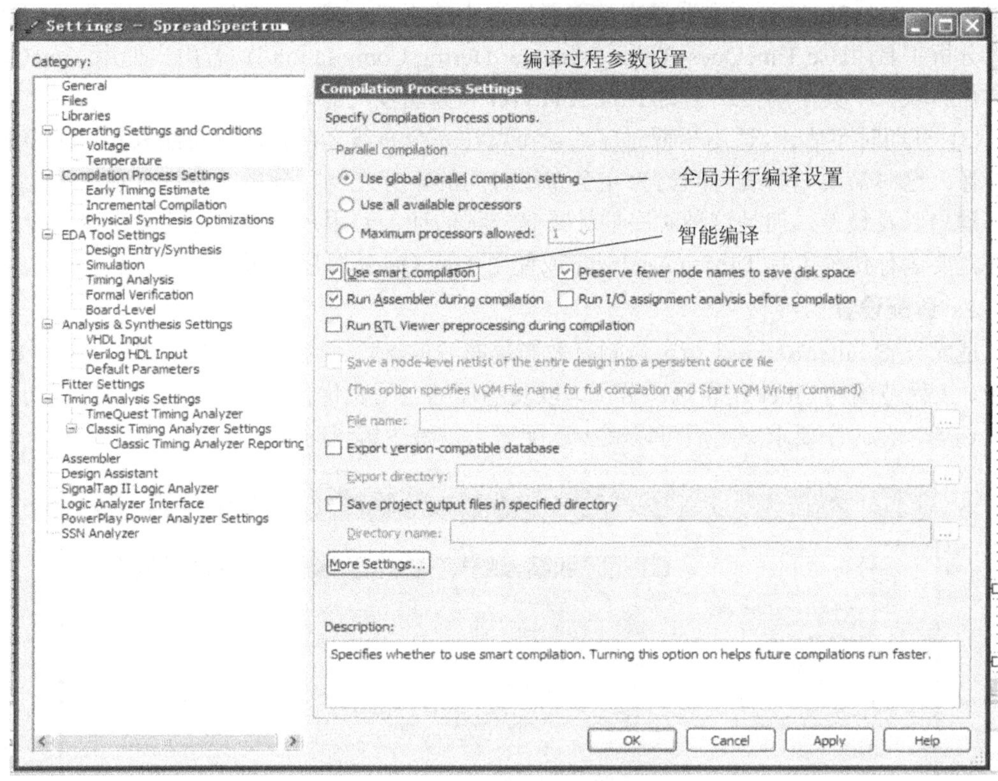

图 4.58　编译过程设置对话框

编译过程设置对话框中一些选项功能说明如下。

(1) 智能编译。如果用户指定使用“智能”编译，Compiler 将建立详细的数据库，有助于今后更快地编译，但可能会占用额外的磁盘空间。在智能编译之后的重新编译期间，Compiler 将评估自上次编译以来对当前设计所做的更改，然后只运行处理这些更改所需的 Compiler 模块。如果对设计中的逻辑未进行任何改动，Compiler 在处理期间将使用所有模块。

(2) 渐进式编译和渐进式综合技术。渐进式编译技术是指通过保存和重用该工程以前的编译结果来节省重新编译该工程所需时间的一种技术。在物理或逻辑层面上，它允许用户将设计分为多个分区分别进行综合和适配，再将各分区综合在一起。在编译过程中，编译器将综合和适配结果保存在工程数据库中。第一次编译之后，如果对设计做进一步的修改，则只有改动过的分区需要重新编译。设计修改完成后，所有分区合并，进行完整的编译。可指定是否只需要进行渐进式综合，以节省编译时间，还是进行完整的渐进式编译，以保持性能不变，并使编译时间缩短 50%～70%。渐进式综合与渐进式编译技术过程基本相同。成功进行工程及其所有分区的分析和综合之后，单个分区必须合并到一起，作为完整工程的一部分再次进行编译。需要说明的是，这种技术有助于分阶段的分区设计，同时也很适合于时序逼近。由于渐进式编译流程能够防止编译器跨分区边界进行优化，因此编译器不会象常规编译那样对面积和时序进行大量优化，所以它对于需要跨越不同层次边界进行优化的工程用处不大。

默认情况下，编译时使用传统时序分析工具作为首选时序分析工具，用户也可以在

Timing Analysis Settings 项中选择完整编译过程中使用 TimeQuest 时序分析工具作为默认的时序分析工具(“Use TimeQuest Timing Analyer During Compilation”)。若用户使用 TimeQuest 工具作为默认工具，则传统工具 Time Analyzer 设置就变为不可用。

(3) 早期时序估计。适用早期时序估计可以在完全布线之前只部分布线来实现时序的初步估计，这时需要的布线时间约为完全布线时间的十分之一，分析时有三种环境可选：实际、理想以及最差。但是这种时序估计只是一种估计，若用户希望获得比较准确的时序分析还是要运行传统工具 Timing Analyzer 或使用 TimeQuest 时序分析工具。

2. 适配设置

适配设置 Fitter Settings 指定影响有效布局布线的选项。包括时序驱动编译选项、Fitter 等级、工程范围的 Fitter 逻辑选项分配，以及物理综合网表优化。选中优化保持时间和自动适配选项，在时序要求满足后可以减少适配努力以减少编译时间，如图 4.59 所示。

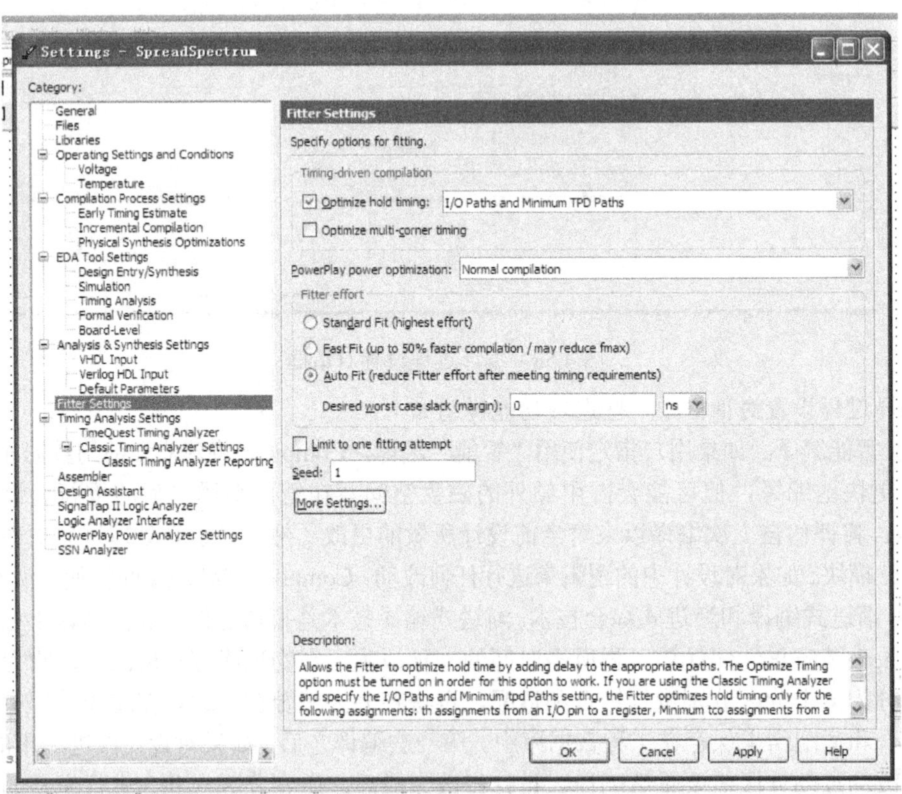

图 4.59 适配设置对话框

3. 分析与综合设置

在完成上述两项设置后，还可以对其它选项进行设置，完成所有设置后，进行下一步的工作。其它选项的设置也可以不改变，直接使用默认值。分析与综合设置对话框如图 4.60 所示。其中可以设置优化技术，Speed 选项代表优化时着重考虑速度因素，此时硬件开销比较大；Area 选项代表优化时着重考虑硬件开销因素，这可能导致速度比较慢；Blanced 表示以上两者兼顾，默认为选中 Blanced。点击“OK”按钮退出设置对话框，完成编译设计的设置过程。

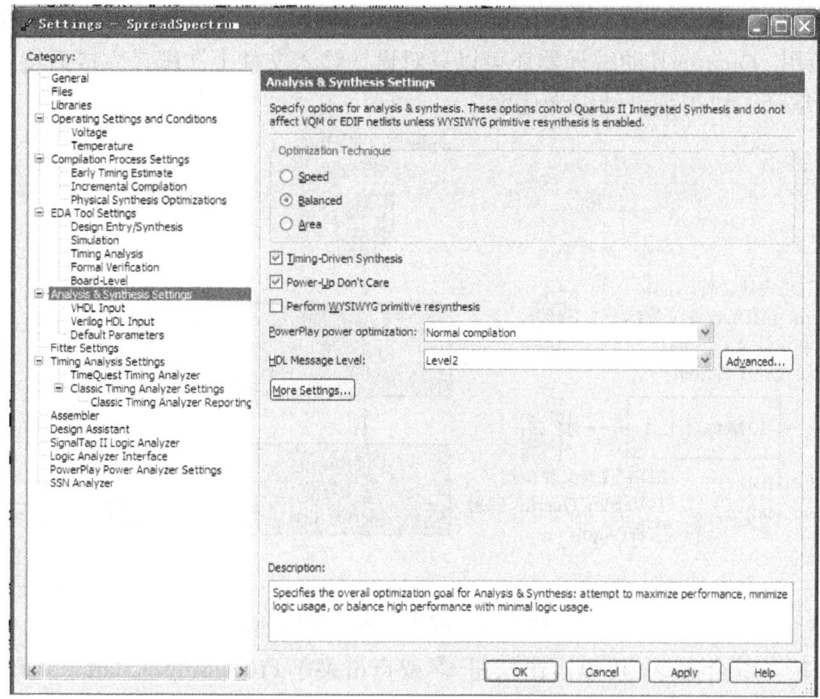

图 4.60　分析与综合设置对话框

4.5.2　执行完整的编译

编译设计过程可以用一个菜单命令 Start Compilation 一次性进行，也可以在 Start 菜单中分多步进行。一般需要完成分析与综合、适配或布局布线、产生编程文件等三个主要步骤。设置完成后，在不存在问题或错误的情况下，均由计算机执行自动完成，在其中哪一步出现问题就会中断执行，返回进行设计修改。其分析与综合、适配(布局布线)实现的主要功能说明如下。

1．分析与综合

分析与综合是设计流程中最基本的一个步骤。它将用户的硬件描述语言(HDL)生成针对目标器件的逻辑或物理表示。综合所作的工作就是将 HDL 翻译成基本逻辑门、RAM 以及触发器等基本逻辑单元的连接关系(即网表 netlist)，并根据约束条件优化设计的门级连接，然后输出网表文件以供适配器使用。在满足系统功能要求的前提下，越好的综合工具生成的网表文件占用芯片的资源越少。在综合工具方面，用户既可以使用 Quartus II 的 Analysis & Synthesis 对 Verilog HDL 设计文件(.v)或者 VHDL 设计文件(.vhd)进行综合，也可以根据需要使用第三方 EDA 综合工具。若使用第三方的综合工具，则需要生成 Quartus II 软件使用的 EDIF 网表文件(.edf)或者 Verilog Quartus Mapping 文件(.vqm)，然后供 Quartus II 的 Analysis & Synthesis 使用。

分析和综合过程的数据流的输入输出关系如图 4.61 所示。分析与综合既可以只用 Quartus II 软件的 Analysis & Synthesis 工具，也可以利用第三方 EDA 工具，综合结果还可以输出给第三方 EDA 工具。图 4.61 中最下面中间方框的 Quartus II Design Assistan 功能，可以依据设计规则对设计输入进行检查，而 EDA Netlist Writer 可以产生网表文件为其它EDA 工具所用。Quartus II 的编译器还可以只对设计输入文件上次编译完成后特定的修改增加部分进行编译，以提高设计编译速度。

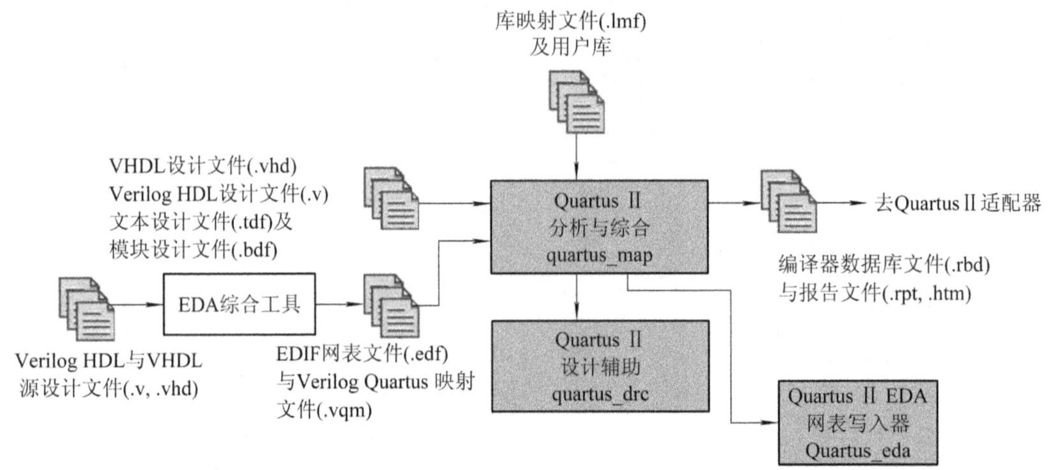

图 4.61 分析与综合流程

执行分析与综合命令，可以点击按钮 或点击菜单 Processing→Start→Start Analysis & Synthesis 进行分析与综合操作。综合分为两个阶段：分析阶段和构建工程数据库阶段。分析阶段的任务是检查工程的逻辑完整性和一致性，并检查语法错误和边界连接。在此阶段系统会使用多种算法来减少逻辑门的使用量，删除冗余逻辑，并尽可能地适合器件的自身结构，实现对设计的优化。构建工程数据库阶段相对来说比较简单，在构建的数据中包含完全优化后的工程，此工程将为适配、时序分析、时序仿真等操作建立一个或多个文件。

2．适配

Quartus II 的适配器 Fitter 功能是进行布局布线操作。Fitter 使用 Analysis & Synthesis 建立的数据库，将工程的逻辑和时序要求与器件的可用资源相匹配。它将每个逻辑功能分配给最佳逻辑单元位置，进行布线和时序分析，并选定相应的互连路径和引脚分配。

如果用户在设计中已经进行了资源分配，那么 Fitter 会将这些资源分配与器件上的资源相匹配，以满足已设置的约束条件，然后优化设计中的其余逻辑。如果用户还未对所做的设计设置任何约束条件，Fitter 将自动优化设计。如果适配不成功，Fitter 会自动终止编译，并且给出错误信息。用户既可以在包含 Fitter 模块的 Quartus II 软件中启动完整编译，也可以选中 Processing→Start→Start Fitter 单独启动 Fitter。但是在单独启动 Fitter 之前，要求用户必须已经成功运行了 Analysis & Synthesis。

完整的渐进式编译是自上而下渐进式编译流程的一部分。完整的渐进式编译是使用以前的编译结果，只重新编译修改过的设计部分，其它部分的编译结果保持不变，因此能够保持设计性能不变，节省编译时间。

3．完整编译

执行完整的编译设计过程使用菜单命令 Processing→Start Compilation 或点击快捷图标 ▶，如图 4.62 所示。执行编译设计的前提要求工程处于打开状态。

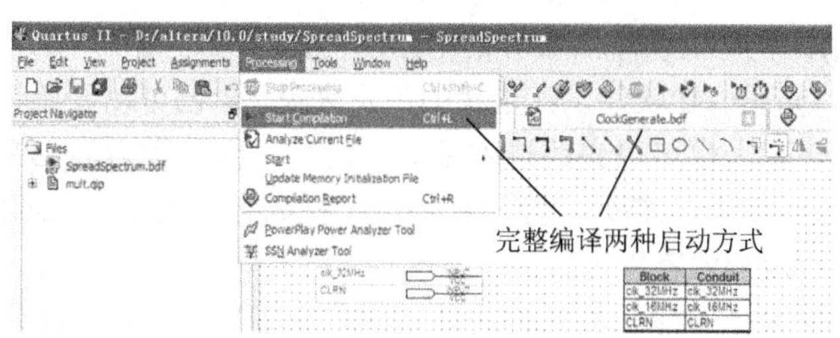

图 4.62 启动完整编译

QuartusⅡ软件完整的编译设计执行过程界面图如图 4.63 所示。在任务窗中显示对当前打开的工程编译总任务和各子任务执行的进程百分比，如果某一子任务完成 100%，就打“√”表示，如果在某一步遇到问题就中断编译，给出编译错误结论，并在信息窗口中显示信息、告警和错误信息及相应的数目。双击信息窗口相应的警告或错误信息条可以直接定位到设计输入文件相对应的地方，对不同的设计输入文件自动用不同的编辑器打开(如设计输入文件是 VHDL 就用文本编辑器打开，如为电原理图文件就用符号编辑器打开)并高亮度显示，以方便修改设计。编译报告窗提供详细的编译结果报告信息，可通过内容列表栏点击相应的条目，查看不同过程的编译结果报告和与当前工程有关的详细信息，如各项设置约束条件信息。

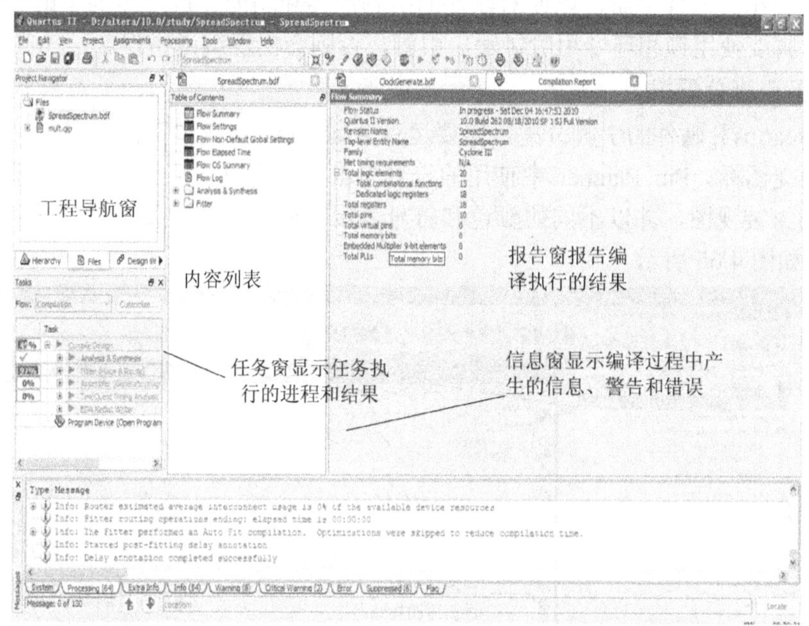

图 4.63 完整的编译设计执行过程界面图

编译完成后出现编译完成结果对话框，显示编译是否通过，有多少告警和错误，如图 4.64 所示。图 4.64 中表示完整编译成功，有 14 个告警信息，很多告警信息并不影响设计逻辑功能。

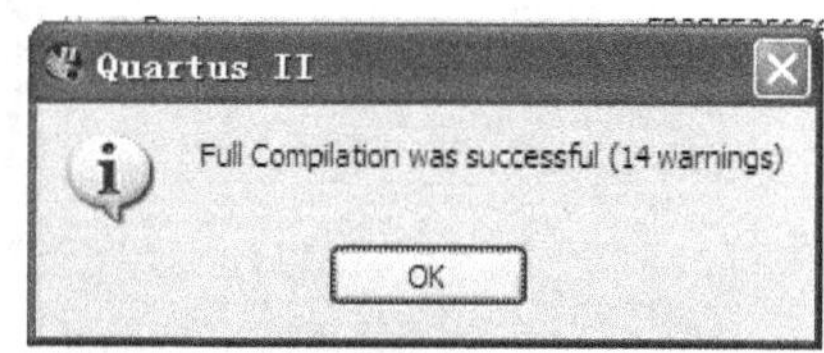

图 4.64 编译完成结果对话框

至此，对一个简单的设计来说(如本设计实例 SpreadSpectrum 工程)，整个设计主体步骤就可以说是基本完成了，只要再将设计结果编程下载到真实的可编程逻辑器件中去(参考 6.8 节 QuartusⅡ

编程器的使用方法)，就可以实现所设计的电路功能。

对于初次学习 Quartus II 软件设计过程的用户来说，自己可以开始设计一些小电路来熟悉上述的设计过程步骤，也可以先跳过本章后续内容，继续学习后面其它章节的内容，对 FPGA 的设计与应用快速建立整体印象。最后为了提高自己的 Quartus II 软件设计使用能力再回过头来学习本章后续内容也可。

本章的后续内容是针对比较复杂的设计，例如为了提高设计系统的性能，或者是校验设计结果，方便工程应用等而进行的优化或辅助设计步骤。对于一个可编程逻辑器件设计工程师来说这也是需要掌握的。

4.5.3 引脚分配

Quartus II 软件的引脚分配是将器件封装形式的输入输出资源用图形化进行表示，设计人员也可以对输入、输出引脚进行自定义的分配。分配好引脚后每次修改设计，再进行编译时，该引脚在实际器件中的引脚位置是固定不变的，方便修改设计后的电路测试。如果仅让 Quartus II 软件自行分配，设计中的某一 I/O 端口在每一次的编译后可能会被软件分配给不同的引脚位置，为后续电路板的布局布线和在线测试带来麻烦。具体引脚的合理分配需要用户查阅相关器件手册，以便对器件的引脚特性和功能作进一步的了解。如锁相环输出的时钟引脚要使用锁相环专用时钟输出引脚，否则会出现编译错误。

1. 打开引脚分配器

打开 Quartus II 软件的引脚分配，需要运行 Assignments 菜单下的专用工具 Pin Planner 或点击其快捷图标。Pin Planner 中使用的符号与器件系列数据手册中的符号非常相似。它包括器件的封装视图，并以不同的颜色和符号表示不同类型的引脚，用其它符号表示 I/O 块(Bank)，如图 4.65 所示。

图 4.65 打开 Pin Planner 界面

该对话框中还包括了已分配和未分配引脚的列举。打开引脚分配器的前提要求工程已经指定器件，可以随时在 Assignments→Devices 中指定目标器件。

2. 查看目标器件视图

目标器件视图显示项目设置除了 PinPlanner 界面最左列中的快捷图标外，还可以用菜单 View 中子菜单 Show 中的选项进行选择和变换，器件视图左上角的红点表示器件封装的左上角，当器件视图旋转后就可以知道器件的位置变换情况，如是否显示 I/O Banks，左或右旋转 90° 等，显示器件是顶视图还是底视图等，如图 4.66 所示。

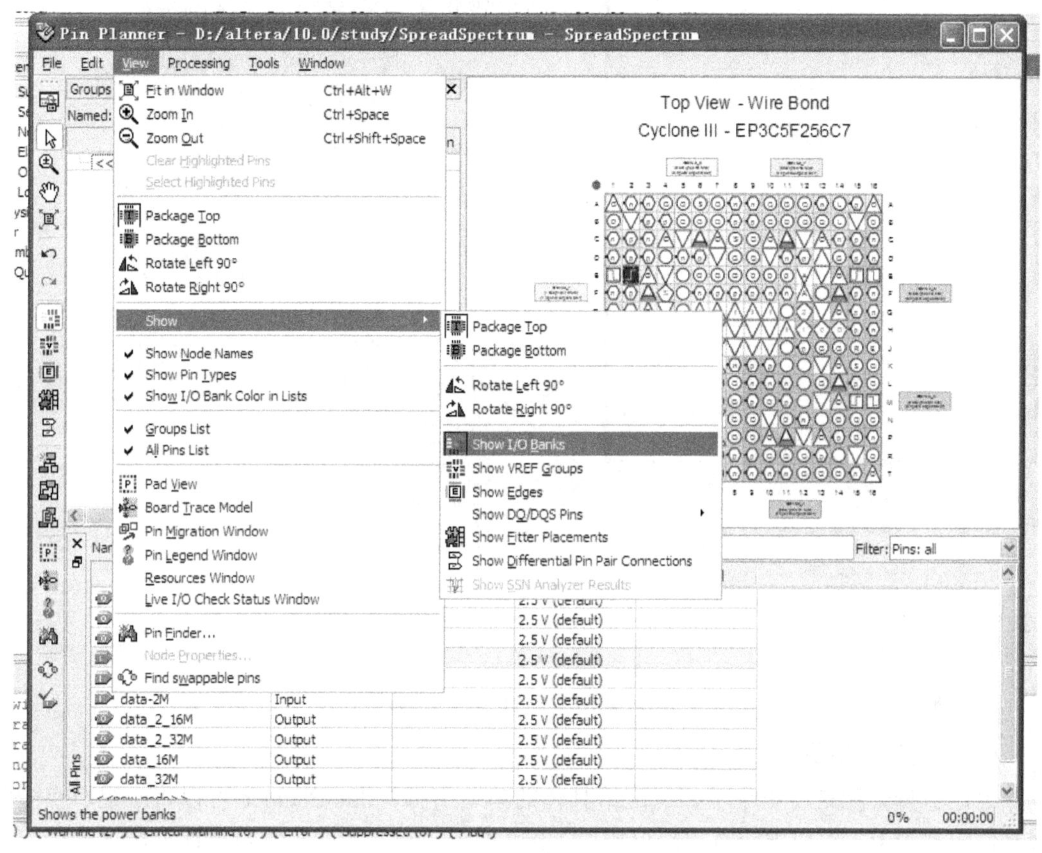

图 4.66　视图显示项目设置

3. 创建引脚分配

Pin Planner 可以通过图形的形式给出器件的引脚分布图，并可以显示所有引脚的属性，使用户进行引脚分配时变得更简单。单击鼠标右键在菜单中可以控制引脚分布图显示指定特性的引脚，还可以显示器件的总资源以及引脚分布图中各符号所代表的含义。将鼠标放于某个引脚的上方，会自动弹出该引脚属性的标签，双击该引脚可以对其进行分配。

如本工程实例中要对输入时钟 clk_32MHz 进行引脚分配，鼠标左键双击时钟引脚 Pin_E2，打开引脚属性对话框，在节点名称栏中下拉选择 clk_32MHz，在 I/O 标准栏电压值中选择默认值。点击 Apply 或 Close 按钮，在引脚节点列表的 Location 下面对应 clk_32MHz 栏出现 Pin_E2 名称，器件视图中的该引脚也呈阴影显示，表示该引脚已被分配给某一节点，如图 4.67 所示。其它 I/O 口引脚分配方法类似。在设计输入原理图文件中也可以看到分配好的引脚。

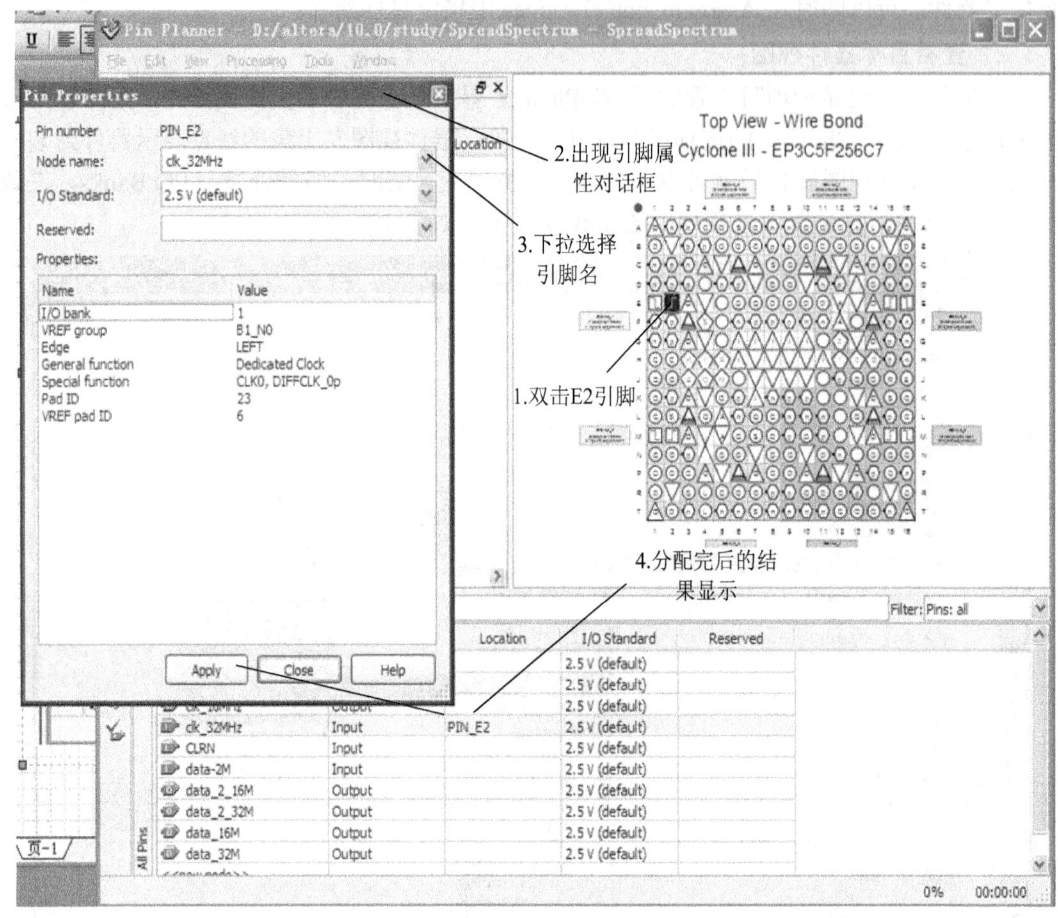

图 4.67　时钟引脚分配

4．群组节点分配

上述引脚分配是将单个节点分配给具体的单个引脚，Pin Planner 可以将一组节点分配给器件的某个 I/O 模块(Bank)，本实例中原没有群组节点，这里在输入设计中新加一个前面举例说明的用户自己定制的 8 位乘法器，其输入输出就是多位总线数据，进行完整编译后就出现在群组节点区，其分配方法如下：

群组节点区选中 dataa[7..0]，单击鼠标右键，出现右键菜单，选择 Node Properties 项，如图 4.68 所示。其分配方法步骤如图 4.69 所示。分配完后器件视图中的 I/O Bank1 阴影显示，表示该 Bank 已被分配给某一组节点。在设计输入原理图文件中也可以看到分配好的节点 Bank。

5．I/O 分配校验

为了校验 I/O 引脚节点的分配结果，可以点击工具条中最下边的快捷图标或 Processing →Enable live I/O Check 打开 I/O 节点校验工具。校验结果在下面的信息栏中详细显示，如图 4.70 所示。再点击快捷图标或 Processing→Enable live I/O Check 项，就关闭了 I/O 分配校验。

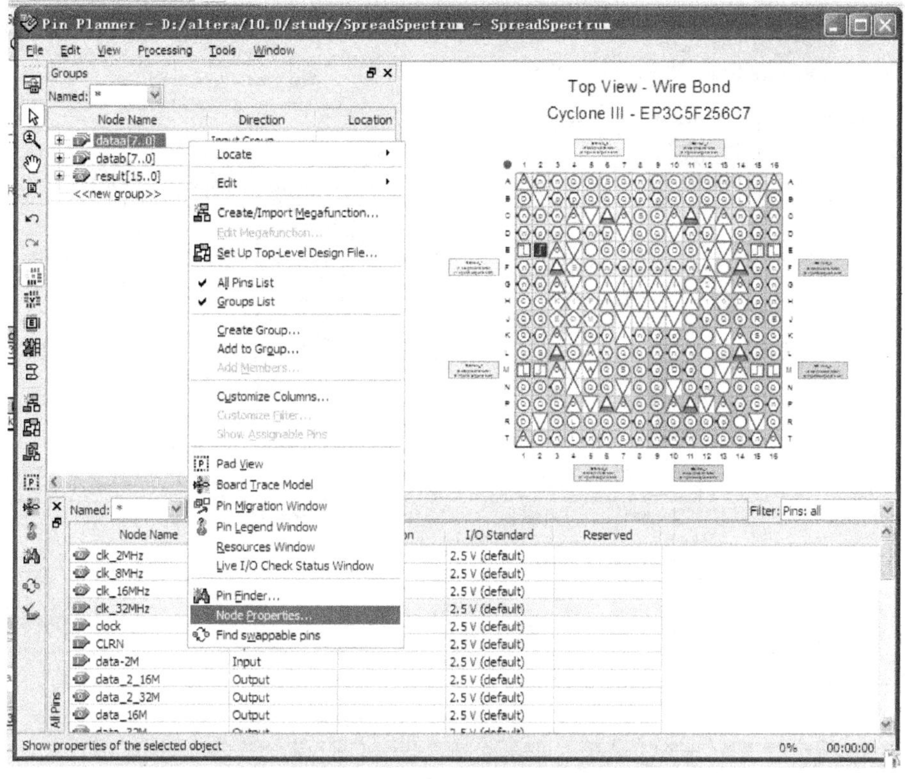

图 4.68 群组节点右键弹出菜单

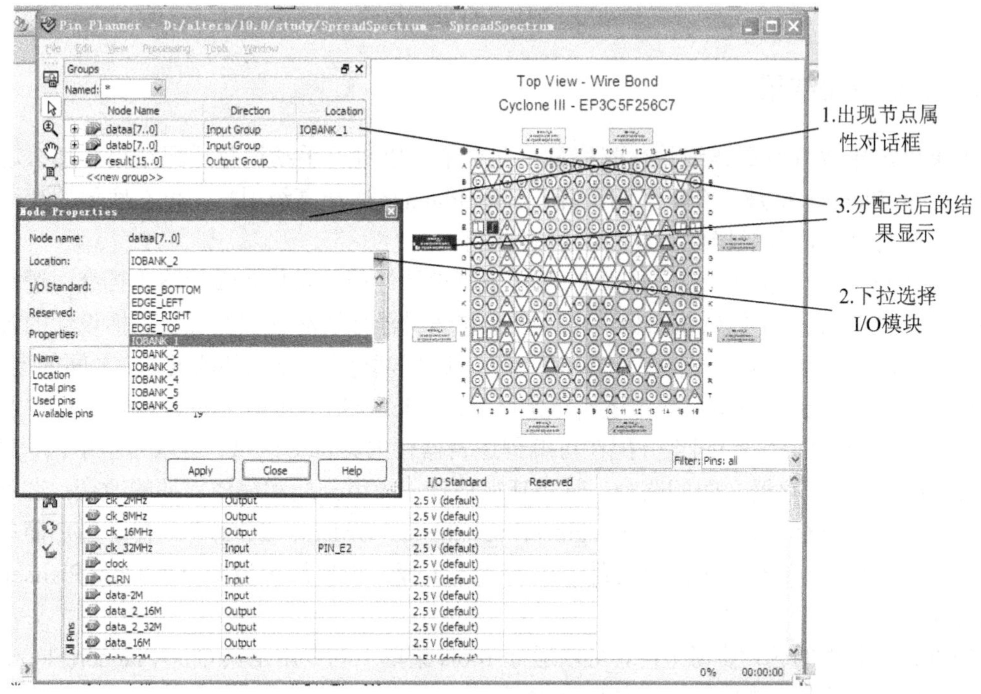

图 4.69 群组节点分配

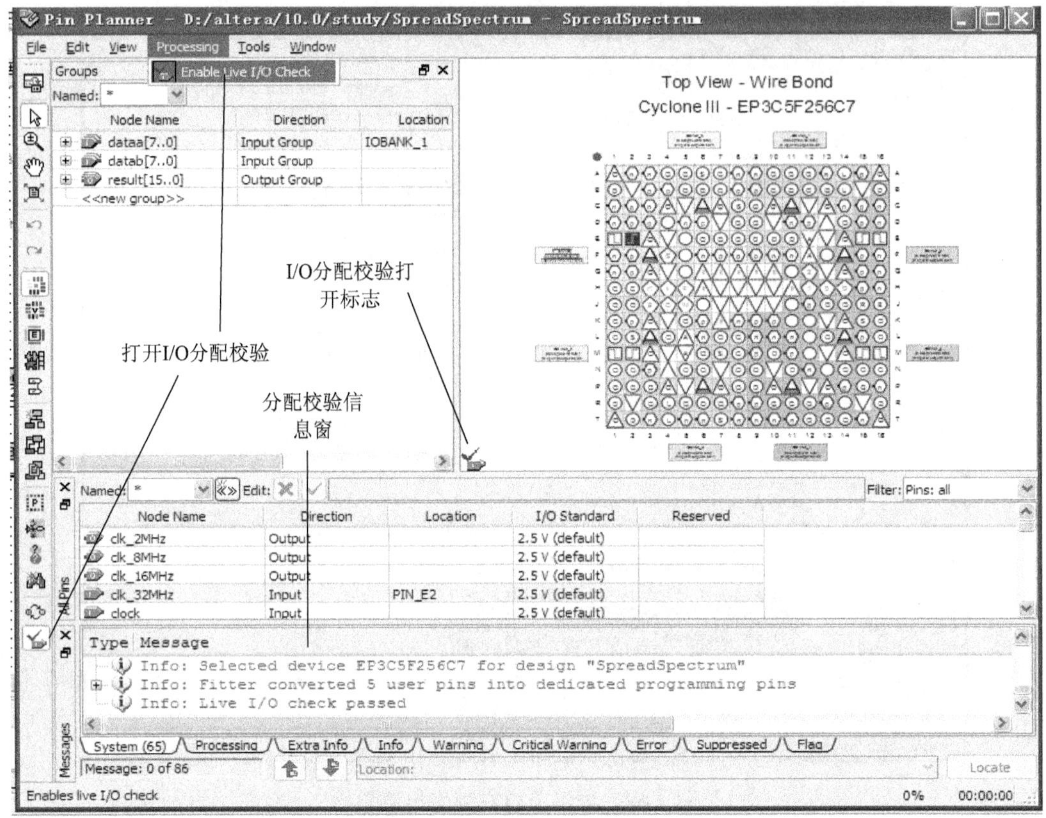

图 4.70 使能 I/O 分配校验

4.5.4 查看适配结果

如果用户希望查看更详细的适配信息，并希望可以进行手动调整适配结果，那么芯片分配器 Chip Planner 将是一个很好的选择。Chip Planner 适合高级用户，可在底层改变器件资源的分配与使用，分析器件布局布线后的性能。

Chip Planner 功能强大，用户可以利用它分析设计性能，布局布线的路由拥塞，逻辑区域的配置；Chip Planner 提供编辑器，可以查看和编辑器件资源使用情况，包括设计的各个部分配置情况，如查看编辑逻辑单元和 I/O 单元，还可以建立、删除和改变 LE 之间的连接，也可以在空单元中建立逻辑，设定逻辑锁定区域(LogicLock)。所谓 LogicLock 是用户可以将某一设计模块(如乘法器)固定分配在可编程逻辑器件的某部分区域；可以显示扇入、扇出(Fan-in Fan-out)，寄存器之间的路径，时序延迟估计；应用分配和编译后期的改变；在不重新编译的情况下执行工程变化命令(Engineering Change Orders，ECO)等。初学用户简单设计可以暂时不用 Chip Planner，直接跳过进行后续步骤。这里简单说明一下 Chip Planner 的使用方法。

Quartus II 软件的芯片资源分配，可以运行 Tools 菜单下的专用工具 Chip Planner(Floorplan and Chip Editor)或点击快捷图标，如图 4.71 所示。

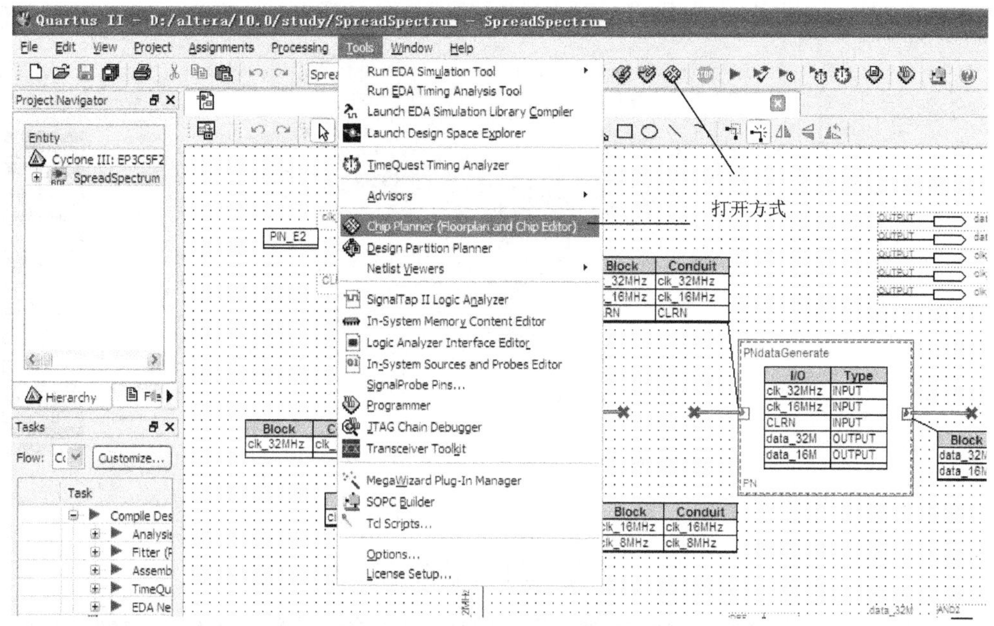

图 4.71 打开 Chip Planner 芯片分配器

Chip Planner 打开并显示当前器件资源使用情况，平面布局图中资源使用情况用不同色彩显示，显示的详略依赖于放大、缩小情况和显示的任务选择情况。打开 Chip Planner 芯片分配器后显示的初始界面如图 4.72 所示。最左边的竖排为 Chip Planner 常用快捷图标，最右边栏是不同色彩表示不同资源情况。下面为信息显示栏。由于本设计实例很小，只占芯片资源的很少一部分，即器件中间几小块淡蓝色区域。放大后的芯片资源占用情况如图 4.73 所示，其色彩差别就更明显了。用户可以通过点击 按钮查找特定节点在 Chip Planner 平面布局图中位置，双击选中单元进入 Resource Property Editor 窗口，查看具体电路或进行修改。打开的资源属性编辑器 Resource Property Editor 窗口如图 4.74 所示。

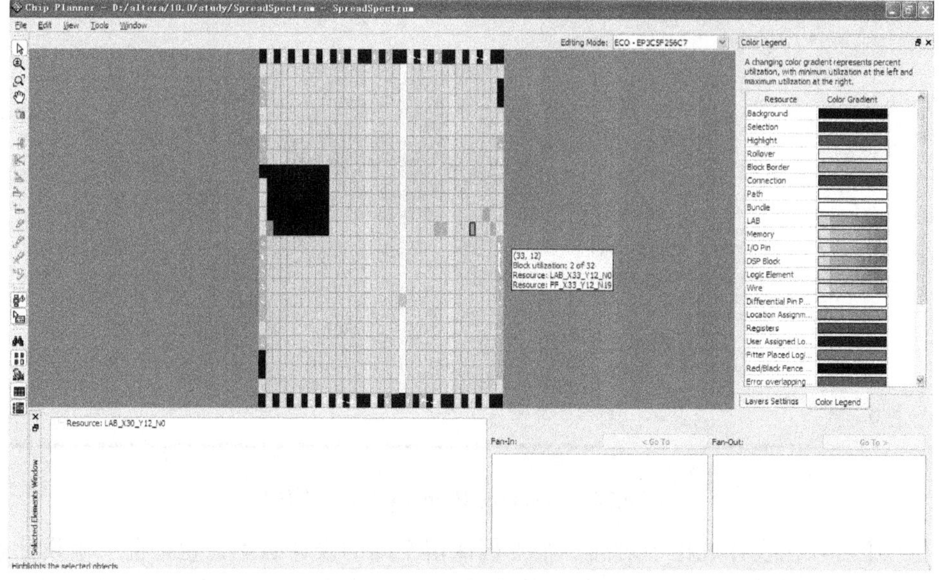

图 4.72 Chip Planner 初始界面

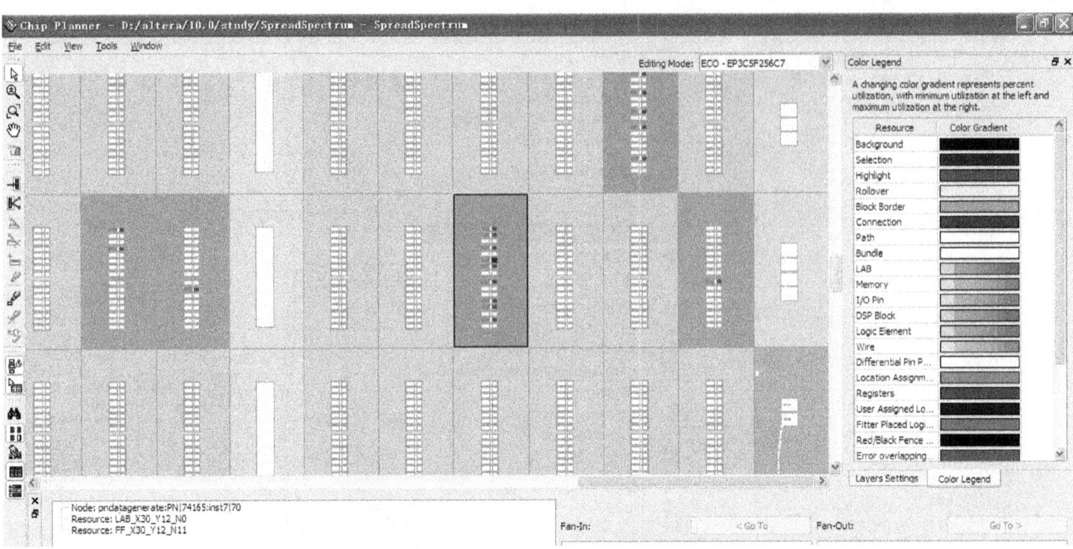

图 4.73　放大后的芯片资源占用情况

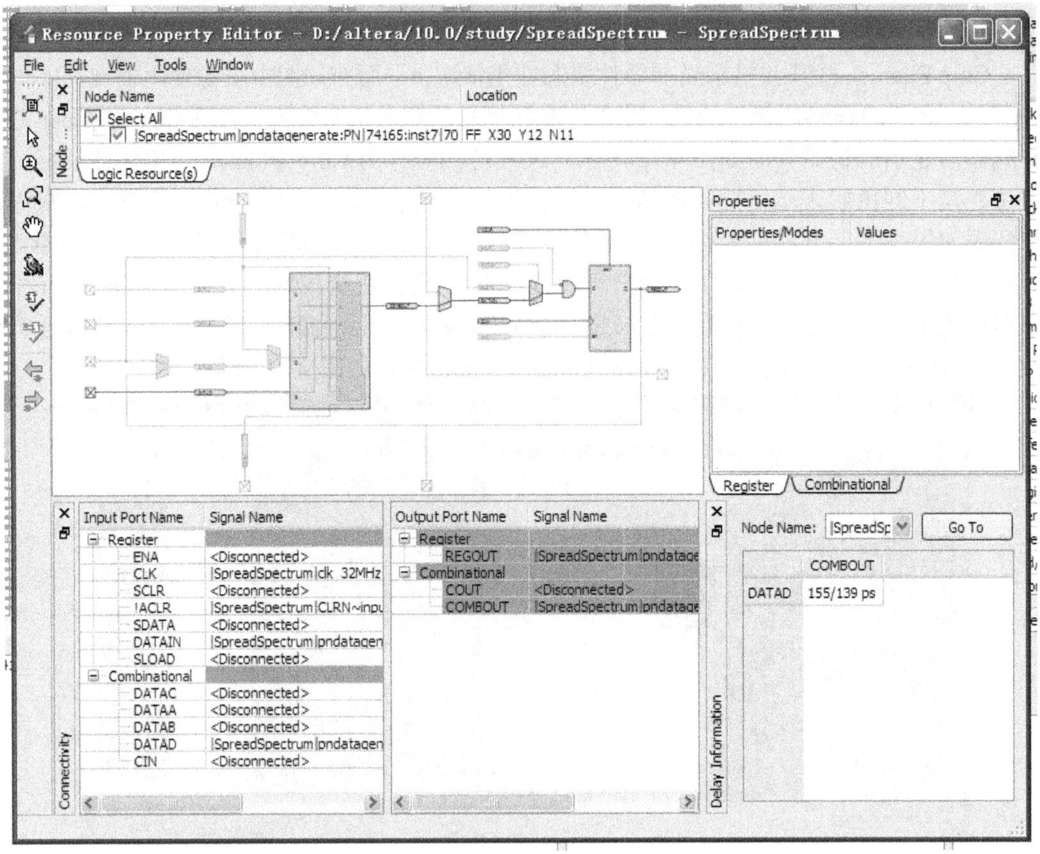

图 4.74　Resource Property Editor 窗口

用户还可以在设计过程中对同一个工程保留不同的设计版本，也许前一个设计思路有独到之处或更合适，修改后的不一定就更好。在 Quartus II 软件中选择菜单 Project→Revisions

就可以进行修订版本的设置，这里不详细介绍了。实际上 Project 主菜单中还有很多方便工程应用的一些子菜单项如工程拷贝、打包等，留待用户自己去试用。

4.6 时序分析

时序分析工具的功能是分析设计中的所有逻辑，并指导 Fitter 达到时序要求，是完整编译的一部分。Quartus Ⅱ 10.0 版的时序分析工具包括传统的 Classic Timing Analyzer 和 TimeQuest Timing Analyzer。两个工具均能进行时序分析，而后者功能更强大，因此目前推荐使用 TimeQuest Timing Analyzer 进行时序分析。图 4.75 所示为时序分析流程。在进行时序分析之前要求设计的工程已经打开并进行了初步的编译。

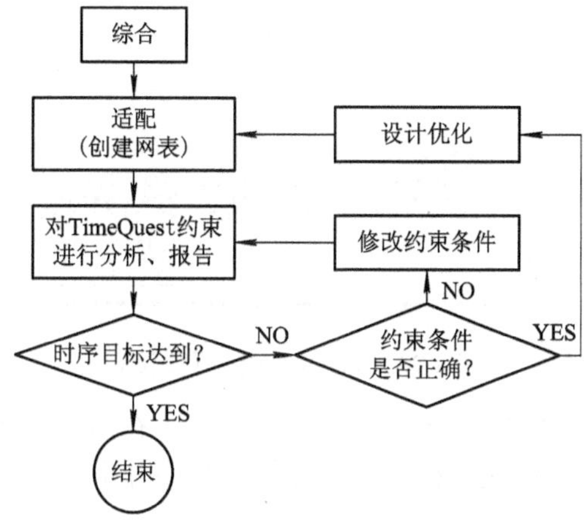

图 4.75　使用 TimeQuest Timing Analyzer 进行时序分析流程

下面简单介绍一下 Classic Timing Analyzer，主要介绍 TimeQuest Timing Analyzer。

4.6.1　传统时序分析器

时序要求允许设计者为整个工程、特定的设计实体或个别实体、节点和引脚指定所需的速度性能。在 Quartus Ⅱ 软件中，默认情况下 Classic Timing Analyzer 属于完整编译的一部分，并且在进行完整编译时会自动运行，向设计者报告分析的时序信息(如 t_{SU}、t_{CO}、t_{PD}、t_H、f_{MAX}、t_{SU} 以及其它时序特性)。当设计者设置的时序约束或者默认设置有效时，Classic Timing Analyzer 会报告延迟时间。设计者可以根据 Classic Timing Analyzer 得出的信息对设计的时序性能进行分析、调试和验证。还可以使用快速时序模型，验证理想条件(最快速率等级的最小延时)下的时序。除默认设置外，用户还可以自定义设置时序约束条件。

在 Quartus Ⅱ 软件中，用户可以通过设置对话框选择采用哪种时序分析工具。打开 Assignments→Settings 对话框，在左边栏中点击 Timing Analysis Settings 项，在右边对话框 Timing Analysis Processing 中选中“Use Classic Timing Analyzer During Compilation”确定完整编译中的时序分析工具。在左边栏中点击 Classic Timing Analyzer Settings，出现传统时序

设置选项，其各参数说明如图 4.76 所示。

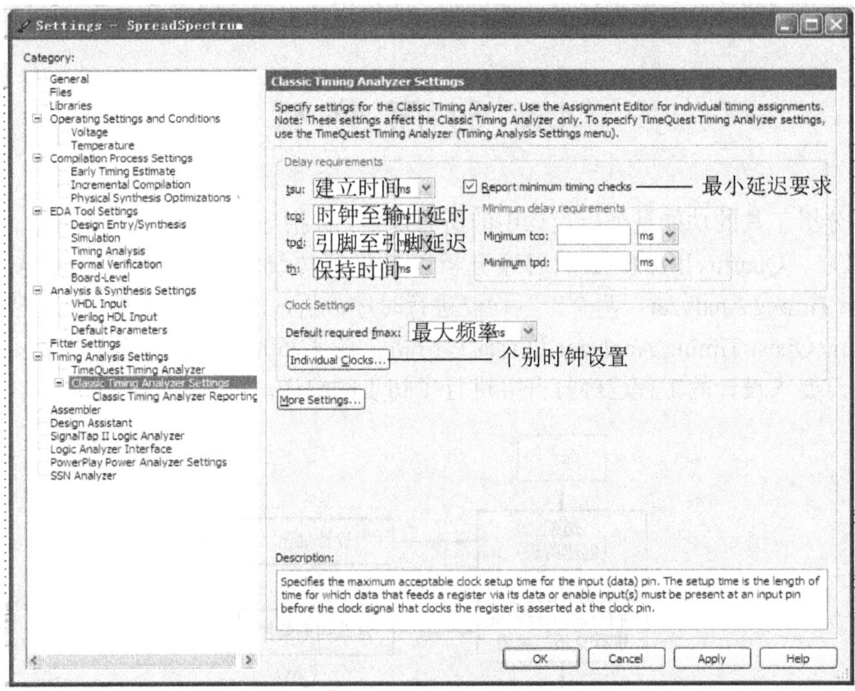

图 4.76 传统时序分析器设置

用户可以设置初始工程的全局和个别时序要求。在进行完整编译时 Classic Timing Analyzer 会自动运行，在编译完成报告中有详细的时序分析信息。

4.6.2 打开 TimeQuest 时序分析器

在 Quartus II 软件中，也是通过设置对话框选择采用 TimeQuest Timing Analyzer 时序分析工具。打开 Assignments→Settings 对话框，在左边栏中点击 Timing Analysis Settings 项，在右边对话框 Timing Analysis Processing 中选中“Use TimeQuest Timing Analyzer During Compilation”改变完整编译中的默认时序分析工具，点击“OK”按钮，保存设置，然后对当前工程用菜单命令 Processing→Start Compilation 或点击快捷图标 ▶ 执行完整编译，在进行完整编译时 TimeQuest Timing Analyzer 会自动运行。也可以在 Processing→Start→Start TimeQuest Timing Analyzer 或点击快捷图标单独执行 TimeQuest 时序分析。时序分析运行完后，在编译完成报告中有详细的时序分析信息，可以用 TimeQuest 时序分析器进行报告查看。

打开 TimeQuest 时序分析器的方法：在 Quartus II 软件主窗口用菜单命令 Tools→TimeQuest Timing Analyzer，或者点击快捷图标，如图 4.77 所示。

初次运行 TimeQuest 时序分析后，会出现提示信息，找不到 SDC(Synopsys Design Constraints)文件，并问需不需要根据 Quartus II 软件的设置创建一个新的 SDC 文件，可以先点击“No”按钮，留待后面保存为 SDC 文件，SDC 文件是专门的时序分析设置文件。

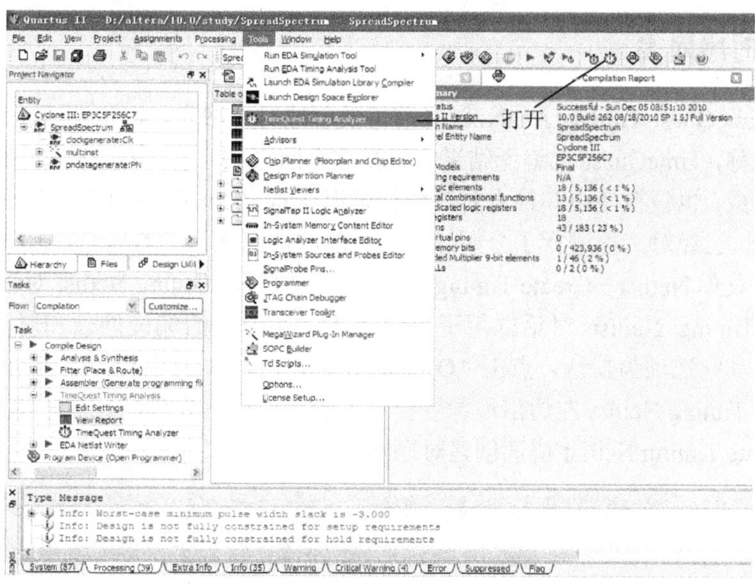

图 4.77　打开 TimeQuest 时序分析器

出现的 TimeQuest Timing Analyzer 主窗口如图 4.78 所示。界面分为五个部分：菜单命令、报告窗口、任务窗口、控制台以及详细信息显示窗口。信息窗口中四个箭头所指内容是对 TimeQuest Timing Analyzer 主窗口的功能说明。报告窗列举执行 TimeQuest 时序分析产生的报告。任务窗提供快速接入 TimeQuest 工作流程的常用功能任务，分为网表建立任务、建立报告任务、产生 SDC 文件任务，其中报告任务又分为个别报告、定制报告、宏观报告：个别报告包括建立保持时间等基本时序、时钟时序分析以及最小脉冲宽度等信息；定制报告包括用户自定义的时钟、路径等延迟信息；宏观报告包括所有摘要和时钟柱状图等信息。控制窗显示 GUI 或命令行中可执行的 SDC 或 Tcl 脚本命令。详细信息显示窗口显示选择的某一项报告，可以同时查看多个报告。

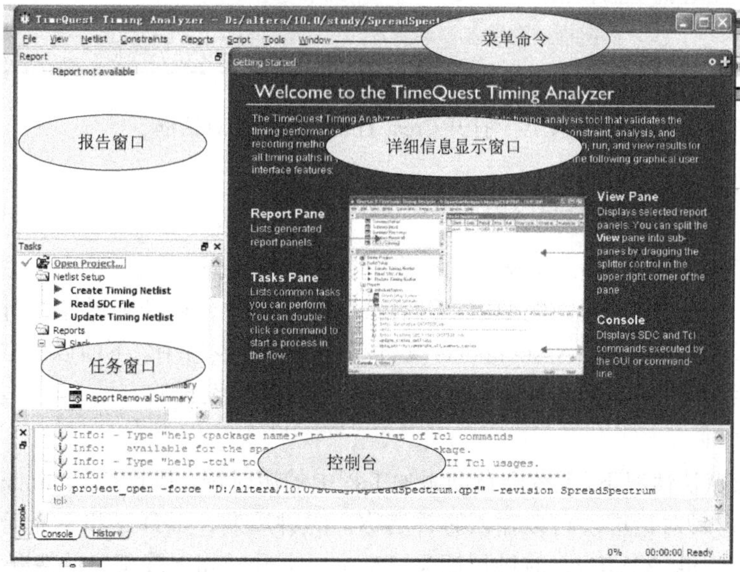

图 4.78　TimeQuest Timing Analyzer 主窗口

4.6.3 创建时序网表

在运行 TimeQuest Timing Analyzer 之前需要创建时序网表，时序网表包含用户设计的时序和信号名称，TimeQuest 从编译结果中获得这个网表。时序网表由设计中所有的源和目标时序要素组成，也包括最小和最大时序路径延迟信息。TimeQuest 使用工业标准术语说明时序要素。确认已经对工程进行了分析综合和适配的情况下，在 TimeQuest Timing Analyzer 主窗口中打开菜单 Netlist→Create Timing Netlist，出现 Creat Timing Netlist 对话框，如图 4.79 所示。Creat Timing Netlist 对话框用于指定产生时序网表的编译网表和时序模型。选中 Post-map 项，其它选项为默认，点击“OK”按钮后，出现 wait 字样，完成创建后，在任务窗中的 Create Timing Netlist 左边出现绿色“√”，表示时序网表创建完成。也可以在任务窗中是双击 Create Timing Netlist 快速创建时序网表。

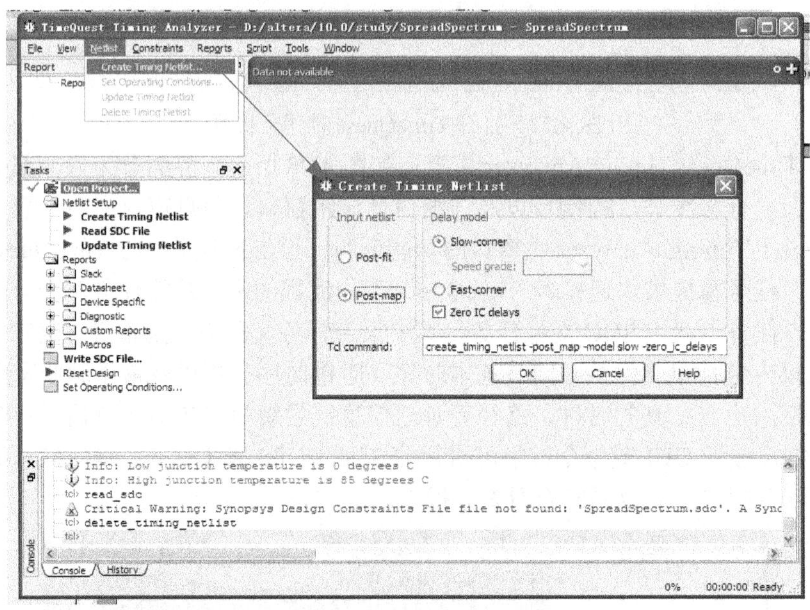

图 4.79 打开 Creat Timing Netlist 对话框

4.6.4 建立时钟约束及报告

默认情况下，系统会显示适配后的所有时钟的时序信息。用户可以通过 Constraints 菜单的选项进行个别时序设置，例如建立源时钟、合成时钟、路径延迟等，创建后的约束任务完成后将显示在 SDC File Assignments 文件夹下的分类表格中。下面以建立时钟和 I/O 约束条件为例介绍使用 TimeQuest Timing Analyzer 进行时序设置的方法。

1．建立时钟

建立时钟(默认情况下，系统会自动添加工程中的源时钟)，执行 Contraints→Create Clock 命令，弹出源时钟对话框，可以输入时钟名称，时钟周期、上升延和下降延信息等，这里输入时钟名称为 clk_32MHz，时钟周期为 7.5 ns，上升延和下降延空的情况下默认为 50%占空比，如图 4.80 所示。

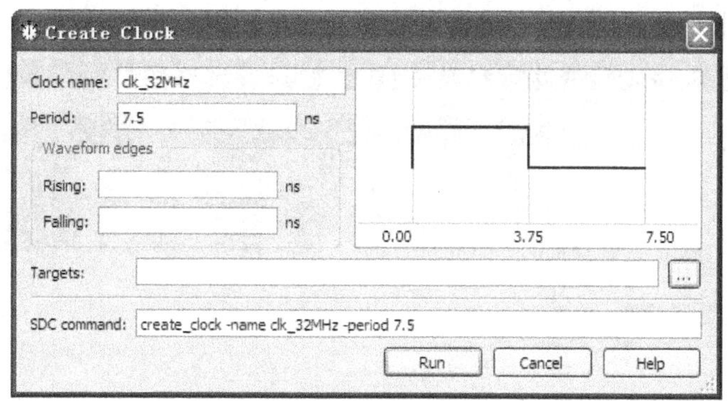

图 4.80　建立时钟

2. 选择目标节点

在 Targets 栏中选择目标位置，点击(...)图标，显示节点查找对话框，可以快速查找设计中的信号名称。选择 Collection 中的相应节点类型，这里选择 get_ports 类型，单击“List”按钮，对话框将会显示所有符合要求的端口，由于系统靠 Target 内容区别不同源时钟，因此为了设置一个不同的源时钟，这里选择 clk_32MHz 引脚，点击“>”按钮，拷贝 clk_32MHz 到右边栏中，如图 4.81 所示。点击“OK”按钮，返回到图 4.80 所示的对话框。此时 Targets 栏已经选定为[get_ports{clk_32MHz}]，在 SDC 命令对话框中也出现等效的设置效果命令行。

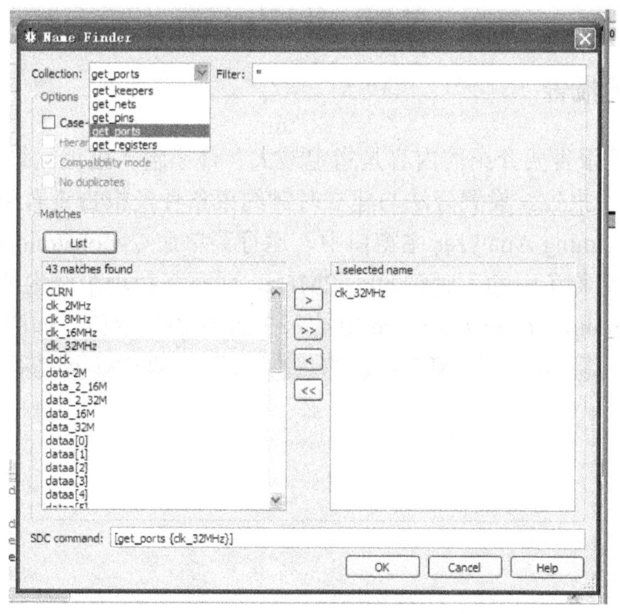

图 4.81　选择目标节点

3. 更新时序网表

设置结束后点击“Run”按钮运行，完成 clk_32MHz 时钟的建立。SDC 等效命令也出现在控制台中，上述步骤也可以直接在控制台中输入 SDC 等效命令实现。双击任务栏中的 Update Timing Netlist 可以用时钟约束信息更新时序网表。现在双击任务窗口栏中的 Reports 下面的 Diagnostic 子项 Report Clocks 任务，打开的 Clock 详细时序信息表显示在详细信息显示窗口中，如图 4.82 所示。任务栏中出现绿色“√”的项目表示已经执行完成的任务。

注意：若创建时钟失败，控制台中将会显示警告信息，用户应加以注意。

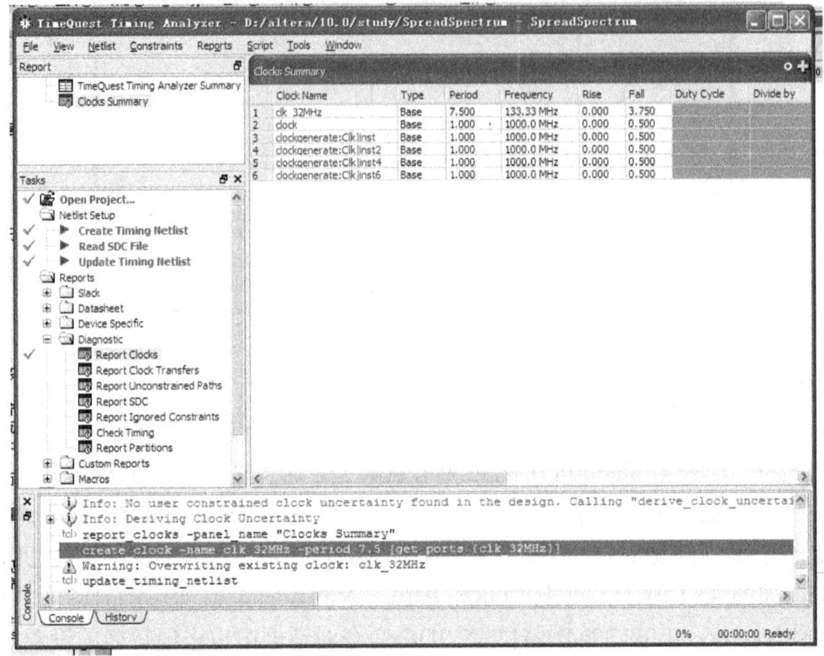

图 4.82 更新时序网表

4.6.5 I/O 约束及报告

I/O 约束条件及报告要介绍的内容是指定最大、最小输入延迟，最大、最小输出延迟，然后更新网表、查看报告。设置方法与建立时钟约束条件及报告查看类似。

在 TimeQuest Timing Analyzer 主窗口中，运行菜单命令 Constraints→Set Input Delay，在弹出对话框时钟名称条中输入时钟 clk_32MHz，或在下拉项中选定该时钟信号，在 Input Delay 中选中 Maximum，在 Delay Value 中输入 3.25 作为延迟值，如图 4.83 所示。

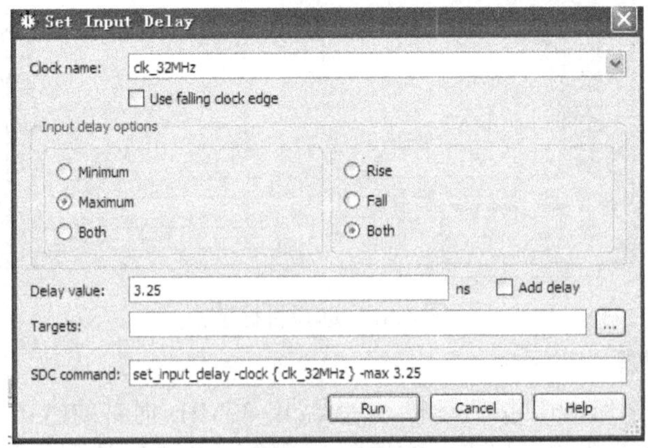

图 4.83 设置输入延迟

在 Targets 栏中选择目标位置，点击(…)图标，显示节点查找对话框，可以快速查找设计中的信号名称。选择 Collection 中的 get_ports 节点类型，在 Filter 栏中输入 data*，单击

"List"按钮，对话框将会显示所有符合要求的端口，如图 4.84 所示。点击"OK"按钮，返回到图 4.83 所示的对话框。此时 Targets 栏已经选定为[get_ports{ data*}]，在 SDC 命令对话框中也出现等效的设置效果命令行。

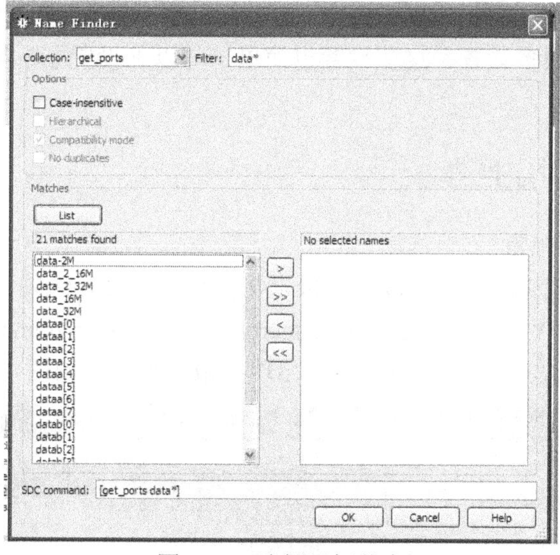

图 4.84　选择目标节点

设置结束后点击"Run"按钮运行，完成最大输入延迟的建立。SDC 等效命令也出现在控制台中，上述步骤也可以直接在控制台中输入 SDC 等效命令实现，如直接在控制台中输入命令行 set_input_delay -clock { clk_32MHz } -min 3.25 [get_ports data*]完成最小输入延迟的建立，如图 4.85 所示。最大、最小输出延迟的建立方法完全类似。既可在 GUI 中设置完成，也可直接在控制台中输入命令行完成。这里就不详细介绍了。

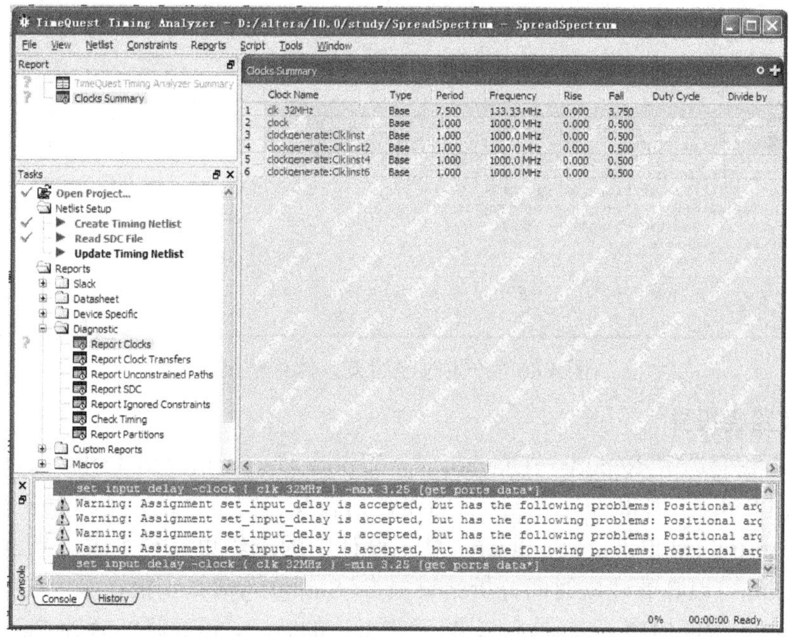

图 4.85　SDC 等效命令的输入

双击任务栏中的 Update Timing Netlist 即可以用输入、输出延迟约束信息更新时序网表。现在双击任务窗口栏中的 Reports 下面的 Diagnostic 子项 Report SDC 任务，打开的 Clock 详细时序信息表显示在详细信息显示窗口中。任务栏中相应项目出现绿色“√”。

除上述时钟和 I/O 设置外，TimeQuest Timing Analyzer 还包括：Set Clock Latency、Set Clock Uncertainty 等很多设置，这些设置也简单，与以上设置非常类似，请读者参照使用手册。

4.6.6 查看详细的时序报告

1. 时序分析总结报告

各种约束条件设置完成后，可以产生报告文件来查看设置结果。在 TimeQuest Timing Analyzer 主窗口的任务栏中选中 Reports→Macros→Report All Summaries 项，双击 Report All Summaries 产生所有的总结报告，总结报告出现在报告窗中，如图 4.86 所示。

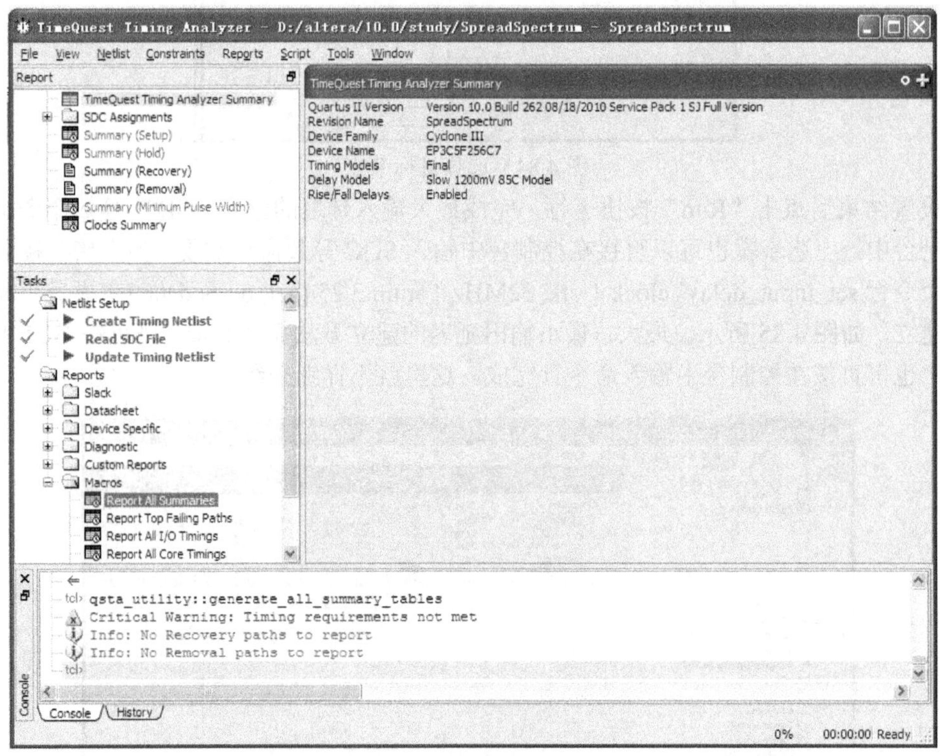

图 4.86 产生时序约束条件总结报告

2. 约束路径报告

接下来，我们选中 Reports→Diagnostic→Report Unconstrained Paths 项，双击 Report Unconstrained Paths 查看报告，包括所有的路径列表及它们是否设置了约束条件。其中报告栏中的 Unconstrained Paths→Summary 显示设计中的未约束路径列表。点击报告栏中的 Summary(Setup)可以查看建立时间分析结果报告。Summary(Setup)报告中用红颜色显示的负值(如“-2.923”)说明时序不满足要求，为了获得正的时隙，需要降低时钟 Clock，如图 4.87 所示。

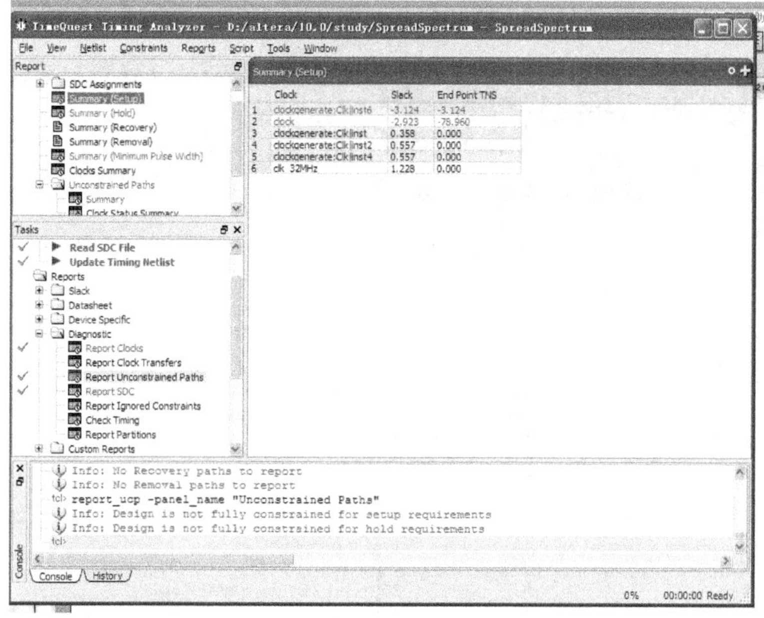

图 4.87　建立时间分析结果报告

3. 时隙柱状图

还可以用创建时隙柱状图的方式查看时隙结果说明，在 TimeQuest Timing Analyzer 主窗口，选中菜单 Reports→Custom Reports→Create Slack Histogram，出现创建时隙柱状图对话框。在创建时隙柱状图对话框中的 Clock Name 下拉列举中选择时钟信号，如 clk_32MHz，如图 4.88 所示。点击“OK”按钮，在详细信息窗中就会出现 clk_32MHz 的时隙柱状图。

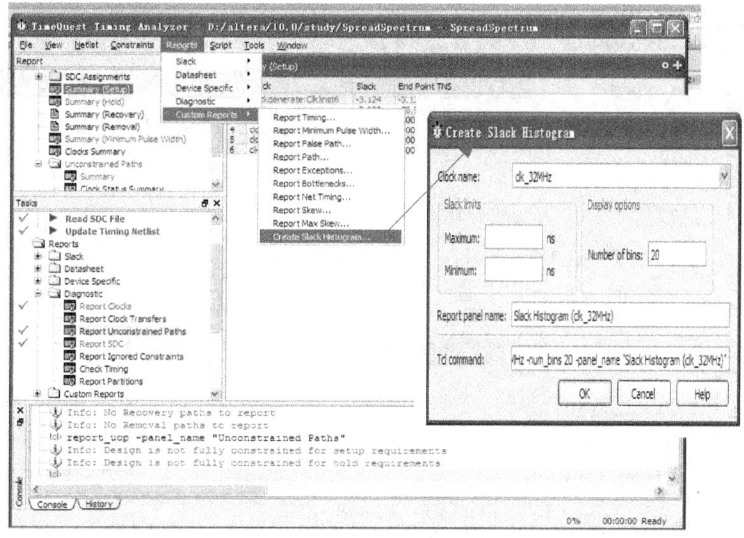

图 4.88　创建时隙柱状图

4. 单个指定路径时序报告

用户还可以查看单个指定路径的时序报告，在 TimeQuest Timing Analyzer 主窗口，选中菜单 Reports→Custom Reports→Report Timing，出现时序报告对话框。在对话框中的 From

Clock 下拉列举中选择时钟信号 clk_32MHz，如图 4.89 所示。

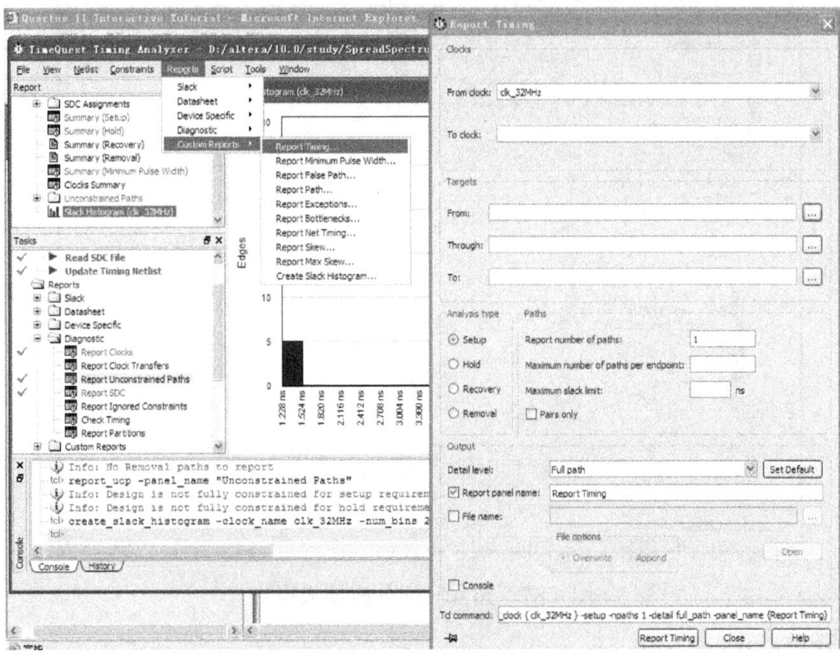

图 4.89　指定路径的时序报告产生

点击时序报告对话框最下面的“Report Timing”按钮，返回到 TimeQuest Timing Analyzer 主窗口。在信息窗中就会出现所有与 clk_32MHz 有关的时序路径的详细信息，包括数据到达时间和数据要求时间，如图 4.90 所示。

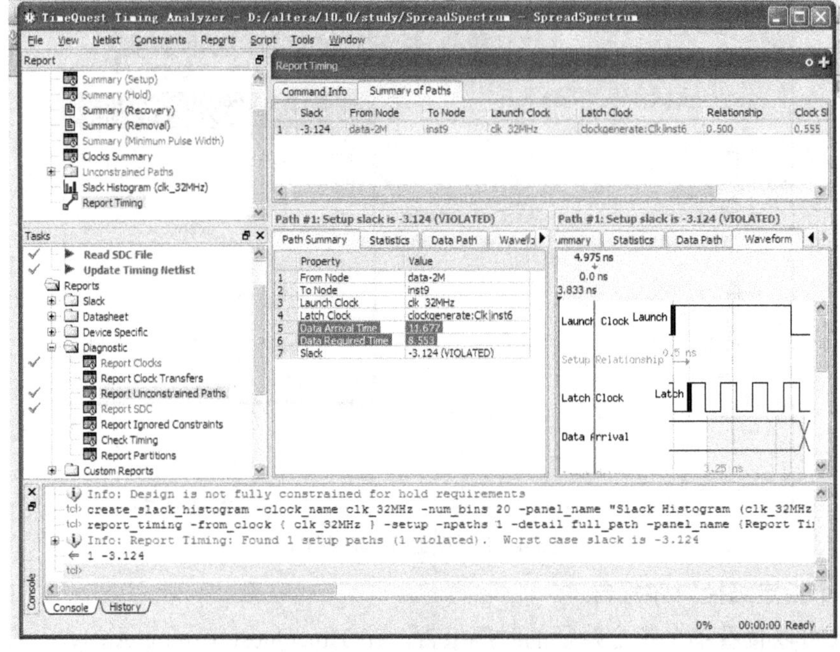

图 4.90　时序路径的详细信息

4.6.7　时序驱动的编译

TimeQuest 设置了时序约束后，再对整个设计输入进行编译，就称为时序驱动的编译。时序驱动的编译为了满足用户的时序要求需要优化逻辑位置。在对整个设计再次执行时序驱动的编译之前首先保存 SDC 文件。选择菜单 Constraints→Write SDC File 或者在任务栏中直接选中 Write SDC File 后双击，出现如图 4.91 所示的写 SDC 文件对话框。系统默认提供的文件名在扩展名 SDC 之前还附加了一个“.out”，点击“OK”按钮接收缺省文件名。包含约束设置的 SpreadSpectrum.out.sdc 文件就保存了。去掉.out 后重新命名为 SpreadSpectrum.sdc 文件，利用该文件作为缺省的 SDC 文件再进行编译。

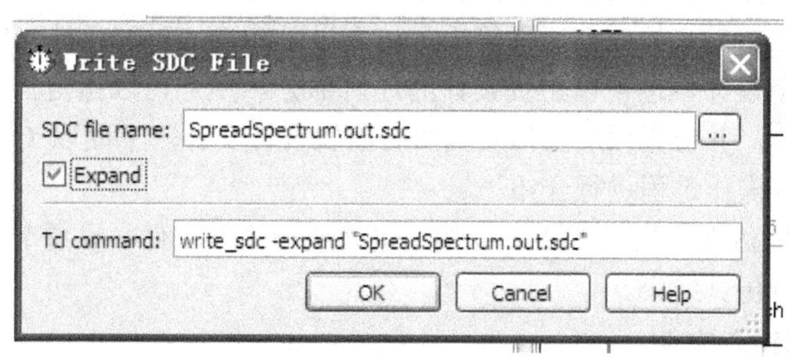

图 4.91　写 SDC 文件对话框

此时就可以关闭 TimeQuest Timing Analyzer 主窗口，返回到 Quartus Ⅱ软件主窗口，进行包含时序约束的完整编译。执行完整的编译设计过程同 4.5.2 节一样，用菜单命令 Processing→Start Compilation 或点击快捷图标▶。如果编译和定时分析成功，表示编译器为满足 SDC 时序约束优化了适配过程，得到了所有要求的时序。可以在编译报告中查看 TimeQuest 时序分析结果。

4.7　仿　　真

仿真功能为设计者提供验证设计逻辑和时序正确性的环境。在工程设计通过完整编译步骤后，一般地，若设计者已经得到了硬件电路板或开发板，那么设计者可以不用这部分介绍的仿真过程，用 4.7 节及其它调试工具直接进行验证即可。由于比较大的工程仿真需要很大的计算量，从而会耗费很多的时间。但是，对于一些小的工程设计，运算量小的底层模块的功能验证可以借助仿真来实现。总之，对于一般用户来说，如果没有硬件电路板或开发板，功能和时序验证需要靠仿真来实现；如果用户具备硬件电路板或开发板，仿真最好只用于一些小的模块的功能和时序验证。

Quartus Ⅱ软件 10.0 以前的版本允许用户使用 EDA 仿真工具或 Quartus Ⅱ自身集成的仿真器——Quartus Ⅱ Simulator 对设计进行功能验证与时序仿真。Quartus Ⅱ 10.0 版本已经去掉了自身集成的仿真工具，用户需要仿真的话，只能使用其它 EDA 公司提供的仿真工具了。Mentor Graphics 公司是业界最著名的仿真工具软件公司，用户可以利用其仿真工具软件 Modelsim 进行仿真，Mentor Graphics 公司有专门为 Altera 公司提供的仿真软件版本

Modelsim-Altera。本章后面就将介绍 Modelsim-Altera 6.5e 仿真软件的操作使用方法及步骤。

考虑到有些用户可能要使用 Quartus II 10.0 以前的版本，也可能为了方便起见，需要用到 Quartus II Simulator，熟悉 Quartus II Simulator 对理解和操作 Modelsim 也有帮助。因此，在介绍 Modelsim-Altera 之前，首先简要介绍一下 Quartus II Simulator 的使用方法。

4.7.1 Quartus II 仿真器

Quartus II Simulator 集成在 Quartus II 9.1 及以前版本中，可以对工程中的任何设计进行仿真。根据所需的信息类型，可以进行功能仿真以测试设计的逻辑功能，也可以进行时序仿真，在目标器件中测试设计的逻辑功能和最坏情况下的时序，或者采用 Fast Timing 模型进行时序仿真，在最快的器件速率等级上仿真尽可能快的时序条件。Quartus II Simulator 软件可以仿真整个设计，也可以仿真设计的任何部分。用户可以指定工程中的任何设计实体为顶层设计实体，并仿真顶层实体及其所有附属设计实体。下面以 Quartus II 9.1 版本仿真器为例对其仿真操作过程进行介绍。

Quartus II 软件仿真包括以下四个步骤：建立波形输入文件、设置节点的验证时序、设置仿真参数、分析仿真结束。

1．建立波形输入文件

在工程设计通过完整编译步骤后，在 Quartus II 9.1 版本软件中，点击菜单 File→new，在弹出对话框中选择 Vector Waveform File 命令，如图 4.92 所示，点击“OK”按钮，产生一个空白的波形输入文件。然后鼠标双击波形文件左侧栏的空白处，弹出“Insert Node Or Bus”对话框，选择“Node Finder”按钮，在节点查找对话框中，点击“List”按钮，用户所设计的项目编译后的节点就全部列表在左边栏中，用户对需要查看设计中的重要节点进行选择，这里全选，如图 4.93 所示。单击“OK”按钮后生成一个包含选中节点的波形文件，然后可对此文件命名、保存。

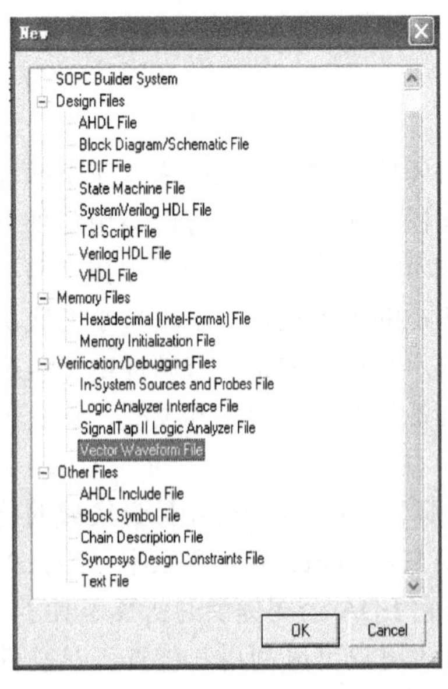

图 4.92 新建波形输入文件

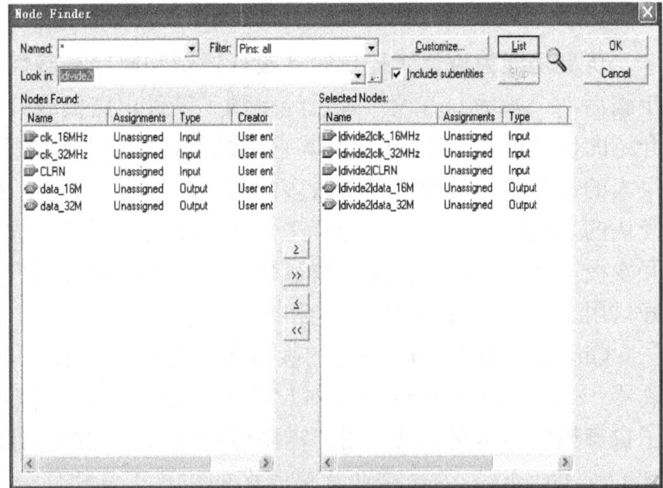

图 4.93 插入节点

2. 设置节点的验证时序

波形文件产生后，接下来要做的就是设置节点的验证时序。波形文件左侧是波形输入工具条按钮。一般情况下，输入节点的时序应尽量做到全覆盖性，即把各种可能存在的情况都尽量考虑到。在各节点验证时序的设置中，应该根据工程设计的数据操作特点，把输入节点设置为不同的时序状态，用户需要全面考虑到设计输入节点可能存在哪些输入逻辑信号(时钟、数据)，以验证所设计的逻辑输出是否符合要求。在本例中，输入信号有两个：clk_32MHz 为时钟信号，就设置其波形为标准的时钟信号，CLRN 为清除信号低电平有效，就在开始时设为低电平而其余为高电平，同步启动其它电路工作。输出节点不用设置，此时数值未知用网格表示，其值为仿真器仿真后自动填充的结果。用户就可对照自定义的输入信号，检验设计工程的仿真输出是否正确。如不满足要求就需要修改设计了。

在 Edit 菜单中设置好仿真的时间长度(End Time)、栅格宽度(Grid Size)以及各输入输出节点的属性及时序状态后，节点的设置就结束了。图 4.94 显示了一个设置好的波形输入文件示例。

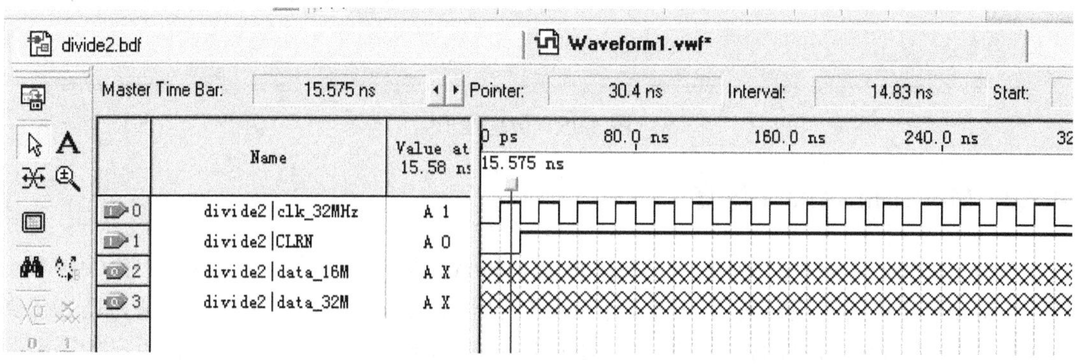

图 4.94　波形输入文件示例

3. 设置仿真参数

打开“Assignments\Settings\Simulator Settings”对话框或“Processing\Simulator Tool”，在仿真器的输入文件栏选择上一步生成的波形输入文件，设置仿真模式及其它仿真选项。如果执行功能仿真，则选择“Functional”命令，如果执行时序仿真，则编译设计，示例中选择时序仿真模式(Timing)。

仿真参数设置完毕后，可选择菜单项 Processing\Start Simulation 或点击开始仿真快捷图标执行仿真，同时 Status 窗口显示仿真进度和处理时间。在仿真进行中，点击“Stop”按钮可随时中止仿真进程。仿真结束后，点击 Open 按钮可观察仿真输出波形。

4. 分析仿真结果

仿真结束后，会弹出仿真的 Report 文件，在文件中会包括仿真的概述、参数设置、资源使用率以及得到的输出结果。用户可以观察对应输入节点信号的输出节点仿真输出波形，看是否满足用户设计的时序需要，逻辑是否正确，工程所要求的功能是否达到等等。如果存在问题(如逻辑错误、时序错误、毛刺等)，则根据波形所反映出的问题对设计进行修改，然后再次进行编译、仿真，直至得到满意的结果。仿真输出波形如图 4.95 所示。图中示例输出时钟节点信号 clk_16MHz 为输入时钟节点信号 clk_32MHz 频率的 1/2，clk_8MHz 又为 clk_16MHz 频率的 1/2，说明设计的 2 分频器功能正确实现了。如其它节点波形均满足设计者的预期，就说明工程设计仿真通过了，最后还需要下载到实际电路中的 FPGA 器件中进行调试和测试。只要仿真通过了，后面基本上就不存在问题了。

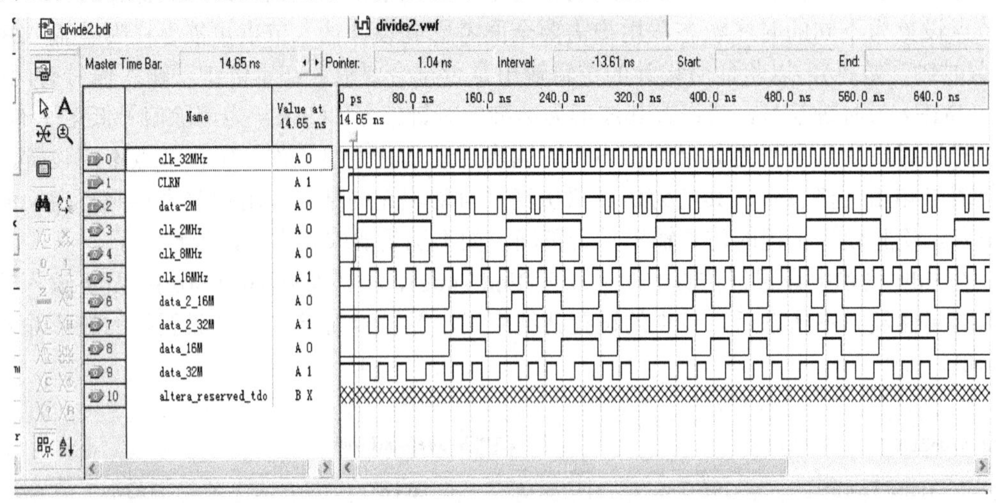

图 4.95　仿真波形

4.7.2　Modelsim-Altera 仿真

Modelsim 是一款针对 VHDL、Verilog、SystemVerilog 以及混合语言设计的校验仿真工具。Modelsim 仿真环境针对不同的设计系统复杂程度具有三种仿真流程，分别为基本仿真流程、工程流程和多库流程。这里只对 Modelsim 的基本仿真流程进行介绍，用户如需要了解另外的仿真流程可查阅 Modelsim-Altera 的操作手册、用户指南或教程。

Modelsim-Altera 仿真软件目前基于 Windows XP 的支持 Quartus II 10.0 sp1 的最新版本是 Modelsim-Altera6.5e，在网上下载 Modelsim-Altera6.5 仿真软件的压缩包 10.0sp1_modelsim_ase_windows.exe，进行自动解压安装在 Quartus II 10.0sp1 同一目录下。

Modelsim 对一个设计的基本仿真流程包括四个步骤：建立工作库、编译设计文件、调用并运行仿真器、调试结果。

建立工作库，在 ModelSim 中所有的设计都编译到一个库中，要开始一个新的仿真通常需要创建一个新的工作库，缺省库名为“work”。

编译设计文件，创建工作库后，用户需要将自己的设计单元编译进库中，ModelSim 库格式兼容各种支持平台，用户可以对自己的设计在任何平台上进行仿真而无需重新编译。

调用并运行仿真器，设计编译完成后，在顶层模块(Verilog)或者在一个配置或实体/结构对(VHDL)中调用仿真器与设计，假定设计装载成功，仿真时间设置为“0”，用户就可以输入运行命令开始仿真。

调试结果，如果用户没有得到所期待的结果，可以利用 ModelSim 中的鲁棒调试环境去跟踪引起问题的原因。

下面以一个简单的 8 bit 二进制计数器为例说明 Modelsim 的基本仿真流程。针对 Verilog

语言的仿真需要使用 counter.v 和 tcounter.v 文件作为二进制计数器的设计源程序。如果是针对 VHDL 的仿真则需要使用 counter.vhd 和 tcounter.vhd 文件作为二进制计数器的设计源程序。支持哪种语言就看用户的 Modelsim 的 license 授权，如果两者都支持，用户随便使用那一种进行仿真都可。

1．建立工作设计库

对一个设计要进行仿真之前，必须首先创建一个库并将源码编译进库中。

(1) 创建新目录。对于本次仿真举例说明，首先需要创建一个新的目录。这里我们建立新目录 D:/Altera/10.0/SimStudty，并从 Modelsim 目录/<install_dir>/examples/tutorials/verilog/basicSimulation 中将 Verilog 语言的 counter.v 和 tcounter.v 文件和目录/<install_dir>/examples/tutorials/vhdl/basicSimulation 中将 counter.vhd 和 tcounter.vhd 文件拷贝到新目录 SimStudty 中。

(2) 打开 ModelSim 仿真软件，首先会看到 ModelSim 欢迎对话框，点击关闭。选择 File→Change Directory 菜单，将目录改变到刚新建的目录 SimStudty 中。

(3) 建立工作库。选择菜单 File→New→Library，在打开的新工作库对话框中指定库的物理和逻辑名称，可以创建一个新的库或映射到一个已存在的库，这里我们建新库，“work”为自动输入的新库名，如图 4.96 所示。

点击“OK”按钮，ModelSim 就创建了一个叫 work 的目录，并向目录中写入了一个名为_info 的特定格式文件。_info 文件必须保留在目录中以表明这是一个 ModelSim 库。不能在操作系统中编辑该文件夹的内容，所有的改变都应在 ModelSim 中进行。ModelSim 已经在库窗口中增加了该库并在初始化文件中记录了库的映射作为未来的参考，如图 4.97 所示。

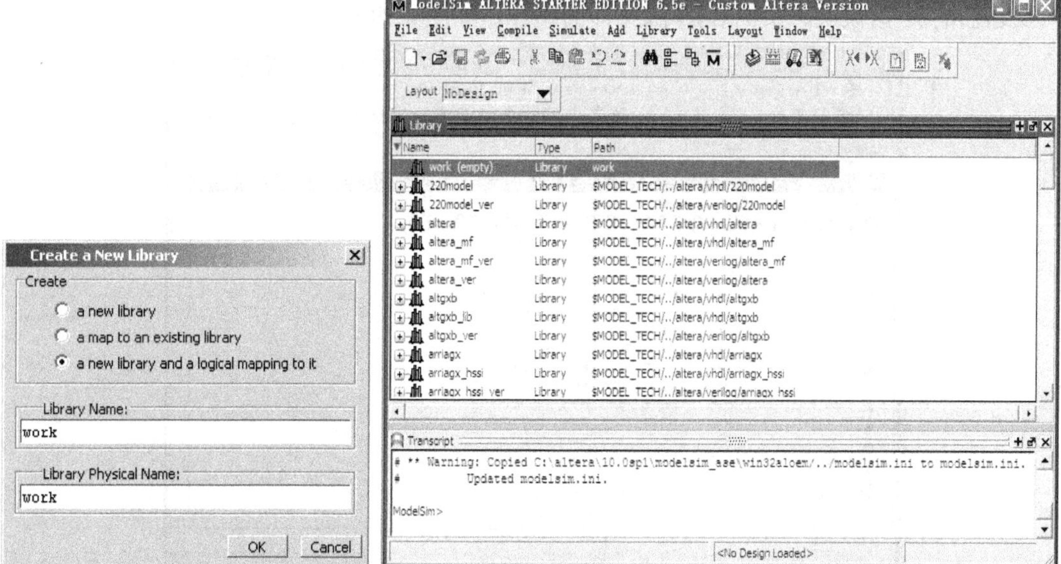

图 4.96　创建新工作库　　　　图 4.97　work 库加到库窗口

当建新库点击“OK”按钮后，下面的脚本就被打印在脚本窗口中：

```
vlib work
vmap work work
```

这两个命令行等效于用户刚才所做的菜单选择，许多等效命令行都像这样作为菜单选择的响应出现。实际上如果用户很熟悉直接输入命令行也可以完成相同的功能操作。

2. 编译设计单元

(1) 编译源文件。建立工作库后就可以开始编译源文件，可以用菜单项或命令行。菜单项选择 Compile→Compile，打开编译源文件对话框。在其中选择 counter.v 与 tcounter.v 模块，如图 4.98 所示。点击“Compile”按钮，这些文件被编译进 work 库中，编译完成后点击“Done”按钮。

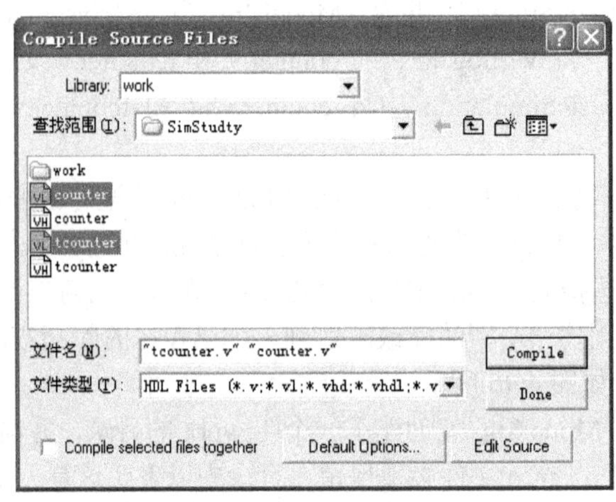

图 4.98　work 库加到库窗口

(2) 查看编译设计单元。在库窗口点击 work 库的扩展图标“+”，就会看到两个设计单元及它们的类型(模块、实例等)和源文件的路径，如图 4.99 所示。

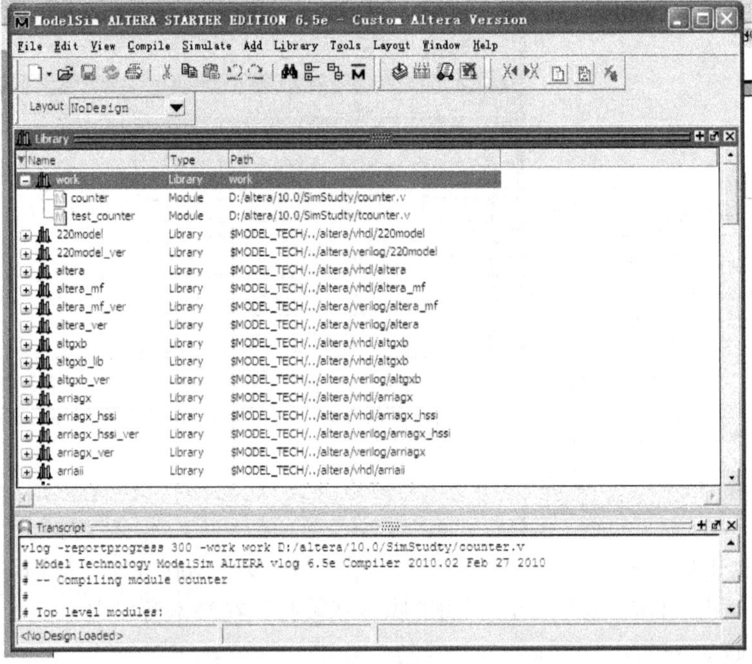

图 4.99　Verilog 模块编译到 work 库

3. 加载设计

(1) 加载 test_counter 模块到仿真器。点击库窗口 work 库的扩展图标“+”后，双击其下面的 test_counter 加载设计。也可以通过选择 Simulate > Start Simulation 菜单项，打开开始仿真对话框，选择设计标签来加载设计。点击选择 work 库的扩展图标“+”，选择 test_counter 模块后点击“OK”按钮，如图 4.100 所示。

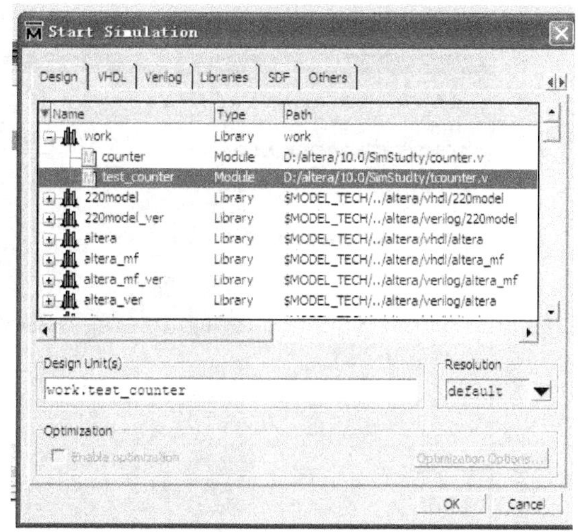

图 4.100　利用开始仿真对话框加载设计

(2) 设计加载后，结构窗口(sim)、目标窗口(Objects)和处理窗口(Processes)打开。结构窗显示了设计的层次结构，通过点击图标“+”扩展或“-”压缩查看详细层次结构。目标窗显示在结构窗中选择当前区域数据目标的名称和当前值。数据目标包括在处理、类、参数中没有说明的信号、网表、寄存器、常数和变量。处理窗口显示四种查看模式之一的 HDL 处理列表：主动、区域内、设计、层次。设计查看模式趋向于主要的 ESL (Electronic System Level，电子系统级)设计导航，而处理为首要考虑的问题。缺省情况下，窗口显示仿真中的主动处理(主动查看模式)，如图 4.101 所示。

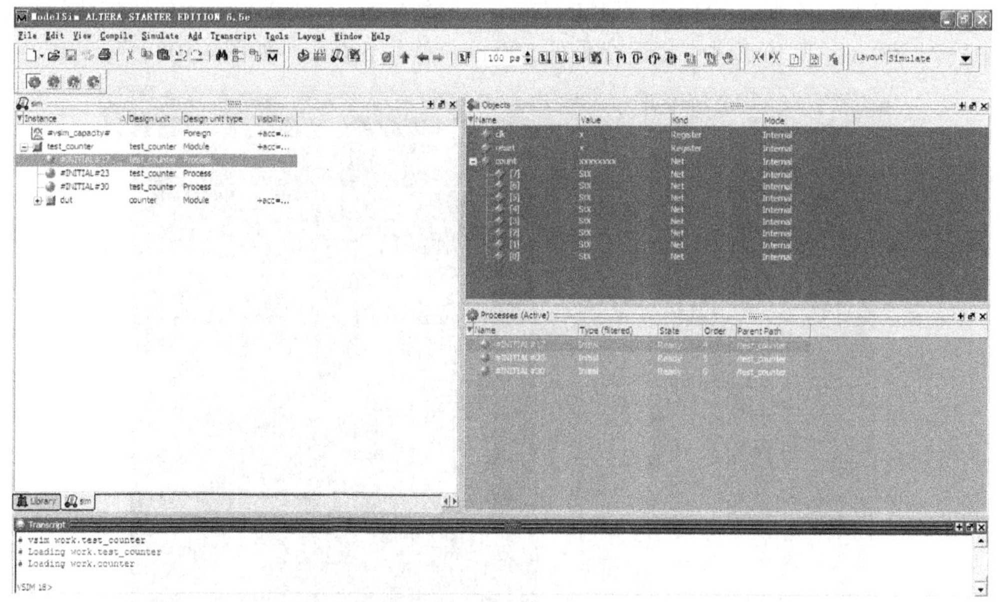

图 4.101　加载设计后的仿真器窗口

4. 运行仿真

运行仿真之前，需要打开波形窗口并添加信号。

(1) 打开波形窗口。选择 View→Wave 菜单打开波形窗口，波形窗口出现在主窗口的右边，调整尺寸大小。波形窗口是几个有效的调试窗口之一。

(2) 添加信号到波形窗口。在结构(sim)窗口，右击 test_counter 打开弹出文本菜单，选择 Add→To Wave→All items in region，设计中所有的信号被增加到波形窗口，如图 4.102 所示。

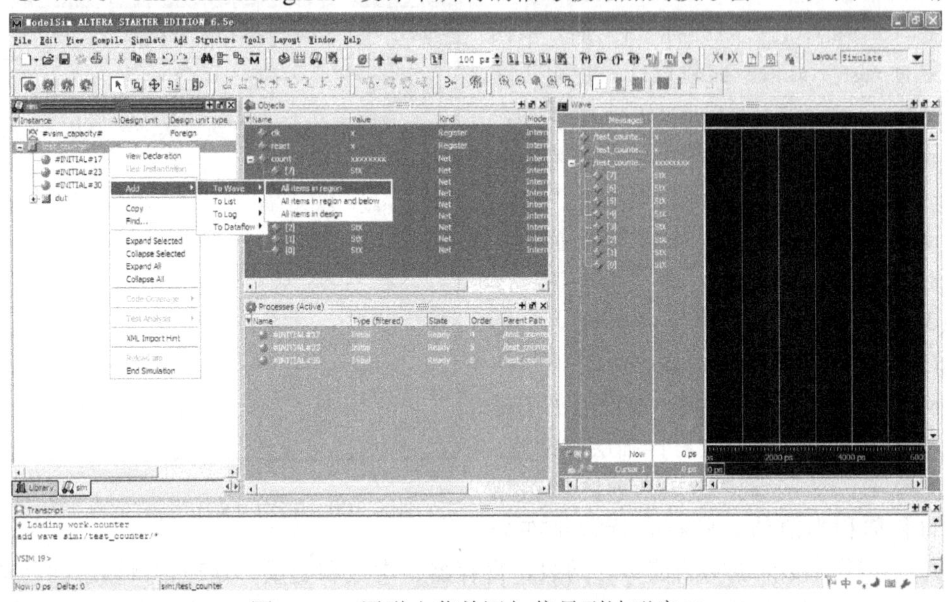

图 4.102 用弹出菜单添加信号到波形窗口

(3) 运行仿真器。

点击快捷图标栏中间位置的运行按钮，仿真器运行 100 ns(缺省仿真长度)，在波形窗口中画出波形。在脚本窗口中 VSIM> 提示符下输入 run 500 或在运行按钮左边运行长度栏中输入 500 ns，则仿真进一步运行另外 500 ns，总共 600 ns，如图 4.103 所示。

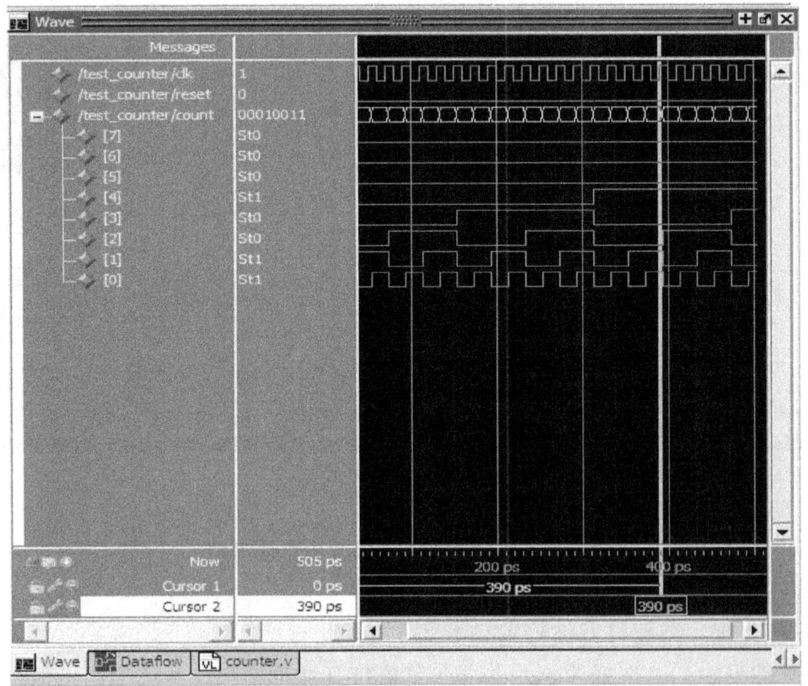

图 4.103 仿真波形窗口

在主窗口或波形窗口点击“Run –All”按钮，仿真器继续运行直到用户执行中断命令或在编码中遇到停止的状态才停止仿真器的运行。点击中断(Break)按钮停止仿真。当鼠标靠近工具栏中快捷图标时会显示图标功能提示。

5. 设置中断点步进运行源设计

下面主要介绍 ModelSim 环境的交互式调试特征。用户可以在源设计窗口中设置中断点，运行仿真，步进测试设计。中断点仅在可执行行进行设置，可执行行用红色数字指示。

(1) 在源窗口打开 counter.v 文件。选择 View→Files 打开文件窗口，点击 sim 文件名的“+”号，可看到 vsim.wlf 数据集内容。双击 counter.v (或 counter.vhd，如果用 VHDL 文件仿真)，在源窗口中打开文件。

(2) 在 counter.v 中的第 36 行设置中断点(或 counter.vhd 文件中的第 39 行)，滚动鼠标到 36 行，在行号上点击 BP(中断点)栏，一个红色的球出现在 36 行数上，说明中断点已经设好，如图 4.104 所示。

D:/altera/10.0/SimStudty/counter.v

```
Ln#
31          end
32      end
33    endfunction
34
35    always @ (posedge clk or posedge reset)
36●     if (reset)
37        count = #tpd_reset_to_count 8'h00;
38      else
39        count <= #tpd_clk_to_count increment(count);
40
41    /*************************************************************
42    Use the following block to make the design synthesizable.
43
44    always @ (posedge clk or posedge reset)
```

Wave　Dataflow　counter.v

图 4.104　设置中断点

(3) 不使能、使能、删除中断点。点击红球不使能中断点，红球变黑球；再次点击黑球再次使能中断点，黑球变红球；鼠标右键点击红球并选择 Remove Breakpoint 36，则删除中断点。再次点击 36 行重新创建中断点。

(4) 重新开始仿真。点击重新开始按钮，再次装载设计元素并复位仿真时间到 0。重新开始对话框出现可以选择重新开始的保留选项，如图 4.105 所示。在重新开始对话框中点击“Restart”按钮。点击“运行所有”图标。仿真运行到中断点停止。在源程序视图中用蓝色箭头高亮度指示该行。并在脚本窗口给出中断信息。

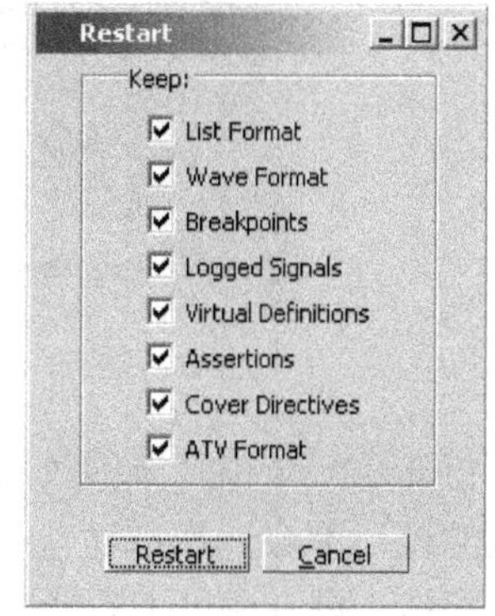

图 4.105　设置重新开始选项

当达到中断点时，典型地说，您想知道一个或者更多信号值，有以下几种方法：

a. 查看显示在目标窗口的值；

b. 在源程序视图窗口中设置鼠标指示器在变量上，出现带有变量名的黄色，且出现在波形窗口中选择的指针时间的变量值。

c. 在源程序视图窗口中高亮度一个信号、参数或变量，右键点击它，在弹出菜单中选择 Examine，在源程序 Examine 窗口中显示变量及其当前值。也可在脚本窗口中用 Examine 命令来查看。

(5) 尝试单步命令。在主窗口工具条中点击“单步”按钮，进行单步调试，根据用户自己的经验，设置或清除中断点和单步调试，单步结束后，继续运行命令直到用户满意为止。

结束当前的仿真。选择 Simulate→End Simulation，点击“yes”按钮确认退出仿真。

6. 分析仿真波形

波形窗口允许用户查看 HDL 仿真结果波形与数值，波形窗口被分成几个面板，最左边一栏是路径面板，中间栏是数值面板，最右边一栏是波形面板。如图 4.71 所示。用户能够通过点击与拖拉两个面板之间的格栏对路径面板、数值面板和波形面板调整大小。

(1) 用拖拉的方式增加目标。用户可以直接从许多其它窗口(如结果、目标和本地)拖拉目标到波形窗口。在波形窗口中选择 Edit→Select All 然后 Edit→Delete，删除所有变量。从结构(sim)窗口中拖拉实体到波形窗口。ModelSim 就为实体增加目标(Objects)到波形窗口。还可以用 add wave 命令去增加目标。

(2) 放大波形显示。有几种方法可以放大波形显示，在波形窗口工具条中点击“放大模式”按钮；在波形显示中，点击拉下到右边；菜单选项如 View→Zoom→Zoom Last 和 View→Zoom→Zoom Full 等。

(3) 波形窗口的指针使用。波形窗口中的指针标志仿真时间。当 ModelSim 第一次画波形时，在 0 时间点放一个指针，在显示波形的任何地方点击可将指针带到鼠标位置。用户可以增加附加指针；命名、锁定、删除指针；用指针测量时间间隔；用指针找转换点，如图 4.106 所示。

最后结束当前的仿真。选择 Simulate→End Simulation，点击“yes”按钮确认退出仿真。

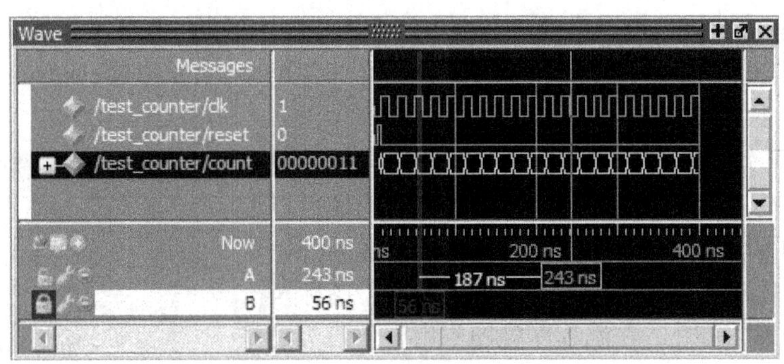

图 4.106 波形窗口指针使用

仿真是一个很复杂的过程，这里所说的复杂并不是指操作，而是大部分情况下，我们所做的设计不会一次成功，都会出现这样或那样的问题。对各种问题的解决还需要读者的经验积累。只有通过不断地实践，不断地学习，才能提高解决问题的能力和设计的正确性。另外，仿真只适合于一些小系统或某个功能模块的功能验证，而不适合庞大系统的功能验证。因为，复杂系统的仿真时间一般都是比较长的而且可以仿真的数据量也很有限。所以，作者建议对某些功能模块进行验证时可以使用仿真，而对整个系统进行验证时最好使用 SignalTap Ⅱ逻辑分析仪、SignalProbe 以及外部逻辑分析仪示波器等工具进行电路板级的调试，这将会节省设计者大量的调试时间。关于调试部分读者可以参考后续相关内容。

4.8　SignalTap Ⅱ逻辑分析仪

编译、仿真、器件配置与编程结束后，接下来设计者需要对设计工程进行整体或局部模块调试。系统运行时，Quartus Ⅱ嵌入式逻辑分析仪(SignalTap Ⅱ Logic Analyzer)和信号探针(SignalProbe)功能可以帮助用户对器件内部节点和 I/O 引脚实现在系统分析。SignalTap Ⅱ Logic Analyzer 可以帮助用户自定义触发条件，监测信号将由 JTAG 端口送至 SignalTap Ⅱ Logic Analyzer 或外部逻辑分析仪及示波器以进行调试。SignalProbe 可以在器件未使用的布线资源上进行渐进式布线，供其自身使用，然后将选定信号送往外部逻辑分析仪或示波器。

4.8.1　简介

SignalTap Ⅱ逻辑分析仪可以对一个 SOPC(可编程片上系统)或 FPGA 设计进行芯片上的调试。

SignalTap Ⅱ逻辑分析仪是一个系统级调试工具，它通过标准的 JTAG 接口，能够获取、存储、显示 FPGA 设计的实时信号。在不需要外部逻辑分析仪和附加 I/O 引脚的情况下，允许设计人员通过专用的 JTAG 引脚在系统校验硬件功能。

SignalTap Ⅱ逻辑分析仪帮助设计人员在其系统设计中观察硬件和软件的交互作用。当器件在系统内以系统速率运行时，SignalTap Ⅱ嵌入式逻辑分析仪可以读取器件内部节点或 I/O 引脚的状态。SignalTap Ⅱ嵌入式逻辑分析仪软件可以用在单 JTAG 链上多器件的环境下，同 JTAG 链上每个器件的多个逻辑分析宏函数相关联。调试期间所获取的数据将存储在器件的内存中，然后通过 USB-Blaster、ByteBlasterMV、ByteBlaster Ⅱ或者 MasterBlaster 通信电缆输出至 Quartus Ⅱ软件进行波形显示。在可编程逻辑市场上，SignalTap Ⅱ逻辑分析仪专用于 Quartus Ⅱ软件，与其它嵌入式逻辑分析仪相比，它支持的通道数多，抽样深度大，时钟速率高。Quartus Ⅱ 4.0 及其以后版本提供了图形界面，定义了特定触发条件逻辑，实现更高的精度，解决问题的能力更强。使用 SignalTap Ⅱ嵌入式逻辑分析仪，用户不需要对设计文件进行任何的外部探测或者修改，就能方便地监测任意已综合的线网节点。

触发条件是由逻辑电平、时钟沿和逻辑表达式定义的一种逻辑事件模式，是用户指定的帮助定位和调试一定设计功能问题的。SignalTap Ⅱ Logic Analyzer 触发条件分为基本触发功能和高级触发功能。支持多级触发、多个触发位置、多段触发以及外部触发事件。基本触发是当一个信号、一组信号或与特定模式匹配时允许用户主动获取总线数据。高级触发根据内部总线或节点的数据值可以建立灵活的、用户定义的逻辑表达式和条件。定义高级触发条件可以提供更多的方法表达一个条件和提高孤立问题的能力。

SignalTap Ⅱ Logic Analyzer 进行调试是以实例为基础的。Quartus Ⅱ软件在目标器件上利用有效的逻辑单元和存储器容量创建逻辑分析仪。用户可以对一个设计建立多个 SignalTap II Logic Analyzer 实例，每个实例具有其自身的捕获、存储数据信号的缓存器和时钟。在 SignalTap II Logic Analyzer 中，用户可以配置每个实例以监视特定的节点或定义触发条件。在器件编程后，JTAG 接口控制 SignalTap II 的实例工作。用户可以利用 ByteBlasterMV、ByteBlaster II、USB-Blaster、或者 EthernetBlaster 通信电缆下载配置数据到器件中。这些电缆也可以用于将器件存储器资源中的捕获信号的数据上传到 Quartus II 软件中。Quartus II 软件在 SignalTap II Logic Analyzer Editor 中将获得的数据用波形显示出来。

SignalTap II 嵌入式逻辑分析仪调试流程如图 4.107 所示。

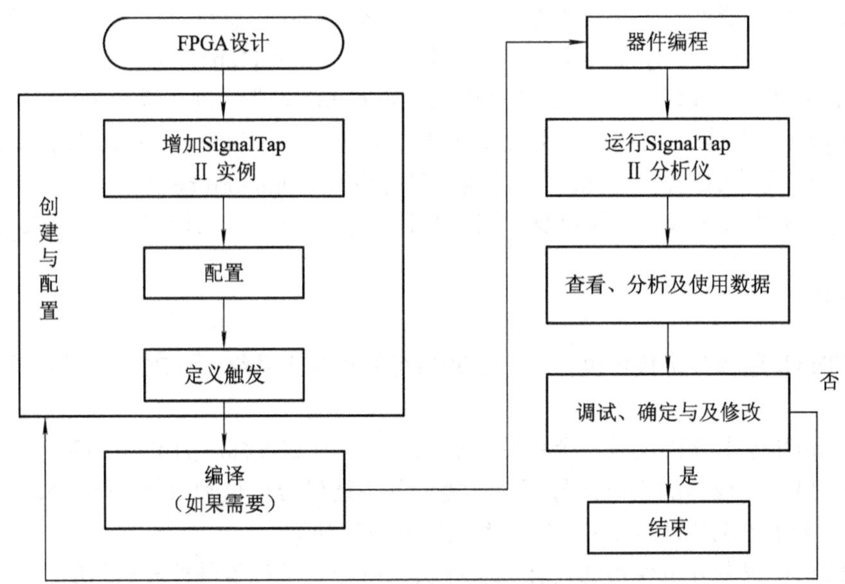

图 4.107 SignalTap II 嵌入式逻辑分析仪调试流程

4.8.2 SignalTap II 逻辑分析仪的调试

在使用 SignalTap II Logic Analyzer 之前，用户必须首先创建一个 SignalTap II 文件(.stp)，此文件包括所有配置设置并以波形显示所捕获的信号。完成对 SignalTap II 文件的设置后，用户就可以编译工程，然后对器件进行编程并使用逻辑分析仪采集、分析数据。SignalTap II Logic Analyzer 在单个器件上支持多达 1024 个通道和 128K 采样。以下步骤显示了使用 SignalTap II Logic Analyzer 进行调试的具体操作流程。

1. 建立新的 SignalTap II 文件

SignalTap II 文件(STP 文件)包括 SignalTap II 逻辑分析仪的设置和捕获到的数据的查看分析。创建方法是在 Quartus II 软件中当前工程打开的情况下，在主窗口中选择 File→New 菜单，在弹出的对话框 Verification/Debugging File 中选择 SignalTap II Logic Analyzer File 项，如图 4.108 所示。点击“OK”按钮即打开图 4.109 所示 SignalTap II 逻辑分析仪的主窗口界面，创建的 STP 新文件就打开了。也可以直接在已经打开的 SignalTap II 逻辑分析仪的主界面中选择 File→New File 菜单，创建 STP 新文件。

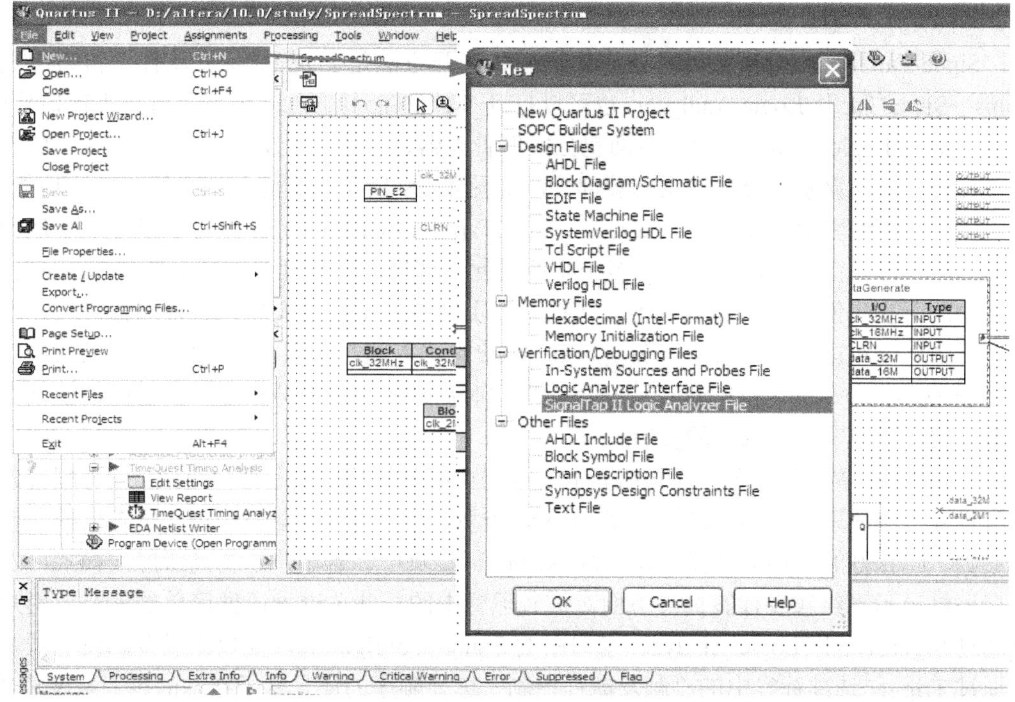

图 4.108　创建 STP 新文件

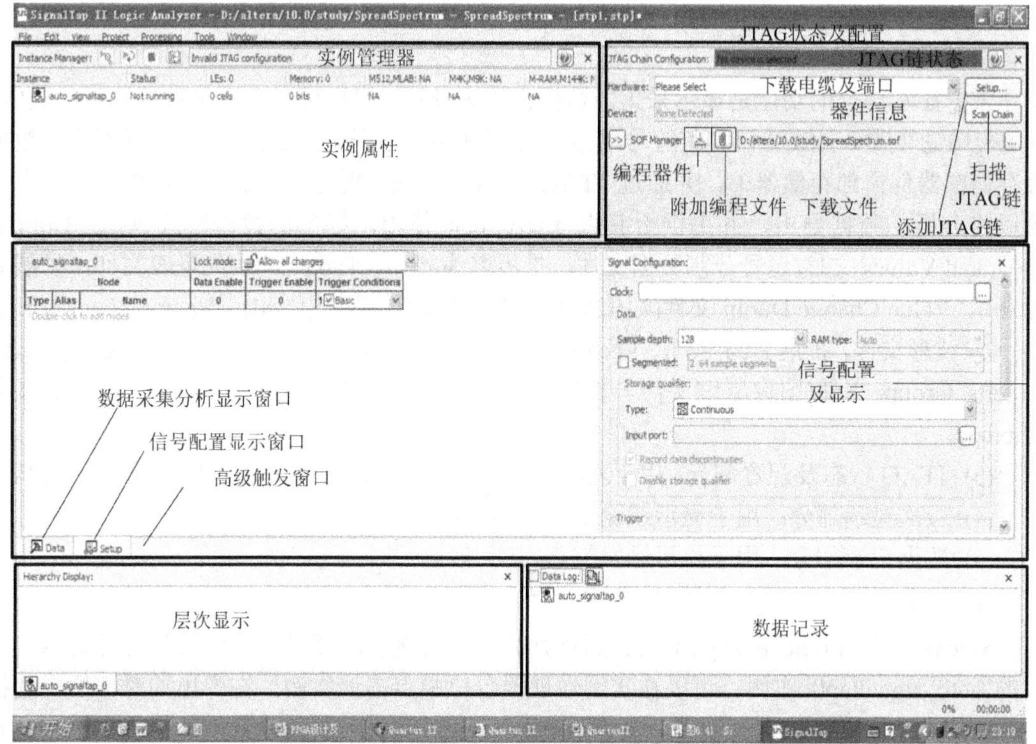

图 4.109　SignalTap Ⅱ Logic Analyzer 主界面

2. SignalTapⅡ逻辑分析仪主界面

SignalTapⅡ逻辑分析仪的主窗口的第三种打开方法是在 QuartusⅡ软件主窗口中选择 Tools→SignalTapⅡ Logic Analyzer，也可以打开 SignalTapⅡ嵌入式逻辑分析仪主窗口界面。SignalTapⅡ Logic Analyzer 用户界面包括实例管理器、信号配置及显示部分、JTAG 状态及配置部分、层次显示部分和数据记录部分，如图 4.109 所示。下面分别介绍各部分功能。

(1) 实例管理器(Instance Manager)：SignalTapⅡ Logic Analyzer 进行调试是以实例为基础的。用户可以在一个器件上建立多个实例以便于调试。实例管理器显示当前 SignalTapⅡ文件中的所有实例、每个实例的当前状态、该实例中使用的逻辑单元和存储器容量以及每个逻辑分析仪在器件上要求的资源使用量。用户也可以同时使用多个逻辑分析仪进行调试，选择 Processing→Run Analysis 命令可以实现同时启动多个逻辑分析仪。当前面板上其它的设置项改变只影响当前选中的实例。

(2) 信号配置及显示部分：此部分由信号配置部分和数据显示部分组成。信号配置部分负责设置实例的采样时钟、采样深度、RAM 类型、触发等级、触发类型、缓存器捕获模式等参数，配置好的实例信息显示在左侧 Setup 标签页中。若用户选择高级触发模式，左侧窗口还将显示高级触发标签页。下面对信号配置中的一些关键术语做简单的解释。用户可以通过 SignalTapⅡ Logic Analyzer 窗口中的 Signal Configuration 面板来设置触发选项，并可通过 Trigger 选项标签中的“触发流程控制”选择顺序的还是基于状态的，“触发位置”前、中、后，“触发条件”选择 1，2，…，10 中的一项，最多可以支持 10 级触发。采样深度(Sample Depth)指某选定实例的 SignalTapⅡ Logic Analyzer 采样缓存器的深度。换句话说，就是每个输入信号存储的样点数量。RAM 类型(RAM Type)用于指定捕获缓存器使用的存储器类型。

数据显示部分的功能是显示采集的数据供用户使用。用户可以自定义数据显示的模式，如 2/8/16 进制数、ASCII 码、有符号/无符号数值模式、有符号/无符号图形条等形式。数据会存储在器件内部存储器中，并通过 JTAG 端口导入到逻辑分析仪的波形视图中。用户还可以将分析的数据导出，并提供给其它 EDA 软件使用，导出的数据格式包括：Comma Separated Values 文件(逗号分割数据文件，扩展名为.csv)、Table 文件(矢量表文件，扩展名为.tbl)、Value Change Dump 文件(数值更改转存文件，扩展名为.vcd)、Vector Waveform 文件(矢量波形文件，扩展名为.vwf)、Vector File (矢量文件，扩展名为.vec)、Joint Photographic Experts Group 文件(图像压缩文件，扩展名为.jpeg)以及 Bitmap 文件(位图文件，扩展名为.bmp)。

(3) JTAG 状态及配置部分：用于对器件进行编程，具体使用方法请参考 6.8 节的内容。

(4) 层次显示部分：用于显示或隐藏节点的层次。

(5) 数据记录部分：用于显示触发信息。

3. 创建实例

SignalTapⅡ Logic Analyzer 主界面打开时，在实例管理器窗口中就会打开并显示一个新的 auto_signaltap0 实例。可以在实例管理器窗口中点击该实例，在弹出的对话框中选择 Rename Instance，将该实例重新命名为 Instance one。右键菜单还包括创建新的实例和删除实例。如创建新的实例 Instance ten。实例管理器窗口中就出现了两个实例，如图 4.110 所示。

可以分别用这些实例在工程中主动捕获数据信号。然后可以在 File→Save as 将新 STP 文件存储为 SpreadSpectrum.stp，并确认作为当前工程的 SignalTap Ⅱ逻辑分析仪文件。

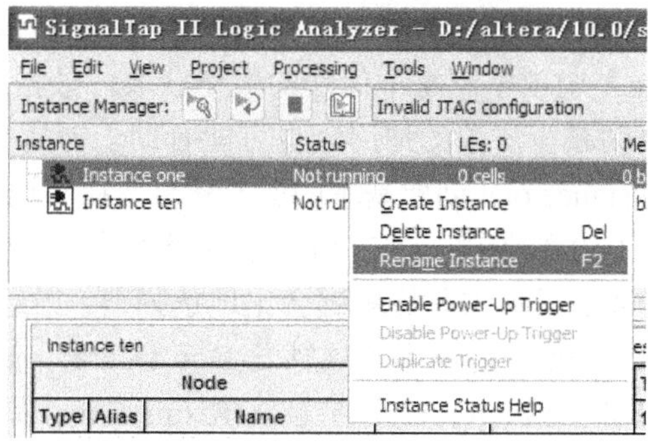

图 4.110　重新命名实例

4．抽取信号创建触发条件

实例管理器窗口中显示了我们创建的两个新实例 Instance one 和 Instance ten。接下来就可以从实例中抽取信号并创建基本的和高级触发条件。

(1) 添加节点。鼠标左键双击选中的实例如 Instance one，在实例列表栏中的空白处双击鼠标或点击鼠标右键在弹出菜单中选择“Add Nodes”调出 Node Finder 对话框，就可以添加要进行采集的信号。在添加信号过程中，在 Node Finder 对话框的 Filter 列表中用户会遇到 pre-synthesis 和 post-fitting 两种信号，顾名思义，前者是综合前的信号，是在 Start Analysis & Elaboration(processing→start 菜单)操作后产生的信号，而后者是布局布线之后产生的信号。这里由于我们的工程已经编译过，在 Filter 下拉选项中选择 post-fitting 项，点击“List”按钮，出现设计适配后网表中的所有可以抽取信号的节点列表，选中某个节点如 mult:inst|lpm_mult:lpm_mult_component| mult_c9p:auto_generated|result，点击“>”按钮，添加节点。点击“OK”按钮，上面选中的总线节点就加入到节点列表栏中，扩展总线显示组成总线的每一个信号，如图 4.111 所示。

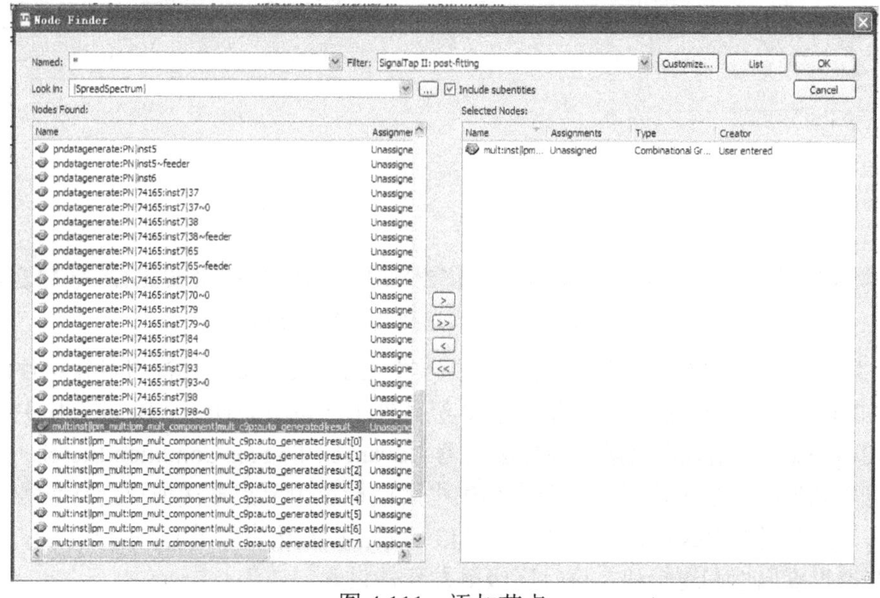

图 4.111　添加节点

(2) 为节点选择基本触发条件。在节点列表栏中，缺省情况下，所有信号的触发条件值都被设置为“don’t care”。如果我们不想利用某一个抽取信号定义触发条件，就可以在“Trigger Enable”栏下关闭。不使能选择的信号有助于减少逻辑单元的资源使用。也可以打开或关闭“Data Enable”选项控制每个信号的数据获取，数据使能选项通过减少逻辑分析仪要求的存储器数量帮助减少资源的使用，也可能有助于提高 fmax。

接下来可以为实例 Instance one 创建基本的触发条件。在右边信号配置面板的“Trigger Conditions”栏中选择 1 到 10 级条件，在左边栏中每级条件“Basic”的下面为任何节点选择基本的触发条件。选择节点后单击鼠标右键会出现选择值。当选择 Basic 类型时，用户需要设置触发模式(Trigger Pattern)，包括无关项触发(Don’t Care)、低电平触发(Low)、高电平触发(High)、下降沿触发(Falling Edge)，上升沿触发(Rising Edge)以及双沿触发(Either Edge)，如图 4.112 所示。当选择 Advanced 类型时，用户需要建立一个触发条件表达式，当这个表达式为真时，触发条件成立。SignalTap II 逻辑分析仪支持多级触发模式，触发级别是指当第一级触发条件满足时进入下一级触发状态，并且支持每级不同的触发类型。只有当所有触发级别的触发条件均被满足后，逻辑分析仪才开始采集数据。

在节点列表栏右边的空白处单击右键选择菜单 Mnemonic Table Setup 项可以对记忆表进行设置。Mnemonic Table 中的值也可以设置为触发条件值。

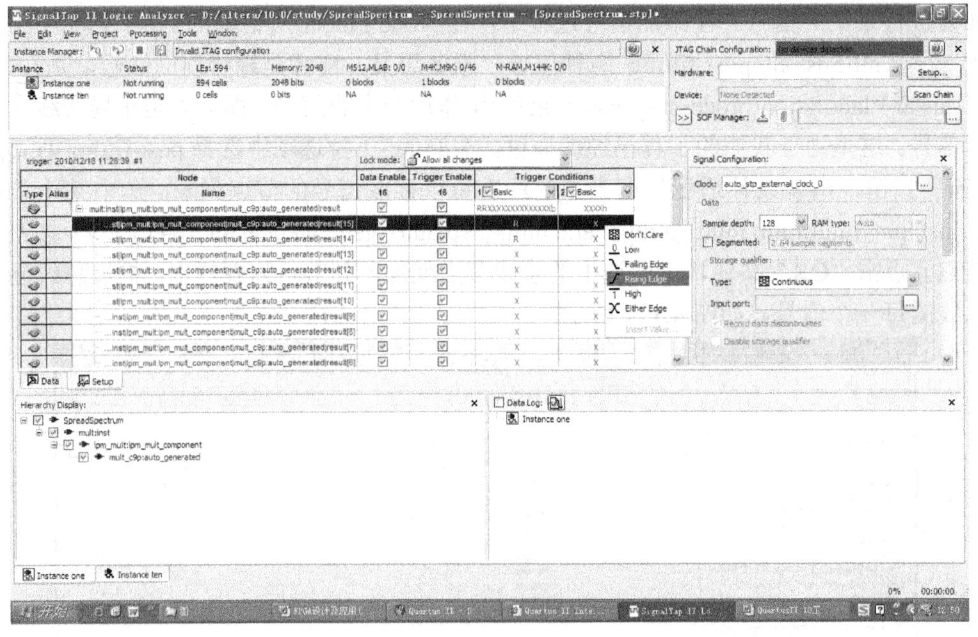

图 4.112　为节点选择基本触发条件

(3) 为节点设置高级触发条件。还可以为实例 Instance one 创建高级触发条件。在节点列表中“Trigger Conditions”栏中的 1 到 10 级条件下，每级条件下“Basic”栏中下拉项中选择“Advanced”，出现高级触发条件编辑器 Advanced Trigger Condition Editor。高级触发条件为用户创建的布尔表达式。从节点列表中用鼠标选中节点直接拖拉到高级触发条件编辑器中作为结果目标 Result object，如图 4.113 所示。在左边中间的 Object Library 中可以为选中的节点设置属性和逻辑值，进行高级触发条件设置。

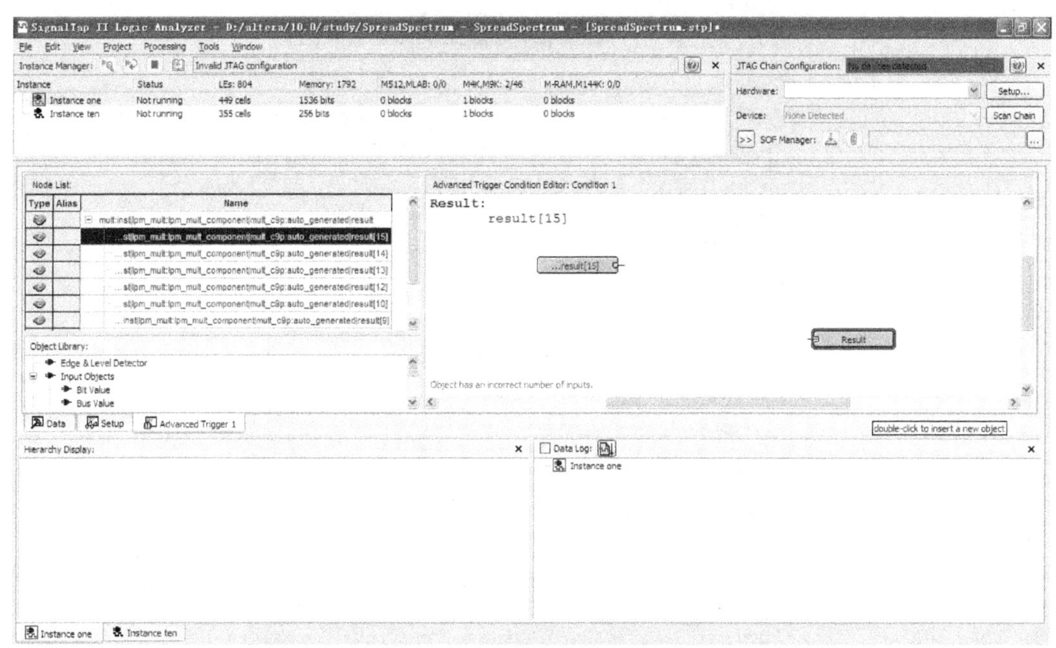

图 4.113　为节点设置高级触发条件

对其它实例，如 Instance ten 的基本触发条件和高级触发条件的设置步骤和方法完全类似。完成后保存 STP 文件。

5. 信号配置

在使用 SignalTap Ⅱ逻辑分析仪采集数据之前首先要设置系统的采样时钟。在采样时钟的选择方面可以使用设计中的任意信号作为时钟，但是为了能够采集出稳定真实的数据，建议最好使用全局时钟。添加时钟信号的过程是：首先点击 STP 文件中的 Setup 标签页，然后在信号配置板的 clock 项中选择 ... 按钮调出 Node Finder 对话框，然后使用 Node Finder 选出作为采样时钟的信号添加到 STP 文件中。用户如果在 STP 文件中没有分配采样时钟，SignalTap Ⅱ逻辑分析仪将使用外部信号作为采样时钟，并且 Quartus Ⅱ软件将自动为其建立一个名为“auto_stp_external_clk”的时钟引脚。所以在设计中，用户也必须为此引脚单独分配一个器件引脚，并且在 PCB 板上必须要有一个外部时钟信号作为此引脚的驱动信号。

在信号配置板时钟下面的“Data”栏中可以设置采样深度，选择实例缓存的存储器类型可以在“Segmented”选择不同的分段缓存方式，在“Storage quatifies”下面的“Type”中选择存储器质量类型。在“Trigger”栏中可以配置触发条件的流程为“Sequential”或“State-based”，如选择基于状态的触发条件的流程，就会出现基于状态的流程设置表。触发位置为前、中或后触发。用“Trigger in”与“Trigger out”作为 SignalTap Ⅱ逻辑分析仪与外部器件或实例的接口，如图 4.114 所示。

设置完成后，重新对当前工程进行完整编译，用菜单命令 Processing→Start Compilation 或点击快捷图标 ▶。编译成功后，就已经将 SignalTap Ⅱ逻辑分析仪嵌入到我们的设计中去了。在工程管理窗口就出现了新的条目，这些条目实现 SignalTap Ⅱ逻辑分析仪和缓存。也可以不进行完整的编译，只进行改变部分的编译。

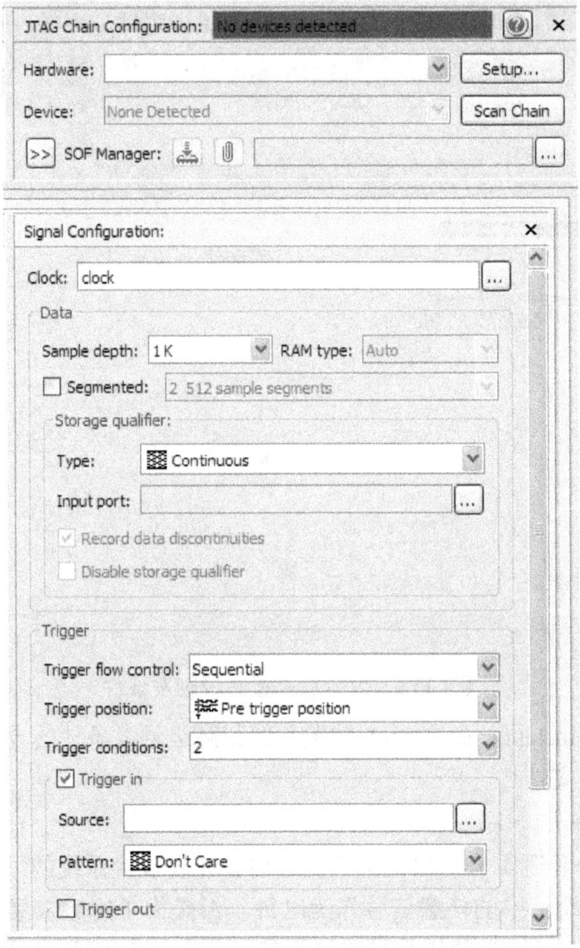

图 4.114　SignalTap II 逻辑分析仪的信号配置

6. 配置 JTAG 链

在 JTAG Chain Configuration 中选择下载电缆、目标器件和下载文件(.sof 文件)后进行下载(可参看 6.8 节)。如果系统没有扫描到开发板上的目标器件，调试将不能进行，如图 4.115 所示。Quartus II 软件利用标准的 JTAG 接口控制 SignalTap II 逻辑分析仪的工作。器件的编程配置完成后就将逻辑分析仪的逻辑都配置到目标器件中去了。健康监视器就指示准备捕获数据开始调试过程了。

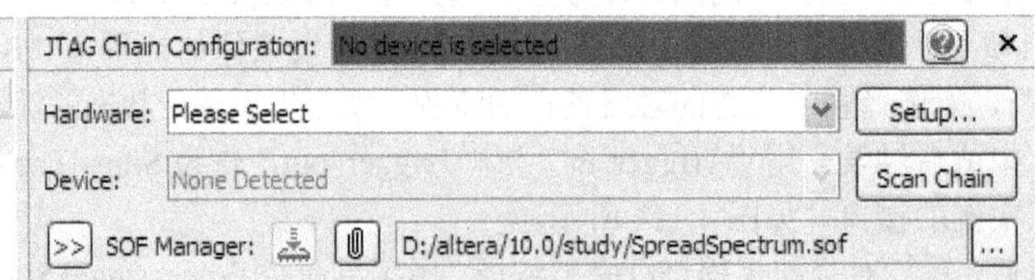

图 4.115　对器件进行编程

7. 进行逻辑分析

这里以实例一的捕获数据为例进行说明，打开 SignalTap II 逻辑分析仪主窗口，在实例管理器窗口中选择实例 Instance one。运行逻辑分析仪意味着开始对触发器使能的信号进行监视，寻找满足触发器条件的信号的合成信号，逻辑分析仪的工作由主窗口第二排中高亮度的快捷图标控制或 Processing 菜单中子菜单项控制。

快捷图标按钮后面一栏中的文字说明为健康监视器，在逻辑分析仪寻找满足触发条件的信号时健康监视器提供状态信息，如“准备获取数据”信息。数据表是主要的交互界面可以立即查看捕获的数据，当数据被传送到缓存器中时，逻辑分析仪自动地切换数据表。缺省情况下，数据表显示所列节点使能信号的波形。

选择快捷图标按钮或子菜单运行逻辑分析仪 Run Analysis(单步执行采集任务)后开始对选择的实例进行满足触发条件的信号进行监视。捕获的数据抽样被用波形显示出来，抽样次数也在顶部显示。Waveform Display 面板允许用户编辑波形查看数据。用户也可以插入时间条，编辑节点属性，编辑总线和总线值，并可以打印波形。可以通过 View 菜单中的 Zoom In 或 Zoom Out 去查看更多或更少的缓存器内容，并可进行详细的数据查看分析，如图 4.116 所示。

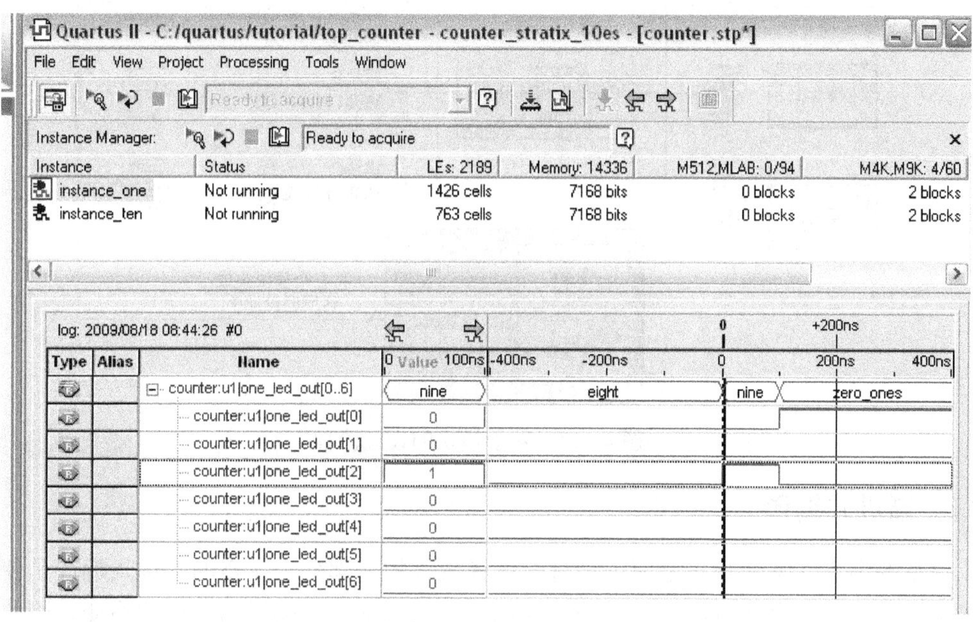

图 4.116　SignalTapⅡ逻辑分析仪进行逻辑分析

Stop Analysis 停止数据采集，AutoRun Analysis 连续执行满足触发条件的数据采集任务，直到用户选择停止为止。

捕获的数据也可以不同的文件格式输出，可为其它工具使用或作为留存文档，方法是在 QuartusⅡ软件中利用 File→Export 菜单命令。

还可以通过 QuartusⅡ软件中的 File→Creat/Update SignalTapⅡ File From Design Instance(s)命令，设置 STP 文件名后，系统自动打开 STP 文件并将采集数据显示在 STP 文件中。

总结一下，SignalTapⅡ逻辑分析仪允许用户在系统以正常的系统速度工作时调试设计的逻辑功能。对抽取内部设计的节点很容易进行设置与配置，不需要外部的逻辑分析仪，节约时间和工夫。

4.9　Quartus Ⅱ基于模块化的设计流程

我们知道在传统的自上而下的设计流程中，设计只有一个网表文件。在自上而下的设计流程中，因为每个模块实现方式的不同，它们在顶层设计中可能会表现出不同的性能。而在自下而上基于模块化的设计流程中，我们定义每个模块都具有各自单独的网表文件，这样就允许设计者先对每个子模块进行单独综合和优化，再将这些子模块统一整合到顶层设计中。基于模块的设计可以用于以下几个流程设计中：模块化设计流程、渐进式编译流程以及团队合作设计流程。基于模块的设计流程如图 4.117 所示。

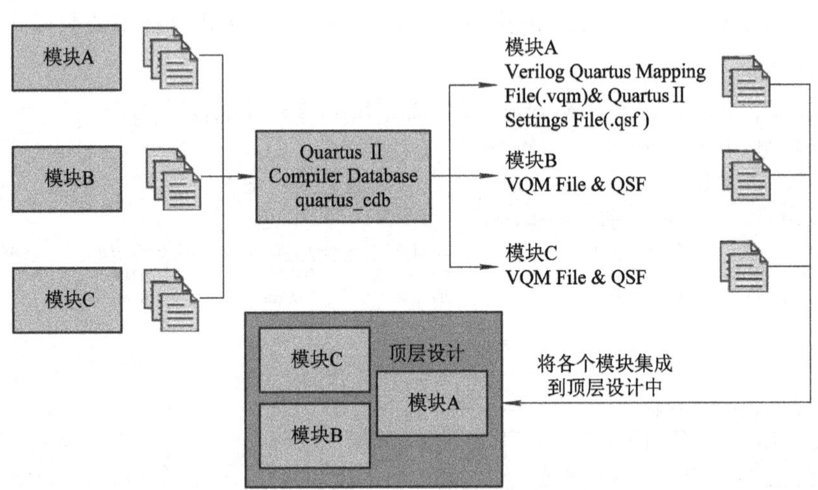

图 4.117　基于模块的设计流程

4.9.1　渐进式编译

完整的渐进式编译是自上而下渐进式编译流程的一部分。完整的渐进式编译是使用以前的编译结果，只重新编译修改过的设计部分，其它部分的编译结果保持不变，因此能够保持设计性能不变，节省编译时间。以下步骤描述了进行完整的渐进式编译的基本流程：

✧　进行 Analysis & Elaboration；

✧　将工程的一个或多个实体指定为分区；

✧　选定 Full Incremental compilation 作为 Incremental compilation 模式；

✧　为分区设置合适的 Netlist Type，为保持编译和布局结果，将分区的 Netlist Type 设置为 Post-Fit；

✧　使用 Timing Closure Floorplan 和 LogicLock 分配，为每个分区分配一个器件物理位置；

✧　进行完整编译(所有分区均被编译)；

✧　对设计进行修改；

✧　进行渐进式编译，只有改动过的分区才会被重新编译。

4.9.2　基于 LogicLock 的设计方法

QuartusⅡ LogicLock(逻辑锁)功能支持基于模块化的设计流程，允许用户单独设计和优化每个子模块，然后将各模块在顶层设计中进行整合。在这种模块化设计中，只要各子模块具有已寄存的输入和输出，顶层整合后就不会影响各个模块的性能，从而有利于模块的重复使用和复杂工程的团队合作开发，进而使用户能够充分利用资源，缩短设计的周期。

LogicLock 区域是一种灵活的并且可重复使用的约束，它可以帮助用户提高在目标器件上进行逻辑布局的能力。用户可以将目标器件上物理资源的任意矩形区域定义为一个 LogicLock 区域，并允许用户单独设计优化和锁定每个模块性能。这些模块在复杂系统中可以保持性能不变，非常适合基于团队的设计方法。另外，用户还可以在其它设计中重用已经优化好的模块而不必再重复此模块的优化工作。如果将某些实体或节点分配给 LogicLock 区域，则 Fitter 在适配期间会将这些节点或实体放置在该区域内。LogicLock 功能还能够将设计分区分配给器件中的物理位置，作为自上而下、渐进式编译流程的一部分。

4.9.3　创建 LogicLock 区域

LogicLock 区域的定义包括其大小(高度和宽度)和在器件上的位置两方面。用户可以自定义 LogicLock 区域的大小和位置，也可以由 QuartusⅡ软件自动建立大小和位置。

(1) 建立 LogicLock 区域方法。用户可以通过点击菜单 Assignments→LogicLock Regions Window 进入 LogicLock 区域窗口，点击右键出现 Create LogicLock Region，选中可创建浮动逻辑锁区域，并自动顺序命名出现在 LogicLock 区域窗口中。但此时没有确定的大小。

建立逻辑锁区域的另一种方法，是通过点击菜单 Tools→Chip Planner 或芯片编辑器快捷图标，打开芯片编辑器。在芯片编辑器主界面中将芯片视图放大到适当位置，点击工具栏中的按钮或选中菜单 View→Create LogicLock Region，在芯片平面布局图中拖动鼠标并选择一个区域建立一个确定的 LogicLock 区域，如图 4.118 所示。

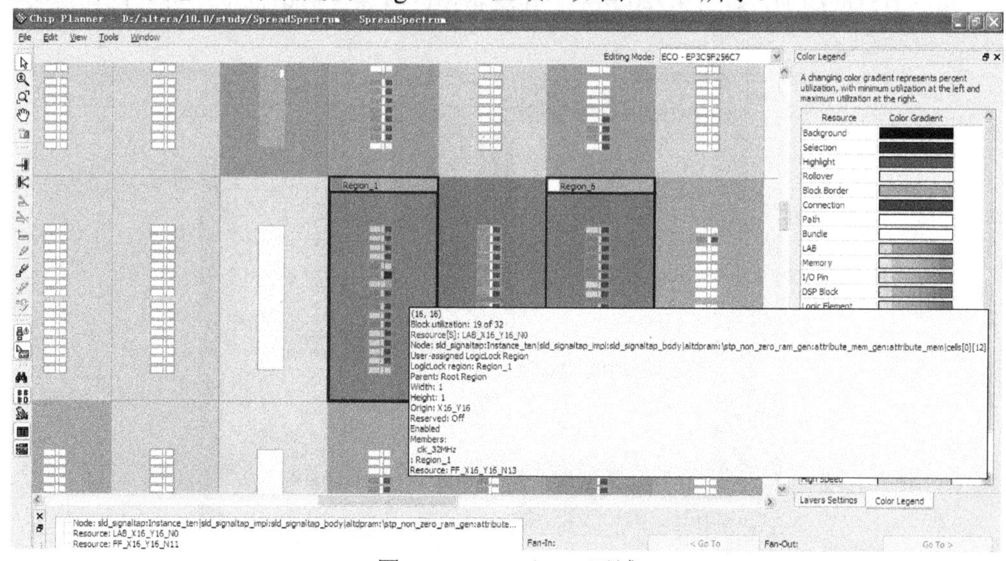

图 4.118　LgicLock 区域

表 4.2 列出了 LogicLock 区域的主要属性。

表 4.2　LogicLock 区域的主要属性

属性	取　值	行为描述
状态	浮动或锁定	浮动区域在器件上的位置由 Quartus II 软件决定。锁定区域的位置由用户自定义。在平面布局图中，锁定区域用实线边界线显示，浮动区域的边界线为虚线。锁定区域必须具有固定大小
大小	自动或固定	自动大小区域由 Quartus II 软件按区域组成决定固定区域的形状和大小由用户自定义
保留	开或关	保留属性用于规定 Quartus II 软件是否允许未被分配区域的实体使用区域中的资源。若保留属性状态为开，则表示只有被分配过区域的条目才有资格放置在区域的边界内；若保留属性状态为关，则表示未被分配过区域的条目也可以放置在区域的边界内
软	开或关	相比之下软区域更加符合时序要求，因为它允许一些实体在可以提高总体设计性能的前提下离开某个区域，而硬区域则不允许 Quartus II 软件将内容放置在区域边界之外
原点	平面布局图中任意位置	用于定义 LogicLock 区域在平面布局图中的位置

(2) 节点添加到 LogicLock 区域。用户可以将基于路径的分配(依据源节点和目标节点)、通配符分配以及基于路径和通配符分配的 Fitter 优先级添加到 LogicLock 区域中。

将节点添加到 LogicLock 区域中的过程为：在 Chip Planner 窗口中选定 LogicLock 区域，如 Region1，在右键弹出菜单中选择 LogicLock Regions→LogicLock Regions Properties，如图 4.119 所示。在出现的逻辑锁区域属性对话框中选择 Add，在出现的节点名输入框中可直接输入节点名称，或点击节点名输入框后的[...]，出现 Node Finder 对话框，点击“List”按钮，左边栏中列出所有找到的当前工程节点，选择需要添加的节点到右边栏后，点击“OK”按钮，完成节点的添加，如图 4.120 所示。在逻辑锁区域属性对话框中还可以设置其大小和位置。

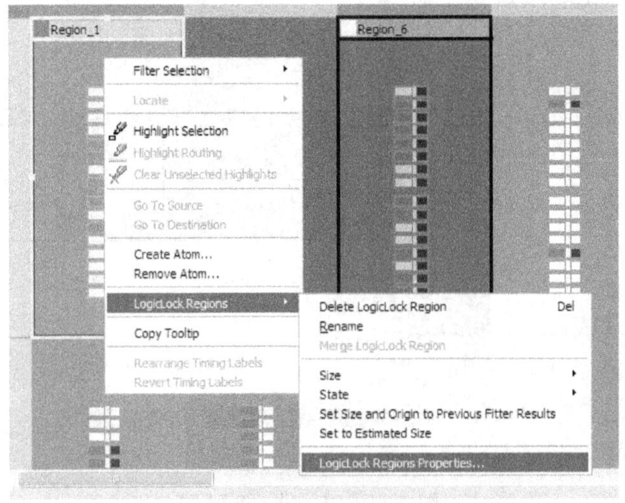

图 4.119　打开逻辑锁区域属性对话框

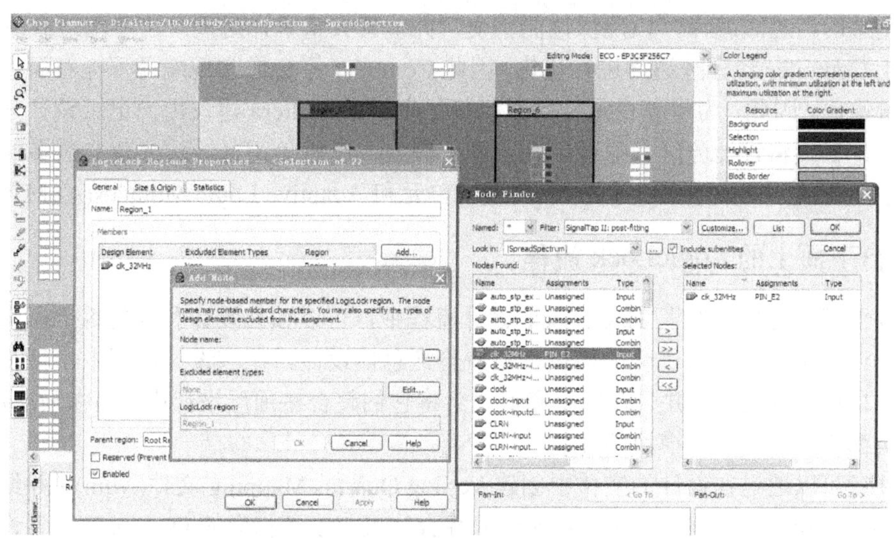

图 4.120 将节点添加到 LogicLock 区域

4.9.4 自上而下渐进式编译流程

自上而下渐进式编译流程可以利用本工程以前的编译结果，只重新编译修改过的设计，因而能够保持设计性能不变，节省编译时间。处理其它设计分区时，只修改设计中关键单元的布局，也可以只对设计的指定部分限定布局，从而使 Compiler 能够自动优化设计的其余部分以提高设计时序。在渐进式编译流程中，用户可以为设计分区分配一个设计输入实例，然后使用 Chip Planner 和 LogicLock 功能为该分区在器件上分配一个物理位置，最后进行完整的设计编译。使用 LogicLock 功能为分区在器件上分配一个物理位置，可以将设计分区从 Project Navigator 窗口的 Hierarchy 标签选项、Design Partitions 窗口或者 Node Finder 中直接拖放至 Chip Planner 窗口平面布局图中，将其分配至 LogicLock 区域。

Altera 建议设计者在设计过程中，尽量为每个分区建立一个 LogicLock 区域。当这些区域全部达到固定大小、固定位置后，就可以逐渐实现最佳性能。理想情况下，我们应该使用 Chip Planner 平面布局图手动分配 LogicLock 区域，指定器件中的物理位置。当然，我们也可以通过设置 LogicLock 区域的 Size 选项为 Auto，State 选项为 Floating，让 Quartus Ⅱ软件在一定程度上自动将 LogicLock 区域分配到器件的物理位置。如果分区中含有许多存储器和 DSP 块，那么建议将这些存储器和 DSP 块放置在 LogicLock 区域之外。在工程进行初次编译之后，应该反标 LogicLock 区域属性(不是节点的属性)，以确保所有 LogicLock 区域具有固定大小和固定位置。该过程将建立初始平面布局图分配，能够使用户根据自身设计需要更方便地进行修改。初始化或建立编译之后，Altera 建议将 Size 设置为 Fixed，以产生更好的 f_{MAX} 结果。如果器件的利用率较低，可以选择增大 LogicLock 区域的尺寸，使 Fitter 可以更灵活地进行布局，这样可以产生更好的结果。进行渐进式编译时，适配和综合结果以及设计分区的设置保存在工程数据库中。

在编译过程中，Compiler 将综合和适配结果保存在工程数据库中。第一次编译之后，如果对设计做进一步的修改，则只有改动过的分区需要重新编译。设计修改完成后，所有分区合并，进行完整的编译。用户可以指定是否只进行渐进式综合，以节省编译时间，还是进行完整的渐进式编译，以确保性能不变，并节省大量编译时间。由于渐进式编译流程能够防止 Compiler 跨分区边界进行优化，因此 Compiler 不会像常规编译那样对面积和时序进行大量优化。因此，为了获得最佳的面积和时序结果，Altera 建议用户记录设计分区的输入和输出，尽量将设计分区数量控制在合理范围内，以避免跨分区边界建立过多的关键路径和过小的分区，例如数量少于 1000 的逻辑单元和 Adaptive Logic Modules(ALM)分区。

4.9.5 自下而上的 LogicLock 流程

在基于模块的自下而上 LogicLock 设计流程中，可以独立设计和优化每个模块，然后在顶层设计中集成所有已优化的模块，最后验证总体设计。在该设计流程中，每个子模块都具有各自单独的网表，并且在综合和优化后将它们整合在顶层设计中。而在顶层设计中，每个模块都不会影响其它模块的性能。

设计者可以通过在设计的实体中创建 Verilog Quartus Mapping 文件(.vqm)，并结合自下而上的 LogicLock 设计流程，保存各实体的综合结果，以及相应的 Quartus II 缺省设置文件(.qsf)，该文件会包含实体的 LogicLock 约束信息。

设计者还可以设计自定义逻辑模块，或者例化预验证知识产权(IP)模块，为该模块做分配、验证功能和性能、锁定该模块以保持其布局和性能不变，然后将要导入的模块导出至另一个设计中。这样，就可以单独设计、测试和优化模块，并且可以保证把该模块应用到规模更大的设计中时，性能保持不变。此外，通过将中间综合结果保存至 VQM 文件，以及导入分配时用工程中的 VQM 文件替换实体，可以确保新工程中被综合的节点名称与导入分配中的节点名称相对应。

以下步骤介绍了反标分配以及导出用于设计(包含 LogicLock 区域)的 QSF 文件和将底层模块设计的 LogicLock 区域实例导入到应用此模块实例的顶层实体的基本流程：

(1) 建立 LogicLock 区域。

(2) 编译设计。

(3) 点击菜单 Assignments→Back-AnnotateAssignments(Advanced 类型)，将逻辑布局锁定在 LogicLock 区域，关闭 Lock size and origin 选项并且打开 Save intermediate synthesis results 中的 Save a node-level netlist into a persistent source file 选项。

(4) 通过使用“Assignments\ExportAssignments”对话框，将 LogicLock 区域分配导出至 QSF 文件。Quartus II 软件为防止当前的工程文件被覆盖，因此不允许用户指定当前工程目录作为导出文件的保存路径。另外，Export back-annotated routing 选项只对 MAX II、Stratix II、Stratix GX、Cyclone 以及 Cyclone II 器件有效，作用是导出 LogicLock 区域的布线信息，一般情况下关闭此选项。当在 ExportAssignments 对话框中打开此选项，并且指定 LogicLock 区域中反标了布线信息时，则在指定目录下除 QSF 文件外，还会生成一个 RCF 文件。QSF 文件含有当前设计中指定的所有 LogicLock 区域的属性信息，而 RCF 文件则包含指定 LogicLock 区域的必要布线信息。如果指定 LogicLock 区域中没有反标布线信息，那么即使打开 Export back-annotated routing 选项也不会生成 RCF 文件。

(5) 使用 Assignment Editor 导入 LogicLock 约束：在工程导航窗口的 Hierarchy 标签页中选择实体或节点，然后在右键弹出菜单中选择 Locate in Assignment Editor 进入 Assignment Editor，在指定节点的 Assignment Name 栏的下拉菜单中选择 Import File Name，并在 Value

栏中指定 QSF 文件路径，保存分配并关闭 Assignment Editor，这样 QSF 中的 LogicLock 区域就被指定到顶层设计中所用到的所有底层设计实体的实例上了。

(6) 通过使用“Assignments\ImportAssignments”对话框，将 VQM 文件中的模块例化进顶层设计，并导入 LogicLock 区域分配。选择 Use LogicLock Import File Assignments 并单击 LogicLock Import File Assignments，在弹出对话框中会显示所有已导入的 LogicLock 区域实例，若所有约束都已应用到顶层实体中则确定导入。打开 LogicLock Regions Window(Assignments 菜单)对话框，窗口中将列出所有底层 LogicLock 区域名的实例。

(7) 编译顶层实体查看优化后的时序分析结果。在这里，我们比较一下自上而下和自下而上设计流程的区别。在自上而下的设计流程中，整个设计只有一个输出网表，设计人员可以对整个设计进行跨设计边界和层次结构的优化处理，而且管理起来也比较容易。在自下而上的设计方法中，每个设计模块具有单独的网表，允许设计人员单独编译每个模块，并对每个模块应用不同的优化技巧，而且修改单个模块不会影响其它模块的优化。因此，自下而上的设计有助于在其它设计中重新使用设计模块。此外，使用自下而上的 LogicLock 设计流程时，应将中间综合结果保存至 VQM 文件。而在 LogicLock 区域内使用自上而下的渐进式编译流程时，则不应保存这些结果，它将综合和适配结果保存在工程数据库中。

4.9.6　在 EDA 工具集中使用 LogicLock

基于模块的 LogicLock 设计流程支持在 EDA 设计输入和综合工具中建立和优化模块，并且支持其作为单独模块导入到 Quartus Ⅱ软件中。使用 EDA 设计输入和综合工具为设计层次结构中的模块建立单独的网表文件(.edf 或者 .vqm 文件)，还能够保持网表文件中逻辑模块不变。然后，设计者可以用 Quartus Ⅱ软件将每个网表文件或网表文件中的模块放入到顶层设计中的单独 LogicLock 区域中。一旦进入 Quartus Ⅱ软件，就可以使用 EDA 工具更改、优化、再综合设计中的特定模块，更新设计中的相应部分，而不影响设计中的其它模块。Mentor Graphics LeonardoSpectrum、Synplicity Synplify、Synopsys FPGACompiler Ⅱ和 Mentor Graphics Precision RTL Synthesis 软件提供定制功能，用户可以在基于模块的 LogicLock 设计流程中使用这些工具。

4.9.7　使用渐进式编译实现时序逼近

渐进式编译流程的特点注定了它可以实现时序逼近，因为其核心是将设计分为多个分区，编译时只对修改过的分区进行编译，而其它分区保持不变，这可以大大缩短编译时间，有利于用户对设计的修改。用户可以利用这个特点，在划分完分区并设置结束后，通过反复执行“修改关键分区→编译→再修改关键分区→再编译”的操作步骤达到时序性能要求。

4.10　Quartus Ⅱ软件其它工具

4.10.1　信号探针 SignalProbe

工程设计的硬件验证对设计者来说是一个漫长而昂贵的过程，但是借助 SignalProbe，用户就可以缩短这一过程。Quartus Ⅱ提供的 SignalProbe 信号探针功能允许用户在不改变自身设计中现有布局布线的条件下将用户的期望信号送至输出引脚，并且用户不需要重新进行完整编译就可以对信号进行调试。当设计者希望调试一个已经完成布线的设计时，可以在设计中选择需要调试的信号，通过该设计以前未使用或者保留的 I/O 引脚对信号进行调试。当引脚和需要调试的信号选定后，运行一次 SignalProbe 编译，将选择的信号和引脚进行连接，然后将信号送至逻辑分析仪进行分析和调试。SignalProbe 流程图如图 4.121 所示。

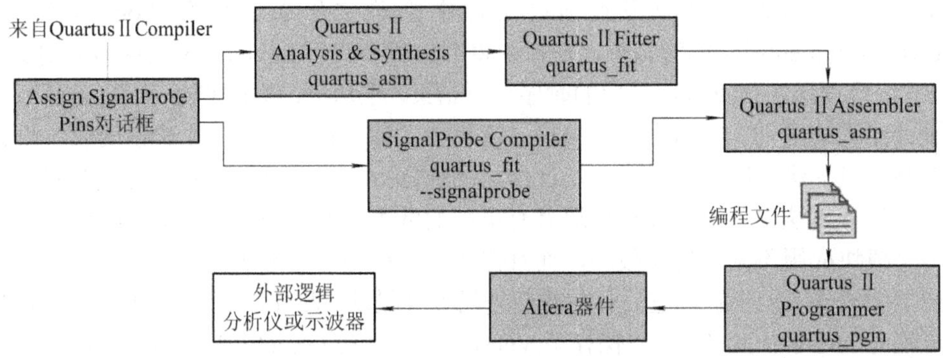

图 4.121 SignalProbe 流程图

使用 SignalProbe 功能保留引脚以及对设计进行 SignalProbe 编译，具体操作过程如下：

(1) 对设计进行完整编译；

(2) Quartus II 10.0 版本的具体操作为：选择 Tools→SignalProbe Pins 命令，在出现的信号探针引脚对话框中选择 Add，在出现的节点名输入框中可直接输入节点名称，或点击节点名输入框后的[...]，出现 Node Finder 对话框，点击“List”按钮，左边栏中列出所有找到的当前工程节点，选择要进行调试的信号和信号要通过的 I/O 引脚到右边栏后，点击“OK”按钮，执行分配，如图 4.122 所示。

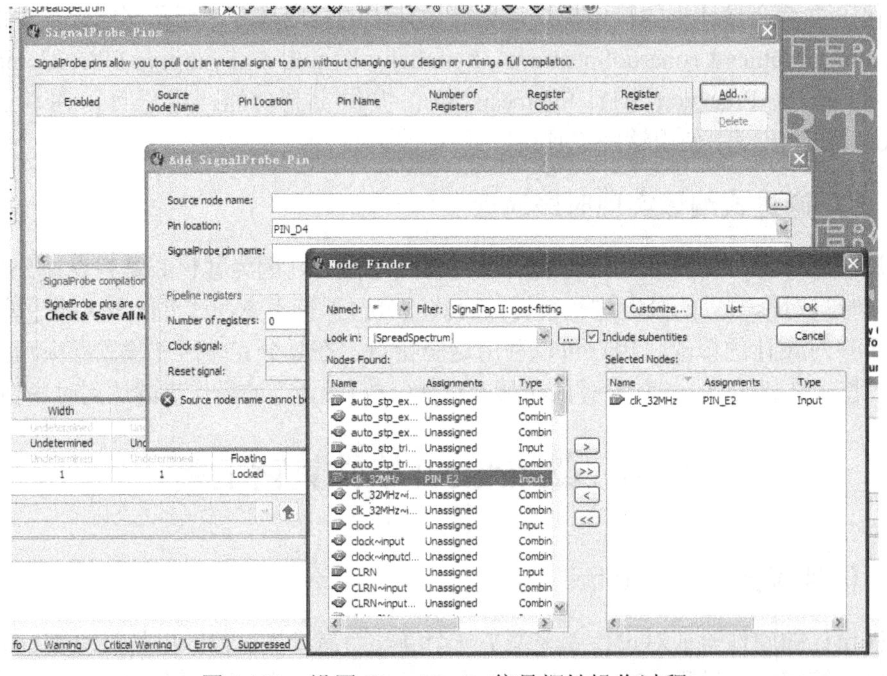

图 4.122 设置 SignalProbe 信号探针操作过程

(3) 运行 Processing→Start→Start SignalProbe Compilation 命令，执行 SignalProbe 编译。SignalProbe 编译在不影响设计适配的情况下编译设计，软件对 SignalProbe 信号的布线比正常编译速度快。

(4) 对器件重新编程，利用逻辑分析仪等仪器测试信号。

4.10.2　功耗分析 PowerPlay Power Analyzer

Quartus Ⅱ的 PowerPlay Power Analyzer 是一种有效的功耗分析工具，它既可以估算静态功耗，也可以估算动态功耗。用户完成综合和布局布线操作以后，PowerPlay Power Analyzer 开始进行功耗分析，并加亮显示功耗报告，显示模块类型和实体，以及消耗的功率。

使用 PowerPlay Power Analyzer 进行功耗分析时，第一步要做的是设置功耗分析选项，在"Assignments \Settings\PowerPlay Power Analyzer Settings"页面中，设置好功耗分析的默认设置，包括输入文件类型、写入的输出文件类型、是否将信号活动写入到报告文件中以及默认触发速率的设置等。另外，根据不同的目标器件系列，还可以指定功耗分析的默认工作条件，如图 4.123 所示。

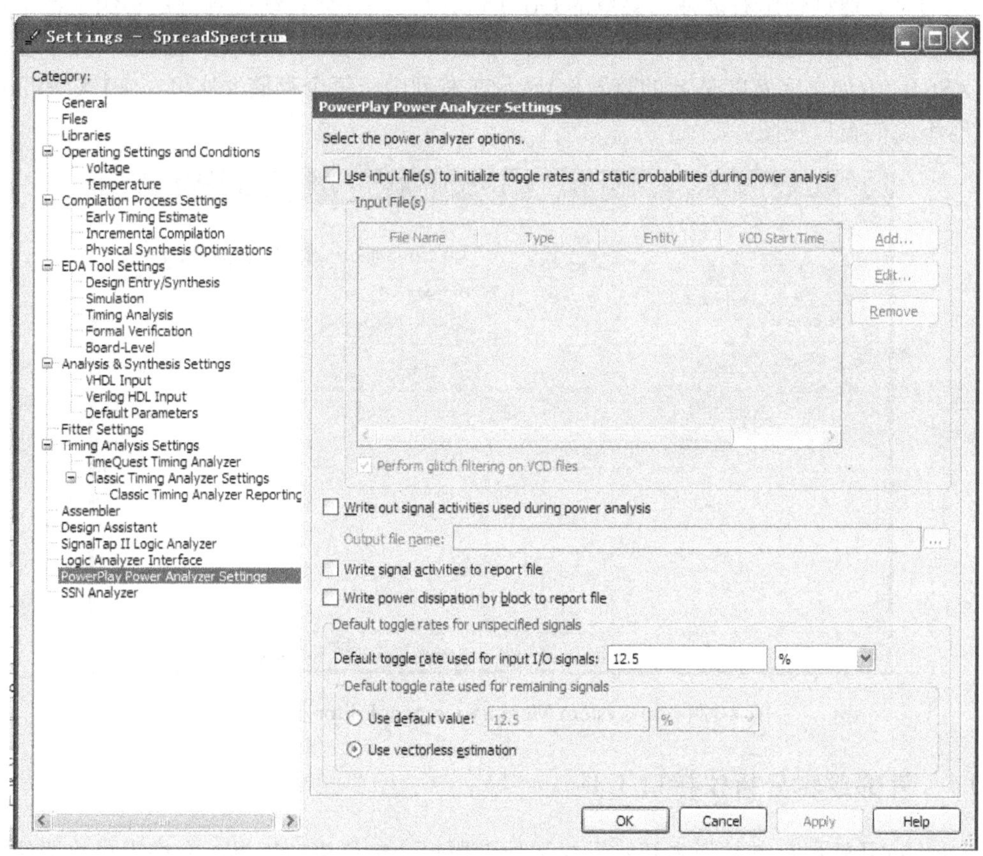

图 4.123　设置功耗分析

设置完毕后，接下来执行完整编译或布局布线操作，然后运行"Processing\Start\Start PowerPlay Power Analyzer"命令启动功耗分析。功耗分析完成后，显示 Report 文件。

4.10.3　存储器内容编辑 In-System Memory Content Editor

"In-System Memory Content Editor"是一个存储器内容编辑工具，用于捕获和更新器件中存储器的数据。它允许设计者在系统运行期间，独立于设计的系统时钟，通过 JTAG 端口，对设计中的 ROM、RAM 以及寄存器进行查看和修改。"In-System Memory Content Editor"可以导入和导出 Memory Initialization File(.mif)、Hexadecimal(Intel 格式)文件(.hex)和 RAM Initialization File(.rif)格式。

在 Quartus II 主界面选择 Tools→In-System Memory Content Editor 打开存储器内容编辑器，操作界面包括三部分：Instance Manager(实例管理器)、JTAG Chain Configuration(JTAG 链配置)和 HEX Editor(HEX 编辑器)，如图 4.124 所示。Instance Manager 用于控制哪个存储器模块具有被查看的、卸载的或者更新的数据，它的命令会影响全部所选存储器模块。JTAG Chain Configuration 用于选择编程硬件和器件，使用户能获取或读出数据，它还可以为编程选择 SRAM Object File(.sof)。HEX Editor 的功能包括：系统运行时，对 In-System Memory(在系统存储器)进行编辑、保存更改，显示存储器模块中的当前数据，更新或卸载存储器模块的所选部分。通过使用右键弹出菜单的 Go To 命令，软件会自动找到特定实例中特定存储器模块的特定数据地址。每个十六进制数值以空格分割来显示字。存储器地址显示在左列中，ASCII 值(如果字宽度是 8 的整数倍)显示在右列中。每个存储器实例在 HEX Editor 中都具有不同的窗口视图。

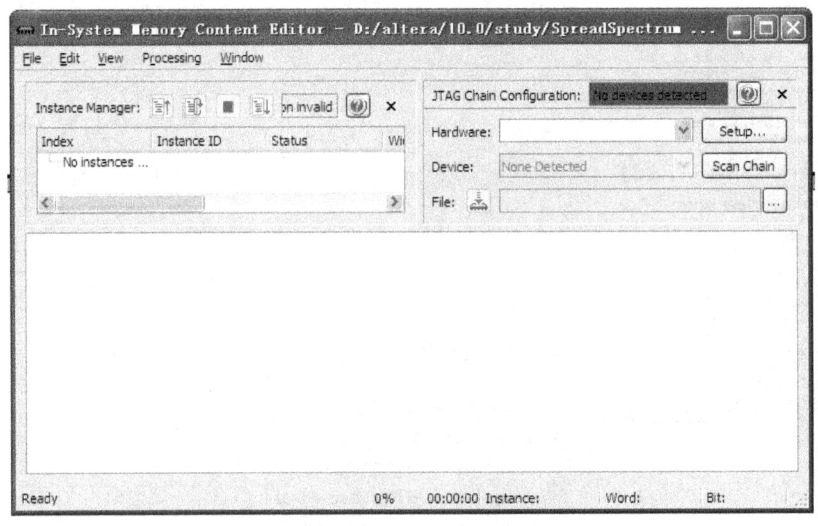

图 4.124　In-System Memory Content Editor 操作界面

4.10.4　外部逻辑分析仪接口工具

Quartus II 软件自 5.1 版本开始添加了外部逻辑分析仪接口工具，允许用户将器件数据向外部逻辑分析仪输出。首先，用户需要在逻辑分析仪接口工具编辑器中设置核心参数以允许数据向外部逻辑分析仪发送。在 SetupView 窗口中用户需要配置参数并保存为.lai 文件，从而允许节点的输出引脚将数据发送到外部逻辑分析仪。图 4.125 给出了使用逻辑分析仪接口工具的流程。下面介绍具体使用步骤。

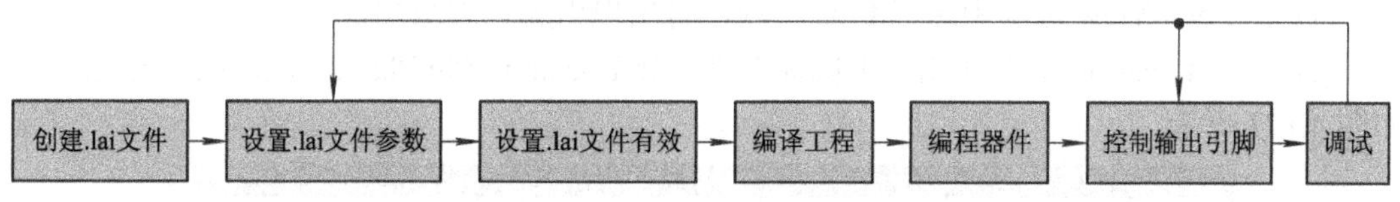

图 4.125 Logic Analyzer Interface Editor 使用流程图

1. 创建逻辑分析仪接口文件(.lai)

Quartus Ⅱ主界面中在 File\New 的对话框中选择 Verfication/Debugging Files 标签，选择 Logic Analyzer Interface File，点击“OK”按钮。也可以通过 Tools\Logic Analyzer Interface Editor 新建一个.lai 文件，如图 4.126 所示。

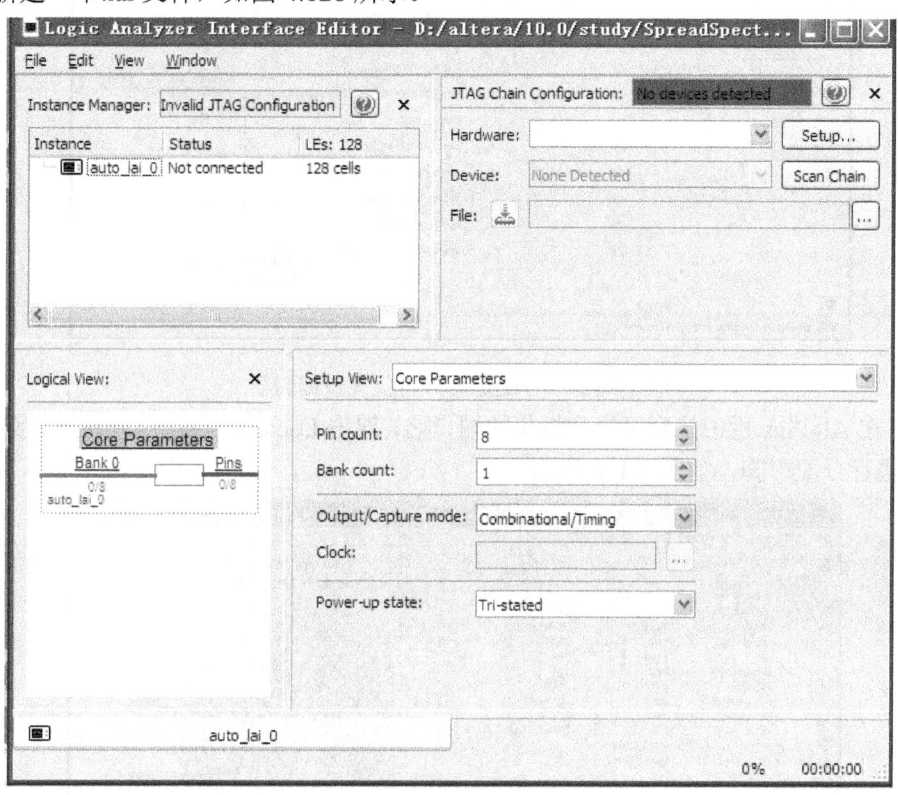

图 4.126 Logic Analyzer Interface Editor 界面

2. 设定核心参数

(1) 在界面中部的 SetupView 选项处选择 Core Parameters 后，将显示核心参数设置页面。

(2) 填写引脚使用数目 Pin Count，最大使用数目为 256。

(3) 设置 Bank 使用参数 Bank Count，最大使用数目同样为 256。

(4) 设置输出采集模式参数 Output/Capture mode，Combinational/Timing 表示输出为组合逻辑/时序电路模式；Registered/State 表示输出为寄存器模式，当用户选择此模式时，用户还需要设置时钟信号。

(5) 设置上电状态 Power-up state，可以选择 bank 0 或 Tri-stated。

3. 指定使用引脚

(1) 在 SetupView 选项中选择 Pins 选项，将出现引脚设置页面。

(2) 双击 Location 空白处或单击鼠标右键选择 Locate in Pin Planner 进入引脚分配工具，如图 4.127 所示。

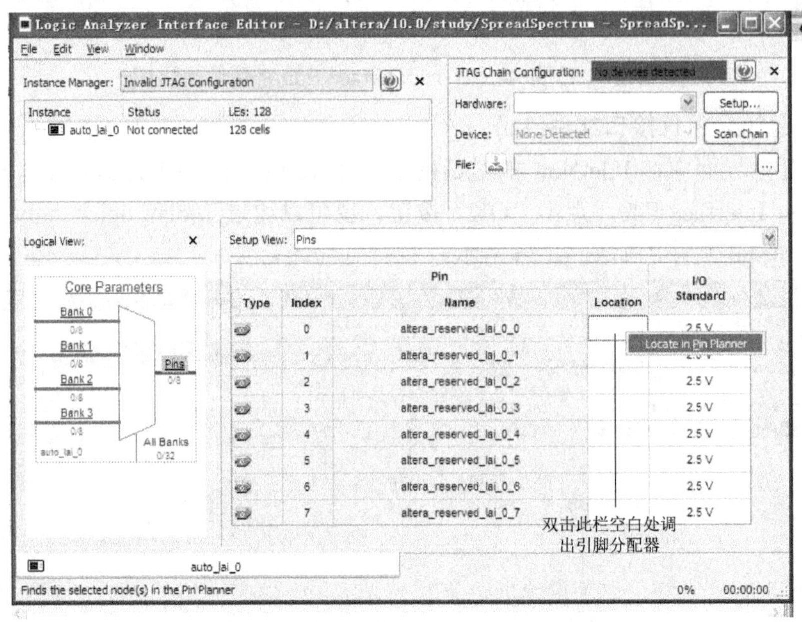

图 4.127 分配逻辑分析仪接口编辑器

(3) 在 All Pins 栏中找到逻辑分析仪的端口名，双击 Location 栏空白处在下拉菜单中选择引脚进行分配引脚，如图 4.128 所示。

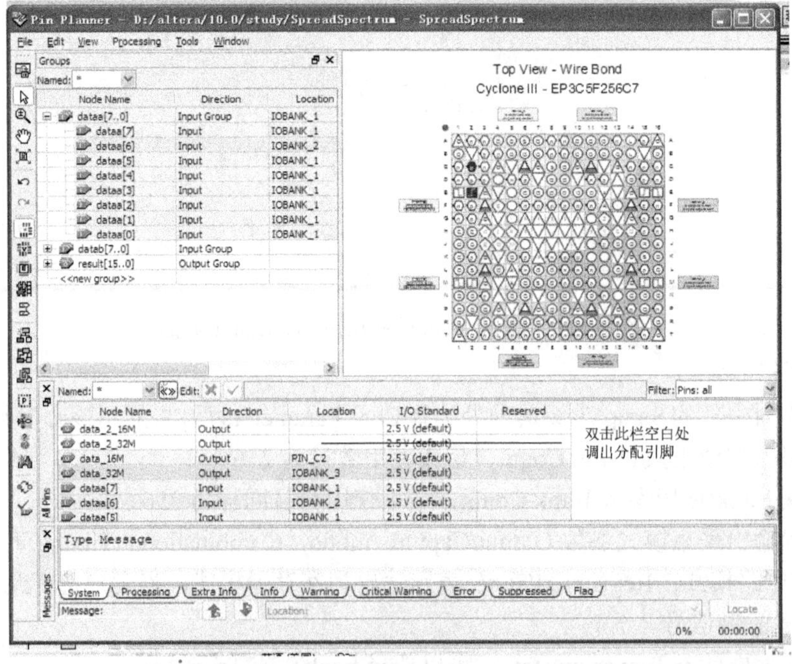

图 4.128 分配逻辑分析仪接口引脚分配

4. 指定输出节点

若用户在节点选择时(Filter 栏中的 Node Finder 工具)选择 SignalTap Ⅱ pre-synthesis，则执行此步骤前，用户首先必须已经完成 Analysis & Elaboration。若用户选择 SignalTap Ⅱ post-fitting，则首先要对工程进行完整编译。

(1) 在 SetupView 选项中选择 bank0 选项，将出现节点分配页面。

(2) 双击 Node 栏的 Name 分栏的空白处，调出 Node Finder，选择需要输出的节点。同时用户可以在 Alias 栏为对应栏的节点重新命名，如图 4.129 所示。

Setup View: Bank 0

Pin Index	Node		
	Type	Alias	Name
0		logic[0]	DataGate:inst3|output[0]~reg0
1		logic[1]	DataGate:inst3|output[1]~reg0
2		logic[2]	DataGate:inst3|output[2]~reg0
3		logic[3]	DataGate:inst3|output[4]~reg0
4		logic[4]	DataGate:inst3|output[3]~reg0
5		logic[5]	DataGate:inst3|output[5]~reg0
6		logic[6]	DataGate:inst3|output[6]~reg0
7		logic[7]	DataGate:inst3|output[7]~reg0

图 4.129　输出节点设置

5. 保存.lai 文件设置

如果此文件是新建文件，则系统会自动询问用户是否使此文件有效，若此文件不是新建文件，用户可以在 Settings 对话框的 Logic Analyzer Interface 中选择"Enable Logic Analyzer Interface"并指定文件位置。

6. 执行器件编程

设置 SRAM 文件(.sof)位置，指定下载电缆、扫描器件后，对器件进行编程。

7. 控制输出引脚

首先，用户需要完成外部逻辑分析仪和器件的引脚连接，然后将指定的输出内部节点与输出引脚相连，在 LogicView 子窗口中单击"Bank"按钮，在鼠标右键菜单中选择 Connect Bank。如果指定节点与输出引脚已经连接，则在 Instance Manager 窗口中 Status 栏将显示 Connected。此时用户就可以使用外部逻辑分析仪进行信号采集了。

8. 调试

用户根据设计需要对输出进行调试，很可能会需要采集不同的内部节点观察其状态。因此，会重复步骤 2～7 的过程，因为每次更换内部输出节点后都需要重新编译，所以这里建议用户使用增量编译就可以节约大量编译时间，缩短调试过程。

通过这一章的学习，相信读者已经掌握了 Quartus Ⅱ 软件的集成环境以及使用 Quartus Ⅱ 软件进行设计输入、综合、适配、时序分析、时序逼近、仿真、功率分析以及逻辑分析等内容。这些内容在设计流程中占了很大的比重，要熟练使用这些功能还需要读者不断练习和积累经验。除本章已介绍的内容之外，完整的设计流程还应该包括对设计元器件库的了解和对器件的编程与配置，这些内容将在下两章中做详细的介绍。

第 5 章 Quartus Ⅱ中的元器件库

QuartusⅡ软件包含三个主要的元器件库，它们是 Megafunction 库、Others 库(包括 Maxplus2 库与 Opencore_plus 库，主要是 Maxplus2 库)和 Primitives 库，这些元器件库为设计人员提供了功能丰富的元器件模块，极大地提高了 FPGA 电路的设计效率和可靠性。本章详细列出了 QuartusⅡ软件元器件库中各模块目录及简单功能描述，便于用户在设计过程中查阅。同时，本章还给出了部分典型模块的设计实例，供读者参考。

5.1 Megafunction 库

Megafunction 库是 Altera 提供的参数化宏功能模块库。从功能上看，可以把 Megafunction 库中的元器件分为算术运算宏模块、逻辑门宏模块、存储宏模块、I/O 宏模块等四大类，下面分别加以介绍。

5.1.1 算术运算宏模块库

算术运算宏功能模块库包含了加减乘除运算、绝对值运算和数值比较等基本算术运算功能的宏模块，下表详细列出了该库所有宏功能模块的名称和功能(其中以 alt 开头的宏功能模块是 Altera 特定的)。

表 5.1 算术运算宏模块目录

序号	宏模块名称	功 能 描 述
1	altaccumulate	参数化累加器宏模块(不支持 MAX3000 和 MAX7000 系列)
2	altecc_decoder	纠错译码(ECC)宏模块
3	altecc_encoder	纠错编码(ECC)宏模块
4	altfp_abs	浮点绝对值宏模块
5	altfp_add_sub	浮点加法器/减法器宏模块
6	altfp_compare	参数化浮点比较器宏模块
7	altfp_convert	参数化浮点转换器宏模块
8	altfp_div	参数化除法器宏模块
9	altfp_exp	参数化浮点指数宏模块
10	altfp_inv	参数化浮点反转宏模块
11	altfp_inv_sqrt	参数化浮点反转平方根宏模块

续表

序号	宏模块名称	功 能 描 述
12	altfp_log	参数化浮点对数平方根宏模块
13	altfp_matrix_inv	参数化浮点矩阵转换器宏模块
14	altfp_matrix mult	参数化浮点矩阵乘法器宏模块
15	altfp mult	浮点乘法器
16	altfp_sqrt	参数化浮点平方根宏模块
17	altmemmult	参数化存储乘法器宏模块
18	altmult_accum	参数化相乘－累加器宏模块
19	altmult_add	参数化乘加器宏模块
20	altmult_complex	参数化复杂乘加器宏模块
21	altsqrt	参数化整数平方根运算宏模块
22	lpm_abs	参数化绝对值运算宏模块
23	lpm_add_sub	参数化加法器/减法器宏模块
24	lpm_compare	参数化比较器宏模块
25	lpm_counter	参数化计数器宏模块
26	lpm_divide	参数化除法器宏模块
27	divide	参数化除法器宏模块(成熟器件序列用 divide 宏模块，新器件序列用 lpm_divide 宏模块)
28	lpm_mult	参数化乘法器宏模块
29	altsquare	参数化平方运算宏模块
30	parallel_add	并行加法器宏模块

1. 加法器和减法器

加法器是数字系统中最基本的运算电路，其它运算电路如减法器、乘法器和除法器等都可以利用加法器实现。Altera 推荐设计者使用“lpm_add_sub”宏模块构造加法器和减法器，以取代其它类型的加法器和减法器宏模块。“lpm_add_sub””宏模块既可以设置为加法器又可以设置为减法器，或者根据需要控制为加法器或减法器，支持数据宽度为 1～256 bit，支持有符号和无符号数据格式，具有进位、借位和溢出标志。

下面利用“lpm_add_sub”宏模块构造一个 3 位二进制加法器/减法器，“lpm_add_sub”宏模块的参数设置如表 5.2 所示。

表 5.2 “lpm_add_sub”宏模块的参数设置

	端口名称	要求(类型)	功 能 描 述
输入端口	cin	否	进位输入到低位比特，加法操作，缺省值为 0，减法操作，缺省值为 1
	dataa[]	是	被加数/被减数，数据宽度依赖于 LPM_WIDTH 参数值
	datab[]	是	加数/减数，数据宽度依赖于 LPM_WIDTH 参数值

续表

	端口名称	要求 (类型)	功 能 描 述
输入 端口	add_sub	否	可选使能端口，动态切换加法器或减法器功能。如果用了 LPM_DIRECTION 参数，则 add_sub 不能用，如果忽略，缺省值为加法。信号为高电平，执行 dataa[] + datab[] + cin 操作；信号为低电平，执行 dataa[] − datab[] + cin − 1 操作。Altera 推荐用 LPM_DIRECTION 参数设置，而不是分配一个常数给 add_sub
	clock	否	为流水线用法提供时钟输入端口，对 LPM_PIPELINE 值不为 0(缺省值为 0)，clock 端口必须使能
	clken	否	流水线用法时钟使能。信号为高电平，加/减法器工作；信号为低电平，不工作，如果忽略，缺省值是“1”
	aclr	否	流水线用法异步清除，流水线初始化为未定义(X)逻辑电平。aclr 端口可以在任何时间复位流水线到 0 秒同步到时钟信号
输出 端口	result[]	是	dataa[] + datab[] + cin 或 dataa[] − datab[] + cin − 1，数据宽度依赖于 LPM_WIDTH 参数值
	cout	否	最高有效位 MSB 进位输出(借位输入)标志。在无符号数运算时，cout 端口检测 overflow。cout 对无符号数运算和带符号数运算工作方式相同
	overflow	否	计算结果超过记数有效精度标志。为最高有效位 MSB 的进位输入和进位输出的异或(XOR)。仅用于 LPM_REPRESENTATION 参数值为 SIGNED(带符号)
参数 设置	LPM_WIDTH	是 (整数)	dataa[]、datab[]和 result[]端口的数据线宽度
	LPM_DIRECTION	否 (字符)	“ADD”表示宏模块执行加法功能 “SUB”表示宏模块执行减法功能 “DEFAULT”表示宏模块缺省设置为加法器
	LPM_REPRESENTATION	否 (字符)	指定参与运算的数值是“UNSIGNED”无符号数还是“SIGNED”带符号数，如果忽略，缺省值是“SIGNED”
	LPM_PIPELINE	否 (整数)	指定与 result[]输出相关的延迟时钟周期数，值“0”说明没有延迟，如果忽略，缺省值是“0”(非流水线)
	LPM_HINT	否 (字符)	允许指定 VHDL 设计文件(.vhd)中的 Altera 参数，缺省值是 UNUSED
	ONE_INPUT_IS_CONSTANT	否 (字符)	Altera 特定参数，必须用 LPM_HINT 参数指定 VHDL 设计文件中的此参数，值为 YES、NO 和 UNUSED。如果一个输入是常数能提供更好的优化，如果忽略，缺省值是 NO
	MAXIMIZE_SPEED	否 (整数)	Altera 特定参数，必须用 LPM_HINT 参数指定 VHDL 设计文件中的 MAXIMIZE_SPEED 参数。值为 0～10。如果值设为 6 或更高，编译器用进位链优化此宏模块为更高的速度，如果值设为 5 或更低，编译器不用进位链实现设计。当 add_sub 端口不用时，对 Cyclone，Stratix 和 Stratix GX 器件序列这个参数必须指定

图 5.1 给出了加法器的电路及其参数设置。整个加法器电路是非常简单的，只要将输入数据线和输出数据线与“lpm_add_sub”模块的输入/输出端口正确连接，就可以完成 3 位加法器功能。图 5.2 给出了仿真波形。在数据转换时刻，由于每一路信号经过的延迟都不相同，所以输出信号中会带有一些毛刺，后续电路可以在信号保持时间内重新读取输出数据，以避免毛刺的影响。

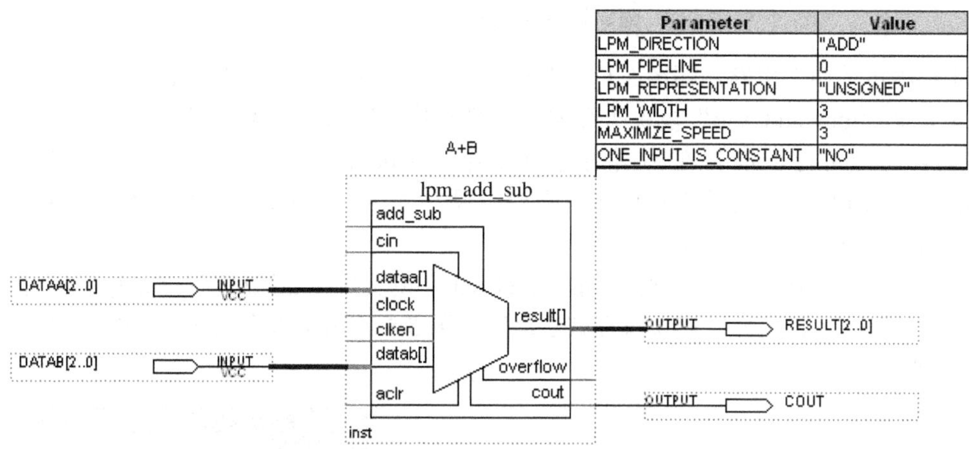

图 5.1　3 位加法器电路及其参数设置

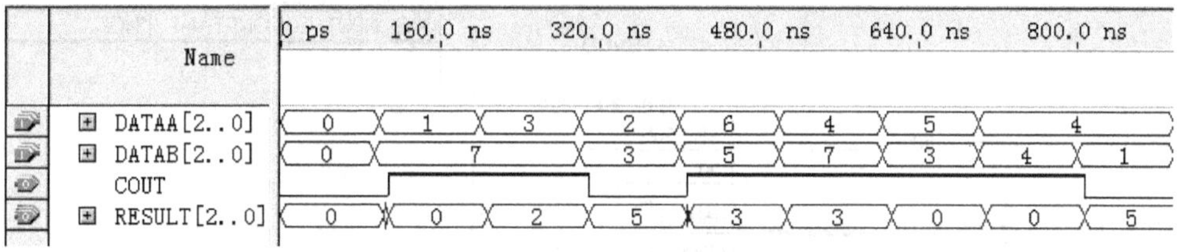

图 5.2　3 位加法器仿真波形

如果将“lpm_add_sub”的参数设置为 LPM_DIRECTION = SUB。则图 5.1 所示电路就可以做减法运算。3 位减法器电路如图 5.3 所示，图 5.4 给出了 3 位减法器的仿真波形。

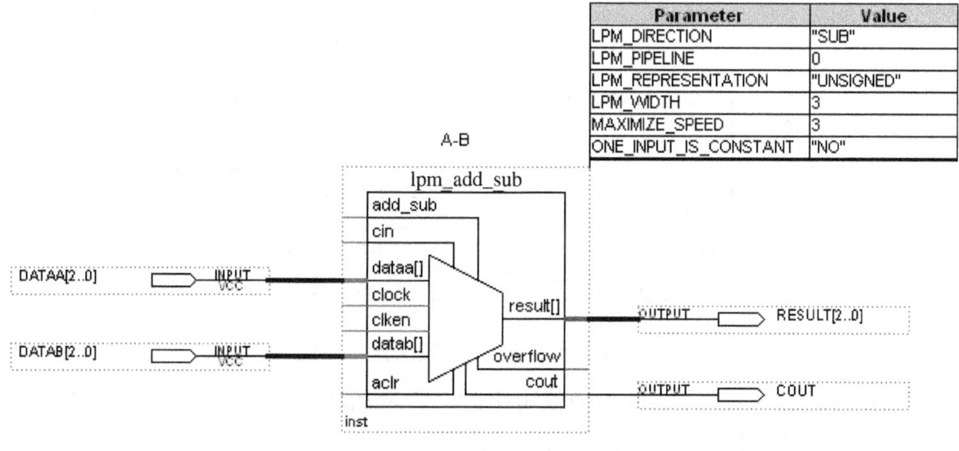

图 5.3　3 位减法器电路

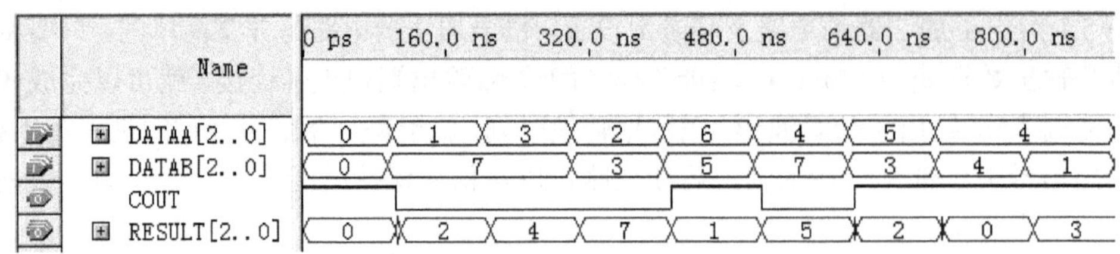

图 5.4　3 位减法器仿真波形

上面给出的两个电路，即图 5.1 和图 5.3 所示电路都是通过设置“LPM_DIRECTION”参数来定义“lpm_add_sub”模块执行加法运算或减法运算。如果希望“lpm_add_sub”模块的运算功能可控，能够在不同的时间段内分别执行加法或减法运算，则可以通过“add_sub”端口实现。在将“add_sub”端口设置为有效时，必须关闭“LPM_DIRECTION”参数，否则软件会提示出错信息。

“add_sub”端口为高电平时，“lpm_add_sub”模块执行加法运算；“add_sub”端口为低电平时，“lpm_add_sub”模块执行减法运算。图 5.5 给出了 3 位可控加/减法器电路，图 5.6 是仿真波形。

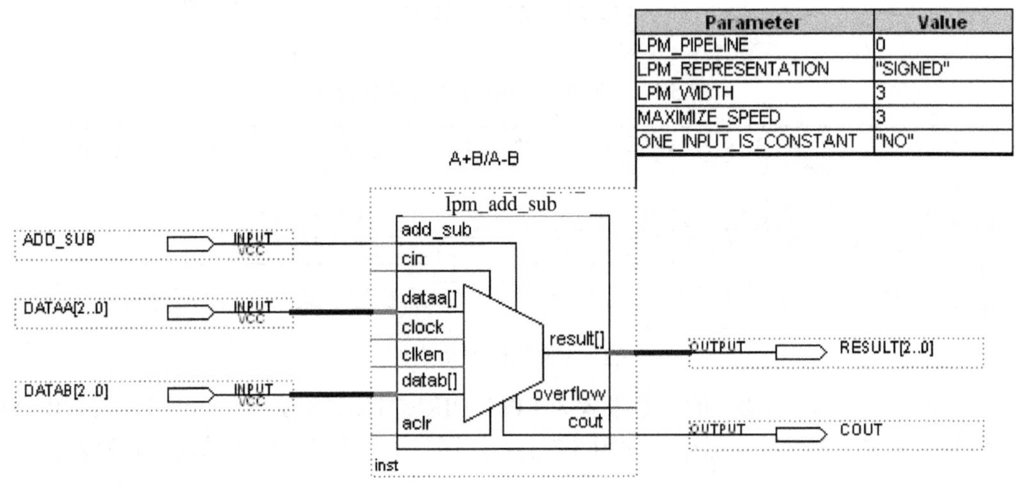

图 5.5　3 位可控加/减法器电路

图 5.6　3 位可控加法器/减法器仿真波形

对于无符号数加法，当“cout”为低电平时，表示加法运算正常；当“cout”为高电平时，表示加法运算出现进位。无符号数加法运算结果的二进制表示形式是“cout，result[LPM_WIDTH－1..0]”，“cout”端口状态是运算结果的最高有效位(MSB)。

对于无符号数减法，当“cout”为高电平时，表示减法运算正常；当“cout”为低电平时，表示被减数小于减数，减法运算出现借位，结果无效。无符号数减法运算结果的二进制表示形式是“result[LPM_WIDTH－1..0]”，“result[LPM_WIDTH－1]”端口状态是运算结果的最高有效位(MSB)。

上面向大家介绍了使用“lpm_add_sub”宏模块进行无符号数加/减法器的设计，对于 3 位二进制补码的加/减法运算，需要将部分参数设置为

LPM_REPRESENTATION=SIGNED

cout=unused

overflow=used

具体的电路图和仿真波形这里就不再给出了。

对于二进制补码的加法运算和减法运算，运算结果的二进制表示形式是“result[LPM_WIDTH－1..0]”，“result[LPM_WIDTH－1]”的端口状态是运算结果的最高有效位(MSB)。在加法运算和减法运算中，如果“overflow”输出高电平，表示计算结果超出了二进制补码的表示范围，计算结果是无效的。

2. 乘法器

在数字通信系统和数字信号处理中，乘法器是必不可少的。利用加法器虽然可以构造出乘法器，但使用模块化的通用乘法器可以大大提高系统的效率和性能。Altera 同样建议设计者尽可能使用“lpm_mult”宏模块设计乘法器。“lpm_mult”宏模块支持数据宽度为 1～256 bit，支持有符号和无符号数据格式。下面就利用“lpm_mult”宏模块设计一个 3×3 位二进制乘法器。“lpm_mult”宏模块的基本逻辑参数如表 5.3 所示。

表 5.3　“lpm_mult”宏模块的基本逻辑参数

	端口名称	要求(类型)	功能描述
输入端口	dataa[]	是	被乘数，数据宽度依赖于 LPM_WIDTHA 参数值
	datab[]	是	乘数，数据宽度依赖于 LPM_WIDTHB 参数值
	clock	否	为流水线用法提供时钟输入端口，对 LPM_PIPELINE 值不为 0(缺省值为 0)，clock 端口必须使能
	clken	否	流水线用法时钟使能。信号为高电平，乘法器工作；信号为低电平，不工作，如果忽略，缺省值是“1”
	aclr	否	流水线用法异步清除端口，用于在任何时间复位流水线到 0 秒，异步到时钟信号，流水线初始化为未定义(X)逻辑电平。输出是一致的，但为非 0 值
输出端口	result[]	是	result = dataa[] × datab[] + sum，数据宽度依赖于 LPM_WIDTHP 参数值
参数设置	LPM_WIDTHA	是(整数)	指定 dataa[]端口的数据线宽度
	LPM_WIDTHB	是(整数)	指定 datab[]端口的数据线宽度

续表

	端口名称	要求(类型)	功能描述
	LPM_WIDTHP	是(整数)	指定 result[]端口的数据线宽度
	LPM_REPRESENTATION	否(字符)	指定乘法运算的类型，是“UNSIGNED”还是“SIGNED”，如果忽略，缺省值是“UNSIGNED”
	LPM_PIPELINE	否(整数)	指定与 result[]输出相关的延迟时钟周期数，值“0”说明没有延迟。对 Stratix 和 Stratix GX 器件，如果设计利用 DSP 模块，当此参数是 3 或更低时能提高设计的性能
	INPUT_A_IS_CONSTANT	否(字符)	必须用 LPM_HINT 参数指定 VHDL 设计文件中的 INPUT_A_IS_CONSTANT 参数，值为 YES、NO 和 UNUSED。如果 dataa[]值为常数，设此参数为 YES 可优化乘法器的资源利用和速度。如果忽略，缺省值是 NO
	INPUT_B_IS_CONSTANT	否(字符)	必须用 LPM_HINT 参数指定 VHDL 设计文件中的 INPUT_B_IS_CONSTANT 参数，值为 YES、NO 和 UNUSED。如果 datab[]值为常数，设此参数为 YES 可优化乘法器的资源利用和速度。如果忽略，缺省值是 NO
	MAXIMIZE_SPEED	否(整数)	Altera 特定参数，必须用 LPM_HINT 参数指定 VHDL 设计文件中的 MAXIMIZE_SPEED 参数。值为 0～10。如果使用，Quartus Ⅱ优化速度而非面积。如果值设为 9～10，编译器优化宏模块需要更大的面积；这些设置反向兼容，设置 6～8，更大面积更高速度；设置 1～5，更小面积高速；设置为 0，最小面积最慢速度。注意仅当 LPM_REPRESENTATION 设置为 SIGNED 时，指定的 MAXIMIZE_SPEED 值才有作用

被乘数和乘数可以是无符号数，也可以是带符号数，如二进制补码。图 5.7 是 3×3 位无符号数二进制乘法器电路，其中“lpm_mult”宏模块的参数设置为

LPM_WIDTHA=3

LPM_WIDTHB=3

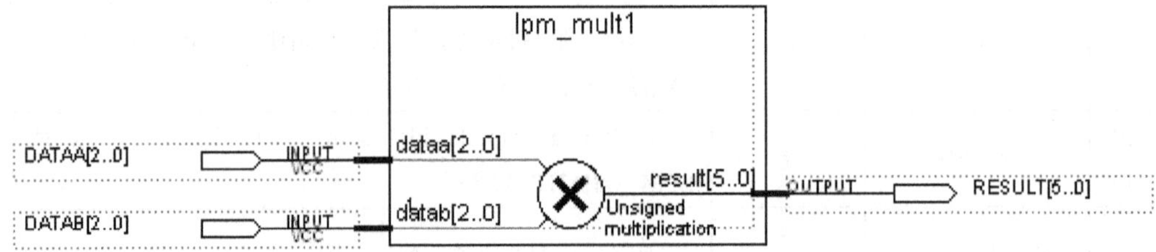

图 5.7 3×3 位无符号数乘法电路

图 5.8 给出了该乘法器的仿真波形，从中可看出乘法器可以对输入的两个无符号整数正确地执行乘法运算。为避免毛刺信号的影响，后续电路应仔细处理乘积信号中的毛刺。

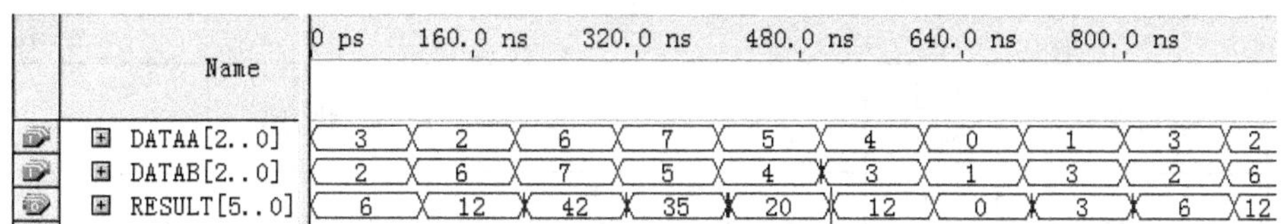

图 5.8　3×3 位无符号数乘法仿真波形

如果将“lpm_mult”宏模块的参数设置为

LPM_WIDTHA=3

LPM_WIDTHB=3

LPM_REPRESENTATION=SIGNED

则“lpm_mult”执行两个二进制补码的乘法操作，仿真波形如图 5.9 所示。

图 5.9　3×3 位二进制补码乘法仿真波形

利用“lpm_mult”宏模块设计的乘法器，既可以用 FPGA 器件的逻辑单元实现，也可以用片内专用乘法器来实现，设计人员对此可以综合考虑，充分利用片内的各种资源。

除了使用乘法器宏模块以外，还可以采用存储器来实现乘法运算，这部分内容将在 5.1.4 节中介绍。

3. 除法器

Quartus Ⅱ的 Megafunction 库提供了两种除法器宏模块“divide”和“lpm_divide”，Altera 推荐使用“lpm_divide”宏模块设计除法器。“lpm_divide”宏模块支持数据宽度为 1～256 bit，支持有符号和无符号数据格式，支持速度和面积优化。表 5.4 给出了“lpm_divide”宏模块的基本逻辑参数。

表 5.4　“lpm_divide”宏模块的基本逻辑参数

	端口名称	要求(类型)	功 能 描 述
输入端口	numer[]	是	被除数，数据宽度依赖于 LPM_WIDTHN 参数值
	denom[]	是	除数，数据宽度依赖于 LPM_WIDTHD 参数值
	clock	否	为流水线用法提供时钟输入端口，对 LPM_PIPELINE 值不为 0(缺省值为 0)，clock 端口必须使能
	clken	否	流水线用法时钟使能。信号为高电平，除法器工作；信号为低电平，不工作，如果忽略，缺省值是“1”
	aclr	否	流水线用法异步清除端口，用于在任何时间复位流水线到 0 秒，异步到时钟信号
输出端口	quotient[]	是	商输出，数据宽度依赖于 LPM_WIDTHN 参数值
	remain[]	是	余数输出，数据宽度依赖于 LPM_WIDTHD 参数值

续表

	端口名称	要求(类型)	功 能 描 述
参数设置	LPM_WIDTHN	是(整数)	指定 numer[] 和 quotient[] 端口的数据线宽度为 1～64
	LPM_WIDTHD	是(整数)	指定 denom[] 和 remain[] 端口的数据线宽度为 1～64
	LPM_NREPRESENTATION	否(字符)	指定被除数输入的符号表示，值是"SIGNED"还是"UNSIGNED"
	LPM_DREPRESENTATION	否(字符)	指定除数输入的符号表示，值是"SIGNED"还是"UNSIGNED"
	LPM_HINT	否(字符)	允许指定 VHDL 设计文件(.vhd)中的 Altera 参数，缺省值是 UNUSED
	LPM_PIPELINE	否(整数)	指定与 quotient[]和 remain[]输出相关的延迟时钟周期数，值"0"说明没有延迟。如果忽略，缺省值是"0"(非流水线)。其值不能高于 LPM_WIDTHN 参数
	MAXIMIZE_SPEED	否(整数)	Altera 特定参数，必须用 LPM_HINT 参数指定 VHDL 设计文件中的 MAXIMIZE_SPEED 参数。值为[0..9]。如果使用，Quartus II 优化速度而非路由。如果值设为 6 或更高，编译器用进位链优化此宏模块为更高的速度；如果值设为 5 或更低，编译器不用进位链实现设计

图 5.10 给出了 8 位除法器电路及其中"lpm_divide"宏模块的参数设置。

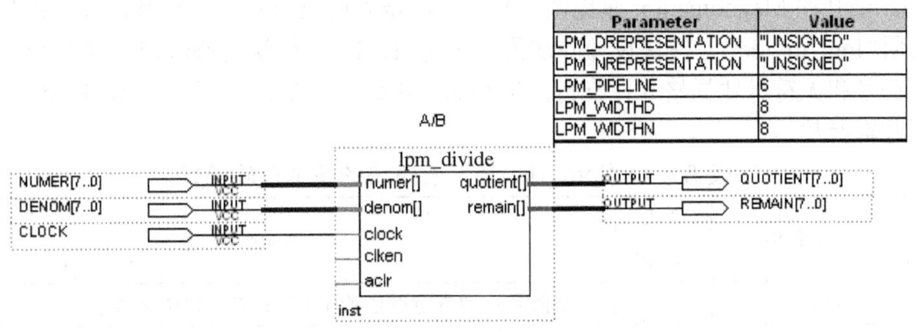

图 5.10 8 位无符号数除法器

图 5.11 是 8 位无符号数除法器的仿真波形，由于设置"LPM_PIPELINE = 6"，所以商和余数从第六个时钟周期(图中 283 ns 处)开始输出。

图 5.11 8 位无符号数除法器仿真波形

4. 绝对值运算

QuartusⅡ的 Megafunction 库提供了绝对值运算宏模块“lpm_abs”，支持数据宽度为 2～256 bit，表 5.5 给出了“lpm_abs”宏模块的基本逻辑参数。

表 5.5 “lpm_abs”宏模块的基本逻辑参数

	端口名称	要求(类型)	功 能 描 述
输入端口	data[]	是	绝对值功能数据，数据宽度依赖于 LPM_WIDTH 参数值
输出端口	result[]	是	data[]的绝对值，数据宽度依赖于 LPM_WIDTHN 参数值
	overflow[]	否	可选溢出数据输出，指示特别的输入数据为非正
参数设置	LPM_WIDTH	是(整数)	指定 data[]和 result[]端口的数据线宽度
	LPM_HINT	否(字符)	允许指定 VHDL 设计文件(.vhd)中的 Altera 参数，缺省值是 UNUSED
	LPM_TYPE	否(字符)	指定 VHDL 设计文件中的参数化模块库(LPM)实体名称
	IGNORE_CARRY_BUFFERS	否(字符)	指定是否忽略进位缓冲器

图 5.12 给出了 3 位二进制补码绝对值运算电路，及其中“lpm_abs”宏模块的参数设置。

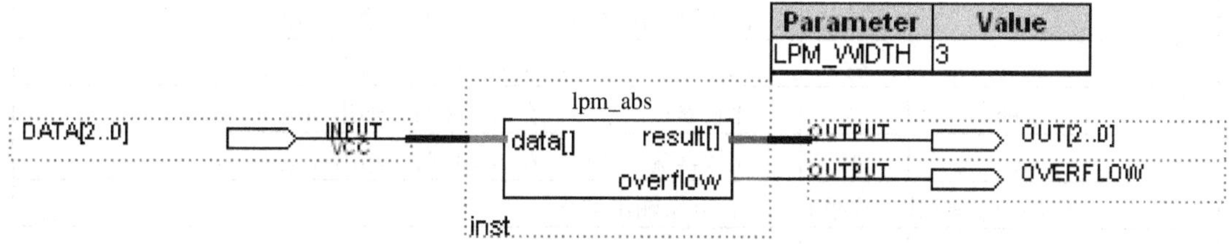

图 5.12 3 位二进制补码绝对值运算电路

图 5.13 是仿真波形。由二进制补码的记数方法可知，其负数比正数多一个，如图 5.13 中的“100”代表十进制数的“-4”，但 3 位二进制补码无法表示“+4”，这时对“100”做绝对值运算便会发生溢出，“overflow”端口状态由低电平转变为高电平。

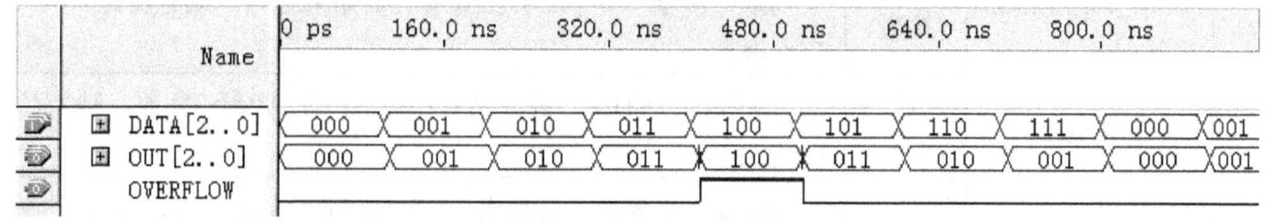

图 5.13 3 位二进制补码绝对值运算电路仿真波形

解决计算溢出的方法也很简单，只要在“OUT[2..0]”的最高有效位上插入一个“0”，将 3 位二进制补码转变为 4 位二进制补码，即“0(MSB)，OUT2，OUT1，OUT0(LSB)”，则可保证 3 位二进制补码绝对值运算的可靠性。这种方法适用于任意字长的二进制补码。

5. 数值比较器

两个二进制数 A 和 B 的大小关系总共有六种情况，分别是 A = B、A≥B、A≤B、A > B、A < B 以及 A ≠ B，数值比较器可以对这六种情况做出判断。在信号检测和门限判决电路中经常会用到数值比较器。Altera 推荐设计人员使用“lpm_compare”宏模块构造数值比较器，以取代其它类型的数值比较器模块。“lpm_compare”宏模块支持数据宽度为 1～256 bit，支持有符号和无符号数据格式。下面利用“lpm_compare”宏模块构造一个 3 位二进制数值比较器，“lpm_compare”宏模块的基本逻辑参数如表 5.6 所示。

表 5.6 “lpm_compare”宏模块的基本逻辑参数

	端口名称	要求(类型)	功能描述
输入端口	dataa[]	是	做比较的数据，数据宽度依赖于 LPM_WIDTH 参数值
	datab[]	是	做比较的数据，数据宽度依赖于 LPM_WIDTH 参数值
	clock	否	为流水线用法提供时钟输入端口，对 LPM_PIPELINE 值不为 0(缺省值为 0)，clock 端口必须使能
	clken	否	流水线用法时钟使能。信号为高电平，比较器工作；信号为低电平，不工作，如果忽略，缺省值是“1”
	aclr	否	应用于流水线的异步清除端口，流水线初始化为未定义(X)逻辑电平。aclr 用于在任何时间复位流水线到 0 秒，异步到时钟信号
输出端口	alb	否	比较器输出端口，在 A<B 时，输出高电平
	aeb	否	比较器输出端口，在 A = B 时，输出高电平
	agb	否	比较器输出端口，在 A > B 时，输出高电平
	ageb	否	比较器输出端口，在 A≥B 时，输出高电平
	aneb	否	比较器输出端口，在 A ≠ B 时，输出高电平
	aleb	否	比较器输出端口，在 A≤B 时，输出高电平
	说明：这些输出中要求有一个，其余输出可选		
参数设置	LPM_WIDTH	是(整数)	dataa[]和 datab 端口的数据线宽度
	LPM_REPRESENTATION	否(字符)	指定比较器执行的类型，值是“SIGNED”还是“UNSIGNED”。如果忽略，缺省值是“UNSIGNED”
	LPM_PIPELINE	否(整数)	指定与 alb，aeb，agb，ageb，aleb 或 aneb 输出相关的延迟时钟周期数，A 值“0”说明没有延迟。如果忽略，缺省值是“0”(非流水线)
	LPM_HINT	否(字符)	允许指定 VHDL 设计文件(.vhd)中的 Altera 参数，缺省值是 UNUSED
	ONE_INPUT_IS_CONSTANT	否(字符)	Altera 特定参数，必须用 LPM_HINT 参数指定 VHDL 设计文件中的 ONE_INPUT_IS_CONSTANT 参数，值为 YES、NO 和 UNUSED。如果一个输入是常数，能提供更好的优化，如果忽略，缺省值是 NO

图 5.14 是利用“lpm_compare”宏模块设计的 3 位无符号二进制数值比较器，及其中

“lpm_compare”的参数设置。图 5.15 是该电路的仿真波形。

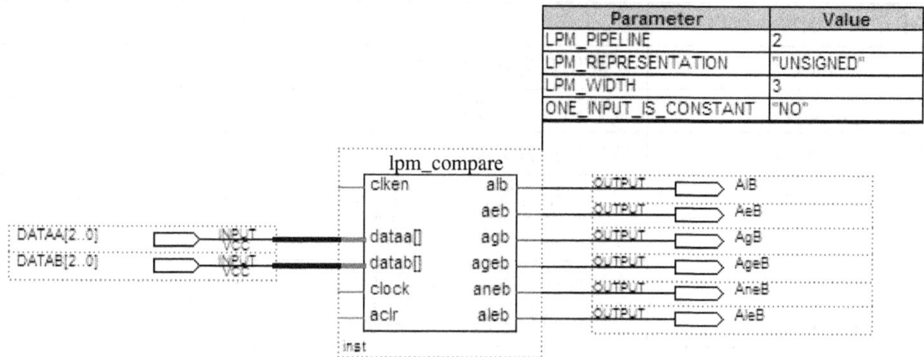

图 5.14　3 位无符号二进制数比较器电路

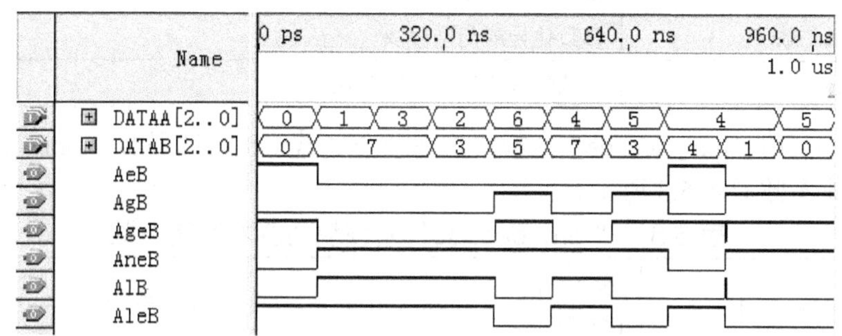

图 5.15　3 位无符号二进制数比较器仿真波形

如果将“lpm_compare”的参数设置为

LPM_WIDTH=3

LPM_REPRESENTATION=SIGNED

则可构成 3 位二进制补码比较器电路。图 5.16 是二进制补码比较器的仿真波形。

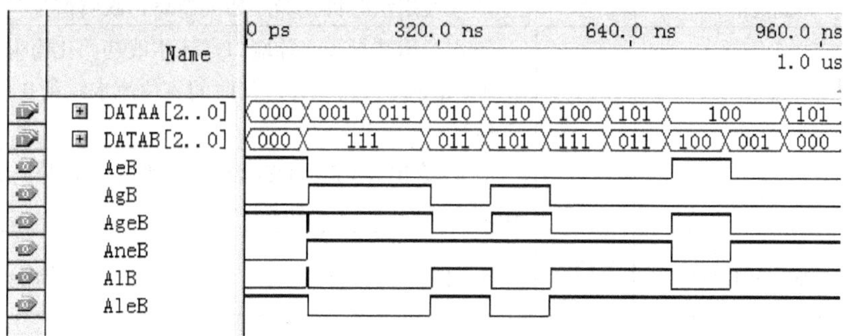

图 5.16　3 位二进制补码比较器仿真波形

由于比较器内部信号的延迟各不相同，所以在输出信号中出现毛刺，设计人员应对毛刺信号进行妥善处理，以避免其对后续电路的影响。

5.1.2　逻辑门宏模块库

表 5.7 给出了 Megafunction 库提供的参数化逻辑门宏模块的名称和功能描述。

表 5.7 逻辑门宏模块目录

序号	宏模块名称	功 能 描 述
1	busmux	参数化多路复用器宏模块
2	lpm_and	参数化与门宏模块
3	lpm_bustri	参数化三态缓冲器
4	lpm_clshift	参数化组合逻辑移位器或桶形移位器宏模块(Altera 推荐使用)
5	lpm_constant	参数化常量产生器宏模块
6	lpm_decode	参数化译码器宏模块(数据位宽不大于 8 时，Altera 推荐使用)
7	lpm_inv	参数化反相器(非门)宏模块
8	lpm_mux	参数化多路复用器宏模块(Altera 推荐使用)
9	lpm_or	参数化或门宏模块
10	lpm_xor	参数化异或门宏模块
11	mux	参数化多路复用器宏模块

下面我们利用“lpm_decode”宏模块构造一个 3 线—8 线译码器，“lpm_decode”宏模块的基本逻辑参数如表 5.8 所示。

表 5.8 “lpm_decode”宏模块的基本逻辑参数

	端口名称	要求(类型)	功 能 描 述
输入端口	data[]	是	作为无符号二进制编码数，输入端 LPM_WIDTH 值
	enable	否	使能，当不激活时所有输出为低电平，如果缺失，缺省值是激活“1”
	clock	否	为流水线用法提供时钟输入端口，对 LPM_PIPELINE 值不为 0(缺省值为 0)，clock 端口必须连接
	clken	否	流水线用法时钟使能。如果忽略，缺省值是“1”
	aclr	否	流水线用法异步清除端口，流水线初始化为未定义(X)逻辑电平。aclr 端口可以在任何时间复位流水线到 0 秒，异步到时钟信号
输出端口	eq[]	是	译码输出，LPM_DECODES 宽度，如果 data[]>=LPM_DECODES，所有 eq[]为 0
参数设置	LPM_WIDTH	是(整数)	data[]端口的数据宽度，或者是将被译码的输入值
	LPM_DECODES	是(整数)	译码器外部输出数
	LPM_PIPELINE	否(整数)	指定与 eq[]输出相关的延迟时钟周期数，值“0”说明没有延迟。如果忽略，缺省值是“0”(非流水线)
	IGNORE_CASCADE_BUFFERS	否(字符)	值为 ON 和 OFF
	CASCADE_CHAIN	否(字符)	指定级联链，值为 IGNORE 和 MANUAL

图 5.17 是利用“lpm_decode”宏模块设计的 3 线－8 线译码器，并给出了其中“lpm_decode”的参数设置。

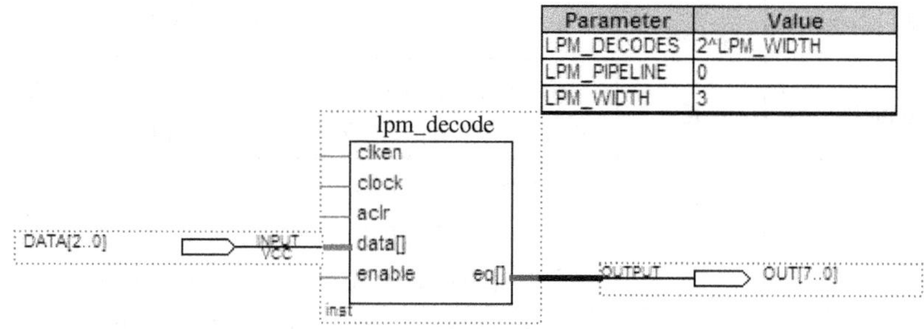

Parameter	Value
LPM_DECODES	2^LPM_WIDTH
LPM_PIPELINE	0
LPM_WIDTH	3

图 5.17　3 线—8 线译码器电路

图 5.18 是 3 线－8 线译码器的仿真波形。当译码器对一个三位的二进制数译码时，能够辨别出这个二进制数所代表的八种不同状态。

图 5.18　3 线—8 线译码器仿真波形

图 5.19 是用“lpm_mux”宏模块设计的四路数据采集电路，在原理图输入时，当选定“lpm_mux”模块后，系统会提示设计人员设置模块的参数。“lpm_mux”的逻辑参数如表 5.9 所示。

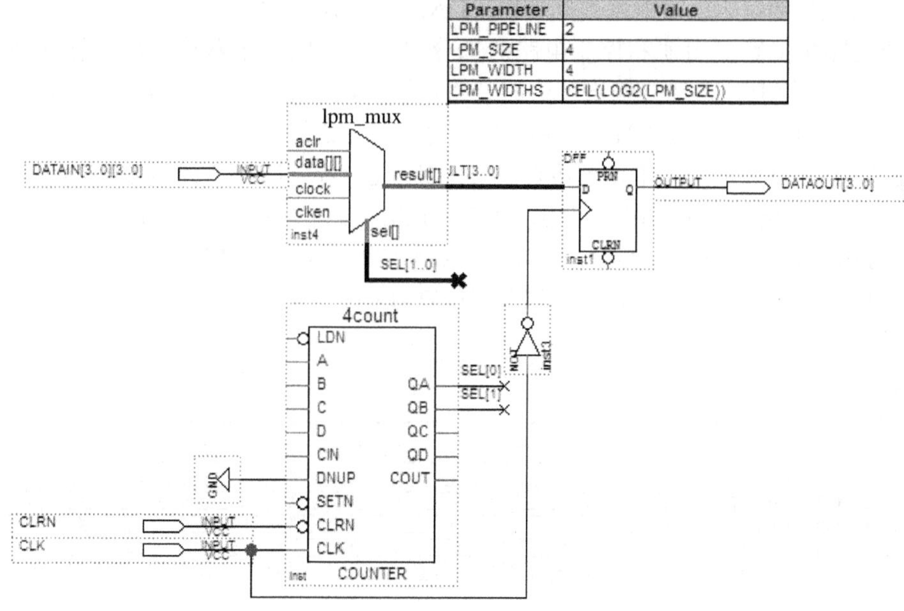

Parameter	Value
LPM_PIPELINE	2
LPM_SIZE	4
LPM_WIDTH	4
LPM_WIDTHS	CEIL(LOG2(LPM_SIZE))

图 5.19　四路数据采集电路

表 5.9 “lpm_mux”宏模块的逻辑参数

	端口名称	要求(类型)	功 能 描 述
输入端口	data[][]	是	输入端，与 LPM_SIZE 总线一致，每个为 LPM_WIDTH 宽。在 Verilog HDL 中不支持二维总线端口
	sel[]	是	选择输入总线中的一个，LPM_WIDTH 宽度
	clock	否	为流水线用法提供时钟输入端口，如果指定 LPM_PIPELINE 值不为 0(缺省值为 0)，clock 端口必须连接
	clken	否	流水线用法时钟使能。如果忽略，缺省值是“1”
	aclr	否	流水线用法异步清除端口，流水线初始化为未定义(X)逻辑电平。aclr 端口可以在任何时间复位流水线到 0 秒，异步到时钟信号。然而，仅仅当 LPM_PIPELINE 指定(具有一个不为 0 的值)且 clock 端口被用时，aclr 端口才可用
输出端口	result[]	是	所选择的输入端，输出宽度为 LPM_WIDTH
参数设置	LPM_WIDTH	是(整数)	data[][] 和 result[] 端口的数据宽度
	LPM_SIZE	是(整数)	多路复用器输入总线数。LPM_SIZE<=2^{LPM_WIDTHS}
	LPM_WIDTHS	是(整数)	sel[] 输入端口宽度
	LPM_PIPELINE	否(整数)	指定与 result[] 输出相关的延迟时钟周期数，值“0”说明没有延迟。如果忽略，缺省值是“0”(非流水线)

四路数据采集器将并行输入的四路数据按照一定的次序合为一路高速数据输出，每路数据线宽度为 4，所以“lpm_mux”的参数设置为 LPM_WIDTH = 4。其中 A 路输入数据占用“DATA0[3..0]”端口，B 路输入数据占用“DATA1[3..0]”端口，C 路输入数据占用“DATA2[3..0]”端口，D 路输入数据占用“DATA3[3..0]”端口。

整个电路由多路复用器和控制电路两部分组成。多路复用器接收四路输入数据，在“SEL[1..0]”的控制下，选择输出其中的一路数据。控制电路由一个计数器构成，它周期性产生“00”、“01”、“10”、“11”四种控制信号，分别选通四路输入数据流。

图 5.20 是四路数据采集电路的仿真波形，其中已假设将四路输入数据时钟调整到与时钟“CLK”同步的状态。由图中可看出，“SEL[1..0]”产生周期性的选通信号，依次将四路输入数据 DATAIN0[3..0]、DATAIN1[3..0]、DATAIN2[3..0]、DATAIN3[3..0]连通到输出端口上，经 D 触发器重新读取后，在输出端口“DATAOUT”就得到了合路以后的信号。

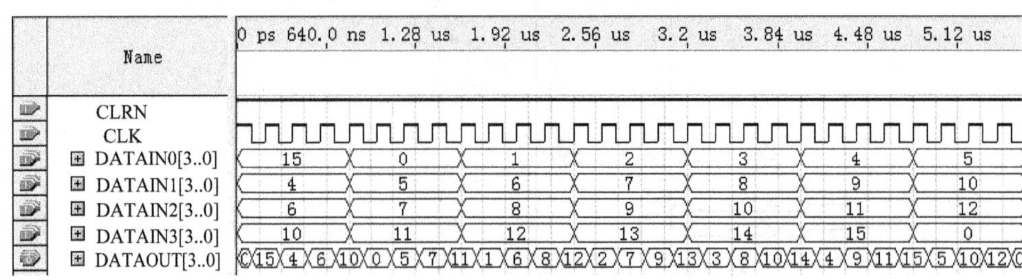

图 5.20 四路数据采集电路的仿真波形

5.1.3　I/O 宏模块库

Megafunction 库提供的参数化 I/O 宏模块主要包括时钟数据恢复(CDR)收发射机宏模块、参数化锁相环(PLL)宏模块、双数据速率(DDR)输入输出宏模块、LVDS(低电压差分信号)收发射机宏模块等等，表 5.10 详细列出了该库所有宏模块的名称和功能描述。

表 5.10　I/O 宏模块目录

序号	宏模块名称	功 能 描 述
1	alt2gxb	G 比特速率无线收发信机(GXB)宏模块
2	alt2gxb_reconfig	GXB 动态重配置宏模块
3	alt4gxb	4GXB 宏模块
4	alt_oct	片内终端(OCT)宏模块
5	alt_oct_aii	片内终端(OCT)aii 宏模块
6	alt_oct_power	片内终端(OCT)power 宏模块
7	altasmi_parallel	主动串行存储器并行接口宏模块
8	altclkctrl	时钟控制块宏模块
9	altclklock	参数化锁相环(PLL)宏模块
10	altddio_bidir	双数据速率(DDR)双向宏模块
11	altddio_in	DDR 输入宏模块
12	altddio_out	DDR 输出宏模块
13	altdll	延迟锁定环路 (DDL) 宏模块
14	altdq	数据选通宏模块
15	altdqs	参数化双向数据选通宏模块
16	atldq_dqs	参数化数据选通宏模块
17	altgxb	高速串行接口(HSSI)GXB 宏模块
18	altiobuf_bidir	双向 I/O 缓冲器宏模块
19	altiobuf_in	输入 I/O 缓冲器宏模块
20	altiobuf_out	输出 I/O 缓冲器宏模块
21	altlvds_rx	低电压差分信号(LVDS)接收机宏模块
22	altlvds_tx	低电压差分信号(LVDS)发射机宏模块
23	ALTMEMPHY	外部 DDR 存储器 PHY 接口宏模块
24	altpll	参数化 PLL 宏模块
25	altpll_reconfig	参数化 PLL 重配置宏模块
26	altremote_update	参数化远端升级宏模块
27	altstratixii_oct	参数化 OCT 宏模块
28	alttemp_sense	TSD 块宏模块
29	altufm_osc	振荡器宏模块
30	sld_virtual_jtag	虚拟 JTAG 宏模块
31	sld_virtual_jtag_basic	虚拟 JTAG 宏模块基础

5.1.4 存储宏模块库

存储器是数字系统的重要组成部分，数据处理单元的处理结果需要存储，许多处理单元的初始化数据也需要存放在存储器中。存储器还可以完成一些特殊的功能，如多路复用、速率变换、数值计算、脉冲成形、特殊序列产生以及数字频率合成等。Quartus II 软件的 Megafunction 库提供了 RAM、ROM 和 FIFO 等参数化存储器宏模块，如表 5.11 所示，设计者可以很方便地利用这些宏模块设计各种类型的存储器。本节将通过设计实例向大家介绍 RAM、ROM 和 FIFO 宏模块的基本使用方法。

表 5.11 存储宏模块目录

序号	宏模块名称	功 能 描 述
1	alt3pram	参数化三端口 RAM 宏模块
2	altdpram	参数化双端口 RAM 宏模块
3	altcsmem_init	FIFO 初始化分割器
4	altotp	参数化 OTP
5	altparallel_flash_loader	并行 Flash 装载器宏模块(仅支持 MAX II 系列)
6	altserial_flash_loader	串行 Flash 装载器宏模块(仅支持 MAX II 系列)
7	altshift_taps	参数化带抽头的移位寄存器宏模块
8	altsyncram	参数化真双端口 RAM 宏模块
9	altufm_i2c	符合 I^2C 接口协议的用户 Flash 存储器(仅支持 MAX II 系列)
10	altufm_none	用户 Flash 存储器(仅支持 MAX II 系列)
11	altufm_parallel	符合并行接口协议的用户 Flash 存储器(仅支持 MAX II 系列)
12	altufm_spi	符合 SPI 接口协议的用户 Flash 存储器(仅支持 MAX II 系列)
13	dcfifo	参数化双时钟 FIFO 宏模块
14	lpm_dff	参数化 D 触发器和移位寄存器宏模块
15	lpm_ff	参数化触发器宏模块(Altera 推荐使用)
16	lpm_fifo	参数化单时钟 FIFO 宏模块
17	lpm_fifo_dc	参数化双时钟 FIFO 宏模块
18	lpm_latch	参数化锁存器宏模块
19	lpm_ram_dp	参数化双端口 RAM 宏模块
20	lpm_ram_dq	输入和输出端口分离的参数化 RAM 宏模块(Altera 推荐使用)
21	lpm_ram_io	单 I/O 端口的参数化 RAM 宏模块
22	lpm_rom	参数化 ROM 宏模块
23	lpm_shiftreg	参数化移位寄存器宏模块(Altera 推荐使用)
24	lpm_tff	参数化 T 触发器宏模块
25	scfifo	参数化单时钟 FIFO 宏模块
26	sfifo	参数化同步 FIFO 宏模块

1. RAM

RAM(Random Access Memory，随机存取存储器)可以随时在任一指定地址写入或读取数据，它的最大优点是可以方便读/写数据，但存在易失性的缺点，掉电后所存数据便会丢失。

RAM 的应用十分广泛，它是计算机的重要组成部分，在数字信号处理中 RAM 作为数据存储单元，也必不可少。Quartus Ⅱ软件提供了多种 RAM 宏模块，这些宏模块已在表 5.11 中列出，有关具体模块参数的设置可以参考该软件提供的帮助信息。

“lpm_ram_dq”是参数化 RAM 模块，具有分开的输入/输出端口，Altera 推荐利用“lpm_ram_dq”实现异步存储或者具有同步输入和(或)输出的存储。这个宏模块仅提供后向兼容，替换的是，Altera 推荐利用 altsyncram 宏模块。Altera 强烈推荐使用同步而不是异步 RAM 功能。它的逻辑参数见表 5.12 和表 5.13。下面我们就用“lpm_ram_dq”宏模块设计一个数据存储器。

表 5.12 “lpm_ram_dq”宏模块的基本逻辑参数(一)

	端口名称	要求(类型)	功 能 描 述
输入端口	data[]	是	输入数据到存储器，LPM_WIDTH 宽度
	address[]	是	地址输入到存储器，LPM_WIDTHAD 宽度
	we	是	写使能，高电平时向存储器写入数据。如果 inclock 不出现时就需要 we。如果仅用了 we 端口且 we 为高电平时，在 address[]端口上的数据不变化。如果 we 端口为高电平且在 address[]端口上的数据变化，则所有被地址定位的存储器位置被 data[]重写
	inclock	否	同步写入时钟。如果 inclock 端口被用，we 端口就在 inclock 信号的上升沿起同步写操作的使能作用。如果 inclock 端口不被用，we 端口就起异步写操作的使能作用。另外，如果 inclock 端口不被用，LPM_INDATA 和 LPM_ADDRESS_CONTROL 参数应该设置为 UNREGISTERED
	outclock	否	存储器同步 q 输出。当 outclock 连接时，存储器对应地址的内容同步到 q[]，当 outclock 不连接时，就是异步。另外，如果 outclock 端口不被用，存储器对应地址的内容同步到 q[]，LPM_OUTDATA 参数应该设置为 UNREGISTERED
输出端口	q[]	是	存储器数据输出，LPM_WIDTH 宽度
参数设置	LPM_WIDTH	是(整数)	data[]和 q[]端口的数据线宽度
	LPM_WIDTHAD	是(整数)	address[]端口宽度。LPM_WIDTHAD 值应该(但不要求)等于 $\log_2$(LPM_NUMWORDS)。如果值太小，一些存储位置就不能设定地址，如果值太大，太高的地址就会返回到未定义(X)逻辑电平
	LPM_NUMWORDS	否(整数)	RAM 中存储单元的数目。通常，这个值应该为(但不要求)。$2^{LPM\_WIDTHAD}-1<LPM\_NUMWORDS<=2^{LPM\_WIDTHAD}$。如果忽略，缺省值为 $2^{LPM\_WIDTHAD}$

续表

	端口名称	要求(类型)	功 能 描 述
参数设置	LPM_FILE	否(字符)	存储器初始化文件(.mif)名或十六进制(Intel 格式)输出文件(.hex)名，包含 ROM 的初始化数据，或 UNUSED。如果忽略，缺省内容到 0 s。we 端口必须注册到支持存储器初始化
	LPM_INDATA	否(字符)	值为 REGISTERED、UNREGISTERED 和 UNUSED。控制数据端口是否已注册，如果忽略，缺省值为 REGISTERED。如果 inclock 端口不用，LPM_INDATA 和 LPM_ADDRESS_CONTROL 参数应该设为 UNREGISTERED
	LPM_ADDRESS_CONTROL	否(字符)	值为 REGISTERED、UNREGISTERED 和 UNUSED。控制地址和 we 端口是否已注册，如果忽略，缺省值为 REGISTERED。如果此端口是 UNREGISTERED，we 端口对电平敏感，则当 we 端口为高电平时，address[]端口必须稳定，以防止存储器其它位置数据写入。如果 inclock 端口不用，LPM_INDATA 和 LPM_ADDRESS_CONTROL 参数应该设为 UNREGISTERED
	LPM_OUTDATA	否(字符)	值为 REGISTERED、UNREGISTERED 和 UNUSED。控制 q 和 eq 端口是否已注册，如果忽略，缺省值为 REGISTERED。如果 outclock 端口不用，此参数应该设为 UNREGISTERED

表 5.13 “lpm_ram_dq”宏模块的基本逻辑参数(二)

同步数据读/写操作到存储器			从存储器同步数据读取		异步存储器操作	
inclock	we	功能描述	outclock	功能描述	we	功能描述
Not⌠	×	状态不变	Not⌠	状态不变	L	状态不变
⌠(写)	H	写入数据	⌠	读出数据	H	写入数据
⌠(读)	L	读出数据				

注：“⌠”表示时钟发生变化，“Not⌠”表示时钟不发生变化。

图 5.21 给出了数据存储器电路图，及其中“lpm_ram_dq”宏模块的参数设置。数据线和地址线的宽度都是 8 位，RAM 存储容量 LPM_NUMWORDS 为 2^8 字节。

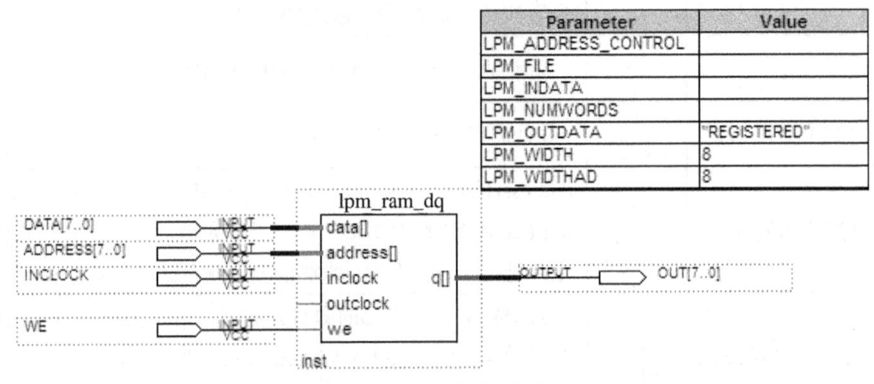

图 5.21 数据存储器电路

图 5.22 是数据存储器的仿真波形，为了便于检查存储单元内部数据信息，首先在“00～FF”地址段内连续写入“0～255”，然后从仿真时间 25.6 μs 时刻开始随机产生地址信息，检测“OUT”端口的输出数据是否正确，这时“WE”端口状态由高电平转变为低电平。从图 5.22 的“OUT”输出波形可看出，存储数据与写入数据是完全一样的，只不过数据输出时存在一定的延迟。

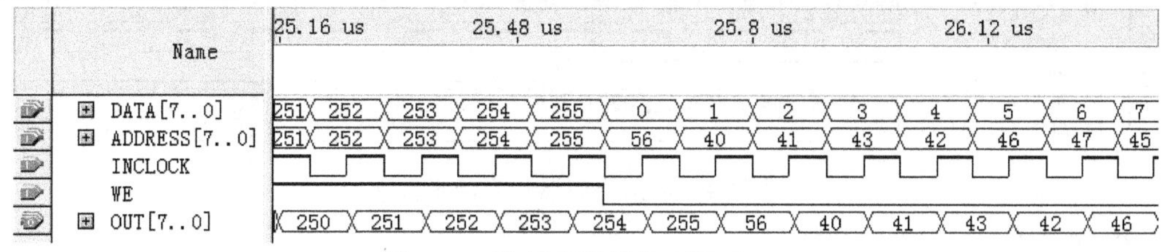

图 5.22　数据存储器仿真波形(一)

仔细观察图 5.22 中“OUT”端口波形，发现“WE”为高电平时，“OUT”仍旧有数据输出。如果在向 RAM 写入数据时，不希望这些数据出现在“OUT”端口上，可以对图 5.21 电路做简单的修改，主要方法是

(1) 将“WE”信号用 D 触发器延迟两个时钟周期；

(2) 将第一步输出的信号反相后再同“OUT[7..0]”端口上的信号做逻辑“与”运算。

修改后的电路图如图 5.23 所示，新的数据输出端口是“OUT1[7..0]”。

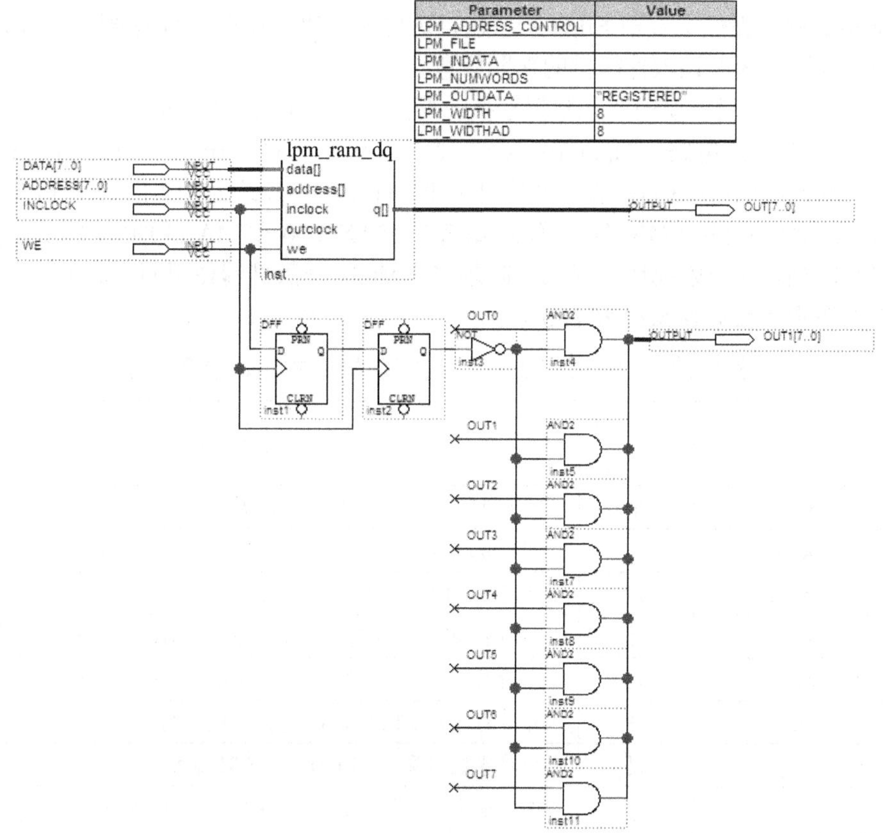

Parameter	Value
LPM_ADDRESS_CONTROL	
LPM_FILE	
LPM_INDATA	
LPM_NUMWORDS	
LPM_OUTDATA	"REGISTERED"
LPM_WIDTH	8
LPM_WIDTHAD	8

图 5.23　修改后的数据存储器电路

由图 5.24 的仿真波形可以看出，在向 RAM 写入数据时，“OUT1[7..0]”端口上一直保持为低电平，只有当“WE”为低电平时，才会有数据输出。

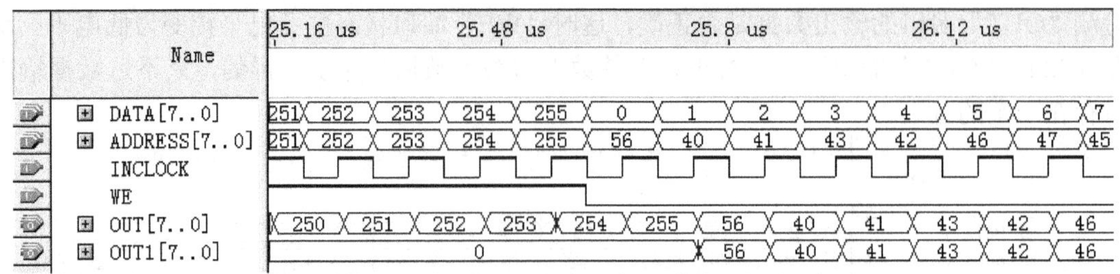

图 5.24 数据存储器仿真波形(二)

2. FIFO

FIFO(First In First Out，先进先出)是一种特殊功能的存储器，数据以到达 FIFO 输入端口的先后顺序依次存储在存储器中，并以相同的顺序从 FIFO 的输出端口送出，所以 FIFO 内数据的写入和读取只受读/写时钟和读/写请求信号的控制，而不需要读/写地址线。

FIFO 分为同步 FIFO 和异步 FIFO，同步 FIFO 是指数据输入输出的时钟频率相同，异步 FIFO 是指数据输入输出的时钟频率可以不相同。

FIFO 在数字系统中有着十分广泛的应用，可以用作并行数据延迟线、数据缓冲存储器以及速率变换器等。

Quartus II 软件提供了五种 FIFO 宏模块，这些宏模块已在表 5.11 中列出，有关具体模块参数的设置可以参考该软件提供的帮助信息。

利用 FIFO 可以很方便地实现数据速率的变换，下面我们就用“lpm_fifo_dc”宏模块设计一个数据速率变换电路。“lpm_fifo_dc”是参数化双时钟 FIFO 模块，lpm_fifo_dc 在 HardCopy，Stratix 和 Stratix GX 器件中使用 M-RAMs 或 M4K 或 M512 存储模块，在 Cyclone 和 CycloneII 器件中使用 M4K 存储模块，或者在 MAX3000 和 MAX7000 器件中使用 DFFE 模块或锁存阵列。这个宏模块仅提供后向兼容。Altera 强烈推荐使用同步而不是异步 RAM 功能。它的逻辑参数见表 5.14 和表 5.15。

表 5.14 “lpm_fifo_dc”宏模块的基本逻辑参数(一)

	端口名称	要求(类型)	功能描述
输入端口	data[]	是	输入数据，LPM_WIDTH 宽度
	rdclock	是	同步读取时钟，上升沿触发
	wrclock	是	同步写入时钟，上升沿触发
	wrreq	是	写请求控制，data[]端口数据写入，wrfull = 1 时，写禁止
	rdreq	是	读请求控制，最老的数据到 q[]端口。Rdempty = 1 时，读禁止
	aclr	否	异步清除。复位 lpm_fifo_dc 宏模块为空
输出端口	q[]	是	存储器数据输出，LPM_WIDTH 宽度
	rdempty	否	如果指示，说明 FIFO 是空的，且禁止 rdreq 端口。与 rdclock 同步

续表

	端口名称	要求(类型)	功 能 描 述
输出端口	wrfull	否	如果指示，说明 FIFO 是满的，且禁止 wrreq 端口。与 wrclock 同步
	wrempty	否	说明此模块是空的。rdempty 延迟后与 wrclock 同步
	rdfull	否	如果指示，说明此模块是满的，wrfull 延迟后与 rdclock 同步
	rdusedw[]	否	lpm_fifo_dc 中当前存储单元的数目。输出端口宽度[LPM_WIDTHU-1..0]。与 rdclock 同步，如果 wrusedw[]被使用，则要求
	wrusedw[]	否	lpm_fifo_dc 中当前存储单元的数目。输出端口宽度[LPM_WIDTHU-1..0]。与 wrclock 同步，如果 rdusedw[]被使用，则要求
参数设置	LPM_WIDTH	是(整数)	data[]和 q[]端口的数据线宽度
	LPM_NUMWORDS	是(整数)	存储器中已存储单元的数目，是 2 次方。最后三个存储单元可能写无效，是由于 2 个时钟配置的同步流水线问题。这些流水线是为了避免内部的亚稳定性。也由于这些流水线，使得当读写对一个时钟方案有效时，可能临时对另一个时钟无效。为了避免超过 FIFO 的顶部，wrfull 和 rdful 端口在完全写满前必须缓慢升到高电平。这个过程可能引起 FIFO 末端的几个存储单元无效。根据写到 FIFO 的速率，wrfull 和 rdful 端口可能在三个、两个或一个单元持续时间内上升到高电平。然而，这个过程又是必须的，既要适应时钟同步又要确保不发生过写。如果需要保留特定数目的存储单元，可指定 LPM_NUMWORDS 参数比认为所需的存储单元数目大三个以上
	LPM_WIDTHU	是(整数)	rdusedw[]和 wrusedw[]端口宽度，推荐值为 CEIL(LOG$_2$(LPM_NUMWORDS))
	LPM_SHOWAHEAD	否(字符)	当设为 ON 时，不用明确判定 rdreq 而允许数据立即出现在 q[]。值为 ON 或 OFF，如果忽略，缺省值为 OFF。指定为 ON 时可能降低性能
	OVERFLOW_CHECKING	否(字符)	Altera 特定参数，必须用 LPM_HINT 参数指定 VHDL 设计文件中的本参数，当设为 OFF 时，不使能溢出校验逻辑，则全部不再校验 wrreq。值为 NO 或 OFF，如果忽略，缺省值是 NO。(注：一个满的 FIFO 数据写入会出现不可预知的结果。)
	USE_EAB	否(字符)	Altera 特定参数，必须用 LPM_HINT 参数指定 VHDL 设计文件中的本参数，值为 NO、OFF 和 UNUSED，值 ON 时存储器功能不用，Quartus Ⅱ缺省在 ESB 和 EAB 实现存储器功能。此参数对其它 EDA 仿真器或 MAX3000,MAX7000, Stratix 和 StratixGX 器件无效

表 5.15　“lpm_fifo_dc”宏模块的基本逻辑参数(二)

rdclock	rdreq	wrclock	wrreq	aclr	功 能 描 述
×	×	×	×	H	存储器清空
↑	L	×	×	L	状态不改变(需要时钟上升沿)
↑	H	×	×	L	从 FIFO 中读取数据(FIFO 未读空时)
×	×	↑	L	L	状态不改变
×	×	↑	H	L	向 FIFO 中写数据(FIFO 未写满时)

图 5.25 给出了数据速率变换电路图，及其中“lpm_fifo_dc”宏模块的参数设置。数据线宽度是 8 位，FIFO 存储容量为 1024 字节。

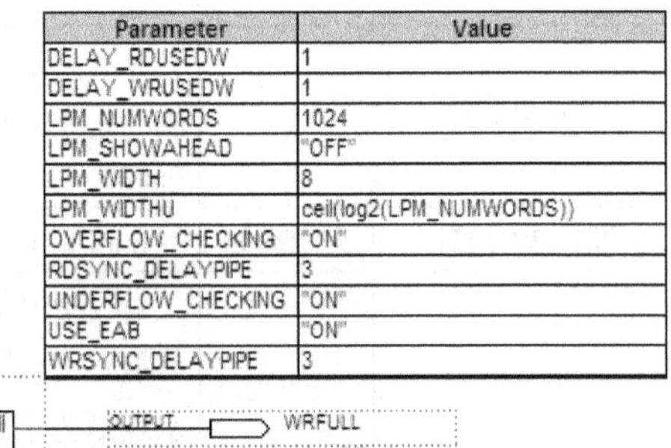

Parameter	Value
DELAY_RDUSEDW	1
DELAY_WRUSEDW	1
LPM_NUMWORDS	1024
LPM_SHOWAHEAD	"OFF"
LPM_WIDTH	8
LPM_WIDTHU	ceil(log2(LPM_NUMWORDS))
OVERFLOW_CHECKING	"ON"
RDSYNC_DELAYPIPE	3
UNDERFLOW_CHECKING	"ON"
USE_EAB	"ON"
WRSYNC_DELAYPIPE	3

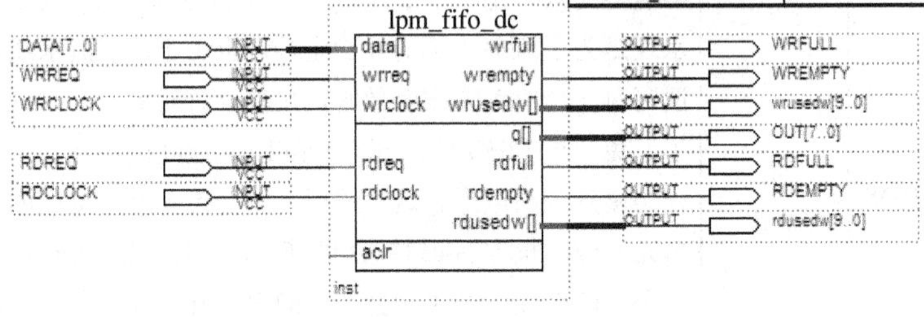

图 5.25　数据速率变换电路

输入数据流以突发形式进入到 FIFO 中，每个突发包含 8 个字节的数据，两个突发间隔 160 ns，数据峰值速率为 50 Mb/s。在突发时间内，“WRREQ”为高电平，允许向 FIFO 写入数据，而在其它时间里，“WRREQ”保持低电平，禁止向 FIFO 写入数据。

当“RDREQ”为高电平时，在读时钟“RDCLOCK”的控制下，数据以连续比特流方式从 FIFO 的“OUT[7..0]”端口输出，数据速率为 25 Mb/s。

图 5.26 是数据速率变换电路的仿真波形，从图中可看出 FIFO 完成了数据速率的变换，将突发数据转变为连续的数据流。

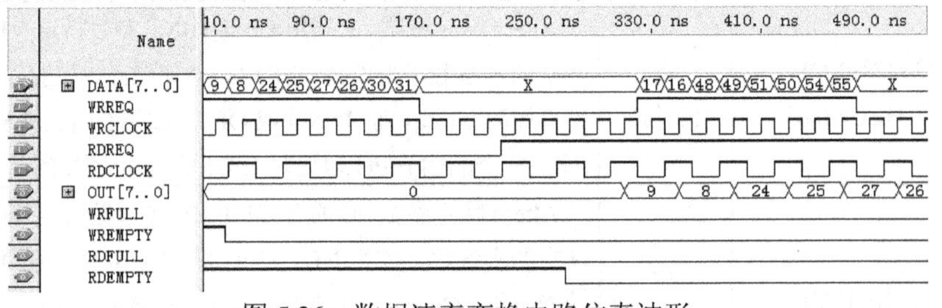

图 5.26　数据速率变换电路仿真波形

3. ROM

ROM(Read Only Memory，只读存储器)是存储器中结构最简单的一种，它的存储信息需要事先写入，在使用时只能读取，不能写入。ROM 具有不挥发性，即在掉电后，ROM 内的信息不会丢失。

利用 FPGA 器件可以实现 ROM 功能，但它并不是真正意义上的 ROM，因为掉电后，包括 ROM 单元在内的 FPGA 器件中所有信息都会丢失，再次工作时需要外部存储器重新配置。

Quartus Ⅱ软件提供的参数化 ROM 宏模块是“lpm_rom”。Altera 也推荐用 altsyncram 宏模块。表 5.16 和表 5.17 给出了“lpm_rom”宏模块的参数设置。

表 5.16　“lpm_rom”宏模块的基本逻辑参数(一)

	端口名称	要求(类型)	功能描述
输入端口	address[]	是	存储器地址输入，LPM_WIDTHAD 宽度
	inclock	否	输入时钟。当 inclock 端口连接时，address[]端口是同步的，当 inclock 端口不连接时 address[]端口是异步的
	outclock	否	输出时钟。当 outclock 端口连接时，对应地址存储内容到相应的 q[]是同步的，当不连接时是异步的
	memenab	否	存储器输入使能端。高电平等于数据输出在 q[]，低电平等于高阻输出。这个端口仅后向兼容有效，而 Altera 推荐不用此端口
输出端口	q[]	是	存储器数据输出，LPM_WIDTH 宽度
参数设置	LPM_WIDTH	是(整数)	q[]端口的数据线宽度
	LPM_WIDTHAD	是(整数)	address[]端口宽度。LPM_WIDTHAD 值应该(但不要求)等于 $\log_2$(LPM_NUMWORDS)。如果值太小，一些存储位置就不能设定地址，如果值太大，太高的地址就会返回到未定义逻辑电平
	LPM_NUMWORDS	否(整数)	存储器中已存储单元的数目。通常，这个值应该为(但不要求)。$2^{LPM\_WIDTHAD}-1<LPM\_NUMWORDS<=2^{LPM\_WIDTHAD}$。如果忽略，缺省值为 $2^{LPM\_WIDTHAD}$
	LPM_FILE	是(字符)	存储器初始化文件(.mif)名或十六进制(Intel 格式)输出文件(.hex)名，包含 ROM 的初始化数据或 UNUSED
	LPM_ADDRESS_CONTROL	否(字符)	值为 REGISTERED、UNREGISTERED 和 UNUSED。指示地址端口是否已注册，如果忽略，缺省值为 REGISTERED
	LPM_OUTDATA	否(字符)	值为 REGISTERED、UNREGISTERED 和 UNUSED。指示 q 和 eq 端口是否已注册，如果忽略，缺省值为 REGISTERED

表 5.17　“lpm_rom”宏模块的基本逻辑参数(二)

同步数据读取			异步数据读取	
outclock	memenab	功能描述	memenab	功能描述
×	L	q[]输出端为高阻抗	L	q[]输出端为高阻抗
Not ʃ	H	状态不变	H	状态不变
ʃ	H	数据输出		

当 inclock 或 outclock 都不连时，存储器异步操作。输出 q[] 是异步的，反映的是 address[] 点存储位置数据。

将 ROM 设计成查找表(LUT，Look Up Table)的形式，可以完成各种数值运算、脉冲成形和波形合成等功能。

图 5.27 是利用 ROM 实现的一个 3 × 3 位无符号数乘法器，及其中“lpm_rom”的参数设置。其中 LPM_FILE = e:\work\rom.mif。定义地址线“ADDRESS[5..0]”的高三位为被乘数，低三位为乘数，寻址输出结果为乘积。ROM 存储的数据都放在“rom.mif”文件内，但该文件目前可能并不存在，因此需要初始化 ROM。这里介绍两种初始化 ROM 的方法：一种是手工输入的方法，适于数据量不大的情况；另一种方法是利用计算机高级语言初始化 ROM，适于数据量较大的情况。

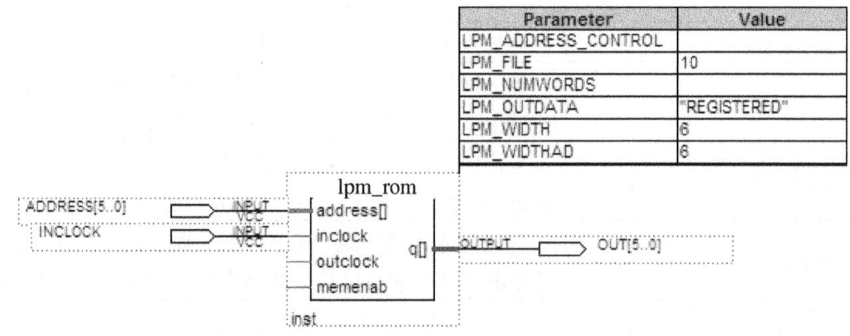

图 5.27　基于 ROM 的 3 × 3 位无符号数乘法器

对于第一种方法，首先新建一个 .mif 文件(Memory Initialization File，存储器初始化文件)，输入存储字宽和存储深度后，屏幕上会显示一个表格，在表格中依次输入与地址相对应的数值，最后将文件存为“e:\work\rom.mif”。

如果 ROM 存储的数据量很大，手工输入的方法既费时，又不可靠，这时利用计算机高级语言可以很容易地解决 ROM 初始化的问题。首先需要了解一下.mif 文件的基本格式。.mif 文件可以用文本编辑器打开，文件的结构可分为六大部分，如表 5.18 所示。

表 5.18　.mif 文件基本格式

	文 件 内 容	说　明
第一部分	版权说明	
第二部分	WIDTH = 6; DEPTH = 64;	数据线宽度以及存储单元数目
第三部分	ADDRESS_RADIX = HEX; DATA_RADIX = HEX;	地址和存储数据采用的数制，“HEX”为十六进制，“BIN”为二进制，“OCT”为八进制，“DEC”为有符号十进制数，“UNS”为无符号十进制数
第四部分	CONTENT BEGIN	存储内容的起点标志
第五部分	0　:　00; 1　:　00; 2　:　00; 3　:　00; ⋮ 3f　:　00;	存储内容，格式为 “地址　:　数据;”
第六部分	END;	结束标志

每一个 .mif 文件都遵循相同的格式，可以任意拿来一个.mif 文件(也可以按照第一种方法产生一个空的 .mif 文件)，在此文件的基础上进行修改。首先用文本编辑器打开这个文件，按照设计的实际情况修改文件第二部分的数值。如有必要，还可修改文件的第三部分，为了便于编程，一般情况下都将数制修改成无符号十进制数。最后将修改后的文件另存为“e:\work\rom.mif”。现在只完成了第一步，.mif 文件第五部分的修改需要通过计算机高级语言编程来完成。下面给出一段 Fortran 语言程序，它计算出 3 × 3 位无符号数乘法所有可能的结果，并按照 .mif 文件第五部分的格式将结果输出到“rom.dat”文件中，然后用“rom.dat”里的数据将原来 .mif 文件的第五部分内容完全覆盖，存盘后即完成了 ROM 的初始化。由于这段 Fortran 程序的计算结果采用十进制数表示，所以应将.mif 文件的第三部分中的数制改为无符号十进制数(UNS)。

ROM 初始化程序(Fortran 语言)

```
c      This program is used to make a LUT for rom.mif.
       integer c5,c4,c3,c2,c1,c0,dataout(64),mult
c      "c5 c4 c3 c2 c1 c0" are coefficients.
       c5=0
       c4=0
       c3=0
       c2=0
       c1=0
       c0=0
       do 10 c5=0,1
       do 20 c4=0,1
       do 30 c3=0,1
       do 40 c2=0,1
       do 50 c1=0,1
       do 60 c0=0,1
c      transform BIN into DEC
       k=c5*2**5+c4*2**4+c3*2**3+c2*2**2+c1*2**1+c0*2**0
c      calculate the content of the LUT
       dataout(k)=(c5*2**2+c4*2**1+c3*2**0)*(c2*2**2+c1*2**1+c0*2**0)
 60    continue
 50    continue
 40    continue
 30    continue
 20    continue
 10    continue
c      write the results into "rom.dat" file.
       open(unit=2,file='rom.dat',status='new',access='sequential')
       do 100 k=0,63
```

```
      write(2,*)      k,'      :',dataout(k),';'
100   continue
      close(2)
      end
```

不管采用哪种 ROM 初始化方法，得到的计算结果都是相同的，图 5.28 给出了仿真波形。与 5.1.1 节中 3×3 位乘法器相比较，可看出，利用 ROM 构造的乘法器，其输出结果存在一个时钟周期的延迟。

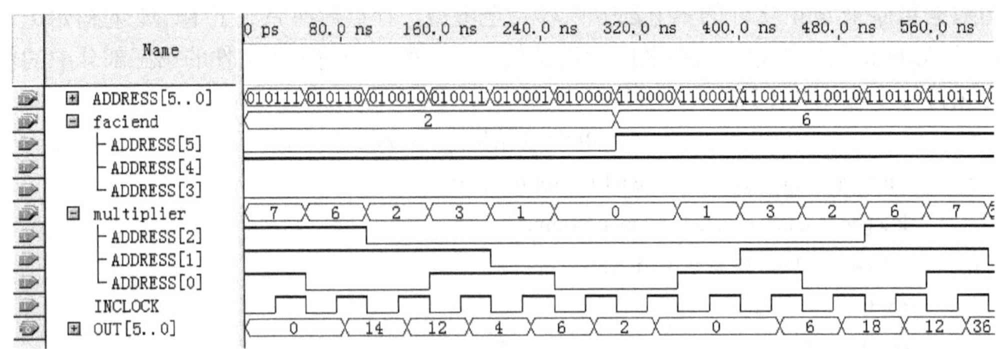

图 5.28 基于 ROM 的 3×3 位无符号数乘法器仿真波形

以上是利用 ROM 宏模块构造了一个执行乘法运算的查找表，采用了直接寻址的方法，这种方法运算速度快，但是要占用很大的存储空间。当被乘数与乘数的总字长为 N 时，所需存储空间的容量为 $N\times 2^N$ bit。FPGA 内存储单元的容量有限，为了节省存储空间，可以采用牺牲运算速度的方法，即所谓“以时间换空间”。根据等式

$$a\times b=\frac{(a+b)^2-a^2-b^2}{2}$$

可将查找表设计成平方表的形式，再增加一些加减运算，也可以得到两数的乘积。假设 a 和 b 的字长均为 $N/2$，则采用平方表的方法只需约 $(4N+4)\times 2^{N/2}$ bit 的存储容量，当 N 较大时(如 $N\geqslant 8$)，这种方法所需的存储容量远远小于直接寻址的方法。

4．存储器设计中应注意的一个问题

RAM、FIFO 和 ROM 等存储器在许多电路中是不可或缺的关键部件，特别是在一些需要特殊运算的场合，设计人员通常利用 ROM 构造出各种各样的查找表，以简化电路的设计，提高电路的处理速度和稳定性。

在 FPGA 器件中实现存储器功能，需要占用芯片的存储单元，而这种资源是有限的，特别是低容量器件中更是十分紧张。如果用 ESB 和 EAB 实现，在实际情况下，一个存储器至少要占用一个 EAB，因此整个设计中所需要的存储器单元的数目既受存储容量的限制，又受 EAB 数目的限制。如果一个设计中使用了过多的存储单元，设计人员就必须选用更大规模的器件，而此时往往导致大量的逻辑单元未被利用，这无疑会使得成本大大增加，给开发和调试工作带来不利的影响。

如何在 FPGA 器件的存储单元和逻辑单元的使用效率上取得最佳折中，这是设计人员

应该细心思考的一个问题。其实在很多情况下，一个功能单元可以有多种不同的设计思路和实现方法，逻辑单元可以完成一定的存储功能，而存储单元也可执行逻辑操作。一个好的设计应该是速度、可靠性和资源利用率三者的最佳结合。针对这个问题，8.4 节给出了一个开发实例，希望能够对读者有所启迪。

5.2　Maxplus2 库

Maxplus2 库主要包括时序电路模块和运算电路模块两大类，其中时序电路模块包括触发器、锁存器、计数器、分频器、多路复用器和移位寄存器，运算电路模块包括逻辑运算模块、加法器、减法器、乘法器、绝对值运算器、数值比较器、编译码器和奇偶校验发生器。

5.2.1　时序电路模块

1．触发器

触发器是数字电路中的常用器件，在后面介绍的许多电路中，都可以发现触发器的身影。触发器可以组成各种类型的计数器和寄存器。常用的触发器类型主要分为 D 触发器、T 触发器、JK 触发器以及带有各种使能端和控制端的扩展型触发器等。

表 5.19 列出了 Quartus II 的 Maxplus2 库提供的触发器模块的目录。

表 5.19　触发器模块目录

序号	模块名称	功 能 描 述
1	74107	带清零端的双 JK 触发器
2	74107a	带清零端的双 JK 触发器
3	74107o	带清零端的单 JK 触发器
4	74109	带预置和清零端的双 JK 触发器
5	74109o	带预置和清零端的单 JK 触发器
6	74112	带预置和清零端的双 JK 时钟下降沿触发器
7	74112o	带预置和清零端的单 JK 时钟下降沿触发器
8	74113	带预置端的双 JK 时钟下降沿触发器
9	74113o	带预置端的双 JK 时钟下降沿触发器
10	74114	带异步预置、公共清零和公共时钟端的双 JK 时钟下降沿触发器
11	74171	带清零端的四 D 触发器
12	74172	带三态输出的多端口寄存器
13	74173	4 位 D 型寄存器
14	74174	带公共清零端的六 D 触发器
15	74174b	带公共清零端的六 D 触发器
16	74174m	带公共清零端的 D 触发器

续表一

序号	模块名称	功 能 描 述
17	74175	带公共时钟和清零端的四 D 触发器
18	74273	带异步清零端的八 D 触发器
19	74273b	带异步清零端的八 D 触发器
20	74276	带公共预置和清零端的四 JK 触发器寄存器
21	74276o	带公共预置和清零端的四 JK 触发器寄存器
22	74374	带三态输出和输出使能端的八 D 触发器
23	74374b	带三态输出和输出使能端的八 D 触发器
24	74374m	带三态输出和输出使能端的单 D 触发器
25	74374nt	八 D 触发器
26	74376	带公共时钟和公共清零端的四 JK 触发器
27	74377	带使能端的八 D 触发器
28	74377b	带使能端的八 D 触发器
29	74378	带使能端的六 D 触发器
30	74379	带使能端的四 D 触发器
31	74396	八位存储寄存器
32	74548	带三态输出的 8 位两级流水线寄存器
33	74670	带三态输出的 4×4 位寄存器堆
34	7470	带预置和清零端的与门 JK 触发器
35	7471	带预置端的 JK 触发器
36	7472	带预置和清零端的与门 JK 触发器
37	7473	带清零端的双 JK 触发器
38	7473a	带清零端的双 JK 触发器
39	7473o	带清零端的单 JK 触发器
40	7474	带异步预置和异步清零端的双 D 触发器
41	7476	带异步预置和异步清零端的双 JK 触发器
42	7476a	带异步预置和异步清零端的双 JK 触发器(时钟下降沿有效)
43	7478	带异步预置、公共清零和公共时钟端的双 JK 触发器
44	7478a	带异步预置、公共清零和公共时钟端的双 JK 触发器(时钟下降沿有效)
45	74821	带三态输出的 10 位总线接口触发器
46	74821b	带三态输出的 10 位 D 触发器
47	74822	带三态反相输出的 10 位总线接口触发器
48	74822b	带三态反相输出的 10 位反相输出 D 触发器
49	74823	带三态输出的 9 位总线接口触发器
50	74823b	带三态输出的 9 位 D 触发器
51	74824	带三态反相输出的 9 位总线接口触发器

续表二

序号	模块名称	功 能 描 述
52	74824b	带三态反相输出的 9 位反相输出 D 触发器
53	74825	带三态输出的 8 位总线接口触发器
54	74825b	带三态输出的八 D 触发器
55	74826	带三态反相输出的 9 位总线接口触发器
56	74826b	带三态反相输出的反相输出八 D 触发器
57	8dff	8 位 D 触发器
58	8dffe	带使能端的 8 位 D 触发器
59	dff2	带反相输出的 D 触发器
60	enadff	带使能端的 D 触发器
61	expdff	用扩展电路实现的 D 触发器
62	jkff2	带反相输出的 JK 触发器
63	jkffre	带反相输出的 JK 触发器
64	udfdl	通用 D 触发器或锁存器
65	ujkff	带预置端的 JK 触发器

2. 锁存器

锁存器主要分为 RS 锁存器、门控 RS 锁存器和 D 锁存器三种形式，它的作用就是把某时刻输入信号的状态保存起来。

触发器实际上是一种带有时钟控制的锁存器。锁存器和触发器状态均跟随输入信号的电平值变化，二者不同之处在于锁存器的状态随输入信号实时变化，而触发器的状态要等到时钟沿到来时才改变。

表 5.20 列出了 Quartus II 的 Maxplus2 库提供的锁存器模块的目录。

表 5.20　锁存器模块目录

序号	模块名称	功 能 描 述
1	74116	带清零端的双 4 位锁存器
2	74116o	带清零端的单 4 位锁存器
3	74259	带有清零端、可设定地址的锁存器
4	74278	4 位可级联优先寄存器
5	74279	四 SR 锁存器
6	74279m	双 SR 锁存器
7	74279md	单 SR 锁存器
8	74373	带三态输出的透明八 D 锁存器
9	74373b	带三态输出的透明八 D 锁存器
10	74373m	带三态输出的透明单 D 锁存器
11	74375	4 位双稳态锁存器
12	74549	8 位 2 级流水线锁存器

续表

序号	模块名称	功 能 描 述
13	74604	带三态输出的双八位锁存器
14	7475	4 位双稳态锁存器
15	7477	4 位双稳态锁存器
16	74841	带三态输出的 10 位总线接口 D 锁存器
17	74841b	带三态输出的 10 位总线接口 D 锁存器
18	74842	带三态输出的 10 位总线接口 D 锁存器
19	74842b	带三态输出的 10 位总线接口 D 反相锁存器
20	74843	带三态输出的 9 位总线接口 D 锁存器
21	74844	带三态输出的 9 位总线接口 D 反相锁存器
22	74845	带三态输出的 8 位总线接口 D 锁存器
23	74846	带三态输出的 8 位总线接口 D 反相锁存器
24	74990	8 位透明读回锁存器
25	explatch	用扩展电路实现的锁存器
26	inpltch	用扩展电路实现的输入锁存器
27	ltch_p_c	带反相输出的锁存器
28	mlatch	MENTOR 锁存器
29	nandltch	用扩展电路实现的/SR 与非门锁存器
30	norltch	用扩展电路实现的 SR 或非门锁存器
31	rdlatch	带使能和反相输出的锁存器

3. 计数器

计数器是数字系统中使用最广泛的时序电路，几乎每一个数字系统都离不开计数器。计数器可以对时钟或脉冲信号计数，还可以完成定时、分频、控制和数学运算等功能。根据输入脉冲的引入方式不同，计数器可分为同步计数器和异步计数器；根据从计数过程中数字的增减趋势不同，计数器可分为加法计数器、减法计数器和可逆计数器；根据计数器计数进制的不同，计数器还可分为二进制计数器和非二进制计数器(如二一十进制计数器)。

Quartus II 的 Maxplus2 库提供了几十种计数器模块，在设计中可以任意调用，表 5.21 列出了这些模块的目录。

表 5.21 计数器模块目录

序号	模块名称	功 能 描 述
1	16cudslr	16 位二进制加/减计数器，带有异步设置的左/右移位寄存器
2	16cudsrb	16 位二进制加/减计数器，带有异步清零和设置的左/右移位寄存器
3	4count	4 位二进制加/减计数器，同步/异步读取，异步清零
4	74143	4 位计数/锁存器，带有 7 位输出驱动器
5	74160	4 位十进制计数器，同步读取，异步清零
6	74161	4 位二进制加法计数器，同步读取，异步清零

续表一

序号	模块名称	功 能 描 述
7	74162	4 位二进制加法计数器，同步读取，同步清零
8	74163	4 位二进制加法计数器，同步读取，同步清零
9	74168	同步 4 位十进制加/减计数器
10	74169	同步 4 位二进制加/减计数器
11	74176	可预置十进制计数器
12	74177	可预置二进制计数器
13	74190	4 位十进制加/减计数器，异步读取
14	74191	4 位二进制加/减计数器，异步读取
15	74192	4 位十进制加/减计数器，异步清零
16	74193	4 位二进制加/减计数器，异步清零
17	74196	可预置十进制计数器
18	74197	可预置二进制计数器
19	74290	十进制计数器
20	74292	可编程分频器/数字定时器
21	74293	二进制计数器
22	74294	可编程分频器/数字定时器
23	74390	双十进制计数器
24	74390o	十进制计数器
25	74393	双 4 位加法计数器，异步清零
26	74393m	4 位加法计数器，异步清零
27	74490	双 4 位十进制计数器
28	74490o	单 4 位十进制计数器
29	74568	十进制加/减计数器，同步读取，同步和异步清零
30	74569	二进制加/减计数器，同步读取，同步和异步清零
31	74590	8 位二进制计数器，带有三态输出寄存器
32	74592	8 位二进制计数器，带有输入寄存器
33	74668	同步十进制加/减计数器
34	74669	同步 4 位二进制加/减计数器
35	7468	双十进制计数器
36	7469	双二进制计数器
37	74690	同步十进制计数器，带有输出寄存器，多重三态输出，异步清零
38	74691	同步二进制计数器，带有输出寄存器，多重三态输出，异步清零
39	74693	同步二进制计数器，带有输出寄存器，多重三态输出，同步清零
40	74696	同步十进制加/减计数器，带有输出寄存器，多重三态输出，异步清零
41	74697	同步二进制加/减计数器，带有输出寄存器，多重三态输出，异步清零

续表二

序号	模块名称	功 能 描 述
42	74698	同步十进制加/减计数器，带有输出寄存器，多重三态输出，同步清零
43	74699	同步二进制加/减计数器，带有输出寄存器，多重三态输出，同步清零
44	7490	十进制/二进制计数器(不推荐使用)
45	7492	十二进制计数器
46	7493	4 位二进制计数器
47	8count	8 位二进制加/减计数器，同步/异步读取，异步清零
48	gray4	格雷码计数器
49	unicnt	通用 4 位加/减计数器，带有异步设置、读取、清零和级联功能的左/右移位寄存器

图 5.29 是一个利用“8count”模块构成的“模 128 同步计数器”，“8count”是 8 位二进制加/减计数器，采用同步或异步读取预置数据和异步清零方式。“8count”模块的逻辑参数如表 5.22 所示。图 5.30 给出了仿真波形，其中组合节点 19(TEST)显示与门输出信号的波形。

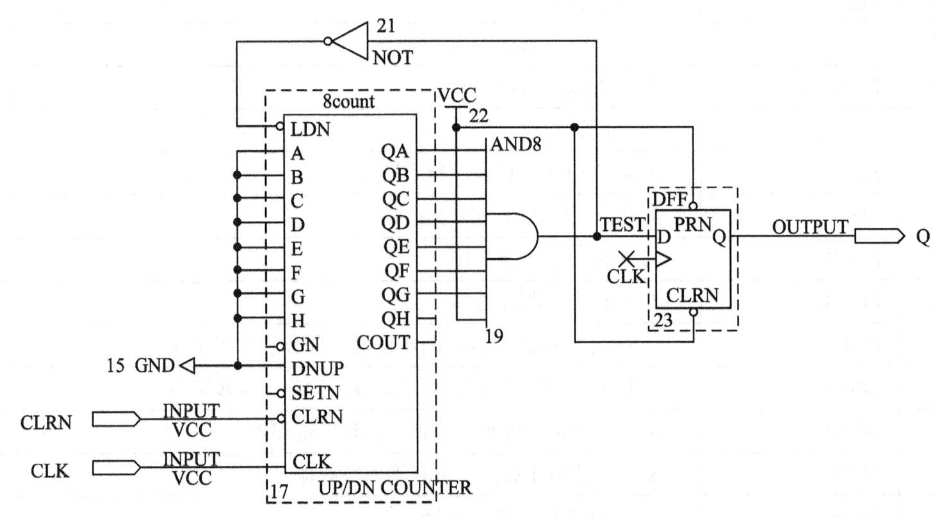

图 5.29 模 128 同步计数器

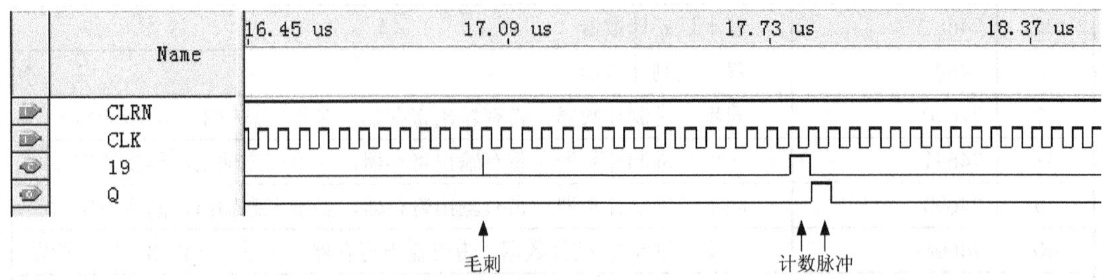

图 5.30 模 128 同步计数器仿真波形

表 5.22　"8count" 模块的逻辑参数

输　　入						输　出		
CLK	CLRN	SETN	LDN	DNUP	GN	QH	QG..QB	QA
×	L	H	×	×	×	L	L..L	L
×	H	L	×	×	×	h	g..b	a
↑	H	H	L	×	×	h	g..b	a
↑	H	H	H	H	L		加法计数	
↑	H	H	H	L	L		减法计数	
↑	H	H	H	×	H		计数保持	

下面简要分析一下计数器的参数设置及其原理：

✧ "CLK" 为时钟输入端口，"CLRN" 为外部清零端口(低电平有效)，"Q" 为结果输出端口；

✧ "DNUP" 接地，表示采用加法计数方式，在时钟上升沿的驱动下，计数器的 8 个输出端口 "QH..QA" 以二进制方式显示时钟脉冲的数目，其中 "QH" 为最高有效位(MSB)，"QA" 为最低有效位(LSB)；

✧ "LDN" 接读取控制信号，而将 "STEN" 悬空(系统默认值为接高电平)，则将计数器配置为同步读取方式；

✧ 数据预置端口 "H..A" 设置为零，指示计数器初始计数从 "00000000" 开始，其中 "H" 为最高有效位，"A" 为最低有效位；

✧ 计数器从初始状态 "00000000" 计数到 "01111111" 时，表示已经完成一个计数周期，在这里用一个 8 输入与门检测这一状态，当 "QG..QA" 同时为高电平时，与门输出一个高电平脉冲信号，时间宽度为一个时钟周期。

图 5.29 中 D 触发器的作用有两个，其中一个作用是消除与门输出的毛刺信号。由于器件内部存在延时，计数器的输出端口 "QG..QA" 上高低电平的翻转并不是同时进行的，相互之间会有几个纳秒的差异，这就有可能在与门输出端产生毛刺。从仿真波形的组合节点 19 上可以看到这些毛刺，毛刺只出现在时钟上升沿之后，而且持续时间很短(几个纳秒)，不会与时钟上升沿同时出现，所以利用 D 触发器就可以消除毛刺。从输出引脚 "Q" 上的仿真波形可以看到组合节点 19 上的毛刺已经被消除干净了。计数器在清零后的初始状态已经为 "00000000"，那么第一个时钟周期对应的计数器输出端口状态为 "00000001"，这样就使第一个计数周期内只能计 127 个时钟脉冲，而不是所希望的 128 个时钟脉冲。所以 D 触发器的另一个作用是为计数器产生一个时钟周期的群延迟，使得在计数器清零后的所有计数周期内的脉冲数目均为 128。

在图 5.29 "QH..QA" 不同端口加上 "非门"，再将这些输出信号送入 "AND8" 中，则可以构成 "2～128" 任意进制同步计数器。

图 5.29 给出的 "模 128 同步计数器" 输出的计数脉冲的时间宽度为一个时钟周期，对于一些特殊的应用，例如需要计数脉冲的时间宽度为半个时钟周期，这样的电路该如何实现呢？现还以上面介绍的 "模 128 同步计数器" 为例，修改后的电路如图 5.31 所示。

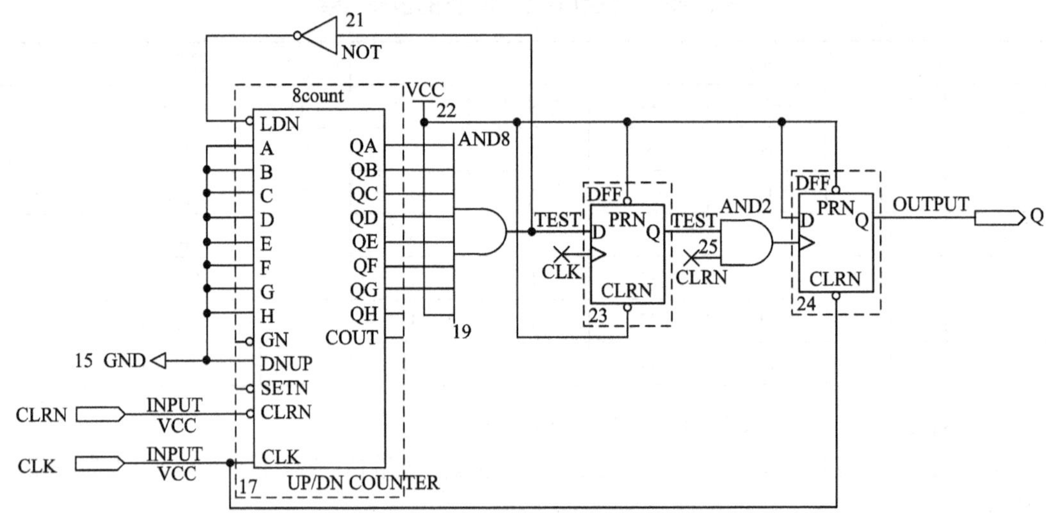

图 5.31　修改后的模 128 同步计数器

在图 5.29 的基础上，额外增加了一个二输入“与门”和一个 D 触发器。“与门”的作用是产生一个很小的延时，它的输出端连至 D 触发器的时钟输入端。D 触发器的清零端口“CLRN”与系统时钟“CLK”相连，输入端口接高电平。组合节点 23(TEST1)上的信号实际上就是图 5.29“Q”端口上的输出信号，该信号经过“与门”运算后去激励 D 触发器。从图 5.32 的仿真波形上可以看出，在计数脉冲出现时，系统时钟“CLK”处于高电平状态，在“与门”输出信号的上升沿激励下，D 触发器输出端变为高电平。半个时钟周期后，“CLK”处于低电平状态，D 触发器被清零，其输出端相应地变为低电平。由此，“Q”端口输出的计数脉冲的宽度为半个时钟周期，图 5.32 的仿真波形清楚地显示了这一变化。

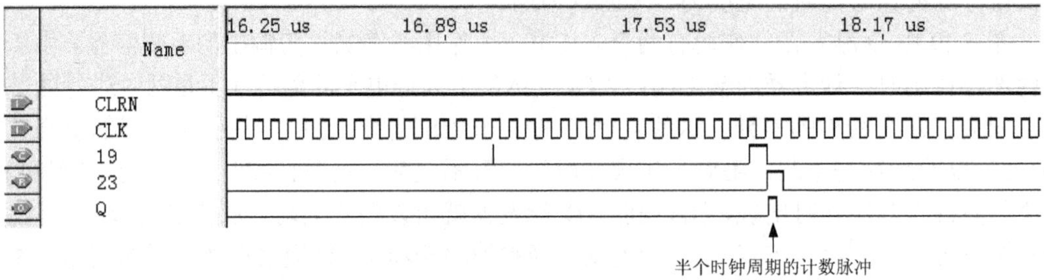

Name　16.25 us　16.89 us　17.53 us　18.17 us

CLRN
CLK
19
23
Q

半个时钟周期的计数脉冲

图 5.32　修改后的计数器仿真波形

当计数器的计数周期是一个合数时，数学上可以将该数写为几个整数的乘积，从计数器实现的角度上讲，该计数器可以采用几个计数器级联的方式实现，各个计数器计数周期的乘积就是整个计数器的计数周期。

图 5.33 所示的电路就是利用“模 4 计数器”和“模 32 计数器”级联实现的“模 128 同步计数器”。采用计数器级联方式，可以利用几个短周期的计数器构成一个长周期的计数器，但需要注意的是计数脉冲的时间宽度往往是时钟周期的若干倍，图 5.33 所示电路的计数脉冲宽度就是时钟周期的四倍。

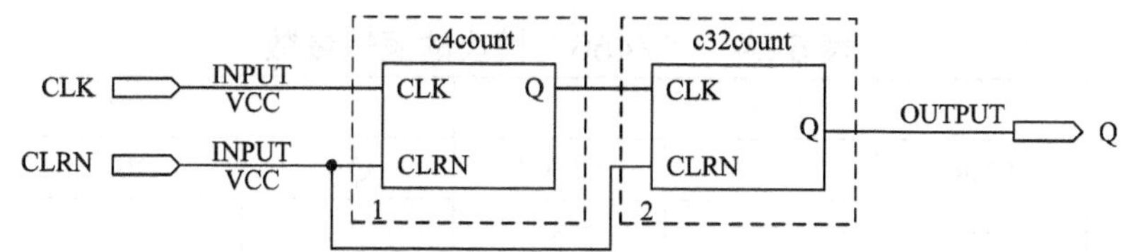

图 5.33　采用计数器级联方式实现的 128 同步计数器

4. 分频器

对于一个时序电路系统来说，一般只有一个时钟源，各个子系统所需的时钟是由该时钟源经过分频电路和倍频电路得到的。分频电路的设计与实现比倍频电路简单，它可以利用触发器、分频器和计数器等功能模块来实现。

Quartus II 的 Maxplus2 库提供了三种分频器模块，表 5.23 列出了这些模块的名称和功能，模块参数的设置可以参考 Quartus II 软件提供的帮助信息。

表 5.23　分频器模块目录

序号	模块名称	功 能 描 述
1	7456	双时钟 5、10 分频器
2	7457	双时钟 5、6、10 分频器
3	freqdiv	2、4、8、16 分频器

图 5.34 中给出了可以用一个 D 触发器和反相器实现的二分频器电路，2^N 次分频电路(N≥1)可采取将图 5.34 所示电路级联的方式实现。

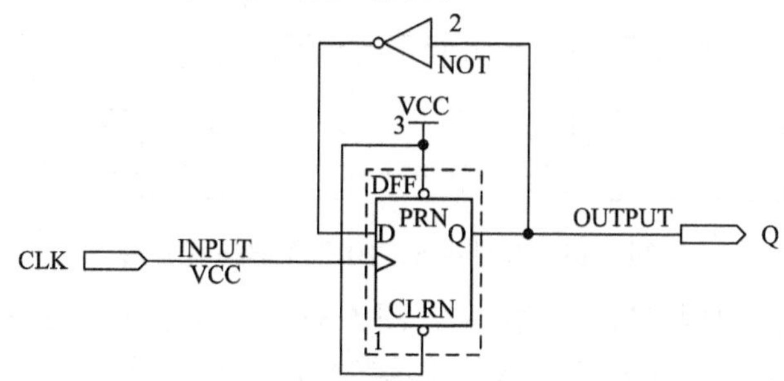

图 5.34　用 D 触发器实现的二分频器

图 5.35 是利用“7456”模块构成的双时钟 5、10 分频器，“7456”的逻辑参数如表 5.24 所示。由仿真波形图 5.36 可以看出，“CLKA”和“CLKB”可以分别使用两种不同频率的时钟信号。

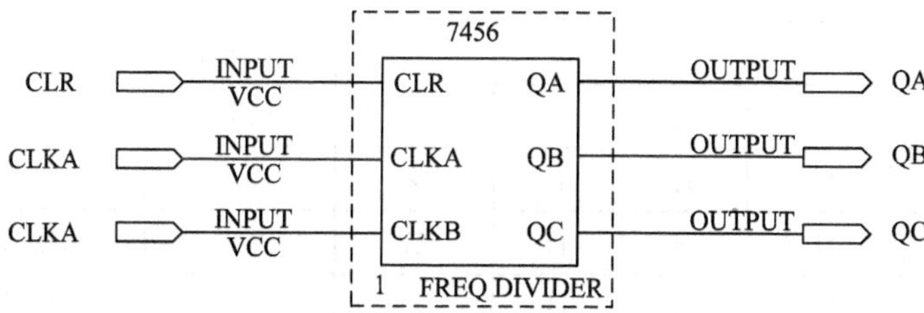

图 5.35　双时钟 5、10 分频器

表 5.24 “7456”模块的逻辑参数

计数	输入			输出		
	CLR	CLKA	CLKB	QA	QB	QC
×	H	×	×	L	L	L
1	L	↓	↓	L	L	L
2	L	↓	↓	L	L	L
3	L	↓	↓	L	L	L
4	L	↓	↓	L	L	L
5				H	H	L
6				返回 1	返回 1	H
7						H
8						H
9						H
10						H
						返回 1

注：① “↓”表示时钟下降沿；

② 时钟“CLKA”对应输出端口“QA”，时钟“CLKB”对应输出端口“QB”和“QC”。

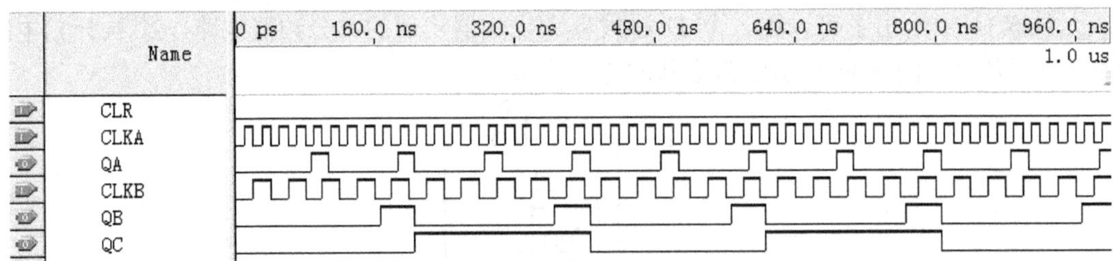

图 5.36 双时钟 5、10 分频器仿真波形

利用计数器可以实现特殊的分频功能，图 5.37 是一个利用“4count”计数器模块实现的“9/8 分频器”电路。“4count”模块的逻辑参数如表 5.25 所示。

表 5.25 “4count”模块的逻辑参数

输入							输出	
CLK	CLRN	SETN	LDN	CIN	DNUP	D C B A	QD QC QB QA	COUT
×	L	×	×	×	×		L L L L	×
×	H	L	×	×	×	d c b a	d c b a	×
↑	H	H	L	×	×	d c b a	d c b a	×
↑	H	H	H	L	×		计数保持	×
↑	H	H	H	H	H		减法计数	L
↑	H	H	H	H	L		加法计数	L

下面简要分析一下该分频器的参数设置及其原理：

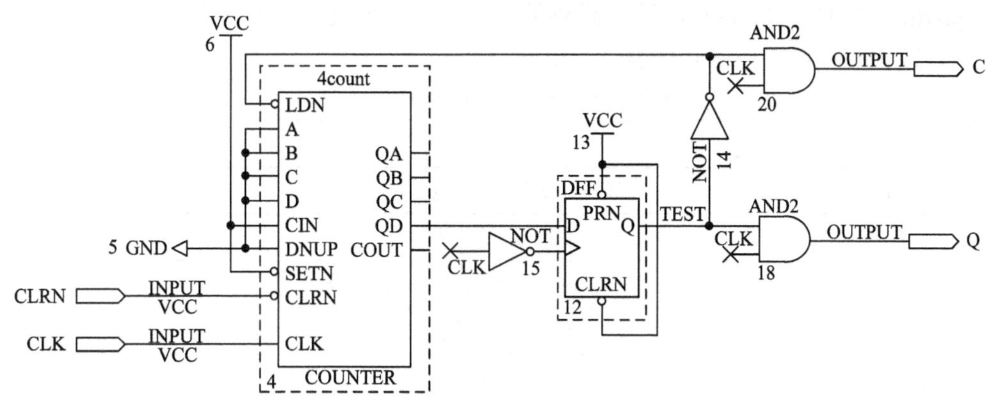

图 5.37　9/8 分频器

✧ “CLK”为时钟输入端口，“CLRN”为外部清零端口(低电平有效)，“C”为 9/8 分频结果输出端口，“Q”为“9 计数器”输出端口；

✧ “DNUP”接地，表示采用加法计数方式，在时钟上升沿的驱动下，计数器的四个输出端口“QD..QA”以二进制方式显示时钟脉冲的数目；

✧ “LDN”接读取控制信号，“STEN”接高电平，将计数器配置为同步读取方式；

✧ 数据预置端口“D..A”设置为零，指示计数器初始计数从“0000”开始；

✧ 计数器从初始状态“0000”计数到“1000”时表示已经完成一个计数周期，此时“QD”输出高电平。

D 触发器用时钟的下降沿触发，目的是使输出脉冲滞后半个时钟周期，图 5.38 中节点 12(TEST)的仿真波形描述了这一信号。节点 12 的信号与时钟做“与”逻辑运算，产生计数周期为 9 的计数脉冲，节点 12 上信号的反相信号与时钟的“与”逻辑运算产生“9/8”分频信号。

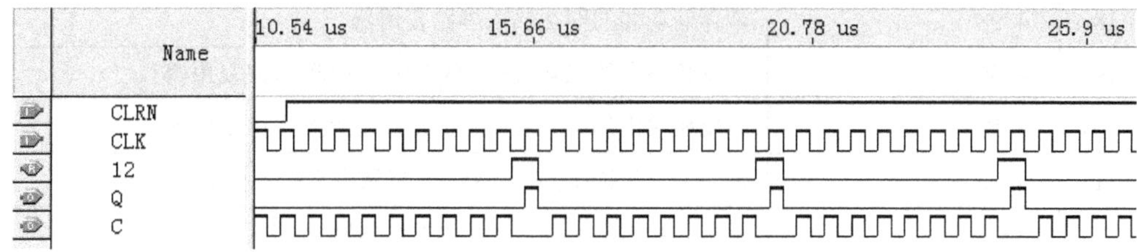

图 5.38　9/8 分频器仿真波形

与计数器类似，将几个分频器级联起来，可以实现高分频比电路。如果级联电路的最后一级采用 2^N 分频器，可以使输出信号的占空比为 50%。

5. 多路复用器

在多路数据传送过程中，有时需要将多路数据中的任意一路信号挑选出来，完成这种功能的逻辑电路称为多路复用器。多路复用器是一个多输入、单输出的逻辑电路，它在地址码(或选择控制信号)的控制下，从几路输入数据中选择一个，并将其送到输出端，其功能类似于一个多掷开关，所以有时也被称为多路数据选择器、多路开关或多路转换器。多路选择器常用于计算机、DSP 中的数据和地址之间的切换，以及数字通信中的并/串变换、通道选择等。

QuartusⅡ软件的 Maxplus2 库所提供的多路复用器模块已在表 5.26 中列出，有关具体模块的参数设置可以参考该软件提供的帮助信息。

表 5.26 多路复用器模块目录

序号	模块名称	功能描述
1	161mux	16 线－1 线多路复用器
2	21mux	2 线－1 线多路复用器
3	2x8mux	8 位总线的 2 线－1 线多路复用器
4	74151	8 线－1 线多路复用器
5	74151b	8 线－1 线多路复用器
6	74153	双 4 线－1 线多路复用器
7	74153m	单 4 线－1 线多路复用器
8	74153o	单 4 线－1 线多路复用器
9	74157	四 2 线－1 线多路复用器
10	74157m	单 2 线－1 线多路复用器
11	74157o	单 2 线－1 线多路复用器
12	74158	带反相输出的四 2 线－1 线多路复用器
13	74158o	带反相输出的单 2 线－1 线多路复用器
14	74251	带三态输出的 8 线－1 线数据选择器
15	74253	带三态输出的双 4 线－1 线数据选择器
16	74257	带三态输出的四 2 线－1 线多路复用器
17	74258	带三态反相输出的四 2 线－1 线多路复用器
18	74298	带存储功能的四 2 输入多路复用器
19	74352	带反相输出的双 4 线－1 线数据选择器/多路复用器
20	74352o	带反相输出的单 4 线－1 线数据选择器/多路复用器
21	74353	带三态反相输出的双 4 线－1 线数据选择器/多路复用器
22	74354	带三态输出的 8 线－1 线数据选择器/多路复用器
23	74356	带三态输出的 8 线－1 线数据选择器/多路复用器
24	74398	带存储功能的四 2 输入多路复用器
25	74399	带存储功能的四 2 输入多路复用器
26	81mux	8 线－1 线多路复用器

6．移位寄存器

移位寄存器是具有移位功能的寄存器，常用于数据的串/并变换、并/串变换以及乘法移位操作、周期序列产生等。移位寄存器可分为左移寄存器、右移寄存器、双向寄存器、可预置寄存器以及环形寄存器等。其中双向移位寄存器同时具有左移和右移的功能，它是在一般移位寄存器的基础上，加上左、右移位控制信号构成的。

表 5.27 列出了 Quartus Ⅱ软件的 Maxplus2 库提供的移位寄存器模块的目录，有关具体模块参数的设置可以参考该软件提供的帮助信息。

表 5.27　移位寄存器模块目录

序号	模块名称	功 能 描 述
1	74164	串入并出移位寄存器
2	74164b	串入并出移位寄存器
3	74165	并行读入 8 位移位寄存器
4	74165b	并行读入 8 位移位寄存器
5	74166	带时钟禁止端的 8 位移位寄存器
6	74178	4 位移位寄存器
7	74179	带清零端的 4 位移位寄存器
8	74194	带并行读入端的 4 位双向移位寄存器
9	74195	4 位并行移位寄存器
10	74198	8 位双向移位寄存器
11	74199	8 位并行移位寄存器
12	74295	带三态输出端的 4 位右移/左移移位寄存器
13	74299	8 位通用移位/存储寄存器
14	74350	带三态输出端的 4 位移位寄存器
15	74395	带三态输出端的 4 位可级联移位寄存器
16	74589	带输入锁存和三态输出的 8 位移位寄存器
17	74594	带输出锁存的 8 位移位寄存器
18	74595	带输出锁存和三态输出的 8 位移位寄存器
19	74597	带输入寄存器的 8 位移位寄存器
20	74671	带强制清零和三态输出端的 4 位通用移位寄存器/锁存器
21	74672	带同步清零和三态输出端的 4 位通用移位寄存器/锁存器
22	74673	16 位移位寄存器
23	74674	16 位移位寄存器
24	7491	串入串出移位寄存器
25	7494	带异步预置和异步清零端的 4 位移位寄存器
26	7495	4 位并行移位寄存器
27	7496	5 位移位寄存器
28	7499	带 JK 串行输入和并行输出端的 4 位移位寄存器
29	barrelst	8 位桶形移位器
30	barrlstb	8 位桶形移位器

在数字通信系统中，数据流的串/并变换和并/串变换电路是经常遇到的，利用移位寄存器可以实现数据流的串/并变换和并/串变换。图 5.39 所示电路可以将一路数据流分成两路，它使用了一个串入并出移位寄存器“74164”宏单元，表 5.28 给出了“74164”的逻辑参数。由于两路输出数据流的速率是输入数据流速率的一半，所以利用一个 T 触发器将主时钟“CLK”二分频，作为输出数据流的时钟。

表 5.28 “74164”模块的逻辑参数

输 入				输 出	
CLK	CLRN	A	B	QA	QB..QH
×	L	×	×	L	L..L
L	H	×	×	QAo	QBo..QHo
↑	H	H	H	H	QAn..QGn
↑	H	L	×	L	QAn..QGn
↑	H	×	L	L	QAn..QGn

注：① “↑”表示时钟的上升沿，“L”表示低电平，“H”表示高电平，“×”表示任意状态；

② “QAo..QHo”表示初始状态，“QAn..QGn”表示最近一次移位前“QA..QG”端口上的状态。

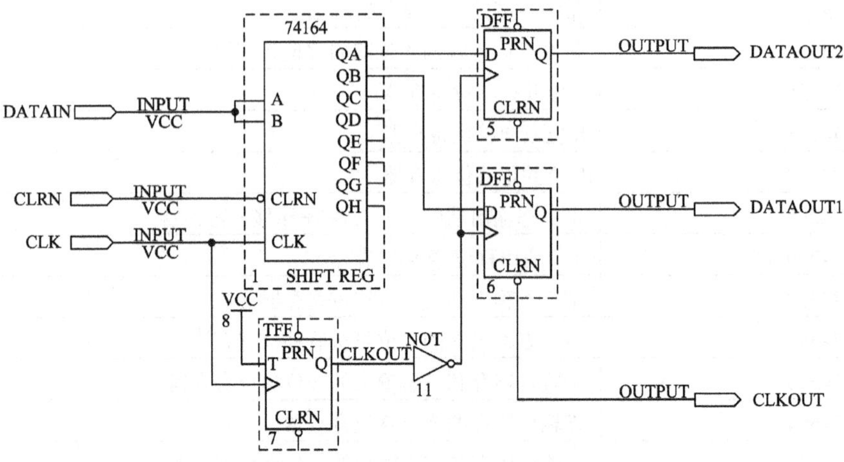

图 5.39 串/并变换电路

图 5.40 是串/并变换电路的仿真波形，从波形图上可以看出，输入数据比特流“0001100101101111010111 1”经串/并变换后，被分为两路低速数据流，分别输出“0010011000”和“01011011110”。

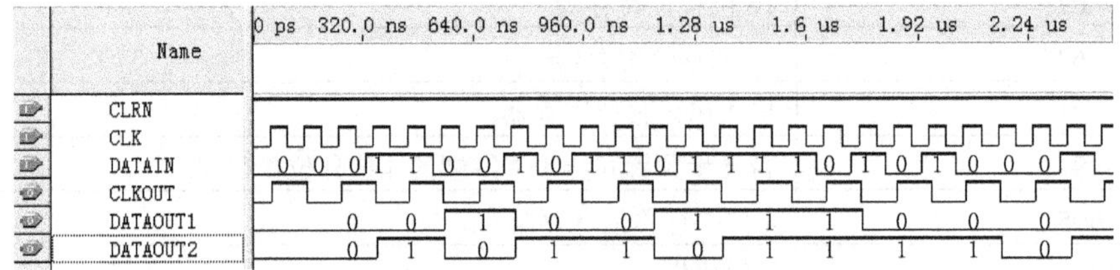

图 5.40 串/并变换电路仿真波形

采用一个“74164”移位寄存器模块最多可将输入数据流分成八路，但在图 5.39 所示的电路中，我们只用到了“74164”的两级移位寄存器，这会不会浪费 FPGA 器件的资源呢？我们知道，Quartus Ⅱ软件具有逻辑优化的功能，可以去除设计中的冗余电路，所以在这里使用“74164”并不会浪费 FPGA 资源。从编译生成的 RPT 文件中可以看到，整个串并变换电路只占用了五个逻辑单元，每个逻辑单元包含一个触发器，图 5.39 电路实际上总共用了五个触发器，其中“74164”使用了两个 D 触发器，数据输出端用了两个 D 触发器，二分频电路使用了一个 T 触发器。

在电路设计中，除了可以利用表 5.27 中列举的移位寄存器模块以外，还可以利用触发器设计所需要的移位寄存器。图 5.41 是用 D 触发器设计的一个带有清零端的 8 位并入串出移位寄存器模块，模块名称为“cshifreg”，图 5.42 是该模块的符号图。“cshifreg”的基本功能与“74165”相似，但比“74165”工作更加可靠，表 5.29 给出了“cshifreg”"的逻辑参数表。

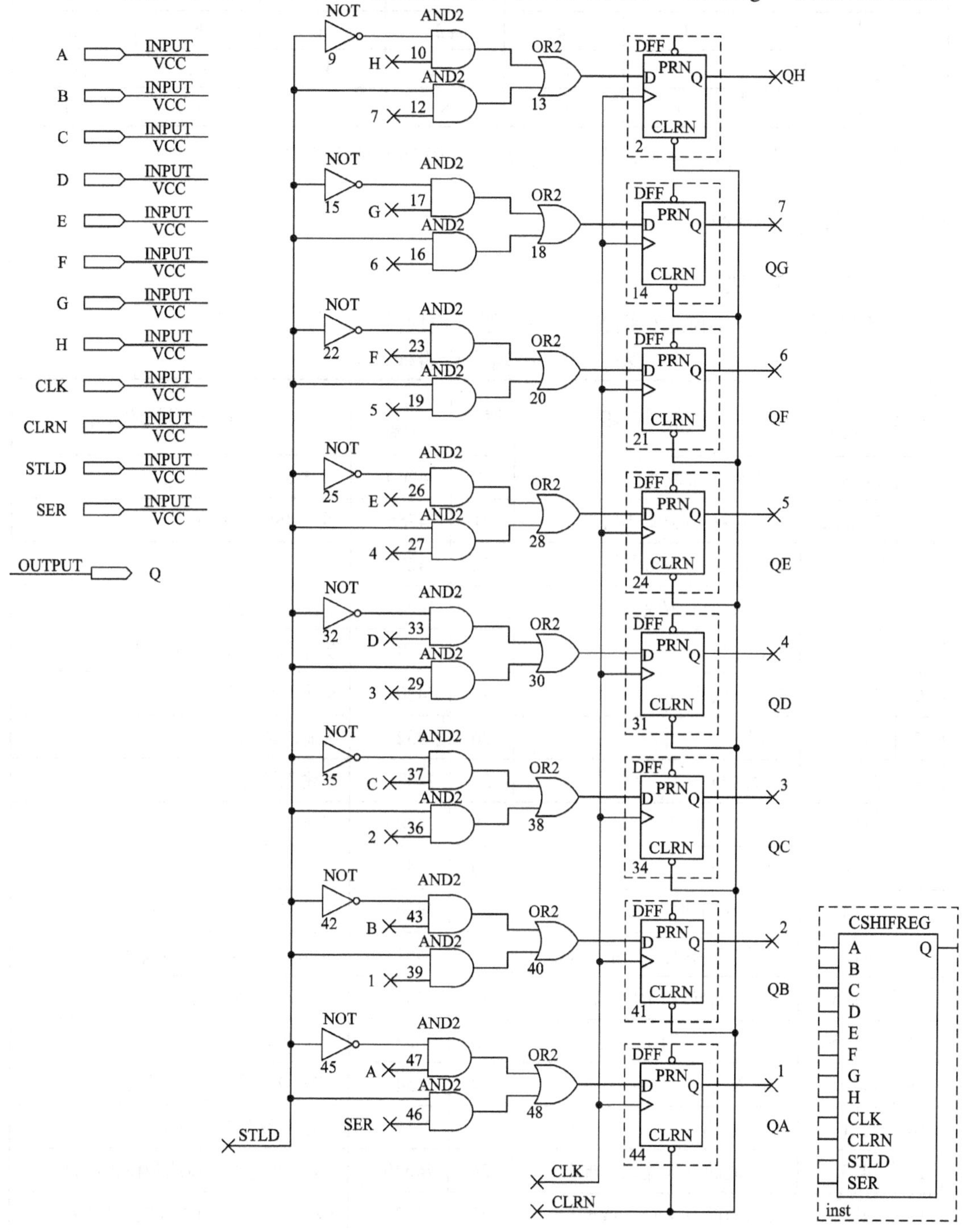

图 5.41　利用 D 触发器设计的 8 位并入串出移位寄存器

图 5.42　“cshifreg”模块的符号图

表 5.29 “cshifreg”模块的逻辑参数

输入					内部输出		外部输出
CLK	CLRN	STLD	SER	A..H	QA	QB	Q
×	L	×	×	×	L	L	L
↑	H	L	×	a..h	a	b	h
↑	H	H	H	×	H	QAn	QGn
↑	H	H	L	×	L	QAn	QGn

在后面将要介绍的电路中，有很多地方都会用到移位寄存器。

5.2.2 运算电路模块

1．逻辑运算模块

表 5.30 给出了 Maxplus2 库提供的逻辑运算模块的名称和功能描述。

表 5.30 逻辑运算器模块目录

序号	模块名称	功能描述	序号	模块名称	功能描述
1	1a2nor2	2 输入与门/或非门	20	74260	双 5 输入或非门
2	2a2nor2	2 输入双与门/或非门	21	74265	四互补输出元件
3	2or2na2	2 输入双或门/与非门	22	7427	3 输入或非门
4	4a2nor4	2 输入四与门/或非门	23	7428	2 输入四或非门
5	7400	2 输入与非门	24	74297	数字锁相环滤波器
6	7402	2 输入或非门	25	7430	8 输入与非门
7	7404	非门	26	7432	2 输入或门
8	7408	2 输入与门	27	7437	2 输入四与非门
9	7410	3 输入与非门	28	74386	四异或门
10	7411	3 输入与门	29	7440	4 输入双与非门
11	74133	13 输入与非门	30	7450	2-3/2-2 输入双与门/双或非门
12	74134	带三态输出的 12 输入与非门	31	7451	3-2/2-2 输入双与门/双或非门
13	74135	2 输入四异或门/异或门	32	7452	2/3/2/2 输入四与门/或门
14	74135o	2 输入双异或门/异或门	33	7453	可扩展的 2 输入四与门/或非门
15	7420	4 输入与非门	34	7454	2/3/3/2 输入四与门/或非门
16	7421	4 输入与门	35	7455	4 输入双与门/或非门
17	7423	带选通的双 4 输入或非门	36	74630	16 位并行差错检测和校正电路
18	7425	带选通的双 4 输入或非门	37	74636	8 位并行差错检测和校正电路
19	7425o	带选通的单 4 输入或非门	38	7464	4/2/3/2 输入四与门/或非门

续表

序号	模块名称	功 能 描 述	序号	模块名称	功 能 描 述
39	7486	异或门	69	nand9	9 输入与非门
40	7487	四位二进制原码/互补 I/O 单元	70	nor16	16 输入或非门
41	and5	5 输入与门	71	nor5	5 输入或非门
42	and7	7 输入与门	72	or5	5 输入或门
43	and9	9 输入与门	73	tand2	2 输入三态输出与门
44	band5	低电平有效 5 输入与门	74	tand3	3 输入三态输出与门
45	bnand5	低电平有效 5 输入与非门	75	tand4	4 输入三态输出与门
46	bnor5	低电平有效 5 输入或非门	76	tand8	8 输入三态输出与门
47	bnor7	低电平有效 7 输入或非门	77	tbor13	低电平有效 13 输入三态输出或门
48	bnor9	低电平有效 9 输入或非门	78	tnand13	13 输入三态输出与非门
49	bor13	低电平有效 13 输入或门	79	tnand2	2 输入三态输出与非门
50	bor5	低电平有效 5 输入或门	80	tnand3	3 输入三态输出与非门
51	bor7	低电平有效 7 输入或门	81	tnand4	4 输入三态输出与非门
52	bor9	低电平有效 9 输入或门	82	tnand8	8 输入三态输出与非门
53	dand2	带反相输出的 2 输入与门	83	tnor2	2 输入三态输出或非门
54	dand3	带反相输出的 3 输入与门	84	tnor3	3 输入三态输出或非门
55	dand4	带反相输出的 4 输入与门	85	tnor4	4 输入三态输出或非门
56	dand8	带反相输出的 8 输入与门	86	tnor8	8 输入三态输出或非门
57	dor2	带反相输出的 2 输入或门	87	tor2	2 输入三态输出或门
58	dor3	带反相输出的 3 输入或门	88	tor3	3 输入三态输出或门
59	dor4	带反相输出的 4 输入或门	89	tor4	4 输入三态输出或门
60	dor8	带反相输出的 8 输入或门	90	tor8	8 输入三态输出或门
61	dxor2	带反相输出的 2 输入异或门	91	trinot	三态输出非门
62	dxor3	带反相输出的 3 输入异或门	92	xnor3	3 输入异或非门
63	dxor4	带反相输出的 4 输入异或门	93	xnor4	4 输入异或非门
64	dxor8	带反相输出的 8 输入异或门	94	xnor8	8 输入异或非门
65	inhb	选通门	95	xor3	3 输入异或门
66	nand13	13 输入与非门	96	xor4	4 输入异或门
67	nand5	5 输入与非门	97	xor8	8 输入异或门
68	nand7	7 输入与非门			

2. 加法器和减法器

表 5.31 列出了 Quartus II 的 Maxplus2 库提供的加法器和减法器模块的目录，有关具体模块的参数设置可以参考该软件提供的帮助信息。

表 5.31 加法器和减法器模块目录

序号	模块名称	功 能 描 述
1	74181	算术逻辑单元
2	74182	先行进位发生器
3	74183	双进位存储全加器
4	74183o	单进位存储全加器
5	74283	带快速进位的 4 位全加器
6	74381	算术逻辑单元/函数产生器
7	74382	算术逻辑单元/函数产生器
8	74385	带清零端的 4 位加法器/减法器
9	7480	门控全加器
10	7482	2 位二进制全加器
11	7483	带快速进位的 4 位二进制全加器
12	8fadd	8 位全加器
13	8faddb	8 位全加器

3. 乘法器

Quartus II 的 Maxplus2 库所提供的乘法器模块已在表 5.32 中列出，有关具体模块参数的设置可以参考该软件提供的帮助信息。

表 5.32 乘法器模块目录

序号	模块名称	功 能 描 述
1	74167	同步十进制比率乘法器
2	74261	2 位并行二进制乘法器
3	74284	4×4 位并行二进制乘法器(输出结果的最高 4 位)
4	74285	4×4 位并行二进制乘法器(输出结果的最低 4 位)
5	7497	同步 6 位速率乘法器
6	mult2	2 位带符号数值乘法器
7	mult24	2×4 位并行二进制乘法器
8	mult4	4 位并行二进制乘法器
9	mult4b	4 位并行二进制乘法器
10	tmult4	4×4 位并行二进制乘法器

4. 数值比较器

表 5.33 列出了 Quartus II 的 Maxplus2 库提供的数值比较器模块的目录，有关具体模块参数的设置可以参考该软件提供的帮助信息。

表 5.33　数值比较器模块目录

序号	模块名称	功 能 描 述
1	74518	8 位恒等比较器
2	74518b	8 位恒等比较器
3	74684	8 位数值/恒等比较器
4	74686	8 位数值/恒等比较器
5	74688	8 位恒等比较器
6	7485	4 位数值比较器
7	8mcomp	8 位数值比较器
8	8mcompb	8 位数值比较器

5．编码器和译码器

“编码”就是用代码去表示特定的信号。实现编码的电路称为“编码器”，它是多输入、多输出的组合电路。普通编码器在同一时刻只能有一个输入端有信号输入，而优先编码器允许几个输入端同时有信号到来，但各个输入端的优先权不同，输出时自动对优先权较高的输入进行编码。这种优先编码器在控制系统中有时是非常需要的。

“译码”是“编码”的相反过程，所谓译码器，就是对给定的码组进行“翻译”，变成相应的状态，使输出通道中相应的一路有信号输出。译码器是多输入、多输出的组合逻辑电路，在数字装置中用途比较广泛。译码器除了把二进制代码译成十进制代码外，还经常用于各种数字显示的译码、组合控制信号等等。

表 5.34 和表 5.35 分别列出了 Quartus Ⅱ的 Maxplus2 库提供的编码器和译码器模块的目录，有关具体模块参数的设置可以参考该软件提供的帮助信息。

表 5.34　编码器模块目录

序号	模块名称	功 能 描 述
1	74147	10 线－4 线 BCD 编码器
2	74148	8 线－3 线八进制编码器
3	74348	带三态输出的 8 线－3 线优先权编码器

表 5.35　译码器模块目录

序号	模块名称	功 能 描 述
1	16dmux	4 位二进制－16 线译码器
2	16ndmux	4 位二进制－16 线译码器
3	74137	带地址锁存的 3 线－8 线译码器
4	74138	3 线－8 线译码器
5	74139	双 2 线－4 线译码器
6	74139m	单 2 线－4 线译码器
7	74139o	单 2 线－4 线译码器
8	74145	BCD 码－十进制译码器

续表

序号	模块名称	功 能 描 述
9	74154	4 线－16 线译码器
10	74155	双 2 线－4 线译码器/多路输出选择器
11	74155o	单 2 线－4 线译码器/多路输出选择器
12	74156	双 2 线－4 线译码器/多路输出选择器
13	74184	BCD—二进制转换器
14	74185	二进制—BCD 转换器
15	74246	BCD 码－7 段译码器
16	74247	BCD 码－7 段译码器
17	74248	BCD 码－7 段译码器
18	7442	1 线－10 线 BCD－十进制译码器
19	7443	余 3 码－十进制译码器
20	7444	余 3 格雷码－十进制译码器
21	74445	BCD 码－十进制译码器
22	7445	BCD 码－十进制译码器
23	7446	BCD 码－7 段译码器
24	7447	BCD 码－7 段译码器
25	7448	BCD 码－7 段译码器
26	7449	BCD 码－7 段译码器
27	7498	4 位数据选择器/存储寄存器
28	dec38	3 线－8 线译码器
29	mux41	4 选 1 多路选择器

6．奇偶校验器

在数字通信的数据传送过程中，以及计算机的外围设备与主机交换数据过程中，由于受到信道或传输线中各种干扰的影响，接收数据有时会发生一些差错。

采用奇偶校验的方法可以检测数据传输中是否出现差错。这种方法很容易实现，首先在发端，将发送数据以字为单位产生一个奇偶监督位，无论每个字中包含多少位，奇偶监督位只有一位。这样，在信道中传输的数据包括两部分：一部分是所要传送的信息码，另一部分是奇偶监督位。常用的奇偶校验法有两种：一种称为“奇校验”，这时数据和奇偶监督位中“1”的总个数为“奇数”；另一种称为“偶校验”，它使信息码和奇偶监督位中“1”的总个数为“偶数”。

在一个数字系统中，必须事先约定好采用哪种奇偶校验法。一般采用奇数校验，因为它避免了全“0”情况的出现。这时，发送端把信息码和奇数监督位一起发送，其中“1”的总个数是奇数。在接收端，收到的数据(包括信息码和奇偶监督位)中“1”的总个数也必须为奇数，否则就说明数据在传输过程中发生了错误。当然，如果有两位数据同时发生错误，采用奇偶校验的方法是不能发现的，这时就需要采用其它的差错校验方法。

表 5.36 列出了 QuartusⅡ的 Maxplus2 库提供的奇偶校验器模块的目录，有关具体模块

参数的设置可以参考该软件提供的帮助信息。

表 5.36　奇偶校验器模块目录

序号	模块名称	功 能 描 述
1	74180	9 位奇偶产生器/校验器
2	74180b	9 位奇偶产生器/校验器
3	74280	9 位奇偶产生器/校验器
4	74280b	9 位奇偶产生器/校验器

在图 5.43 电路中，我们利用“74180”设计了一个 9 位奇偶产生器/校验器，其中“74180”模块的逻辑参数设置见表 5.37 所示。

表 5.37　“74180”模块的逻辑参数

输　入			输　出	
A～H 端口为高电平数目	EVNI	ODDI	ΣEVNS	ΣODDS
偶数	H	L	H	L
奇数	H	L	L	H
偶数	L	H	L	H
奇数	L	H	H	L
×	H	H	L	L
×	L	L	H	H

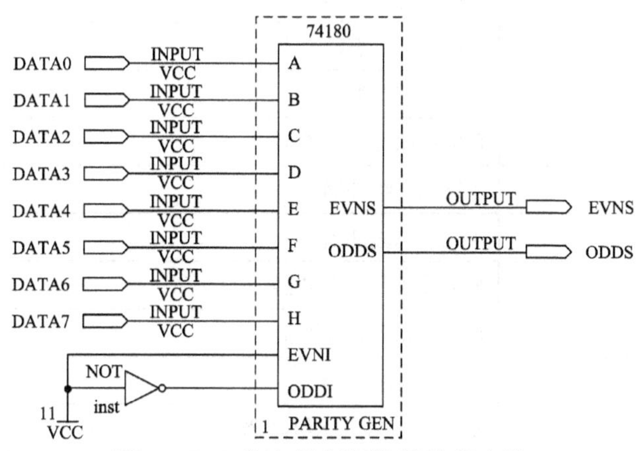

图 5.43　9 位奇偶产生器/校验器电路

图 5.44 是 9 位奇偶产生器/校验器的电路仿真波形，从仿真波形上可以看出当输入的 8 位二进制数据“DATA[7..0]”中“1”的数目为偶数时，“EVNS”输出高电平，当“1”的数目为奇数时，“ODDS”输出高电平。

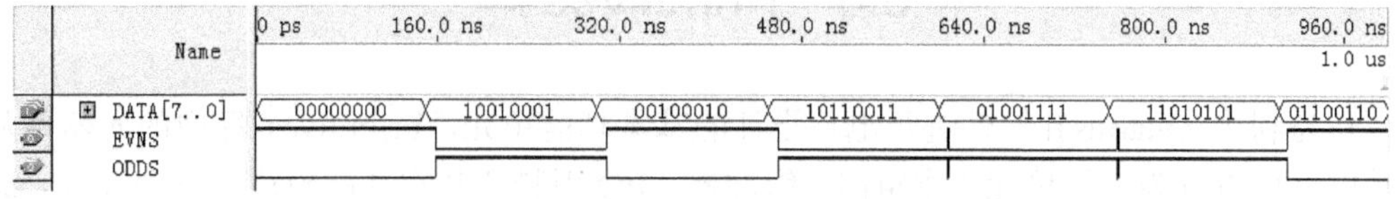

图 5.44　9 位奇偶产生器/校验器仿真波形

奇偶校验位“EVNS”和“ODDS”一般附加在 8 位数据后，作为最低有效位(LSB)，然后同时传输这 9 位数据，即在信道中传输的数据是“DATA[6..0]，EVNS/ODDS”。

“EVNS”端口输出的信号可作为“奇数监督位”，“ODDS”端口输出的信号则可作为“偶数监督位”。

7．缓冲器

表 5.38 给出了 Maxplus2 库提供的缓冲器模块的名称和功能描述。

表 5.38 缓冲器模块目录

序号	模块名称	功 能 描 述
1	74240	8 位反相三态缓冲器
2	74240b	8 位反相三态缓冲器
3	74240o	4 位反相三态缓冲器
4	74241	8 位反相三态缓冲器
5	74241b	8 位反相三态缓冲器
6	74244	8 位三态缓冲器
7	74244b	8 位三态缓冲器
8	74365	6 位三态缓冲器
9	74366	6 位三态缓冲器
10	74367	6 位三态缓冲器
11	74368	6 位反相三态缓冲器
12	74465	8 位三态缓冲器
13	74466	8 位反相三态缓冲器
14	74467	8 位三态缓冲器
15	74467o	4 位三态缓冲器
16	74468	8 位反相三态缓冲器
17	74540	8 位反相三态缓冲器
18	74541	8 位三态缓冲器
19	btri	低电平有效三态缓冲器
20	cbuf	互补缓冲器
21	tribuf	三态缓冲器

5.3 Primitives 库

作为利用 Quartus II 软件进行电路设计的基本功能单元，Primitives 库中的元器件从实现功能上可以分为存储单元、逻辑门、缓冲器、I/O 引脚和其它功能模块等五个部分。这些基本的功能单元可在模块设计文件(.bdf)、AHDL 文本设计文件(.tdf)、VHDL 设计文件(.vhd)和 Verilog HDL 设计文件(.v)中使用。

5.3.1　存储单元库

表 5.39 给出了 Primitives 库提供的存储模块的名称和功能描述，其中包括 D 触发器、JK 触发器、T 触发器和锁存器等模块。

表 5.39　存储单元目录

序号	模块名称	功 能 描 述
1	dff	D 触发器
2	dffe	带时钟使能的 D 触发器
3	dffea	带时钟使能和异步置数的 D 触发器
4	dffeas	带时钟使能和同步/异步置数的 D 触发器
5	dlatch	带使能端的 D 锁存器
6	jkff	JK 触发器
7	jkffe	带时钟使能的 JK 触发器
8	latch	锁存器
9	srff	SR 触发器
10	srffe	带时钟使能的 SR 触发器
11	tff	T 触发器
12	tffe	带时钟使能的 T 触发器

JK 触发器是多功能触发器，其符号如图 5.45 所示，表 5.40 是它的逻辑参数表。

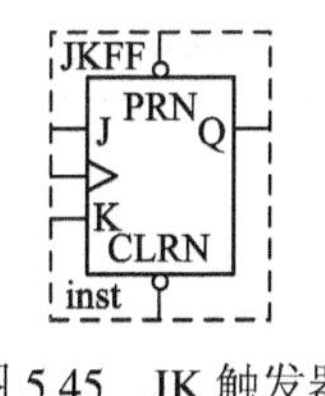

图 5.45　JK 触发器

表 5.40　JK 触发器逻辑参数

输 入 端 口					输出端口
PRN	CLRN	CLK	J	K	Q
L	H	×	×	×	H
H	L	×	×	×	L
L	L	×	×	×	非法
H	H	↑	×	×	保持原状态
H	H	↑	L	L	保持原状态
H	H	↑	H	L	H
H	H	↑	L	H	L
H	H	↑	H	H	翻转

注：“↑”表示时钟的上升沿，“L”表示低电平，“H”表示高电平，“×”表示任意状态。

D 触发器的输出就是时钟脉冲到来之前的数据输入端 D 的状态，所以输出和输入的状态变化之间存在一个时钟周期的延时，因而又称之为延时触发器。D 触发器的符号如图 5.46 所示，表 5.41 是逻辑参数表。

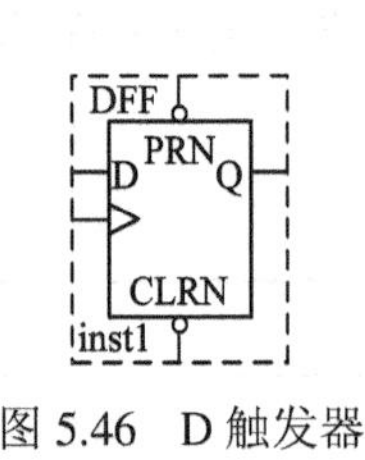

图 5.46 D 触发器

表 5.41 D 触发器逻辑参数

输 入 端 口				输出端口
PRN	CLRN	CLK	D	Q
L	H	×	×	H
H	L	×	×	L
L	L	×	×	非法
H	H	↑	L	L
H	H	↑	H	H
H	H	L	×	保持原状态
H	H	H	×	保持原状态

T 触发器与 D 触发器类似，只有一个数据输入端和一个时钟输入端。表 5.42 给出了 T 触发器的逻辑参数。T 触发器与 D 触发器之间最基本的区别在于 D 触发器输出状态完全取决于 D 输入端是高电平还是低电平，而 T 触发器的输出状态并不随 T 输入端电平变化而变化，只有 T 输入是高电平时，在时钟的激励下，输出状态才改变一次，也就是说 T 触发器具有二分频能力。图 5.47 就是利用 T 触发器设计的二分频电路。

表 5.42 T 触发器逻辑参数

输 入 端 口				输出端口
PRN	CLRN	CLK	T	Q
L	H	×	×	H
H	L	×	×	L
L	L	×	×	非法
H	H	↑	L	保持原状态
H	H	↑	H	翻转
H	H	L	×	保持原状态

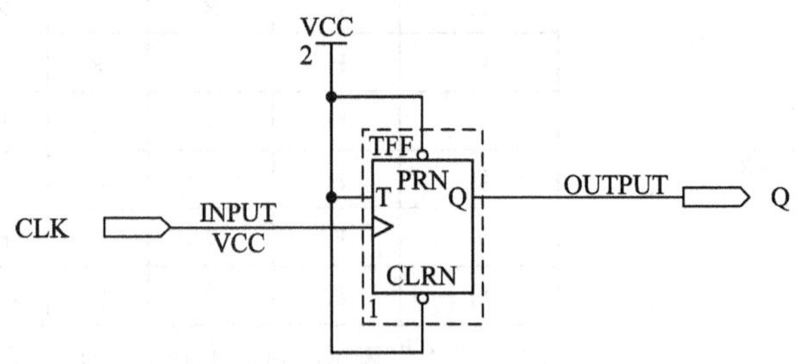

图 5.47 利用 T 触发器设计的二分频电路

在普通 JK 型、D 型和 T 型触发器的基础上，Quartus II 软件还提供了具有扩展功能的触发器模块，如具有预置、清零端和三态输出端的触发器，如果在电路设计中灵活加以运用，可以大大提高电路设计的效率和性能。

5.3.2　逻辑门库

Quartus Ⅱ软件的 Primitives 库所提供的逻辑门模块，可满足一般逻辑运算的需求。逻辑门模块的名称和功能描述如表 5.43 所示。

表 5.43　逻 辑 门 目 录

序号	宏模块名称	功能描述	序号	宏模块名称	功能描述
1	and12	12 输入与门	27	bor3	低电平有效 3 输入非门
2	and2	2 输入与门	28	bor4	低电平有效 4 输入非门
3	and3	3 输入与门	29	bor6	低电平有效 6 输入非门
4	and4	4 输入与门	30	bor8	低电平有效 8 输入非门
5	and6	6 输入与门	31	nand12	12 输入与非门
6	and8	8 输入与门	32	nand2	2 输入与非门
7	band12	低电平有效 12 输入与门	33	nand3	3 输入与非门
8	band2	低电平有效 2 输入与门	34	nand4	4 输入与非门
9	band3	低电平有效 3 输入与门	35	nand6	6 输入与非门
10	band4	低电平有效 4 输入与门	36	nand8	8 输入与非门
11	band6	低电平有效 6 输入与门	37	nor12	12 输入或非门
12	band8	低电平有效 8 输入与门	38	nor2	2 输入或非门
13	bnand12	低电平有效 12 输入与非门	39	nor3	3 输入或非门
14	bnand2	低电平有效 2 输入与非门	40	nor4	4 输入或非门
15	bnand3	低电平有效 3 输入与非门	41	nor6	6 输入或非门
16	bnand4	低电平有效 4 输入与非门	42	nor8	8 输入或非门
17	bnand6	低电平有效 6 输入与非门	43	not	非门
18	bnand8	低电平有效 8 输入与非门	44	or12	12 输入或门
19	bnor12	低电平有效 12 输入或非门	45	or2	2 输入或门
20	bnor2	低电平有效 2 输入或非门	46	or3	3 输入或门
21	bnor3	低电平有效 3 输入或非门	47	or4	4 输入或门
22	bnor4	低电平有效 4 输入或非门	48	or6	6 输入或门
23	bnor6	低电平有效 6 输入或非门	49	or8	8 输入或门
24	bnor8	低电平有效 8 输入或非门	50	xnor	2 输入异或非门
25	bor12	低电平有效 12 输入非门	51	xor	2 输入异或门
26	bor2	低电平有效 2 输入非门			

5.3.3　缓冲器库

表 5.44 给出了 Primitives 库提供的缓冲器模块的名称和功能描述。

表 5.44 缓冲器目录

序号	模块名称	功 能 描 述	序号	模块名称	功 能 描 述
1	alt_bidir_buf	双向缓冲器	12	carry_sum	进位缓冲器
2	alt_bidir_diff	差分双向缓冲器	13	cascade	级联缓冲器
3	alt_inbuf	输入缓冲器	14	clklock	参数化锁相环模块
4	alt_inbuf_diff	差分输入缓冲器	15	exp	扩展缓冲器
5	alt_iobuf	输入输出缓冲器	16	global	全局信号缓冲器
6	alt_iobuf_diff	差分输入输出缓冲器	17	lcell	逻辑单元分配缓冲器
7	alt_outbuf	输出缓冲器	18	opndrn	开漏缓冲器
8	alt_outbuf_diff	差分输出缓冲器	19	row_global	行全局信号缓冲器
9	alt_outbuf_tri	三态输出缓冲器	20	soft	软缓冲器
10	alt_outbuf_tri_diff	差分三态输出缓冲器	21	tri	三态缓冲器
11	carry	进位缓冲器	22	wire	线段缓冲器

5.3.4 引脚库

表 5.45 给出了 Primitives 库提供的引脚模块的名称和功能描述，其中包括输入、输出和双向端口。

表 5.45 引脚目录

序号	模块名称	功 能 描 述
1	bidir	双向端口
2	input	输入端口
3	output	输出端口

5.3.5 其它模块

表 5.46 给出了 Primitives 库提供的常量、参数、电源、地和工程图明细表等模块的名称和功能描述。

表 5.46 其它模块目录

序号	模块名称	功 能 描 述
1	constant	常量
2	gnd	地
3	param	参数
4	title	工程图明细表
5	title2	含定制信息的工程图明细表
6	vcc	电源

第 6 章 Altera 器件编程与配置

在 FPGA 的整个设计流程中，电路的设计、编译和仿真过程结束后，就需要对器件进行编程或配置，最后对整个工程进行调试，以实现功能验证和完成最终设计。配置和调试问题是 FPGA 设计中经常遇到的问题。Altera 可编程逻辑器件的编程与配置可通过编程器、JTAG 在系统编程以及 Altera 在线配置等三种方式进行，器件的调试可以通过 SignalTap II 逻辑分析仪、SignalProbe 信号探针、In-System Memory Content Editor 和 Chip Editor 来完成。本章将分别对这些编程与调试方法进行详细的介绍。

6.1 PLD 器件测试电路板

在对 PLD 器件进行配置和测试的时候，PLD 器件的封装形式是设计人员必须要考虑的一个问题。大容量的 PLD 器件的封装一般采用表面贴装形式，这种封装可以减小芯片占用 PCB 板的面积，提高系统的稳定性。许多表贴器件的引脚间距非常小，这就使得 PCB 板的设计、制造和芯片的测试变得十分复杂，开发成本很高。一种解决办法是针对某一种常用的 PLD 器件制作一块测试电路板，将器件的所有 I/O 引脚连接到外接端子上，输入信号可以通过外接端子引入到器件中，器件的输出信号也可以从外接端子上获得。同时在板子上设置 JTAG 接口，通过下载电缆或 PROM 对 PLD 器件进行配置。

Altera 公司在提供各种 PLD 器件的同时，也向用户提供相应的器件测试评估电路板或 DEMO 板，用以对 PLD 器件进行性能测试。用户的设计电路可以直接在 DEMO 板上进行验证。用户也可根据需要，自己设计制作 PLD 器件的测试电路板并将该电路板可以作为一个测试工具箱。

在设计仿真完成以后，就可以利用测试电路板进行器件的配置，然后进行调试和设计验证。调试验证通过后，再根据实际需要设计制作专用 PCB 板。测试电路板可以降低设计开发的风险和成本，缩短开发时间。

6.2 PLD 器件的配置方式

将编译后得到的 .sof 或 .pof 文件中的数据下载到 PLD 芯片的过程，称之为配置或编程。由于 FPGA 器件是基于 SRAM 结构，数据具有挥发性，所以每次上电使用时必须重新下载数据。对 FPGA 的数据下载可通过下载电缆、专用配置芯片或微处理器等方式完成。对于

CPLD 器件，数据下载既可以通过下载电缆来完成，也可以通过专用的编程器将数据写入至 CPLD 中。由于 CPLD 器件是基于 E^2PROM 或 Flash 等非易失性结构，所以将数据下载至芯片后，使用时无需再次下载。

对 Altera PLD 器件的编程和配置主要通过下载电缆和专用配置芯片来完成，其配置方式主要包括 PS 模式(Passive Serial，被动串行模式)、AS 模式(Active Serial，主动串行模式或快速主动串行模式)、AP 模式(Active Parallel，主动并行模式)、PPS 模式(Passive Parallel Synchronous，被动并行同步模式)、FPP 模式(Fast Passive Parallel，快速被动并行模式)、PPA 模式(Passive Parallel Asynchronous，被动并行异步模式)、PSA 模式(Passive Serial Asynchronous，被动串行异步模式)和 JTAG 模式(Joint Test Action Group，联合行动测试组)。表 6.1 对这八种配置方式的典型应用进行了介绍。

表 6.1　各配置方式的典型应用

配置方式	配置速度	典 型 应 用
PS 模式	中	使用增强型配置器件(如 EPC16、EPC8 和 EPC4)以及 EPC2、EPC1、EPC1441 配置器件、串行同步微处理器接口、USB-Blaster USB 接口下载电缆、MasterBlaster 通信电缆、ByteBlasterⅡ并行下载电缆或 ByteBlasterMV 并行接口下载电缆进行配置
AS 模式	中	使用串行配置器件(如 EPCS1、EPCS4、EPCS16、EPCS64 和 EPCS128)进行配置
AP 模式	快	使用 Flash 存储器进行配置
PPS 模式	中	使用并行同步微处理器接口或 MAX Ⅱ, MAX3000A/7000 进行配置
FPP 模式	快	使用增强型配置器件、并行同步微处理器接口或 MAX Ⅱ, MAX3000A/7000 进行配置，其中每个时钟周期读取 8 比特配置数据。是 PPS 模式的速度的 8 倍
PPA 模式	中	使用并行异步微处理器接口或 MAX Ⅱ, MAX3000A/7000 进行配置。微处理器将目标器件视为存储器
PSA 模式	中	使用串行异步微处理器接口进行配置
JTAG 模式	慢	使用下载电缆、微处理器或 MAX Ⅱ, MAX3000A/7000 通过 IEEE 1149.1 标准(JTAG)引脚进行串行配置

PS 模式：所有的 Altera FPGA 都支持这种配置模式。在 PS 模式下，可以通过下载电缆、增强型配置芯片(EPC4、EPC8 和 EPC16)、配置芯片(EPC1441、EPC1 和 EPC2)或者智能主机(如微处理器和 CPLD 器件)对 FPGA 进行配置。在 PS 配置过程中，FPGA 配置数据从存储器中读出，然后写入到 FPGA 的 DATA(FLEX6000 系列)或 DATA[0](Stratix 系列、Cyclone 系列、 APEXⅡ、APEX20K、Mercury、ACEX1K 和 FLEX10K)接口上。这些存储器可以是 Altera 配置器件或者 Flash 存储器。数据由 DCLK 时钟信号引脚的上升沿打入 FPGA，每一个 DCLK 时钟周期输入 1 bit 数据。

AS 模式：AS 配置模式仅支持 Stratix Ⅳ、Stratix Ⅲ、StratixⅡ、StratixⅡGX、Arria Ⅱ GX、Arria GX、Cyclone Ⅳ、Cyclone Ⅲ、CycloneⅡ和 Cyclone 系列器件，可通过 Altera 串行配置器件完成。在配置过程中，Stratix 和 Cyclone 系列器件是主机，而配置芯片是从机。

配置数据与 DCLK 时钟同步，并且每一个 DCLK 时钟周期传送 1 bit 数据，最终将配置数据传送至 FPGA 芯片的 DATA[0]引脚。

AP 模式：该模式支持 Cyclone Ⅳ和 Cyclone Ⅲ系列器件，可以由外部智能主机(如具有 flash 存储器的一个 MAX Ⅱ器件、微处理器或下载电缆)支持这种配置模式。AP 模式中外部主机控制配置，在每个 DCLK 时钟上升沿，将配置数据通过 DATA[0]引脚传送至 Cyclone FPGA 芯片。如果系统中已经包含一个通用的 flash 接口(CFI)存储器，也可以用该存储器作为 Cyclone Ⅳ器件的配置存储器。通过 JTAG 接口和逻辑控制配置，MAX Ⅱ的 PFL 特征对带有 CFI flash 存储器的器件提供有效的编程方法，可以从带有 flash 存储器的器件配置数据到 Cyclone Ⅳ器件。

PPS 模式：该模式只有一些较老的器件支持，像 APEX20K、Mercury、ACEX1K 和 FLEX10K 器件，可以由智能主机(如微处理器)支持这种配置模式。配置过程中，配置数据存储器中读出，然后写入到 FPGA 的 DATA[7..0]并行输入接口上。在第一个 DCLK 时钟的上升沿处，将一个字节的数据锁存到 FPGA 中，然后由随后的 8 个 DCLK 时钟的下降沿将该字节数据逐位送入 FPGA 中。这种配置模式虽然是并行的，但是实际上配置速率较低，因此不推荐使用。

FPP 模式：FPP 配置模式支持 Stratix Ⅳ、Stratix Ⅲ、Stratix Ⅱ、Stratix Ⅱ GX 、Arria Ⅱ GX、Arria GX、Cyclone Ⅳ、Cyclone Ⅲ、和 APEX Ⅱ系列器件。在该模式下，可以通过增强型配置芯片(EPC4、EPC8 和 EPC16)或智能主机(如微处理器和 CPLD 器件)对 FPGA 进行配置。在 FPP 配置过程中，FPGA 配置数据从存储器中读出，然后写入到 FPGA 的 DATA[7..0]并行输入接口上。这些存储器可以是 Altera 配置器件或者电路板上其它 Flash 存储器。数据由 DCLK 时钟信号引脚的上升沿打入 FPGA，每一个 DCLK 时钟周期输入 1 字节数据，因此这种模式配置速度较快。

PPA 模式：该模式支持 Stratix、StratixGX、Stratix Ⅱ、Stratix Ⅱ GX、APEX Ⅱ、APEX20K、Mercury、ACEX1K 和 FLEX10K 器件，可以由智能主机(如微处理器和 CPLD)来支持这种模式。此时 FPGA 被配置控制器当成一个异步的存储器。在 PPA 配置过程中，FPGA 配置数据从存储器中读出，然后写入到 FPGA 的 DATA[7..0]并行输入接口上。这些存储器可以是电路板上的其它存储器件，如 Flash 存储器。因为配置过程是异步的，所以整个配置过程是由异步控制信号来控制。

PSA 模式：这种配属模式只有在 FLEX6000 器件中支持，可以由智能主机(如微处理器和 CPLD)支持这种模式。在 PSA 配置过程中，FPGA 配置数据从存储器中读出，然后写入到 FPGA 的 DATA 并行输入接口上。这些存储器可以是电路板上的其它存储器件，如 Flash 存储器。因为配置过程是异步的，所以整个配置过程是由异步控制信号来控制。

JTAG 模式：该配置模式支持 Stratix、StratixGX、Stratix Ⅱ、Stratix Ⅱ GX、Cyclone、Cyclone Ⅱ、APEX Ⅱ、APEX20K、Mercury、ACEX1K 和 FLEX10K 器件。JTAG 是 IEEE 1149.1 边界扫描测试的标准接口，并支持 JAM STAPL 标准。从 JTAG 接口进行配置，可以使用 Altera 的下载电缆，通过 Quartus Ⅱ软件工具进行下载，也可以采用智能主机(如微处理器)来模拟 JTAG 时序进行配置。

不同系列的 FPGA 系列所支持的配置方式不尽相同，表 6.2 给出了不同 FPGA 器件系列可采用的编程配置方式。

表 6.2 各器件系列的编程配置方式

配置模式 / 器件系列	AS 模式 X1	AS 模式 X4	AP 模式	PS 模式	FPP 模式 X8	FPP 模式 X16	PPS 模式	PPA 模式	JTAG 模式
Stratix Ⅴ	√	√	—	√	√	√	—	—	√
Stratix Ⅳ	√	—	—	√	√	—	—	—	√
Stratix Ⅲ	√	—	—	√	√	—	—	—	√
Stratix Ⅱ和 Stratix Ⅱ GX	√	—	—	√	√	—	—	√	√
Stratix 和 Stratix GX	—	—	—	√	√	—	—	√	√
Cyclone Ⅴ	√	—	√	√	√	—	—	—	√
Cyclone Ⅲ	√	—	√	√	√	—	—	—	√
Cyclone Ⅲ LS	√	—	—	√	√	—	—	—	√
Cyclone Ⅱ	√	—	—	√	—	—	—	—	√
Cyclone	√	—	—	√	—	—	—	—	√
Arria Ⅱ GX	√	—	—	√	√	—	—	—	√
Arria GX	√	—	—	√	√	—	—	√	√
APEX Ⅱ	—	—	—	√	√	—	—	√	√
APEX 20K、20KE 和 20KC	—	—	—	√		—	√	√	√
Mercury	—	—	—	√	—	—	√	√	√
ACEX 1K	—	—	—	√	—	—	√	√	√
FLEX10K、10KE 和 10KA	—	—	—	√	—	—	√	√	√

在对 PLD 器件进行编程和配置时，下载电缆和 FPGA 专用配置芯片是两种最为常用的配置器件，下面就对它们进行详细的介绍。

6.3 下载电缆

Altera 下载电缆可以用于 Altera FPGA 的电路内重新配置，也可以用于 MAX Ⅱ、MAX 3000A 和 MAX 7000 器件的在系统编程。

Altera 器件编程的下载电缆主要包括 ByteBlasterⅡ并口下载电缆、ByteBlasterMV 并口下载电缆、MasterBlaster 串行/USB 通信电缆、USB-Blaster 下载电缆、EthernetBlaster 通信电缆、ByteBlaster 并口下载电缆以及 BitBlaster 串口下载电缆。

目前主流器件最常用的下载电缆是 ByteBlasterⅡ、USB-Blaster 下载电缆以及 EthernetBlaster 通信电缆等。其中 ByteBlaster 并口下载电缆以及 BitBlaster 串口下载电缆被其它电缆代替，已基本不用。ByteBlaster 和 BitBlaster 电缆原主要用于配置数据到 FLEX10K、FLEX8000 和 FLEX6000 系列器件，也可编程 MAX9000(包括 MAX9000A)、MAX7000S、

MAX7000A 和 MAX3000A 系列器件。

各器件系列支持的配置电缆如表 6.3 所示。而 FLEX 和 MAX 系列常用的的配置电缆是 ByteBlaster。(注：Altera 不再销售 BitBlaster、ByteBlaster、ByteBlasterMV 和 MasterBlaster 下载电缆。)

表 6.3　Altera 器件系列适用的下载电缆

器件	ByteBlaster Ⅱ	USB Blaster	Ethernet Blaster	ByteBlasterMV	MasterBlaster
Stratix 系列	√	√	√	√	√
Cyclone	√	√	√	√	√
Arria GX	√	√	√	√	√
Mercury	√	√	√	√	√
ACEX 1K	√	√	√	√	√
APEX Ⅱ	√	√	√	√	√
APEX 20K	√	√	√	√	√
APEX 20KE	√	√	√	√	√
APEX 20KC	√	√	√	√	√
FLEX 10K	√	√	√	√	√
FLEX 10KA	√	√	√	√	√
FLEX 10KE	√	√	√	√	√
FLEX 8000	√	√	√	√	√
FLEX 6000	√	√	√	√	√
MAX Ⅱ	√	√	√	√	√
MAX 7000A	√	√	√	√	√
MAX 7000B	√	√	√	√	√
MAX 7000S	√	√	√	√	√
MAX 3000A	√	√	√	√	√
Excalibur	√	√	√	√	√
串行配置器件	√	√	—	√	—
增强配置器件	√	√	√	√	√

6.3.1　ByteBlaster Ⅱ并口下载电缆

1. 特点

ByteBlaster Ⅱ支持 PC 对 Altera 器件进行配置或者编程。下载电缆使用 PC 的标准并行打印端口来配置或者编程数据。

(1) ByteBlasterⅡ并口下载电缆允许 PC 机用户在 QuartusⅡ开发环境下完成以下功能：

✧ 为 MAX 系列 CPLD 器件和 Stratix、Cyclone、Arria GX、APEX、ACEX、Mercury、

FLEX10K、Excalibur 系列 FPGA 器件下载配置数据；

✧ 对高级配置器件(EPC2、EPC4、EPC8、EPC16 和 EPC1441)和串行配置器件(EPCS1、EPCS4、EPCS16、EPCS64 和 EPCS128)进行在系统编程(in-system programming)。

(2) 支持单端 I/O 标准 1.8 V，2.5 V，3.3 V 和 3.3 V LVTTL/LVCMOS 和 5.0 V TTL 系统。

(3) 为在系统编程提供快速廉价的方法。

(4) 可通过 Quartus II 开发软件下载数据。

(5) 具有与 PC 机 25 针标准并口相连的接口。

(6) 使用 10 针电路板连接器。

(7) 支持 Quartus II 开发软件的 SignalTap II 逻辑分析功能。

(8) 支持和 Nios II 嵌入式处理器系列的通信和调试。

2．功能描述

ByteBlaster II 并口下载电缆是一种连接到 PC 机 25 针标准口(LPT 端口)的硬件接口产品，10 针母头连接到电路板。设计人员的最新设计可以直接通过 ByteBlaster II 下载电缆从 PC 机随时下载到芯片中去。ByteBlaster II 并口下载电缆的连接方法如图 6.1 所示。

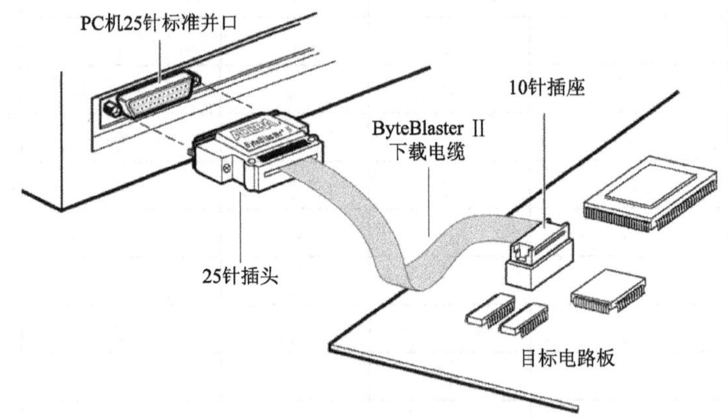

图 6.1 ByteBlaster II 并口下载电缆连接示意图

1) 下载模式

ByteBlaster II 支持 JTAG 模式、PS 模式和 AS 模式。在 Quartus II 开发环境中，可以通过 JTAG 模式完成对 Altera 所有器件的编程和配置，也可以通过 PS 模式对 Altera FPGA 器件进行配置，还可以通过 AS 模式对单片 EPCS1、EPCS4、EPCS16、EPCS64 和 EPCS128 串行配置器件进行编程。Altera 的大部分器件在使用 ByteBlaster II 并口下载电缆时，都支持 PS 和 JTAG 编程模式。有些器件系列的配置连接图可能会有一些微小差异，这需要用户在选定器件后要仔细查阅器件的配置手册及其它相关资料，然后再绘制电路板图。

2) 连接

(1) 电源需求。ByteBlaster II 下载电缆支持目标系统使用 5.0 V TTL、3.3V LVTTL/LVCMOS 和单端 1.5 V 到 3.3 V I/O 标准，可用于 1.8 V、2.5 V、3.3 V 和 5.0 V 的系统。配置不同器件时，ByteBlaster II 的 VCC 引脚对于电压的需求各不相同，配置/编程信号的目标电路板的上拉电阻必须与 ByteBlaster II VCC(TRGT)连接到相同的电压。

表 6.4 给出了不同器件 VCC 引脚所需电压值。

表 6.4　Altera 各系列器件 VCC 引脚电压需求

器件系列	VCC 引脚电压需求
MAX II	由 Bank1 的 V_{CCIO} 指定
MAX7000S	5 V
MAX7000AE、MAX3000A	3.3 V
MAX7000B	2.5 V
Stratix III、Stratix IV	由 V_{CCPGM} 或 V_{CCPD} 指定
Cyclone III、Cyclone IV	由 V_{CCA} 或 V_{CCIO} 指定
Stratix II、Stratix II GX、StratixGX、Stratix、Arria GX	由 V_{CCSEL} 指定
Cyclone II、Cyclone、APEX II、APEX20K、Mercury	由 V_{CCIO} 指定
FLEX10K、FLEX8000、FLEX6000	5 V
FLEX10KE	2.5 V
FLEX10KA、FLEX6000A	3.3 V
EPC2、EPC1441	5 V 或 3.3 V
EPC4、EPC8、EPC16	3.3 V
EPCS1、EPCS4、EPCS16、EPCS64、EPCS128	3.3 V

(2) 25 针插头。ByteBlaster II 与 PC 机并口相连的是 25 针插头，在 PS 模式、AS 模式和 JTAG 模式下的引脚信号名称是不同的。各引脚定义如表 6.5 所示。ByteBlaster II 下载电缆原理图如图 6.2 所示。

表 6.5　ByteBlaster II 25 针插头引脚描述

引脚	AS 模式		PS 模式		JTAG 模式	
	信号名称	描述	信号名称	描述	信号名称	描述
2	DCLK	时钟信号	DCLK	时钟信号	TCK	时钟信号
3	nCONFIG	配置控制	nCONFIG	配置控制	TMS	JTAG 状态机控制
4	nCS	串行配置芯片选择	—	NC (引脚悬空)	—	NC (引脚悬空)
5	nCE	Cyclone 芯片使能	—	NC (引脚悬空)	—	NC (引脚悬空)
8	ASDI	主动串行数据输入	DATA[0]	配置到器件的数据	TDI	配置到器件的数据
11	CONF_DONE	配置完成	CONF_DONE	配置完成	TDO	器件输出的数据
13	DATAOUT	主动串行数据输出	nSTATUS	信号状态	—	NC (引脚悬空)
15	nVCC Detect	—	nVCC Detect	—	nVCC Detect	—
18 to 25	GND	信号地	GND	信号地	GND	信号地

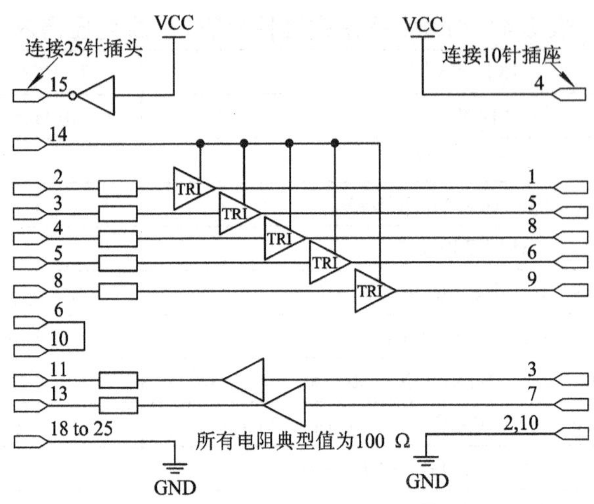

图 6.2 ByteBlaster II 下载电缆原理图

(3) 10 针插座。10 针插座是与包含目标器件的 PCB 板上的 10 针插头连接的，ByteBlaster II 并口下载电缆的 10 针插座其尺寸示意图如图 6.3 所示。表 6.6 列出了在 AS 模式、PS 模式和 JTAG 模式下各引脚的名称。

表 6.6 ByteBlaster II 10 针插座引脚描述

引脚	AS 模式		PS 模式		JTAG 模式	
	信号名称	描述	信号名称	描述	信号名称	描述
1	DCLK	时钟信号	DCLK	时钟信号	TCK	时钟信号
2	GND	信号地	GND	信号地	GND	信号地
3	CONF_DONE	配置完成	CONF_DONE	配置完成	TDO	器件配置输出数据
4	VCC(TRGT)	目标电源供应	VCC(TRGT)	目标电源供应	VCC(TRGT)	目标电源供应
5	nCONFIG	配置控制	nCONFIG	配置控制	TMS	JTAG 状态机控制
6	nCE	Cyclone 芯片使能	—	NC(引脚悬空)	—	NC(引脚悬空)
7	DATAOUT	主动串行数据输出	nSTATUS	配置状态	—	NC(引脚悬空)
8	nCS	串行配置器件芯片选择	—	NC(引脚悬空)	—	NC(引脚悬空)
9	ASDI	主动串行数据输入	DATA[0]	配置到器件的数据	TDI	配置到器件的数据
10	GND	信号地	GND	信号地	GND	信号地

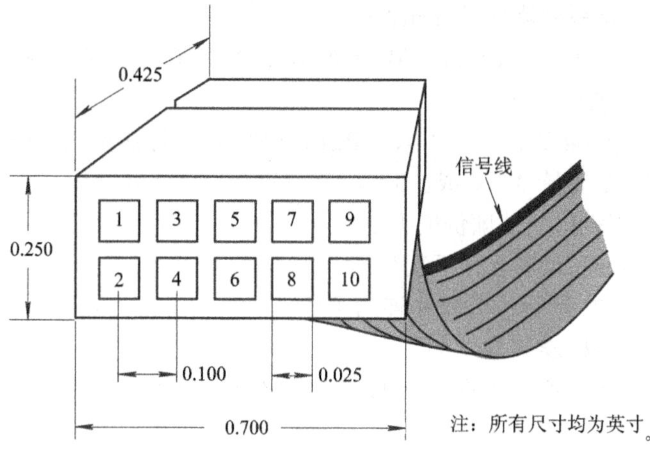

图 6.3　下载电缆 10 针插座尺寸示意图

(4) 电缆线。ByteBlasterⅡ的电缆线一般使用扁平电缆，长度不应超过 30 cm，否则带来干扰、反射及信号过冲问题，引起数据传输错误，导致下载失败。如果 PC 机并口与 PCB 电路板距离较远，需要加长电缆，则可在 PC 机并口和 ByteBlasterⅡ电缆之间加入一根并口电缆。

(5) PCB 电路板上的 10 针连接插头。ByteBlasterⅡ下载电缆的 10 针插座连接到 PCB 板上的 10 针插头。PCB 板上的 10 针插头排成两排，每排 5 个引脚，连接到器件的编程或配置引脚上(编程或配置器件的引脚名与 10 针插座的引脚信号名称相同的连接在一起)。ByteBlasterⅡ电缆通过 10 针插头获得电源并下载数据到器件。10 针插头的尺寸示意图如图 6.4 所示。

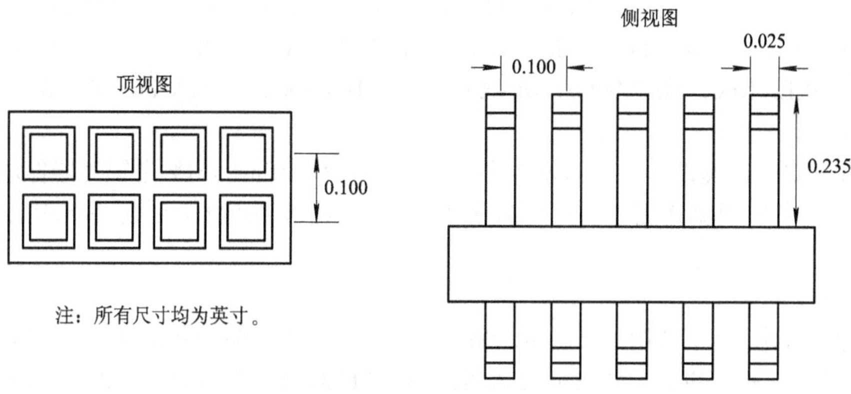

图 6.4　10 针连接插头尺寸示意图

6.3.2　ByteBlasterMV 并口下载电缆

1. 特点

(1) ByteBlasterMV 并口下载电缆允许 PC 机用户完成下列功能：

✧　对基于 SRAM 的 Stratix、StratixⅡ、StratixGX、StratixⅡGX、Cyclone、CycloneⅡ、CycloneⅢ、CycloneⅣ、APEXⅡ、APEX20K、ACEX1K、Mercury、FLEX10K、FLEX8000、

FLEX6000 及 Excalibur 系列器件进行配置；

✧ 对基于 EEPROM 的 MAXⅡ、MAX9000、MAX7000S、MAX7000AE、MAX7000B、MAX3000A 系列器件进行配置；

✧ 对高级配置芯片(EPC2、EPC4、EPC8、EPC16)进行在系统编程。

(2) 工作电压 VCC 支持 3.3 V 或 5.0 V。

(3) 为在系统编程提供快速廉价的方法。

(4) 可通过 QuartusⅡ开发软件下载数据。

(5) 具有与 PC 机 25 针标准并口相连的接口。

(6) 使用 10 针电路板连接器。

(7) 支持 QuartusⅡ开发软件的 SignalTapⅡ逻辑分析功能。

2. 功能描述

ByteBlasterMV 并口下载电缆与 PC 机并口相连的是 25 针插头，与 PCB 电路板相连的是 10 针插座。数据从 PC 机并口通过 ByteBlasterMV 电缆下载到电路板。ByteBlasterMV 电缆可用于配置 Cyclone、CycloneⅡ、Stratix、StratixⅡ、StratixⅡGX、StratixGX、APEXⅡ、APEX20K、ACEX1K、Mercury、Excalibur、FLEX10K、FLEX8000 和 FLEX6000 系列器件。

1) 下载模式

ByteBlasterMV 电缆提供两种下载模式：

✧ 被动串行模式(PS)，可用于配置 Cyclone、CycloneⅡ、Stratix、StratixⅡ、StratixⅡGX、StratixGX、APEXⅡ、APEX20K、ACEX1K、Mercury、Excalibur、FLEX10K、FLEX8000 和 FLEX6000 系列器件；

✧ JTAG 模式，具有工业标准的 JTAG 接口，可用于编程或配置 Cyclone、CycloneⅡ、Stratix、StratixⅡ、StratixⅡGX、StratixGX、APEXⅡ、APEX20K、Mercury、ACEX1K、Excalibur、FLEX10K、MAX9000、MAX7000S、MAX7000A、MAX7000B 和 MAX3000A 系列器件。

在 PS 和 JTAG 模式下，大部分器件都支持使用 ByteBlasterMV 电缆对器件进行配置。除了支持的器件和引脚连接不同外，ByteBlasterMV 电缆的连接方法与 ByteBlasterⅡ非常相似。

2) 连接

(1) 电源需求。为了使用 ByteBlasterMV 下载电缆配置 1.5V APEXⅡ、1.8V APEX20KE、2.5V APEX20K、Excalibur、Mercury、ACEX1K 和 FLEX10KE 器件，3.3V 电源中应该连接上拉电阻，电缆的 VCC 脚连到 3.3 V 电源，而器件的 VCCINT 引脚连到相应的 2.5 V、1.8 V 或 1.5 V 电源。对于 PS 配置，器件的 VCCIO 引脚必须连到 2.5 V 或 3.3 V 电源。对于 APEXⅡ、Mercury、ACEX1K、APEX20K、FLEX10KE 和 MAX7000A 和 MAX3000A 系列器件的 JTAG 在线配置或编程，电缆的 VCC 引脚则必须连接 3.3 V 电源。器件的 VCCIO 引脚既可连到 2.5 V，也可连到 3.3 V 电源上。配置不同器件时，ByteBlasterMV 下载电缆的 VCC 引脚对于电压的需求各不相同，表 6.4 给出了针对不同器件 VCC 引脚所需电压值。

(2) 25 针插头。ByteBlasterMV 与 PC 机并口相连的是 25 针插头，在 PS 模式下和在 JTAG 模式下的引脚信号名称是不同的，如表 6.7 所示。ByteBlasterMV 下载电缆原理图如图 6.5

所示。

表 6.7　ByteBlasterMV 25 针插头引脚描述

引脚	PS 模式		JTAG 模式	
	信号名称	描　述	信号名称	描　述
2	DCLK	时钟信号	TCK	时钟信号
3	nCONFIG	配置控制	TMS	配置控制
4	—	NC(引脚悬空)	—	NC(引脚悬空)
5	—	NC(引脚悬空)	—	NC(引脚悬空)
8	DATA0	配置到器件的数据	TDI	配置到器件的数据
11	CONF_DONE	配置完成	TDO	器件输出的数据
13	nSTATUS	信号状态	—	NC(引脚悬空)
15	nVCC Detect	—	nVCC Detect	—
18 to 25	GND	信号地	GND	信号地

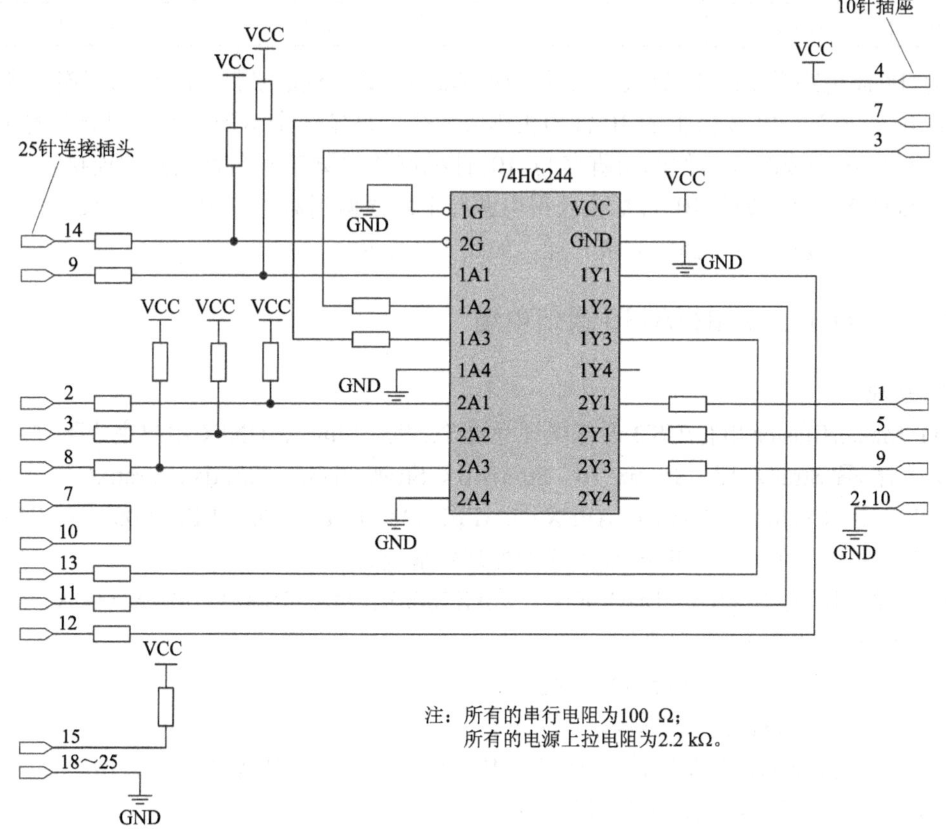

图 6.5　ByteBlasterMV 电缆原理图

(3) 10 针插座。10 针插座是与包含目标器件的 PCB 板上的 10 针插头连接的，其引脚信号名称如表 6.8 所示。10 针插座的尺寸与和 ByteBlasterⅡ电缆的 10 针插座完全一样，如

图 6.3 所示。

表 6.8 ByteBlasterMV10 针插座引脚描述

引脚	PS 模式		JTAG 模式	
	信号名称	描 述	信号名称	描 述
1	DCLK	时钟信号	TCK	时钟信号
2	GND	信号地	GND	信号地
3	CONF_DONE	配置完成	TDO	器件配置输出数据
4	VCC	目标电源供应	VCC	目标电源供应
5	nCONFIG	配置控制	TMS	JTAG状态机控制
6	—	NC(引脚悬空)	—	NC(引脚悬空)
7	nSTATUS	配置状态	—	NC(引脚悬空)
8	—	NC(引脚悬空)	—	NC(引脚悬空)
9	DATA0	配置到器件的数据	TDI	配置到器件的数据
10	GND	信号地	GND	信号地

(4) PCB 电路板上的 10 针连接插头。ByteBlasterMV 下载电缆的 10 针插座连接到 PCB 板上的 10 针插头。PCB 板上的 10 针插头排成两排，每排 5 个引脚，连接到器件的编程或配置引脚上(编程或配置器件的引脚名与 10 针插座的引脚信号名称相同的连接在一起)。ByteBlasterMV 电缆通过 10 针插头获得电源并下载数据到器件，10 针插头尺寸示意图和 ByteBlasterⅡ电缆的 10 针插头完全一样，如图 6.4 所示。

6.3.3 MasterBlaster 串行/USB 通信电缆

1. 特点

(1) MasterBlaster 串行/USB 通信电缆允许 PC 机、Linux、UNIX 用户完成下列功能：

✧ 可配置 Stratix Ⅳ、Stratix Ⅲ、StratixⅡ、StratixⅡGX、Stratix、StratixGX、Cyclone Ⅲ、CycloneⅡ、Cyclone、Mercury、APEXⅡ、APEX20K、FLEX10K、FLEX3000A、FLEX6000、FLEX8000 系列器件及 Excalibur 嵌入式微处理器解决方案。

✧ 在线可编程 MAXII、MAX9000、MAX7000S、MAX7000B、MAX7000A、EPC2、EPC4、EPC8 和 EPC16 系列器件。

(2) 支持 2.5 V，3.3 V 和 5.0 V 系统。

(3) 为在系统编程提供快速廉价的方法。

(4) 可从 QuartusⅡ开发软件和 MAX + PLUSⅡ9.3 及以上版本中下载数据。

(5) 具有 RS-232 串行接口或 USB 接口。

(6) 使用 10 针电路板连接器。

(7) 支持 QuartusⅡ开发软件的 SignalTapⅡ逻辑分析功能。

2. 功能描述

MasterBlaster 串行/USB 通信电缆具有标准的 PC 机串行接口或 USB 硬件接口，如图 6.6 所示。MasterBlaster 串行/USB 通信电缆可配置数据到 Stratix Ⅳ、Stratix Ⅲ、StratixⅡ、

Stratix II GX、Stratix、StratixGX、Cyclone III、Cyclone II 、Cyclone 、Mercury 、APEX II 、APEX20K(包括 APEX20K 、APEX20KE 和 APEX20KC)、FLEX10K(包括 FLEX10KA 和 FLEX10KE)、FLEX8000、FLEX6000 系列器件，也可编程 MAXII、MAX9000、MAX7000S 和 MAX7000A(包括 MAX7000AE)系列器件。利用 MasterBlaster 串行/USB 通信电缆还可通过 SignalTap II 嵌入式逻辑分析仪对 Stratix、Stratix GX 、Stratix II 、Stratix II GX 、Cyclone II 、Cyclone 、APEX II 和 APEX20K 系列器件进行在线调试。

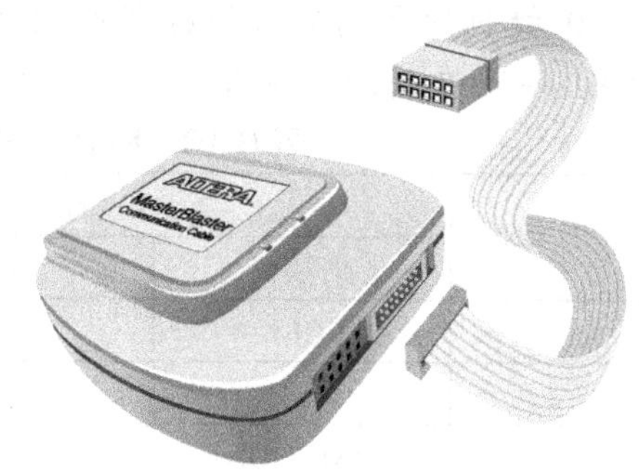

图 6.6　MasterBlaster 串行通信电缆示意图

1) 下载模式

MasterBlaster 串行/USB 通信电缆提供两种下载模式：

✧ 被动串行模式(PS)，可以使用 Altera 公司的 Quartus II 软件的 Programmer 对除 MAX3000 和 MAX7000 以外的所有 ALTERA 器件进行配置。

✧ JTAG 模式，具有 IEEE 1149.1 工业标准的 JTAG 接口，可以对除 FLEX6000 外的 ALTERA 公司所有器件进行配置或编程。在 JTAG 模式下，MasterBlaster 串行/USB 通信电缆还可以对配置芯片 EPC2、EPC4、EPC8 和 EPC16 进行编程。

2) SignalTap II 逻辑分析

SignalTap II 宏功能是一种嵌入式逻辑分析器，能够在器件特定的触发点捕获数据并保存数据到 APEX II 和 APEX20K 的嵌入式系统块(ESB)中。这些数据然后被送到 APEX II 或 APEX20K 的 IEEE 1149.1 工业标准 JTAG 接口，通过 MasterBlaster 串行/USB 通信电缆上传到 Quartus II 波形编辑器中进行显示。

3) 连接

MasterBlaster 串行/USB 通信电缆通过一个串行接口或 USB 接口与计算机相连，与电路板相连的是标准 10 针插座。数据从串口或 USB 口通过 MasterBlaster 串行/USB 通信电缆下载到电路板。

(1) 连接插头与插座。具有标准串行电缆的 9 针 D 型插头连接器连接到 RS-232 端口，如表 6.9 所示。USB 连接器则能在任何标准的 USB 电缆中使用。

表 6.9　MasterBlaster 9 针串行 D 型连接器引脚说明

引　脚	信号名称	说　明
2	rx	接收数据
3	tx	发送数据
4	dtr	数据终端准备好
5	GND	信号地
6	dsr	数据设备准备好
7	rts	要求发送
8	cts	清除发送

10 针插座是与包含目标器件的 PCB 板上的 10 针插头连接的，尺寸示意图和 ByteBlasterⅡ电缆的 10 针插座完全一样，如图 6.3 所示。其引脚信号名称如表 6.10 所示。

表 6.10　MasterBlaster 10 针插座的引脚描述

引　脚	PS 模式		JTAG 模式	
	信号名	描　述	信号名	描　述
1	DCLK	时钟	TCK	时钟
2	GND	信号地	GND	信号地
3	CONF_DONE	配置控制	TDO	器件输出数据
4	VCC	电源	VCC	电源
5	nCONFIG	配置控制	TMS	JTAG 状态机控制
6	VIO	MasterBlaster 输出驱动器参考电压	VIO	MasterBlaster 输出驱动器参考电压
7	nSTATUS	配置的状态	—	NC(引脚悬空)
8	—	NC(引脚悬空)	—	NC(引脚悬空)
9	DATA0	配置到器件的数据	TDI	配置到器件的数据
10	GND	信号地	GND	信号地

(2) LED 的状态。MasterBlaster 串行/USB 通信电缆上的 LED 指示灯的作用是提供该电缆的状态信息。表 6.11 列举了 MasterBlaster 串行/USB 通信电缆的各种指示状态。

表 6.11　LED 状态指示

颜　色	闪烁频率	说　　明
绿色	慢	电缆准备好
绿色	快	正在进行逻辑分析
琥珀色	慢	正在进行编程

(3) MasterBlaster 串行/USB 通信电缆的供电。前面介绍的几种下载电缆仅从电路板接收电源，而 MasterBlaster 串行/USB 通信电缆的供电方式有：电路板提供的 5.0 V 或 3.3 V；直流电源供电；5.0 V USB 供电。当电路板上的 5.0 V 或 3.3 V 电源无效时，该电缆能够由直流电源或 USB 电缆供电。

对 MasterBlaster 串行/USB 通信电缆的输出驱动器，将电路板上的 VCC 和 GND 连接到该电缆的 VCC、VIO 和 GND 引脚。

(4) 电路板上的连接插头。MasterBlaster 串行/USB 通信电缆的 10 针插座连接到 PCB 板上的 10 针插头。PCB 板上的 10 针插头排成两排，每排 5 个引脚，连接到器件的编程或配置引脚上(编程或配置器件的引脚名与 10 针插座的引脚信号名称相同的连接在一起)，其尺寸示意图和 ByteBlasterⅡ电缆的 10 针插头完全一样，如图 6.4 所示。

6.3.4　USB-Blaster 下载电缆

1. 特点

(1) USB-Blaster 下载电缆允许 PC 机用户在 QuartusⅡ开发环境下完成以下功能：

✧　为 MAX 系列 CPLD 器件和 Stratix、Cyclone、Arria GX、APEX、ACEX、Mercury、FLEX10K、Excalibur 系列 FPGA 器件下载配置数据；

✧　对高级配置器件(EPC2、EPC4、EPC8、EPC16 和 EPC1441)和串行配置器件(EPCS1、EPCS4 、EPCS16、EPCS64 和 EPCS128)进行在系统编程。

(2) 支持 1.8 V，2.5 V，3.3 V 和 5.0 V 系统。

(3) 为在系统编程提供快速廉价的方法。

(4) 可通过 Quartus II 开发软件下载数据。

(5) 可与 PC 机 USB 标准接口相连。

(6) 使用 10 针电路板连接器。

(7) 支持 Quartus II 开发软件的 SignalTap II 逻辑分析功能。

(8) 支持和 Nios II 嵌入式处理器系列的通讯和调试。

2. 功能描述

USB-Blaster 下载电缆是一种连接到 PC 机 USB 标准接口的硬件接口产品，它为在线可编程逻辑器件提供了一种快速而廉价的配置方法。USB-Blaster 下载电缆的连接方法如图 6.7 所示。

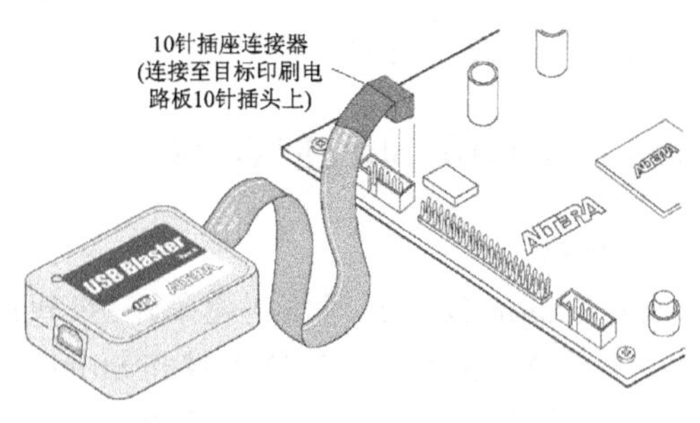

图 6.7　USB-Blaster 下载电缆连接示意图

1) 下载模式

USB-Blaster 支持 JTAG 模式、PS 模式和 AS 模式。在 Quartus II 开发环境中，可以通过 JTAG 模式完成对除 FLEX 6000 外的所有 Altera 器件进行编程和配置；也可以通过 PS 模式对除 MAX 3000、MAX 7000、MAX II 和串行配置器件外的所有 Altera 器件进行配置；还可以通过 AS 模式对单片 EPCS1、EPCS4、EPCS16、EPCS64 和 EPCS128 串行配置器件进行编程。USB-Blaster 下载电缆原理图如图 6.8 所示。

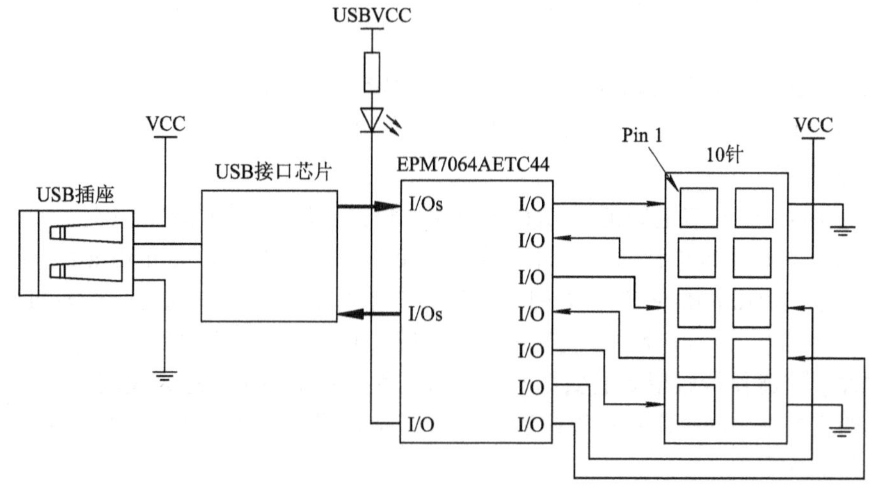

图 6.8　USB-Blaster 下载电缆原理图

2) 连接

(1) 电源需求。USB-Blaster 下载电缆支持目标系统使用 5.0 V TTL、3.3 V LVTTL/LVCMOS 和单端 1.5 V 到 3.3 V I/O 标准，可用于 1.8 V、2.5 V、3.3 V 和 5.0 V 的系统。配置不同器件时，USB-Blaster 的 VCC 引脚对于电压的需求各不相同，5.0 V 来自于 USB 电缆，1.5 V～5.0 V 来自于目标电路板。表 6.4 给出了针对不同器件 VCC 引脚所需电压值。

(2) 10 针插座。10 针插座是与包含目标器件的 PCB 板上的 10 针插头连接的，USB-Blaster 下载电缆的 10 针插座尺寸示意图与引脚信号名称和 ByteBlaster II 电缆的 10 针插座完全一样，如图 6.3 和表 6.6 所示。

(3) PCB 电路板上的 10 针连接插头。USB-Blaster 下载电缆的 10 针插座连接到 PCB 板上的 10 针插头。PCB 板上的 10 针插头排成两排，每排 5 个引脚，连接到器件的编程或配置引脚上(编程或配置器件的引脚名与 10 针插座的引脚信号名称相同的连接在一起)。USB-Blaster 电缆通过 10 针插头获得电源并下载数据到器件，10 针插头尺寸示意图和 ByteBlaster II 电缆的 10 针插头完全一样，如图 6.4 所示。

6.3.5 EthernetBlaster 通信电缆

1. 特点

(1) EthernetBlaster 通信电缆允许 PC 机用户在 Quartus II 开发环境下完成以下功能：

✧ 为 MAX 系列 CPLD 器件和 Stratix、Cyclone、APEX、ACEX、Mercury、FLEX、Excalibur 系列 FPGA 器件下载配置数据；

✧ 对高级配置器件(EPC2、EPC4、EPC8 和 EPC16)和串行配置器件(EPCS1、EPCS4、EPCS16 、EPCS64 和 EPCS128)进行在系统编程。

(2) 支持 1.8 V，2.5 V，3.3 V 和 5.0 V 系统。

(3) 为在系统编程提供快速廉价的方法。

(4) 可通过 Quartus II 开发软件下载数据。

(5) 通过以太网接口与 PC 机相连。

(6) 使用 10 针电路板连接器。

(7) 支持 Quartus II 开发软件的 SignalTap II 逻辑分析功能。

(8) 支持和 Nios II 嵌入式处理器系列的通信和调试。

2. 功能描述

EthernetBlaster 通信电缆通过 RJ-45 连接器与标准的以太网端口相连。该电缆使用 TCP/IP 协议与客户系统进行通信，且支持静态和动态 IP 寻址。EthernetBlaster 通信电缆能够接入已有的 10/100 Base-T 以太网与远端客户进行通信，或者通过一个标准的 10/100 Base-T 以太网接口，用双绞线直接与客户连接进行通信。由于更改后的设计可以直接下载至目标器件，这就使得原型制造变得非常容易，用户甚至还可以连续完成多重设计迭代。在以太网的支持下，多个用户可以在远端接入 Altera 器件，从而将原型制造和调试的效率带到一个新的水平。

EthernetBlaster 通信电缆的连接方法如图 6.9 所示。

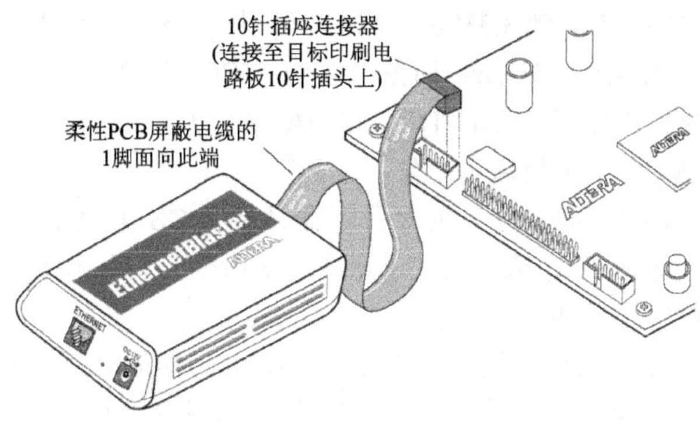

图 6.9　EthernetBlaster 通信电缆连接示意图

1) 下载模式

EthernetBlaster 通信电缆支持 JTAG 模式、PS 模式和 AS 模式。在 Quartus II 开发环境中，可以通过 JTAG 模式完成对除 FLEX 6000 外的所有 Altera 器件进行编程和配置；也可以通过 PS 模式对除 MAX 3000、MAX 7000 和串行配置器件外的所有 Altera 器件进行配置；还可以通过 AS 模式对单片 EPCS1、EPCS4、EPCS16、EPCS64 和 EPCS128 串行配置器件进行编程。Altera 的大部分器件在使用 EthernetBlaster 通信电缆时，都支持 PS 和 JTAG 编程模式。

2) 连接

EthernetBlaster 通信电缆上一边是以太网口，相对的另一边是 10 针目标插座。以太网口边包含一个以太网端口，一个复位键和一个 DC12V 插孔。目标端口边包括 10 针目标插座和 LED 状态灯。电缆的底部是 MAC 地址和主机名，MAC 地址的最后四位数字和主机名最后四位数字相同，如图 6.10 所示。目标板端口边的 LED 状态灯显示 EthernetBlaster 通信电缆的工作状态，如表 6.11 所示。

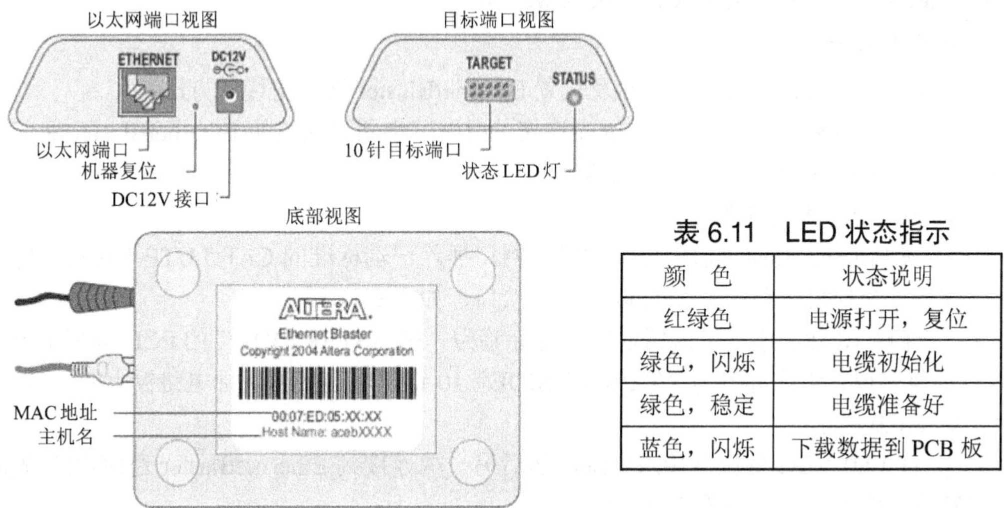

表 6.11　LED 状态指示

颜　色	状态说明
红绿色	电源打开，复位
绿色，闪烁	电缆初始化
绿色，稳定	电缆准备好
蓝色，闪烁	下载数据到 PCB 板

图 6.10　EthernetBlaster 通信电缆以太网端口、目标端口和底部视图

(1) 以太网口电源需求。EthernetBlaster 通信电缆支持目标系统使用 5.0 V TTL、3.3 V

LVTTL/LVCMOS 和单端 1.5 V 到 3.3V I/O 标准，可用于 1.8 V、2.5 V、3.3 V 和 5.0 V 的系统。配置不同器件时，EthernetBlaster 通信电缆的 VCC 引脚对于电压的需求各不相同，1.5 V～5.0 V 来自于目标电路板，12.0 VDC (0.875A)来自于 EthernetBlaster $V_{CCSUPPLY}$。表 6.4 给出了针对不同器件 VCC 引脚所需电压值。

(2) 10 针插座。10 针插座是与包含目标器件的 PCB 板上的 10 针插头连接的，EthernetBlaster 通信电缆的 10 针插座尺寸示意图与引脚信号名称和 ByteBlasterⅡ电缆的 10 针插座完全一样，如图 6.3 和表 6.6 所示。

(3) PCB 电路板上的 10 针连接插头。EthernetBlaster 通信电缆的 10 针插座连接到 PCB 板上的 10 针插头。PCB 板上的 10 针插头排成两排，每排 5 个引脚，连接到器件的编程或配置引脚上(编程或配置器件的引脚名与 10 针插座的引脚信号名称相同的连接在一起)。EthernetBlaster 通信电缆通过 10 针插头获得电源并下载数据到器件，10 针插头尺寸示意图和 ByteBlasterⅡ电缆的 10 针插头完全一样，如图 6.4 所示。

3) 静态和动态 IP 寻址

EthernetBlaster 通信电缆既支持静态 IP 和动态 IP 寻址，后者通过动态主机配置协议(DHCP)实现。缺省情况下，用动态 IP 寻址配置 EthernetBlaster 电缆。加电后，电缆尝试从网络 DHCP 服务器获得 IP 地址。当获取网络地址和电缆初始化时 LED 状态为绿色并闪烁，这个过程最高可能需要花两分钟。

当获得 IP 地址且电缆已准备好应用时，LED 状态为稳定的绿色。如果获取 IP 地址的尝试不成功(DHCP 服务器可能下线或不存在)，电缆切换到静态 IP 地址，缺省的 IP 地址配置为 192.168.0.50。如果使用静态 IP 地址，就必须配置计算机到与电缆通信的子网相同的 IP 地址，缺省的设置要求地址在 192.168.0.X 范围。(注：可参考操作系统手册或联系网络管理员去查验网络支持的 DHCP 服务和指导改变 IP 地址。)

EthernetBlaster 通信电缆包含一个自主管理的 web 页，允许配置电缆工作的各个方面。下面将描述基于具体连接模式怎样接入 web 页。

4) 电缆设置

下面介绍配置、安装编程器件及设置 EthernetBlaster 通信电缆的方法。

(1) 经过网络用缺省工厂设置远端连接。用以下步骤远端连接 EthernetBlaster 通信电缆(这些步骤均假设缺省工厂设置没有改变)：

① 从电路板断开电源；

② 在 EthernetBlaster 通信电缆的以太网口插入一端标准的 CAT 5 UTP 4 对转接电缆，另一端插入交换机，路由器或 Hub 的网络接口，如图 6.11 所示；

③ 连接 10 针插座，以太网通信电缆标签为“BLASTER SIDE”的 PCB 屏蔽电缆接到 10 针插座端口，电缆标签为“TARGET SIDE”10 针插座连接到目标电路板上的 10 针插头上，如图 6.9 所示；

④ 将 12.0 VDC 变压器接入电源，然后另一端连接到 EthernetBlaster 通信电缆(先断开到电路板上的电源电缆后再用其它电源)；

⑤ 如果网络支持 DHCP，看第⑥步的配置指导，如果网络不支持 DHCP，看第⑦步的配置指导；

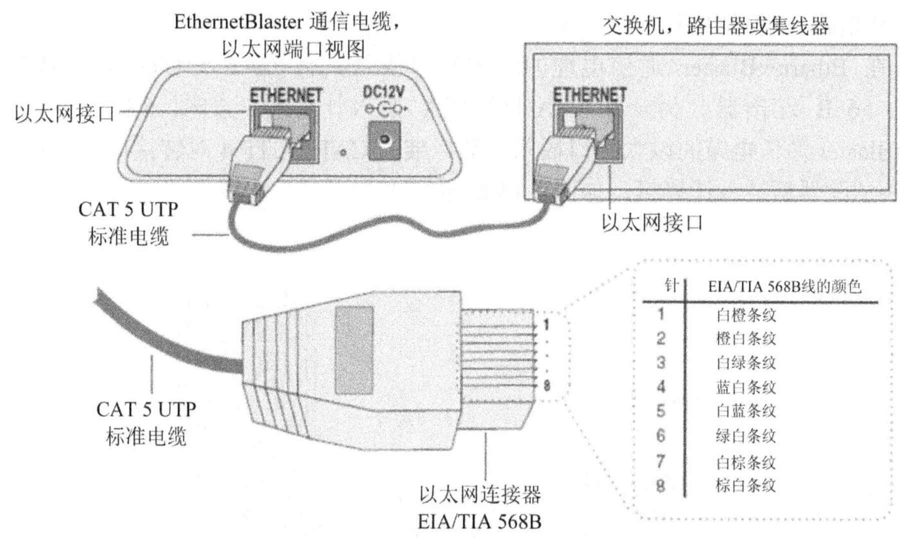

图 6.11　EthernetBlaster 通信电缆的连接

⑥ 如果网络支持 DHCP，可以用主机名作为地址通过 web 浏览器接入 EthernetBlaster 配置管理 web 页。主机名位于 EthernetBlaster 通信电缆底部的标签上。如图 6.10 所示。浏览 http://<host name>并指定主机名，EthernetBlaster 登录窗口打开。如果知道 EthernetBlaster 通信电缆获得的 IP 地址，就可输入该地址到浏览器进入管理页面；

⑦ 如果网络不支持 DHCP，可以配置计算机地址范围为 192.168.0.X，然后浏览 http://192.168.0.50；

⑧ EthernetBlaster 登录窗口打开，输入 admin 登录和 password 作为缺省密码，EthernetBlaster 状态页面打开，显示 EthernetBlaster 通信电缆的状态，包括当前的 IP 地址，如图 6.12 所示。

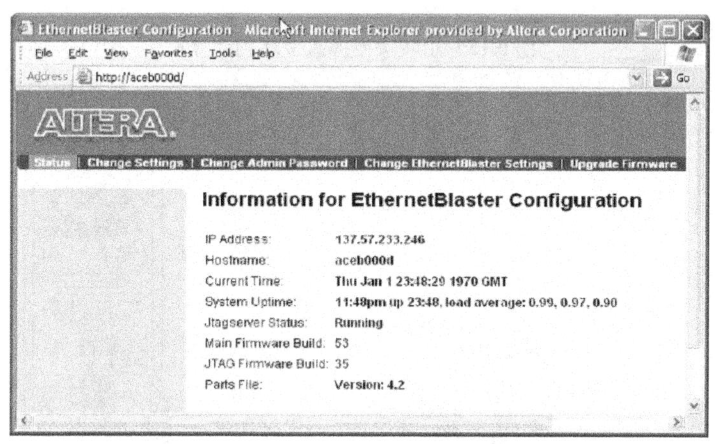

图 6.12　EthernetBlaster 配置管理页面

(2) 用缺省工厂设置直接连接到计算机。EthernetBlaster 通信电缆能够通过计算机的网口直接连接到计算机(但不允许远端用户接入 EthernetBlaster 通信电缆)，具体接入包括以下步骤(这些步骤均假设缺省工厂设置没有改变)：

① 从电路板断开电源。

② 在 EthernetBlaster 通信电缆的以太网口插入具有 CAT 5 UTP 4 对转接电缆的 EIA/TIA 568B 连接器，另一端 EIA/TIA568A 插入计算机，如图 6.13 所示；或者在 EthernetBlaster 通信电缆的以太网口插入一端标准的 CAT 5 UTP 4 对转接电缆，另一端加一个转接头适配器后插入计算机，如图 6.14 所示。

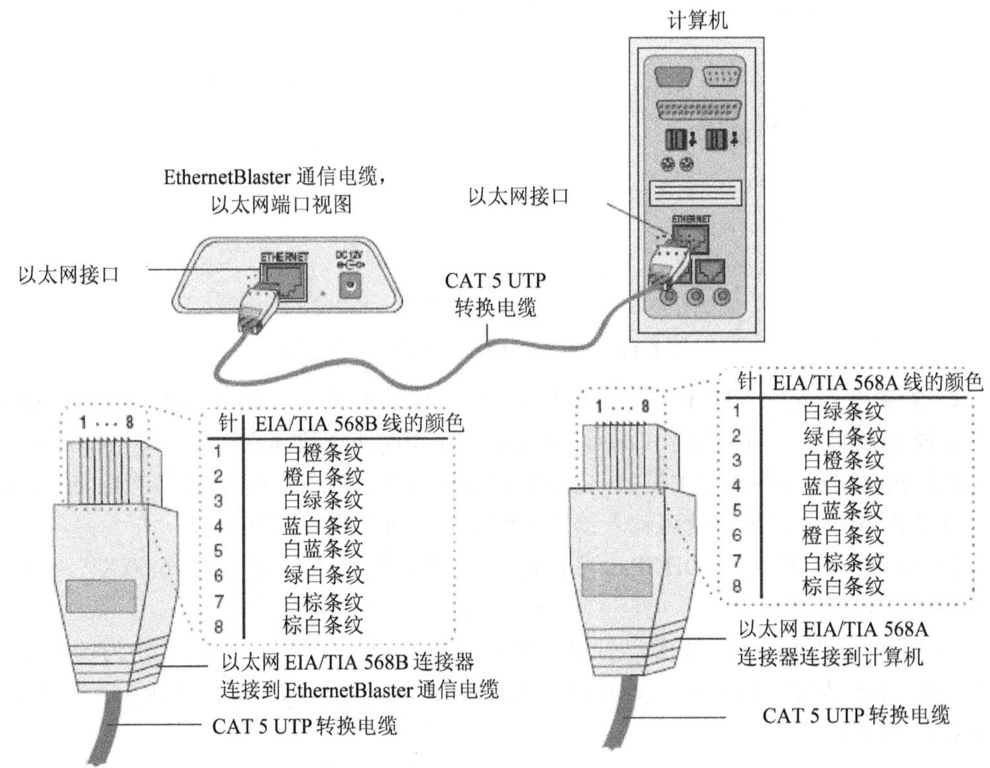

图 6.13 用转接电缆直接连到计算机

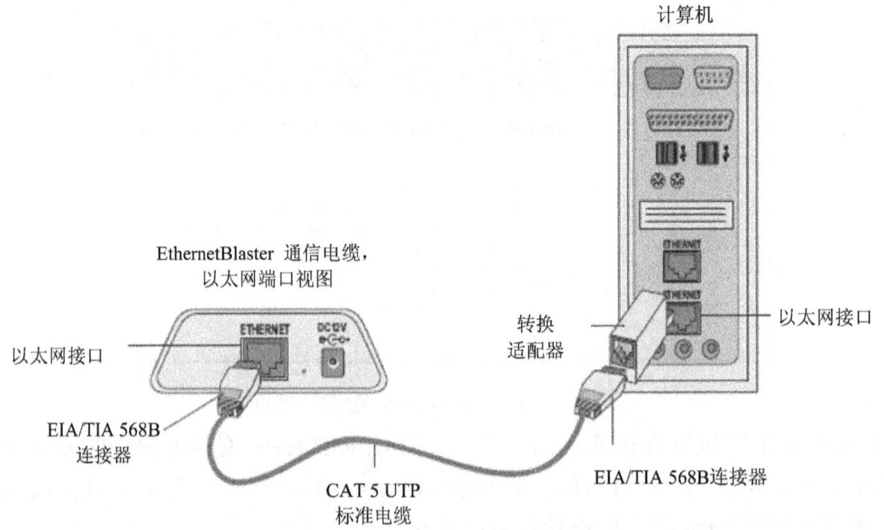

图 6.14 用标准电缆和适配器直接连接到计算机

③ 连接 10 针插座，以太网通信电缆标签为“BLASTER SIDE”的 PCB 屏蔽电缆接到 10 针插座端口，电缆标签为“TARGET SIDE”10 针插座连接到目标电路板上的 10 针插头上，如图 6.9 所示。

④ 将 12.0 VDC 变压器接入电源，然后另一端连接到 EthernetBlaster 通信电缆(先断开到电路板上的电源电缆后再用其它电源)。

⑤ 为了接入 EthernetBlaster 状态页面，配置计算机地址范围为 192.168.0.X，然后浏览 http://192.168.0.50，EthernetBlaster 登录窗口打开。

⑥ 在 EthernetBlaster 登录窗口，输入 admin 登录和 password 作为缺省密码，EthernetBlaster 状态页面打开，显示 EthernetBlaster 通信电缆的状态，包括当前的 IP 地址，如图 6.12 所示。

(3) 用静态 IP 寻址配置 EthernetBlaster 硬件。为了用静态 IP 寻址配置电缆完成远端连接，遵守如下步骤(取决于具体连接方式，这里均假设已完成了上面第(1)或第(2)项)：

① 打开 EthernetBlaster 状态页面。

② 点击“Change Settings”菜单，从“Connection Type”中工具条选择“Static IP”，在设置区输入希望的 IP 地址和其它合适的数据，如图 6.15 所示。

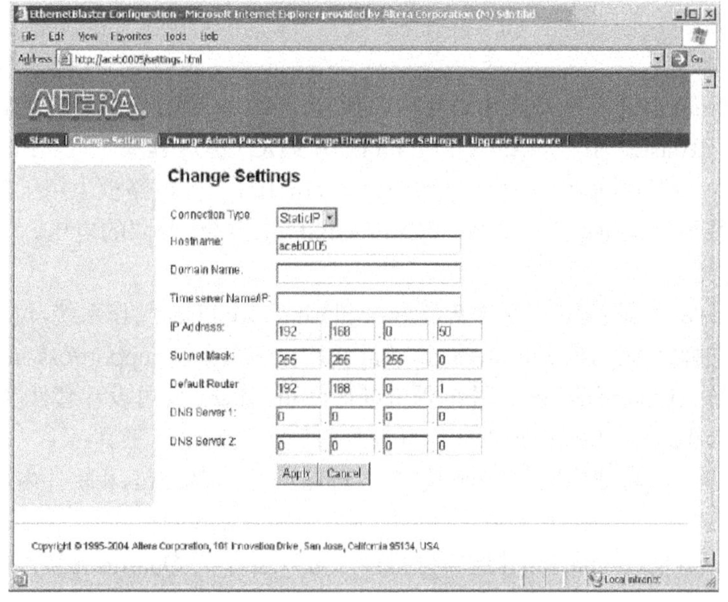

图 6.15　EthernetBlaster 改变设置页

③ 点击“Apply”，EthernetBlaster 通信电缆自动地重新开始，当 LED 状态返回到稳定的绿色时，EthernetBlaster 通信电缆已经成功的重新开始，现在就能加入到 Quartus Ⅱ软件中了。

(4) 用动态 IP 寻址配置 EthernetBlaster 硬件。为了用动态 IP 寻址配置 EthernetBlaster 通信电缆，遵守如下步骤(依靠具体连接方式，这里均假设已完成了上面第(1)或第(2)项)：

① 打开 EthernetBlaster 状态页面。

② 点击“Change Settings”菜单，从“Connection Type”中工具条选择“DHCP”。

③ 点击“Apply”，EthernetBlaster 通信电缆自动地重新开始，当 LED 状态返回到稳定

的绿色时，EthernetBlaster 通信电缆已经成功的重新开始，现在就能加入到 Quartus Ⅱ软件中了，如图 6.15 所示。

6.3.6 EthernetBlaster Ⅱ通信电缆

EthernetBlaster Ⅱ通信电缆通过 RJ-45 连接器与标准的以太网端口相连，客户系统进行通信。用以太网，多个用户能接入 Altera 器件，使得原型制造和调试达到一个新水平。

EthernetBlaster Ⅱ通信电缆利用 TCP/IP 协议与客户系统进行通信，且支持静态和动态 IP 寻址。EthernetBlaster Ⅱ通信电缆能够接入已有的 10/100/1000 Base-T 以太网与远端客户进行通信，或者通过一个标准的 CAT 5 UTP 4 对屏蔽电缆直接接口。

1. 特点

1) 支持器件

EthernetBlaster Ⅱ通信电缆可以下载配置数据到以下 Altera 器件：

✧ 为 Stratix、Cyclone、Arria 系列 FPGA 器件和 MAX 系列 CPLD 器件下载配置数据；

✧ 对串行配置器件(EPCS1、EPCS4、EPCS16、EPCS64 和 EPCS128)进行在系统编程；

✧ EthernetBlaster Ⅱ通信电缆支持目标系统使用 3.3 V LVTTL/LVCMOS 和单端 3.3 V 到 1.2 V I/O 标准。

2) 电源要求

EthernetBlaster Ⅱ通信电缆要求目标电路板使用 1.2 V 到 5.0 V，12.0 V 直流(0.875 A)来自于 EthernetBlaster Ⅱ VCC(SUPPLY)(12.0 VDC 变压器提供)。EthernetBlaster Ⅱ VCC(TARGET)引脚对被编程器件必须连到合适的电压。目标电路板上用于配置和编程信号的上拉电阻必须与 EthernetBlaster Ⅱ VCC(TARGET)连接到相同的电压。

3) 软件要求

EthernetBlaster Ⅱ通信电缆支持 Windows 和 Linux Red Hat 操作系统，可以从 Quartus Ⅱ的 Readme.txt 文件或 http://www.altera.com/support/software/os_support/oss-index.html 中获得特定的操作系统。EthernetBlaster Ⅱ编程电缆已经用 Altera 公司设计套件(ACDS)工具 10.0 sp1 及以后版本测试过。EthernetBlaster Ⅱ通信电缆也支持以下工具：

✧ QuartusⅡ编程器(用于编程和配置)，可以运行在 QuartusⅡ软件内或者作为单独的版本；

✧ QuartusⅡ的 SignalTapⅡ逻辑分析器，可以运行在 QuartusⅡ软件内或者作为单独的版本；

✧ NiosⅡIDE(用于软件下载和调试)；

✧ Nios Ⅱ IDE Flash(用于编程 Flash 器件)；

✧ 支持 1.8 V，2.5 V，3.3 V 和 5.0 V 系统。

2. 功能描述

1) 连接

EthernetBlaster Ⅱ通信电缆的一边是以太网口，相对的另一边是 10 针目标插座。以太网口边包含一个以太网端口，一个复位键和一个 DC12V 插孔。目标端口边包括 10 针目标插座和 LED 状态灯。电缆的底部包括 MAC 地址和主机名，MAC 地址的最后四位数字和主机名最后四位数字相同，如图 6.16 所示。目标板端口边的 LED 状态灯显示 EthernetBlaster Ⅱ通信电缆的工作状态，如表 6.12 所示。

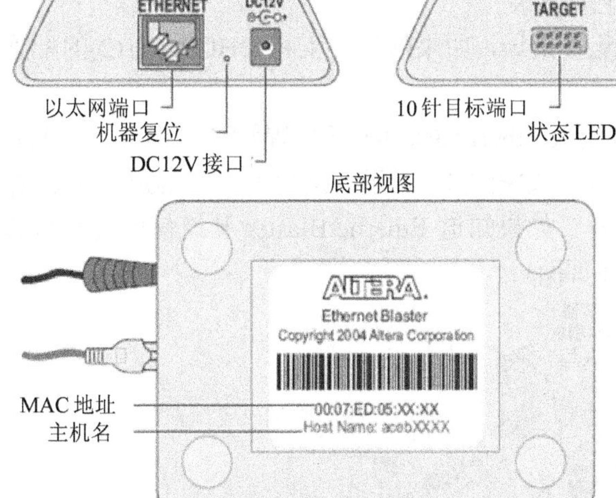

图 6.16　EthernetBlaster Ⅱ通信电缆以太网端口、目标端口和底部视图

表 6.12　LED 状态指示

颜色	状 态 说 明
黄色，闪烁	电源打开，复位
绿色，闪烁	电缆初始化
绿色，稳定	电缆准备好，DHCP
蓝色，闪烁	下载数据到目标 PCB 板
紫色，闪烁	更新 EthernetBlaster Ⅱ固件

2) 静态和动态 IP 寻址

EthernetBlaster Ⅱ通信电缆支持静态 IP 和动态 IP 寻址，后者通过动态主机配置协议(DHCP)实现。缺省情况下用动态 IP 寻址配置 EthernetBlaster Ⅱ电缆。加电后，电缆尝试从网络 DHCP 服务器获得 IP 地址。当获取网络地址和电缆初始化时 LED 状态为绿色并闪烁，这个过程最高可能需要花两分钟。

当获得 IP 地址且电缆已准备好时，LED 状态为稳定的绿色。如果获取 IP 地址的尝试不成功(DHCP 服务器可能下线或不存在)，电缆切换到静态 IP 地址，缺省的 IP 地址配置为 192.168.0.50。如果使用静态 IP 地址，就必须配置计算机到与电缆通信的子网相同的 IP 地址。缺省的设置要求地址在 192.168.0.X 范围。(注：可参考操作系统手册或联系网络管理员去查验网络支持的 DHCP 服务和指导怎样改变 IP 地址。)

EthernetBlaster Ⅱ通信电缆包含一个自主管理的 web 页，允许您去配置电缆工作的各个方面。下面将描述基于具体连接模式怎样接入 web 页。

3) 电缆设置

本节这部分描述配置、安装编程器件和设置 EthernetBlaster Ⅱ通信电缆(和 EthernetBlaster 通信电缆设置一样)。

(1) 经过网络用缺省工厂设置远端连接。用以下步骤远端连接 EthernetBlaster Ⅱ通信电缆(这些步骤均假设缺省工厂设置没有改变)：

① 从电路板断开电源。

② 在 EthernetBlaster Ⅱ通信电缆的以太网口插入一端标准的 CAT 5 UTP 4 对转接电缆，另一端插入交换机，路由器或 Hub 的网络接口，如图 6.11 所示。

③ 连接 10 针插座，以太网通信电缆标签为“BLASTER SIDE”的 PCB 屏蔽电缆接到

10 针插座端口，电缆标签为“TARGET SIDE”10 针插座连接到目标电路板上的 10 针插头上，如图 6.17 所示。

④ 将 12.0 VDC 变压器接入电源输出口，然后另一端连接到 EthernetBlaster Ⅱ通信电缆(先断开到电路板上的电源电缆后再用其它电源)。

⑤ 如果网络支持 DHCP，看第⑥步的配置指导，如果网络不支持 DHCP，看(2)的配置指导。

⑥ 用主机名作为地址通过 web 浏览器接入 EthernetBlaster Ⅱ配置管理 web 页。主机名位于 EthernetBlaster Ⅱ通信电缆底部的标签上，如图 6.10 所示。浏览 http://<host name>并指定主机名，EthernetBlaster Ⅱ登录窗口打开。如果知道 EthernetBlaster Ⅱ通信电缆获得的 IP 地址，就可输入该地址到浏览器进入管理页面。

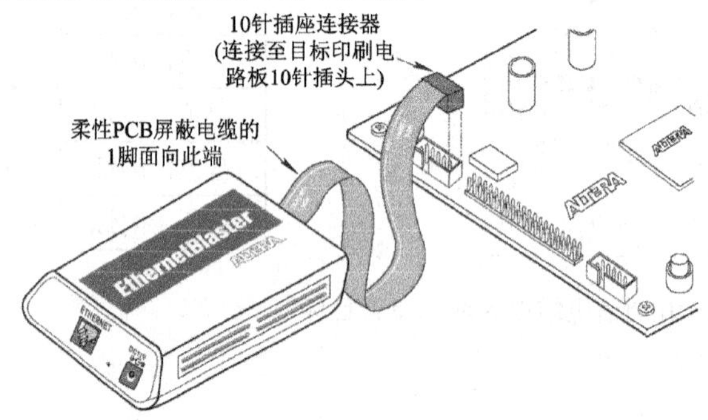

图 6.17 EthernetBlaster Ⅱ通信电缆的连接到目标板

(2) 如果网络不支持 DHCP，经过网络用缺省工厂设置。

① 如果网络不支持 DHCP，必须配置计算机地址范围为 192.168.0.X，然后浏览 http://192.168.0.50。

② 在 EthernetBlaster Ⅱ登录窗口，输入 admin 登录和 password 作为缺省密码。EthernetBlaster Ⅱ状态页面打开，显示 EthernetBlaster Ⅱ通信电缆的状态，包括当前的 IP 地址，如图 6.18 所示。

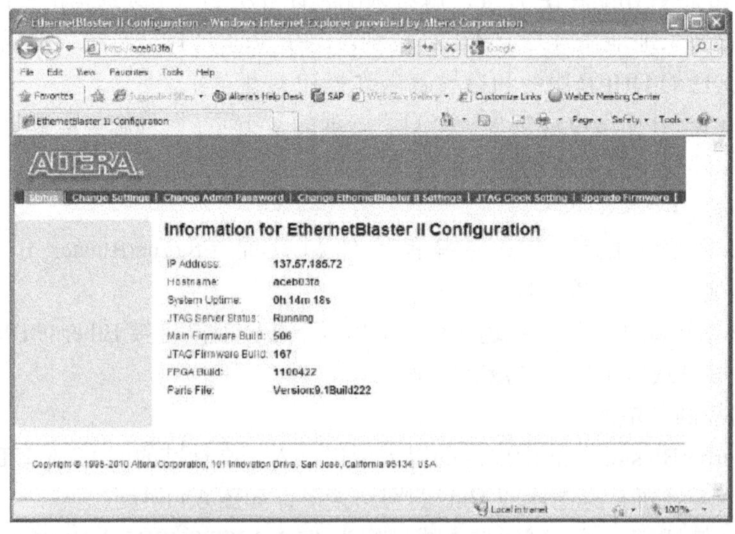

图 6.18 EthernetBlaster Ⅱ配置管理页面

(3) 用缺省工厂设置直接连接到计算机。EthernetBlaster Ⅱ通信电缆能够通过计算机的网口直接连接到计算机，这些设置不允许远端用户接入 EthernetBlaster Ⅱ通信电缆。包括以下步骤(这些步骤均假设缺省工厂设置没有改变)：

① 从电路板断开电源。

② 在 EthernetBlaster Ⅱ通信电缆的以太网口插入标准 CAT 5 UTP 4 对转接电缆的一端，另一端插入计算机，如图 6.19 所示。

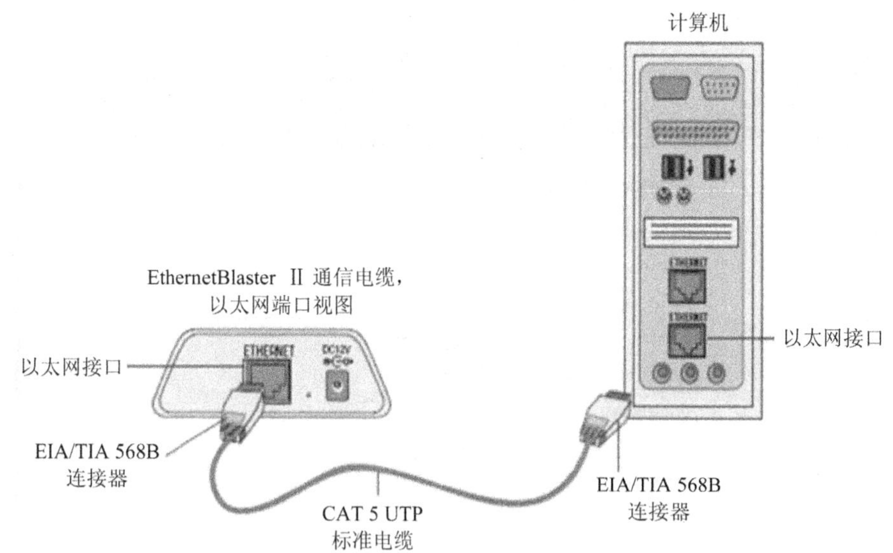

图 6.19　用标准电缆直接连到计算机

③ 连接 10 针插座，以太网通信电缆标签为“BLASTER SIDE”的 PCB 屏蔽电缆接到 10 针插座端口，电缆标签为“TARGET SIDE”10 针插座连接到目标电路板上的 10 针插头上，如图 6.17 所示。

④ 将 12.0 VDC 变压器接入电源口，然后另一端连接到 EthernetBlaster Ⅱ通信电缆(先断开到电路板上的电源电缆后再用其它电源)。

⑤ 为了接入 EthernetBlaster Ⅱ状态页面，配置计算机地址范围为 192.168.0.X，然后浏览 http://192.168.0.50，EthernetBlaster Ⅱ登录窗口打开。

⑥ 在 EthernetBlaster Ⅱ登录窗口，输入 admin 登录和 password 作为缺省密码。EthernetBlaster Ⅱ状态页面打开，显示 EthernetBlaster Ⅱ通信电缆的状态，包括当前的 IP 地址，如图 6.12 所示。

⑦ 在 Quartus Ⅱ软件中设置 EthernetBlaster Ⅱ通信电缆。

(4) 用静态 IP 寻址配置 EthernetBlaster Ⅱ硬件。缺省情况下，EthernetBlaster Ⅱ通信电缆出厂设置为使用动态 IP 寻址。为了用静态 IP 寻址配置电缆完成远端连接，遵守如下步骤(依靠具体的连接方式，这里均假设已完成了上面第(1)、第(2)或第(3)项)。

① 打开 EthernetBlaster Ⅱ状态页面。

② 点击“Change Settings”菜单，从“Connection Type”工具条中选择“Static IP”，在设置区输入希望的 IP 地址和其它合适的数据，如图 6.20 所示。

③ 点击“Apply”，EthernetBlaster Ⅱ通信电缆自动地重新开始，当 LED 状态返回到稳定的绿色时，EthernetBlaster Ⅱ通信电缆已经成功的重新开始，现在就能加入到 Quartus Ⅱ 软件中了。

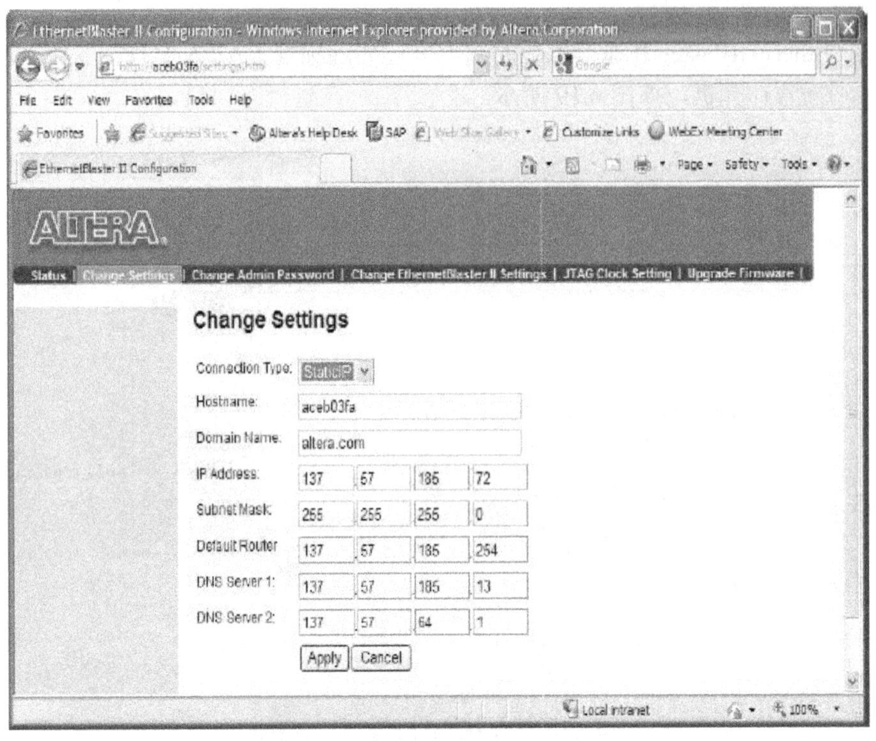

图 6.20 EthernetBlaster Ⅱ 改变设置页

(5) 用动态 IP 寻址配置 EthernetBlaster Ⅱ硬件。为了用动态 IP 寻址配置 EthernetBlaster Ⅱ通信电缆，遵守如下步骤：(依据用户的连接方式，这里均假设已完成了上面第(1)、第(2)或第(3)项。)

① 打开 EthernetBlaster Ⅱ状态页面。

② 点击“Change Settings”菜单，从“Connection Type”工具条中选择“DHCP”，如图 6.20 所示。

③ 点击“Apply”，EthernetBlaster Ⅱ通信电缆自动地重新开始，当 LED 状态返回到稳定的绿色时，EthernetBlaster Ⅱ通信电缆已经成功的重新开始，现在就能加入到 Quartus Ⅱ 软件中了。

6.4 配 置 器 件

除了下载电缆以外，Altera 还提供了 EPCS1、EPCS4、EPCS16、EPCS64、EPCS128、EPC16、EPC8、EPC2、EPC1、EPC1441、EPC1213、EPC1064 和 EPC1064V 等专用配置芯片。FPGA 的芯片配置方案就是使用 Altera 提供的串行配置芯片为所有的 FPGA 包括 Stratix 和 Cyclone 系列 FPGA，APEX Ⅱ，APEX 20K，APEX 20KE，APEX 20KC，Excalibur 和

Mercury 器件系列提供理想的解决方案。其中，增强型配置器件拥有高达 30M(带压缩)的配置存储器，并为高密度的 FPGA 提供单器件一站式的解决方案；标准配置器件为低密度的 FPGA 提供了方便易用的解决方案。

Altera 配置芯片分为以下三种：

普通配置芯片：EPC1441、EPC1、EPC2。

增强型配置芯片：EPC16、EPC8 和 EPC4。

AS 串行配置芯片：EPCS1、EPCS4、EPCS16、EPCS64、EPCS128。

增强型配置芯片可以支持大容量 FPGA 单片配置，此类芯片既支持 JTAG 在系统编程模式也支持 FPP 快速配置方式。普通器件容量相对比较小，并且只有 EPC2 具有重复擦写性，所以大容量配置需要多片级联使用。AS 串行配置芯片是专为 StratixⅡ、Cyclone 和 CycloneⅡ器件设计的单片低成本配置芯片，提供在系统编程(ISP)和多次编程能力，但其成本甚至低于一次性可编程器件。

另外，EPCS1、EPCS4、EPCS16、EPCS 64、EPC16、EPCS128、EPC8 和 EPC2 配置芯片属于 Flash Memory(闪存)器件，具有可擦写功能，而 EPC1、EPC1441、EPC1213、EPC1064 和 EPC1064V 配置芯片基于 EPROM 结构，不具有可擦写性。

Altera 的串行配置器件是 Cyclone 和 Arria 系列 FPGA 最完美的补充，它们也给 Stratix 系列 FPGA 提供了低成本、小型化的解决方案。这种串行配置器件可提供存储容量的范围为 1～128 Mbit，使其更容易配合 FPGA 构造所需的最佳解决方案。

Altera 串行配置器件利用 Cyclone、Stratix 和 Arria 器件中的专用逻辑实现可靠的远程系统更新功能。Stratix、Arria 和 Cyclone 系列 FPGA 具有专用恢复电路。不论在数据传送还是器件配置期间出现何种错误，该电路保证“永远正常工作”，Stratix 系列 FPGA 总能恢复到确切状态，正常工作。

本节以表格的形式给出了 Altera 公司 FPGA 器件常用配置器件的基本性能参数，包括器件名称、封装形式、I/O 引脚数目、供电电压等，以便于用户快速、合理地选择配置器件，见表 6.13，表 6.14。

表 6.13　配置器件的性能参数

器件	引脚/封装	供电电压与容量	可配置器件
EPC1064V	8-pin PDIP，20-pin PLCC，32-pin TQFP	3.3 V 64 Kbit	FLEX8000
EPC1064	8-pin PDIP，20-pin PLCC，32-pin TQFP	5.0 V 64 Kbit	FLEX8000
EPC1213	8-pin PDIP，20-pin PLCC	5.0 V 20 8Kbit	FLEX8000
EPC1441	8-Pin PDIP, 20-Pin PLCC, 32-Pin TQFP	3.3 V 或 5.0 V 430 Kbit 容量	FLEX10K、FLEX8000、FLEX6000、ACEX
EPC1	8-Pin PDIP, 20-Pin PLCC	3.3 V 或 5.0 V 1 Mbit 容量	CycloneⅡ、Cyclone、APEX20K、FLEX10K、FLEX8000、FLEX6000、ACEX

续表

器件	引脚/封装	供电电压与容量	可配置器件	
EPC2	20-Pin PLCC, 32-Pin TQFP	3.3 V 或 5.0 V 1.6 Mbit 容量 (EPC2 以上为标准型)	StratixⅡ、Stratix、Stratix GX、CycloneⅡ、Cyclone、Mercury、Excalibur、APEXⅡ、APEX20K、FLEX10K、ACEX	
EPC4	100-Pin PQFP	3.3 V 4 Mbit 容量 (EPC4 以下为增强型)	StratixⅡ	到 EP2S15
			Stratix	到 EP1S20
			Stratix GX	到 EP1SGX10
			CycloneⅡ	到 EPCY3
			Cyclone	全部
			Mercury	到 EPXA4
			Excalibur	到 EP2A25
			APEX II	到 EP20K600C
			APEX20K	全部
			FLEX10K	全部
			ACEX	全部
EPC8	100-Pin PQFP	3.3 V 8 Mbit 容量	StratixⅡ	到 EP2S30
			Stratix	到 EP1S40
			Stratix GX	全部
			CycloneⅡ	到 EPCY5
			Cyclone	全部
			Mercury	全部
			Excalibur	到 EP2A40
			APEX II	全部
			APEX20K	全部
			FLEX10K	全部
			ACEX	全部
EPC16	88-Pin FBGA, 100-Pin PQFP	3.3 V 16 Mbit 容量	StratixⅡ	到 EP2S60
			Stratix	全部
			Stratix GX	全部
			CycloneⅡ	全部
			Cyclone	全部
			Mercury	全部
			Excalibur	全部
			APEXII	全部
			APEX20K	全部
			FLEX10K	全部
			ACEX	全部

说明：PQFP——塑料四角形平面封装；PLCC——塑料有引线片式载体封装；TQFP——纤薄四方扁平封装；EP1C20——需多个 EPC2 器件；PDIP——塑料双列直插封装；EP1C20 和 EP1C12 需多个 EPC1 器件。

表 6.14　串行配置器件的性能参数

器件	引脚/封装	供电电压与容量	可配置器件
EPCS1	8-Pin SOIC(small-outline integrated circuit)	3.3 V 1 Mbit 容量	Cyclone：到 EP1C6 Cyclone Ⅱ：EP2C5
EPCS4	8-Pin SOIC	3.3 V 4 Mbit 容量	Stratix Ⅱ：到 EP2S15 Cyclone：全部 Cyclone Ⅱ：到 EP2C20 Cyclone Ⅲ：到 EP3C25 Cyclone Ⅳ：到 4CGX15
EPCS16	8-Pin 和 16-Pin SOIC	3.3 V 16 Mbit 容量	Stratix Ⅱ：到 EP2S60 Stratix Ⅱ GX：到 EP2SGX60 Stratix Ⅲ：到 EP3SL70 Cyclone：全部 Cyclone Ⅱ：全部 Cyclone Ⅲ：全部 Cyclone Ⅳ：到 4CGX30 Arria Ⅱ GX：到 EP2AGX30
EPCS64	16-Pin SOIC	3.3V 64Mbit 容量	Stratix Ⅳ：到 EP4SE110 和 EP4SGX110 Stratix Ⅲ：到 EP3SE260 Stratix Ⅱ：全部 Stratix Ⅱ GX：全部 Cyclone：全部 Cyclone Ⅱ：全部 Cyclone Ⅲ：全部 Cyclone Ⅳ：全部 Arria Ⅱ XG：到 EP2AGX125
EPCS128	16-Pin SOIC	3.3 V 128 Mbit 容量	Stratix Ⅴ：到 EP5SGX300 Stratix Ⅳ：到 EP4SE360 和 EP4SGX360 Stratix Ⅲ：全部 Stratix Ⅱ：全部 Stratix Ⅱ GX：全部 Cyclone：全部 Cyclone Ⅱ：全部 Cyclone Ⅲ：全部 Cyclone Ⅳ：全部 Arria Ⅱ GX：全部

续表

器件	引脚/封装	供电电压与容量	可配置器件
EPCS256	16-Pin SOIC	3.3 V 256 Mbit 容量	Stratix Ⅴ：全部 Stratix Ⅳ：全部 Stratix Ⅲ：全部 Stratix Ⅱ：全部 Stratix Ⅱ GX：全部 Cyclone：全部 Cyclone Ⅱ：全部 Cyclone Ⅲ：全部 Cyclone Ⅳ：全部 Arria Ⅱ GX：全部

6.5 PS 模 式

PS 模式的配置可以利用智能主机(如 MAX Ⅱ器件或具有 flash 存储器的微处理器)或者下载电缆。在 PS 方案中，外部主机(一个 MAX Ⅱ器件、嵌入式处理器或者 PC 主机)控制配置过程。配置过程分为三个阶段：复位、配置和初始化。当 nCONFIG 或 nSTATUS 为低时，器件被复位。当 nCONFIG 引脚变为高时，表示器件已经准备好接受配置数据。然后下载电缆会在 DCLK 上升沿逐比特向 DATA[0]引脚传送配置数据。当 CONF_DONE 引脚为高时，配置结束，对器件进行初始化。

6.5.1 电缆下载

PS 模式下，一个智能主机(如 PC)通过 EthernetBlaster 下载电缆、ByteBlasterⅡ并口下载电缆、ByteBlasterMV 并口下载电缆、MasterBlaster 串行/USB 通信电缆或 USB-Blaster 下载电缆从存储器件将数据传送到目标器件。通过下载电缆对 Stratix Ⅳ、Arria Ⅱ、Cyclone Ⅳ、Cyclone Ⅲ器件的配置连接图如图 6.21～图 6.24 所示。

在 PS 模式下，使用 ByteBlasterⅡ并口下载电缆不支持 MAX3000 和 MAX7000 系列器件的配置。

1. Stratix 器件配置

图 6.21 说明：

(1) 上拉电阻应该连接到与下载电缆相同的供电电压上(V_{CCPGM})，下载电缆可以是 USB-Blaster、MasterBlaster (VIO 引脚)、ByteBlasterⅡ、ByteBlasterMV 或 EthernetBlaster 电缆。

(2) 如果用户在电路板上仅使用下载电缆配置方案，那么 DATA[0]和 DCLK 的上拉电阻是非常必要的，这将保证两个 DATA[0]和 DCLK 引脚在配置结束时不被悬空。但是如果用户在电路板上还使用配置芯片进行器件配置，那么 DATA[0]和 DCLK 的上拉电阻就不需要了。

(3) 插头的 6 脚是 MasterBlaster 输出驱动器的 V_{IO} 参考电压，V_{IO} 应与器件的 V_{CCPGM} 相匹配。用户可以查阅 MasterBlaster 串行/USB 通信电缆以确定这个值。在使用 ByteBlasterⅡ、USB-Blaster 和 ByteBlasterMV 下载电缆时，此引脚不用连接。

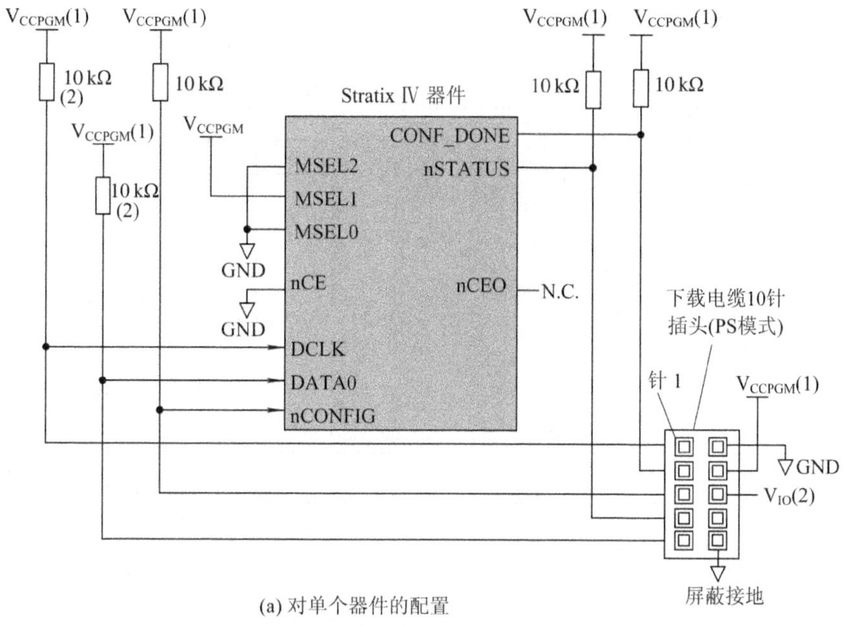

(a) 对单个器件的配置

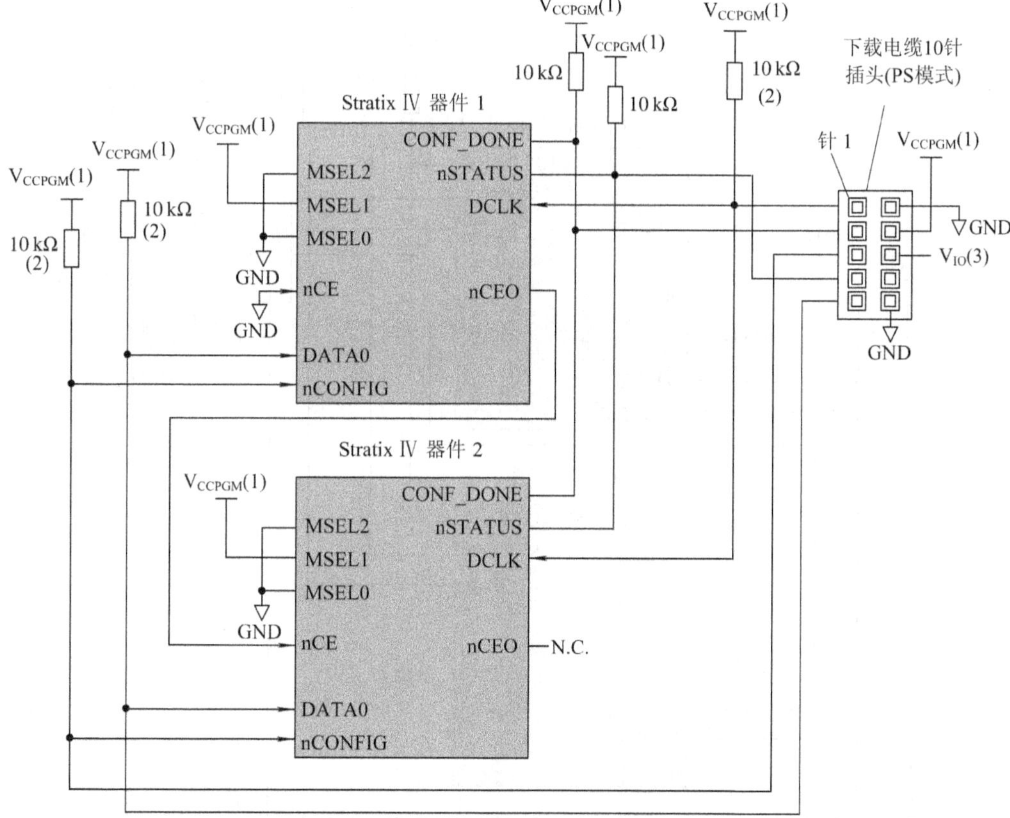

(b) 对多个器件的配置

图 6.21　PS 模式/电缆下载：Stratix Ⅳ器件的配置连接图(通过 USB Blaster、EthernetBlaster、MasterBlaster、ByteBlaster Ⅱ或 ByteBlasterMV 电缆)

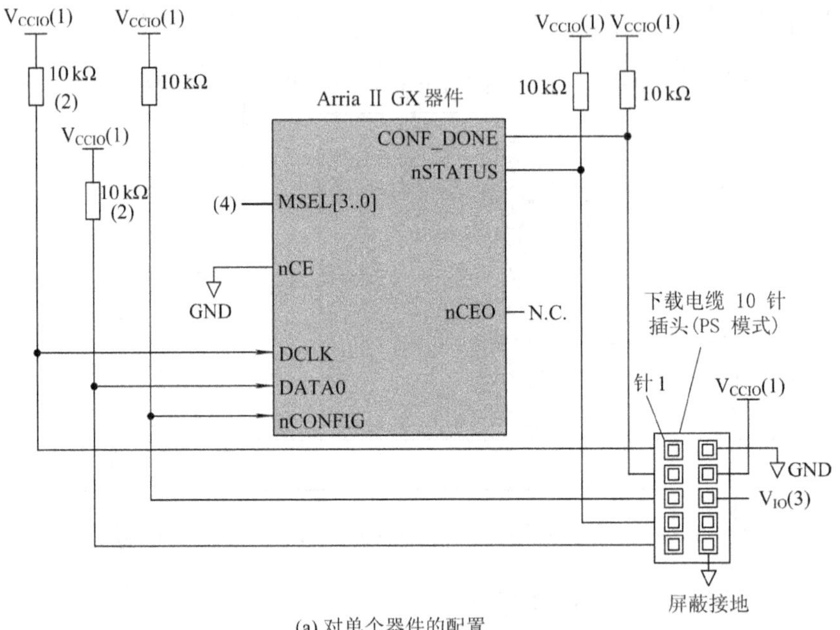

(a) 对单个器件的配置

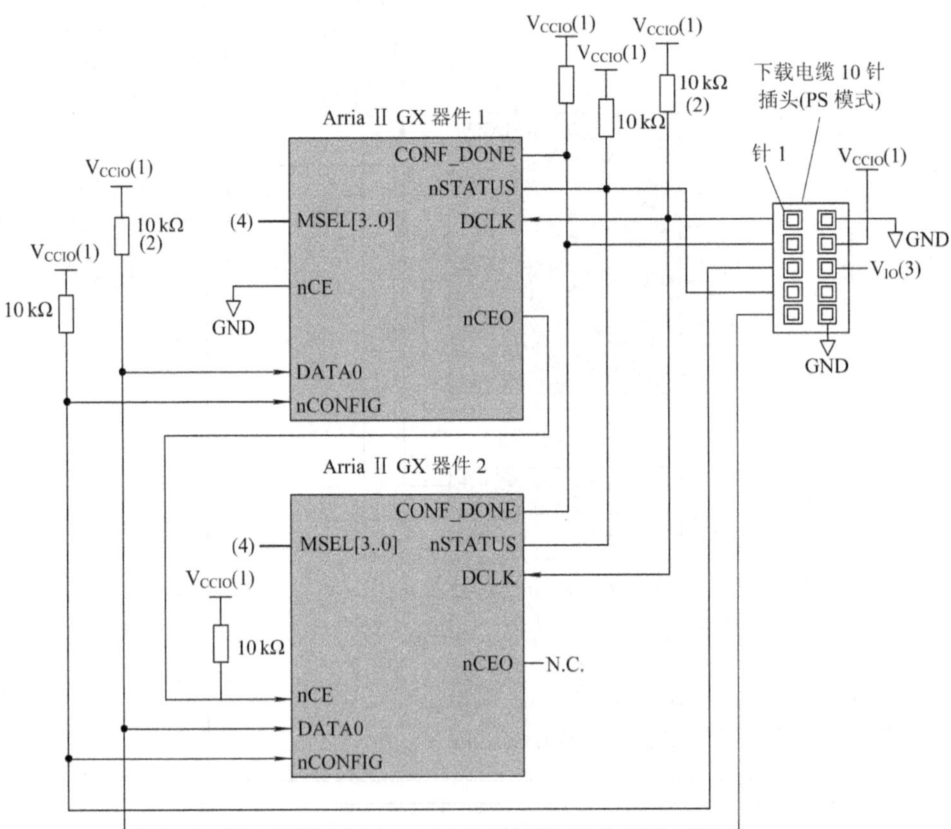

(b) 对多个器件的配置

图 6.22　PS 模式/电缆下载：Arria II 器件的配置连接图(通过 USB Blaster、EthernetBlaster、MasterBlaster(仅对单个器件配置)、ByteBlaster Ⅱ或 ByteBlasterMV 电缆)

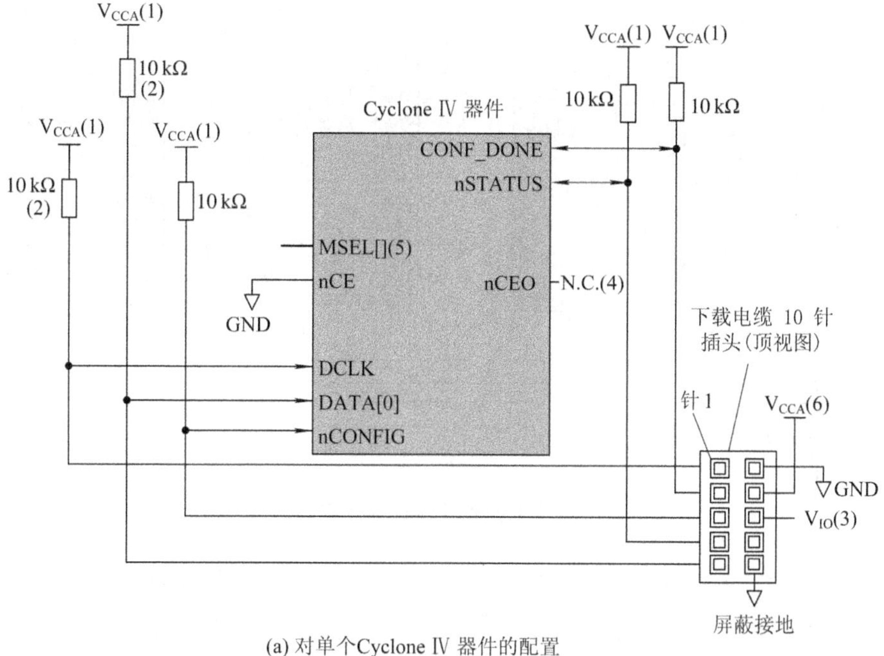

(a) 对单个Cyclone Ⅳ 器件的配置

(b) 对单个 Cyclone Ⅲ 器件的配置

图 6.23　PS 模式/电缆下载：对单个 Cyclone Ⅳ、Cyclone Ⅲ器件的配置(通过 USB Blaster、EthernetBlaster、MasterBlaster、ByteBlaster Ⅱ或 ByteBlasterMV 电缆)

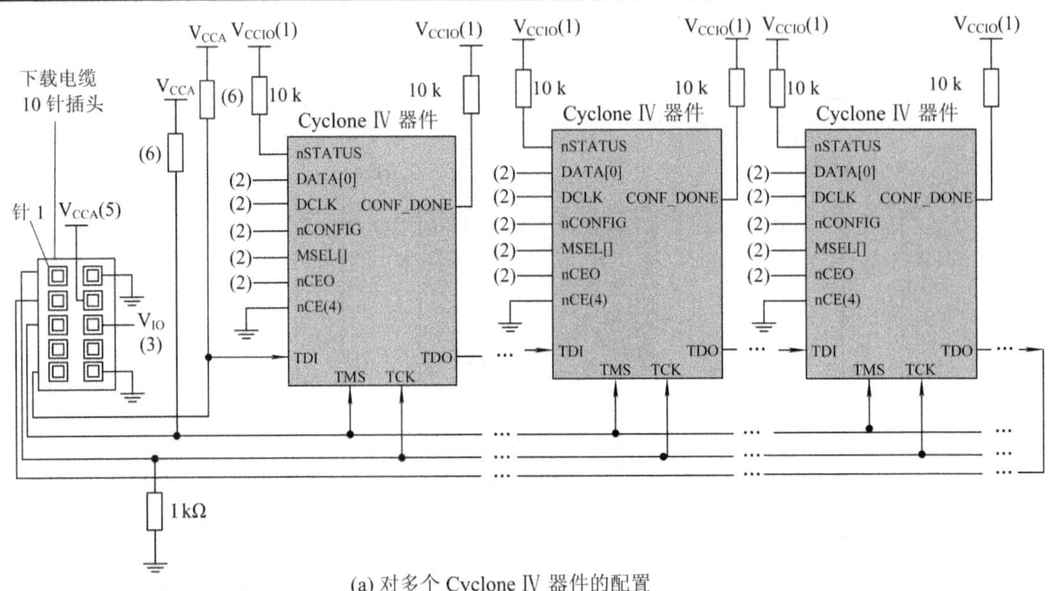

(a) 对多个 Cyclone Ⅳ 器件的配置

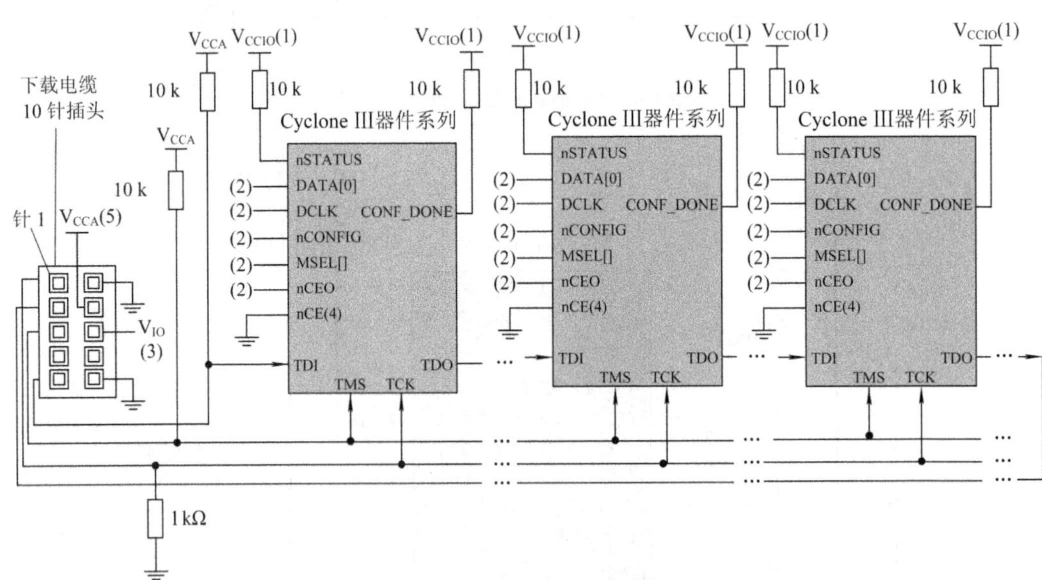

(b) 对多个 Cyclone III 器件的配置

图 6.24 PS 模式/电缆下载多个 Cyclone Ⅳ、Cyclone III器件的配置(通过 USB Blaster、EthernetBlaster、MasterBlaster、ByteBlaster Ⅱ或 ByteBlasterMV 电缆)

2. Arria 器件配置

图 6.22 说明：

(1) 上拉电阻应该连接到与下载电缆相同的供电电压上(V_{CCIO})，下载电缆可以是 USB-Blaster、ByteBlasterⅡ、ByteBlasterMV 或 EthernetBlaster 电缆。

(2) 如果用户在电路板上仅使用下载电缆配置方案，那么 DATA0 和 DCLK 的上拉电阻是非常必要的，这将保证两个 DATA[0]和 DCLK 引脚在配置结束时不被悬空。但是如果用户在电路板上还使用配置芯片进行器件配置，那么 DATA0 和 DCLK 的上拉电阻就不需要了。

(3) 在 ByteBlasterMV 电缆中，6 脚不连。在 ByteBlasterⅡ和 USB-Blaster 电缆中，当用于主动串行 AS 编程时，该脚连到 nCE，否则不连。

(4) MSEL 引脚设置随着不同的配置电压标准和 POR 延迟而变化。

3. Cyclone 器件配置

1) 单个 Cyclone 器件的配置

图 6.23 说明：

(1) 上拉电阻必须连接到与 V_{CCA} 相同的供电电压上。

(2) 如果用户在电路板上仅使用下载电缆配置方案，那么 DATA[0]和 DCLK 的上拉电阻是非常必要的，这将保证两个 DATA[0]和 DCLK 引脚在配置结束时不被悬空。但是如果用户在电路板上已经使用配置芯片进行器件配置，那么 DATA[0]和 DCLK 的上拉电阻就不要求了。

(3) 插头的 6 脚连接 MasterBlaster 输出驱动器的 V_{IO} 参考电压，V_{IO} 应与器件的 V_{CCA} 相匹配。用户可以查阅 MasterBlaster 串行/USB 通信电缆以确定这个值。在使用 USB-Blaster、ByteBlasterⅡ、ByteBlasterMV 和 Ethernet-Blaster 下载电缆时，此引脚不用连接。

(4) 当其它器件的 nCE 没有馈入时，nCEO 引脚留空不连或者用做用户 I/O 引脚。

(5) MSEL 引脚设置随着不同的配置电压标准和 POR 延迟而变化。

(6) 当 ByteBlaster Ⅱ、USB-Blaster 或 ByteBlasterMV 下载电缆从 V_{CCA}(2.5 V)电源加电到 V_{CC} 时，第三方编程器必须切换到 2.5 V。插头引脚 4 是 MasterBlaster 电缆的 V_{CC} 供电电源，MasterBlaster 电缆能够从 5.0 V 或 3.3 V 电路板接收电源，从 USB 电缆接收 DC 或 5.0 V 电源。用户可以查阅 MasterBlaster 串行/USB 通信电缆以确定这个值。

2) 多个 Cyclone 器件的配置

图 6.24 说明：

(1) 上拉电阻必须连接到与 V_{CCA} 相同的供电电压上。

(2) 如果用户在电路板上仅使用下载电缆配置方案，那么 DATA[0]和 DCLK 的上拉电阻是非常必要的，这将保证两个 DATA[0]和 DCLK 引脚在配置结束时不被悬空。但是如果用户在电路板上已经使用配置芯片进行器件配置，那么 DATA[0]和 DCLK 的上拉电阻就不要求了。

(3) 插头的 6 脚连接 MasterBlaster 输出驱动器的 V_{IO} 参考电压，V_{IO} 应与器件的 V_{CCA} 相匹配。用户可以查阅 MasterBlaster 串行/USB 通信电缆以确定这个值。在使用 ByteBlasterMV 电缆时，此引脚不用连接。在使用 USB-Blaster、ByteBlasterⅡ和 Ethernet-Blaster 下载电缆 AS 编程时，这个引脚连接到 nCE，否则此引脚不用连接。

(4) 连接上拉电阻到 nCE 引脚所在 I/O 段的电源电压 V_{CCIO} 上。

(5) 配置链中最后一个 nCEO 引脚留空不连或者用做用户 I/O 引脚。

(6) MSEL 引脚设置随着不同的配置电压标准和 POR 延迟而变化。

(7) 当 ByteBlaster Ⅱ、USB-Blaster 或 ByteBlasterMV 下载电缆从 V_{CCA}(2.5 V)电源加电到 V_{CC} 时，第三方编程器必须切换到 2.5 V。插头引脚 4 是 MasterBlaster 电缆的 V_{CC} 供电电源，MasterBlaster 电缆能够从 5.0 V 或 3.3 V 电路板接收电源，从 USB 电缆接收 DC 或 5.0 V 电源。用户可以查阅 MasterBlaster 串行/USB 通信电缆以确定这个值。

6.5.2 利用 MAX Ⅱ 器件或微处理器作为外部主机配置

1. Stratix 器件配置

图 6.25 说明：

(1) 在电源上连接电阻是为了使 Stratix IV 器件的输入信号在可接受范围，V_{CCPGM} 必须足够高以满足器件 I/O 和外部主机的 V_{IH} 规格，Altera 建议用户对所有的配置系统 I/O 加 V_{CCPGM} 电源。

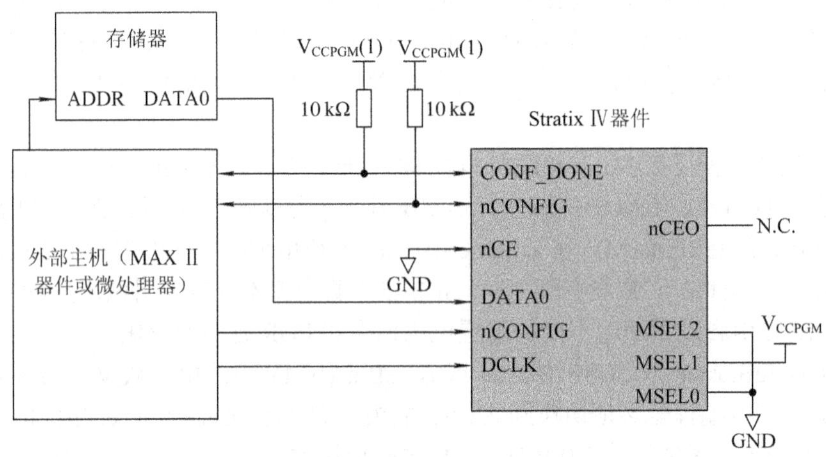

(a) 对单个器件的配置

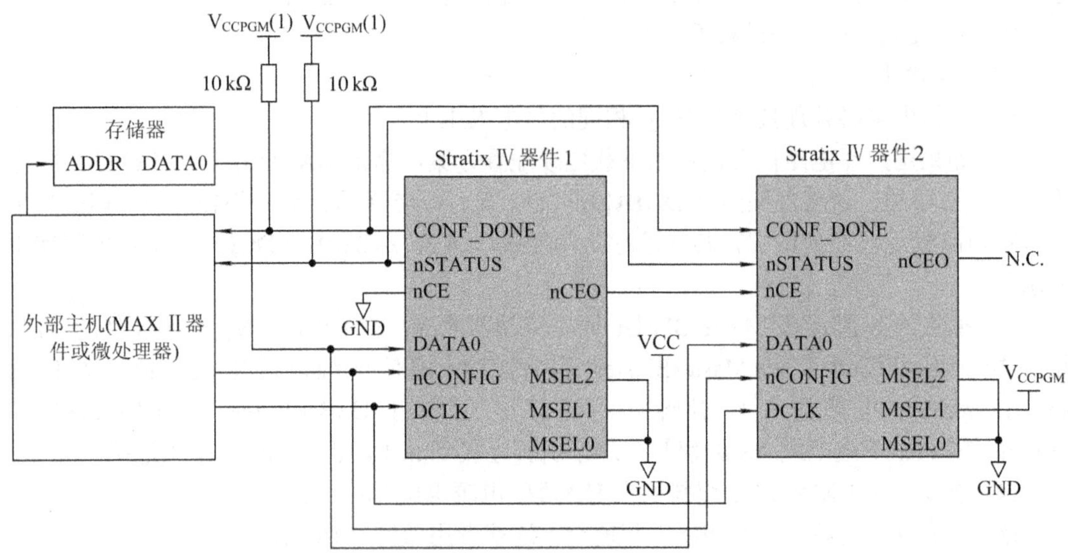

(b) 对多个器件的配置

图 6.25 PS 模式/外部主机：Stratix Ⅳ器件的配置连接图

(2) 对多个接收相同数据的器件 PS 配置时，和多个器件的配置方式相同，只是所有被配置器件的 nCEO 留下不连而 nCE 接地。

2. Arria 器件配置

图 6.26 说明：

(1) 在电源上连接电阻是为了使 Arria Ⅱ GX 器件的输入信号在可接受范围，V_{CCIO} 必须足够高以满足器件 I/O 和外部主机的 V_{IH} 规格，Altera 建议用户对所有的配置系统 3C 段 I/O 加 V_{CCPGM} 电源。

(2) 当其它器件的 nCE 引脚没有馈入时，nCEO 引脚留空不连或者用做用户 I/O 引脚。

(3) MSEL 引脚设置随着不同的配置电压标准和 POR 延迟而变化。

(4) 对多个接收相同数据的器件 PS 配置时，和多个器件的配置方式相同，只是所有被配置器件的 nCEO 留下不连而 nCE 接地。

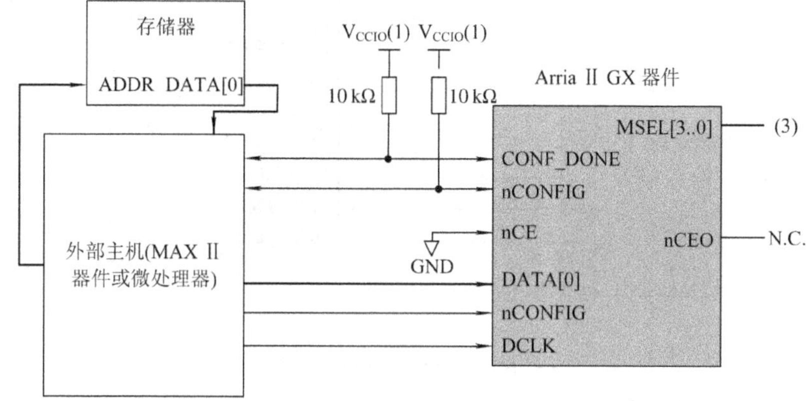

(a) 对单个器件的配置

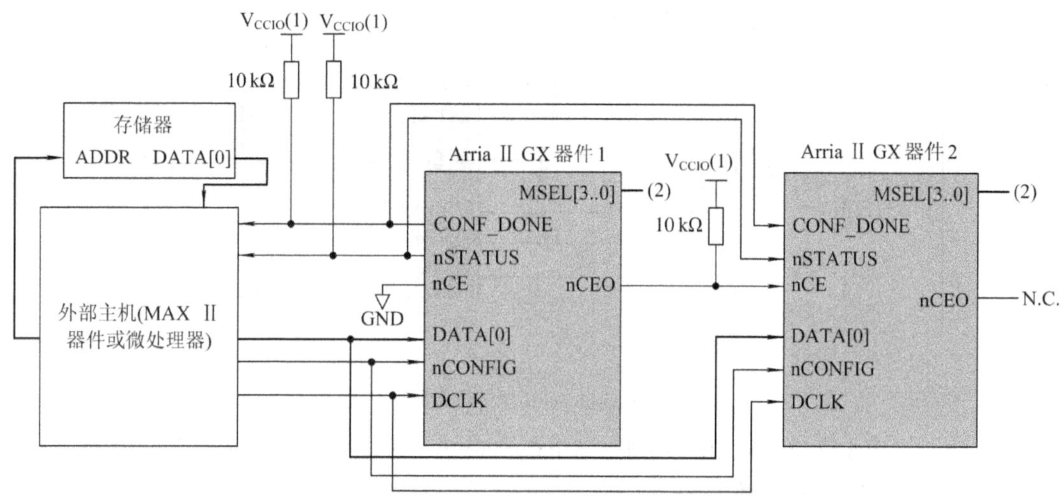

(b) 对多个器件的配置

图 6.26　PS 模式/外部主机：Arria Ⅱ器件的配置连接图

3. Cyclone 器件配置

1) 单个 Cyclone 器件的配置

图 6.27 说明：

(1) 在电源上连接电阻是为了使器件的输入信号在可接受范围，V_{CC} 必须足够高以满足器件 I/O 和外部主机的 V_{IH} 规格。

(2) 当其它器件的 nCE 引脚没有馈入时，nCEO 引脚留空不连或者用做用户 I/O 引脚。

(3) MSEL 引脚设置随着不同的配置电压标准和 POR 延迟而变化。

(4) 所有 I/O 输入必须保持最大的交流电压 4.1 V，DATA[0]和 DCLK 必须满足 JTAG I/O 引脚配置要求公式说明的最大值。

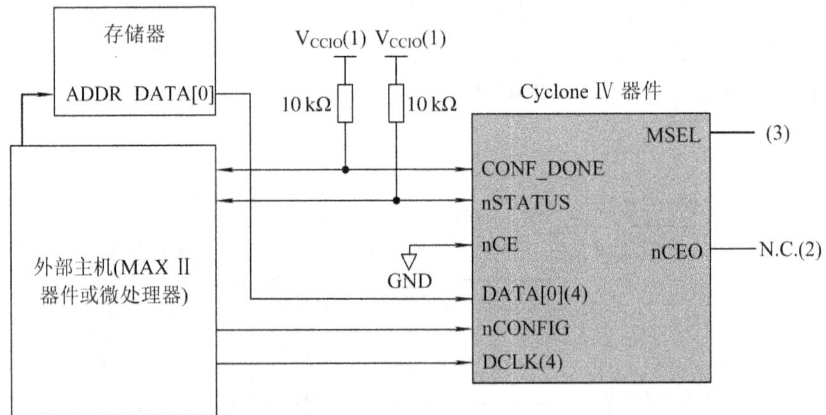

(a) 对单个 Cyclone Ⅳ 器件的配置

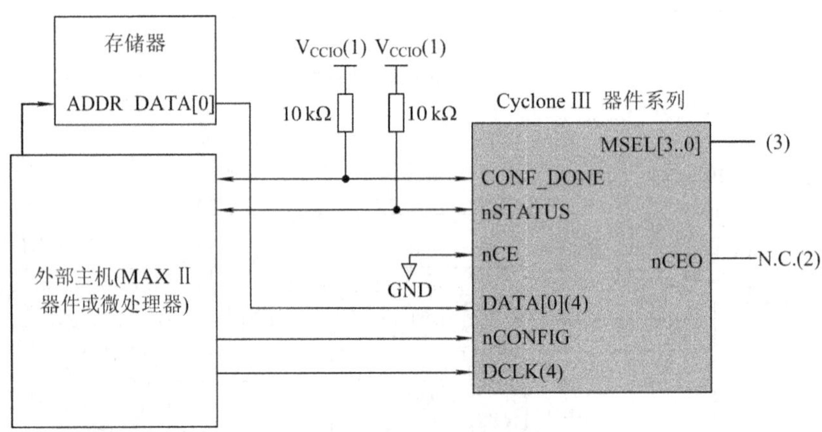

(b) 对单个 Cyclone Ⅲ 器件的配置

图 6.27 PS 模式/外部主机：单个 Cyclone Ⅳ、Cyclone Ⅲ 器件的配置

2) 多个 Cyclone 器件的配置

图 6.28 说明：

(1) 在电源上连接电阻是为了使器件链中所有器件的输入信号在可接受范围，V_{CC} 必须足够高以满足器件 I/O 和外部主机的 V_{IH} 规格。

(2) 连接上拉电阻到 nCE 引脚所在 I/O 段的电源电压 V_{CCIO} 上。

(3) 当其它器件的 nCE 引脚没有馈入时，nCEO 引脚留空不连或者用做用户 I/O 引脚。

(4) MSEL 引脚设置随着不同的配置电压标准和 POR 时间而变化。

(5) 所有 I/O 输入必须保持最大的交流电压 4.1 V，DATA[0]和 DCLK 必须满足 JTAG I/O 引脚配置要求公式说明的最大值。

(6) 对多个接收相同数据的器件 PS 配置时，和多个器件的配置方式相同，只是所有被配置器件的 nCEO 留下不连而 nCE 接地。

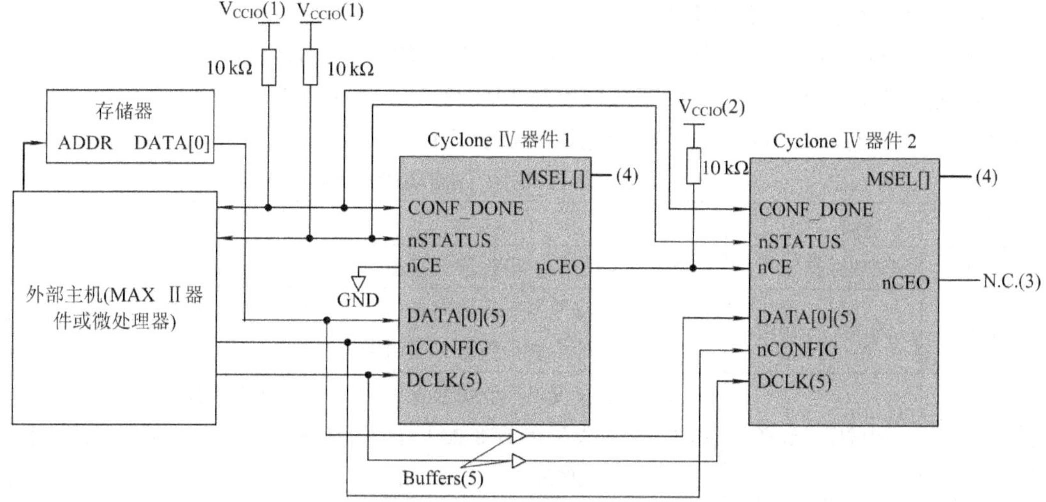

(a) 对多个 Cyclone Ⅳ 器件的配置

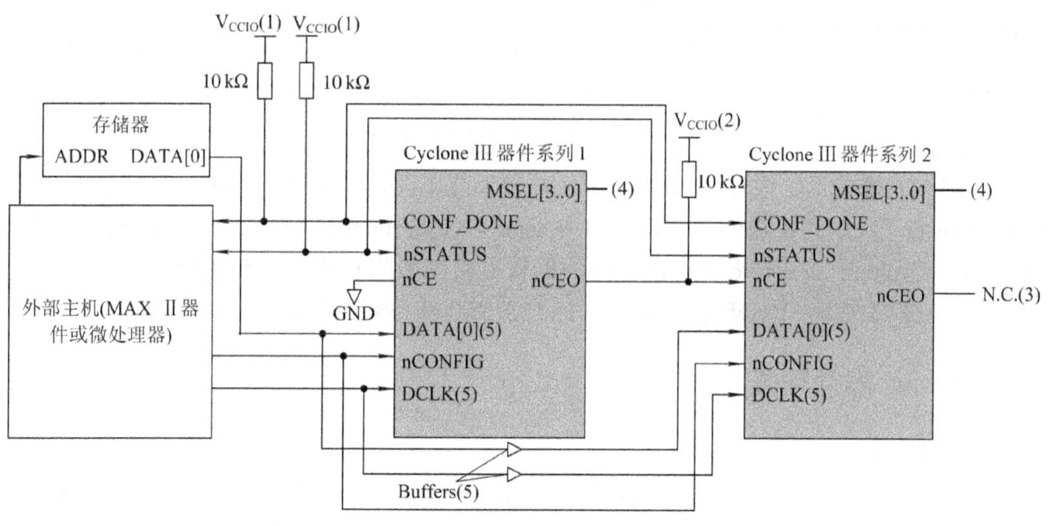

(b) 对多个 Cyclone Ⅲ 器件的配置

图 6.28　PS 模式/外部主机：多个 Cyclone Ⅳ、Cyclone Ⅲ器件的配置

6.6　JTAG 模式

JTAG 是一种边界扫描测试(BST)规范，BST 结构能够对 PCB 板上的紧凑元器件进行有效的测试。BST 结构能够在器件正常工作时，不用物理测试探针和捕获功能实现引脚连接的测试。用户也可以利用 JTAG 电路移送配置数据到器件。Quartus Ⅱ软件为下载电缆用

JTAG 配置自动产生.sof 文件，可以在 Quartus Ⅱ软件编程器中使用。

JTAG 用法优先于任何其它的配置模式。因此，JTAG 配置可以随时进行，而不用等其它配置模式完成。例如，如果用户在 Cyclone Ⅳ器件的 PS 配置过程中尝试 JTAG 配置，则 PS 配置中断而 JTAG 配置开始。如果 MSEL 引脚设置为 AS 模式，当 JTAG 配置进行时，Cyclone Ⅳ器件不会输出 DCLK 信号。

FPGA 器件的 JTAG 配置是经过 4 个要求的引脚 TCK、TMS、TDI 和 TDO 完成的，所有 JTAG 输入引脚由 V_{CCIO} 引脚供电且仅支持 LVTTL I/O 标准，所有用户 I/O 引脚在 JTAG 配置期间都为三态。JTAG 专用引脚功能说明如表 6.15 所示。

表 6.15　JTAG 专用引脚功能说明

引 脚	说　明	功　能
TDI	测试数据输入	测试和编程数据串行输入指示引脚，数据在 TCK 的上升沿输入
TDO	测试数据输出	测试和编程数据串行输出指示引脚，数据在 TCK 的下降沿输出。如果不从器件中输出数据，该引脚为三态
TMS	测试模式选择	输入引脚，提供控制信号以确定 TAP 控制器状态机的转换。状态机内的转换发生在 TCK 的上升沿，TMS 必须在 TCK 的上升沿前建立，TMS 在 TCK 的上升沿赋值
TCK	测试时钟输入	时钟输入到 BST 电路，一些操作发生在上升沿，另一些操作发生在下降沿
TRST	测试复位输入(可选项)	低电平有效异步复位边界扫描测试电路。根据 IEEE 标准 1149.1，TRST 引脚为可选项。如 FLEX10K 器件的 144 脚 TQFP 封装没有 TRST 引脚，此时可忽略 TRST 信号

在 JTAG 模式下，通过 ByteBlasterⅡ并口下载电缆、ByteBlasterMV 并口下载电缆、MasterBlaster 串行/USB 通信电缆、USB-Blaster 和 EthernetBlaster 下载电缆对 Stratix Ⅳ、Arria Ⅱ、Cyclone Ⅳ、Cyclone Ⅲ器件的配置连接图如图 6.30～图 6.36 所示。

在 JTAG 模式下，ByteBlasterⅡ不支持 FLEX6000 系列器件的配置。

6.6.1　Stratix 器件配置

图 6.29 说明：

(1) 上拉电阻应该连接到与下载电缆相同的供电电压上，下载电缆可以是 USB-Blaster、MasterBlaster (V_{IO} 脚)、ByteBlasterⅡ、ByteBlasterMV 或 EthernetBlaster 电缆。电源电压能连接到器件的 V_{CCPD} 脚。

(2) 连接 nCONFIG 和 MSEL[2..0]引脚，以支持非 JTAG 配置方案。如果用户在电路板上仅使用 JTAG 模式进行器件配置，那么就将 nCONFIG 引脚接 V_{CCPGM}，将 MSEL[2..0]引脚接地。DCLK 接高电位和低电位均可。

(3) 插头的 6 脚连接 MasterBlaster 输出驱动器的 V_{IO} 参考电压，V_{IO} 应与器件的 V_{CCPD} 相匹配。用户可以查阅 MasterBlaster 串行/USB 通信电缆以确定这个值。在使用 USB-Blaster、ByteBlasterⅡ和 ByteBlasterMV 下载电缆时，此引脚不用连接。

(4) 为了保证 JTAG 配置成功，nCE 引脚应接地或置为低。

(5) 上拉电阻值能在 1K 到 10K 之间变化。

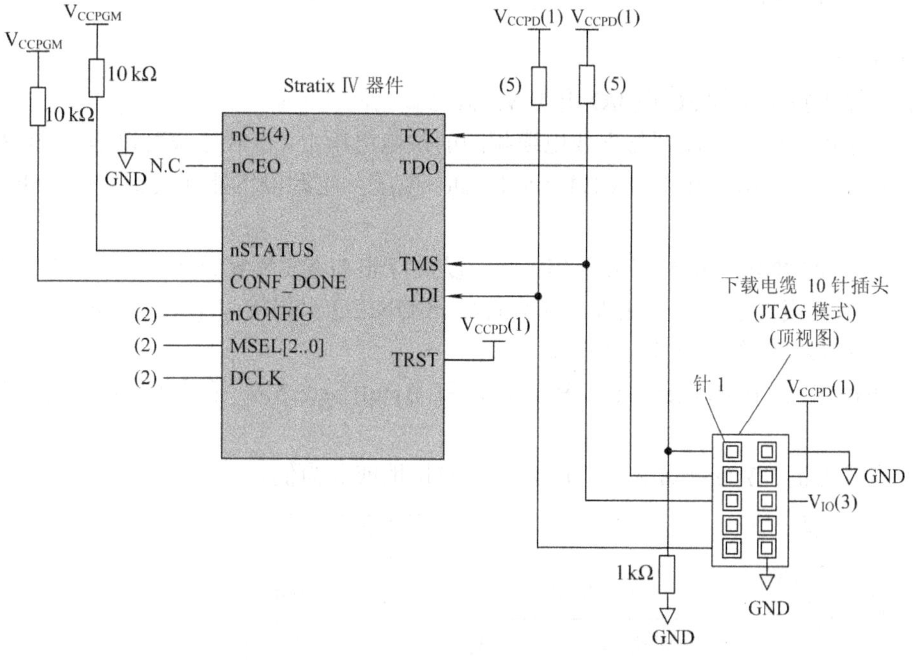

(a) 对单个器件的配置

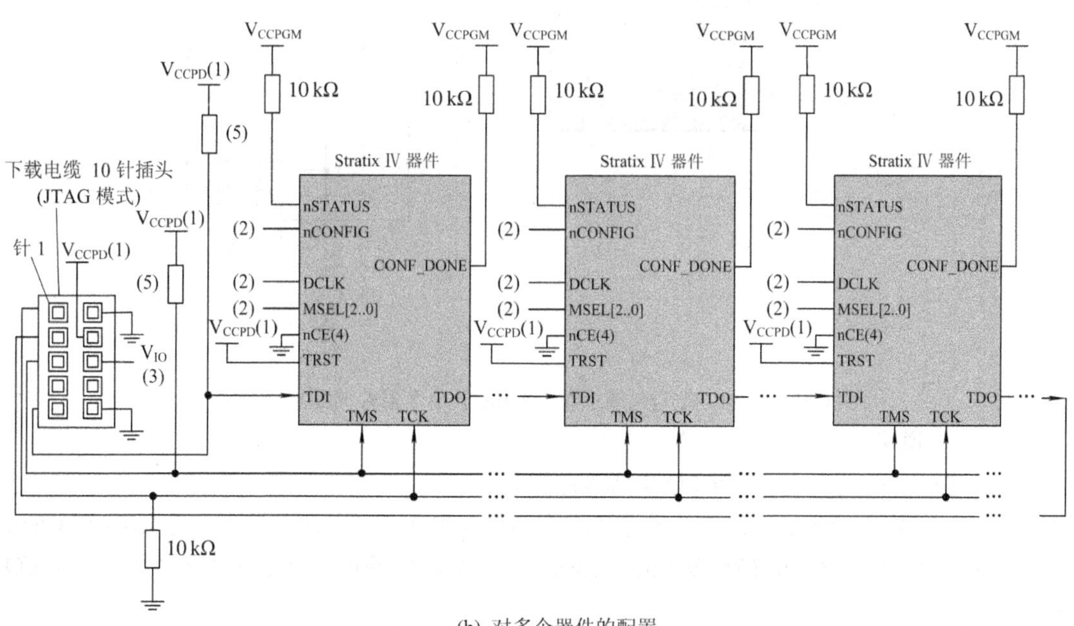

(b) 对多个器件的配置

图 6.29　JTAG 模式/电缆下载：Stratix Ⅳ器件的配置连接图

6.6.2 Arria 器件配置

图 6.30 说明：

(1) 连接上拉电阻到 3C 段 I/O 电源 V_{CCIO} 上。

(2) 上拉电阻应该连接到与下载电缆相同的供电电压上，下载电缆可以是 USB-Blaster、ByteBlasterⅡ、ByteBlasterMV 或 EthernetBlaster 电缆。电源电压能连接到器件的 8C 段 I/O V_{CCIO} 上。

(3) 连接 nCONFIG 和 MSEL[3..0]引脚，以支持非 JTAG 配置方案。如果用户在电路板上仅使用 JTAG 模式进行器件配置，那么就将 nCONFIG 引脚接 V_{CCIO}，将 MSEL[3..0]引脚接地。DCLK 接高电位和低电位均可。

(4) 在使用 USB-Blaster、ByteBlasterⅡ和 ByteBlasterMV 下载电缆时，此引脚不用连接。

(5) 为了保证 JTAG 配置成功，nCE 引脚应接地或置为低。

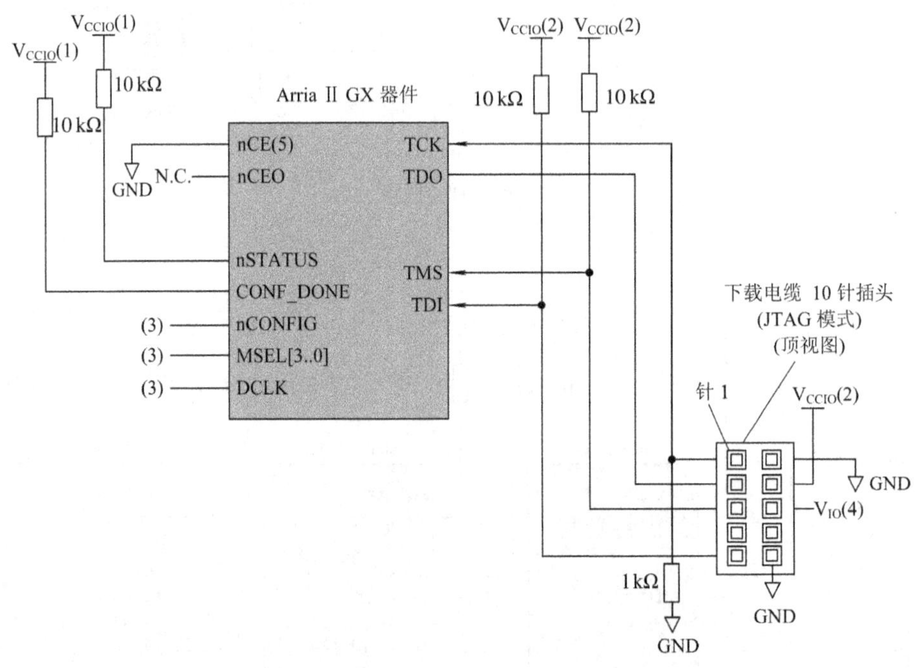

图 6.30 JTAG 模式/电缆下载：Arria Ⅱ单个器件的配置连接图

图 6.31 说明：

(1) 连接上拉电阻到 3C 段 I/O 电源 V_{CCIO} 上。

(2) 上拉电阻应该连接到与下载电缆相同的供电电压上，下载电缆可以是 USB-Blaster、ByteBlasterⅡ、ByteBlasterMV 或 EthernetBlaster 电缆。电源电压能连接到器件的 8C 段 I/O V_{CCIO} 上。

(3) 在使用 USB-Blaster、ByteBlasterⅡ和 ByteBlasterMV 下载电缆时，引脚 6 不用连接。

(4) 为了保证 JTAG 配置成功，nCE 引脚应接地或置为低。

(5) 连接 nCONFIG 和 MSEL[3..0]引脚，以支持非 JTAG 配置方案。如果用户在电路板上仅使用 JTAG 模式进行器件配置，那么就将 nCONFIG 引脚接 V_{CCIO}，将 MSEL[3..0]引脚接地。DCLK 接高电位和低电位均可。

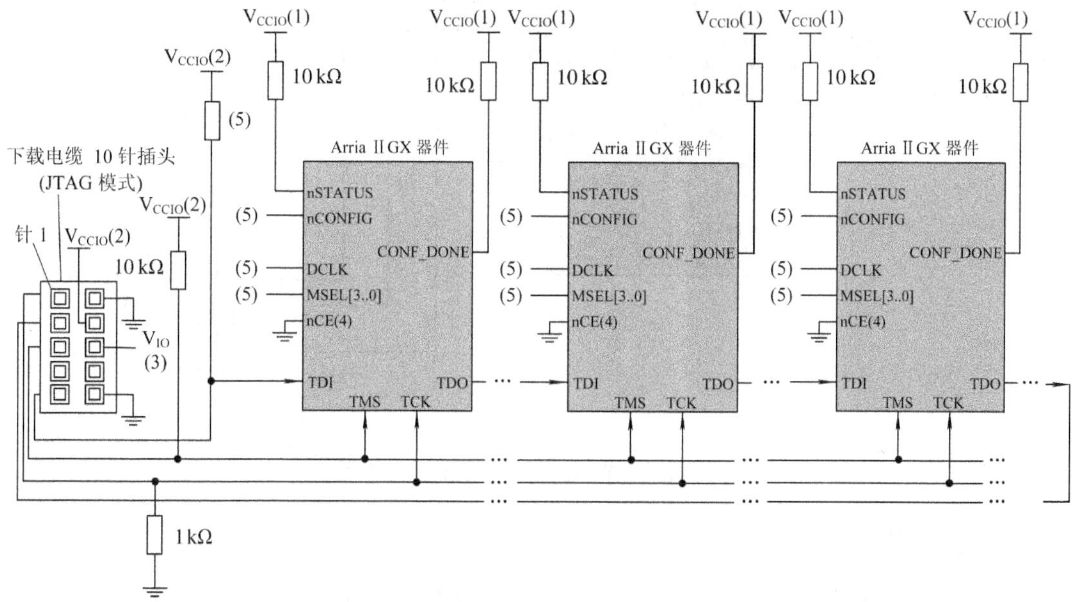

图 6.31　JTAG 模式/电缆下载：Arria II 多个器件的配置连接图

6.6.3　Cyclone 器件配置

1. 单个 Cyclone 器件的配置

图 6.32 说明：

(1) 连接这些上拉电阻到引脚所在段的 V_{CCIO} 供电电源上。

(2) 连接 nCONFIG 和 MSEL(Cyclone III器件时为 MSEL[3..0])引脚，以支持非 JTAG 配置方案。如果用户在电路板上仅使用 JTAG 模式进行器件配置，那么就将 nCONFIG 引脚接逻辑高电平，将 MSEL 引脚接地。DCLK 和 DATA[0]接高电位和低电位均可。

(3) 插头的 6 脚连接 MasterBlaster 输出驱动器的 V_{IO} 参考电压，V_{IO} 应与器件的 V_{CCA} 相匹配。用户可以查阅 MasterBlaster 串行/USB 通信电缆以确定这个值。在使用 USB-Blaster、ByteBlaster II、ByteBlasterMV 和 Ethernet-Blaster 下载电缆时，此引脚不用连接。

(4) 为了保证 JTAG 配置成功，nCE 引脚应接地或置为低。

(5) 当其它器件的 nCE 没有馈入时，nCEO 引脚留空不连或者用做用户 I/O 引脚。

(6) 当 Ethernet-Blaster、ByteBlaster II、USB-Blaster 或 ByteBlasterMV 下载电缆从 V_{CCA} 2.5 V 电源加电到 V_{CC} 时，第三方编程器必须切换到 2.5 V。MasterBlaster 电缆的插头引脚 4 是 V_{CC} 电源，MasterBlaster 电缆能够从 5.0 V 或 3.3 V 电路板接收电源，从 USB 电缆接收 DC 或 5.0 V 电源。

(7) 电阻值能在 1K 到 10K 之间变化(仅针对 Cyclone IV器件)。

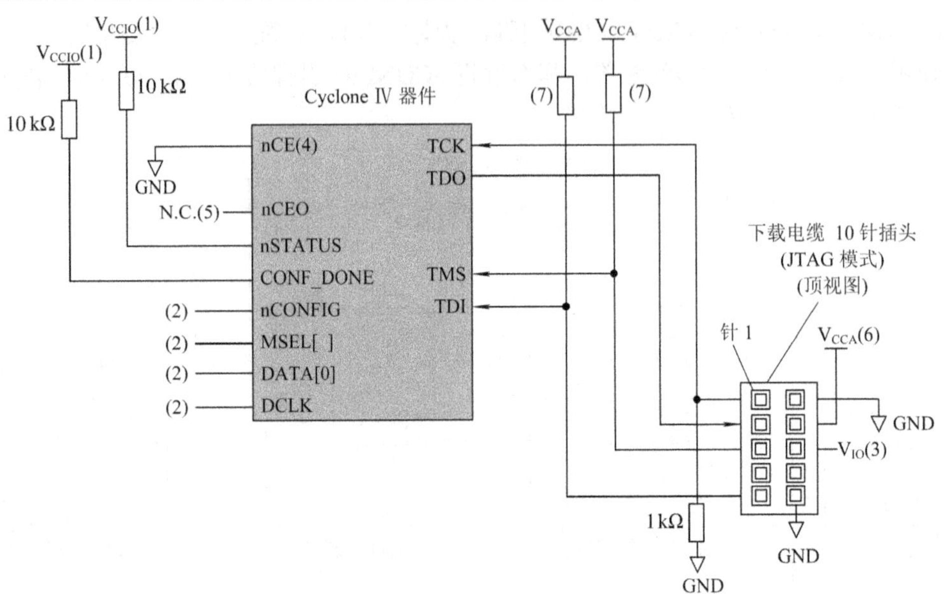

(a) 对单个 Cyclone Ⅳ 器件的配置

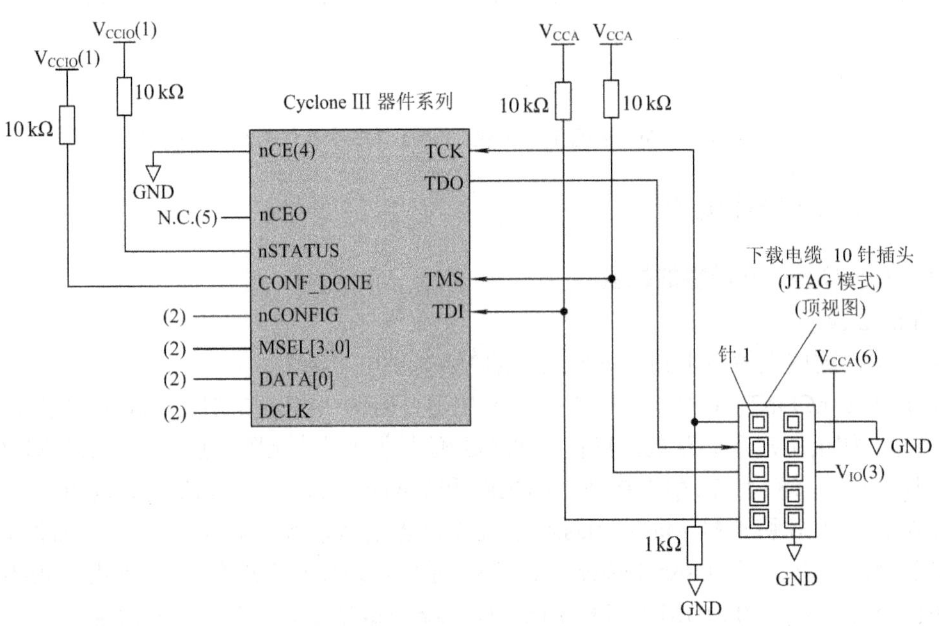

(b) 对单个 Cyclone III 器件的配置

图 6.32　JTAG 模式/电缆下载：单个 Cyclone Ⅳ、Cyclone Ⅲ器件的配置

(2.5 V、3.0 V 和 3.3V 加电到 JTAG 引脚 V_{CCIO})

图 6.33 说明：

(1) 连接这些上拉电阻到引脚所在段的 V_{CCIO} 供电电源上。

(2) 连接 nCONFIG 和 MSEL(Cyclone Ⅲ器件时为 MSEL[3..0])引脚，以支持非 JTAG 配置方案。如果用户在电路板上仅使用 JTAG 模式进行器件配置，那么就将 nCONFIG 引脚接逻辑高电平，将 MSEL 引脚接地。DCLK 和 DATA[0]接高电位和低电位均可。

(3) 插头的 6 脚连接 MasterBlaster 输出驱动器的 V_{IO} 参考电压，V_{IO} 应与器件的 V_{CCA}

相匹配。用户可以查阅 MasterBlaster 串行/USB 通信电缆以确定这个值。在使用 USB-Blaster 和 ByteBlaster II 下载电缆 AS 编程时，这个引脚连接到 nCE，否则此引脚不用连接。

(4) 为了保证 JTAG 配置成功，nCE 引脚应接地或置为低。

(5) 当其它器件的 nCE 没有馈入时，nCEO 引脚留空不连或者用做用户 I/O 引脚。

(6) 当 Ethernet-Blaster、ByteBlaster II 或 USB-Blaster 下载电缆从 V_{CCIO} 电源加电到 VCC，Ethernet-Blaster, ByteBlaster II，and USB-Blaster 电缆不支持目标电源 1.2 V。

(7) 电阻值能在 1K 到 10K 之间变化(仅针对 Cyclone IV 器件)。

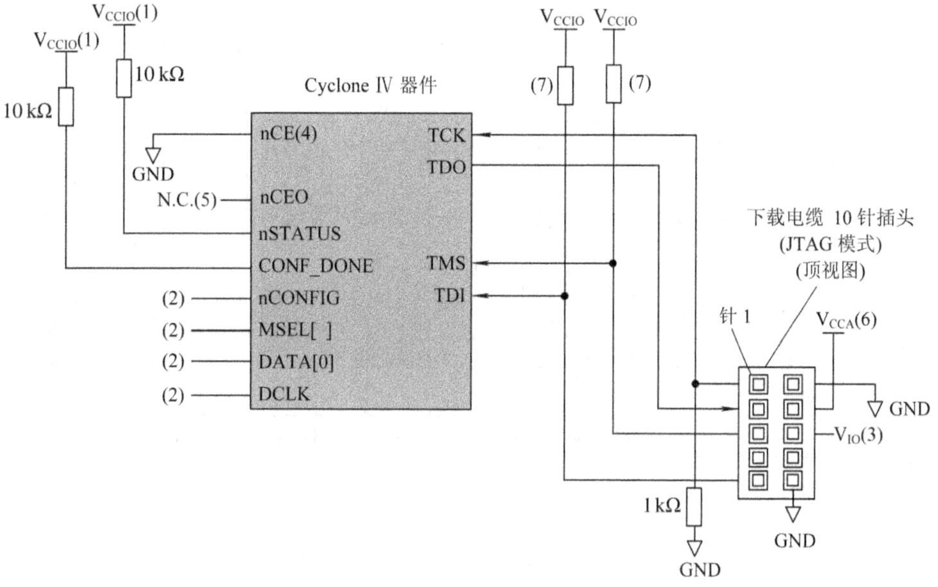

(a) 对单个 Cyclone IV 器件的配置

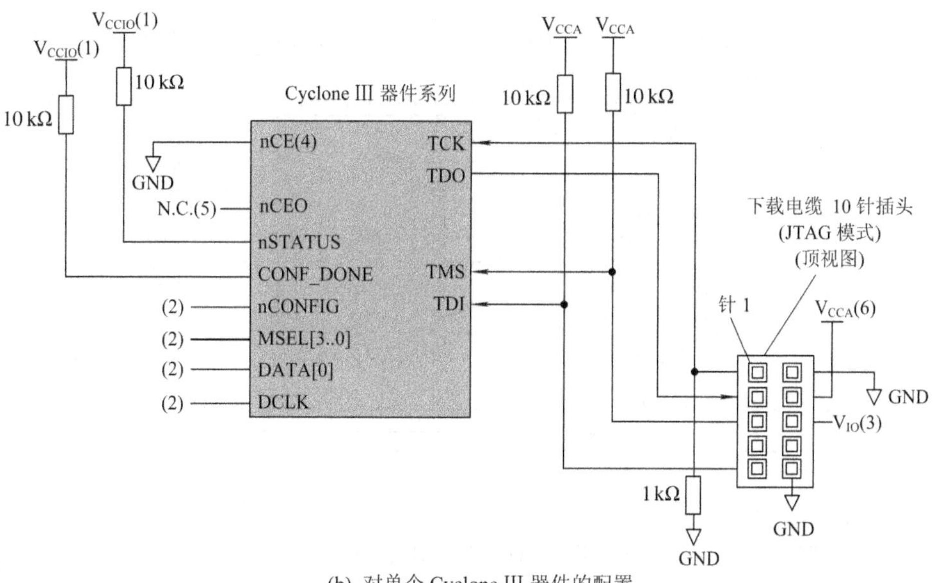

(b) 对单个 Cyclone III 器件的配置

图 6.33　JTAG 模式/电缆下载：单个 Cyclone IV、Cyclone III器件的配置

(1.5 V 和 1.8 V 加电到 JTAG 引脚 V_{CCIO})

2. 多个 Cyclone 器件的配置

图 6.34 说明：

(1) 连接这些上拉电阻到引脚所在段的 V_{CCIO} 供电电源上。

(2) 连接 nCONFIG 和 MSEL(Cyclone Ⅲ器件时为 MSEL[3..0])引脚，以支持非 JTAG 配置方案。如果用户在电路板上仅使用 JTAG 模式进行器件配置，那么就将 nCONFIG 引脚接逻辑高电平，将 MSEL 引脚接地。而 DCLK 和 DATA[0]接高电位和低电位均可。

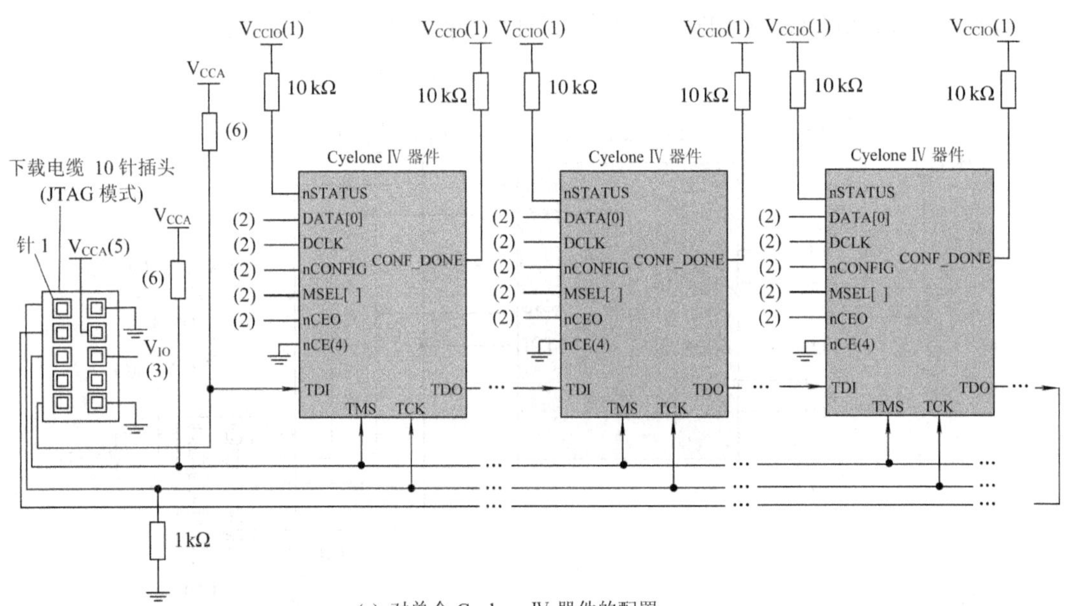

(a) 对单个 Cyclone Ⅳ 器件的配置

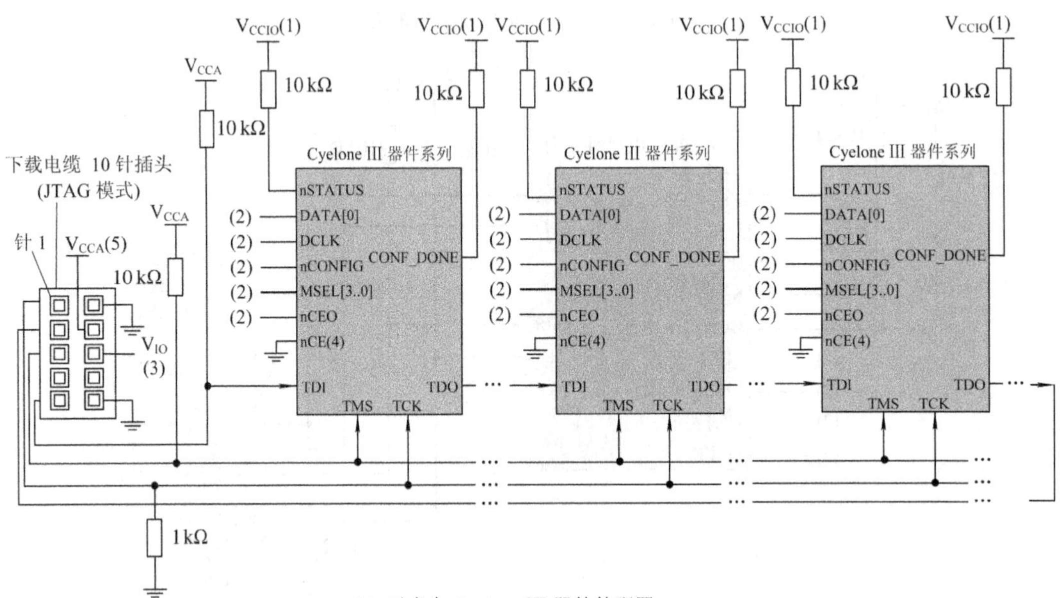

(b) 对多个 Cyclone Ⅲ 器件的配置

图 6.34 JTAG 模式/电缆下载：多个 Cyclone Ⅳ、Cyclone Ⅲ器件的配置 (2.5 V、3.0 V 和 3.3V 加电到 JTAG 引脚 V_{CCIO})

(3) 插头的 6 脚连接 MasterBlaster 输出驱动器的 V_{IO} 参考电压，V_{IO} 应与器件的 V_{CCA} 相匹配。用户可以查阅 MasterBlaster 串行/USB 通信电缆以确定这个值。在使用 USB-Blaster 和 ByteBlasterⅡ下载电缆 AS 编程时，这个引脚连接到 nCE，否则此引脚不用连接。

(4) 为了保证 JTAG 配置成功，nCE 引脚应接地或置为低。

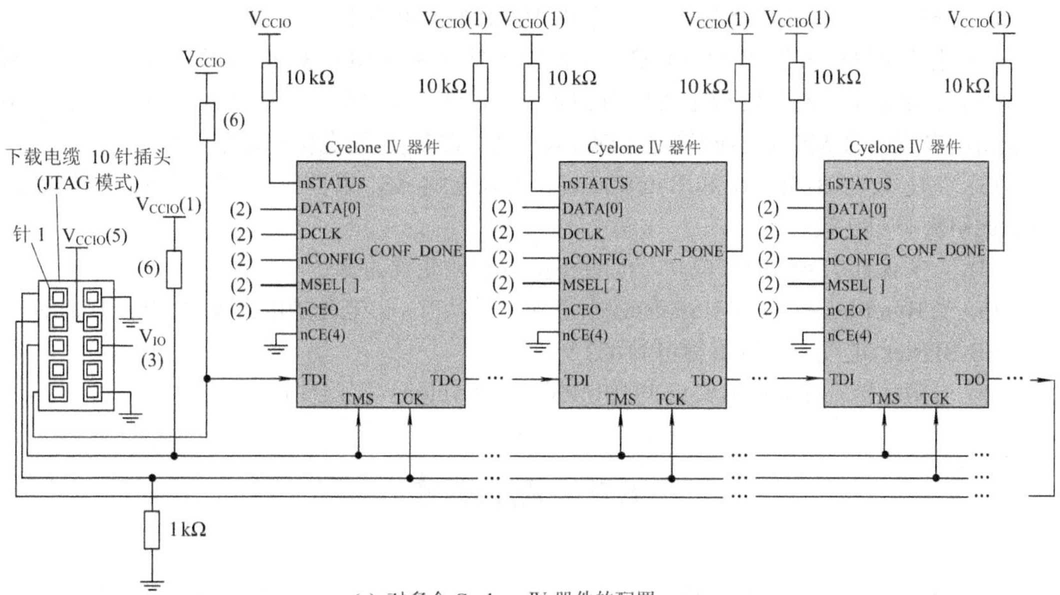

(a) 对多个 Cyclone Ⅳ 器件的配置

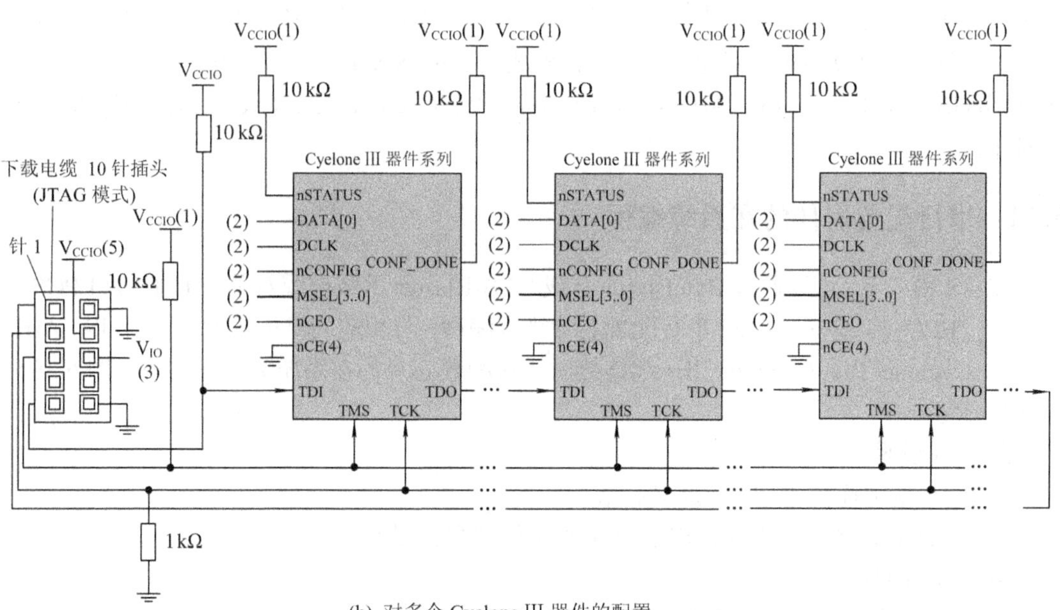

(b) 对多个 Cyclone Ⅲ 器件的配置

图 6.35　JTAG 模式/电缆下载：多个 Cyclone Ⅳ、Cyclone Ⅲ器件的配置
(1.2 V、1.5 V 和 1.8 V 加电到 JTAG 引脚 V_{CCIO})

(5) 当 ByteBlaster Ⅱ、USB-Blaster 或 ByteBlasterMV 下载电缆从 V_{CCA}(2.5 V)电源加电到 V_{CC} 时，第三方编程器必须切换到 2.5 V。MasterBlaster 电缆的插头引脚 4 是 V_{CC} 电源，

MasterBlaster 电缆能够从 5.0 V 或 3.3 V 电路板接收电源，从 USB 电缆接收 DC 或 5.0 V 电源。可以查阅 MasterBlaster 串行/USB 通信电缆以确定这个值。

(6) 电阻值能在 1K 到 10K 之间变化(仅针对 Cyclone Ⅳ器件)。

图 6.35 说明：

(1) 连接这些上拉电阻到引脚所在段的 V_{CCIO} 供电电源上。

(2) 连接 nCONFIG 和 MSEL(Cyclone Ⅲ器件时为 MSEL[3..0])引脚，以支持非 JTAG 配置方案。如果用户在电路板上仅使用 JTAG 模式进行器件配置，那么就将 nCONFIG 引脚接逻辑高电平，将 MSEL 引脚接地。DCLK 和 DATA[0]接高电位和低电位均可。

(3) 在使用 USB-Blaster 和 ByteBlaster Ⅱ下载电缆 AS 编程时，这个引脚连接到 nCE，否则此引脚不用连接。

(4) 为了保证 JTAG 配置成功，nCE 引脚应接地或置为低。

(5) 当 ByteBlaster Ⅱ或 USB-Blaster 下载电缆从 V_{CCIO} 电源加电到 VCC，ByteBlaster Ⅱ和 USB-Blaster 电缆不支持目标电源 1.2 V。

(6) 电阻值能在 1K 到 10K 之间变化(仅针对 Cyclone Ⅳ器件)。

6.7 AS 模式

在 AS 配置方案中，利用串行配置器件对 Altera 的 FPGA 序列器件进行配置。这些配置芯片为低成本非易失性存储器，具有简单的 4 引脚接口和小的构成要素。最大的串行配置器件当前支持 128 Mbit 配置比特流。该模式仅支持 Stratix Ⅳ、Stratix Ⅲ、Stratix Ⅱ、Stratix Ⅱ GX、Arria Ⅱ GX、Arria GX、Cyclone Ⅳ、Cyclone Ⅲ、Cyclone Ⅱ和 Cyclone 系列器件。

6.7.1 串行配置器件的在系统编程

在 AS 模式下，可以通过 ByteBlaster Ⅱ或 USB-Blaster 下载电缆对单片 EPCS1、EPCS4、EPCS16、EPCS64 或 EPCS128 串行配置芯片进行编程。与相应的目标器件 Stratix Ⅳ、Arria Ⅱ GX、Cyclone Ⅳ、Cyclone Ⅲ一起连接时，对配置芯片的在系统编程连接图如图 6.36～图 6.39 所示。

图 6.36 说明：

(1) 上拉电阻连接 3.3 V 电源 V_{CCPGM}。

(2) Stratix Ⅳ器件使用 ASDO 到 ASDI 路径到配置器件。

图 6.37 说明：

(1) 连接上拉电阻到 3C 段的 I/O 电源 V_{CCIO} 上。

(2) 加 3.3 V 到 USB-ByteBlaster、ByteBlaster Ⅱ或 EthernetBlaster 下载电缆的 $V_{CC\,(TRGT)}$。

(3) MSEL 引脚设置随着不同的配置电压标准和 POR 延迟而变化。

(4) Arria Ⅱ GX 器件作为 DCLK 外部时钟源有一个选项去选择 CLKUSR(最大 40 MHz)。

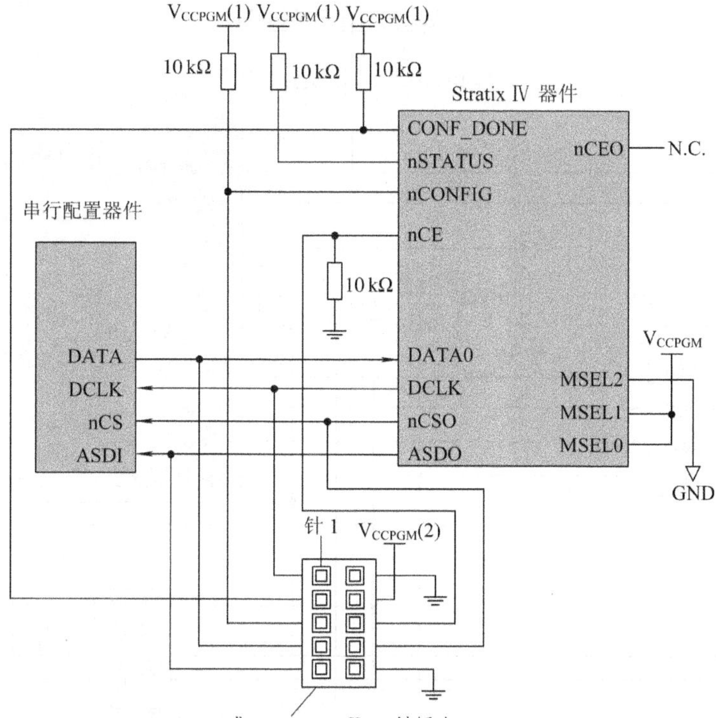

图6.36　串行配置器件在系统编程连接图(与StratixⅣ器件相连)

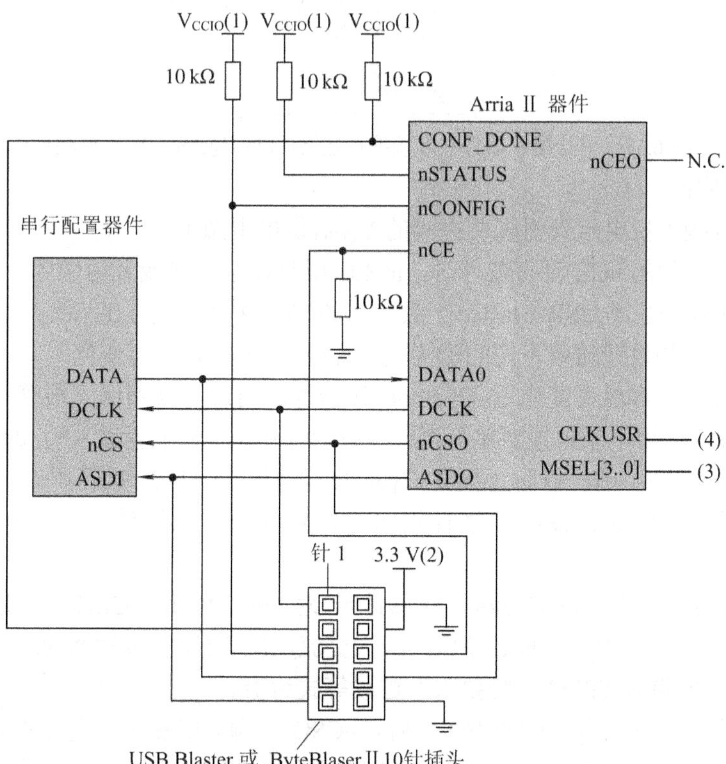

图6.37　串行配置器件在系统编程连接图(与Arria Ⅱ器件相连)

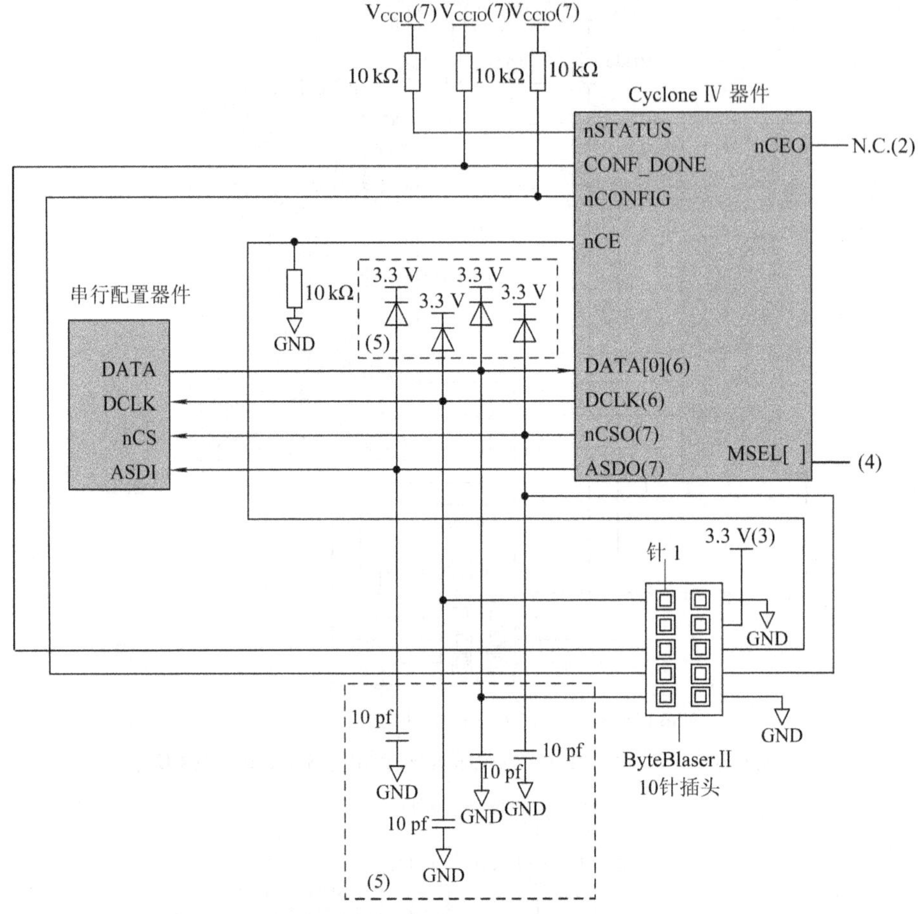

图 6.38　串行配置器件在系统编程连接图(与 Cyclone Ⅳ器件相连)

图 6.38 说明：

(1) 连接这些上拉电阻到引脚所在段的 V_{CCIO} 供电电源上。

(2) 当其它器件的 nCE 没有馈入时，nCEO 引脚留空不连或者用做用户 I/O 引脚。

(3) ByteBlaster Ⅱ或 USB-Blaster 下载电缆的 V_{CC} 供电电压为 3.3 V。

(4) MSEL 引脚设置随着不同的配置电压标准和 POR 延迟而变化。

(5) 二极管和电容尽可能靠近 Cyclone Ⅳ器件，用户必须确保二极管和电容保持最大交流电压 4.1 V，当用下载电缆对串行器件编程时，由于 AS 配置输入引脚有可能过载，外部二极管和电容是必要的，以防止损坏 Cyclone Ⅳ器件。Altera 推荐用 Schottky 二极管，该二极管与开关二极管和齐纳二极管相比，在有效的电压钳位时具有相对低的前向电压(VF)。

(6) 多器件 AS 配置级联 Cyclone Ⅳ器件时，对 DATA[0]和 DCLK 需要连接主从器件转发器的缓冲器。所有的 I/O 引脚必须保持最大交流电压 4.1 V，转发器的缓冲器输出电阻必须适合最大的“配置及 JTAG 引脚要求”过载等式边沿。

(7) 这些引脚均是双重目的的 I/O 引脚，nCSO 引脚功能和 AP 模式的 FLASH_nCE 引脚功能一样，ASDO 引脚功能与 AP 和 FPP 模式的 DATA[1] 引脚功能一样。

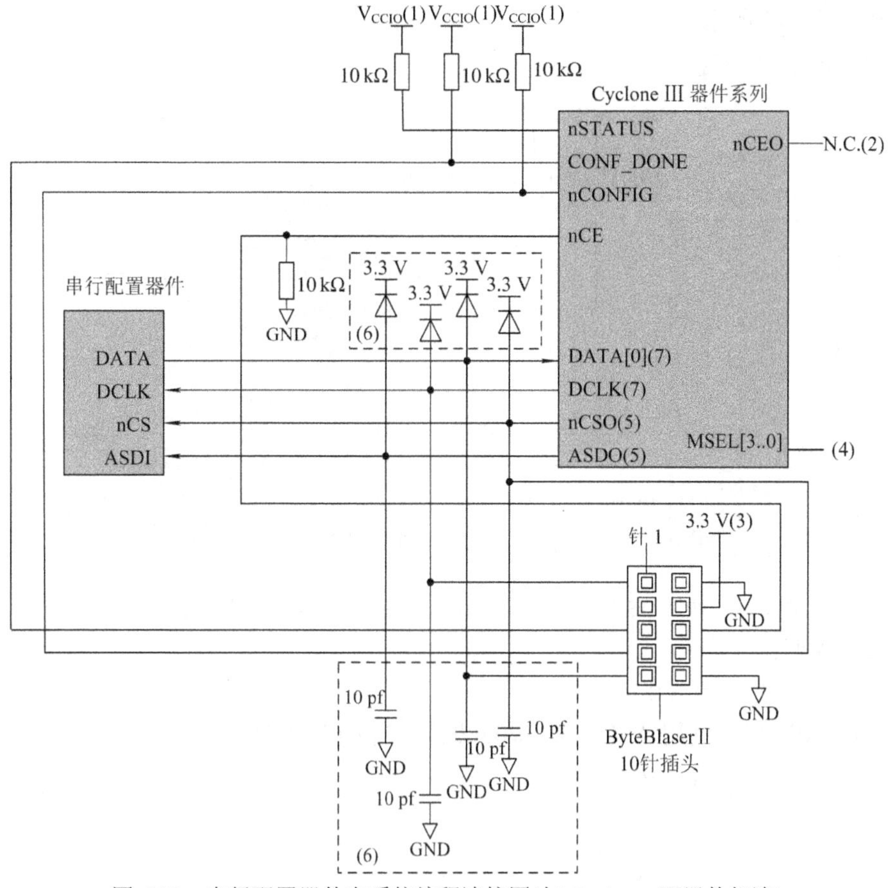

图 6.39　串行配置器件在系统编程连接图(与 Cyclone III器件相连)

图 6.39 说明：

(1) 连接这些上拉电阻到引脚所在段的 V_{CCIO} 供电电源上。

(2) 当其它器件的 nCE 没有馈入时，nCEO 引脚留空不连或者用做用户 I/O 引脚。

(3) ByteBlaster II 或 USB-Blaster 下载电缆的 V_{CC} 供电电压为 3.3 V。

(4) MSEL 引脚设置随着不同的配置电压标准和 POR 延迟而变化。

(5) 这些引脚均是双重目的的 I/O 引脚，nCSO 引脚功能和 AP 模式的 FLASH_nCE 引脚功能一样，ASDO 引脚功能与 AP 和 FPP 模式的 DATA[1]引脚功能一样。

(6) 二极管和电容尽可能靠近 Cyclone Ⅳ器件，用户必须确保二极管和电容保持最大交流电压 4.1 V，当用下载电缆对串行器件编程时，由于 AS 配置输入引脚有可能过载，外部二极管和电容是必要的，以防止损坏 Cyclone Ⅳ器件。Altera 推荐用肖特基二极管，该二极管与开关二极管和齐纳二极管相比，在有效的电压钳位时具有相对低的前向电压(VF)。

(7) 多器件 AS 配置级联 Cyclone Ⅳ器件时，对 DATA[0]和 DCLK 需要连接主从器件转发器的缓冲器。所有的 I/O 引脚必须保持最大交流电压 4.1 V，转发器的缓冲器输出电阻必须适合最大的“配置及 JTAG 引脚要求”过载等式边沿。

6.7.2　配置芯片下载

在 AS 模式下，还可以通过串行配置芯片对 FPGA 芯片进行下载配置，其配置连接图如图 6.40～图 6.46 所示。

1. Stratix 器件配置

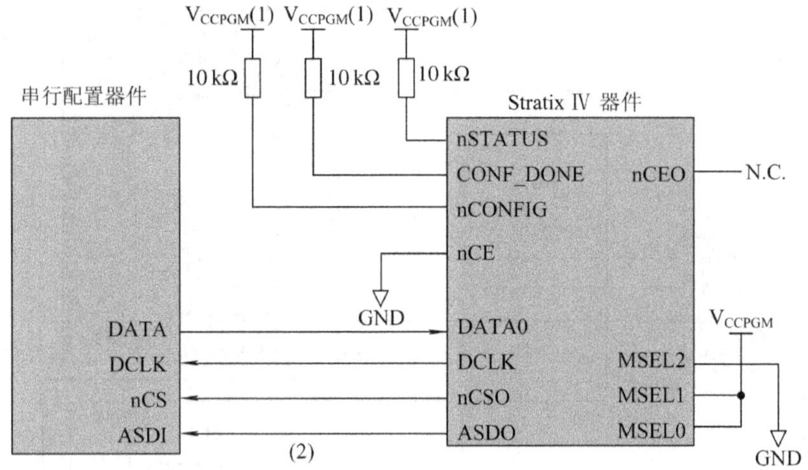

图 6.40　快速 AS 模式/配置芯片下载：单个 Stratix Ⅳ器件配置连接图

图 6.40 说明：

(1) 连接上拉电阻到 3.0 V 电源 V_{CCPGM}。

(2) StratixIV 器件利用 ASDO 到 ASDI 路径控制配置器件。

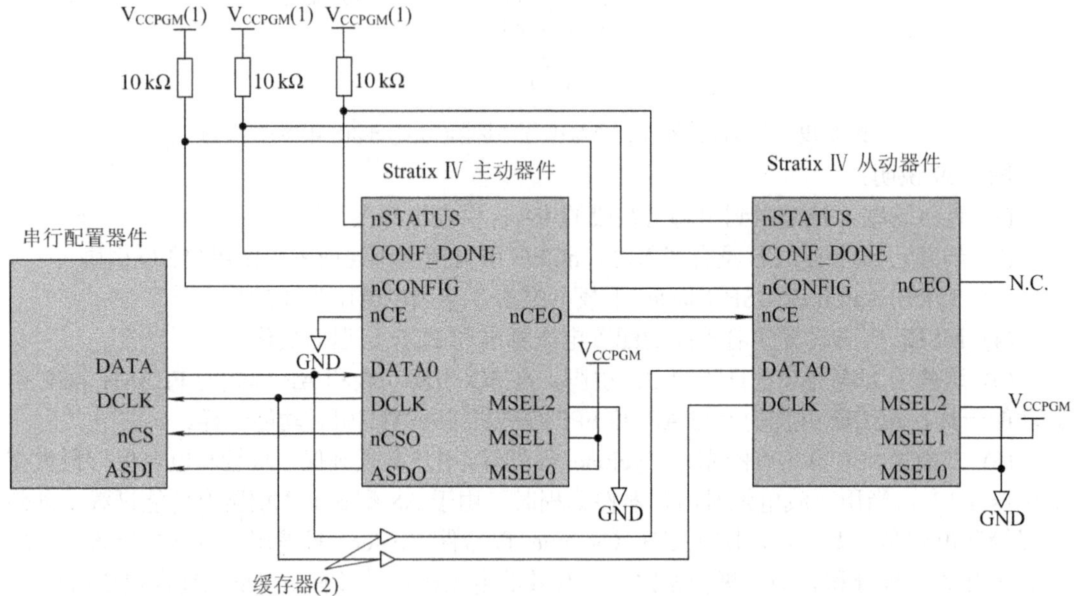

图 6.41　快速 AS 模式/配置芯片下载：多个 Stratix Ⅳ器件配置连接图

图 6.41 说明：

(1) 连接上拉电阻到 3.0 V 电源 V_{CCPGM}。

(2) 对 DATA[0]和 DCLK 需要连接 Stratix Ⅳ主从器件转发器的缓冲器，这是为了防止潜在的信号完整性和时钟歪斜问题。

2. Arria 器件配置

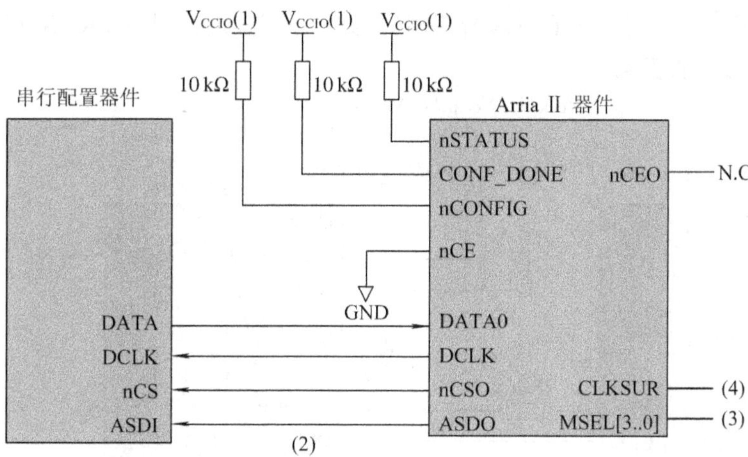

图 6.42　AS 模式/配置芯片下载：单个 Arria Ⅱ GX 器件的配置连接图

图 6.42 说明：

(1) 连接上拉电阻到 3C 段电源 V_{CCIO}。

(2) Arria Ⅱ GX 器件利用 ASDO 到 ASDI 路径控制配置器件。

(3) MSEL 引脚设置随着不同的配置电压标准和 POR 延迟而变化。

(4) Arria Ⅱ GX 器件作为 DCLK 外部时钟源有一个选项去选择 CLKUSR(最大 40 MHz)。

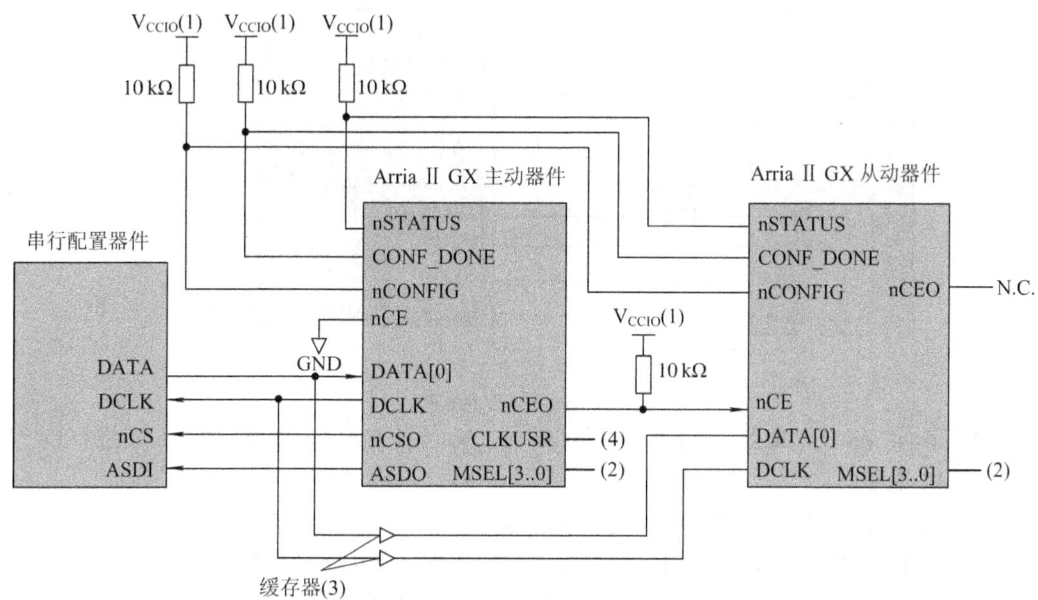

图 6.43　AS 模式/配置芯片下载：多个 Arria Ⅱ GX 器件的配置连接图

图 6.43 说明：

(1) 连接上拉电阻到 3C 段 I/O 电源 V_{CCIO}。

(2) MSEL 引脚设置随着不同的配置电压标准和 POR 延迟而变化。

(3) 对 DATA[0]和 DCLK 需要连接 Arria Ⅱ GX 主从器件转发器的缓冲器，这是为了防止潜在的信号完整性和时钟歪斜问题。

(4) Arria Ⅱ GX 器件作为 DCLK 外部时钟源有一个选项去选择 CLKUSR(最大 40 MHz)。

3. Cyclone 器件配置

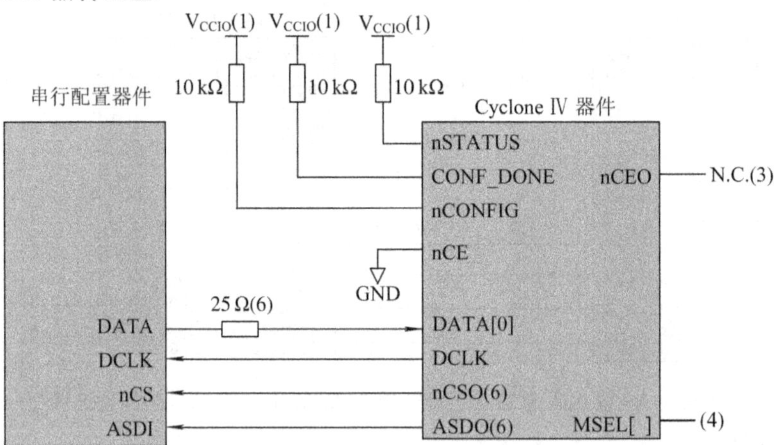

(a) 对单个 Cyclone Ⅳ 器件的配置

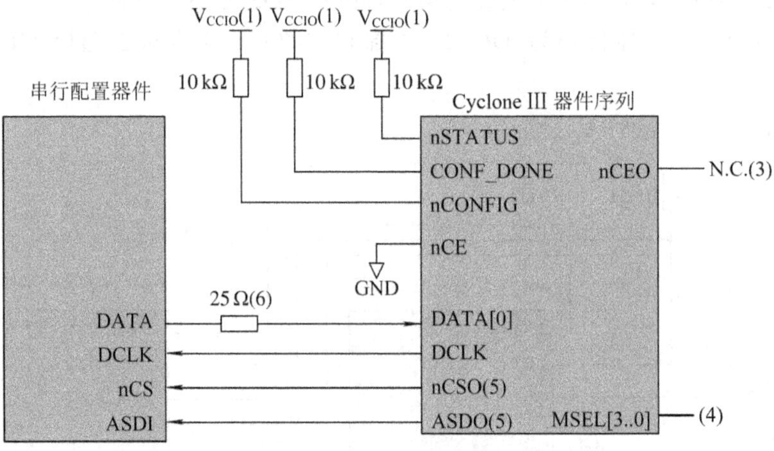

(b) 对单个 Cyclone III 器件的配置

图 6.44 AS 模式/配置芯片下载：单个 Cyclone Ⅳ和单个 Cyclone Ⅲ器件的配置连接图

图 6.44 说明：

(1) 连接上拉电阻到引脚所在段电源 V_{CCIO}。

(2) Cyclone Ⅳ 和 Cyclone Ⅲ 器件利用 ASDO 到 ASDI 路径控制配置器件。

(3) 当其它器件的 nCE 引脚没有馈入时，nCEO 引脚留空不连或者用做用户 I/O 引脚。

(4) MSEL 引脚设置随着不同的配置电压标准和 POR 时间而变化。

(5) 在串行配置芯片的近端连接串行电阻。

(6) 这些引脚均是双重目的的 I/O 引脚，nCSO 引脚功能和 AP 模式的 FLASH_nCE 引脚功能一样，ASDO 引脚功能与 AP 和 FPP 模式的 DATA[1]引脚功能一样。

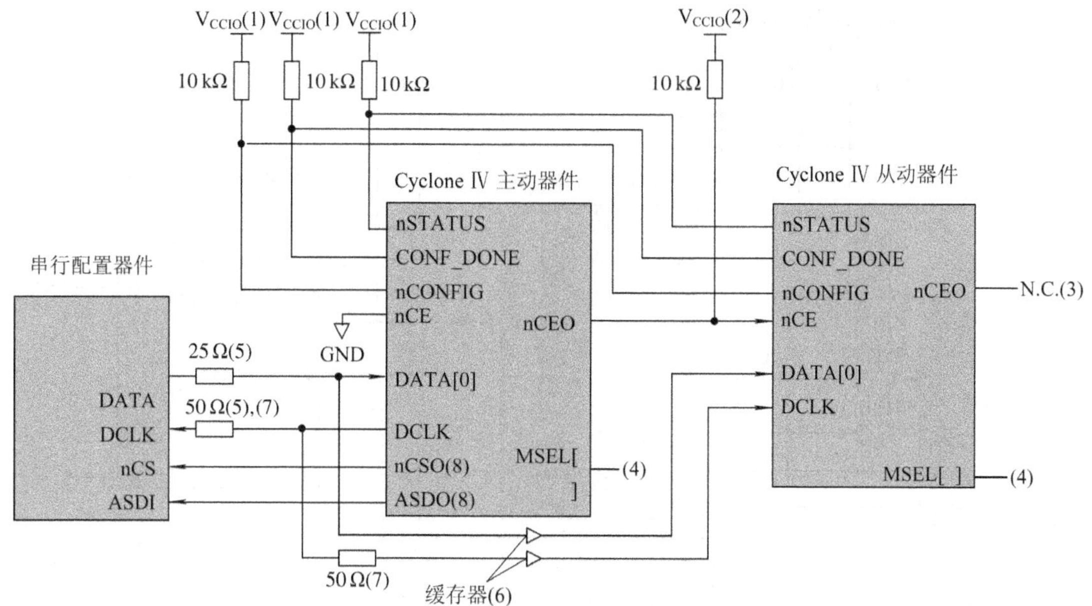

图 6.45　AS 模式/配置芯片下载：多个 Cyclone Ⅳ器件的配置连接图

图 6.45 说明：

(1) 连接上拉电阻到引脚所在段电源 V_{CCIO}。

(2) 连接上拉电阻到 nCE 引脚所在段 I/O 电源 V_{CCIO} 上。

(3) 当其它器件的 nCE 引脚没有馈入时，nCEO 引脚留空不连或者用做用户 I/O 引脚。

(4) MSEL 引脚设置随着不同的配置电压标准和 POR 时间而变化。用户必须设置 Cyclone Ⅳ主器件为 AS 模式，而从器件为 PS 模式。

(5) 在串行配置芯片的近端连接串行电阻。

(6) 对 DATA[0]和 DCLK 需要连接 Cyclone Ⅳ主从器件转发器的缓冲器，这是为了防止潜在的信号完整性和时钟歪斜问题。所有的 I/O 引脚必须保持最大交流电压 4.1 V，转发器的缓冲器输出电阻必须适合最大的“配置及 JTAG 引脚要求”过载等式边沿。

(7) 如果应用 3.3 V 标准配置电压，则 50 Ω 串行电阻是可选项。如果应用 2.5 V 或 3.3 V 标准配置电压，为了最佳信号完整性，应该连接 50 Ω 串行电阻。

(8) 这些引脚均是双重目的的 I/O 引脚，nCSO 引脚功能和 AP 模式的 FLASH_nCE 引脚功能一样，ASDO 引脚功能与 AP 和 FPP 模式的 DATA[1]引脚功能一样。

图 6.46 说明：

(1) 连接上拉电阻到引脚所在段电源 V_{CCIO}。

(2) 连接上拉电阻到 nCE 引脚所在段 I/O 电源 V_{CCIO} 上。

(3) 当其它器件的 nCE 引脚没有馈入时，nCEO 引脚留空不连或者用做用户 I/O 引脚。

(4) MSEL 引脚设置随着不同的配置电压标准和 POR 时间而变化。用户必须设置 Cyclone Ⅲ主器件为 AS 模式，而从器件为 PS 模式。

(5) 这些引脚均是双重目的的 I/O 引脚，nCSO 引脚功能和 AP 模式的 FLASH_nCE 引脚功能一样，ASDO 引脚功能与 AP 和 FPP 模式的 DATA[1] 引脚功能一样。

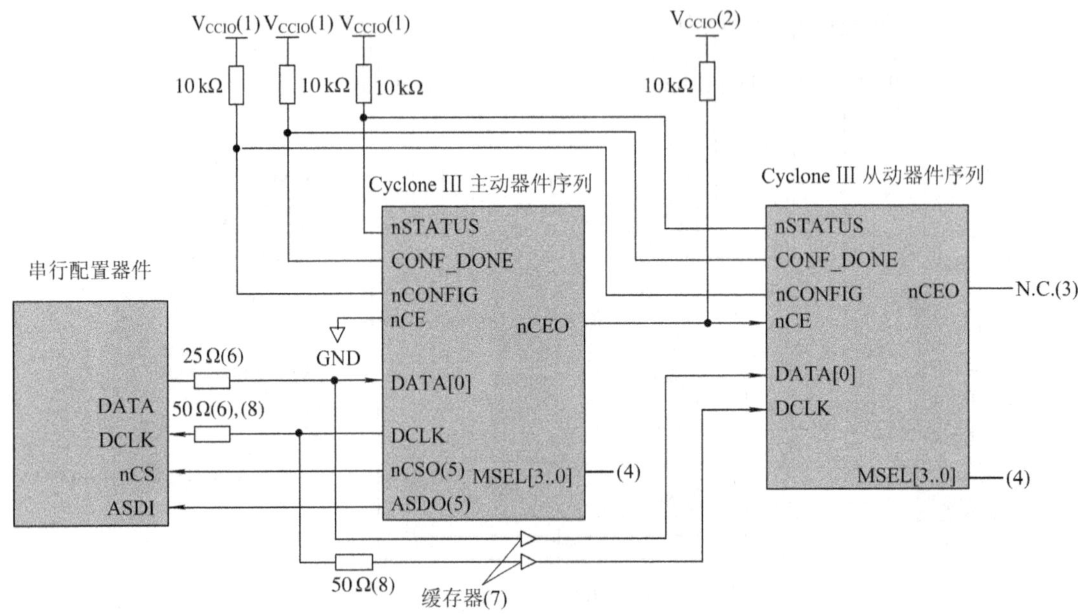

图 6.46 AS 模式/配置芯片下载：多个 Cyclone III 器件的配置连接图

(6) 在串行配置芯片的近端连接串行电阻。

(7) 对 DATA[0]和 DCLK 需要连接 Cyclone Ⅳ主从器件转发器的缓冲器，这是为了防止潜在的信号完整性和时钟歪斜问题。所有的 I/O 引脚必须保持最大交流电压 4.1 V，转发器的缓冲器输出电阻必须适合最大的“配置及 JTAG 引脚要求”过载等式边沿。

(8) 如果应用 3.3 V 标准配置电压，则 50 Ω 串行电阻是可选项。如果应用 2.5 V 或 3.3 V 标准配置电压，为了最佳信号完整性，应该连接 50 Ω 串行电阻。

6.8 Quartus II 编程器的使用方法

Altera 公司的开发工具 Quartus II 对工程进行编译成功后，生成多种格式的配置文件(早期软件 MAX + PLUS II 也可以生成多种格式的配置文件)，针对不同的配置方式用户需要使用不同格式的配置文件。Quartus II 编译器对已选择器件的工程进行编译后会自动产生 .sof 和 .pof 文件。其中 .pof 文件用于配置专用配置器件，.sof 文件用于通过连接在计算机上的下载电缆直接对 FPGA 进行配置，配置方式可以是 JTAG 方式或 PS 方式。基于 .sof 文件还可以生成 .hex、.rbf 和 .ttf 文件。.hex 文件是 Intel Hex 格式的 ASC II 码文件，第三方的编程器可以使用这种格式的文件对 Altera 公司的配置器件进行编程。.rbf 文件是二进制文件，1 字节的 rbf 数据包含 8bit 的配置数据，使用时将其存入 ROM 中。.ttf 文件是列表文本文件，是 .rbf 文件的 ASC II 码存储形式，并且各个字节之间用逗号进行了分隔。如果系统中有其它程序，可以将 .ttf 文件作为系统程序源代码的一部分，和其它程序一起编译。对于某种特定型号的 FPGA，无论其设计有多复杂，在相同版本的开发工具下生成的配置文件大小是一样的。

在下载电缆(包括 ByteBlaster II 并口下载电缆、USB-Blaster 下载电缆、ByteBlasterMV

并口下载电缆、MasterBlaster 串行/USB 通信电缆或 EthernetBlaster 通信电缆)、硬件电路板和电源准备完成后，用户就可以设置编程选项，然后使用 Quartus II 软件对器件进行下载编程。

使用 Quartus II 编程器对一个或多个器件进行编程或配置的步骤如下：

(1) 连接下载电缆到 PC 机的相应的接口上，如 ByteBlaster II 电缆连接 PC 机的并口，将 10 针插座插到包含目标器件的电路板中，电路板须为 ByteBlaster II 电缆提供电源。

(2) 打开 Quartus II 编程器，在 Tools 菜单中选择 Programmer 启动编程器，根据用户电路板上的器件连接方式，在 mode 项中选择 JTAG 或 Passive Serial 模式，然后点击 Hardware Setup→Add Hardware 命令，在编程器硬件部分指定用户已连接的下载电缆及相应的参数，如 ByteBlaster II 电缆和相应的 LPT 端口，或 EthernetBlaster 电缆和相应的服务器地址密码，如图 6.47 所示。

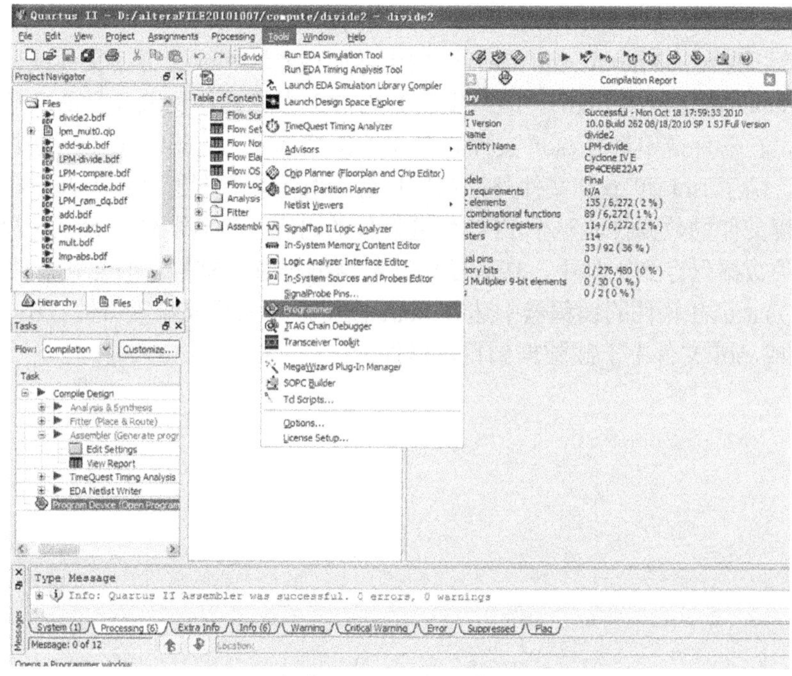

(a) 启动 Quartus II 软件的编程器

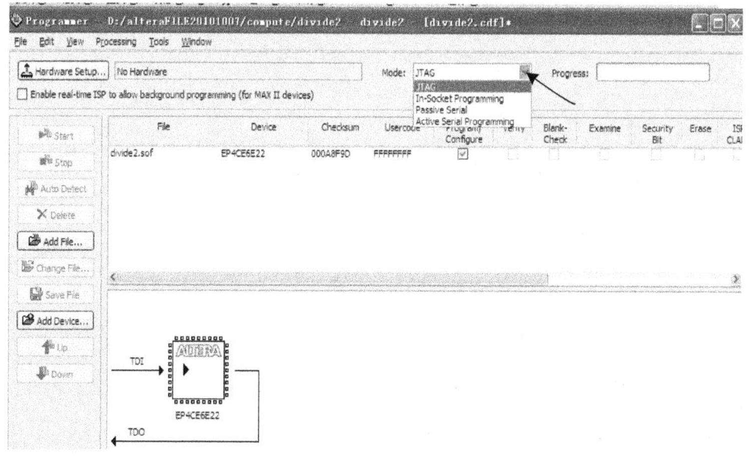

(b) 选择下载模式

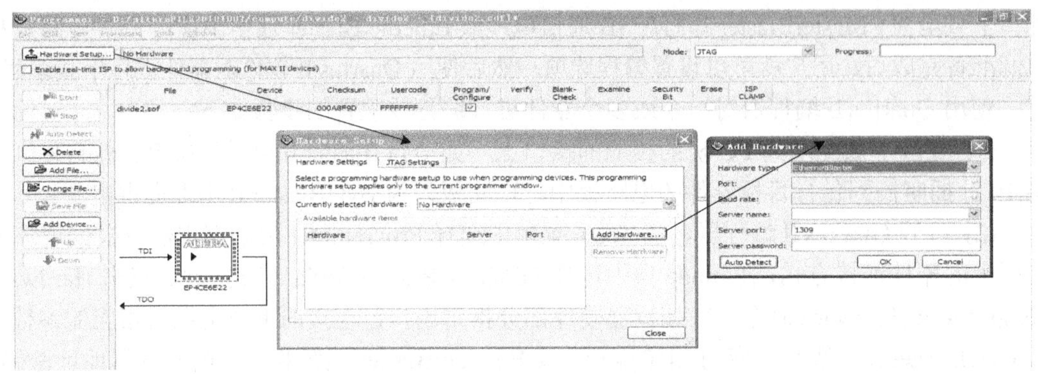

(c) 指定下载电缆

图 6.47 Quartus Ⅱ 编程器编程过程

(3) 然后点击 Add File 或 Add Device 按钮增加将要编程或配置的文件或器件，并建立一个器件链(chain)描述文件(.cdf)。系统默认为当前工程的器件及编译后的文件。如在被动串行模式下，在器件链中选择 .sof 文件。在 JTAG 模式下，在器件链中应增加特定的器件和配置器件，除了 .sof 和 .pof 文件外，在器件链中对每个配置器件都有几个可编程选项，包括对照编程文件的数据校验一个 EPC 配置器件的内容，检测器件是否空，检查已编程器件并将其中的数据保存到文件中，或者使用其数据编程或校验其它的配置器件。

(4) 在 QuartusⅡ软件的编程器中选择 Start 按钮开始编程或配置器件。ByteBlasterⅡ电缆从 .sof 和/或 .pof 文件中下载数据到目标器件。

第 7 章 FPGA 设计中的基本问题

在 FPGA 设计中，设计者必须要对一些基本问题仔细考虑，以确保顺利完成设计任务。如果在设计中涉及到有关数据处理的问题，那么二进制数的表示方法以及有限字长的选择这两个问题对整个设计的影响是不可回避的。同时，时钟问题、信号建立和保持时间、逻辑冒险、清除和置位信号、信号时延、信号歪斜以及流水线操作等问题也是设计时序电路和组合逻辑电路的关键。除此之外，一个好的设计还要考虑电路结构与器件运行速度之间的关系，以及器件结构与实际系统的匹配问题，以求得到较高的性价比。为了保护自己的辛勤劳动和知识产权，FPGA 器件的加密也是值得设计者考虑的问题。

7.1 数的表示方法

在数字系统中，各种数据要转换为二进制代码才能进行处理，而人们习惯于使用十进制数，所以在数字系统的输入/输出中仍采用十进制数，这样就需要用二进制数来表示十进制数。用二进制数表示十进制数的方式有很多种，表 7.1 汇总了几种二进制记数方式，并指出了其优缺点。

表 7.1 二进制计数方式

计数方式	数值范围	优点	缺点
无符号整数	$0 \sim 2^N - 1$	最常用的计数方式，易于执行算术运算	无法表示负数
二进制补码	$-2^{N-1} \sim -2^{N-1} - 1$	可表示正负数，易于执行算术运算	需要一个额外比特来作为符号位
无符号小数	$0 \sim 2^N - 2^M$	可表示大于 1 或小于 1 的正数，易于执行算术运算	无法表示负数
带符号小数的二进制补码	$-2^{N-1} \sim 2^{N-1}2^{-M}$ (以 2^{-M} 为步长)	可表示大于 1 或小于 1 的正负数，易于执行算术运算	
格雷码	$0 \sim 2^{N-1}$	相邻数字之间仅有 1 位不同，适用于物理系统的接口	不便于算术运算
带符号整数	$-2^{N-1} - 1 \sim 2^{N-1} - 1$	可表示正负数，与十进制计数方式很相似	难以执行算术运算
偏移二进制补码	$-2^{N-1} \sim 2^{N-1} - 1$	常用于 A/D 和 D/A 变换器，易于执行算术运算	
二进制反码	$-2^{N-1} - 1 \sim 2^{N-1} - 1$	易于进行逻辑“非”运算	难以执行算术运算
浮点数	—	具有很大的动态范围	执行算术运算时需要大量的硬件资源
块浮点数	—	具有很大的动态范围，所需的硬件资源最少	在给定时间内所有数都具有相同的指数

注：M，N 均为正整数。

表 7.2 给出了 3 位二进制数在不同记数方式下所代表的十进制数值。

表 7.2 3 位二进制数与其对应的十进制数值

二进制数	无符号整数	二进制补码	格雷码	带符号整数	偏移二进制补码	二进制反码
000	0	0	0	0	–4	0
001	1	1	1	1	–3	1
010	2	2	3	2	–2	2
011	3	3	2	3	–1	3
100	4	–4	7	–0	0	–3
101	5	–3	6	–1	1	–2
110	6	–2	4	–2	2	–1
111	7	–1	5	–3	3	0

在使用 FPGA 器件执行数值运算的电路设计中，以及在 FPGA 与外围电路(如 A/D、D/A 器件)接口中，经常用到不同的记数方式，特别是二进制计数方式与十进制计数方式之间的转换。为了让大家能够对二进制计数方式有一个清晰的认识，下面分别对几种常用的记数方法进行简单介绍。

7.1.1 无符号整数

无符号整数的记数方法是我们经常用到的，它将一个整数用一个二进制代码序列表示，每位二进制代码的权值是 2^P，P 为该代码在序列中的序号，如表 7.3 所示。表 7.4 给出了几个无符号整数与十进制数的转换实例。

表 7.3 无符号整数的权值

代码序号	权 值
0	2^0
1	2^1
2	2^2
3	2^3
4	2^4
⋮	⋮
$N-1$	2^{N-1}

无符号整数非常适于执行算术运算，图 7.1 是一个加法运算的例子。这种记数方法的缺点就是只能表示 $0\sim2^N-1$(N 为二进制序列的长度)范围内的整数，而无法表示负数，这就在很大程度上限制了这种记数方法的使用范围。

表 7.4 无符号整数与十进制数的转换实例

无符号整数	十进制数	转 换 关 系
101	5	$1\times2^2+0\times2^1+1\times2^0=5$
1010	10	$1\times2^3+0\times2^2+1\times2^1+0\times2^0=10$
1110	14	$1\times2^3+1\times2^2+1\times2^1+0\times2^0=14$
11011	27	$1\times2^4+1\times2^3+0\times2^2+1\times2^1+1\times2^0=27$
1111111	127	$1\times2^6+1\times2^5+1\times2^4+1\times2^3+1\times2^2+1\times2^1+1\times2^0=127$

$$\begin{array}{r}1001\\+\ 11101\\\hline 100110\end{array}=\begin{array}{r}9\\+\ 29\\\hline 38\end{array}$$

图 7.1 无符号整数的加法

7.1.2　二进制补码

二进制补码也是常用的记数方法，它既可以表示正数，也可以表示负数。与无符号整数的记数方式类似，二进制补码也是用一个二进制代码序列表示一个整数，唯一不同之处在于最高有效位的权值是 -2^{N-1}。每一位二进制代码对应的权值已在表 7.5 中给出。表 7.6 给出了二进制补码与十进制数的转换实例。用二进制补码记数方法，将一个整数进行正负值变换是很简单的，只需将原数中“1”和“0”反相，然后再加上“1”即可，如表 7.6 中“±29”的二进制补码的表示。

表 7.5　二进制补码的权值

代码序号	权　值
0	2^0
1	2^1
2	2^2
3	2^3
4	2^4
⋮	⋮
$N-2$	2^{N-2}
$N-1$(MSB)	-2^{N-1}

表 7.6　二进制补码与十进制数的转换实例($N=8$)

二进制补码	十进制数	转 换 关 系
00011101	29	$0\times(-2^7)+0\times2^6+0\times2^5+1\times2^4+1\times2^3+1\times2^2+0\times2^1+1\times2^0=29$
11100011	−29	$1\times(-2^7)+1\times2^6+1\times2^5+0\times2^4+0\times2^3+0\times2^2+1\times2^1+1\times2^0=-29$
00100110	38	$0\times(-2^7)+0\times2^6+1\times2^5+0\times2^4+0\times2^3+1\times2^2+1\times2^1+0\times2^0=38$
10100110	−90	$1\times(-2^7)+0\times2^6+1\times2^5+0\times2^4+0\times2^3+1\times2^2+1\times2^1+0\times2^0=-90$
01111111	127	$0\times(-2^7)+1\times2^6+1\times2^5+1\times2^4+1\times2^3+1\times2^2+1\times2^1+1\times2^0=127$
11111111	−1	$1\times(-2^7)+1\times2^6+1\times2^5+1\times2^4+1\times2^3+1\times2^2+1\times2^1+1\times2^0=-1$

二进制补码的最大优点就是可以像无符号整数那样方便地进行加减运算。需要注意的是，最高有效位的进位必须舍去。图 7.2 给出了三个加减运算的例子。

$$\frac{\begin{array}{r}00011101\\+\ 00100110\end{array}}{01000011}=\frac{\begin{array}{r}+\ 29\\+\ 38\end{array}}{67}\qquad\frac{\begin{array}{r}11100011\\+\ 00011101\end{array}}{100000000}=\frac{\begin{array}{r}-\ 29\\+\ 29\end{array}}{0}\qquad\frac{\begin{array}{r}11100011\\+\ 11111111\end{array}}{111100010}=\frac{\begin{array}{r}-\ 29\\-\ 1\end{array}}{-\ 30}$$

舍去　　舍去

图 7.2　二进制补码的加减运算

7.1.3　无符号小数

无符号小数是无符号整数的扩展，它将一个数分为整数部分和小数部分，通常用“$N.M$”表示一个无符号小数的格式，其含义是整数部分用 N 位二进制代码表示，小数部分用 M 位二进制代码表示。小数点左侧第一位二进制代码是整数部分的最低有效位，右侧第一位二进制代码是分数部分的最高有效位。表 7.7 给出了不同位置上的二进制代码所对应的权值的大小。

表 7.7 无符号小数的权值

		代码序号	权 值
小数点左侧数值	整数部分	$N-1$(MSB)	2^{N-1}
		⋮	⋮
		2	2^2
		1	2^1
		0(LSB)	2^0
小数点位置			
小数点右侧数值	小数部分	1(MSB)	2^{-1}
		2	2^{-2}
		3	2^{-3}
		⋮	⋮
		M(LSB)	2^{-M}

表 7.8 给出了几个无符号小数与十进制数的转换实例。两个无符号小数进行加减运算时，首先把小数点位置对齐，然后再进行相加或相减运算。如果两个无符号小数的格式不相同，即 N 与 M 值不相等，则可用补零的方法取齐。图 7.3 是一个加法运算的实例，标有下划线的“0”为添加的辅助位。

表 7.8 无符号小数与十进制数的转换实例($N.M = 4.3$)

二进制补码	十进制数	转 换 关 系
0011.101	3.625	$0\times2^3+0\times2^2+1\times2^1+1\times2^0+1\times2^{-1}+0\times2^{-2}+1\times2^{-3}=3.625$
1100.011	12.375	$1\times2^3+1\times2^2+0\times2^1+0\times2^0+0\times2^{-1}+1\times2^{-2}+1\times2^{-3}=12.375$
0000.110	0.75	$0\times2^3+0\times2^2+0\times2^1+0\times2^0+1\times2^{-1}+1\times2^{-2}+0\times2^{-3}=0.75$
1100.000	12	$1\times2^3+1\times2^2+0\times2^1+0\times2^0+0\times2^{-1}+0\times2^{-2}+0\times2^{-3}=12$

$$\begin{array}{r} 1100.011\underline{000} \\ +\ \underline{00}10.110011 \\ \hline 1111.001011 \end{array} = \begin{array}{r} 12.375\underline{000} \\ +\ \underline{0}2.796875 \\ \hline 15.171875 \end{array}$$

图 7.3 无符号小数的加法

7.1.4 带符号小数的二进制补码

带符号小数的二进制补码可以表示正的或负的小数，它的格式通常用“$N.M$”表示。带符号小数的二进制补码与无符号小数的记数方法十分相似，唯一不同之处是整数部分最高有效位对应的权值是 -2^{N-1}。表 7.9 给出了不同位置上的二进制代码所对应的权值。

表 7.10 是几个带符号小数二进制补码与十进制数的转换实例。用这种记数方法，将一个数进行正负值变换是很简单的，只需将原数中的“1”和“0”反相，然后再在最后一位(即小数部分的最低有效位)加“1”即可，如表 7.10 中的“±3.625”。

表 7.9　带符号小数二进制补码的权值

		代码序号	权值
小数点左侧数值	整数部分	$N-1$(MSB)	-2^{N-1}
		$N-2$	2^{N-2}
		⋮	⋮
		2	2^2
		1	2^1
		0(LSB)	2^0
小数点位置			
小数点右侧数值	小数部分	1(MSB)	2^{-1}
		2	2^{-2}
		3	2^{-3}
		⋮	⋮
		M(LSB)	2^{-M}

表 7.10　带符号小数二进制补码与十进制数的转换实例($N.M$ = 4.3)

带符号小数二进制补码	十进制数	转 换 关 系
0011.101	3.625	$0\times(-2^3)+0\times2^2+1\times2^1+1\times2^0+1\times2^{-1}+0\times2^{-2}+1\times2^{-3}=3.625$
1100.011	−3.625	$1\times(-2^3)+1\times2^2+0\times2^1+0\times2^0+0\times2^{-1}+1\times2^{-2}+1\times2^{-3}=-3.625$
0000.110	0.75	$0\times(-2^3)+0\times2^2+0\times2^1+0\times2^0+1\times2^{-1}+1\times2^{-2}+0\times2^{-3}=0.75$
1100.000	−4	$1\times(-2^3)+1\times2^2+0\times2^1+0\times2^0+0\times2^{-1}+0\times2^{-2}+0\times2^{-3}=-4$

在进行加减运算时，首先把小数点位置对齐，然后再进行相加或相减。如果两个数的格式不相同，即 N 与 M 值不相等，则可用补零的方法取齐。图 7.4 是一个加法运算的实例，标有下划线的“0”为添加的辅助位。与二进制补码类似，在执行算术运算时，如果整数部分的最高有效位出现进位，则必须将该进位舍去。

$$\begin{array}{r} 1100.011\underline{000} \\ +\ \underline{00}10.110011 \\ \hline 1111.001011 \end{array} = \begin{array}{r} -\ 3.625\underline{000} \\ +\ 2.796875 \\ \hline -\ 0.828125 \end{array}$$

图 7.4　带符号小数二进制补码的加法

7.1.5　格雷码

格雷码的特点是任意两个相邻的码之间只有一个数不同。另外，由于最大数与最小数之间也仅有一位不同，故通常又叫格雷反射码或循环码。表 7.11 给出了格雷码与二、十进制数的关系。

由于编码方式的特殊性，格雷码具有很强的抗干扰能力。但是格雷码不便于直接执行算术运算，需要转换为无符号整数或二进制补码，再进行运算。

表 7.11　格雷码与二、十进制数的关系

十进制数	二进制数	格雷码
0	0000	0000
1	0001	0001
2	0010	0011
3	0011	0010
4	0100	0110
5	0101	0111
6	0110	0101
7	0111	0100
8	1000	1100
9	1001	1101
10	1010	1111
11	1011	1110
12	1100	1010
13	1101	1011
14	1110	1001
15	1111	1000

7.1.6　带符号整数

带符号整数由“符号位”和“数值位”两部分组成。最高有效位是符号位，表示数值的正负，类似于十进制数中的“±”号，一般用“0”表示正数，“1”表示负数。除去最高有效位以外的部分是数值位，它实际上是一个无符号整数，表示数值的大小。这种记数方法与十进制整数的表示方法很相似。

表 7.12 给出了 3 位带符号整数与十进制整数之间的对应关系。

表 7.12　带符号整数与十进制数的对应关系

带符号整数	十进制数
000	0
001	1
010	2
011	3
100	−0
101	−1
110	−2
111	−3

7.1.7　偏移二进制补码

偏移二进制补码常用于 A/D 和 D/A 变换器上，它将采样点的取值范围从小到大顺序编码。表 7.13 是 3 位偏移二进制补码与十进制数和二进制补码之间的对应关系。从表中可看出，虽然偏移二进制补码是顺序编码的，但它对应的十进制数值不连续。将最高有效位反相，可以实现偏移二进制补码和二进制补码之间的转换。

表 7.13 偏移二进制补码与十进制数及二进制补码的对应关系

偏移二进制补码	二进制补码	十进制数
000	100	-4
001	101	-3
010	110	-2
011	111	-1
100	000	0
101	001	1
110	010	2
111	011	3

7.1.8 浮点数和块浮点数

浮点数具有很大的动态范围，可以非常精确地表示一个数值。由于在执行算术运算时需要大量的硬件资源，所以浮点数记数方法的使用成本很高。

块浮点数记数方法广泛用于信号处理领域，如执行 FFT 变换，它消耗的硬件资源要比浮点数少得多。块浮点数可以跟踪数值动态范围的变化，例如做 256 点 FFT 变换，数据宽度为 16 位，动态范围是 -32 768～32 767，经过 FFT 的第一级运算后，取值范围是 -65 536～65 535。为了保持数据宽度不变，可以将所有 256 个点的数值均除以 2，然后在寄存器中置入一个“1”，这样通过增加一位寄存器，达到了既增加了数据的动态范围，又未增加数据宽度的目的。这种记数方法就是块浮点数。

需要注意的是，不要将浮点数和块浮点数相混淆，二者之间是有较大区别的，它们的动态范围不同，执行算术运算所需的硬件资源也不相同。

7.1.9 数的定标问题

在进行数字系统设计时，我们无法将小数直接表示出来，因此需要指定小数点的位置，这个就是数的定标问题。数的定标有两种表示方法，即 Q 表示法和 S 表示法。我们以 8 位数 D[7..0]为例，通过表 7.14 分别介绍这两种表示法所能表示的十进制数的范围和精度。需要注意的是，这里讨论的均为有符号数。

表 7.14 数的定标表示方法

Q 表示法	S 表示法	小数点位置	整数位	小数位	十进制表示范围	精度
Q7	S0.7	D7 之后	0	7	-1～0.9921875	2^{-7}
Q6	S1.6	D6 之后	1	6	-2～1.984375	2^{-6}
Q5	S2.5	D5 之后	2	5	-4～3.96875	2^{-5}
Q4	S3.4	D4 之后	3	4	-8～7.9375	2^{-4}
Q3	S4.3	D3 之后	4	3	-16～15.875	2^{-3}
Q2	S5.2	D2 之后	5	2	-32～31.75	2^{-2}
Q1	S6.1	D1 之后	6	1	-64～63.5	2^{-1}
Q0	S7.0	D0 之后	7	0	-128～127	2^{0}

值得注意的是，Qx 中 x 的值表示在 8 位数中小数位有 x 位，整数位有 8 – x 位，并且它还决定了所表示数的精度为 2^{-x}，对于同样的 8 位数，小数点位置不同所表示的十进制数是不相同的，因此表示的精度和范围也就不同。x 越大则精度越高，但是表示的范围就越小；x 越小则精度越低，但是表示的范围就越大。可见，数值范围和精度是相互矛盾的，在设计时应该对实际情况予以充分考虑。

下面我们来看一下 Q 表示法对应的乘法运算规律：

(1) 整数 × 整数：结果仍为整数，Qx 不变，小数点在运算结果的 D0 位后面；

(2) 小数 × 小数：$Qx \times Qy = Qx + y$。

如果仍以 8 位数为例，则 $0 < x < 7$，$0 < y < 7$，$0 < x + y < 14$。

一般来说，两个数相乘，如果一个数小数位为 x 位，整数位为(8 – x)位，另一个数小数位为 y 位，整数位为(8 – y)位，则两个数相乘以后得到结果的整数位为(8 – x + 8 – y)，小数位为(x + y)。

从上面的分析可以看出，怎样选取 x 的取值是整个设计中非常重要的一个环节，我们必须在设计时通过严格的计算和验证找出变量的全部变化范围，合理地确定小数点的位置。

7.2 有限字长的影响

7.1 节中讲述了数的二进制表示方法，任何一个数值都是用有限字长的二进制数表示的，也就是说数值的表示精度和动态范围不会是无限大，所以在 FPGA 设计时必须考虑有限字长的影响。有限字长的影响主要带来三方面的误差：输入量化误差、系数量化误差和运算量化误差。

模拟量值在进入 FPGA 器件之前，需要 A/D 变换，A/D 采样时所得到的数值只能以有限字长的二进制代码表示，与真实值之间存在偏差，这就是输入量化误差。提高 A/D 器件的采样精度可以减小输入量化误差。

在用 FPGA 器件设计数字滤波器时，数字滤波器系数必须用二进制代码表示，并按规定位数进行量化。由于量化处理引起量化误差，滤波器实际系数偏离理论计算值，从而使滤波性能变差，这就是系数量化误差的影响。

在数据处理电路中经常需要进行算术运算，例如将两个 N 位字长的二进制数做乘法运算，乘法器的结果输出一般用 $2N$ 位字长表示，这就需要舍位处理，然后再进行下一步运算，否则最终结果的数据宽度是难以想象的。但是舍位就引入了误差，这种误差属于运算量化误差，也称为运算噪声。

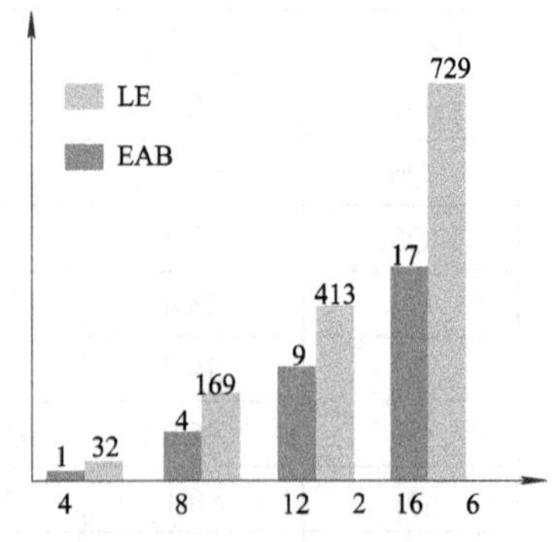

图 7.5 乘法器所占用的资源

为了得到精确结果，一方面可以选用合适的运算结构，尽量减少有限字长效应，另一方面可以采用合适的字长以降低运算噪声。FPGA 器件的字长可以根据需要任意指定，字长越大，量化误差就越小，但与此同时电路占用的片内资源就越多，编译、仿真时间和系统成本也会因之而上升。图 7.5 给出了利用 FLEX10K 器件实现 4 × 4、8 × 8、12 × 12 和

16×16 位乘法器所分别占用的 LE 和 EAB 的数目。由图 7.5 可见，字长的增加会导致片内资源占用率呈几何级数增大。

7.3 时钟问题

无论是用离散逻辑、可编程逻辑，还是用全定制器件实现任何数字电路，设计不良的时钟在极限温度、电压或制造工艺存在偏差的情况下都将导致系统错误的行为，所以可靠的时钟设计是非常关键的。在 FPGA 设计时通常采用以下四种时钟：全局时钟、门控时钟、多级逻辑时钟和行波时钟，多时钟系统是这四种时钟类型的任意组合。

7.3.1 全局时钟

对于一个设计项目来说，全局时钟(或同步时钟)是最简单和最可预测的时钟。在 FPGA 设计中最好的时钟方案是：由专用的全局时钟输入引脚驱动单个主时钟去控制设计项目中的每一个触发器。FPGA 一般都具有专门的全局时钟引脚，在设计项目时应尽量采用全局时钟，它能够提供器件中最短的时钟到输出的延时。

图 7.6 给出全局时钟的一个实例，定时波形显示出触发器的输入数据 D[3..1]应遵守建立时间 tsu 和保持时间 th 的约束条件。如果在应用中不能满足建立和保持时间的要求，则必须用时钟同步输入信号。

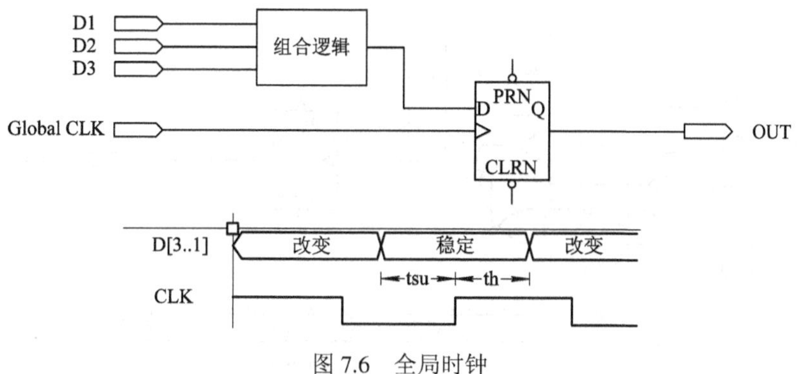

图 7.6　全局时钟

有关建立和保持时间的介绍请参见 7.4 节内容，其具体数值可在 FPGA 器件的数据手册中找到，当然也可用开发软件的时序分析器计算出来。

7.3.2 门控时钟

在许多应用中，整个设计项目都采用外部的全局时钟是不可能或不实际的，所以通常用阵列时钟构成门控时钟。门控时钟常常同微处理器接口有关，例如用地址线去控制写脉冲。每当用组合逻辑来控制触发器时，通常都存在着门控时钟。在使用门控时钟时，应仔细分析时钟函数，以避免毛刺的影响。如果设计满足下述两个条件，则可以保证时钟信号不出现危险的毛刺，门控时钟就可以像全局时钟一样可靠工作。

✧ 驱动时钟的逻辑必须只包含一个“与门”或一个“或门”，如果采用任何附加逻辑，就会在某些工作状态下出现由于逻辑竞争而产生的毛刺。

✧ 逻辑门的一个输入作为实际的时钟，而该逻辑门的所有其它输入必须当成地址或控制线，它们遵守相对于时钟的建立和保持时间的约束。

图 7.7 和图 7.8 是可靠门控时钟的实例。在图 7.7 中，用一个“与门”产生门控时钟，在图 7.8 中，用一个“或门”产生门控时钟。在这两个实例中，将引脚 nWR 和 nWE 作为时钟引脚，引脚 ADD[3..0]是地址引脚，两个触发器的数据是信号 D[n..1]经组合逻辑产生的。

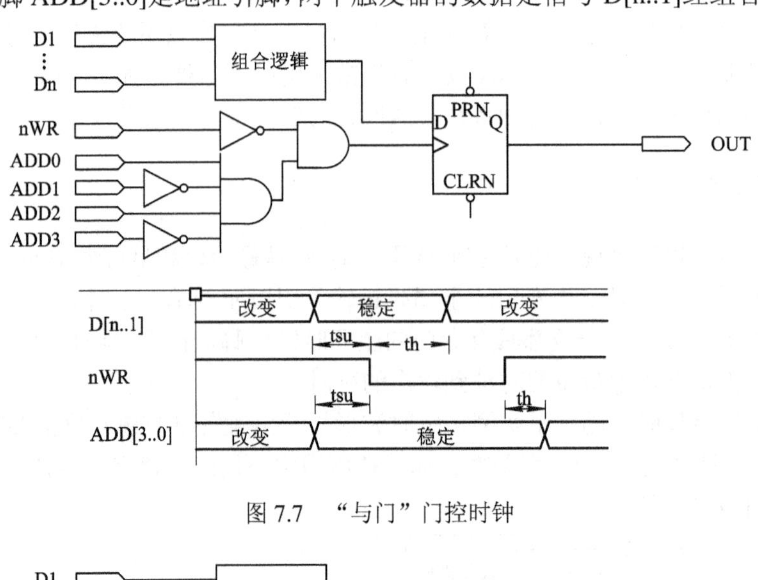

图 7.7 “与门”门控时钟

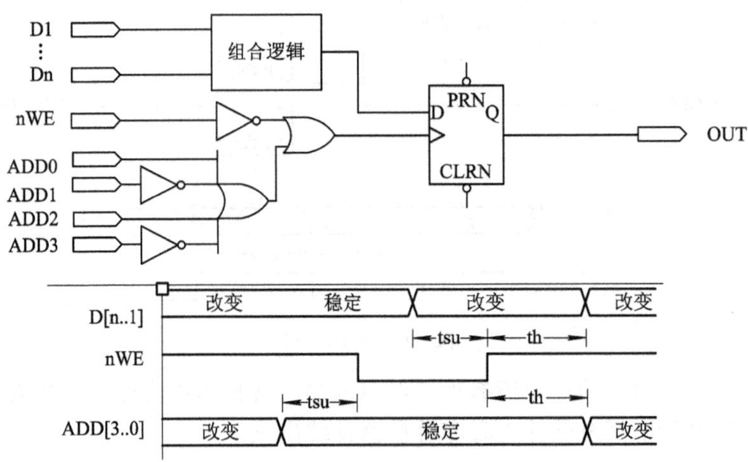

图 7.8 “或门”门控时钟

图 7.7 和图 7.8 的波形图显示出有关的建立时间和保持时间的要求，这两个设计项目的地址线必须在时钟保持有效的整个期间内保持稳定(nWR 和 nWE 是低电平有效)。如果地址线在规定的时间内未保持稳定，则在时钟上会出现毛刺，造成触发器发生错误的状态。另一方面，数据引脚 D[n..1]只要求在 nWR 和 nWE 的有效边沿处满足标准的建立和保持时间的规定。

设计人员往往可以将门控时钟转换成全局时钟以改善设计项目的可靠性。图 7.9 给出如何用全局时钟重新设计图 7.7 所示的电路，即让地址线去控制 D 触发器的输入使能。许多 FPGA 设计软件，如 MAX + PLUS Ⅱ、Quartus Ⅱ 软件都提供这种带使能端的 D 触发器。当 ENA 为高电平时，D 输入端的状态被时钟激励到触发器中，当 ENA 为低电平时，则维持现有状态。

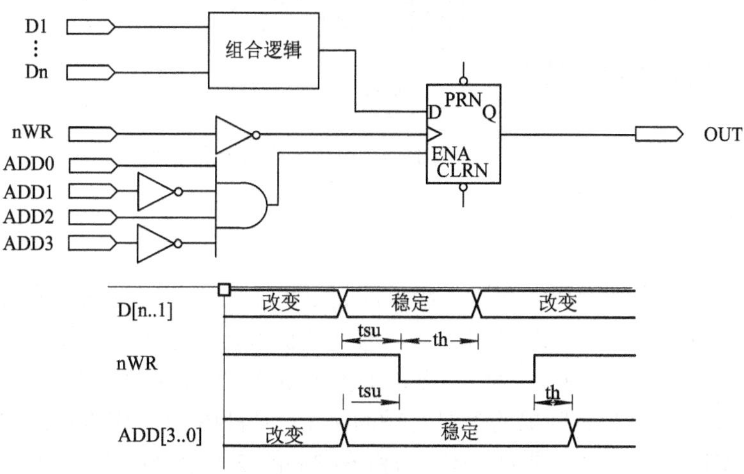

图 7.9 将“与门”门控时钟转化成全局时钟

图 7.9 中重新设计的电路的定时波形表明地址线不需要在 nWR 有效的整个期间内保持稳定，而只要求它们和数据引脚一样符合同样的建立和保持时间，这样对地址线的要求就少很多。

图 7.10 给出了一个不可靠的门控时钟的例子。3 位同步加法计数器的 RCO 输出用来作为触发器的时钟端，由于计数器的多个输出都起到了时钟的作用，这就违反了可靠门控时钟所需的条件之一。在产生 RCO 信号的触发器中，没有一个能考虑为实际的时钟，这是因为所有触发器几乎在相同的时刻都发生翻转，但是我们并不能保证在 FPGA 器件内部 QA、QB、QC 到 D 触发器的布线长短一致。因此，正如图 7.10 的时间波形所示，在计数器从 3 计到 4 时，RCO 线上会出现毛刺(假设 QC 到 D 触发器的路径较短，即 QC 的输出先翻转)。

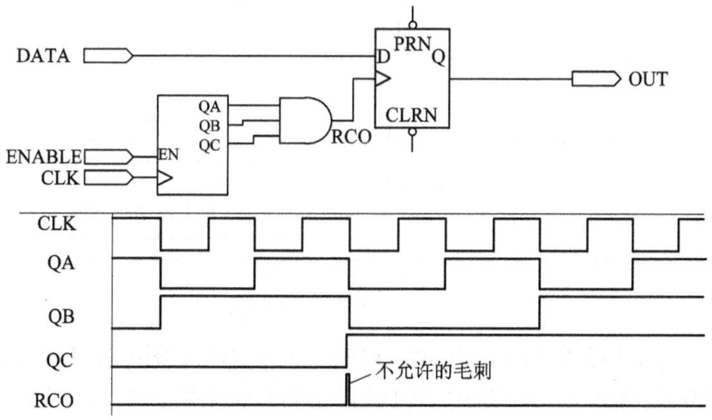

图 7.10 不可靠的门控时钟

图 7.11 给出一种可靠的全局时钟控制电路，它是图 7.10 的改进，即用 RCO 来控制 D

触发器的使能输入。这个改进并不需要增加 PLD 的逻辑单元，而且图 7.11 电路等效于图 7.10 电路，但却可靠得多。

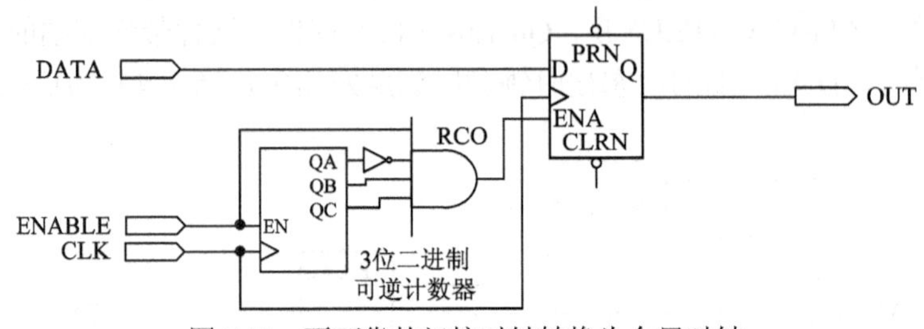

图 7.11　不可靠的门控时钟转换为全局时钟

7.3.3　多级逻辑时钟

当产生门控时钟的组合逻辑超过一级，即超过单个的“与门”或“或门”时，该设计项目的可靠性将变得很差。在这种情况下，即使样机或仿真结果没有显示出静态险象，但实际上仍然可能存在危险，所以我们不应该用多级组合逻辑去作为触发器的时钟端。

图 7.12 给出了一个含有险象的多级时钟的例子。时钟由 SEL 引脚控制的多路选择器输出端提供，多路选择器的输入是时钟(CLK)和该时钟的 2 分频(DIV2)。由图 7.12 的定时波形图可以看出，在两个时钟均为“1”的情况下，当 SEL 的状态改变时，存在静态险象。多级逻辑的险象是可以去除的，例如可以插入“冗余逻辑”到设计项目中，但是 FPGA 编译器在逻辑综合时会去掉这些冗余逻辑，这就使得验证险象是否真正被去除变得十分困难。为此，设计人员应必须寻求其它方法来实现电路的功能。

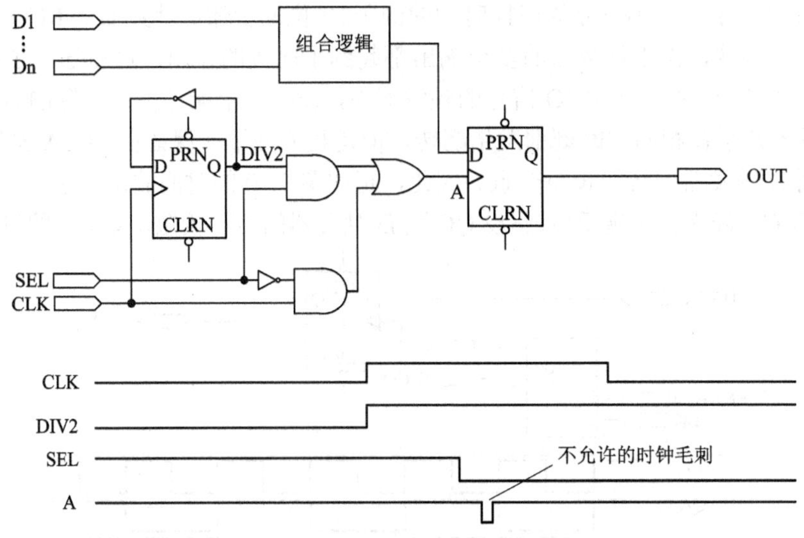

图 7.12　有静态险象的多级时钟

图 7.13 给出了图 7.12 电路的一种单级时钟的替代方案。图中 SEL 引脚和 DIV2 信号用作 D 触发器的使能输入端，而不是用于该触发器的时钟引脚。采用这个电路并不需要附加逻辑单元，工作却可靠得多了。

不同的系统需要采用不同的方法消除多级时钟，并没有一个固定的模式。

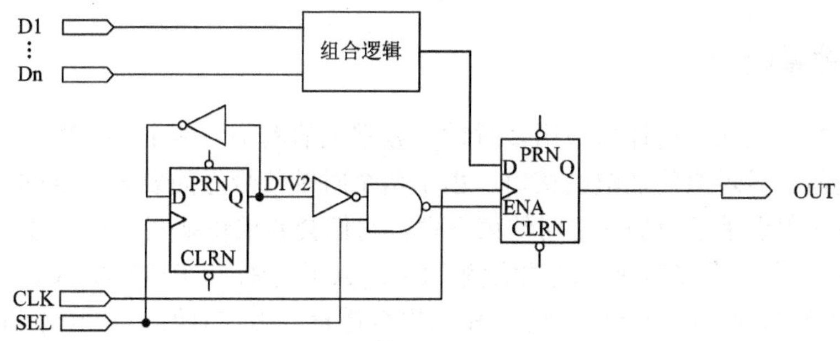

图 7.13　无静态险象的单级时钟

7.3.4　行波时钟

所谓行波时钟是指一个触发器的输出用作另一个触发器的时钟输入。如果仔细设计，行波时钟可以像全局时钟一样可靠工作，但是行波时钟使得与电路有关的定时计算变得很复杂。行波时钟在行波链上各触发器时钟之间产生较大的时间偏移，并且会超出最坏情况下的建立时间、保持时间和电路中时钟到输出的延时，使系统的实际速度下降。

用计数翻转型触发器构成异步计数器时，常采用行波时钟，一个触发器的输出作为时钟控制下一个触发器的输入，参见图 7.14。同步计数器通常是代替异步计数器的更好方案，这是因为两者需要同样多的宏单元而同步计数器有较短的时钟到输出的延时。图 7.15 所示为具有全局时钟的同步计数器，这个 3 位计数器是图 7.14 异步计数器的替代电路，它用了同样的 3 个逻辑单元，却有较高的工作速度。

现在几乎所有 FPGA 开发软件都提供各种各样的同步计数器，设计人员可以直接调用，不需要自己从底层开始设计。

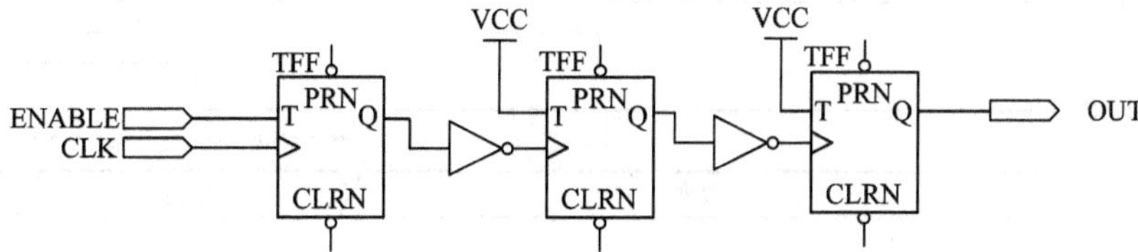

图 7.14　行波时钟

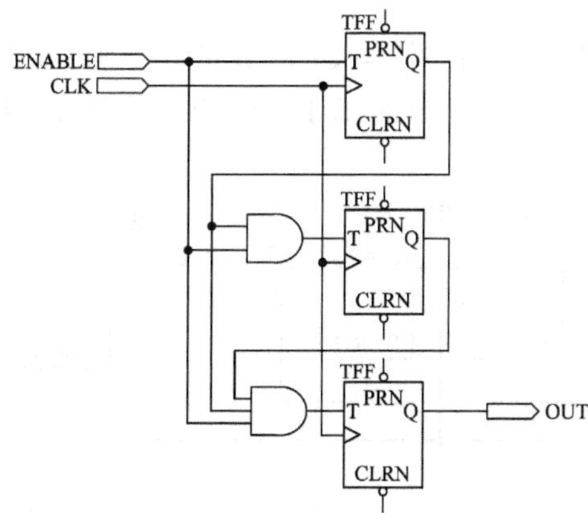

图 7.15　行波时钟转换成全局时钟

7.3.5　多时钟系统

许多系统要求在同一设计内采用多时钟，最常见的例子是两个异步微处理器之间的接口，或微处理器和异步通信通道的接口。由于两个时钟信号之间要求一定的建立和保持时间，所以上述应用引进了附加的定时约束条件，它们会要求将某些异步信号同步化。

图 7.16 给出了一个多时钟系统的实例。CLK_A 用于控制 REG_A，CLK_B 用于控制 REG_B。由于 REG_A 驱动着进入 REG_B 的组合逻辑，由定时波形显示出 CLK_A 的上升沿相对于 CLK_B 的上升沿有建立时间和保持时间的要求。由于 REG_B 不驱动 REG_A 的逻辑，CLK_B 的上升沿相对于 CLK_A 没有建立时间的要求。此外，由于时钟的下降沿不影响触发器的状态，所以 CLK_A 和 CLK_B 的下降沿之间没有时间上的要求。在图 7.16 中，如果 CLK_A 和 CLK_B 是相互独立的，那么它们之间的建立时间和保持时间的要求是不能保证的，所以在 REG_A 的输出馈送到 REG_B 之前，必须将电路同步化。

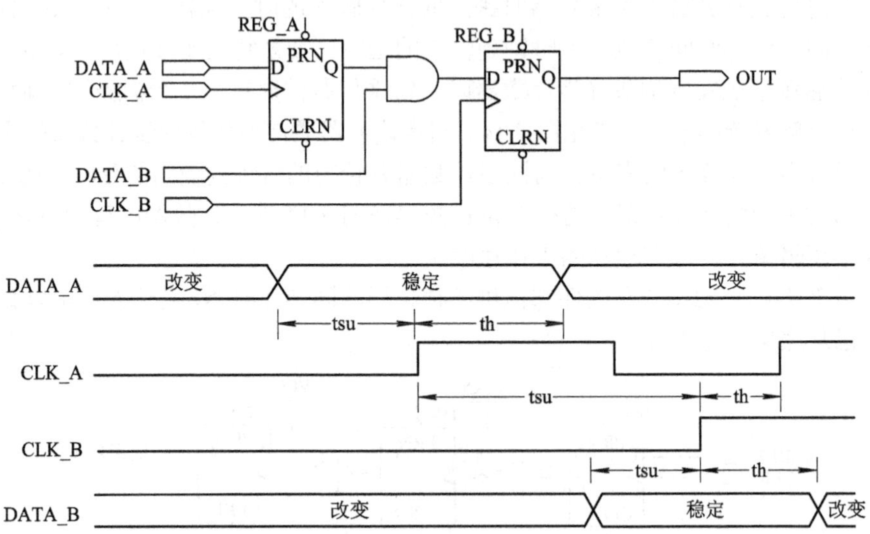

图 7.16　多时钟系统

图 7.17 显示了 REG_A 的输出如何与 CLK_B 的同步化。该电路在图 7.16 的基础上增加了一个新的触发器 REG_C，它由 CLK_B 控制，从而保证了 REG_C 的输出符合 REG_B 的建立时间。

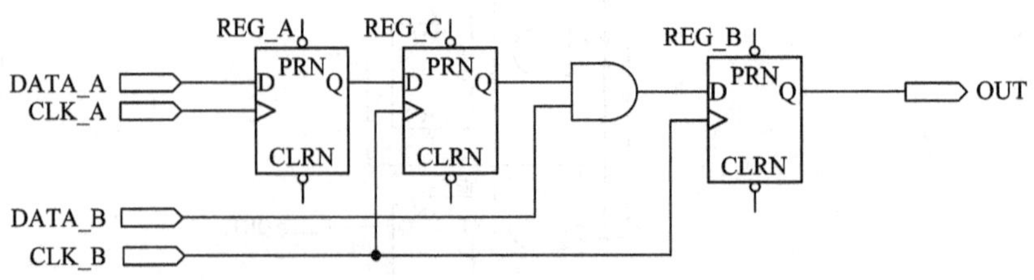

图 7.17　具有同步寄存器输出的多时钟系统

在许多应用中只将异步信号同步化还是不够的，当系统中有两个或两个以上非同源时钟时，数据的建立和保持时间很难得到保证，设计人员将面临复杂的时间分析问题。最好的方法是将所有非同源时钟同步化。使用FPGA内部的锁相环(PLL)是一个效果很好的方法，但并不是所有FPGA都带有PLL，而且带有PLL功能的芯片大多价格昂贵。这时就需要使用带使能端的D触发器，并引入一个高频时钟来实现信号的同步化。

如图7.18所示，系统有两个不同源时钟，一个为3 MHz，一个为5 MHz，不同的触发器使用不同的时钟。为了保证系统能够稳定工作，现引入一个20 MHz时钟，将3 MHz和5 MHz时钟同步化，如图7.19所示。该图中的D触发器及紧随其后的“非门”和“与门”构成了时钟上升沿检测电路，检测电路的输出分别被命名为3M_EN和5M_EN。把20 MHz的高频时钟作为系统时钟，输入到所有触发器的时钟端，同时让3M_EN和5M_EN控制所有触发器的使能端。也就是说在图7.18中接3 MHz时钟的触发器，接20 MHz时钟，同时用3M_EN控制该触发器的使能端，在图7.18中接5 MHz时钟的触发器，也接20 MHz时钟，同时用5M_EN控制该触发器的使能端，这样我们就实现了任何非同源时钟同步化。

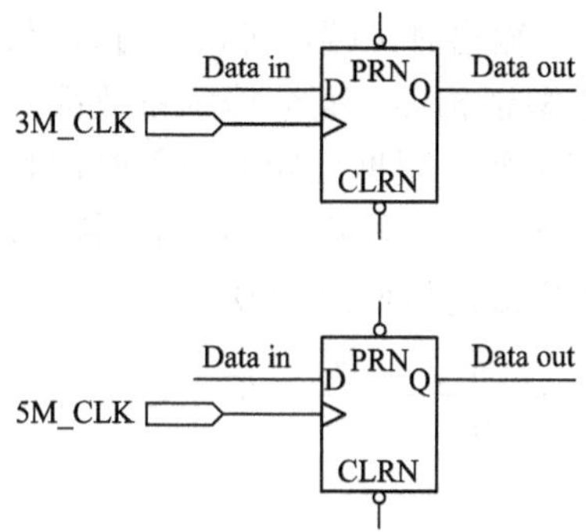

图7.18　不同源时钟

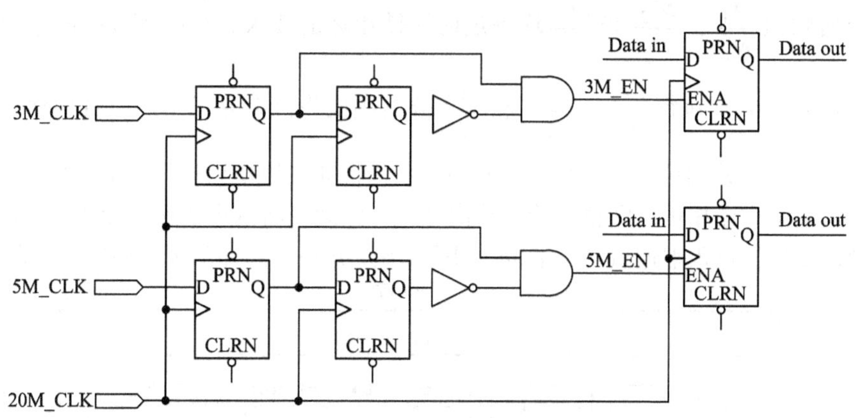

图7.19　同步化任意非同源时钟

稳定可靠的时钟是保证系统可靠工作的重要条件，设计中不能够将任何可能含有毛刺的输出作为时钟信号，并且尽可能只使用一个全局时钟，对多时钟系统要特别注意异步信号和非同源时钟的同步问题。

为了获得高驱动能、低抖动时延、稳定的占空比的时钟信号，一般使用 FPGA 内部的专用时钟资源产生同步时序电路的主工作时钟。专用时钟资源主要指两部分，一部分是布线资源，包括全局时钟布线资源和长线资源等，另一部分则是 FPGA 内部的 PLL。

7.3.6 时钟网络问题

这里以 Altera 公司的 STRATIX-EP1SF780C7 芯片为例，来说明利用内嵌锁相环设计时钟网络时需要注意的问题。该芯片有六个内嵌锁相环，分别为四个快速型锁相环 PLL1、PLL2、PLL3、PLL4 和两个增强型锁相环 PLL5、PLL6，其输入时钟和输出时钟管脚都是特定的，不能用一般的 IO 口来代替锁相环的时钟输入和输出端口，更不能将快速型的输入输出端口和增强型的输入输出端口交叉使用，但是不用的锁相环输出端口可以用作一般的 IO 端口。FPGA 芯片内部通过分配的管脚来识别是快速型锁相环还是增强型锁相环，以及是哪一个快速型或者增强型锁相环。在 QuartusⅡ仿真平台下，输入“Altpll”就可以将内嵌锁相环调出，然后通过向导设置一些基本参数，如选用的芯片系列和类型、输入时钟频率、分倍频比、使用的锁相环类型、输出时钟端口等，就可以用该锁相环产生需要的时钟频率。无论是快速型锁相环还是增强型锁相环，其分倍频系数都有一定范围，如果分倍频比参数超出这个范围，锁相环就不能工作。根据已知的输入时钟和需要得到的输出时钟可以计算出分倍频比，实际设计时这个分倍频比很可能不在内嵌锁相环所规定的分倍频系数范围内，这时就需要利用几个锁相环来完成时钟网络的设计。

假设时钟网络的分倍频比为 $\frac{clk_{out}}{clk_{in}}=\frac{M}{N}$，但是这一分倍频比不能满足内嵌锁相环的要求，于是可将其分解为

$$\frac{M}{N}=\frac{M_1}{N_1}\times\frac{M_2}{N_2}\times\frac{M_3}{N_3}$$

其中，分倍频比 $\frac{M_1}{N_1}$、$\frac{M_2}{N_2}$ 和 $\frac{M_3}{N_3}$ 均满足内嵌锁相环的要求。这时可以用两个快速型和一个增强型锁相环分别执行 $\frac{M_1}{N_1}$、$\frac{M_2}{N_2}$ 和 $\frac{M_3}{N_3}$ 分倍频操作，以完成上述时钟网络的设计。由于 FPGA 芯片内部锁相环设计中存在一些约束条件，如快速型锁相环和增强型锁相环不能在片内互连，增强型锁相环之间也不能在片内互连，因此可将两个快速型锁相环级联的输出端和增强型锁相环的输入端通过芯片的 I/O 引脚引出，并在芯片外部硬件相连，如图 7.20 所示。

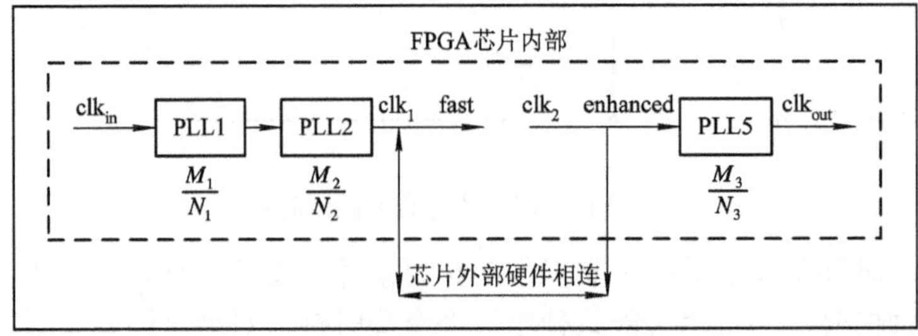

图 7.20 锁相环的片外连接

当然，根据前面描述的锁相环分倍频因子范围的限制，实际设计的时钟和系统所要求的时钟总是会有差异，如何在设计时满足时钟精度要求也成为设计中一个不可回避的重点问题。结合上面的例子我们发现，分倍频系数 M/N 的因数分解可能有多种选择，那么我们只能在其中选择一种分解方法，使得到的时钟频率与实际所需的时钟频率最接近，然后再通过计数器对时钟频率进行微调。

7.4 时序参数

在利用 Quartus II 软件进行 FPGA 设计时，需要进行时序分析，里面有一些关于时间参数的设置，这里介绍这些参数相关的概念，便于设计时掌握应用。

1. 建立和保持时间

“建立时间”定义为在时钟跳变前数据必须保持稳定(无跳变)的时间。“保持时间”定义为在时钟跳变后数据必须保持稳定的时间，如图 7.21 所示。每一种具有时钟和数据输入的同步数字电路都会在技术指标表中规定这两种时间。

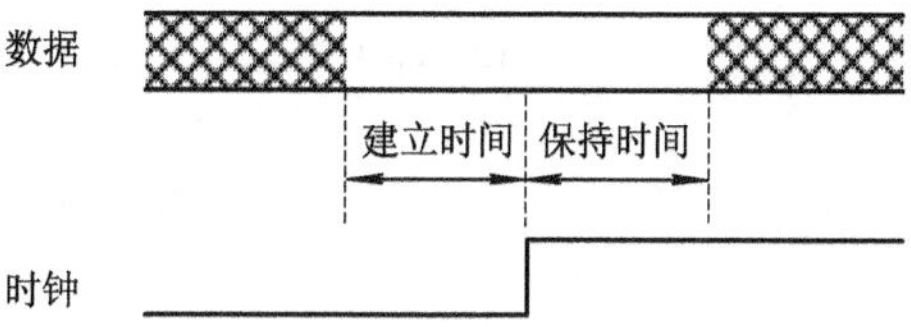

图 7.21　建立时间和保持时间

数据稳定传输必须满足建立和保持时间的要求，否则输出数据就可能有错误，或变得不稳定。在 FPGA 设计中，应对信号的建立和保持时间做充分考虑，尽量避免在数据建立时间内或其附近读取数据。对于级联的功能模块或者数字逻辑器件，后一模块或器件的工作时钟一般取前一模块或器件工作时钟的反相信号，这样就可以保证时钟的边沿位于数据的保持时间内。

TimeQuest 通过比较不同的到达时间要求，来判断“建立时间”和“保持时间”是否满足条件，进行“建立时间”和“保持时间”的检查。确保时间信号不能太迟也不能太早到达目标寄存器。

2. 发射沿和锁存沿

TimeQuest 中，时钟“发射沿”定义为在一个寄存器到寄存器的路径中激活源寄存器的时钟沿，“锁存沿”定义为激活目标寄存器并捕获数据的时钟沿，如图 7.22 所示。图中 CLK_A 的第一个上升沿为“发射沿”，CLK_B 的第二个上升沿为“锁存沿”。TimeQuest Timing Analyzer 中使用约束条件可以定义这个边沿关系。TimeQuest 可以通过分析时序路径中发射沿和锁存沿之间的延迟来测量设计的性能。

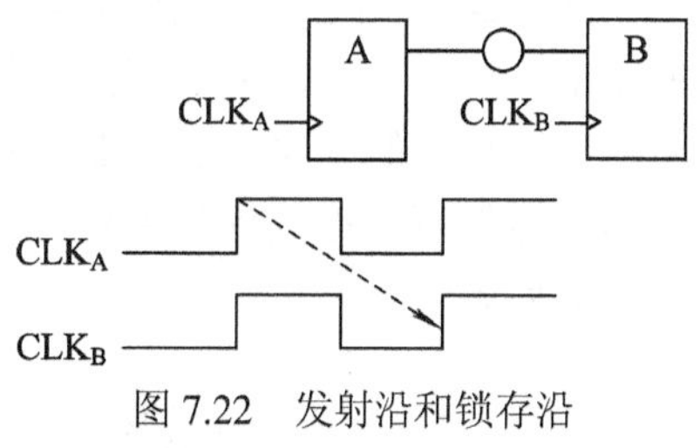

图 7.22　发射沿和锁存沿

3. 数据和时钟到达时间

TimeQuest 中，“数据到达时间”定义为对应数据的时钟到达一个寄存器 D 引脚的时间，“时钟到达时间”定义为对应的时钟信号到达一个寄存器时钟引脚的时间，如图 7.23 所示。数据到达时间的公式为：发射边沿 $+T_{clk1}+\mu T_{co}+T_{data}$；时钟到达时间的公式为：锁存边沿

$+T_{clk2}$。TimeQuest 沿每个时序路径分析数据和时钟的到达时间。

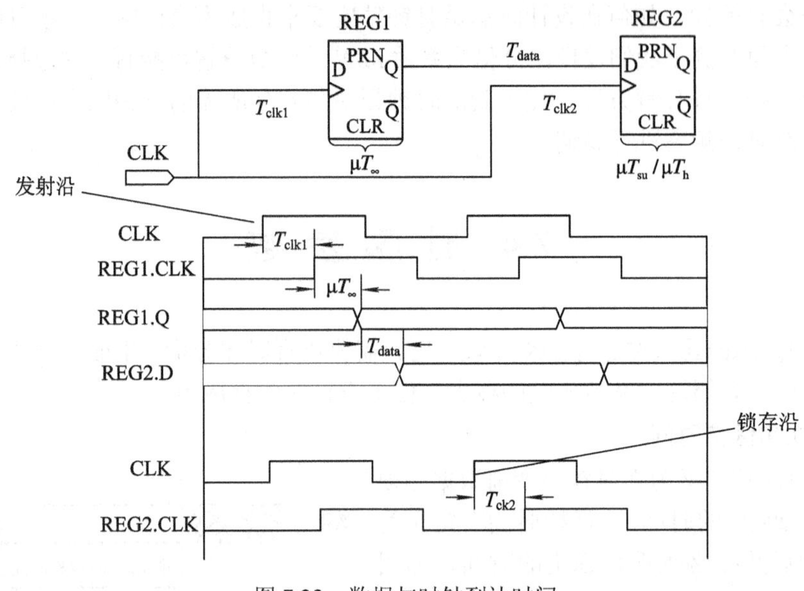

图 7.23 数据与时钟到达时间

7.5 冒险现象

信号在 FPGA 器件内部通过连线和逻辑单元时，都有一定的延时。延时的大小与连线的长短和逻辑单元的数目有关，同时还受器件的制造工艺、工作电压、温度等条件的影响。信号的高低电平转换也需要一定的过渡时间。由于存在这两方面因素，多路信号的电平值发生变化时，在信号变化的瞬间，组合逻辑的输出状态不确定，往往会出现一些不正确的尖峰信号，这些尖峰信号称为“毛刺”。如果一个组合逻辑电路中有“毛刺”出现，就说明该电路存在“冒险”。

图 7.24 给出了一个逻辑冒险的例子，从图 7.25 的仿真波形可以看出，“A、B、C、D”四个输入信号的高低电平变换不是同时发生的，导致输出信号“OUT”出现了毛刺。由于信号路径长度的不同，译码器、数值比较器以及状态计数器等器件本身容易出现冒险现象，将这类器件直接连接到时钟输入端、清零或置位端口的设计方法是错误的，它可能会导致严重的后果。

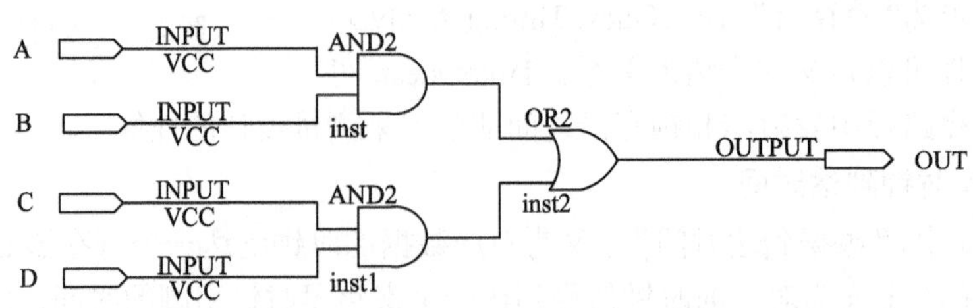

图 7.24 存在逻辑冒险的电路示例

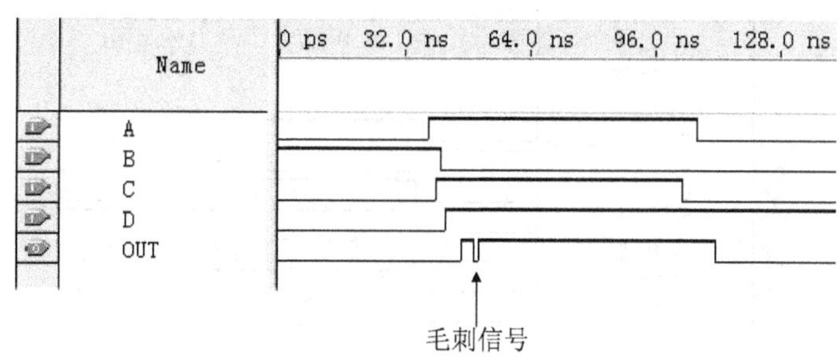

图 7.25　图 7.24 所示电路的仿真波形

冒险往往会影响到逻辑电路的稳定性，时钟端口、清零和置位端口对毛刺信号十分敏感，任何一点毛刺都可能会使系统出错，因此判断逻辑电路中是否存在冒险以及如何避免冒险是设计人员必须要考虑的问题。

判断一个逻辑电路在某些输入信号发生变化时是否会产生冒险，可以从逻辑函数的卡诺图或逻辑函数表达式来进行判断。对此问题感兴趣的读者可以参考有关脉冲与数字电路方面的书籍和文章。

在数字电路设计中，采用格雷码计数器、同步电路等，可以大大减少毛刺，但它并不能完全消除毛刺。毛刺并不是对所有的输入都有危害，例如 D 触发器的 D 输入端，只要毛刺不出现在时钟的上升沿并且满足数据的建立和保持时间，就不会对系统造成危害，因此可以说 D 触发器的 D 输入端对毛刺不敏感。

消除毛刺信号的方法有很多，通常使用“采样”的方法。一般说来，冒险出现在信号发生电平转换的时刻，也就是说在输出信号的建立时间内会发生冒险，而在输出信号的保持时间内是不会有毛刺信号出现的。如果在输出信号的保持时间内对其进行“采样”，就可以消除毛刺信号的影响。

有两种基本的采样方法：一种方法是在输出信号的保持时间内，用一定宽度的高电平脉冲与输出信号做逻辑“与”运算，由此获取输出信号的电平值。图 7.26 说明了这种方法，采样脉冲信号从输入引脚“SAMPLE”引入。从图 7.27 的仿真波形上可以看出，毛刺信号出现在“TEST”引脚上，而“OUT”引脚上的毛刺已被消除了；另一种方法是利用 D 触发器的 D 输入端对毛刺信号不敏感的特点，在输出信号的保持时间内，用触发器读取组合逻辑的输出信号。这种方法与后面将要提到的流水线操作技术(Pipelining)比较相似。图 7.28 给出了这种方法的示范电路，图 7.29 是仿真波形。

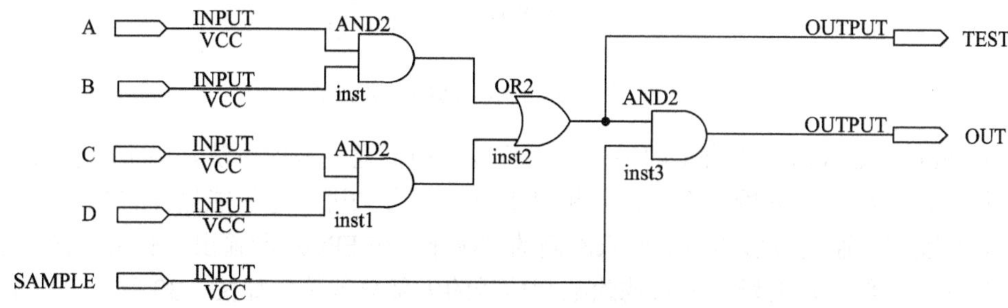

图 7.26　消除毛刺信号的方法之一

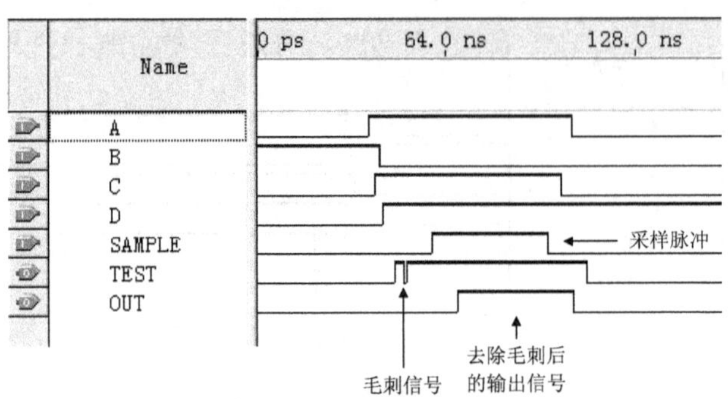

图 7.27　图 7.26 所示电路的仿真波形

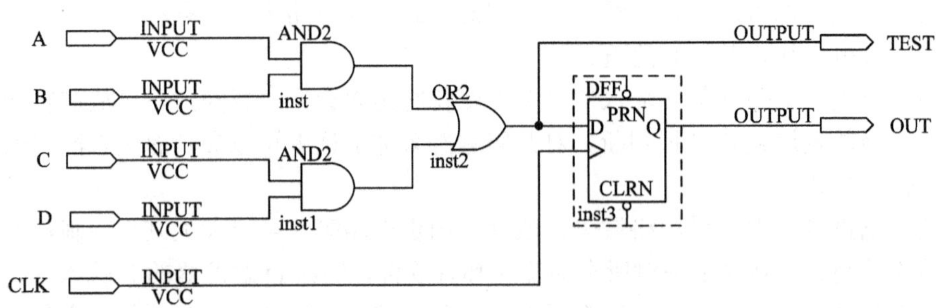

图 7.28　消除毛刺信号方法之二

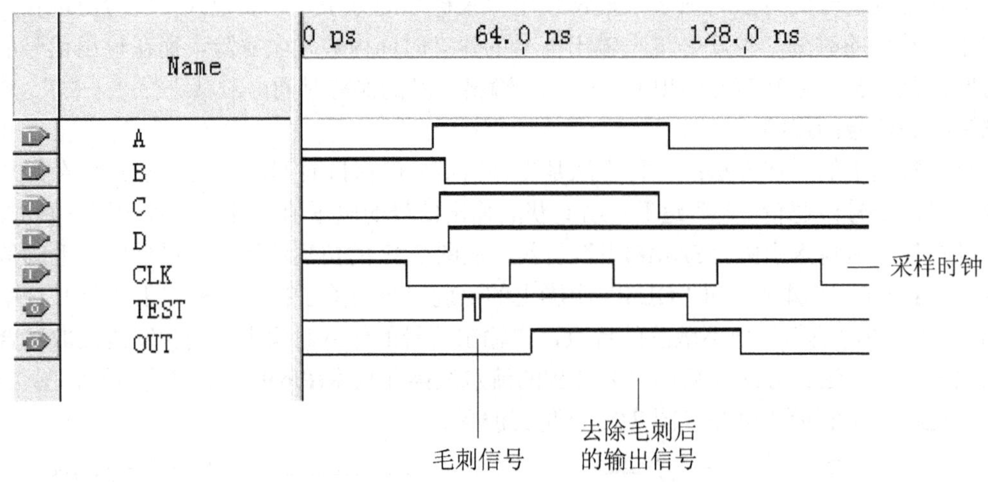

图 7.29　图 7.28 所示电路的仿真波形

去除 FPGA 器件输出引脚上的毛刺，还可以采用低通滤波的方法。由于毛刺信号的持续时间很短，从频谱上分析，毛刺信号相对于有用信号来讲，它的能量分布在一个很宽的频带上。所以在对输出波形的边沿要求不高的情况下，在 FPGA 的输出引脚上串接一个 RC 电路，构成一个低通滤波器，能够滤除毛刺信号的大部分能量，如图 7.30 所示。图中给出滤波前后 A 点和 A'点处的波形，毛刺信号经过 RC 低通滤波器后，残余信号很小，不会对后续电路带来危害。为了避免使正常信号的波形畸变过于严重，应仔细选择电阻和电容的参数。

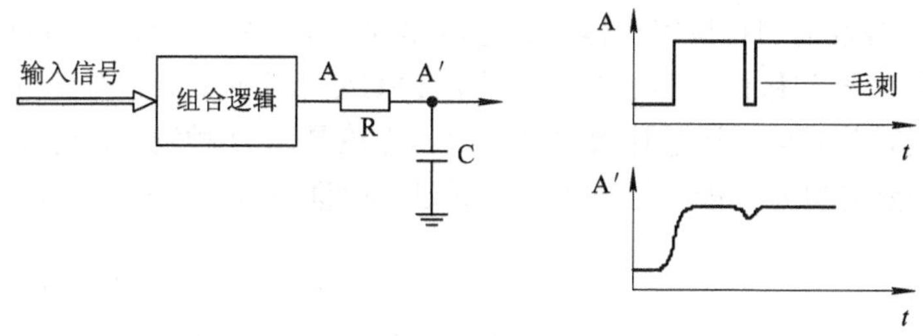

图 7.30　利用 RC 滤波器滤除毛刺

7.6　清零和置位信号

清零和置位信号对毛刺也是非常敏感的，最好的清零和置位信号是从器件的输入引脚直接引入的。给数字逻辑电路设置一个主复位“CLRN”引脚是常用的好方法，该方法是通过主复位引脚给电路中每个功能单元馈送清零或置位信号。与全局时钟引脚类似，几乎所有 FPGA 器件都有专门的全局清零引脚和全局置位引脚。如果必须从器件内产生清零或置位信号，则要按照“门控时钟”的设计原则去建立这些信号，确保输入信号中不会出现毛刺信号。

若采用门控清零或者门控置位，则单个引脚或者触发器作为清零或置位的源，而将其它信号作为地址或控制线。在清零或置位的有效期间，地址或控制线必须保持稳定，决不能用多级逻辑或包含竞争状态的单级逻辑产生清零或置位信号。

7.7　信号的延时

对 FPGA 来说，由于路径必须通过电晶体开关，因此连线延时一直是路径延时的主要部分。信号每通过一个逻辑单元，就会产生一定的延时。延时的大小除了受路径长短的影响外，还受器件内部结构特点、制造工艺、工作温度、工作电压等条件的影响。现有的 FPGA 设计软件都可以对内部延时进行比较准确的预测。器件内部延时越大，器件的工作速度也就越低，所以降低信号传输延时是提高处理速度的关键。

而在某些情况下，需要对信号进行一定的延时处理，以完成特定的功能。利用 D 触发器可以在时钟的控制下对信号进行延时，这种方法的最小延时时间可以是时钟周期的一半。图 7.31 所示电路可以将输入信号“DATAIN”分别延时 0.5 和 1.5 个时钟周期，“DATAOUT1”是将“DATAIN”延时 0.5 个时钟周期后的输出信号，“DATAOUT2”是将“DATAIN”延时 1.5 个时钟周期后的输出信号。图 7.32 给出了仿真波形。

如果需要比较精确的延时，则必须引入高速时钟信号，利用 D 触发器、移位寄存器或计数器来实现。延时时间的长短可通过设置 D 触发器或移位寄存器的级数以及计数器的计数周期来调整，而延时的时间分辨率则由高速时钟的周期来决定，高速时钟频率越高，时间分辨率也越高。数据信号经过延时后，可以用数据时钟重新读取数据，以消除延时引入的相差。利用 D 触发器和移位寄存器作为延时器件，不能实现较长时间的延时，这是因为使用过多的 D 触发器和移位寄存器会严重消耗 FPGA 器件的资源，降低其它单元的性能，所以长时间的延时单元可以通过计数器来实现。无论是用 D 触发器、移位寄存器还是用计数器，所构成的延时单元都能够可靠工作，其延时时间受外界因素影响很小。

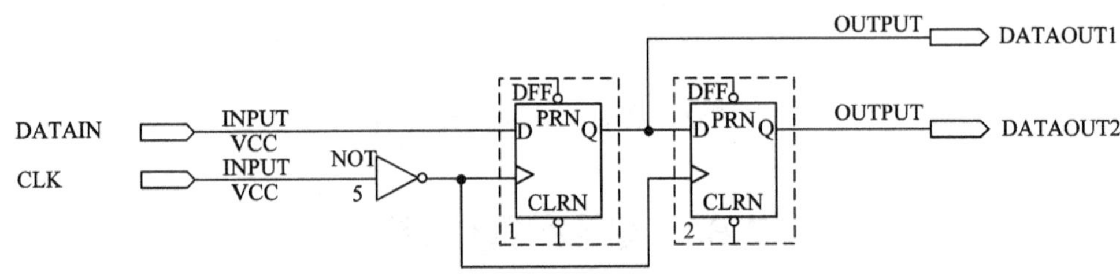

图 7.31 利用 D 触发器进行信号延时

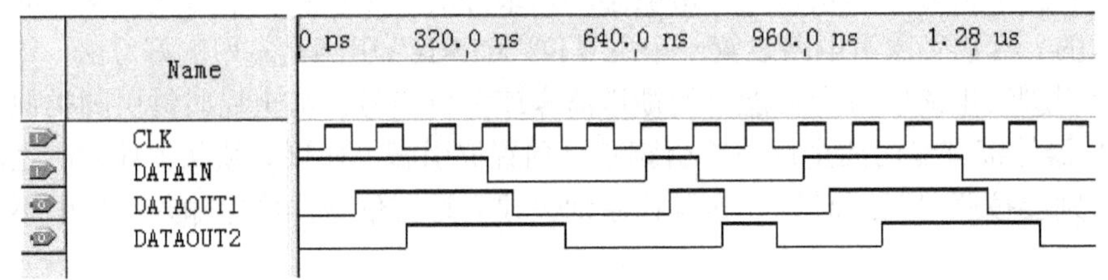

图 7.32 信号延时的波形仿真

利用 D 触发器和移位寄存器来实现信号的延迟，实际上就相当于将信号临时存储于 FPGA 芯片的逻辑单元中。当延迟的时间较长，或者信号位宽较大时，需要临时存储的数据量比较大，在这种情况下，可以考虑利用芯片内置的存储单元来完成信号的延迟。例如，首先将需要延迟的信号送入 FIFO 或双端口 RAM 中，并利用计数器来控制延迟时间。

在使用分立的数字逻辑器件时，为了将某一信号延时一段时间，有些设计人员往往在此信号后串接一些非门或其它门电路，通过增加冗余电路来获取延时。在使用 FPGA 器件时，这种方法是不可靠的。许多 FPGA 设计软件都具有逻辑优化的功能，可以去除设计中的逻辑冗余。图 7.33 是该软件进行逻辑优化的一个示例，输入信号“DATAIN1”被分成两路，一路信号经过 3 个级联的“非门”后从“DATAOUT3”端口输出，另一路信号经过 1 个“非门”后从“DATAOUT4”端口输出。从逻辑功能上看，“DATAOUT3”输出信号只不过是“DATAIN1”的反相信号，编译软件实际上是删除了其中 2 个不必要的“非门”。从图 7.34 的仿真波形上可以看出，“DATAOUT3”和“DATAOUT4”输出信号的延时基本上是一样的，也就是说在 FPGA 芯片内部，两路信号经过了相同数目的逻辑门。

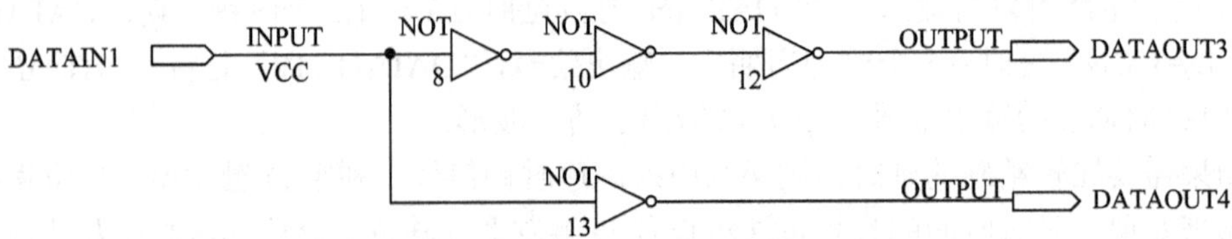

图 7.33 Quartus II 软件的逻辑优化示例

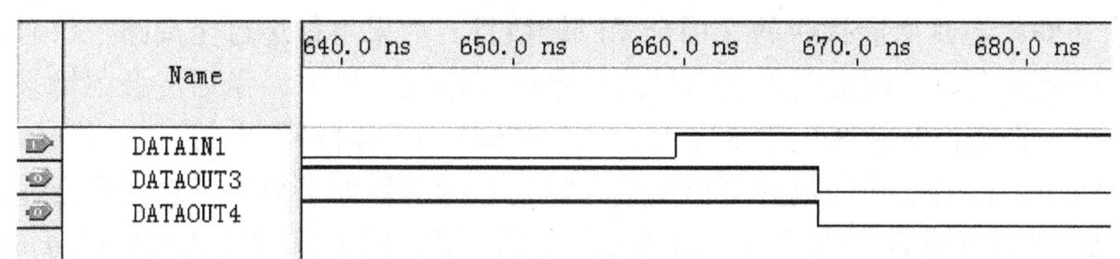

图 7.34　图 7.33 所示电路的仿真波形

如果不希望 QuartusⅡ软件删除冗余的“非门”，或者说希望通过冗余的逻辑引入一定的延时，可以采取插入 LCELL 缓冲器的方法来实现，如图 7.35 所示。此时的 Settings 对话框(Assignment 菜单)中“Analysis & Synthesis Settings\More Settings\ Ignores LCELL buffers”应设为“off”。将修改后的电路再次进行编译和仿真，可以得到图 7.36 所示的波形仿真结果。从图 7.36 的仿真波形可以看出，“DATAOUT3”端口输出信号的延时要大于“DATAOUT4”端口输出信号的延时。用户可以采用相同的办法，通过增加 LCELL 的数目来增加输出信号的延时。

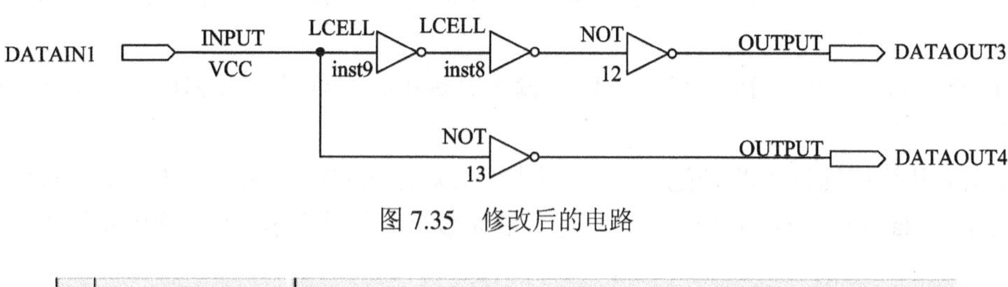

图 7.35　修改后的电路

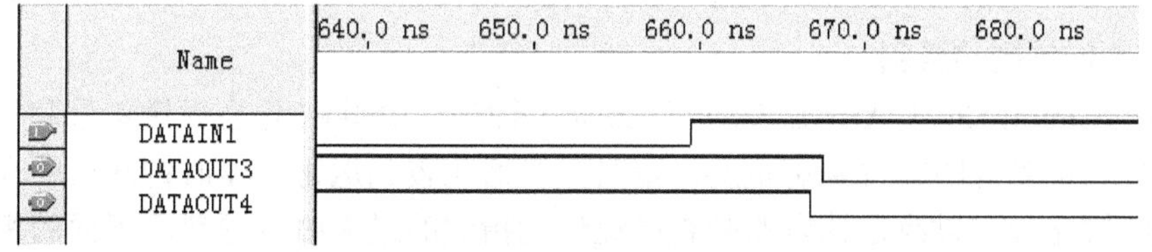

图 7.36　图 7.35 所示电路的仿真波形

需要指出的是，采用插入冗余电路的方法得到的延时都不会是固定值，它受到诸如器件生产工艺、工作温度、供电电压等因素的影响，属于不可靠延时。如果将这种延时应用到逻辑控制电路中，有可能会给电路带来许多不稳定的情况，因此并不鼓励大家使用这种方法。

此外，用 VHDL 进行 FPGA 设计时，不能用 AFTER 语句来实现延时，因为目前的综合工具还不能做到如此精确的延时，即程序中的 AFTER 语句不能被综合。

7.8 信号的歪斜

时钟和数据的歪斜是 FPGA 设计中最严重的问题之一。所谓时钟歪斜，就是指一个时钟信号到达两个不同寄存器时，到达的时间不一样，其产生原因在于两个时钟传输的路径长度不同，或者使用了门控时钟或异步时钟。在 FPGA 设计中，建议用户所用时钟的数目不要超过 FPGA 芯片所能提供的专用全局时钟数目。如果不是通过全局路径将时钟传送至多处，就可能会出现时钟歪斜，从而导致时序出现错误。另外，当用混合逻辑来产生一个内部时钟时，它会在时钟线上附加延迟。在某些情况下，时钟线上的延迟所导致的时钟歪斜要大于两个寄存器之间的数据路径长度。如果时钟歪斜大于数据延迟，将会违反寄存器的时序参数(比如所需的保持时间)，电路无法正常工作。随着时钟周期越来越短，数据到达时间歪斜和时钟到达歪斜就会越来越明显。

为了保证各个元件的建立保持时间，歪斜必须足够小。若歪斜的程度大于从一边缘敏感存储器的输出到下一级输入的延迟时间，就能使移位寄存器的数据丢失，使同步计数器输出发生错误，故必须设法消除时钟歪斜。减少时钟歪斜的方法有以下几种：

(1) 采用适当的时钟缓冲器，或者在边缘敏感器件的输出与其馈给的任何边缘敏感器件输入端之间加入一定的延迟以减小歪斜。

(2) 严重的时钟歪斜往往是由于在 FPGA 内的时钟及其它全局控制线(如复位线)使负载过重造成的，在信号线上接一串线形缓冲器，使驱动强度逐步增大，可以消除时钟歪斜。

(3) 在受时钟控制的部件之后分别接入缓冲器，并在两个缓冲器输出端之间接一平衡网络。

(4) 采用 FPGA 内的 PLL 模块可以对输入时钟进行很好的分频和倍频，从而使时钟歪斜减到最低程度。

Quartus II 软件提供了两种配置方式，即“Maximum Clock Arrival Skew”(最大时钟到达歪斜)和“Maximum Data Arrival Skew”(最大数据到达歪斜)，用以分析和约束数据与时钟歪斜。

1．最大时钟到达歪斜

用“Maximum Clock Arrival Skew”(最大时钟到达歪斜)指定在时钟信号和不同目的寄存器之间最大可允许的时钟到达歪斜。定时分析器比较到达寄存器时钟端口的最长时钟路径和最短时钟路径，以决定该电路是否已经达到指定的最大时钟歪斜。下面的等式用于计算最大时钟到达歪斜：

最大时钟到达歪斜 = 最长时钟路径 – 最短时钟路径

如图 7.37 所示，如果从时钟引脚到寄存器 reg1 时钟端口的延迟为 1.0 ns，到达寄存器 reg2 时钟端口的延迟为 3.0 ns，则定时分析器提供的时钟歪斜时间为 2.0 ns。

设计者可以使用“Maximum Clock Arrival Skew”来配置一个时钟节点或一组寄存器，当时用“Maximum Clock Arrival Skew”配置时，Fitter 会在布局布线时进行各种尝试，以满足时钟歪斜需求。

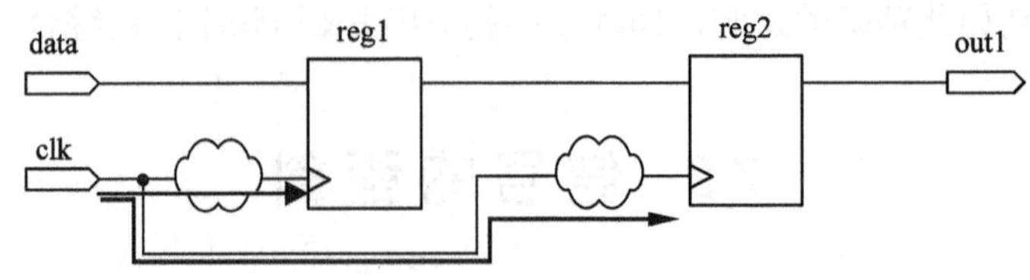

图 7.37　时钟到达路径

2．最大数据到达歪斜

用“Maximum Data Arrival Skew”(最大数据到达歪斜)指定在数据信号和不同目的的寄存

器或芯片引脚之间最大可允许的数据到达歪斜。定时分析器比较到达寄存器时钟端口的最长数据到达路径和最短数据到达路径，以决定该电路是否已经达到最大数据歪斜。下面的等式用于计算最大数据到达歪斜：

最大数据到达歪斜 = 最长数据到达路径 – 最短数据到达路径

如图 7.38 所示，如果到芯片输出引脚 out1 的数据到达时间 2.0 ns，到芯片输出引脚 out2 的数据到达时间 1.5 ns，到芯片输出引脚 out3 的数据到达时间 1.0 ns，则定时分析器提供的时钟歪斜时间为 1.0 ns。

同样，当设计者使用“Maximum Clock Arrival Skew”配置时，Fitter 会在布局布线时进行各种尝试，以满足数据歪斜需求。

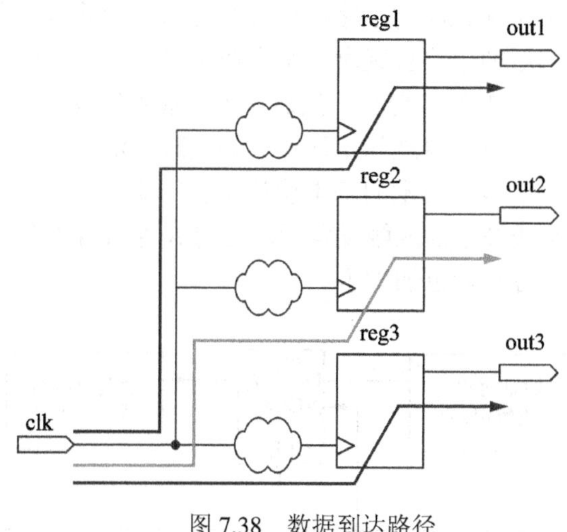

图 7.38　数据到达路径

7.9　流水线操作

流水线操作(Pilelining)技术通过在长延迟的组合逻辑中插入触发器，以减小毛刺信号的产生。同时，流水线操作还以有助于提高系统的时钟速率。

电路的处理速度是指时钟的频率，时钟频率愈高，电路处理数据的时间间隔越短，电路在单位时间内处理的数据量就愈大。如何才能提高电路的运行速度呢，我们首先研究一下图 7.39 给出的一个数据传输模型。

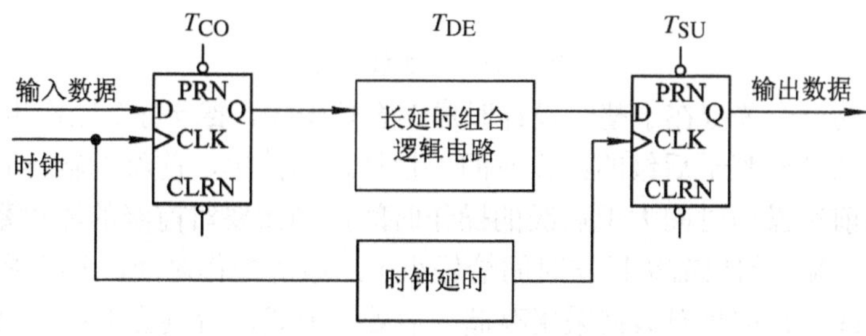

图 7.39　未采用流水线操作的数据传输模型

在图 7.39 中，T_{CO}是触发器的输入数据被时钟打入触发器到数据到达触发器输出端的延时时间，T_{DE}是组合逻辑的延时时间，T_{SU}是 D 触发器的建立时间。假设数据已被时钟打入 D 触发器，那么数据到达第一个触发器的 Q 输出端需要的延时时间是 T_{CO}，经过组合逻辑的延时时间为 T_{DE}，然后到达第二个触发器的 D 端，要希望时钟能在第二个触发器再次被稳定地打入触发器，则时钟的延时时间必须大于 $T_{CO}+T_{DE}+T_{SU}$，也就是说最小的时钟周期 $T_{min}=T_{CO}+T_{DE}+T_{SU}$，即最快的时钟频率 $F_{max}=1/T_{min}$。FPGA 开发软件也是通过这种方法来计算系统最高运行速度 F_{max}。因为 T_{CO}和 T_{SU}是由具体的器件工艺决定的，故设计电路时只能改变组合逻辑的延时时间 T_{DE}，所以说缩短触发器间组合逻辑的延时时间是提高同步电路速度的关键所在。

依据这一思路，可以将图 7.39 的电路模型转换为图 7.40 所示的模型，其中将较大的组合逻辑分解为较小的 N 块(图中将长延时的组合逻辑电路分成了两个短延时的组合逻辑电路)，通过适当的方法平均分配组合逻辑，然后在中间插入触发器，并和原触发器使用相同的时钟，就可以避免在两个触发器之间出现过大的延时，消除速度瓶颈，以提高电路的工作频率。这就是所谓“流水线”技术的基本设计思想，即原设计速度受限部分用一个低速时钟周期实现，采用流水线技术插入触发器后，可用 N 个高速时钟周期实现，总体来说，系统的工作速度加快了，吞吐量也加大了。

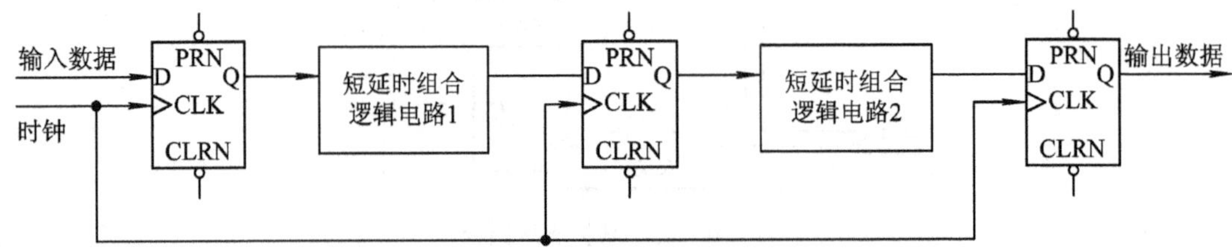

图 7.40 采用流水线操作的数据传输模型

在图 7.40 的基础上可以做进一步的拓展，如图 7.41 所示，它将某个设计的处理流程分为若干步骤，前一个步骤的输出作为下一个步骤的输入，且各步骤之间的数据处理是“单流向”的，不存在反馈或者迭代运算，这就是在高速设计中常用的一个设计方法，即流水线设计方法。

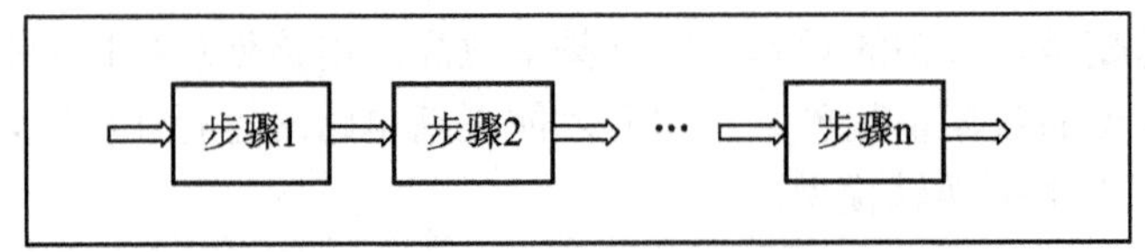

图 7.41 流水线设计方法

流水线设计的一个关键在于整个设计时序的合理安排，要求每个操作步骤的划分合理。如果前级操作时间恰好等于后级的操作时间，设计最为简单，前级的输出直接汇入后级的输入即可。如果前级操作时间大于后级的操作时间，则需要对前级的输出数据适当缓存才能汇入到后级输入端；如果前级操作时间恰好小于后级的操作时间，则必须通过复制逻辑，将数据流分流，或者在前级对数据采用存储、后处理方式，否则会造成后级数据溢出。

当然，流水线设计方法在提高电路运行速度的同时，也会使硬件面积(指已使用的 FPGA

片内资源)和功耗稍有增加，所以这种处理方法实际上就是所谓的“面积与速度互换”原则的一个典型应用。有关“面积与速度互换”原则，我们将在下一小节中进行讨论。

7.10　电路结构与速度之间的关系

不同的应用领域，对器件的速度和成本的要求也不相同，不同的设计思想能够使 FPGA 器件以最宽的动态范围满足各种需求。在 FPGA 设计中，可以采用两种设计思路：一种思路是将设计重点放在处理速度上，旨在达到较高的 MSPS 值，满足高速应用；另一种思路是将设计重点定位于 FPGA 芯片的资源利用率上，以较低的成本满足对低速处理的要求。在这里，我们首先讨论一个最为常用的设计思想，即“面积与速度互换”原则。“面积”指一个设计消耗 FPGA 片内的资源的数量，包括逻辑单元、存储单元、连线资源和 PLL 等，它与器件成本是密切相关的。“速度”是指该设计在芯片上稳定运行时，所能够达到的最高时钟频率。在现有的技术条件下，我们无法做到一个设计能够以最低的成本实现最高的工作速度，而只能是“面积”与“速度”性能的折中。所以，FPGA 电路设计目标应该是在满足时钟频率的前提下，占用最小的芯片面积，或者在所规定的面积下，使设计的工作频率更高。这一设计目标充分体现了“面积”和“速度”的平衡的思想。而在不同的实际情况下，有的设计强调电路的工作速度，有的设计注重器件的成本，这就需要打破“面积”和“速度”之间的平衡，而彰显某一方面的性能，从而出现了“面积与速度互换”原则，有的地方又称其为“空间与时间的互换”。通俗地说，这一原则就是通过牺牲电路的工作速度来减小芯片资源的消耗，或者通过使用更多的片内资源来提高电路的工作速度。

实现“面积与速度互换”原则的方法有很多，前一节介绍的流水线处理方法就是其中的一种。此外，串并行处理方法、“乒乓”算法和模块的分时复用方法也体现了“面积与速度互换”的思想。

在高速应用中，除了采用流水线设计方法以外，还可以采用并行处理方法。并行处理方法就是将待处理的数据流转换为多路并行数据流，同时将功能模块进行硬件复制，每一功能模块分别处理其中的一路数据流。并行处理方法的处理速度等于各个功能模块处理速度之和，通过增加并行处理的支路数目，可以很容易地实现高速处理。例如同步码捕获过程中，并行设置多路同步码检测器，每路同步码检测器分别对应不同的码相位，这就能够在最短的时间内实现同步码捕获。如果并行设置的同步码检测器遍历了同步码的所有相位，就可在一个同步码周期内捕获到该码。显然，并行处理的方法通过硬件复制来实现高速处理，就是用芯片的“面积”来换取“速度”的提升。

在对速度要求不高但对硬件成本非常敏感的设计中，可以通过串行处理方法、“乒乓”算法或模块的分时复用方法，用“速度”来换取“面积”，以降低硬件成本。

与并行处理方法相对应的串行处理方法，可以用较低的速度和成本实现设计。还以前面提到的同步码捕获为例，如果采用串行检测的方法，只需要一个同步码检测器，但捕获到该码的时间最长为同步码周期与码长的乘积。

“乒乓算法”主要用于基于数据块的处理算法中，如每次处理的数据单元是一帧或一个时隙内的数据。由于数据流是连续输入的，而完成一帧或一个时隙的处理总是需要消耗一定的时间，处理期间输入的数据必须进行缓存。图 7.42 所示的乒乓操作处理流程为：输入数据流通过“输入数据选择单元”将数据流等时分配到两个数据缓存器，在第一个缓冲周期，将输入的数据流缓存到“缓存器 1”；在第 2 个缓冲周期，通过“输入数据选择单元”的切换，将输入的数据流缓存到“缓存器 2”，同时将“缓存器 1”中的数据通过“输出数据选择单元”的选择，送到“算法处理模块”进行运算处理；在第 3 个缓冲周期通过“输入数据选择单元”的再次切换，将输入的数据流缓存到“缓存器 1”，同时将“缓存器 2”中的数据通过“输入数据选择单元”切换，送到“算法处理模块”进行运算处理，如此循环。

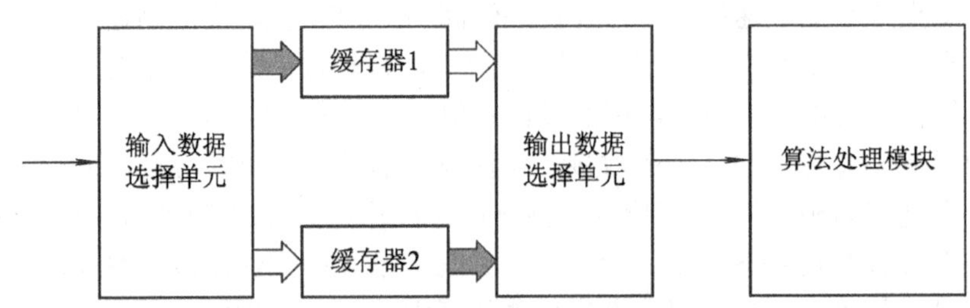

图 7.42 乒乓操作算法示例

可见，乒乓操作就是通过“输入数据选择单元”和“输出数据选择单元”按节拍、相互配合地切换，将经过缓冲的数据流没有停顿地送到“算法处理模块”进行运算与处理。把乒乓操作模块当做一个整体，站在这个模块的两端看数据，输入数据流和输出数据流都是连续不断的，没有任何停顿。需要指出的是，在算法处理模块的处理速度不低于输入数据流的速率时，可以采用“乒乓算法”，反之则需要采用并行处理算法。

将模块的分时复用方法体现到我们日常生活中，其实就是一种最为常见资源共享的方法，它将某些功能模块作为一个公用的资源，根据需求进行分配。比如说图书馆里的图书资料，所有读者均可申请借阅，借阅者在某一时间段内专享该图书资料，阅毕后又收归公用。这种方法能以较少的资源满足最大化的需求。在 FPGA 设计中，将某些通用的功能模块作为公用资源，让其在不同的时间段分别处理不同的数据流，就可节省大量的芯片“面积”。例如，在实现图 7.43(a)所示的 8 阶 FIR 滤波器时，就可采用这种方法。下式给出了 8 阶 FIR 滤波器的数学表达式，其中需要 8 个乘法器和 7 个加法器来进行数据加权求和。

$$y(n)=\sum_{n=1}^{8}x(n)h(n) \tag{7.1}$$

当数据位宽较大时，乘法器所占的芯片资源是很大的，所以当数据流速率相对较低时，可以将一个乘法器和一个加法器分时复用，以取代原来所有的乘法器和加法器，如图 7.43(b)所示。在图 7.43(b)中，输入数据流中的每一位数据在 8 倍率时钟的驱动下，依次进行系数加权和数值累加，最终实现 FIR 滤波的功能。在模块分时复用的方法中，被复用的功能模块的工作速度是比较高的，所以合理的设计复用时序，是实现该方法的关键。

另外，FPGA 的动态系统重构技术或“可再配置计算”(Configurable Computing)技术能够实时更新 FPGA 器件的全部和部分配置数据，使同一个 FPGA 芯片在不同的时间段里具备不同的处理功能，这也是利用了模块的分时复用思想。

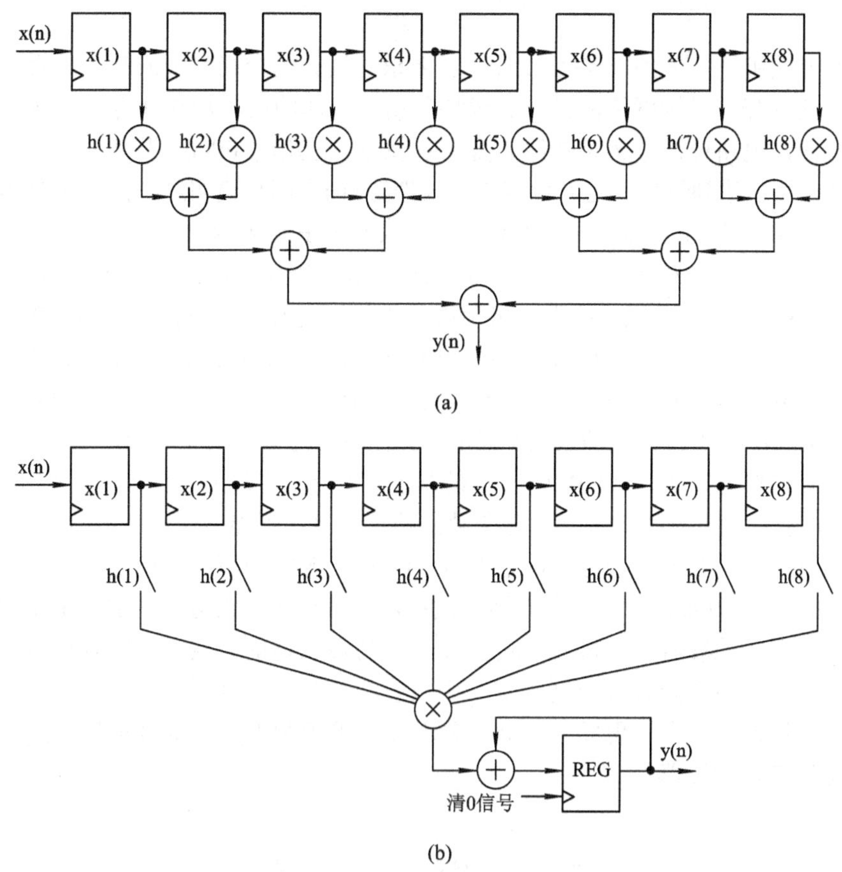

图 7.43　模块的分时复用方法示例

7.11　器件结构与处理算法的匹配

对于一个系统，选择什么样的器件来实现各个功能单元，是系统设计师必须仔细考虑的问题。这个问题比较复杂，很难用一个通用的准则去描述，但是其遵循的设计思想却可以用一句话来描述，那就是保证器件结构与处理算法相匹配。我们从大小两个方面说明这个问题。

从大的方面讲，对于一个硬件系统，如何进行模块花费与任务分配，什么样的算法和功能适合放在 FPGA 里面实现，什么样的算法和功能适合放在 DSP 和 CPU 芯片里面实现等。我们知道，FPGA 器件的数据吞吐量大，可以工作在较高的时钟频率上，而 DSP 和 CPU 芯片的操作是基于软件指令的，适于完成较为复杂的算法和系统控制。因此，通常采用“FPGA + DSP + CPU”的结构模式，让 FPGA 承担算法中高速运算部分，让 DSP 芯片承担算法中的复杂运算部分，让 CPU 承担系统的监控、管理和资源调度的工作。当然在某些系统中，CPU 的工作也可由 DSP 兼任。例如在数字化无线电或软件无线电接收机中，射频和中频端的数据速率非常高，因此用 FPGA 完成数据的预处理，如下变频、宽带滤波、样点抽取等。经过 FPGA 的预处理之后，再将低速数据送至 DSP 中进行信号判决和译码等工作。

从小的方面讲，具体到 FPGA 设计，就要求对设计的全局有个宏观上的合理安排，比如器件类型的选择、时钟网络的设计、模块复用、编译约束、功耗计算等问题。在器件类型的选择方面，电路设计方案对硬件的需求应该与所选用的 FPGA 器件的内部结构特点相匹配，使系统性能达到最佳。还以数字信号处理(DSP)为例来说明这一点。DSP 需要存储单元完成各种特殊功能，下面就从片内存储器的角度分析 FPGA 内部结构对 DSP 设计的影响。Xilinx 4000 系列采用分布式 RAM 结构，FPGA 的每个查找表可构成 16 × 1 的 RAM/ROM。Altera 的 FLEX10K 和 APEX20K 系列采用嵌入式阵列块 EAB 结构，每个 EAB 块可设置成 2048 × 1、1024 × 2、512 × 4、256 × 8 的 RAM，可以实现复杂的逻辑功能(如乘法器)，还可以实现同步或异步的 RAM、ROM、FIFO、双端口 RAM 等功能。Altera 的 FPGA 器件提供的 RAM 比 Xilinx 基于查找表的 RAM 容量大，而且还可以将若干 EAB 块组合在一起构成容量更大的存储单元，所以 DSP 设计方案中如果需要大容量的存储单元，使用 Altera 的 FPGA 器件可以达到更高的效率。但几个独立的存储单元不能共用一个 EAB 块，当存储单元数目较多且每个存储单元的容量都不大时，EAB 资源的利用率就很低了。使用 Xilinx 的 FPGA 器件的 DSP 方案往往采用分布运算的办法，刚好与片内分布式 RAM 结构相匹配。在多权值的自适应滤波器中，将分布式 RAM 设置成权值的查找表，输入样点数据作为查找表的地址信号，每个查找表分别负责一个权值的计算和实时更新，这样就使大规模高性能的自适应滤波器在片内实现成为可能。采用分布式 RAM 结构同样能以较高的性能实现串行分布运算 FIR 滤波器。

7.12 器件加密

器件加密是为了保护设计者的劳动，防止他人恶意窃取设计数据。FPGA 器件是基于 SRAM 结构的，掉电时无法保存数据，所以它的内部数据写在 EPROM 中，加电时数据自动下载到 FPGA 器件。由于 EPROM 无法加密，其内部数据容易被读取。为了有效地保护设计者的劳动，可以采用 FPGA 器件与 CPLD 器件结合使用的方法。CPLD 器件基于 E^2PROM 结构，具有加密功能，例如 Altera 公司 MAX7000 系列器件等，若想从中获得设计信息是非常困难的。设计人员可以把一个电路分成两部分，其关键部分放入 CPLD 器件中，并设置加密位，其余部分仍旧用 FPGA 器件完成。从实现功能上讲，这两部分电路缺一不可，即使从 EPROM 中获得 FPGA 的设计数据，由于得不到 CPLD 中的设计数据，也难以复制该电路。

随着 FPGA 设计日益复杂，在系统中的作用也日益重要，因而对知识产权的保护成为设计的一个重点问题。目前，一些新推出的 FPGA 器件也具有了加密功能，例如 Altera 公司的 Stratix II 器件采用了非易失的 AES 加密技术，为设计者提供了一种保护系统的安全方式。每个 Stratix II 器件能够用 128 位的 AES 密钥进行安全编程，这个密钥对 Quartus II 软件生成和存放在外部配置器件中的编程文件进行了加密。

当然，使用者还是应该充分尊重设计人员的辛勤劳动和知识产权。

7.13 设计文档

一个完整的软件是由程序、数据和文档三部分组成的。在 FPGA 电路设计中，撰写完善的设计文档是非常重要的。对于一个比较复杂的设计来说，各个子单元的功能各不相同，实现的方法也不一样，各子单元之间信号时序和逻辑关系也是纷繁复杂的。因此，在设计文档中对整个设计进行详细的描述，可以保证使用者能够在较短时间内理解和掌握整个设计方案，同时设计人员在对设计进行维护和升级时，完善的设计文档也是非常有用的。

一个比较完善的设计文档应包括：

(1) 设计所要实现的功能；

(2) 设计所采用的基本思想；

(3) 整个设计的组织结构；

(4) 各个子单元的设计思路；

(5) 各个子单元之间的接口关系；

(6) 关键节点的位置、作用及其测试波形的描述；

(7) I/O 引脚的名称、作用及其测试波形的描述；

(8) 采用的 PLD 器件的型号；

(9) 片内各种资源的使用情况；

(10) 该设计与其它设计的接口方式等。

第8章 FPGA 电路设计实例

本章给出了几个 FPGA 电路设计的实例，这些实例均来源于科研实践和工程设计项目。本章以 m 序列产生器、任意序列产生器为例，介绍了伪随机码产生器的基本设计方法。本章中介绍的数字相关器和汉明距离的电路计算可用于特殊序列的同步与捕获以及扩频信号解扩；交织编译码器可用于将信道引起的突发错误转变为随机错误，以便于前向纠错；直接数字频率合成器和奇偶数分频器主要用于数字信号源、上下变频器以及时钟网络等电路中；串并/并串变换器是一种最为常见的基本功能电路；而 FFT/IFFT 和 FIR 滤波器则在数字信号处理电路中有着广泛的应用。

8.1 m 序列产生器

在扩展频谱通信系统中，伪随机序列起着十分关键的作用。在直接序列扩频系统的发射端，伪随机序列将信息序列的频谱扩展；在接收端，伪随机序列将扩频信号恢复为窄带信号，进而完成信息的接收。因此，伪随机序列产生器是扩频系统的核心单元。在实际的扩频通信系统中，伪随机序列一般用二进制序列表示，每个码片(即构成伪随机序列的元素)只有“1”和“0”两种取值，分别对应电信号的高电平和低电平。

m 序列又称为最长线性反馈移位寄存器序列，该序列具有很好的相关性能，所以在直接序列扩频系统中应用十分广泛。m 序列的产生比较简单，可以利用 r 级移位寄存器产生长度为 2^r-1 的 m 序列。m 序列产生器的结构主要分为两类，一类被称为简单型码序列发生器(SSRG，Simple Shift Register Generator)，另一类被称为模块型码序列发生器(MSRG，Modular Shift Register Generator)。图 8.1 给出了这两种产生器的基本结构，其中(C_r, C_{r-1}, …, C_0)和(D_0, D_1, …, D_r)为反馈系数，也是特征多项式系数。这些系数的取值为“1”或“0”，“1”表示该反馈支路连通，“0”表示该反馈支路断开。

r 级移位寄存器的反馈路径由 m 序列的特征多项式决定，对于 SSRG 结构，m 序列特征多项式的一般表达式为

$$f_{\text{SSRG}}(x)=C_r x^r+C_{r-1}x^{r-1}+\cdots+C_3x^3+C_2x^2+C_1x^1+C_0x^0 \tag{8-1}$$

对于 MSRG 结构，m 序列特征多项式的一般表达式为

$$f_{\text{MSRG}}(x)=D_0 x^r+D_1x^{r-1}+\cdots+D_{r-3}x^3+D_{r-2}x^2+D_{r-1}x^1+D_rx^0 \tag{8-2}$$

可以看出，SSRG 结构的特征多项式系数(C_r，C_{r-1}，…，C_0)与 MSRG 结构特征多项式系数(D_0，D_1，…，D_r)之间的对应关系为

$$C_i=D_{r-i}\text{ ，其中 } i=0,1,2,\cdots,r$$

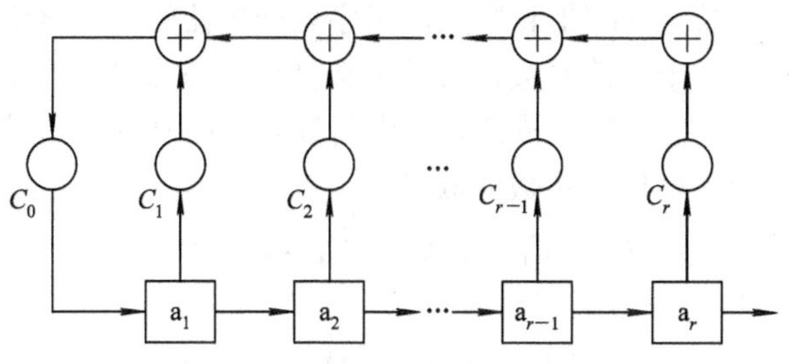

(a) SSRG 结构

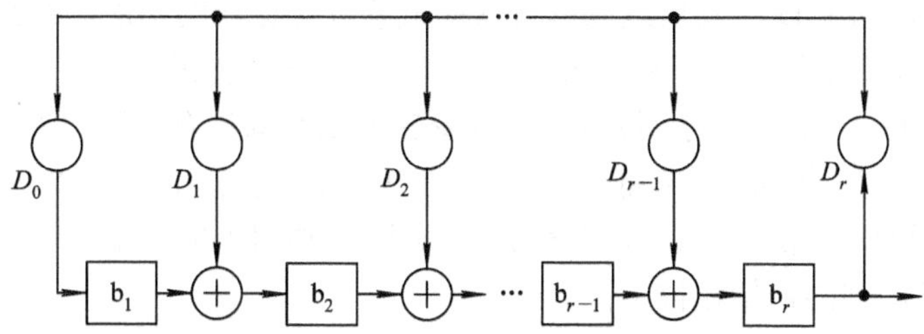

(b) MSRG 结构

图 8.1　m 序列产生器的两种结构

特征多项式系数决定了一个 m 序列的特征多项式，同时也就决定了一个 m 序列。表 8.1 给出了部分 m 序列的反馈系数，这些反馈系数实际上就是 m 序列特征多项式系数的八进制表示。

表 8.1　m 序列产生器反馈系数表

寄存器级数 r	m 序列长度	m 序列产生器反馈系数
3	7	13
4	15	23
5	31	45，67，75
6	63	103，147，155
7	127	203，211，217，235，277，313，325，345，367
8	255	435，453，537，543，545，551，703，747
9	511	1 021，1 055，1 131，1 157，1 167，1 175
10	1023	2 011，2 033，2 157，2 443，2 745，3 471
11	2047	4 005，4 445，5 023，5 263，6 211，7363
12	4095	10 123，11 417，12 515，13 505，14 127，15 053
13	8191	20 033，23 261，24 633，30 741，32 535，37 505
14	16 383	42 103，51 761，55 753，60 153，71 147，67 401
15	32 767	100 003，110 013，120 265，133 663，142 305，164 705
16	65 535	210 013，233 303，307 572，311 405，347 433，375 213
17	131 071	400 011，411 335，444 257，527 427，646 775，714 303
18	262 143	1 000 201，1 000 241，1 025 711，1 703 601
19	524 287	2 000 047，2 020 471，2 227 023，2 331 067，2 570 103，3 610 353
20	1 048 575	4 000 011，4 001 051，4 004 515，6 000 031

例如，想要产生一个码长为 31 的 m 序列，码序列产生器的寄存器级数为 5，从表 8.1 中可查到有“45、67、75”三个反馈系数，可从中选择反馈系数“45”来构成 m 序列产生器。反馈系数“45”是一个八进制数，转换为二进制数为“100101”，这就是特征多项式的系数，对于 SSRG 结构，特征多项式系数的取值为

$$C_5 = C_2 = C_0 = 1,\ C_4 = C_3 = C_1 = 0$$

对于 MSRG 结构，特征多项式系数的取值为

$$D_5 = D_3 = D_0 = 1,\ D_4 = D_2 = D_1 = 0$$

根据特征多项式的系数可以构造出该 m 序列，图 8.2 是采用 SSRG 结构的 m 序列产生器电路。在这里，利用 D 触发器级联的方式完成移位寄存器的功能。在系统清零后，D 触发器输出状态均为低电平，为了避免 m 序列产生器输出“全 0”信号，图 8.2 在“模二加”运算后添加了一个“非门”，这与图 8.1 中 SSRG 典型结构稍有不同。图 8.3 是该电路的仿真波形，“CLRN”为系统清零端(低电平有效)，“CLK”为输入时钟，“OUT”为 m 序列输出端口。图中还给出了第 1、2、3、4 号 D 触发器 Q 端口处的波形，从这些点均可得到同一 m 序列，只是序列的初始相位不同。

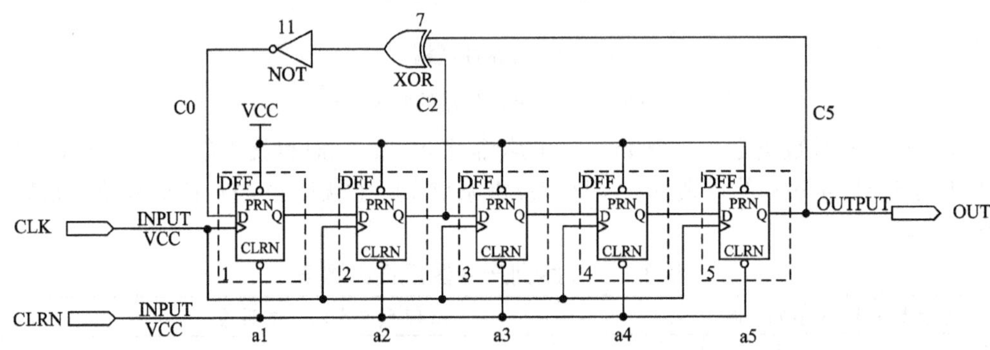

图 8.2 SSRG 结构的 m 序列产生器

图 8.3 SSRG 结构 m 序列产生器的仿真波形

图 8.4 是采用 MSRG 结构实现的 m 序列产生器，图中在每个 D 触发器的输出端口上加了一个“非门”，使系统清零后各级 D 触发器的初始状态均为高电平，这样做同样可以避免输出“全 0”情况的出现。图 8.5 是该电路的仿真波形。

m 序列虽然有很好的伪随机性和相关特性，但是数量太少，而基于 m 序列产生的 Gold 码继承了 m 序列的许多优点，更重要的是 Gold 码序列的数量较多，因此广泛应用于扩频通信系统中。利用 m 序列产生器可以很容易地构造出 Gold 码产生器，篇幅所限，这里就不详细介绍了，感兴趣的读者可参阅有关文献。

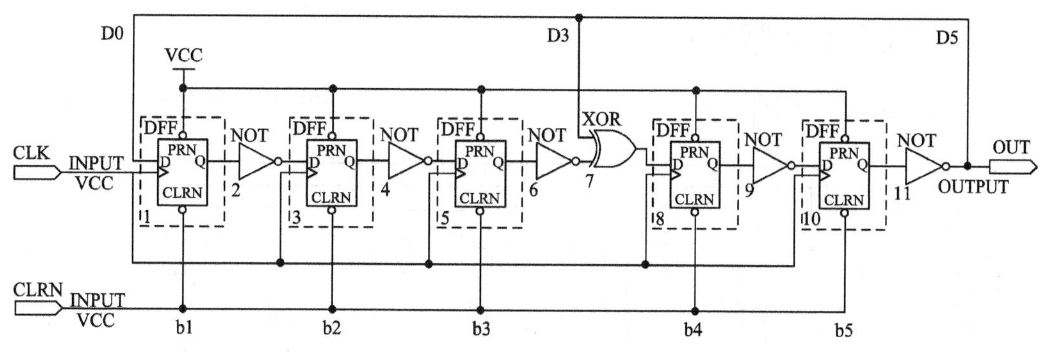

图 8.4 MSRG 结构的 m 序列产生器

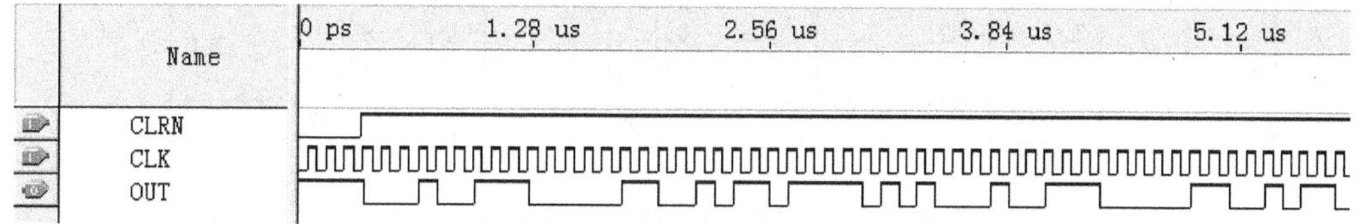

图 8.5 MSRG 结构 m 序列产生器的仿真波形

8.2 任意序列产生器

m 序列产生器的结构可由特征多项式得到，但对于非 m 序列产生电路的设计就比较复杂。很多有关脉冲与数字逻辑电路设计的书籍中都介绍了任意序列产生器的结构设计，如移存型序列产生器和计数器型序列产生器。这些方法虽然能够以最少的硬件产生所需的序列，但在设计时需要写出状态转移表，并通过组合逻辑运算产生所需序列。如果序列很长的话，整个设计过程是非常繁琐的，而且输出信号有可能出现毛刺。

利用 FPGA 器件产生任意序列有很多种方法，上面提到的移存型和计数器型序列产生器的设计方法当然是可行的，但在这里将介绍一种存储型任意序列产生器的设计方法。在设计存储型任意序列产生器时，设计人员不需要写状态转移表，也不需要进行组合逻辑运算，设计十分简便，而且不会出现逻辑冒险，保证了输出序列的质量。

存储型任意序列产生器就是将所需的序列事先存储到序列产生器中，序列产生器在时钟的激励下将存储的序列循环输出。它有两种实现形式，一种是利用移位寄存器实现，另一种是基于查找表(利用 FPGA 内的存储器)实现。

“00111000000111111011010100100010111”是一个长度为 32 位的伪随机序列，下面就分别利用移位寄存器和查找表设计该序列的产生器。

图 8.6 是基于寄存器的 32 位任意序列产生器电路，它将 4 个 8 位并入串出移位寄存器“cshifreg”模块级联，构成一个 32 位循环移位寄存器。32 比特数据放在寄存器的输入端口上，其中“0”接“GND”，为低电平信号，“1”接“VCC”，为高电平信号。当“STLD”为低电平时，时钟脉冲将 32 位数据并行送入移位寄存器中，当“STLD”保持为高电平状态时，在时钟信号的激励下，32 位数据在移位寄存器内循环移位，同时序列从“DATAOUT”端口输出。图 8.7 给出了仿真波形。

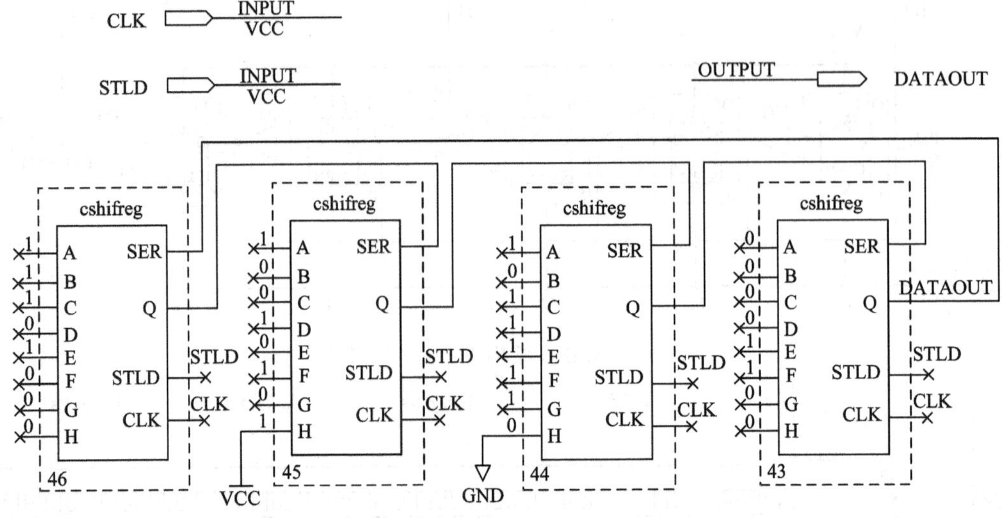

图 8.6　基于寄存器的 32 位任意序列产生器

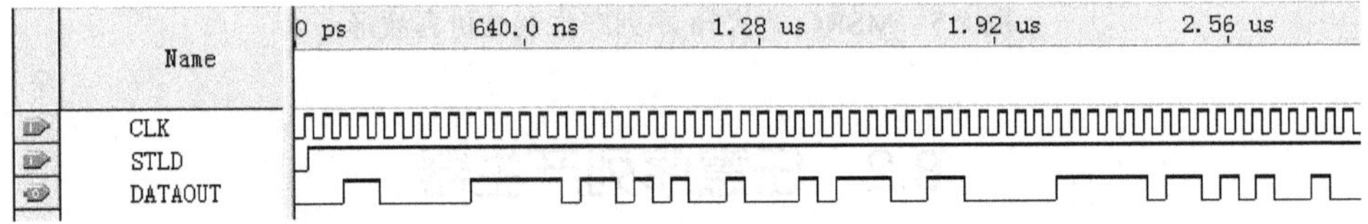

图 8.7　基于寄存器的 32 位任意序列产生器仿真波形

图 8.8 是基于查找表的 32 位任意序列产生器，整个电路由两部分组成：地址产生器和基于 ROM 的查找表。

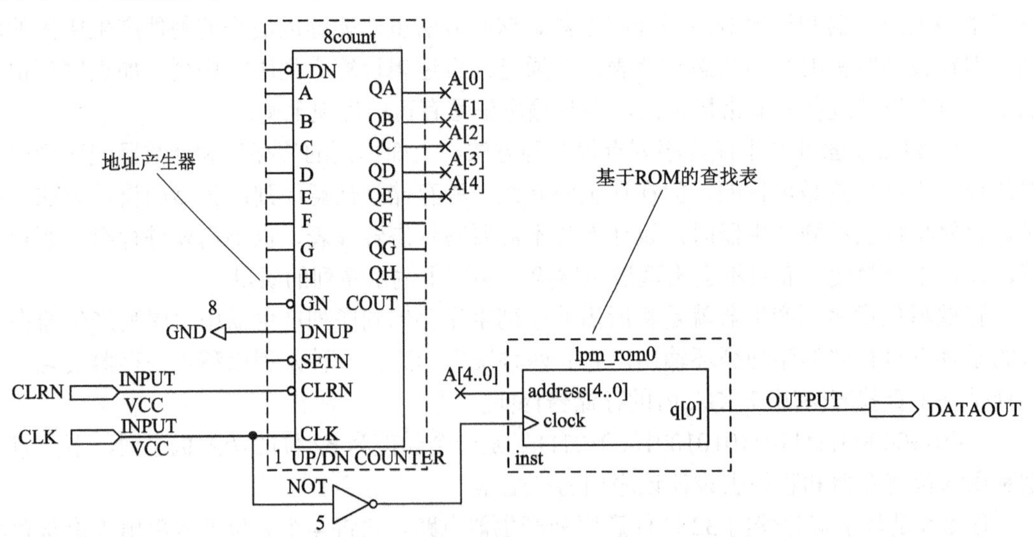

图 8.8　基于查找表的 32 位任意序列产生器

“lpm_rom” 的参数设置为：输入输出数据线的宽度为 “1”，读地址线的宽度为 “5”，5 位 “读地址” 为 “A[4..0]”，并将 32 位序列事先写入 “m.mif” 文件中。在 “m.mif” 文件中，从 32 位序列 “00110000011111011010100100010111” 的 MSB 到 LSB 依次对应地址 “00000～11111”。

地址产生器由“8count”构成，在时钟的激励下，“8count”的“QE～QA”端口循环产生信号“00000～11111”，将该信号作为地址信息在 ROM 中寻址，从而将 32 位序列从查找表中依次读出。

图 8.9 是基于查找表的 32 位任意序列产生器仿真波形。“A[4..0]”是地址信号，取值区间是“00000～11111”，它与查找表中的 32 位数据一一对应。

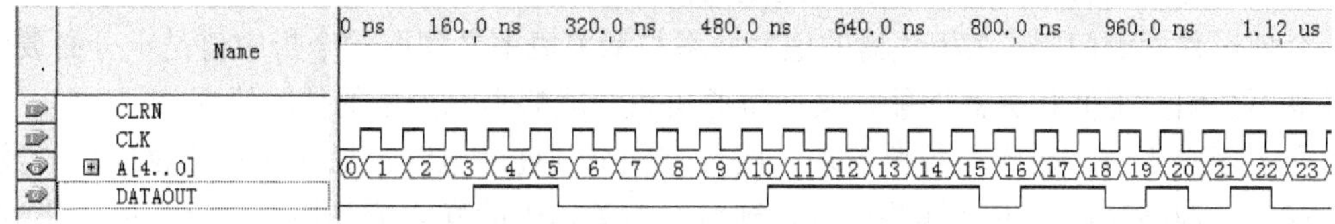

图 8.9　基于查找表的 32 位任意序列产生器仿真波形

存储型任意序列产生器与移存型和计数器型序列产生器相比较，设计过程十分简单，但需要消耗较多的硬件，如触发器和存储器。由于 FPGA 拥有大量的逻辑单元和存储单元，因此 FPGA 器件非常适合于实现存储型任意序列产生器。

在存储型任意序列产生器两种实现形式中，基于移位寄存器的实现方法，适于产生码长较短的序列，而基于查找表的实现方法，适于产生码长较长的序列。

8.3　数字相关器

数字相关器在通信信号处理中实质上是起到数字匹配滤波器的作用，它可对特定码序列进行相关处理，从而完成信号的解码，恢复出传送的信息。数字相关器与模拟相关器相比，其灵活性强、功耗低、易于集成，广泛用于帧同步字检测、扩频接收机、误码校正以及模式匹配等领域。

数字相关器一般包括：输入序列移位寄存器、参考序列移位寄存器、相关运算阵列和相关求和网络。图 8.10 给出了数字相关器的结构框图。

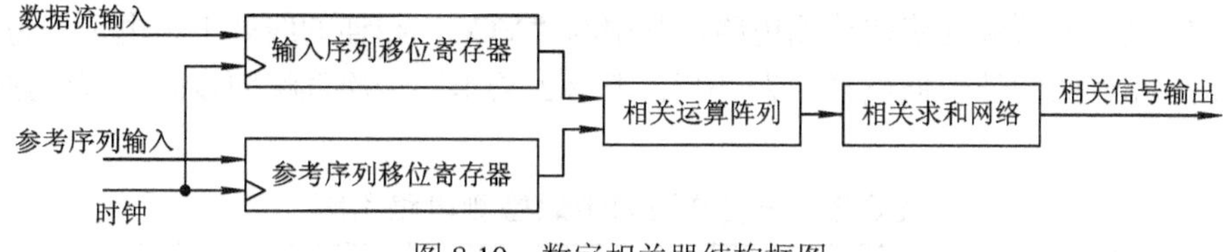

图 8.10　数字相关器结构框图

在数字相关器工作时，参考序列首先被送入参考序列移位寄存器中，而输入数据流则在时钟驱动下被送入输入序列移位寄存器中。相关运算阵列对输入序列与参考序列之间进行相关运算，输入序列移位寄存器每更新一位数据，相关运算阵列就进行一次相关运算，然后将相关运算结果送入相关求和网络，由相关求和网络计算出相关值。

一般情况下，相关求和网络输出的相关值还需要与一个检测门限做比较，判断是否出现相关峰。当求和网络计算出的相关值高于检验门限时，就认为出现了相关峰。因此，检测门限的高低决定了相关峰虚警检测概率和漏警检测概率的大小。所谓虚警是指没有相关峰时，相关器误认为此时有相关峰出现，而漏警则是指当相关峰出现时，相关器误认为此时没有相关峰。最理想的情况是相关峰检测的虚警概率和漏警概率都较小，这样就能得到可靠的判决结果，但是虚警概率和漏警概率不会同时减小。如果把检测门限设置得较低，漏警概率降低，但虚警概率增大，反之，如果提高检测门限，虚警概率降低，但漏警概率却增大了。例如相关数据长度为 32 位，如果把门限设为 32，则不会发生虚警，但是如果这 32 位中任意一位数据在传输中发生差错，即使有相关峰出现，由于此时的相关峰值低于 32，就会误认为此时没有相关峰，以至于发生漏警。

合理设置检测门限，在相关器的虚警概率与漏警概率之间取一个折中值是十分必要的，这样既不会明显降低相关器性能，又使得通信系统能够容忍少量的传输错误。

在实际应用中，数字相关器前端一般都有一个预处理电路，如完成对接收信号的数字化处理、防混叠滤波、下采样等，进入到数字相关器中的样点值是用一定字长的二进制数表示的。本地参考序列如果包含有幅度信息的话，它的各个样点也是用一定字长的二进制数来表示的。输入数据序列与本地参考序列做相关运算，实际上就是这两个序列的对应位做乘法运算，然后再利用求和网络得到相关值。最简单的一种情况是序列中的各个样点都用一位二进制数表示，这样就可以用逻辑运算(如模二加)来取代复杂的乘法运算。

我们知道，帧同步字用于指示帧的起始位置或结束位置，在典型的数字通信系统中，接收机需要在已解调的数据流中搜寻帧同步字，以确定帧的位置和帧定时信息。将数字相关器用于帧同步字检测的方法，特别适用于突发通信协议，如 TDM。数字相关器是实现快速同步和锁定数据突发的关键。下面以一次群信号的帧同步字检测为例，讨论数字相关器的基本设计方法。

根据 CCITT G.732 建议，A 律 30/32 路(一次群)TDM-PCM 传输标准的一个复帧包含 16 帧，一帧长为 125 μs，每一帧含 256 位，分成 32 个时隙(时隙 0～时隙 31)，每个时隙包含 8 位数据。帧分为奇数帧和偶数帧，偶数帧时隙 0 的后 7 位为帧定位信号(FAS，Frame Alignment Signal)“0011011”。也就是说，相邻的两个帧有一个帧同步码，相邻两个帧定位信号间距为 512 位。对一次群进行分接，首先要实现帧头的捕获，帧头捕获电路采用的数字相关检测方法，是数字相关器的一个典型作用。

图 8.11 是一次群帧同步码检测电路，其中与“VCC”相连的线处于高电平，为“1”；与“GND”相连的线处于低电平，为“0”。表 8.2 给出了一次群帧同步码检测电路的引脚说明。

表 8.2　一次群帧同步码检测电路引脚

引　脚	功　　能
DATAIN	数据输入
CLK	数据时钟输入
CLRN	系统复位端口
DETECTION	相关峰信号输出
SIG1	显示相关峰极性
SIG0	

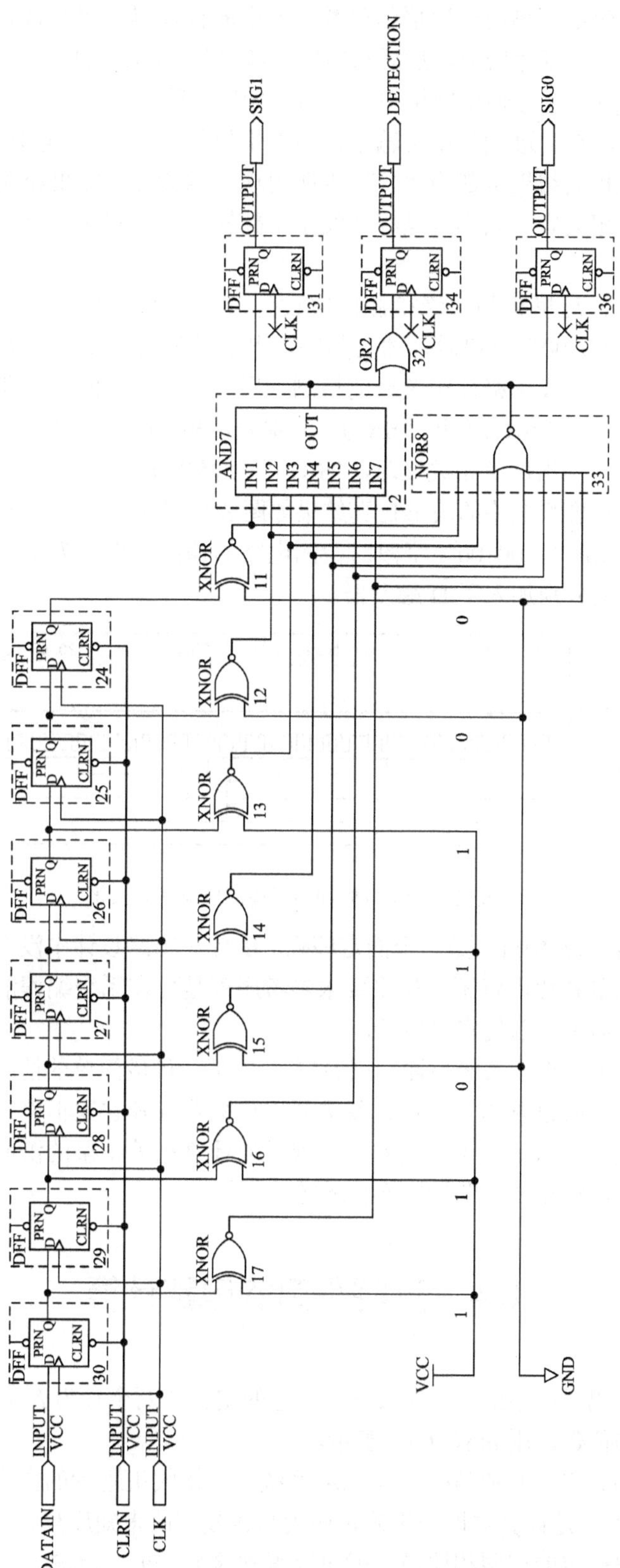

图 8.11　一次群帧同步码检测电路

该电路可以有效地检测出一次群信号数据流中的特殊码字“0011011”。输入一次群数据流首先进入 7 位移位寄存器中，然后与本地参考序列“0011011”的对应位进行“异或”逻辑运算，然后再统计 7 位输出结果中“1”和“0”的数目。

需要指出的是，在二进制数据传输中，高电平信号“1”与低电平信号“0”只是一个相对的概念。如果相关结果全部为“1”，表明出现了相关峰；如果相关结果全部为“0”，同样也表明出现了相关峰，只不过是极性发生了翻转。认识到这一点，对于检测门限的设置是十分重要的。

为了简便起见，这里将相关峰检测门限设为 7，也就是说只有在输入数据流中出现“0011011”或“1100100”字段时，才会判决输出正或负的相关峰。因此在图 8.11 中用一个七输入的“与门”完成正极性相关峰的检测，用一个七输入的“或非门”完成负极性相关峰的检测。输出引脚“SIG1”和“SIG0”分别表示相关峰的极性，当出现正相关峰时，“SIG1”为高电平；当出现负相关峰时，“SIG0”为高电平。

一次群帧同步码检测电路的波形仿真结果如图 8.12 所示，其中分别仿真了输入数据流中出现“0011011”和“1100100”字段时检测电路的输出结果。为了消除组合逻辑产生的毛刺，在三个输出端分别加入了 D 触发器。

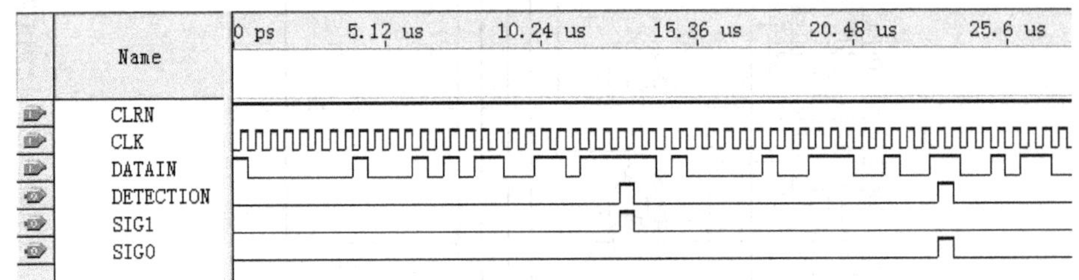

图 8.12 一次群帧同步码检测电路仿真波形

由于参考序列“0011011”是一个固定序列，因此在电路设计中没有使用参考序列移位寄存器，这样可以节省片内资源。如果要求参考序列是可在系统编程的，就需要将参考序列放入到移位寄存器中，以便实时更新。

在上面的例子中，将相关峰检测门限设置为 7 是一种最简单的情况，在实际应用中如果将相关峰的检测门限设置为其它值，就需要用计数器或其它逻辑电路来统计相关结果中“1”或“0”的数目，从另一个角度看，也就是要计算相关结果的汉明距离。有关汉明距离的电路计算方法，将在 8.4 节中做详细介绍。

8.4 汉明距离的电路计算

汉明距离是编码理论中的一个重要概念，它的定义是两个长为 N 的二元序列 S 和 U 之间对应位不相同的位数，用 $d(S, U)$来表示。

在扩频通信和数字突发通信(如 TDMA)系统中，接收机进行的数字相关检测或独特码(UW)检测，实际上就是计算本地一组确定序列与接收到的未知序列之间汉明距离的过程。将汉明距离与事先确定的门限相比较，就可以得到检测结果，检测器结构如图 8.13 所示。

设检测的序列长度为 N，本地码型确定的序列为

$$U=(U_1，U_2，\cdots，U_N)$$

接收机将接收到的数据连续不断地送入 N 位串行移位寄存器中，任一瞬间移位寄存器的内容为

$$S=(S_1，S_2，\cdots，S_N)$$

S 与 U 的对应位进行模二加，当 S 与 U 的对应位相同时结果为“0”，不同时结果为“1”，最后得到

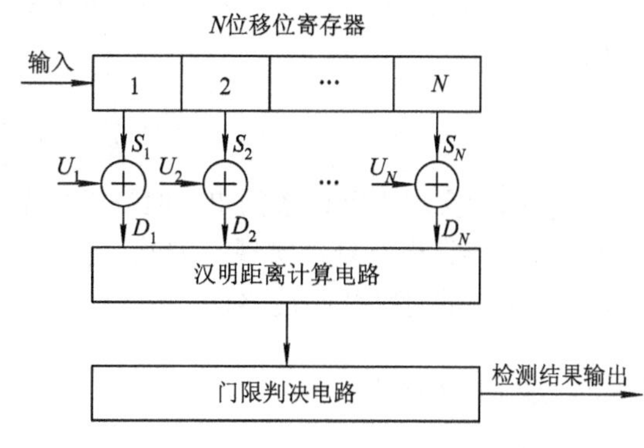

图 8.13　检测器结构框图

$$D=(D_1，D_2，\cdots，D_N)$$

其中

$$D_i=S_i \oplus U_i \qquad (i=1，2，\cdots，N) \tag{8-3}$$

序列 D 中“1”的数目就是 S 与 U 之间的汉明距离，可表示为：

$$d(S，U)=\sum_{i=1}^{N}(S_i \oplus U_i)=\sum_{i=1}^{N}D_i \tag{8-4}$$

二元序列 D 是序列 S 与 U 的比较结果，要得到汉明距离的数值，必须从序列 D 中计算出“1”的个数，其电路的实现方法有多种，下面一一进行分析。

8.4.1　计数法

在某一时刻，我们得到了一个二元序列 $D=(D_1，D_2，\cdots，D_N)$，它存在的时间基本上为一个时钟周期，在下一个时钟到来时，由于序列 S 发生了变化，从而将序列 D 更新。为了计算出每一个时钟周期内序列 D 中“1”的数目，首先将序列 D 并行送入一个“并入串出”的 N 位移位寄存器中，然后用一个高速时钟将数据送出，同时利用计数器来统计“1”的数目，最后用清洗脉冲将计数器清零，为下一周期的计数做好准备，参见图 8.14。

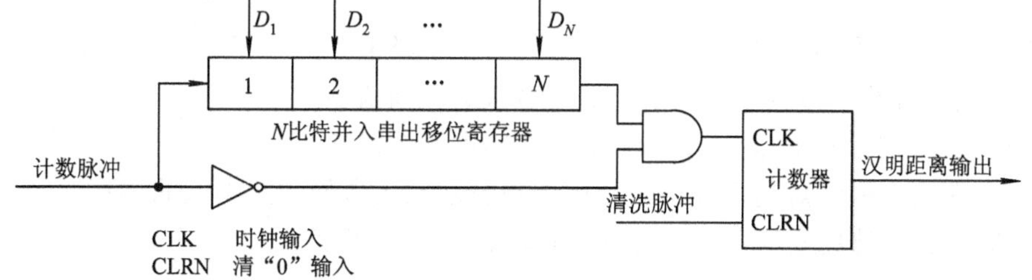

图 8.14　计数法原理图

假设接收到的数据速率为 R_0，每一位时间宽度为 T_0，则有

$$T_0=\frac{1}{R_0} \tag{8-5}$$

由此可以确定计数时钟的最低速率为

$$R = N \cdot R_0 \tag{8-6}$$

周期为

$$T = \frac{1}{R} = \frac{1}{NR_0} \tag{8-7}$$

计数法的实现电路比较简单，但是当数据速率 R_0 较高或 N 值较大时，计数时钟的速率 R 会很大，导致电路难以实现。因此，这种方法适合于低速数据，码序列不宜很长，而且需要有高速率的时钟和高速器件。

8.4.2 逻辑函数法

将序列 D 作为逻辑函数的输入变量，汉明距离作为输出变量，则输出变量的个数 I 为

$$I = \text{INT}(\text{lb}N) + 1 \tag{8-8}$$

这里，N 为序列 D 的长度，INT(X)表示取 X 的整数部分。根据输入变量值写出对应的输出变量值，得到其真值表，从而建立逻辑函数表达式。但它不是最简的，通常采用公式法或卡诺图法对其进行简化，得到最简的逻辑计算电路。在 N 值较大的情况下可采用系统简化法(又称 Q-M 法)，这种方法适用于化简任意多变量的函数，并且具有较严格的算法，可以将此函数的简化问题编程，借助于计算机进行化简。

逻辑函数法的计算电路使用了大量的与或非门，其计算速度决定于信号通过逻辑门的延迟时间及布线距离的长短，一般说来，可以达到较高的计算速度。但是随着 N 的增大，计算电路将越来越复杂，并且 N 值不同，实际电路结构也不相同，必须重新设计。同时，在电路设计中，必须消除逻辑冒险。

8.4.3 查找表法

所谓查找表法，就是将存储器做成一个查找表，把序列 D 作为地址信号，从表中查找出其对应的汉明距离。图 8.15 说明了这种方法。

序列 D 的长度为 N，存储单元的数据宽度为 P，则

$$P = \text{INT}(\text{lb}N) + 1 \tag{8-9}$$

从而要求存储器的容量 M 为

$$M = 2^N \times P \tag{8-10}$$

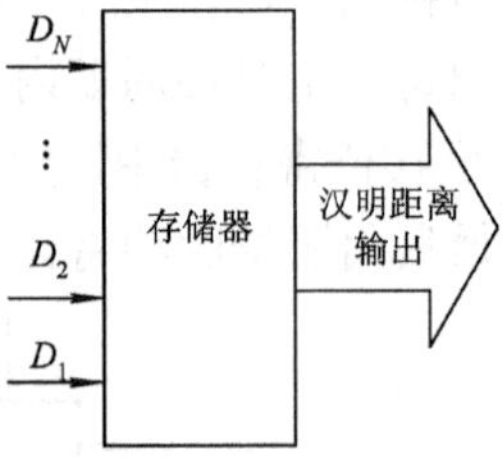

图 8.15 查找表法原理图

可见，随着序列长度 N 的增加，存储器容量成几何级数增长，当 $N > 30$ 时，存储量将超过 5 Gb，实际电路难以实现。所以，在码序列较短的情况下，使用查找表法比较方便。此方法的计算速度与存储器的寻址时间有关，选用高速器件，可以达到较高的计算速度。

8.4.4 求和网络法

求和网络法的原理图见图 8.16 所示，它的工作原理很简单，即将序列 D 中的各项逐个加在一起，最终累加结果便是汉明距离。求和网络法在网络结构上可分为并行求和网络和串行求和网络两种，这两种结构所需加法器的数目 J 是一样的，均为

$$J = N - 1 \tag{8-11}$$

在一般情况下，为了保证计算结果的可靠性，需要将序列 D 用 N 位寄存器锁存。在求和网络中，信号每经过一次加法运算，就引入一定的延迟。但是，串行求和网络与并行求和网络的信号总延迟 τ 是不同的，显然：

$$\tau_{串行} > \tau_{并行} \tag{8-12}$$

因为信号总的延迟时间不能超过数据码元周期 T_0，即有

$$T_0 > \tau_{串行} > \tau_{并行} \tag{8-13}$$

所以并行求和网络的工作速度要高于串行求和网络。

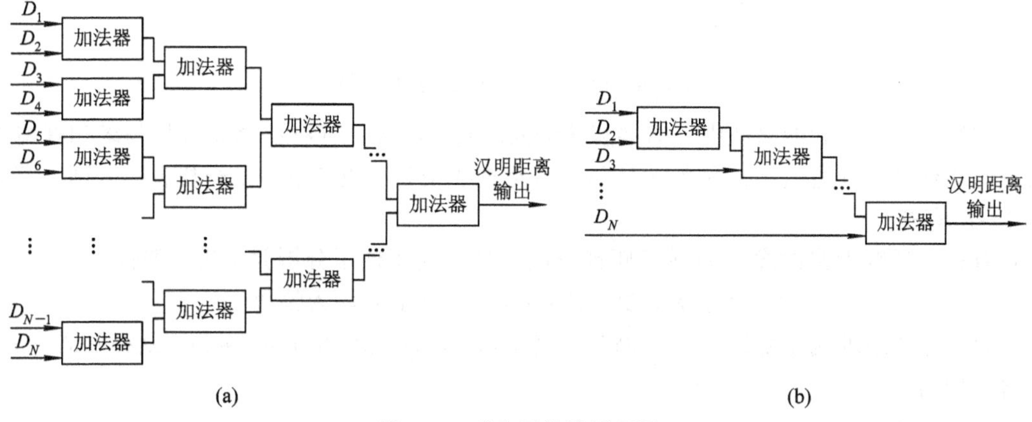

图 8.16　求和网络法原理图

(a) 并行求和网络；(b) 串行求和网络

8.4.5　组合应用

以上介绍了四种计算汉明距离的方法，它们各有优缺点，在具体应用中，如果将几种方法组合使用，计算电路会更加合理、高效。图 8.17 给出了计数—求和网络法的原理框图，在这里，我们重点讨论图 8.18 所示的查找表—求和网络法。

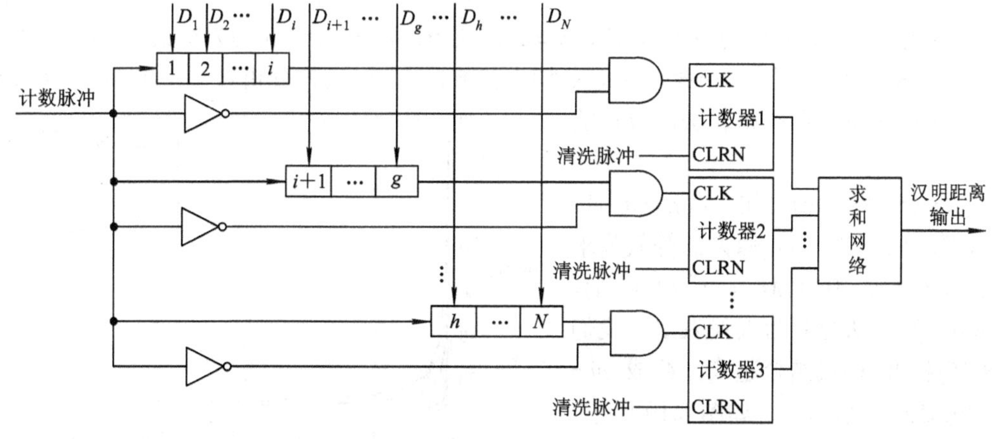

图 8.17　计数—求和网络法原理图

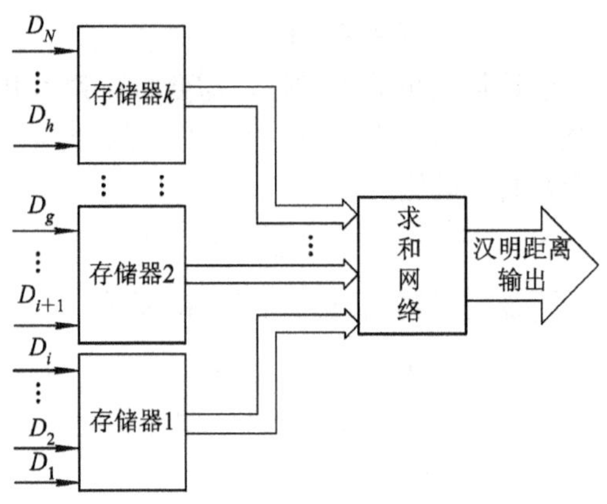

图 8.18 查找表—求和网络法原理图

在查找表－求和网络法中，需要解决的问题是怎样才能使存储器总容量与求和网络中加法器的数目达到最佳。如图 8.18 所示，可将查找表分解成若干个子查找表，分别由存储器 1～K 构成。

首先将长度为 N 的序列 D 等间距地分成 K 段，为了便于分析并不失一般性，令

$$N = 2^m，K = 2^n，且\ m \geqslant n \geqslant 0，m，n\ 均为整数$$

那么存储器的地址线宽度为 2^{m-n}，每个存储单元的数据宽度为$(m - n + 1)$，则存储器 1～K 的容量均为

$$M = 2^{2^{m-n}} \times (m - n + 1) \tag{8-14}$$

进而可以计算出存储器的总容量为

$$M_{总} = K \times M = 2^{2^{m-n}+n} \times (m - n + 1) \tag{8-15}$$

显然，与(8-10)式相比，将一个大的查找表分割成若干个子查找表，可以减少存储器的容量。同样，由(8-11)式可知，求和网络中加法器的总数目为

$$J_{总} = K - 1 = 2^n - 1 \tag{8-16}$$

在上述讨论中，我们曾令 $\{N = 2^m，K = 2^n，且\ m \geqslant n \geqslant 0，m，n\ 均为整数\}$，当 $\{2^m \geqslant N \geqslant 2^{m-1}，2^n \geqslant K \geqslant 2^{n-1}，且\ m \geqslant n \geqslant 1，m，n\ 均为整数\}$ 时，经同样分析可知，(8-11)、(8-16)式给出了此时存储器容量和加法器数目的上限。

由(8-15)和(8-16)可知，当 $n = m$ 时，$M_{总} = 2^n$，$J_{总} = 2^m - 1$，原方法等效为求和网络法；当 $n = 0$ 时，$M_{总} = 2^N \times (m + 1)$，$J_{总} = 0$，原方法等效为查找表法。我们将(8-15)和(8-16)式结合起来，绘成 $m - J_{总} - \log_2 M_{总}$关系曲线，如图 8.19 所示。值得注意的是，在序列长度确定的条件下(即 m 确定)，$M_{总}$与 $J_{总}$的大小是可以

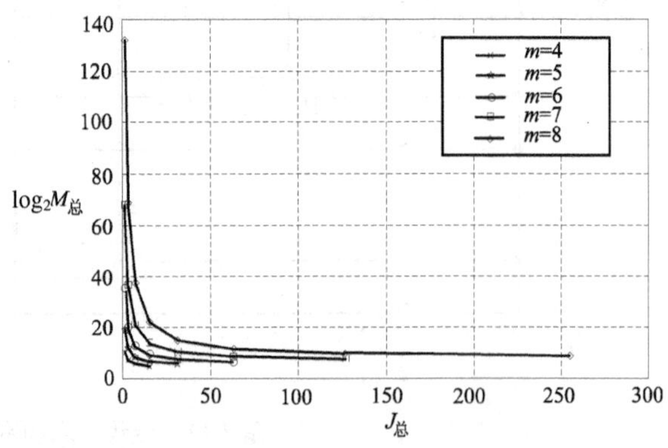

图 8.19 $m - J_{总} - \log_2 M_{总}$关系曲线

相互转换的，这个特点对于采用可编程逻辑器件计算汉明距离尤为重要。因为可编程逻辑器件的存储单元和逻辑单元属于两种不同的芯片资源，它们是有限的。加法器一般可由逻辑单元构成。在较复杂的专用集成电路设计中，其它功能模块可能已经占用了较多的存储单元，或者占用了较多的逻辑单元，而汉明距离的计算电路则可根据有效的芯片资源，恰当地选择 $M_{总}$与 $J_{总}$值，使整个系统的资源利用率达到最佳。

下面我们给出查找表-求和网络法的一个应用实例。

在某通信系统的检测单元中，需要实时计算出长度为 32 位的接收序列与本地序列之间的汉明距离，同时要求实际电路能够充分利用 Altera 公司 EPF10K10 芯片内的存储单元，尽量节省逻辑单元以容纳其它的功能模块。EPF10K10 芯片的存储单元由三个 EAB 块组成，每个 EAB 块的存储容量为 2048 bit，可以配置成 512 × 4 的查找表，其中地址线宽度为 9，数据线宽度为 4。设序列 $D=(D_1, D_2, \cdots, D_{32})$，分别将$(D_6, D_7, \cdots, D_{14})$，$(D_{15}, D_{16}, \cdots, D_{23})$，$(D_{24}, D_{25}, \cdots, D_{32})$作为查找表的地址线，由此可以计算出序列$(D_6, D_7, \cdots, D_{32})$的汉明距离。序列$(D_1, D_2, \cdots, D_5)$的汉明距离可以采用逻辑函数法获得。图 8.20 给出了 32 位序列汉明距离电路计算原理图。

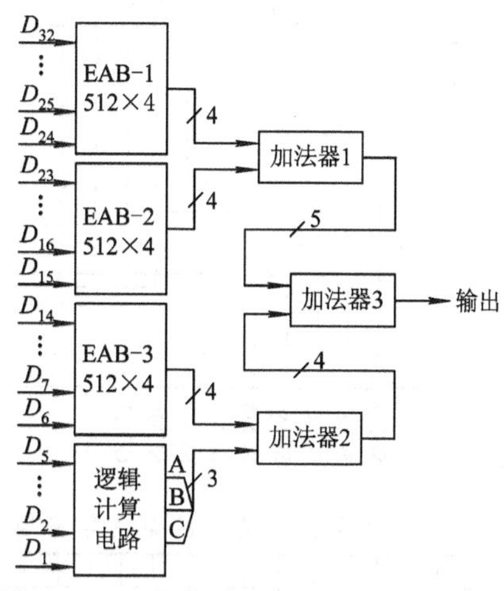

图 8.20 32 位序列汉明距离计算电路原理

由(8-8)式可知，逻辑计算电路有三个二进制输出变量，由最高有效位到最低有效位依次设为 A、B、C，其逻辑表达式为

$$
\begin{aligned}
A = {} & D_1D_3D_4D_5 + D_2D_3D_4D_5 + D_1D_2D_3D_5 + D_1D_2D_4D_5 + D_1D_2D_3D_4 \\
B = {} & \overline{D}_1D_2D_3\overline{D}_4 + \overline{D}_1D_2\overline{D}_3D_5 + \overline{D}_1\overline{D}_2D_3D_5 + \overline{D}_1\overline{D}_2D_4D_5 \\
& + \overline{D}_1D_3D_4\overline{D}_5 + \overline{D}_1D_2\overline{D}_3D_4 + D_1\overline{D}_2D_3\overline{D}_4 + D_1D_2\overline{D}_4\overline{D}_5 \\
& + D_1D_2\overline{D}_3\overline{D}_4 + D_1\overline{D}_2\overline{D}_3D_5 + D_1\overline{D}_2D_4\overline{D}_5 + D_1\overline{D}_3D_4\overline{D}_5 \\
C = {} & \overline{D}_1\overline{D}_2D_3\overline{D}_4\overline{D}_5 + \overline{D}_1D_2\overline{D}_3\overline{D}_4\overline{D}_5 + \overline{D}_1\overline{D}_2\overline{D}_3\overline{D}_4D_5 + \overline{D}_1D_2D_3\overline{D}_4D_5 \\
& + \overline{D}_1\overline{D}_2D_3D_4D_5 + \overline{D}_1D_2\overline{D}_3D_4D_5 + \overline{D}_1\overline{D}_2\overline{D}_3D_4\overline{D}_5 + \overline{D}_1D_2D_3D_4\overline{D}_5 \\
& + D_1\overline{D}_2\overline{D}_3\overline{D}_4\overline{D}_5 + D_1D_2D_3\overline{D}_4\overline{D}_5 \\
& + D_1\overline{D}_2D_3\overline{D}_4D_5 + D_1D_2\overline{D}_3\overline{D}_4D_5 + D_1\overline{D}_2\overline{D}_3D_4D_5 \\
& + D_1D_2D_3D_4D_5 + D_1\overline{D}_2D_3D_4\overline{D}_5 + D_1D_2\overline{D}_3D_4\overline{D}_5
\end{aligned}
$$

图 8.21 是 32 位汉明距离计算的电路图，其中用三个“lpm_rom”模块构建查找表，用“c5in3out”模块完成逻辑电路计算功能，最后用三个加法器将各项相加，就得到最终计算结果。整个计算电路使用了芯片 100%的存储单元和 5%的逻辑单元，其中，逻辑计算电路占 2%，加法器占 3%。如果完全采用逻辑函数法，则需要占用芯片 15%的逻辑单元，因此图 8.21 所示的汉明距离计算电路为该通信系统的检测单元节省了 10%的逻辑单元。

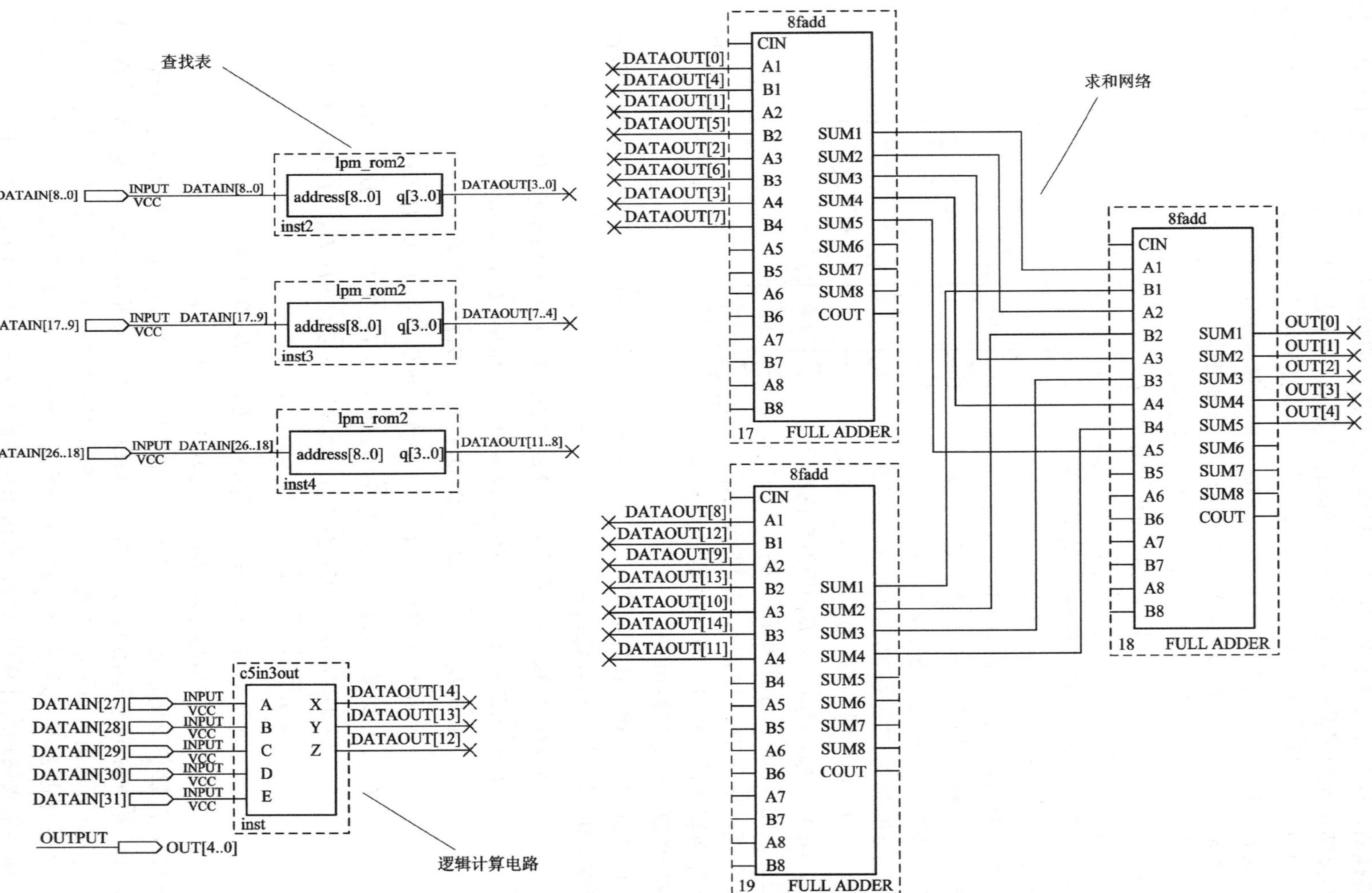

图 8.21　32 位序列汉明距离计算电路图

图 8.22 给出了部分电路仿真波形，其中序列 D 从端口“DATAIN[31..0]”输入，用十六进制数表示，计算结果从“OUT[3..0]”输出，用十进制数表示。

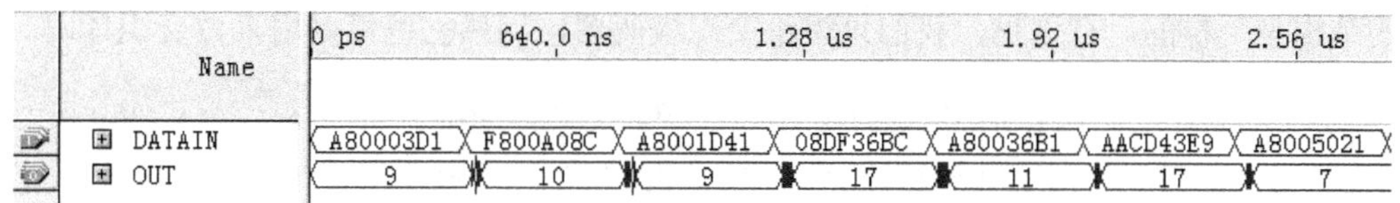

图 8.22 32 位序列汉明距离计算电路仿真波形

8.5 交织编码器

8.5.1 交织编码的原理

数字通信系统进行数据传输时，不可避免地会在接收端产生差错。在这种情况下，如果单纯通过改进信道的性能来降低误码率，在某些情况下是不切实际或不经济的。因此，数字通信系统通常采用前向纠错编码的方法来纠正在传输过程中产生的误码。目前常用的纠错码包括分组码和卷积码，它们都是按一定规律在原始信息序列中有意加上一些不含信息的多余比特，其作用是监督所有码组经过信道传输后是否有差错，以便在接收端根据码组中规定的监督关系对出现差错的码组进行纠错。

每一种纠错码都只具备有限的纠错能力。当连续误码个数超过它的纠错能力之后，接收端的纠错译码便不能有效地降低信道误码率，甚至还会造成某种程度的恶化。为了克服信道中出现突发性差错，需要使用交织编码技术，其作用就是将连续误码分散成非连续误码，增大纠错码的约束长度。数字通信系统采用纠错码和交织编码，就具有了既能纠正随机差错，又能克服突发性差错的功能，大大提高了通信质量。此外，交织编码器在 Turbo 码设计中也起着十分重要的作用。

图 8.23 是纠错编码与交织编码电路连接关系图。交织编码根据交织图案形式的不同，可分为线性交织、卷积交织和伪随机交织。其中线性交织编码是一种比较常见的形式，在这里，主要向大家讲述线性交织编码器的 FPGA 设计。

图 8.23 纠错编码与交织编码的连接关系

所谓线性交织编码器，是指把纠错编码器输出信号均匀分成 m 个码组，每个码组由 n 段数据构成，这样就构成一个 $n\times m$ 的矩阵。我们把这个矩阵称为交织矩阵，如图 8.24 所示。数据以 a_{11}，a_{12}，…，a_{1n}，a_{21}，a_{22}，…，a_{2n}，…，a_{ij}，…，a_{m1}，a_{m2}，…，a_{mn} ($i=1, 2, \cdots, m$；$j=1, 2, \cdots, n$)的顺序进入交织矩阵，再以 a_{11}，a_{21}，…，a_{m1}，a_{12}，a_{22}，…，a_{m2}，…，a_{ij}，…，a_{1n}，a_{2n}，…，a_{mn} 的顺序从交织矩阵中送出，这样就完成了对数据的交织编码。当然还可以按照其它顺序从交织矩阵中读取数据，不管采用哪种形式，其最终目的都是把输入数据的次序打乱。

如果a_{ij}只包含一个数据比特，称为按位交织；如果a_{ij}包含多个数据比特，则称为按字交织。接收端的交织译码同交织编码过程相类似，也是通过图 8.24 的交织矩阵来完成，它们的结构是一样的。在这里，我们只讨论交织编码器，当然它也可以用来做交织译码。

$$\begin{bmatrix} a_{11} & a_{21} & \cdots & a_{i1} & \cdots & a_{m1} \\ a_{12} & a_{22} & \cdots & a_{i2} & \cdots & a_{m2} \\ \vdots & \vdots & \vdots & \vdots & \vdots & \vdots \\ a_{1j} & a_{2j} & \cdots & a_{ij} & \cdots & a_{mj} \\ \cdots & \cdots & \cdots & \cdots & \cdots & \cdots \\ a_{1n} & a_{2n} & \cdots & a_{in} & \cdots & a_{mn} \end{bmatrix}$$

图 8.24　$n \times m$ 交织矩阵

根据 Altera 公司 FLEX 系列器件的内部结构特点，可以采用两种方法设计交织编码器。一种方法是利用 FLEX 器件的逻辑单元，用移位寄存器完成交织，另一种方法是利用 EAB 资源，用存储器实现交织编码，下面分别进行讨论。

8.5.2　利用移位寄存器实现交织编码

图 8.25 所示为利用移位寄存器实现 4 × 4 交织编码器($m = n = 4$)工作原理方框图，输入移位寄存器和输出移位寄存器的容量均为 16 比特，该交织器每次完成 16 比特数据的交织编码。图 8.26 为 4 × 4 交织编码器的交织矩阵。设“0～15”为输入 16 比特数据的编号，输入数据在时钟的作用下，按照“0、1、2、3、4、5、6、7、8、9、10、11、12、13、14、15”的顺序进入“输入移位寄存器”，在时序控制单元的控制下，经过交织网络，进入“输出移位寄存器”，然后以“0、4、8、12、1、5、9、13、2、6、10、14、3、7、11、15”的顺序输出，从而完成交织编码。

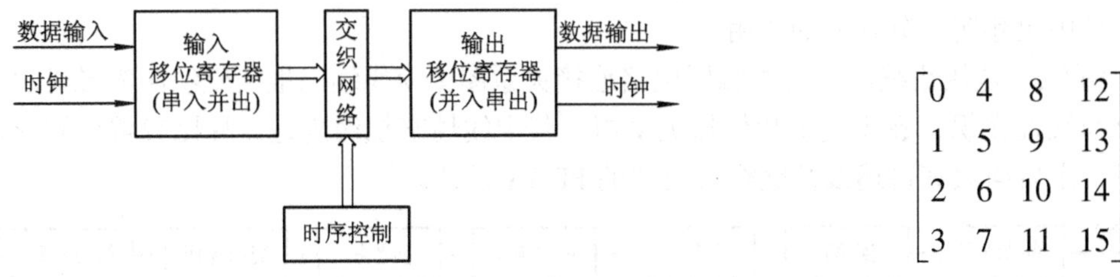

图 8.25　基于移位寄存器的交织编码器工作原理方框图

$$\begin{bmatrix} 0 & 4 & 8 & 12 \\ 1 & 5 & 9 & 13 \\ 2 & 6 & 10 & 14 \\ 3 & 7 & 11 & 15 \end{bmatrix}$$

图 8.26　4 × 4 交织矩阵

图 8.27 是利用移位寄存器所实现的交织编码器电路图，表 8.3 给出了交织编码器的引脚关系。“输入移位寄存器”由两个“74164”级联实现，“输出移位寄存器”由两个“cshifreg”级联实现。表 8.4 为输入数据和输出数据编号的对应关系，利用对应关系将相应编号的端口相连接，就构成了“交织网络”。时序控制单元是一个模 16 同步计数器，当“输入移位寄存器”读入 16 比特数据后，时序控制单元产生一个脉冲信号，将这些数据通过“交织网络”送入“输出移位寄存器”，此时该移位寄存器内的数据已经按照交织编码后的顺序排列。在时钟的驱动下，将“输出移位寄存器”内数据顺序送出，即为交织编码后的数据。

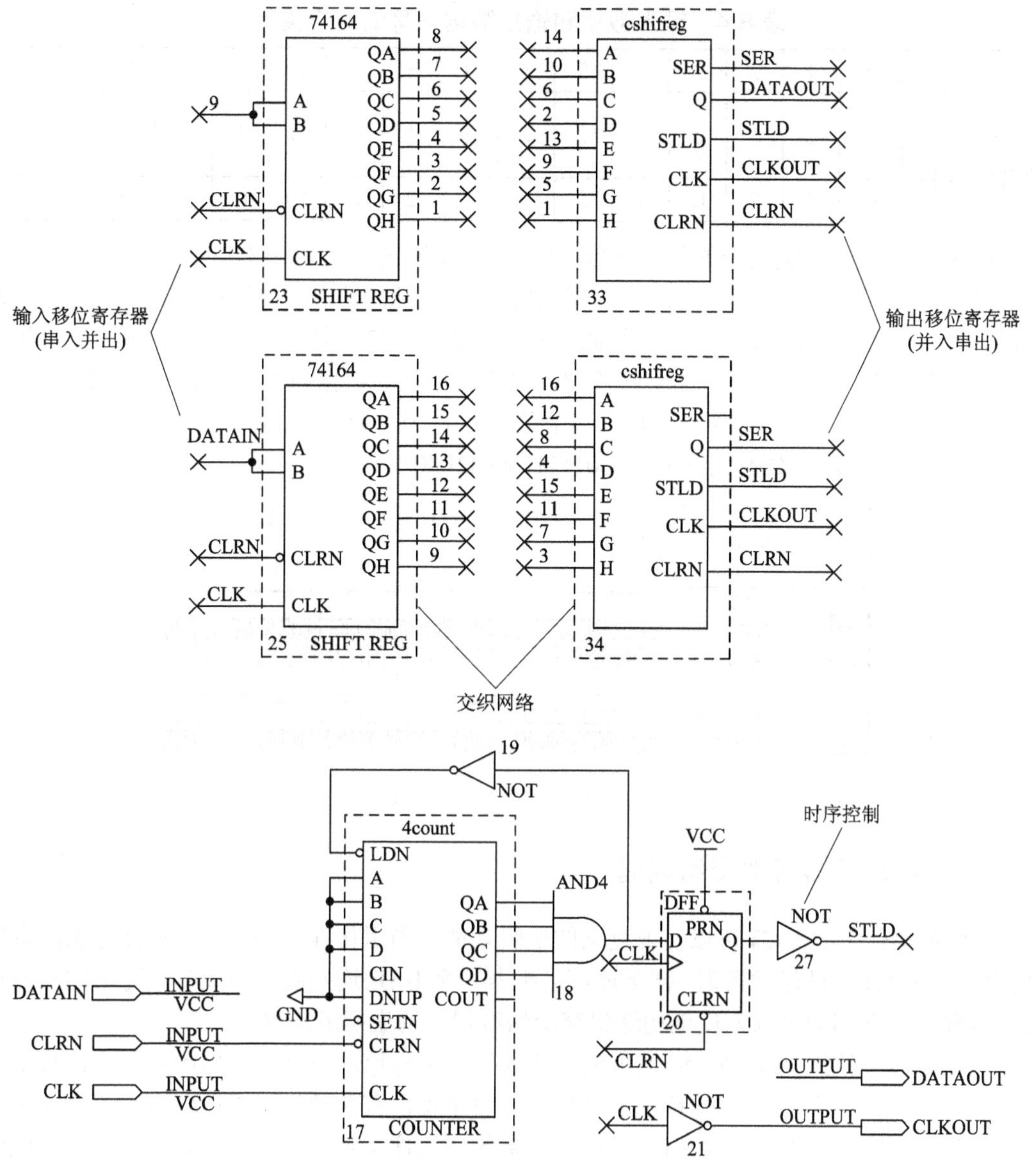

图 8.27 利用移位寄存器实现的交织编码器

表 8.3 基于移位寄存器的交织编码器引脚

引 脚	功 能
DATAIN	数据输入
CLK	数据时钟输入
CLRN	系统复位端口
DATAOUT	交织编码数据输出
CLKOUT	交织编码数据时钟输出

表 8.4　输入数据和输出数据编号的对应关系

输入数据编号	0	1	2	3	4	5	6	7	8	9	10	11	12	13	14	15
	↓	↓	↓	↓	↓	↓	↓	↓	↓	↓	↓	↓	↓	↓	↓	↓
输出数据编号	0	4	8	12	1	5	9	13	2	6	10	14	3	7	11	15

图 8.28 是该交织编码器的仿真波形，第 20 号 D 触发器 Q 输出端口处的脉冲信号每 16 个时钟周期出现一次，“输入移位寄存器”中的数据在脉冲信号控制下被送入“输出移位寄存器”，同时在交织网络中完成交织编码。时钟“CLKOUT”是输入时钟“CLK”的反相时钟，其上升沿对应着数据信号的中间位置，这样可以保证数据的可靠读取。“DATAIN”是数据输入端，系统清零后输入的前 16 个数据比特为“1101010001001110”，经交织后，“DATAOUT”输出的数据比特为“1001111100011000”。

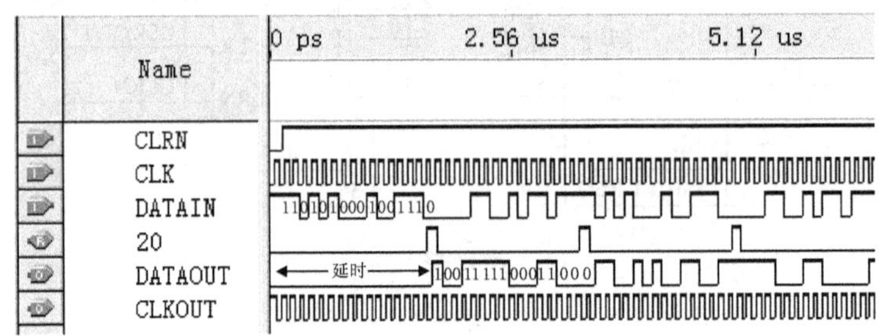

图 8.28　交织编码器仿真波形(一)

8.5.3　利用存储器实现交织编码

FPGA 器件中的 EAB 可以实现复杂的逻辑功能，当用作存储器时，其存储数据的宽度和深度可由设计人员任意指定，甚至还可以把若干个 EAB 连接起来组成容量更大的存储单元。因此利用存储器可以方便地构造出交织深度很大的交织编码器。

图 8.29 是利用双端口 RAM 实现的交织编码器工作原理方框图，由图可看出，交织编码器设计的关键在于“读/写地址”的产生。一般来说，有两种设计“读/写地址”的方法：一种方法是“顺序写入、乱序读出”，即输入数据以顺序地址写入存储器，然后再以交织地址从存储器中读出；另一种方法是“乱序写入、顺序读出”，即输入数据以交织地址写入存储器，然后再以顺序地址从存储器中读出。这两种方法是等效的，在下面的例子中，我们采用“顺序写入，乱序读出”的方法。

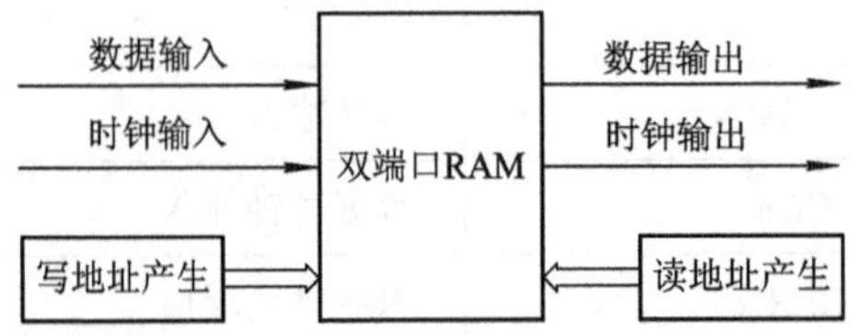

图 8.29　基于存储器的交织编码器工作原理方框图

将双端口 RAM 存储空间划分为两部分，在交织器工作时，这两部分存储空间采用“乒乓方式”交替进行读/写操作。

图 8.30 是 4×4 交织编码器的电路图，双端口 RAM 由“lpm_ram_dp”宏模块构成，该模块的逻辑参数为：输入输出数据线的宽度为“1”，读/写地址线的宽度为“5”，5 位“写地址”为“WRADDRESS[4..0]”，5 位“读地址”为“RDADDRESS[4..0]”，总寻址空间为“32”比特。

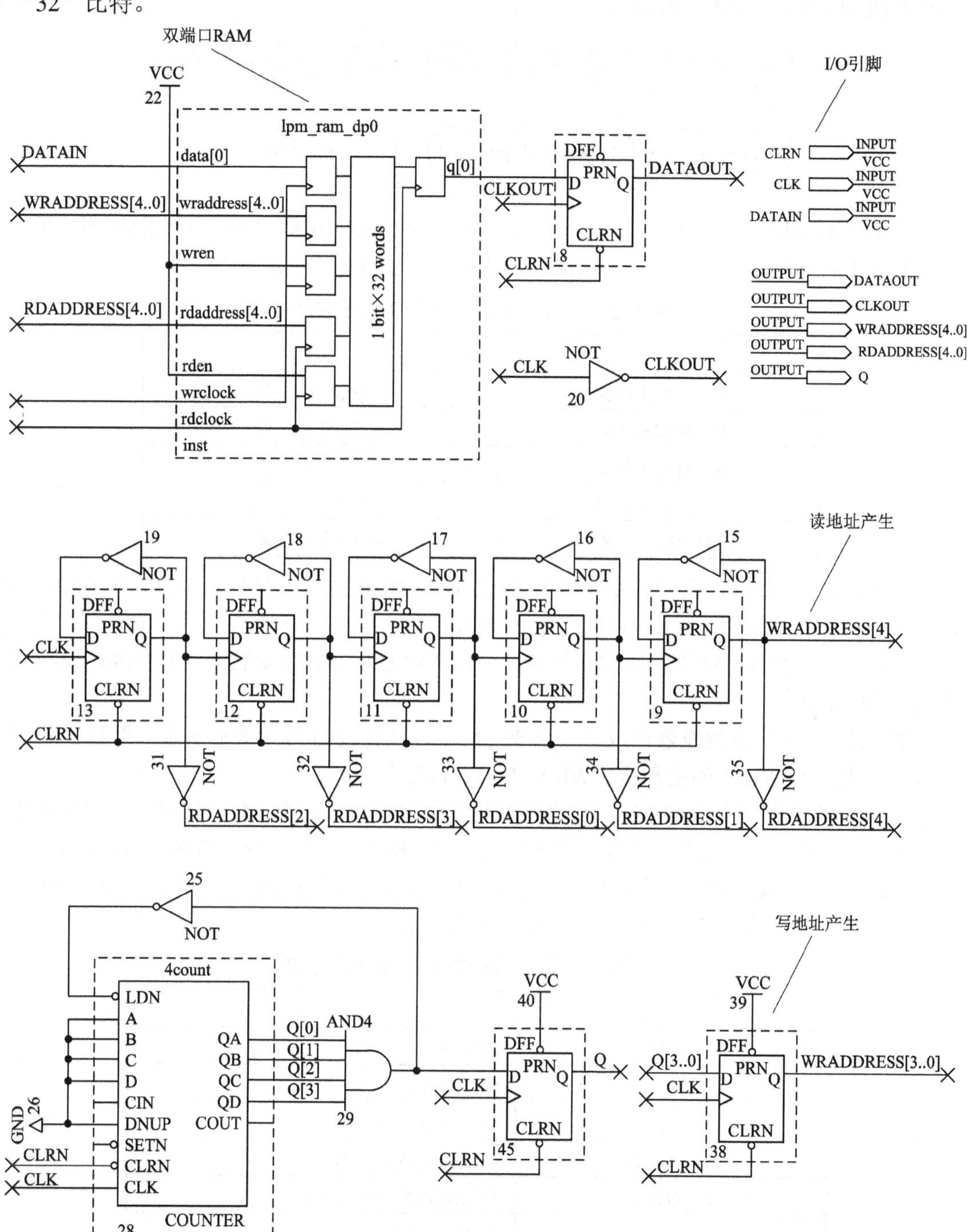

图 8.30　利用双端口 RAM 实现的交织编码器

“写地址”的低 4 位“WRADDRESS[3..0]”由计数器“4count”的输出端口“QA～QD”产生。“读地址线”的产生比较复杂，需要通过状态转移图得到。我们已经知道，交织器编码数据按照“0、4、8、12、1、5、9、13、2、6、10、14、3、7、11、15”的顺序输出，其地址(低 4 位地址)状态转移图为

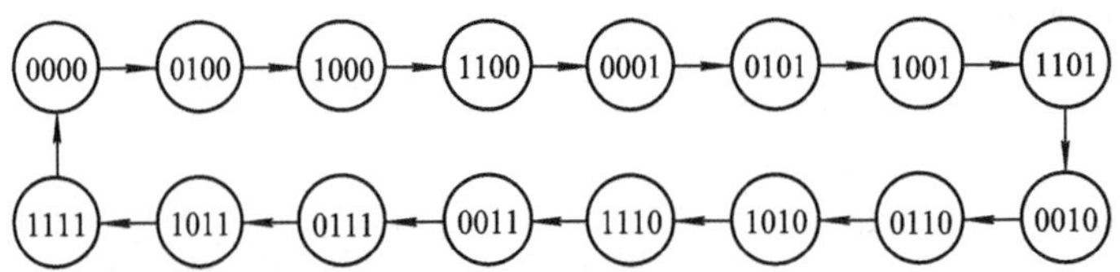

由状态转移图可以得到“读地址”的低 4 位“RDADDRESS[3..0]”与数据时钟之间有表 8.5 所述的对应关系。因此，可以很容易地用分频器得到“读地址”。

表 8.5 “读地址”与时钟对应关系

读 地 址	与时钟对应关系
RDADDRESS4	时钟的 32 分频
RDADDRESS3	时钟的 4 分频
RDADDRESS2	时钟的 2 分频
RDADDRESS1	时钟的 16 分频
RDADDRESS0	时钟的 8 分频

“读/写地址”的最高位“RDADDRESS4/WRADDRESS4”是反相关系，使存储器在“00000～01111”和“10000～11111”两段地址空间内交替“读/写”操作。这两段空间交替“读/写”一次对应 32 个数据时钟周期，所以“RDADDRESS4/WRADDRESS4”可由数据时钟的 32 分频得到。

图 8.30 用 5 个 D 触发器构成了一个 32 分频器，从各级 D 触发器输出端可得到 5 位“读地址”以及“写地址”的最高位“WRADDRESS4”。

表 8.6 给出了基于 RAM 结构的交织编码器的引脚关系，为了便于测试，将“读/写地址”和“模 16 计数信号”也用输出管脚引出。“CLKOUT”是时钟“CLK”的反相信号。“读/写”地址转换的时候会出现许多“毛刺”信号，用“CLKOUT”作为存储器“读/写”时钟可以避免“毛刺”的影响，保证数据的可靠读取。

表 8.6 基于 RAM 的交织编码器引脚

引 脚	功 能
DATAIN	数据输入
CLK	数据时钟输入
CLRN	系统复位端口
DATAOUT	交织编码数据输出
CLKOUT	交织编码数据时钟输出
Q	模 16 计数信号
WRADDRESS[4..0]	写地址
RDADDRESS[4..0]	读地址

图 8.31 是交织编码器的仿真波形。从图中的局部放大图可以看到"读/写"地址的对应关系与交织矩阵完全一致。图中还标出了输入的前 16 个数据比特为"1100111000100101"，经交织后，"DATAOUT"输出的数据比特为"1100110101100001"。

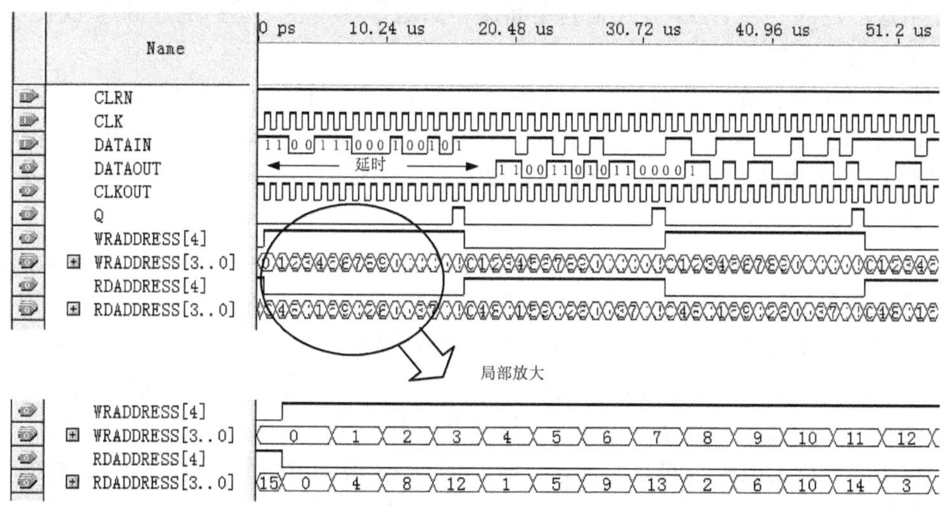

图 8.31　交织编码器仿真波形(二)

从图 8.28 和图 8.31 的仿真波形中还可看到，交织编码器在数据输出前存在一段延时，延时的大小与交织矩阵有关，交织矩阵越大，延时越大。延时会对通信带来不利的影响，但可以通过对交织器的精心设计来降低延时，它的实现方法我们在这里就不详细讨论了。

通过本节的讲述可知，我们既可以利用 FLEX 系列芯片的逻辑单元，用寄存器阵列实现交织编码，又可以利用它的 EAB 资源，用存储器实现交织编码。相比较而言，第一种方法控制电路简单而易于实现，第二种方法的地址电路比较复杂，但能构造出约束长度很长的交织矩阵。

需要指出的是，m 和 n 是设计交织编码的重要参数，必须根据信道中突发误码的长度、出现的频率以及纠错码的约束长度、纠错能力适当选择。假设选用的纠错码具有纠正 t 个随机差错的能力，则在发生突发差错的情况下，允许突发性差错的最大长度 $b = mt$。显然，在 n 不小于纠错码译码长度的条件下，增大 m 可以提高系统克服突发差错的能力。所以，m、n 选得越大，信道编码的约束长度越大，从而抵抗信道中长突发差错的能力也就越强。

如果采用按位交织，要实现连续数据流的交织，交织编码器需要有 $2 \times m \times n$ 比特的存储空间。相应地在发、收端对信号进行交织编、译码处理时，分别会引入 $m \times n$ 个码元的延时，这一点可以从仿真波形中清楚地看到。从另一个角度讲，m、n 选得越大，就需要越大的存储空间，同时会引入更长的延时，所以应根据数字通信系统的实际情况选择合适的 m 和 n 值。

8.6　直接数字频率合成

1971 年，美国学者 J.Tiercny、C.M.Rader 和 B.Gold 提出了以全数字技术、从相位概念出发直接合成所需波形的一种新的频率合成原理。随着技术和器件水平的提高，这种新的频率合成技术——直接数字频率合成(DDS，Direct Digital Synthesis)得到了飞速的发展。DDS 技术是一种把一系列数字形式的信号通过 DAC 转换成模拟形式的信号的合成技术，目前使用最广泛的一种 DDS 方式是利用高速存储器作查找表，然后通过高速 DAC 输出已经用数字形式存入的正弦波。

DDS 的主要优点是：相位连续、频率分辨率高、频率转换速度快以及良好的可复制性能，它以有别于其它频率合成方法的优越性能和特点成为现代频率合成技术中的佼佼者。DDS 广泛用于接收机本振、信号发生器、仪器、通信系统、雷达系统等，尤其适合于跳频无线通信系统。

图 8.32 是 DDS 的基本原理框图，频率控制字 M 和相位控制字分别控制 DDS 输出正(余)弦波的频率和相位。DDS 系统的核心是相位累加器，它由一个累加器和一个 N 位相位寄存器组成。每来一个时钟脉冲，相位寄存器以步长 M 增加。相位寄存器的输出与相位控制字相加，其结果作为正(余)弦查找表的地址。图 8.32 中正(余)弦查找表由 ROM 构成，内部存有一个完整周期正弦波的数字幅度信息，每个查找表的地址对应正弦波中 0°～360° 范围的一个相位点。查找表把输入的地址信息映射成正(余)弦波幅度信号，同时输出到数模转换器(DAC)的输入端。DAC 输出的模拟信号，经过低通滤波器(LPF)，可得到一个频谱纯净的正(余)弦波。

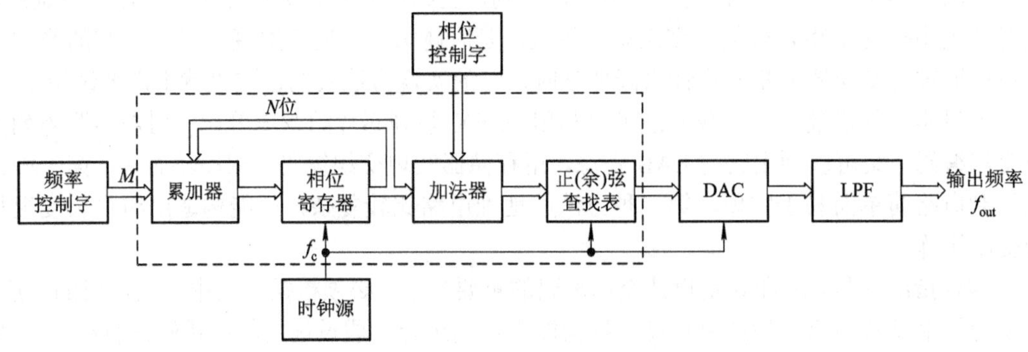

图 8.32　DDS 基本原理框图

相位寄存器每经过 $\dfrac{2^N}{M}$ 个 f_c 时钟周期后回到初始状态，相应地正(余)弦查找表经过一个循环回到初始位置，DDS 输出一个正(余)弦波。输出的正(余)弦波周期为 $T_{out}=\dfrac{2^N}{M}T_c$，频率为 $f_{out}=\dfrac{M}{2^N}f_c$。DDS 的最小分辨率为 $\Delta f_{min}=\dfrac{f_c}{2^N}$，当 $M=2^{N-1}$ 时，DDS 最高的基波合成频率为 $f_{out\max}=\dfrac{f_c}{2}$。

图 8.32 中虚方框内的部分是 DDS 的核心单元，它可以采用 FPGA 器件来实现，图 8.33 给出了 DDS 核心单元的 FPGA 电路设计图，其中字长 $N=10$。为了便于大家理解，图 8.33 中各个功能单元的名称已在图中标明，其中在输出引脚“OUT_C[7..0]”和“OUT_S[7..0]”

前分别放置了一个 8 位 D 触发器。正(余)弦查找表分别由两个 ROM 宏模块“lpm_rom”构成，有关查找表的设计方法，请读者参阅 6.3.3 节的内容。

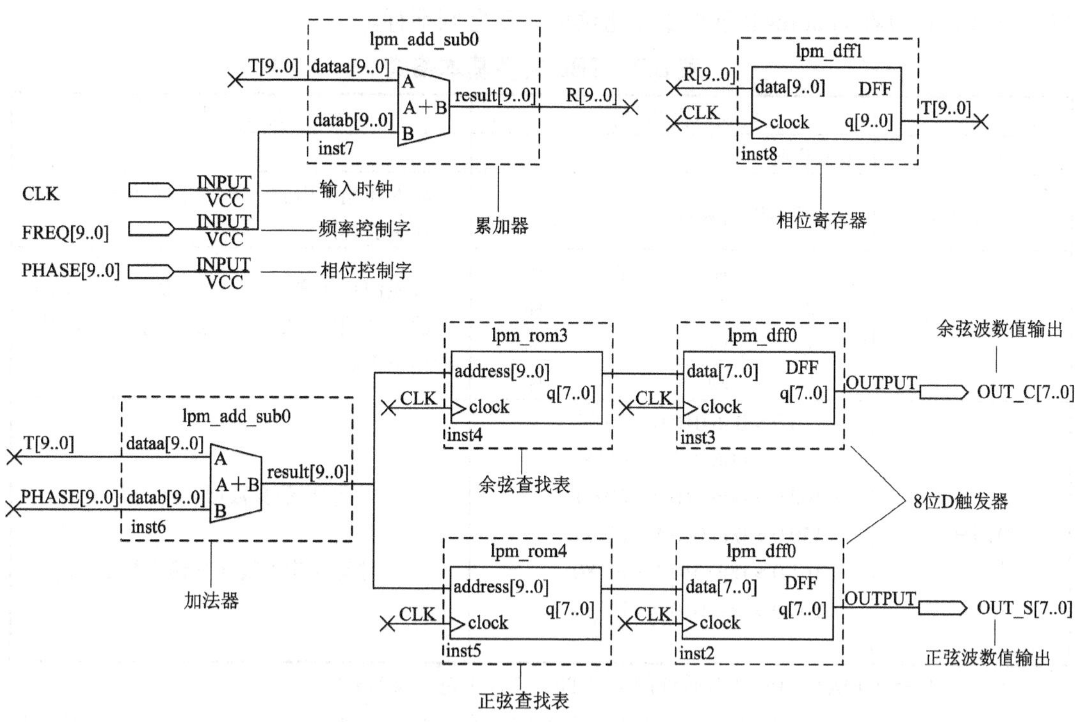

图 8.33　DDS 核心单元的 FPGA 电路设计图

图 8.34 是 DDS 电路的波形仿真结果。实际上，从波形仿真结果中我们很难直观地看出 DDS 输出正(余)弦波的情况。为了便于调试设计电路，我们可以利用计算机高级语言将波形仿真结果转换为波形曲线，这就需要借助表格文件(TBL 文件)。

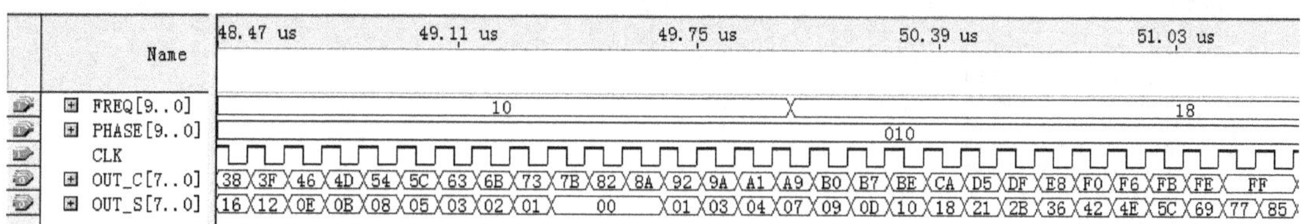

图 8.34　DDS 电路的波形仿真结果

Altera 设计软件中的 TBL 文件是纯文本文件，MAX + PLUS II 软件产生的 TBL 文件包含了 SCF 文件或 WDF 文件中的所有信息，而 Quartus II 软件产生的 TBL 文件则包含了当前 VEC 文件或 VWF 文件中所有输入矢量和输出逻辑电平值。

TBL 文件的生成很简单，只需要打开波形文件，然后从“File”菜单中选择“Save as”(另存为)TBL 格式(基于 Quartus II 软件)，或者从“File”菜单中选择“Create Table Files”选项，就可产生 TBL 文件(基于 MAX + PLUS II 软件)。

TBL 文件的基本格式如表 8.7 所示，文件的结构可分为四大部分，其中第三和第四部分对我们来说是最关键的，我们可以从中获取仿真波形数据，并利用计算机高级语言处理这些数据，将其转换为直观的波形曲线。需要读者注意的是，每做一次波形仿真，都要重新生成一次 TBL 文件，以更新 TBL 文件内的数据。此外，利用 MAX+PLUS II 软件生成的 TBL 文件，可以在 Quartus II 软件中正常读取，反之则不行。

表 8.7　TBL 文件基本格式

	文件内容	说　明
第一部分	版权说明	
第二部分	输入和输出引脚说明	输入和输出引脚名称、时间单位以及仿真所使用的数制
第三部分[①]	% 输 输 % % 入 出 % % 引 引 % % 脚 脚 %	按照波形仿真文件中显示的输入/输出引脚的排列顺序，从左至右依次列出输入引脚和输出引脚
第四部分	0.0 > 006 010 0 = 00 00 50.0 > 006 010 1 = 00 00 100.0 > 006 010 0 = 00 00 150.0 > 006 010 1 = 00 00 161.0 > 006 010 1 = FF 80 200.0 > 006 010 0 = FF 80 ⋮	波形仿真数据，格式为 “时间 > 输入数据 = 输出数据”

注：① 只有在 MAX + PLUS II 软件产生的 TBL 文件中包含该部分。

图 8.35 给出了 DDS 电路波形仿真结果所对应的 TBL 文件的部分内容。这里使用的是 Quartus II 软件，所以 TBL 文件只包含表 8.7 所示的第一、第二和第四部分。

```
GROUP CREATE FREQ[9..0] = FREQ[9] FREQ[8] FREQ[7] FREQ[6] FREQ[5] FREQ[4] FREQ[3] FREQ[2] FREQ[1] FREQ[0] ;
GROUP CREATE PHASE[9..0] = PHASE[9] PHASE[8] PHASE[7] PHASE[6] PHASE[5] PHASE[4] PHASE[3] PHASE[2] PHASE[1] PHASE[0] ;
GROUP CREATE OUT_C[7..0] = OUT_C[7] OUT_C[6] OUT_C[5] OUT_C[4] OUT_C[3] OUT_C[2] OUT_C[1] OUT_C[0] ;
GROUP CREATE OUT_S[7..0] = OUT_S[7] OUT_S[6] OUT_S[5] OUT_S[4] OUT_S[3] OUT_S[2] OUT_S[1] OUT_S[0] ;
INPUTS FREQ[9..0] PHASE[9..0] CLK;
OUTPUTS OUT_C[7..0] OUT_S[7..0];
UNIT ns;
RADIX HEX;
PATTERN
     0.0> 006 010 0 = 00 00
    50.0> 006 010 1 = 00 00
   100.0> 006 010 0 = 00 00
   150.0> 006 010 1 = 00 00
   161.0> 006 010 1 = FF 80
   200.0> 006 010 0 = FF 80
   250.0> 006 010 1 = FF 80
   261.0> 006 010 1 = FF 8D
   300.0> 006 010 0 = FF 8D
   350.0> 006 010 1 = FF 8D
   361.0> 006 010 1 = FF 91
   400.0> 006 010 0 = FF 91

        ⋮

 99761.0> 037 010 1 = CE 1A
 99800.0> 037 010 0 = CE 1A
 99850.0> 037 010 1 = CE 1A
 99861.0> 037 010 1 = EB 3A
 99900.0> 037 010 0 = EB 3A
 99950.0> 037 010 1 = EB 3A
 99961.0> 037 010 1 = FC 61
100000.0> X X X = X X
;
```

图 8.35　TBL 文件的部分内容

TBL 文件的第四部分给出了仿真数据，这些数据按时间顺序前后排列，并与相应的输入/输出引脚处于同一列；在每一行中，按照第二部分中“INPUTS”行和“OUTPUTS”行给出的顺序，从左至右依次排列输入引脚和输出引脚，输入引脚数据与输出引脚数据之间用“=”隔开。仔细观察图 8.35，我们可以发现当“CLK”取值为“0”时，此时的输出数据是我们希望得到的，所以可编程将这些数据抽取出来并将其转换为十进制，就可获得直观的仿真波形。

下面给出了一段用 Matlab 语言编写的程序，它首先读取“dds.tbl”文件，将输入引脚“CLK = 0”时的输出数据抽取出来并转换为十进制数，然后绘出 DDS 电路的仿真波形曲线，该曲线如图 8.36 所示。将此程序的第 2、9、11～14 行做适当修改，可用于其它 TBL 文件的数据抽取和转换。需要注意的是，波形仿真文件中各个 I/O 端口的前后排列顺序与 TBL 文件中各数据的排列顺序是一致的，对程序的 9 和 11～14 行进行修改，就是为了能够正确地读出 TBL 文件中的数据。

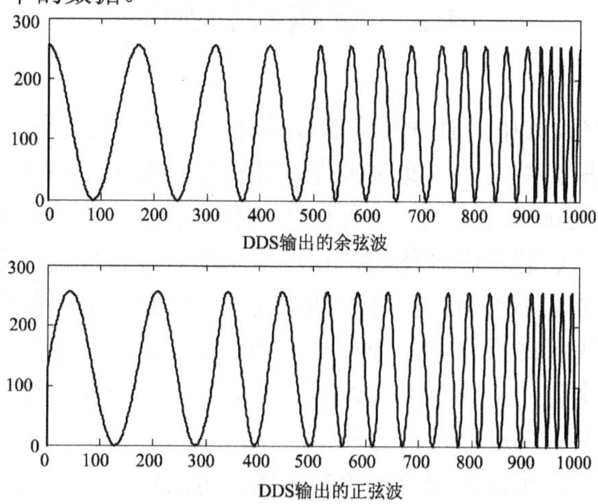

图 8.36　Matlab 绘出的 DDS 电路仿真波形

数据抽取和数值转换程序(Matlab 语言)如下：

```
clear all;
fid=fopen('e:\work\dds.tbl','r');      %读取 .tbl 文件
data=fscanf(fid,'%s');                 %把 .tbl 文件中的内容以字符形式传递给变量 data
fclose(fid);
b=find(data=='=');                     %把 data 中所有“=”字符的位置传递给变量 b
number=length(b);                      %统计 data 中“=”字符的数目，并传递给变量 number
j=0;
for i=1:number-1
    if data(b(i)-1)=='0'               %判断给一个“=”前的字符是否为 0
        j=j+1;
        c_c(j,1)=data(b(i)+1);         %读取 out_c 引脚数据的第一位
        c_c(j,2)=data(b(i)+2);         %读取 out_c 引脚数据的第二位
        c_s(j,1)=data(b(i)+3);         %读取 out_s 引脚数据的第一位
```

```
        c_s(j,2)=data(b(i)+4);          %读取 out_s 引脚数据的第二位
    end
end
d_c=hex2dec(c_c);                       %将十六进制数转换为十进制数，d_c 是 out_c 引脚上的数据
d_s=hex2dec(c_s);                       %将十六进制数转换为十进制数，d_s 是 out_s 引脚上的数据
figure(1);
subplot(2,1,1);
plot(d_c);                              %DDS 输出的余弦波
subplot(2,1,2);
plot(d_s);                              %DDS 输出的正弦波
```

8.7 奇偶数分频器

FPGA 的时序电路设计中，时钟网络的设计是一个很重要的环节。一般情况下，FPGA 工作时钟由片外的晶振提供，并以此时钟为基准产生系统所需的多种频率的时钟。这就需要 FPGA 芯片中提供的锁相环模块对工作时钟进行锁相处理调整，以得到设计中要用到的不同频率的时钟。FPGA 芯片中固化的锁相环模块的数量是极其有限的，如果在实际设计中芯片提供的锁相环数量不够用，就必须利用其它方法进行时钟的操作。一般地，利用锁相环对外部输入时钟进行的操作就是分频和倍频，其中时钟的倍频相对而言比较复杂，而时钟的分频比较容易实现，所以在 FPGA 设计中，应尽量把锁相环资源用于时钟的倍频，同时利用计数器或触发器来进行时钟的分频操作。

D 触发器或 T 触发器可以完成时钟的二分频，电路结构如图 8.37 和图 8.38 所示。

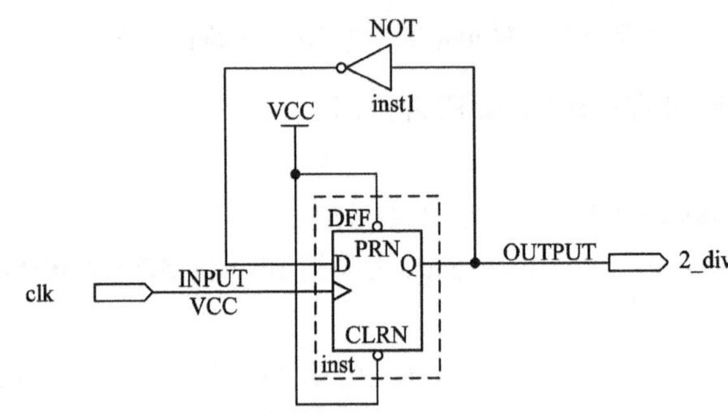

图 8.37 基于 D 触发器的二分频电路

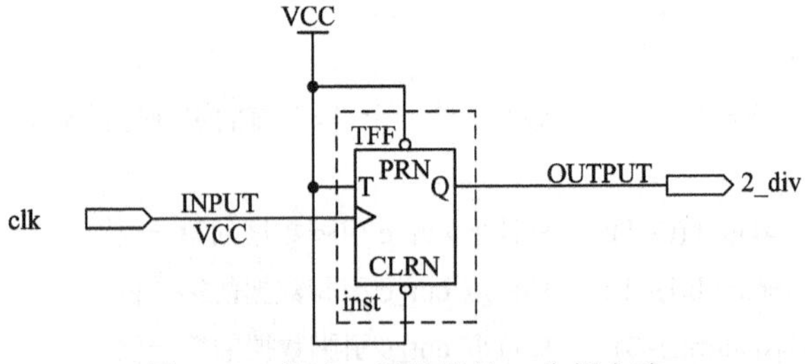

图 8.38 基于 T 触发器的二分频电路

由上面触发器的二分频电路级联就可以得到时钟的 2^N 分频电路。图 8.39 是将 T 触发器进行级联后组成的 2^4 分频器，采用这种级联结构能够保证时钟的全局性。

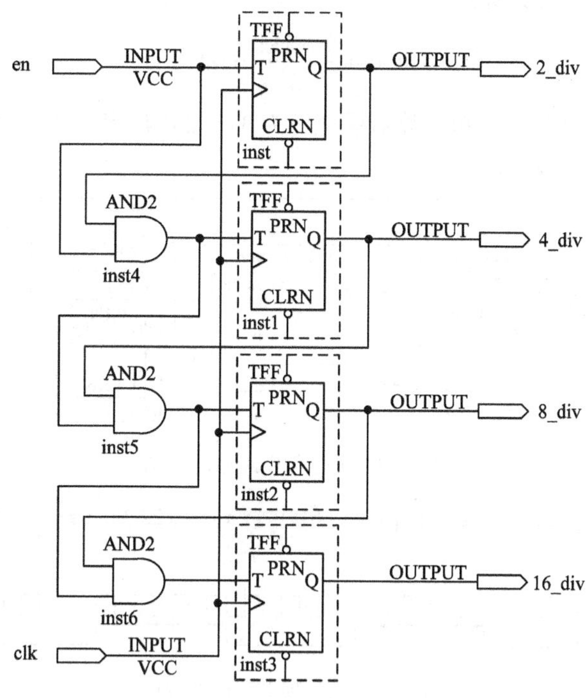

图 8.39　T 触发器组成的 16 分频器

在利用计数器进行分频时，计数器输出的每一个比特位都可以当做不同的分频时钟。计数器输出的最低比特位对应的是时钟的二分频，第二比特位对应的是时钟的四分频，第 N 比特位对应的是时钟的 2^N 分频。图 8.40 和图 8.41 分别给出了模 16 计数器的电路原理图和仿真波形。

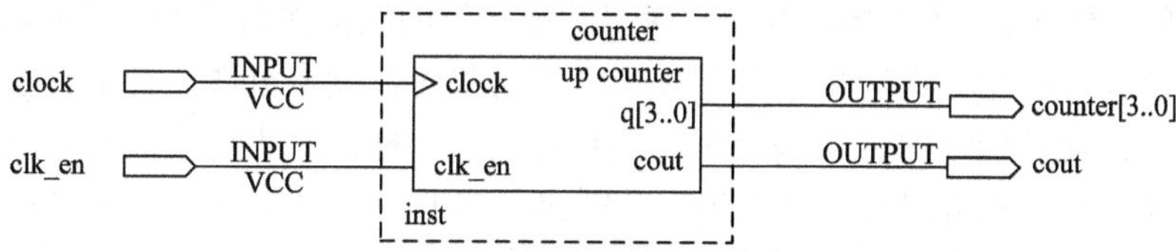

图 8.40　模 16 计数器的原理框图

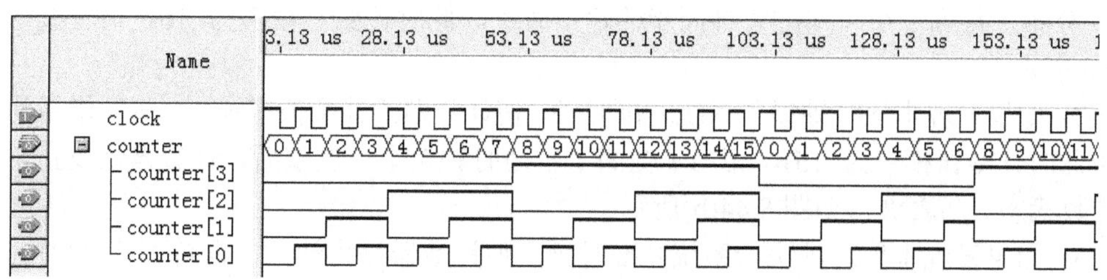

图 8.41　模 16 计数器分频的原理波形

以上的分频都为 2^N 分频，下面重点讨论奇数分频器的设计方法。奇数分频中，计数器模数的选择可以根据下式计算：

$$\text{mod} = \frac{\text{分频数}}{2} + 0.5 \tag{8-17}$$

我们以七分频为例，由上式可知计数器模值应为 4，图 8.42 和图 8.43 分别给出了七分频器的电路原理框图和仿真波形。

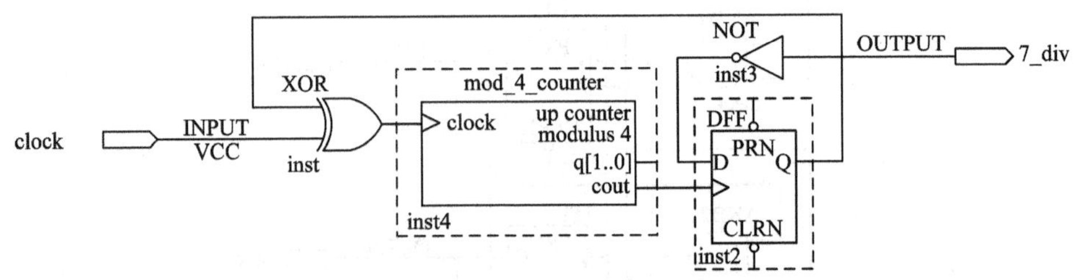

图 8.42　七分频电路原理框图

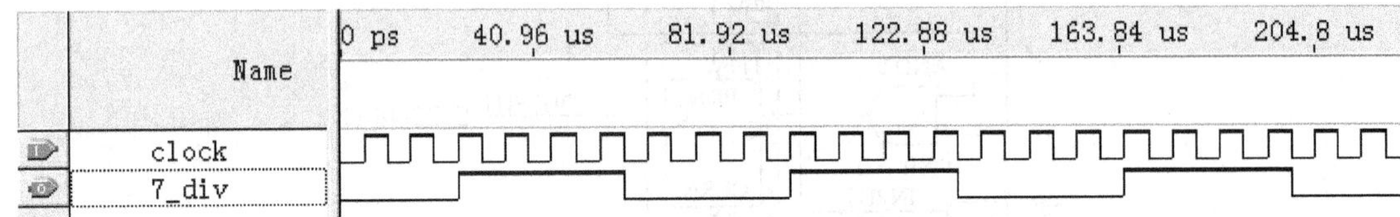

图 8.43　七分频电路仿真波形

依据这种思路，就可以很容易的得到任意数值的奇数分频器电路。

在复杂的数字系统中，由于各个组成部分所用的外部时钟源的频率稳定性不同，为了保证各部分的时钟与基准时钟保持同步，就需要微调系统各个组成部分的时钟频率，这一工作可通过“可变模计数器”来完成。其操作流程为：

首先把本地时钟利用锁相环进行 2^N 倍频，得到一个高倍频时钟，然后利用可变模计数器对此高倍频时钟进行 2^N 分频，并把计数器的最高位的输出作为调整后的同步时钟。如果本地时钟与基准时钟相位不同步，当超过一定的门限时，就通过改变计数器的模值来对其相位进行修正，使其始终保持与基准时钟同频同相。这样，利用可变模计数器不断对本地时钟进行闭环微调，就可得到一个均匀的、缓慢变化的、频率稳准度较高的同步时钟。

下面以 $N=4$ 为例讨论时钟的调整过程，仿真波形如图 8.44 所示。

(1) 如果本地时钟的快慢在允许的变化范围之内，计数器正常工作，完成对高倍频时钟的 2^N 分频，得到一个与基准时钟同步的输出时钟。此时计数器模值为 16，仿真波形如图 8.44(a)所示。

(2) 如果发现本地时钟慢于系统基准时钟，使计数器的计数值多加一，进行增量为二的计数(此时计数器模值为 15)，相当于提高了本地时钟频率。调整后，计数器恢复正常的模 16 计数状态。仿真波形如图 8.44(b)所示。

(3) 如果发现本地时钟快于系统基准时钟，使计数器停止计数，保持不变(此时计数器模值为 17)，相当于降低了本地时钟频率。调整后，计数器恢复正常的模 16 计数状态。仿真波形如图 8.44(c)所示。

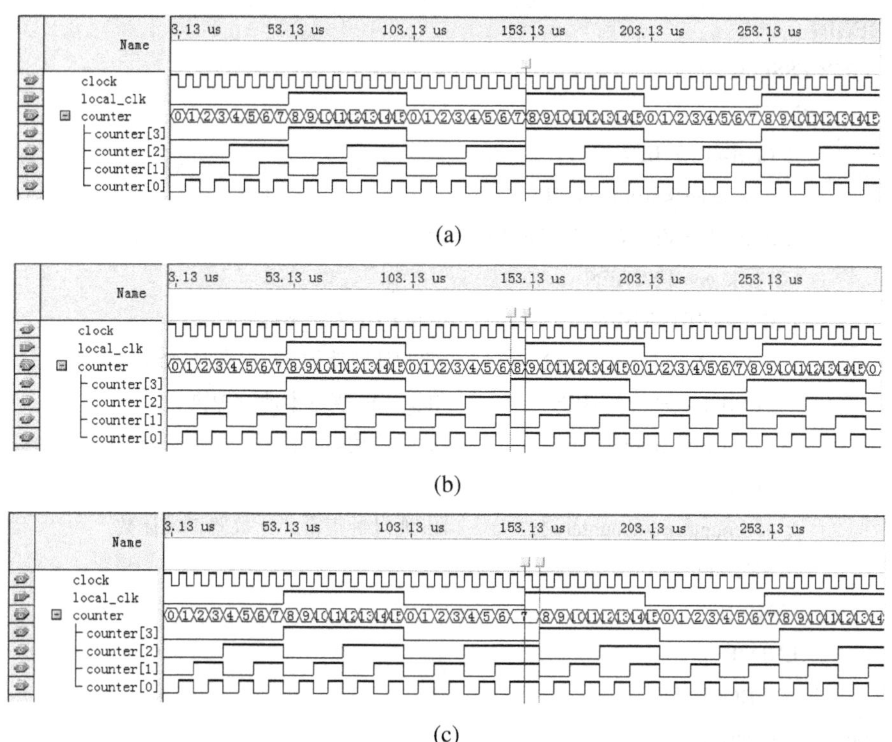

(a)

(b)

(c)

图 8.44　时钟调整的仿真波形

(a) 正常的时钟；(b) 本地时钟慢；(c) 本地时钟快

其中，local_clk 为外部时钟源引入的时钟，clock 为 2^4 倍频后的时钟，counter 为工作在时钟 clock 下的计数器，counter[3]为调整后的时钟。由上图可知，对外部时钟源进行的调整，并非是直接插入或扣除 clock 的一个时钟脉冲，而是根据本地时钟的快慢把时钟脉冲相应的延迟或提前 clock 的一个时钟周期。所以，本地时钟的调整精度为倍频后时钟的一个周期，倍频值 N 越大，时钟每次调整的量就越小，精度就越高。

可变模计数器“mod_counter”的 VHDL 源程序如下：

```
LIBRARY IEEE;
USE IEEE.std_logic_1164.all;
USE IEEE.std_logic_arith.all;
USE IEEE.std_logic_unsigned.all;

ENTITY mod_counter IS
  PORT( clk, clk_en : IN STD_LOGIC ;
              aset : IN STD_LOGIC ;
              flag : IN STD_LOGIC_VECTOR(1 DOWNTO 0) ;
          counter : OUT STD_LOGIC_VECTOR (1 DOWNTO 0));
END mod_counter;

ARCHITECTURE syn OF mod_counter IS
  SIGNAL scounter : STD_LOGIC_VECTOR (1 DOWNTO 0);
```

```
BEGIN
 PROCESS(clk, aset)
     BEGIN
       IF (aset='1') THEN
           scounter<=(others=>'1');
       ELSIF (clk'EVENT AND clk='1') THEN
        IF (clk_en='1') THEN
         IF flag="01" THEN                --flag = 01 表示本地时钟慢
           scounter<= scounter+2;         --此时计数器加 2，提高时钟频率
         ELSIF flag="11" THEN             --flag = 11 表示本地时钟快
           scounter<= scounter;           --此时计数器不计数，相当于降低时钟频率
         ELSE
           scounter<= scounter+1;         --本地时钟正常，计数器正常计数
         END IF;
        END IF;
       END IF;
     END PROCESS;
counter<= scounter;
END sys;
```

8.8 串并/并串变换器

串并变换和并串变换在很多电路系统中都有广泛的应用，在不同的存储器件之间进行数据传送、不同位宽的总线之间的通信、通信系统中的编码等电路都能见到它们的身影。本节以设计实例的形式来讨论串并变换和并串变换电路的设计。

先来介绍串并变换电路的设计，设输入数据为 8 bit 位宽，期望将其转换为连续并行输出且位宽为 32 bit 的数据流。图 8.45 为串并变换的电路结构。

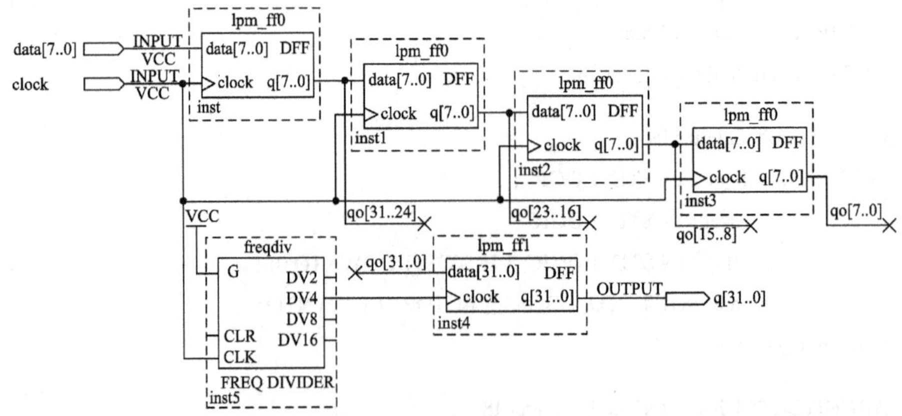

图 8.45 串并变换的电路结构

图中的模块 freqdiv 为时钟的分频电路，在串并变换电路中，由于输出数据的位宽比输入数据的位宽大，且输出数据的位宽是输入数据位宽的 4 倍，所以数据的输入时钟频率和数据的输出时钟频率之比为 4∶1，这就需要对输入时钟进行 4 分频，得到输出数据的工作时钟。模块 lpm_ff0 是位宽为 8 bit 的 D 触发器，在时钟上升沿对数据操作。在本例中需要 4 个模块 lpm_ff0，第一个 lpm_ff0 的输出为 qo[31..24]，是输入数据 data[7..0]延时一个 clock 时钟周期的输出；第二个 lpm_ff0 的输出为 qo[23..16]，是输入数据 data[7..0]延时两个 clock 时钟周期的输出；第三个 lpm_ff0 的输出为 qo[15..8]，是输入数据 data[7..0]延时三个 clock 时钟周期的输出；第四个 lpm_ff0 的输出为 qo[7..0]，是输入数据 data[7..0]延时四个 clock 时钟周期的输出。这 4 个 D 触发器的输出并置后，就组成了位宽为 32 的输出数据 qo[31..0]。模块 lpm_ff1 是位宽为 32bit 的 D 触发器，它所工作的时钟频率为输入时钟的 clock 的 1/4，在时钟上升沿，对数据 qo[31..0]进行触发输出，得到并串变换后的输出数据 q[31..0]。图 8.46 为串并变换的仿真波形。

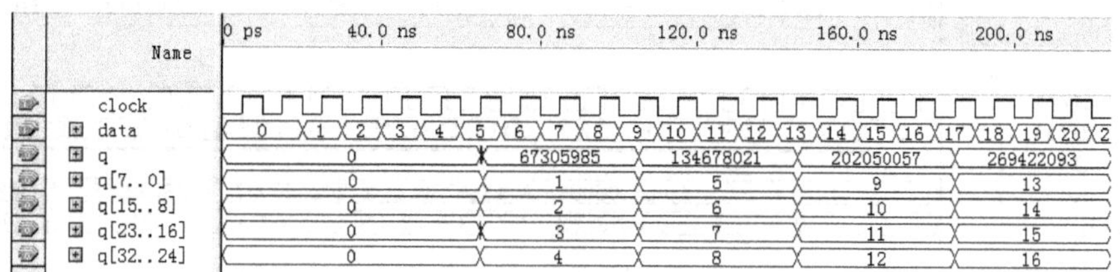

图 8.46　串并变换的仿真波形

下面介绍并串变换电路的设计，设输入数据为 32 bit 位宽的信息，要得到的设计输出为连续串行输出的位宽为 8bit 的数据，图 8.47 给出了该并串变换的电路结构图。

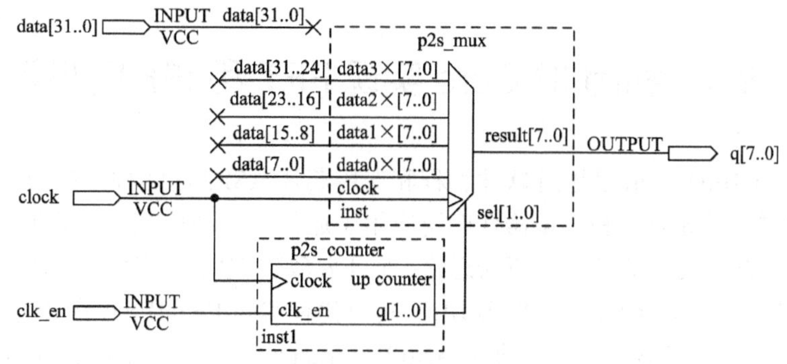

图 8.47　并串变换的电路结构

图中的模块 p2s_mux 是四选一的复用器，工作时钟为 clock。模块 p2s_counter 是工作在时钟 clock 下的模为 4 的计数器，计数器的输出端与复用器的选择控制端相连，复用器按照计数器的计数值选择复用器中四个输入端的数据输出。这里要注意的就是输入的位宽为 32 bit 的数据的周期为工作时钟 clock 周期的 4 倍。图 8.48 为并串变换电路的仿真波形。

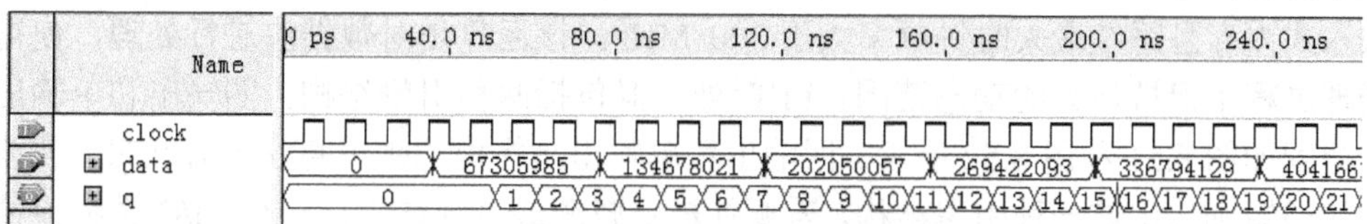

图 8.48　并串变换的仿真波形

为了进一步验证串并转换和并串转换两个模块的工作都正常，把串并转换模块 s_to_p 和并串转换模块 p_to_s 两个模块连接起来，进行联调测试，以验证它们工作的正确性和可靠性，如图 8.49 所示。

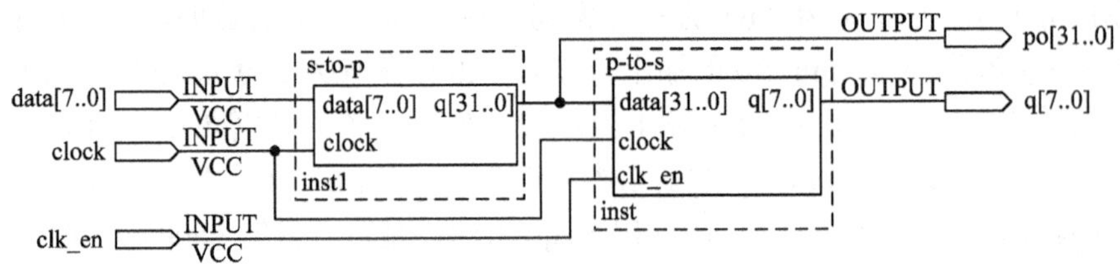

图 8.49 串并变换和并串变换器的联调结构框图

在联调中要注意对并串转换模块 p_to_s 的时钟使能控制。图 8.50 是两者联调的仿真波形结果。

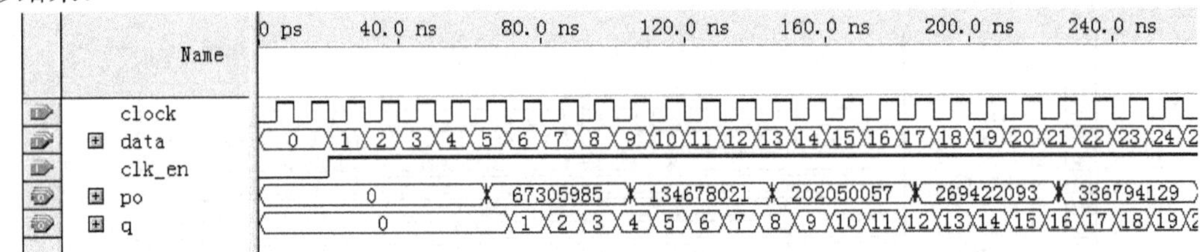

图 8.50 联调的仿真波形

通过以上的分析，我们能够清楚地了解串并变换和并串变换的设计结构和工作原理，有利于在电路系统中更好的利用这些设计单元完成相应的功能。

8.9 利用 IP Core 实现 FFT 和 IFFT 变换

传统的 FFT/IFFT 一般是通过软件编程和专用芯片 ASIC 这两种方法来实现。近年来，FPGA 市场发展十分迅速，FPGA 器件广泛应用于通信、自动控制、信息处理等诸多领域，这给 FFT/IFFT 设计又提供了一个新的思路。而且大多数 FPGA 厂家及其第三方已经开发出具有自主知识产权的功能模块(即 IP 模块)，其中就有实现 FFT/IFFT 的 IP 模块。本节介绍了利用 Altera 公司及其第三方合作伙伴(AMPP，Altera Megafunction Partners Program)所提供的含有布局布线信息的软件 IP 模块(即固件 IP 模块)来实现 FFT/IFFT 的简单方法，用 Quartus II 软件进行仿真，并通过 Matlab 的 FFT/IFFT 函数验证了该设计的正确性。

Altera 公司的 FFT MegaCore 是一个高性能、高参数化的快速傅立叶变换处理器，可以高效的完成 FFT 和 IFFT 运算，支持 Altera 公司 Stratix II、StratixGX、Stratix 和 Cyclone 系列器件，采用基 2/4 频域抽取 FFT 算法，运算长度最小不低于 64，最大不超过 16384，使用嵌入式内存且系统最大时钟频率大于 300 MHz。该运算是对数据块进行处理，使得数据在处理过程中保持最大的动态范围。FFT 处理器包括两种引擎结构：四输出和单输出，其结构分别如图 8.51 和图 8.52 所示。四输出和单输出是指内部蝶形算法的吞吐量，若要使运算时间最短则选用前一种引擎结构，若要使耗费资源最少则选用后一种。I/O 数据流结构包括：数据流型，缓冲突发型和突发型。数据流型保证数据处理过程的连续性；缓冲突发型比数据流型耗费的内存资源要少，其代价是数据块平均吞吐量的减少；突发型与缓冲突发型类似，但是其耗费的内存资源比缓冲突发型的少。

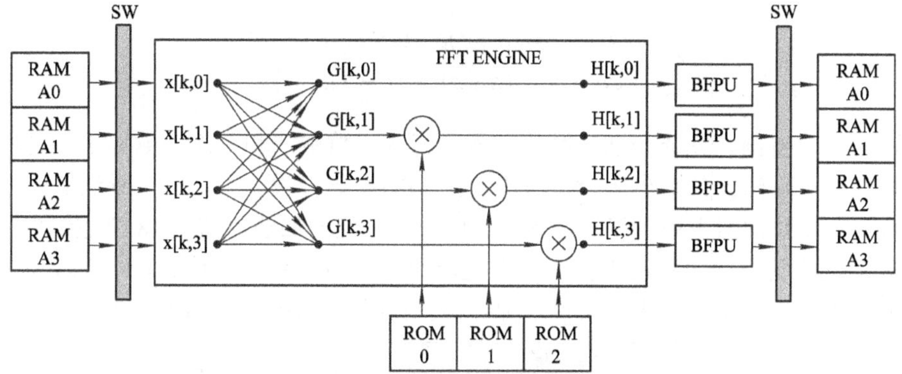

图 8.51　四输出 FFT 引擎结构

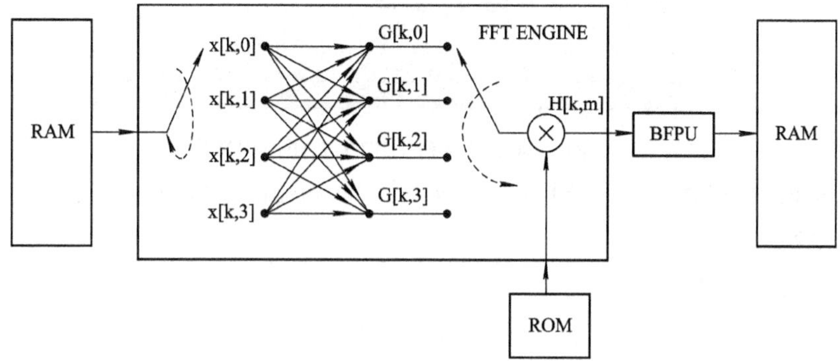

图 8.52　单输出 FFT 引擎结构

用 QUARTUS Ⅱ 仿真软件设计时产生的 FFT MegaCore 模块如图 8.53 所示。

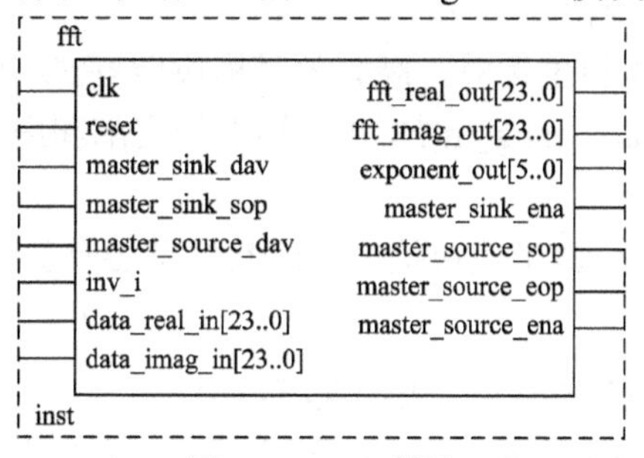

图 8.53　FFT 模块

本模块选用的目标器件为 Altera 公司的 Stratix 系列芯片，变换域长度选择为 64，数据量化精度为 24 bit，旋转因子量化精度也为 24 bit，设计者可以根据实际情况方便地改变参数设置。选用的引擎结构为四输出，I/O 数据流结构为数据流型。该模块主要是完成复数乘法运算。

考虑两个复数 $a+\mathrm{j}b$ 、 $c+\mathrm{j}d$ 的乘积结果 $e+\mathrm{j}f$ ，得到下式

$$\begin{cases} e = ac - bd \\ f = ad + bc \end{cases} \tag{8-18}$$

由以上两式可以看出，若在一个时钟周期内完成复数乘法，需要四次实数乘法和两次实数加法。我们通过数学变换得到如下等式

$$\begin{cases} e = ac - bd = (a+b)c - b(c+d) \\ f = ad + bc = (a+b)c - (c-d)a \end{cases} \tag{8-19}$$

由以上两式可以看出，完成一次复数乘法需要三次实数乘法和五次实数加法，这种变换的代价是增加三个加法器来减少一个乘法器。在 FPGA 硬件设计中，一个乘法器所占用的资源要远大于一个加法器占用的资源，例如实现一个 8 位的加法器需要 18 个逻辑单元，而实现一个 8 位的有符号数的乘法需要 169 个逻辑单元，因此在选择乘法器结构时为了节省资源选用的是 3 个乘法器和 2 个加法器这种结构。该模块占用资源如图 8.54 所示。

LEs	11546
M4K RAM Blocks	19
MegaRAM Blocks	0
M512 RAM Blocks	4
DSP Block 9-bit Elements	18
Transform Calculation Cycles	64
Block Throughput Cycles	64

图 8.54 实现 FFT/IFFT 资源占用情况

下面分别说明图 8.53 所示 FFT MegaCore 的输入和输出端口的功能定义。

1. 输入接口

clk：FFT 系统工作时钟；

reset：同步复位信号，高复位，低时 FFT 模块工作；

master_sink_dav：指示到达输入端的数据是否有效；

master_sink_sop：指示 FFT 运算的数据块起始位置，在本设计中该信号每隔 64 个时钟周期出现一个周期宽度的高电平；

inv_i：低有效时模块做 FFT 运算，高有效时模块做 IFFT 运算；

data_real_in[23..0]和 data_imag_in[23..0]：输入的实部和虚部数据，位宽根据设置的数据精度来确定；

master_source_dav：指示 FFT 模块接收到的数据是否有效。

2. 输出接口

master_sink_ena：指示数据是否写入输入缓存中；

fft_real_out[23..0]和 fft_imag_out[23..0]：输出的实部和虚部数据，位宽根据设置的数据精度来确定；

master_source_ena：指示输出数据是否有效；

master_source_sop：指示输出数据块的起始位置，在本设计中该信号每隔 64 个时钟周期出现一个周期宽度的高电平；

master_source_eop：指示输出数据块的结束位置，在本设计中该信号每隔 64 个时钟周期出现一个周期宽度的高电平；

exponent_out[5..0]：每一个数据块输出时的一个比例因子，用来保持数据精度和内部的最大信噪比。

为了观察 Quartus II 仿真数据与 Matlab 理论仿真数据的关系，在进行波形仿真的时候对输入数据做特殊化处理，即取实部数据为一个满足精度要求的常数，虚部为 0，这样相当于一个常数乘以 $\varepsilon(t)$ 。我们知道理论情况下 $\varepsilon(t)$ 的傅立叶变换为 $\delta(\omega)$ ，但是由于受有效字长的影响，得到的数据与理论值可能会有较小的偏差。本试验取输入数据大小为 4194304，仿真波形如图 8.55 所示。

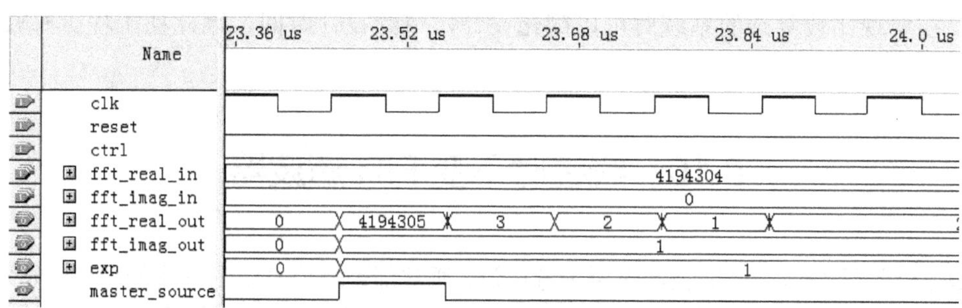

图 8.55　FPGA 实现 FFT 的输入和输出数据

利用 Matlab 的 FFT 函数分析得到的结果除第一个值为 268 435 456(4 194 304 × 64)以外，其余 63 个值均为 0。

同理我们也可以对 IFFT 的 FPGA 实现进行类似试验，仿真波形如图 8.56 所示。

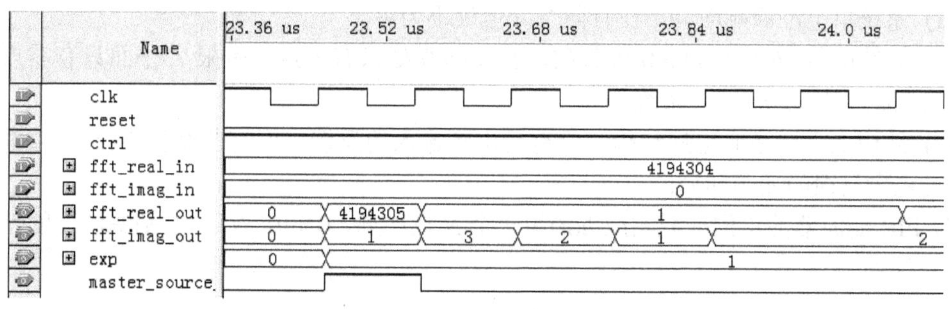

图 8.56　FPGA 实现 IFFT 的输入和输出数据

利用 Matlab 的 IFFT 函数分析得到的结果除第一个值为 4194304 以外，其余 63 个值均为 0。

通过试验发现该模块输出的数据要与 Matlab 产生的 FFT/IFFT 数据一致，就需要根据输出的比例因子做相应调整，具体情况如下：

(1) 模块进行 FFT 运算时：

$$\text{value\_fft\_matlab} = \text{value\_fft\_megacore} \times 2^{-\text{exponent\_out}} \tag{8-20}$$

(2) 模块进行 IFFT 运算时：

$$\text{value\_ifft\_matlab} = \frac{1}{N} \times \text{value\_ifft\_megacore} \times 2^{-\text{exponent\_out}} \tag{8-21}$$

其中 N 为 IFFT 运算的点数，本例中 $N = 64$；value_fft_matlab 为 Matlab 做 FFT 运算输出结果，value_ifft_matlab 为 Matlab 做 IFFT 运算输出结果，value_fft_megacore 为 FPGA 实现 FFT 的仿真结果，value_ifft_megacore 为 FPGA 实现 IFFT 的仿真结果。exponent_out 为比

例因子，是 IP Core 通过每一次参数的设定自动计算出来的，例如当 N 为 64 时，则每 64 个数据为一个数据块做 FFT 运算，对应有一个 exponent_out 的值输出，但是对于每个数据块来讲，它产生的 exponent_out 的值是不同的。由于 FPGA 的处理数据受有效字长的影响，所以 FPGA 计算得到的数据与 Matlab 理论值之间会存在有较小的偏差。

本节介绍了利用 IP 模块来实现 FFT/IFFT 的 FPGA 设计的方法，该方法简单、方便、灵活，在实现比较复杂的系统时可以简化设计，节约设计时间，因此在工程上有较好的应用。

8.10 线性时不变 FIR 滤波器

数字滤波器在信号处理领域应用十分广泛，通常都是通信系统的基本模块，它分为 FIR 滤波器和 IIR 滤波器两种。对于滤波器我们同样可以借用 IP Core 来实现，但是对于一些阶数较低的线性时不变 FIR 滤波器来讲，利用 IP Core 来实现反而使得原本简单的设计复杂化，增加资源消耗和设计成本。因此，在这里我们介绍一种适用于阶数很低的线性时不变 FIR 滤波器的 FPGA 设计方法。

FIR 滤波器的特点有以下几个方面：

(1) 系统单位冲激响应 $h(n)$在有限个 n 值处不为零。

(2) 系统函数 $H(Z)$在 $|Z| > 0$ 处收敛，在 $|Z| > 0$ 处只有零点，有限 Z 平面只有零点，而全部极点都在 $Z = 0$ 处(因果系统)。

(3) 结构上主要是非递规结构，没有输出到输入的反馈，但有些结构中(例如频率抽样结构)也包含反馈的递归部分。

设 FIR 滤波器的单位冲激响应 $h(n)$为一个 N 点序列，$0 \leqslant n \leqslant N-1$，则滤波器的差分方程为

$$y(n) = \sum_{m=0}^{N-1} h(m)x(n-m) \tag{8-22}$$

其直接实现形式如图 8.57 所示。

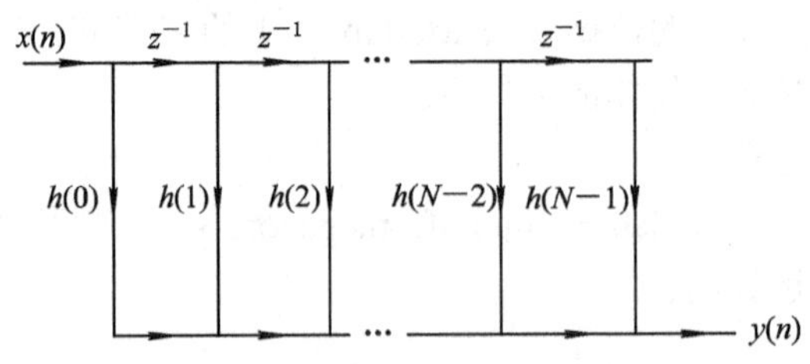

图 8.57 FIR 滤波器直接实现形式

FIR 滤波器的线性相位也是非常重要的，如果 FIR 滤波器单位冲激响应 $h(n)$为实数，$0 \leqslant n \leqslant N-1$，且满足以下两个条件：

(1) 偶对称：$h(n) = h(N-1-n)$；

(2) 奇对称：$h(n) = -h(N-1-n)$。

即 $h(n)$关于 $n = N - \frac{1}{2}$ 对称，则这种 FIR 滤波器具有严格的线性相位。

滤波器的线性时不变是指滤波器的系数不随时间变化，实现该 FIR 滤波器算法的基本元素就是存储单元、乘法器、加法器、延迟单元等。其设计流程如图 8.58 所示。线性时不变的数字 FIR 滤波器不用考虑通用可编程滤波器结构，我们利用数字滤波器设计软件如 Matlab 中的 fdatool 直接生成 FIR 滤波器的系数，通过仿真图来判断设计的滤波器是否达到设计要求，如果没有达到，则修改滤波器参数重新生成满足要求的滤波器系数。将生成的滤波器常系数量化后导出，存入 FPGA 的 ROM 宏模块中，然后通过程序中的读写控制将系数读出并与相应的数值相乘后累加，便得到了滤波以后的结果。

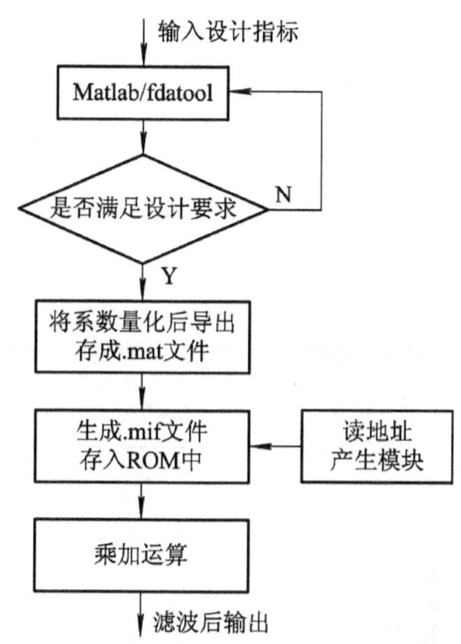

图 8.58 线性时不变 FIR 滤波器设计流程

下面我们来详细说明设计流程。

(1) 首先打开 Matlab 软件，在 Command Window 键入 fdatool，弹出图 8.59 所示窗口。在弹出的窗口中根据需要设计的滤波器要求设置相应参数，然后点击按钮 design filter，通过窗口右上方的按钮可以观察设计滤波器的幅频特性和相频特性等，用来判断设计滤波器是否满足要求。如果不满足要求，则修改滤波器的参数重新设计滤波器，直到满足要求为止。然后点击 file 菜单中的 export 可以将滤波器系数导入 Workspace 中，设计者将系数以 2^n 量化后将其存储下来，通过下列 Matlab 程序生成 filter.mif 文件。

filter.mif 文件的生成程序(Matlab 语言)

```
clear all;
clc;
load E:\experiment\fiter_coef\coef;                %文件存储路径
width=常数 M;                                       %量化后的滤波器系数位宽
```

```
depth=常数 N;                                              %滤波器阶数
fpn=fopen('E: \filter_fpga_design\filter.mif','w');        % filter.mif 文件存储路径
fprintf(fpn,'\nWIDTH=%d;',width);
fprintf(fpn,'\nDEPTH=%d;',depth);
fprintf(fpn,'\nADDRESS_RADIX=DEC;');
fprintf(fpn,'\nDATA_RADIX=DEC;');
fprintf(fpn,'\nCONTENT BEGIN');
for n=1:depth
   fprintf(fpn,'\n%d    :     ',n-1);
   fprintf(fpn,'%d',round(coef(n)));
   fprintf(fpn,';');
end
fprintf(fpn,'\n END;');
state=fclose('all');
if state~=0
    disp('File close error!');
end
```

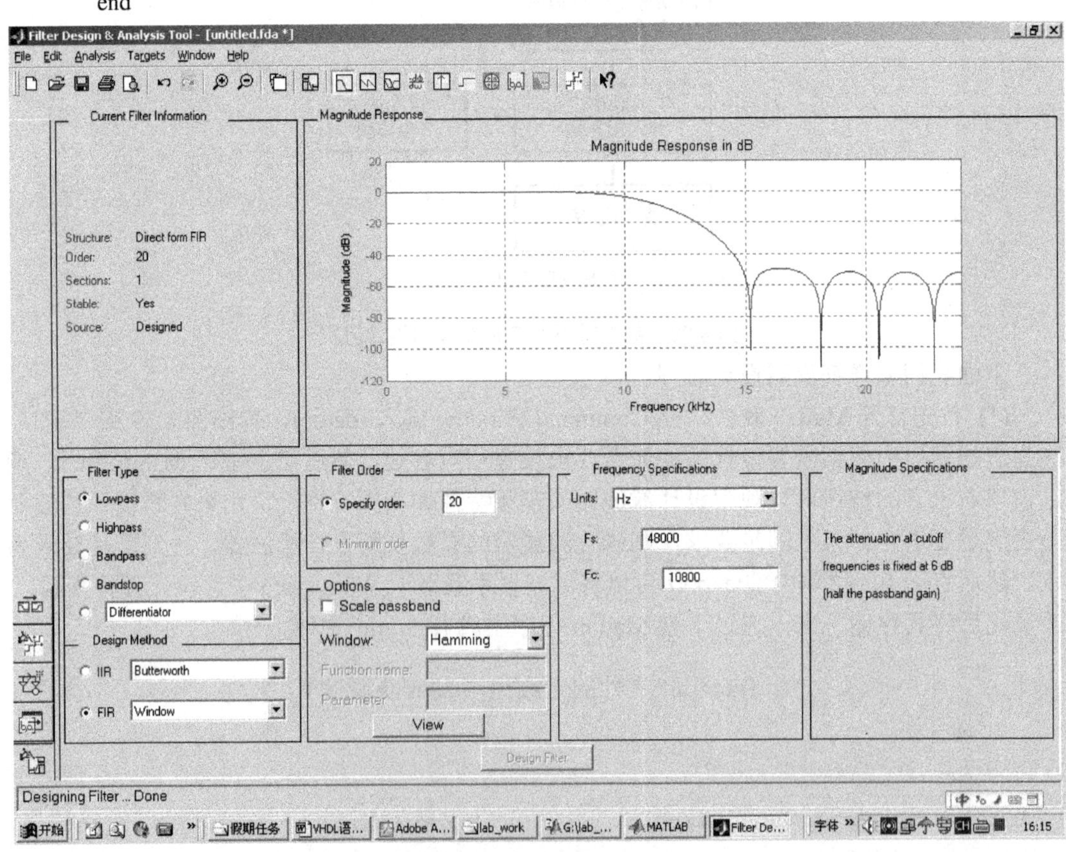

图 8.59 fdatool 弹出窗口

(2) 打开 Quartus Ⅱ，生成一个 Project，在这个工程中利用宏模块 altsyncram 或者是 lpm_rom 生成 ROM 模块，然后将 filter.mif 文件放入该 ROM 块中。

(3) 设计一个地址发生器，产生该 ROM 块的读地址。该地址发生器其实就是一个模为前面定义的常数 N 的计数器，该计数器可由宏模块 lpm_counter 产生。

(4) 将地址发生器生成的读地址输出端口与 ROM 的读地址输入端相连，按照顺序读出滤波器系数，然后再根据时序关系跟对应的需要滤波的数据相乘后叠加便可以得到滤波以后的结果。假设滤波器阶数为常数 M，则一般情况下需要的乘法器个数为 M 个，加法器个数为 $M-1$ 个。

按照上面所述 4 个步骤，就可以完成一个简单的线性时不变 FIR 滤波器设计。下面给出一个 9 阶 FIR 滤波器的设计实例，该滤波器时域冲激响应波形如图 8.60 所示。

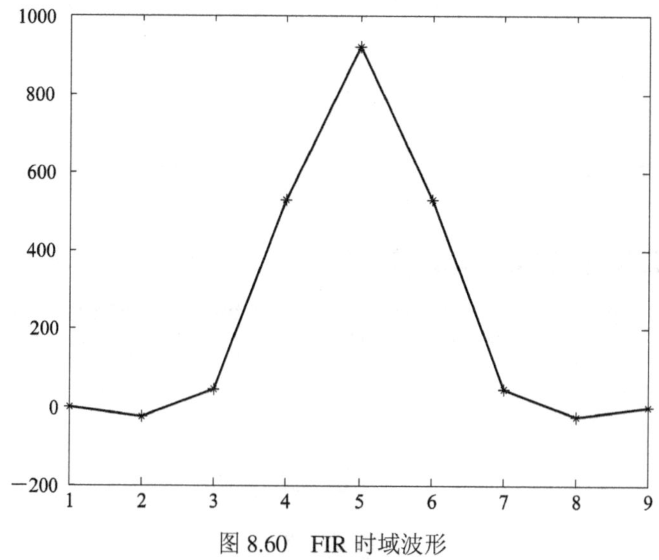

图 8.60　FIR 时域波形

图 8.60 中，从左到右对应的滤波器系数分别为：−3、−28、44、528、921、528、44、−28、−3。将这些系数存入 ROM 中，为了让 ROM 块一次读出所有系数，可将 filter.mif 文件的数据存储格式从图 8.61 转换为图 8.62 所示的形式。其转换过程依次如图 8.63 中(a)、(b)、(c)、(d)4 个子图所示。

Addr	+0	+1	+2	+3	+4	+5	+6	+7
0	-3	-28	44	528	921	528	44	-28
8	-3							

图 8.61　数据存储格式(一)

Addr	+0
0	1111111110111111100100000001011000100001000000111001100101000010000000000101100111111001001111111110 1

图 8.62　数据存储格式(二)

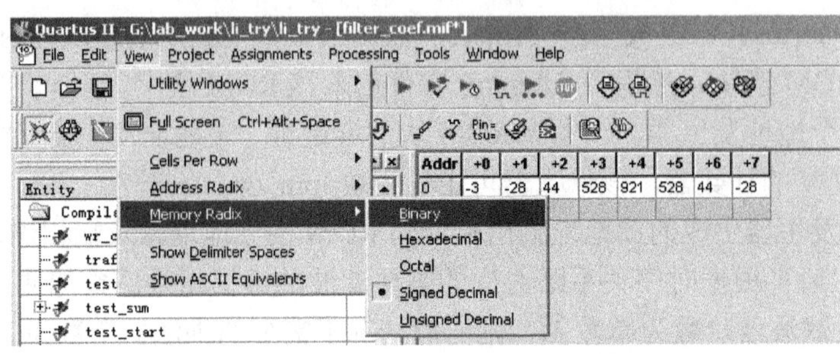

(a) 第一步

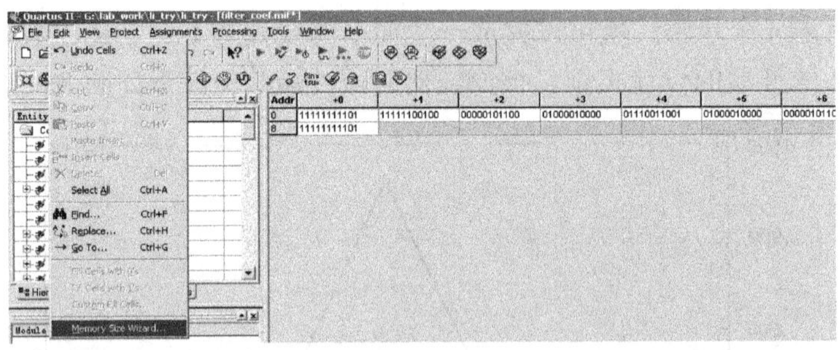

(b) 第二步

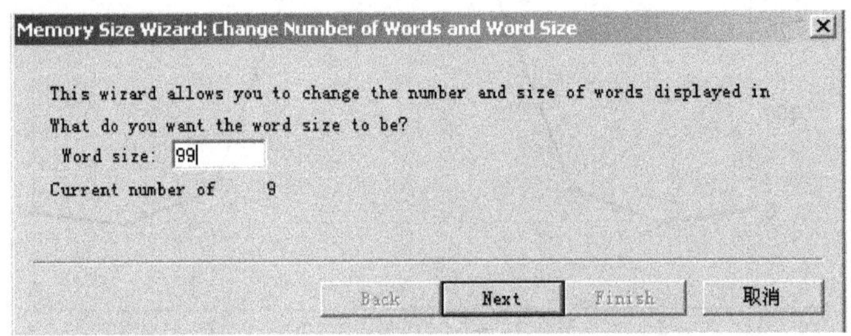

(c) 第三步

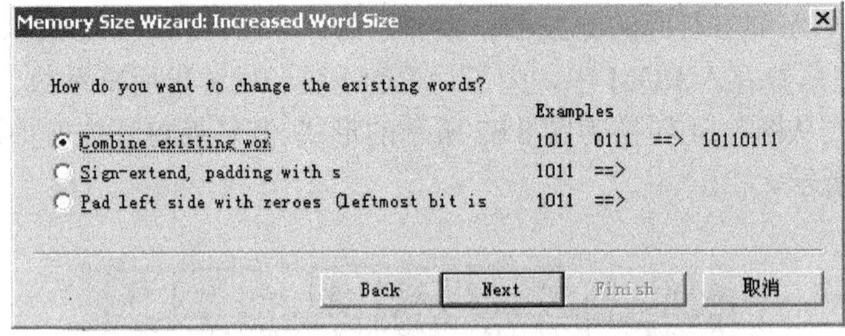

(d) 第四步

图 8.63　数据存储格式转换

根据图 8.57 所示的结构，可以很容易地得到 9 阶 FIR 滤波器的电路设计图，如图 8.64 所示。该电路包含移位寄存器、权值输出、系数加权以及求和网络等部分组成。

从图 8.64 可见，该滤波器消耗的主要是 FPGA 片内乘法器和加法器资源。如果滤波器的阶数不高，滤波器系数位宽不宽，则并不会消耗的很多的片内资源，因此这也不失为一种适用的设计方法。当然，在必要情况下还可以对乘法器和加法器进行分时复用，进一步优化资源配置，相关内容请参见 7.10 节。

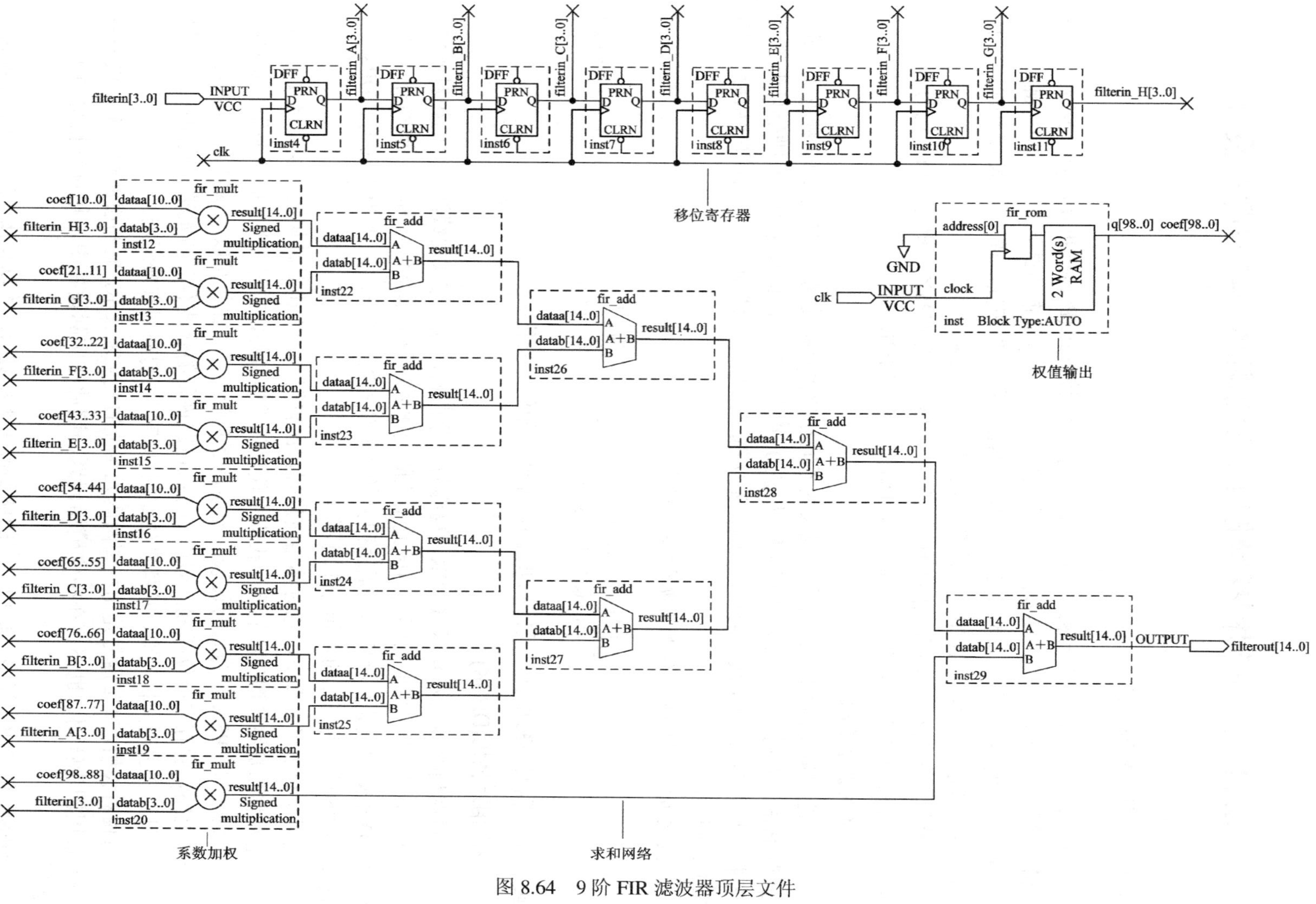

图 8.64　9 阶 FIR 滤波器顶层文件

8.11 二进制相移键控(BPSK)调制器与解调器设计

8.11.1 BPSK 原理

数字信号对载波相位调制称为相移键控(相位键控)PSK(Phase-Shift Keying)。是用数字基带信号控制载波的相位，使载波的相位发生跳变的一种调制方式。二进制相移键控用同一个载波的两种相位来代表数字信号。由于 PSK 系统抗噪声性能优于 ASK 和 FSK，而且频带利用率较高，所以，在中、高速数字通信中被广泛采用。

相移键控分为绝对调相和相对调相。绝对调相，记为 CPSK；相对调相，记为 DPSK。对于二进制的绝对调相记为 2CPSK，相对调相记为 2DPSK。

1. 绝对调相 CPSK

所谓绝对调相即 CPSK，是利用载波的不同相位去直接传送数字信息的一种方式。对二进制 CPSK，若用相位 π 代表“0”码，相位 0 代表“1”码，即规定数字基带信号为“0”码时，已调信号相对于载波的相位为 π；数字基带信号为“1”码时，已调信号相对于载波相位为同相。

按此规定，2CPS K 信号的数学表示式为

$$u_{2\text{cpsk}} = \begin{cases} A\cos(2\pi f_c t + \theta_0), & \text{为“1”码} \\ A\cos(2\pi f_c t + \theta_0 + \pi), & \text{为“0”码} \end{cases} \tag{8-23}$$

式中 θ_0 为载波的初相位。受控载波在 0、π 两个相位上变化。

2. 相对调相(DPSK)

相对调相(相对移相)，即 DPSK，也称为差分调相，这种方式用载波相位的相对变化来传送数字信号，即利用前后码之间载波相位的变化表示数字基带信号的。在绝对码出现“1”码时，DPSK 的载波初相位即前后两码元的初相位相对改变 π。出现“0”码时，DPSK 的载波相位即前后两码元的初相位相对不变。

由以上分析可以看出，绝对移相波形规律比较简单，而相对移相波形规律比较复杂。

绝对移相是用已调载波的不同相位来代表基带信号的，在解调时，必须要先恢复载波，然后把载波与 CPSK 信号进行比较，才能恢复基带信号。由于接收端恢复载波常常要采用二分频电路，它存在相位模糊，即用二分频电路恢复的载波有时与发送载波同相，有时反相，而且还会出现随机跳变，这样就给绝对移相信号的解调带来困难。

而相对移相，基带信号是由相邻两码元相位的变化来表示，它与载波相位无直接关系，即使采用同步解调，也不存在相位模糊问题，因此在实际设备中，相对移相得到了广泛运用。

DPSK 信号应用较多，但由于它的调制规律比较复杂，难以直接产生，目前 DPSK 信号的产生较多地采用码变换加 CPSK 调制而获得。

3. CPSK 调制信号的产生

CPSK 调制有直接调相法和相位选择法两种方法。

直接调相法的电路采用一个环形调制器。在 CPSK 调制中，当基带信号为正时，输出载波与输入同相，当基带信号为负时，输出载波与输入载波反相，从而实现了 CPSK 调制。

相位选择法电路如图 8.65 所示，设振荡器产生的载波信号为 $A\cos(2\pi f_c t)$，它加到与门 1，同时该振荡信号经倒相器变为 $A\cos(2\pi f_c t+\pi)$，加到与门 2，基带信号和它的倒相信号分别作为与门 1 及与门 2 的选通信号。基带信号为 1 码时，与门 1 选通，输出为 $A\ \cos(2\pi f_c t+\pi)$；基带信号为“0”码时，与门 2 选通，输出为 $A\cos(2\pi f_c t+\pi)$，即可得到 CPSK 信号。

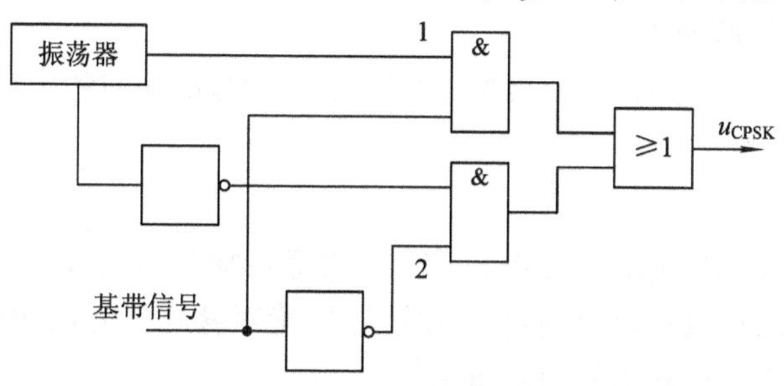

图 8.65　相位选择法电路

4. DPSK 调制信号的产生

相对移相信号(DPSK)是通过码变换加 CPS K 调制产生，其产生原理如图 8.66 所示。这种方法是把原基带信号经过差分编码(绝对码—相对码变换)后，用相对码进行 CPSK 调制，其输出便是 DPSK 信号，即相对调相可以用差分编码加上绝对调相来实现。

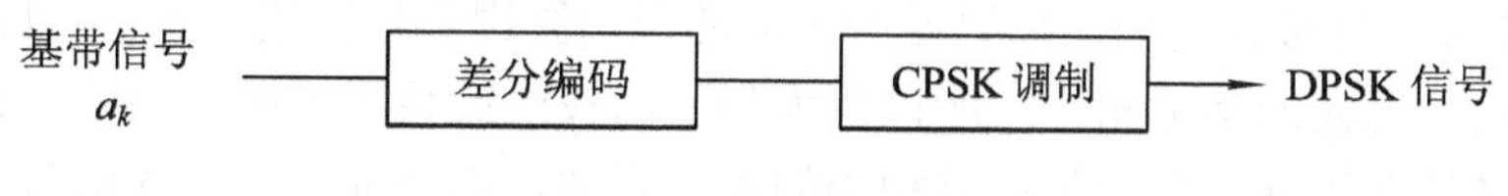

图 8.66　DPSK 调制

5. 差分编译码

若假设绝对调相按“1”码同相，“0”码 π 相的规律调制；而相对调相按“1”码相位变化(移相 π)，“0”码相位不变规律调制。按此规定，绝对码记为 a_k，相对码记为 b_k，绝对码—相对码变换关系，即差分编译码公式为

$$\begin{cases} b_k = a_k \oplus b_{k-1} \\ a_k = b_k \oplus b_{k-1} \end{cases} \tag{8-24}$$

差分编译码电路及波形如图 8.67、8.68 所示。

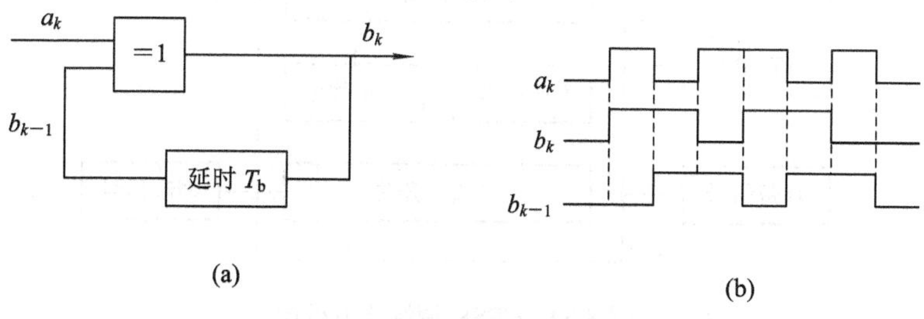

图 8.67　差分编码电路及波形

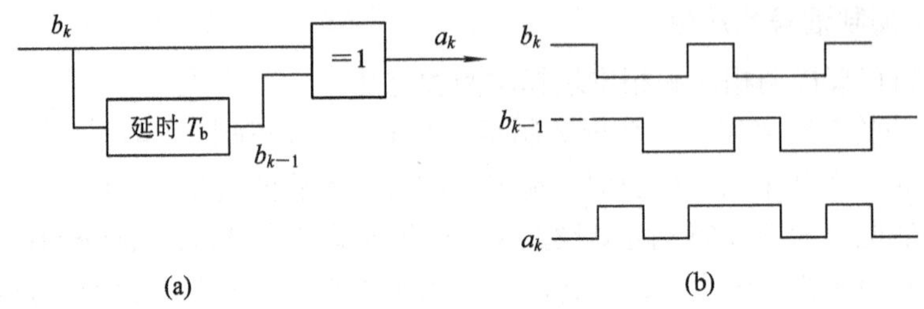

图 8.68 差分译码电路及波形

6. DPSK 信号的解调

DPSK 信号的解调方法有两种：极性比较法(又称同步解调或相干解调)和相位比较法(是一种非相干解调)。

1) 极性比较法

在极性比较法电路中，输入的 CPSK 信号经带通后加到乘法器，乘法器将输入信号与载波极性比较。极性比较电路符合绝对移相定义(因绝对移相信号的相位是相对于载波而言的)，经低通和取样判决电路后还原基带信号。

若输入为 DPSK 信号，经极性比较法电路解调，还原的是相对码。要得到原基带信号，还必须经相对码—绝对码变换器，由相对码还原成绝对码，得到原绝对码基带信号。

DPSK 解调器由三部分组成，乘法器和载波提取电路实际上就是相干检测器。后面的相对码(差分码)—绝对码的变换电路，即相对码(差分码)译码器，其余部分完成低通判决任务。

2) 相位比较法

其基本原理是将接收到的前后码元所对应的调相波进行相位比较。它是以前一码元的载波相位作为后一码元的参考相位，所以称为相位比较法或称为差分检测法。该电路与极性比较法不同之处在于乘法器中与信号相乘的不是载波，而是前一码元的信号，该信号相位随机且有噪声，它的性能低于极性比较法的性能。

8.11.2 CPSK 调制器 VHDL 设计

1. CPSK 调制器方框图

CPSK 调制器方框图如图 8.69 所示。

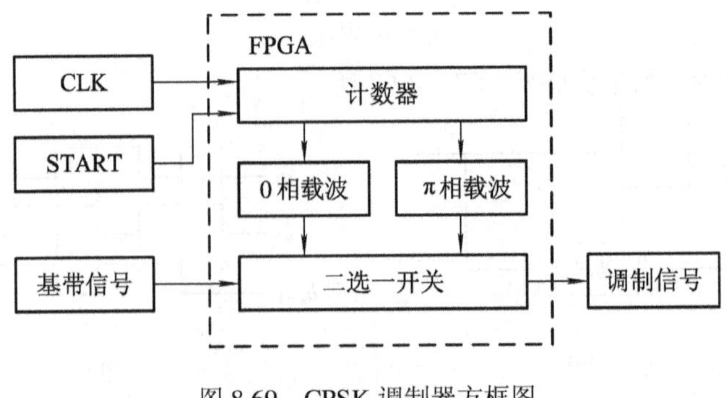

图 8.69 CPSK 调制器方框图

2. CPSK 调制器 VHDL 程序及注释

```
--文件名：CPSK
--功能：基于 VHDL 硬件描述语言，对基带信号进行调制
--最后修改日期：2004.3.16
library ieee;
use ieee.std_logic_arith.all;
use ieee.std_logic_1164.all;
use ieee.std_logic_unsigned.all;
entity CPSK is
port(clk      :in std_logic;                    --系统时钟
        start :in std_logic;                    --开始调制信号
        x     :in std_logic;                    --基带信号
        y     :out std_logic);                  --已调制输出信号
end CPSK;
architecture behav of CPSK is
signal q:std_logic_vector(1 downto 0);          --2 位计数器
signal f1,f2:std_logic;                         --载波信号
begin
process(clk)                                    --此进程主要是产生两重载波信号 f1，f2
begin
if clk'event and clk='1' then
   if start='0' then q<="00";
   elsif q<="01" then f1<='1';f2<='0';q<=q+1;
   elsif q="11" then f1<='0';f2<='1';q<="00";
   else  f1<='0';f2<='1';q<=q+1;
   end if;
end if;
end process;
process(clk,x)                                  --此进程完成对基带信号 x 的调制
begin
if clk'event and clk='1' then
   if q(0)='1' then
      if x='1' then y<=f1;                      --基带信号 x 为'1'时，输出信号 y 为 f1
      else y<=f2;                               --基带信号 x 为'0'时，输出信号 y 为 f2
      end if;
   end if;
end if;
end process;
end behav;
```

3．CPSK 调制器电路符号

CPSK 调制器电路符号如图 8.70 所示。

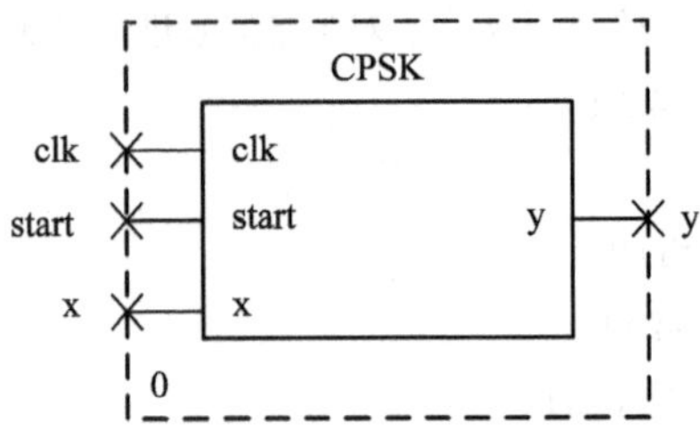

图 8.70　CPSK 调制器电路符号

4．CPSK 调制器 VHDL 程序仿真波形图

CPSK 调制器 VHDL 程序仿真波形图如图 8.71 所示。

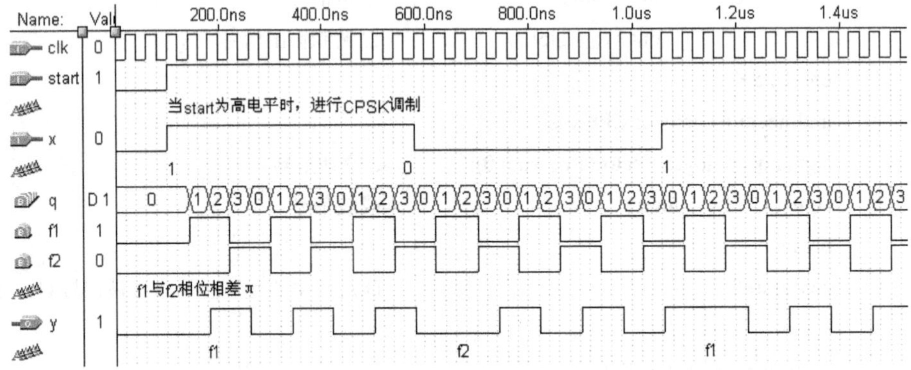

注：(1) 载波信号 f1、f2 是通过系统时钟 clk 分频得到的，且滞后系统时钟一个 clk。

(2) 调制输出信号 y 滞后载波一个 clk；滞后系统时钟两个 clk。

图 8.71　CPSK 调制器 VHDL 程序仿真波形

8.11.3　CPSK 解调器 VHDL 设计

1．CPSK 解调器方框图

CPSK 解调器方框图如图 8.72 所示。

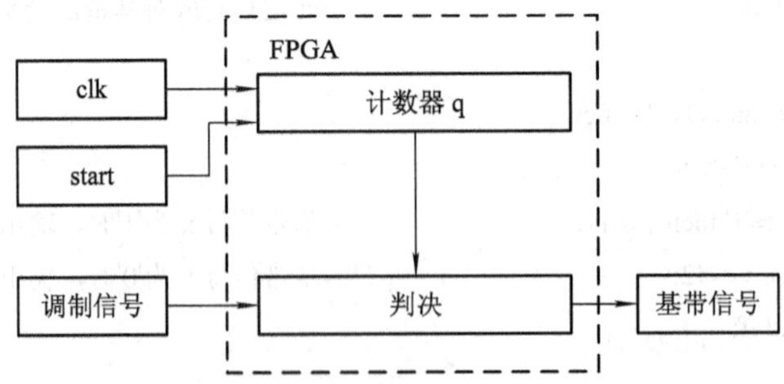

注：在计数器 q=0 时，根据调制信号此时的电平高低，来进行判决。

图 8.72　CPSK 解调器方框图

2．CPSK 解调器 VHDL 程序及注释

```
--文件名：CPSK2
--功能：基于 VHDL 硬件描述语言，对 CPSK 调制的信号进行解调
--最后修改日期：2004.3.16
library ieee;
use ieee.std_logic_arith.all;
use ieee.std_logic_1164.all;
use ieee.std_logic_unsigned.all;
entity CPSK2 is
port(clk      :in std_logic;                    --系统时钟
     start    :in std_logic;                    --同步信号
     x        :in std_logic;                    --调制信号
     y        :out std_logic);                  --基带信号
end CPSK2;
architecture behav of CPSK2 is
signal q:integer range 0 to 3;
begin
process(clk)                              --此进程完成对 CPSK 调制信号的解调
begin
if clk'event and clk='1' then
   if start='0' then q<=0;
   elsif q=0 then q<=q+1;           --在 q = 0 时，根据输入信号 x 的电平来进行判决
      if x='1' then y<='1';
      else y<='0';
      end if;
   elsif q=3 then q<=0;
   else  q<=q+1;
   end if;
end if;
end process;
end behav;
```

3．CPSK 解调器电路符号

CPSK 解调器电路符号如图 8.73 所示。

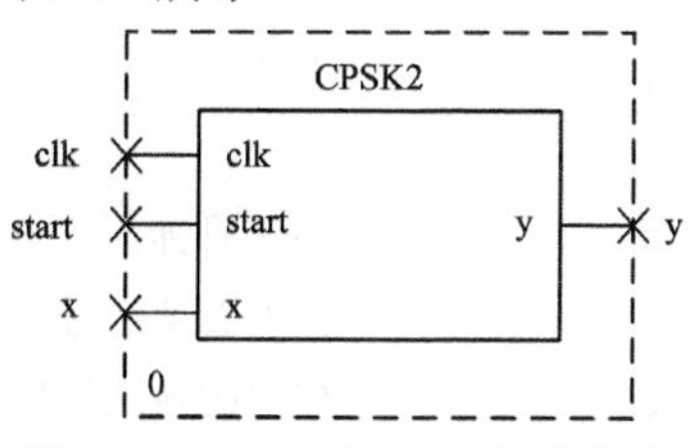

图 8.73　CPSK 解调器电路符号

4. CPSK 解调器 VHDL 程序仿真波形图

CPSK 解调器 VHDL 程序仿真波形图如图 8.74 所示。

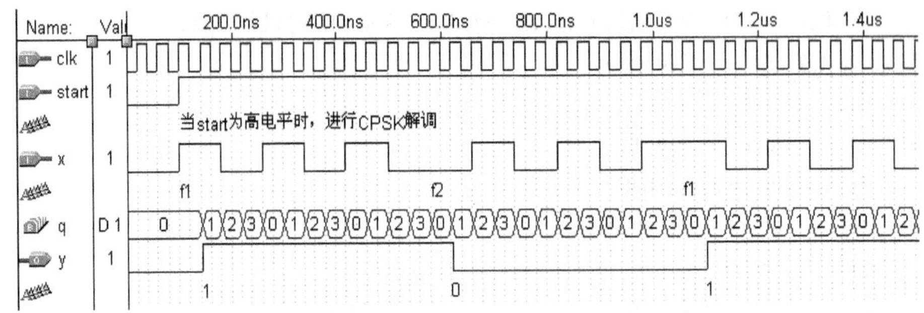

注：(1) 当 q = 0 时，根据 x 的电平来进行对判决。

(2) 输出信号 y 滞后输入信号 x 一个 clk。

图 8.74 CPSK 解调 VHDL 程序仿真波形图

8.11.4 DPSK 调制器 VHDL 设计

1. DPSK 调制器方框图

DPSK 调制器方框图如图 8.75 所示。

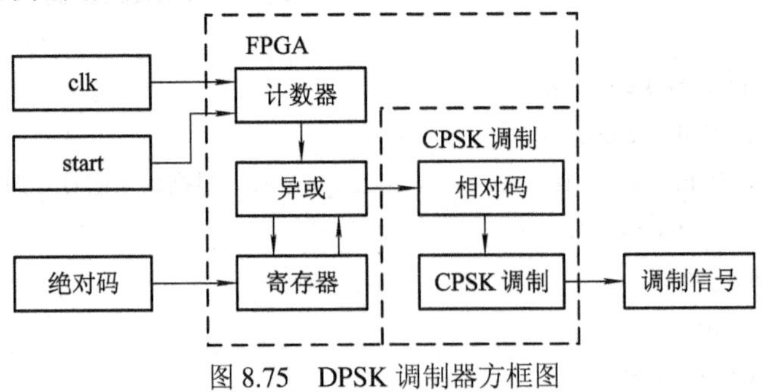

图 8.75 DPSK 调制器方框图

2. 差分编码(绝对码一相对码转换)VHDL 程序

```
--文件名：DPSK
--功能：基于 VHDL 硬件描述语言，对基带信号进行绝对码到相对码的转换
--最后修改日期：2004.3.16
library ieee;
use ieee.std_logic_arith.all;
use ieee.std_logic_1164.all;
use ieee.std_logic_unsigned.all;
entity DPSK is
port(clk      :in std_logic;                --系统时钟
     start :in std_logic;                   --开始转换信号
     x        :in std_logic;                --绝对码输入信号
     y        :out std_logic);              --相对码输出信号
```

```
end DPSK;
architecture behav of DPSK is
signal q:integer range 0 to 3;                --分频器
signal xx:std_logic;                          --中间寄存信号
begin
process(clk,x)                                --此进程完成绝对码到相对码的转换
begin
if clk'event and clk='1' then
    if start='0' then q<=0; xx<='0';
    elsif q=0 then q<=1; xx<=xx xor x;y<=xx xor x;
                                              --输入信号与前一个输出信号进行异或
    elsif q=3 then q<=0;
    else q<=q+1;
    end if;
end if;
end process;
end behav;
```

3. DPSK 调制器电路符号

DPSK 调制器电路符号如图 8.76 所示。

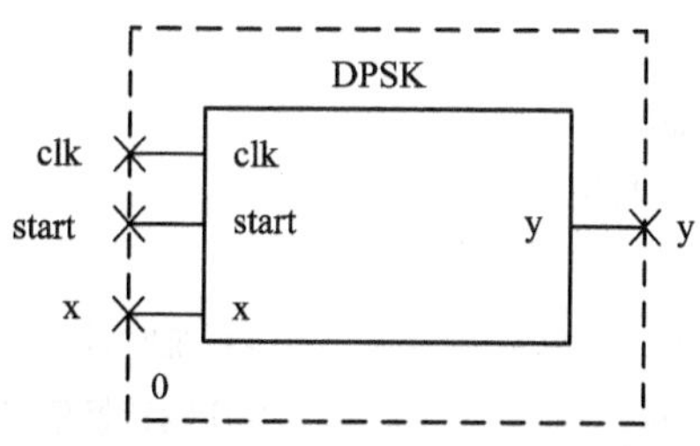

图 8.76　DPSK 调制器电路符号

4. 差分编码程序仿真波形图

差分编码程序仿真波形图如图 8.77 所示。

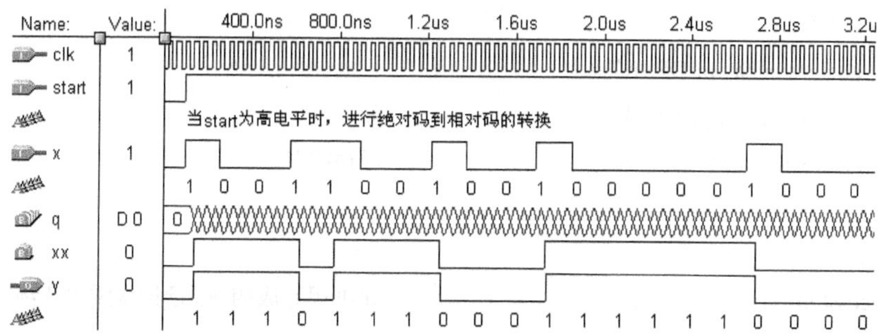

注：(1) 在 q = 0 时，输出信号 y 是输入信号 x 与中间寄存信号 xx 异或。

(2) 输出信号 y 滞后于输入信号 x 一个 clk。

图 8.77　差分编码程序仿真波形图

8.11.5 DPSK 解调器 VHDL 设计

1. 差分译码(相对码—绝对码转换)方框图

差分译码方框图如图 8.78 所示。

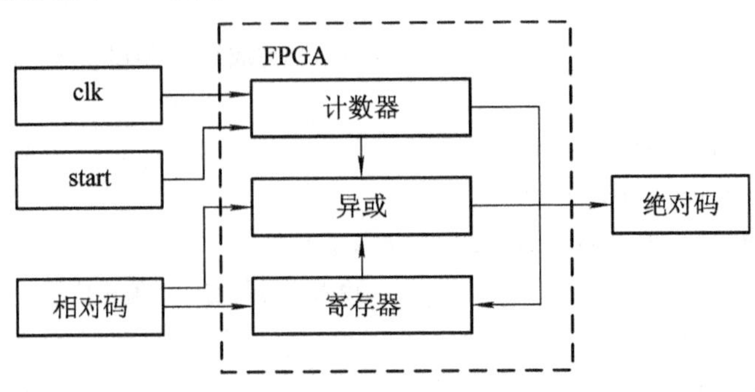

图 8.78 差分译码方框图

2. 差分译码 VHDL 程序

```
--文件名：DPSK2
--功能：基于 VHDL 硬件描述语言，对基带码进行相对码到绝对码的转换
--最后修改日期：2004.3.16
library ieee;
use ieee.std_logic_arith.all;
use ieee.std_logic_1164.all;
use ieee.std_logic_unsigned.all;
entity DPSK2 is
port(clk      :in std_logic;                    --系统时钟
         start   :in std_logic;                  --开始转换信号

         x       :in std_logic;                  --相对码输入信号
         y       :out std_logic);                --绝对码输出信号
end DPSK2;
architecture behav of DPSK2 is
signal q:integer range 0 to 3;                  --分频
signal xx:std_logic;                            --寄存相对码

begin
process(clk,x)                                  --此进程完成相对码到绝对码的转换
begin
if clk'event and clk='1' then
    if start='0' then q<=0;
    elsif q=0 then q<=1;
```

```
        elsif q=3 then q<=0; y<=xx xor x; xx<=x;      --输入信号 x 与前一输入信号 xx 进行异或
        else q<=q+1;
        end if;
    end if;
    end process;
    end behav;
```

3. DPSK 解调器电路符号

DPSK 解调器电路符号如图 8.79 所示。

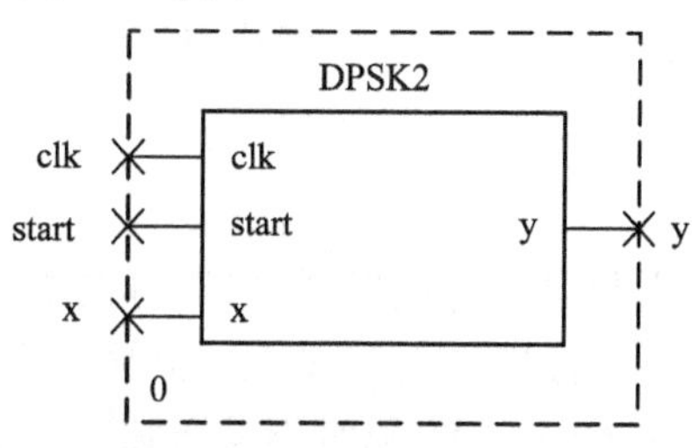

图 8.79　DPSK 解调电路符号

4. 差分译码 VHDL 程序仿真波形图

差分译码 VHDL 程序仿真波形图如图 8.80 所示。

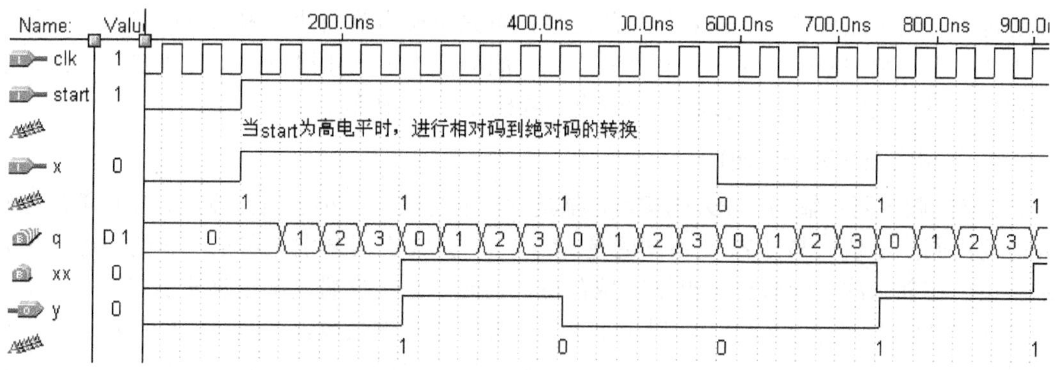

注：(1) 当 q = 3 时，输出信号 y 是信号 x 与 xx(输入信号 x 延时一个基带码长)的异或。

(2) 输出信号 y 滞后于输入信号 x 一个基带码长(4 个 clk)。

图 8.80　差分译码 VHDL 程序仿真波形图

8.12　数字基带信号传输码型发生器设计

8.12.1　常见的几种基带码

1. 单极性非归零码(NRZ 码)

单极性非归零码的传输码的零电平与正电平(或负电平)分别对应于二进制代码中的“0”码与“1”码。它的特点是：脉冲极性单一，有直流分量；脉冲波的占空比为 100%，即一个脉冲持续的时间等于一个码元的宽度，在整个码元期间电平保持不变。单极性非归零码不能直接提取同步信号，传输时需要信道一端接地，这样不能用两根芯线均不接地的电缆等传输线。

2. 双极性非归零码(NRZ 码)

双极性非归零码传输码的正、负电平分别对应于二进制代码中的“1”码与“0”码。从信号的一般统计规律看，由于“1”码与“0”码出现的概率相等，所以这种传输码的平均电平为零，即无直流分量。这样在接收端恢复信号时，其判决电平可取为零伏，因而可消除因信道对直流电平的衰减而带来判决电平变化的影响。这种传输码还有抗干扰能力强的特点。双极性非归零码的主要缺点是：不能直接从双极性码中提取同步信号；“1”“0”码不等概时，仍有直流成分。

3. 单极性归零码(RZ 码)

与单极性非归零码不同，单极性归零码发送“1”时在整个码元期间高电平只持续一段时间，在码元的其余时间内则返回到零电平，即此方式中，在传送“1”码时发送一个宽度小于码元持续时间的归零脉冲；传送“0”码时不发送脉冲。其特征是所用脉冲宽度比码元宽度窄，即还没到一个码元的终止时刻就回到零值，因此称单极性归零码。脉冲宽度与码元宽度 T 之比 τ/T 叫占空比。单极性归零码与单极性非归零码比较，主要优点是可以直接提取同步信号。它可作为其它码型提取同步信号时需要采取的一个过渡码型，即其它适合信道传输，但不能直接提取同步信号的码型，可先变换为单极性归零码再提取同步信号。单极性归零码脉冲间隔明显，有利于减小码元间的波形干扰和提取同步时钟信息，但由于脉宽窄，码元能量小，匹配接收时的输出信噪比比 NRZ 码低。

4. 双极性归零码(RZ 码)

双极性归零码传输码与 RZ 码相似，都是脉冲的持续时间小于码元宽度，并且都是在码元时间内回到零值。与 RZ 码不同的是，“1”码与“0”码分别是用正、负两种电平来表示。由于相邻脉冲之间必有零电平区域存在。因此，在接收端根据接收波形归于零电平便知道 1 比特的信息已接收完毕，以便准备下一比特信息的接收。正负脉冲的前沿起了启动信号的作用，后沿起了终止信号的作用，有利于接收端提取定时信号。因此可以保持正确的比特同步，即收发之间无需特别定时，且各符号独立地构成起止方式。此方式也叫做自同步方式。

5. 差分码

差分码利用前后码元电平的相对极性变化来传送信息，又称为相对码。这种传输码不是用脉冲本身的电平高低来表示二进制代码的“1”码与“0”码，而是用脉冲波的电平变化来表示码元的取值，即当码元的取值为“1”时，脉冲波的电平变化一次；而当码元的取值为“0”时，脉冲波的电平不变。这种方式的特点是，即使接收端收到的码元极性与发送端的完全相反，也能正确进行判决。采用这种波形传送二进制代码时，可以消除设备初态的影响，尤其对于调相系统来说，可以有效地消除解调时相位模糊的问题。

以上五种常见的基带码型的示意图如图 8.81 所示。

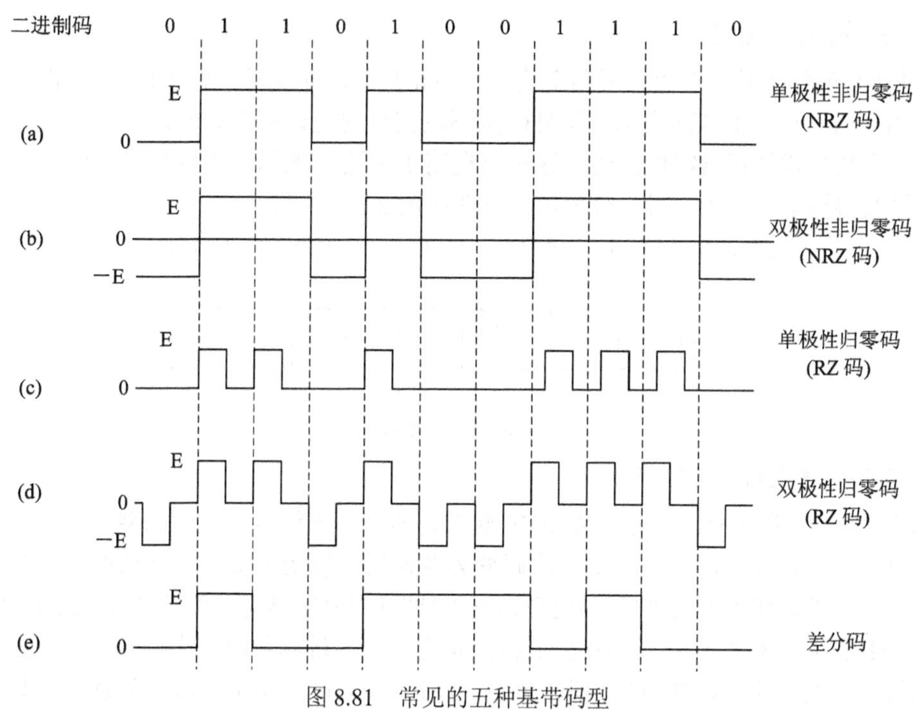

图 8.81　常见的五种基带码型

6. 交替极性码(AMI 码)

AMI 码名称较多，如双极方式码、平衡对称码、传号交替反转码等。它是 CCITT 建议作为基带传输系统中的传输码型之一。编码规则是：二进制代码中的“1”码由正、负极性交替的脉冲表示，其脉宽等于码元周期的一半；二进制代码中的“0”码由零电平表示。此方式是单极性方式的变形，即把单极性方式中的“0”码与零电平对应，而“1”码发送极性交替的正、负电平。这种码型实际上把二进制脉冲序列变成为三电平的符号序列(故叫伪三元信号)。其优点如下：在“1”、“0”码不等概条件下也无直流成分，且零频附近低频分量小，因此对具有变压器或其它交流耦合的传输信道来说，不易受到隔直特性的影响；若接收端收到的码元极性与发送端完全相反也能正确判决；只要进行全波整流就可以变为单极性码，如果交替极性码是归零的，变为单极性归零码后就可以提取同步信号。由于这些优点，因此它是最常用的码型之一。但当传输信息中存在长连“0”码的情况时，这种传输码将会由于长时间不出现电平跳变，从而给接收端在提取定时信号时带来困难。AMI 码在连 0 码过多时提取定时信号有困难。这是因为在连 0 码时 AMI 输出均为零电平，连 0 码这段时间内无法提取同步信号，而前面非连 0 码时提取的位同步信号又不能保持足够的时间。这是这种传输码的不足之处。

AMI 码示意图如图 8.82 所示。

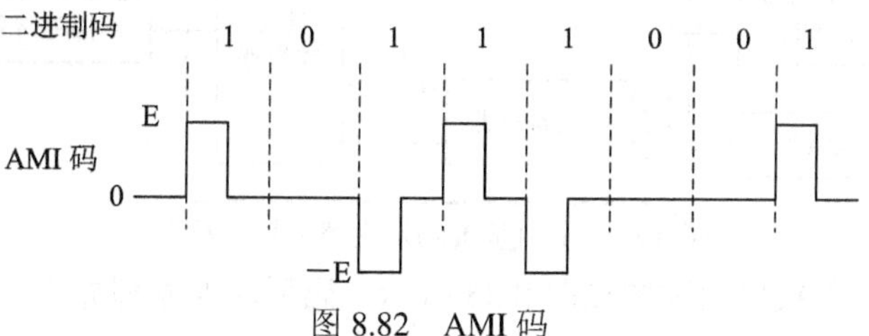

图 8.82　AMI 码

7. 分相码(曼彻斯特码)

这种码型的特点是每个码元用两个连续极性相反的脉冲表示。如“1”码用正、负脉冲表示，“0”码用负、正脉冲表示。这种码型不论信号的统计关系如何，均完全消除了直流分量，且有较尖锐的频谱特性。同时这种码在连 1 和连 0 的情况下都能显示码元间隔，这有利于接收端提取码同步信号。分相码示意图如图 8.83 所示。

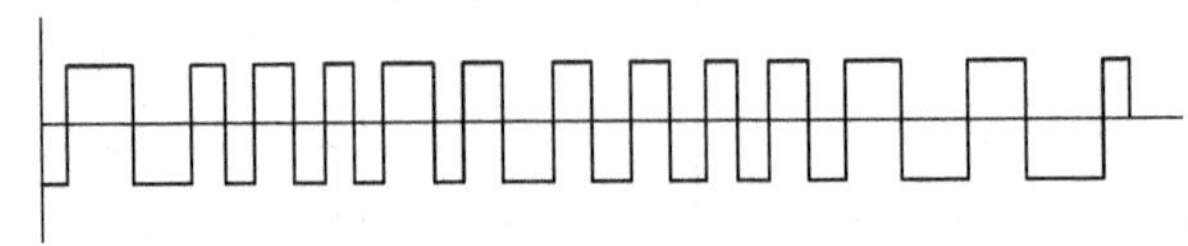

图 8.83 分相码

8. 编码信号反转码(CMI 码)

编码信号反转码(CMI 码)是由 CCITT 建议、适合于光信道传输的码型之一。它的基本设想是将原来二进制代码序列中的一位码变为两位码，以增加信号的富裕度。其具体的编码规则是：二进制代码中的“1”码交替地用“11”和“00”表示；“0”码则固定地用“01”表示。CMI 码是一种二元码。CMI 码的特点是电平随二进制数码依次跳变，因而便于恢复定时信号，尤其当用负跳变直接提取定时信号时，不会产生相位不确定问题。其具有检测错误的能力，因为在这种传输码中，只有 00、11、01 这三种码组，而没有 10 这一码组。因此，接收端可根据这一特性对接收码进行检错。CMI 码示意图如图 8.84 所示。

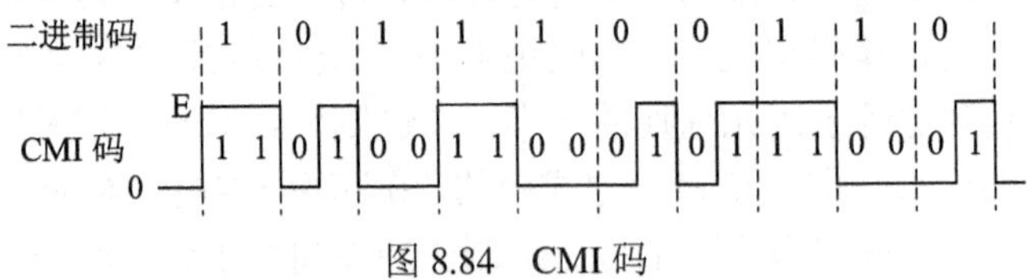

图 8.84 CMI 码

8.12.2 基带码发生器方框图及电路符号

常用基带码发生器的原理框图如图 8.85 所示。

说明：双极性的码形需要数字部分 + 模拟电路来实现，图 8.85 中没有包含模拟电路部分，输出信号为数字信号。对双极性的信号，如双极性归零码(RZ)、交替极性码(AMI)码码形输出时引入正负极性标志位，而对双极性非归零码(NRZ)和差分码码形输出时由低电平表示负极性。

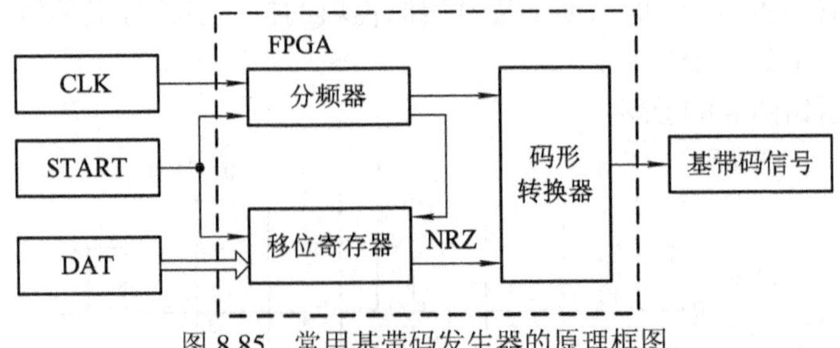

图 8.85 常用基带码发生器的原理框图

基带码发生器外部接口引脚图如图 8.86 所示。码形转换原理如表 8.8 所示。

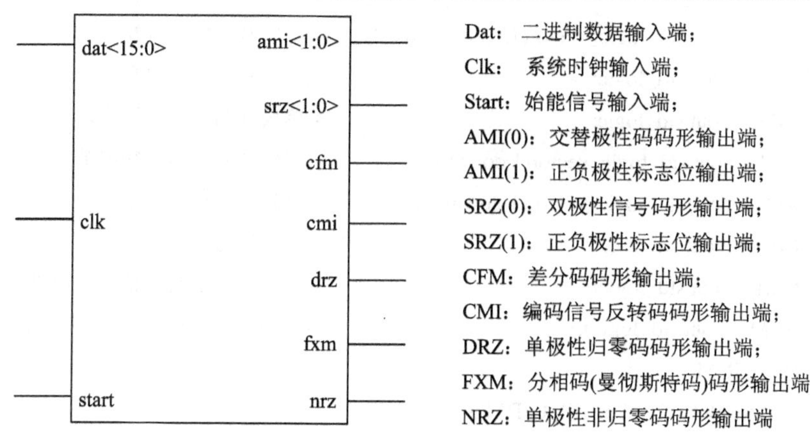

图 8.86　基带码发生器外部接口引脚图

表 8.8　码形转换原理

	高电平		低电平	
	高位	低位	高位	低位
NRZ		高电平		低电平
SRZ	低电平	┌┐__	高电平	┌┐__
DRZ		SRZ		低电平
CMI		CFM		Not(SRZ)
FXM		SRZ		Not(SRZ)
AMI	Not(CFM)	CFM&SRZ	Not(CFM)	低电平
CFM		Not(CFM)		保持不变

说明：(1) “高位”为正负极性标志位，其中高电平(‘1’)表示负极性，低电平(‘0’)表示正极性；

(2) “┌┐__”表示高、低两种电平。

8.12.3　基带码发生器 VHDL 程序与仿真

基带码发生器 VHDL 程序如下：

```
--文件名：HS_UJDM
--功能：基于 VHDL 硬件描述语言，产生常用基带码
--最后修改日期：2004.3.27
library IEEE;
use IEEE.STD_LOGIC_1164.ALL;
use IEEE.STD_LOGIC_ARITH.ALL;
use IEEE.STD_LOGIC_UNSIGNED.ALL;
entity HS_UJDM is
Port (clk   : in   std_logic;                    --系统时钟
      Start : in   std_logic;                    --始能信号
```

```
      dat    : in   std_logic_vector(15 downto 0);            --二进制数据输入端
      NRZ   : out std_logic;                                   --非归零信号输出端
      DRZ   : out std_logic;                                   --单极性归零信号输出端
      SRZ   : out std_logic_vector(1 downto 0);                --双极性归零信号输出端
      AMI   : out std_logic_vector(1 downto 0);                --交替极性信号输出端
      CFM   : out std_logic;                                   --差分信号输出端
      CMI   : out std_logic;                                   --编码信号反转码信号输出端
      FXM   : out std_logic);                                  --分相码(曼彻斯特码)信号输出端
end HS_UJDM;
architecture Behavioral of HS_UJDM is
begin
process(clk,start)
variable latch_dat : std_logic_vector(15 downto 0);          --十六位二进制信号锁存器
variable latch_sig : std_logic;                               --高位信号锁存器
variable latch_cfm : std_logic;                               --差分码信号寄存器
variable latch_cnt   : std_logic;                             --基带码同步信号
variable count_fri   : integer range 0 to 8;                  --分频计数器(码宽定义)
variable count_mov : integer range 0 to 16;                   --移位计数器
begin
if start='0' then latch_cnt:='0';                              --异步复位
latch_cfm:='0'; latch_sig:='0';
count_fri:=7;count_mov:=16;                                    --异步置位
latch_dat:="0000000000000000";
elsif rising_edge(clk) then count_fri:=count_fri+1;            --分频计数器 + 1
if count_fri=8 then count_fri:=0;                              --计数到 8
    if count_mov<16 then count_mov:=count_mov+1;               --移位计数器 + 1
        latch_sig:=latch_dat(15);                              --二进制码高位移入 latch_sig 中
        latch_dat:=latch_dat(14 downto 0)&'0';                 --二进制数据向高位移动一位，低位补零
    else latch_dat:=dat;count_mov:=0;                          --载入下一轮将发送的数据
        latch_cfm:='0';latch_sig:='0';latch_cnt:='0';          --寄存器复位
    end if;
if latch_sig='1' then latch_cfm:=not(latch_cfm);               --差分码信号寄存器中信号取反
    end if;
  end if;
if count_fri<4 then latch_cnt:='1';                            --基带码同步信号的占空比调节
else latch_cnt:='0';
end if;
end if;
                                                               --码形转换部分
```

```
        NRZ<=latch_sig;                              --非归零码信号
        DRZ<=latch_sig and latch_cnt;                --单极性归零码信号
        SRZ(0)<=latch_cnt;                           --双极性归零码信号
        SRZ(1)<=not(latch_sig);                      --SRZ(1) = '1'表示负极性
        AMI(0)<=latch_sig and latch_cnt;             --极性交替码信号
        AMI(1)<=not(latch_cfm);                      --AMI(1) = '1'表示负极性
        CFM<=latch_cfm;                              --差分码信号
        FXM<=latch_cnt xnor latch_sig;               --分相码信号
        if latch_sig='1' then CMI<=latch_cfm;        --编码信号反转码
        else CMI<=not(latch_cnt);
        end if;
    end process;
    end Behavioral;
```

常用基带码时序仿真波形图如图 8.87 所示。

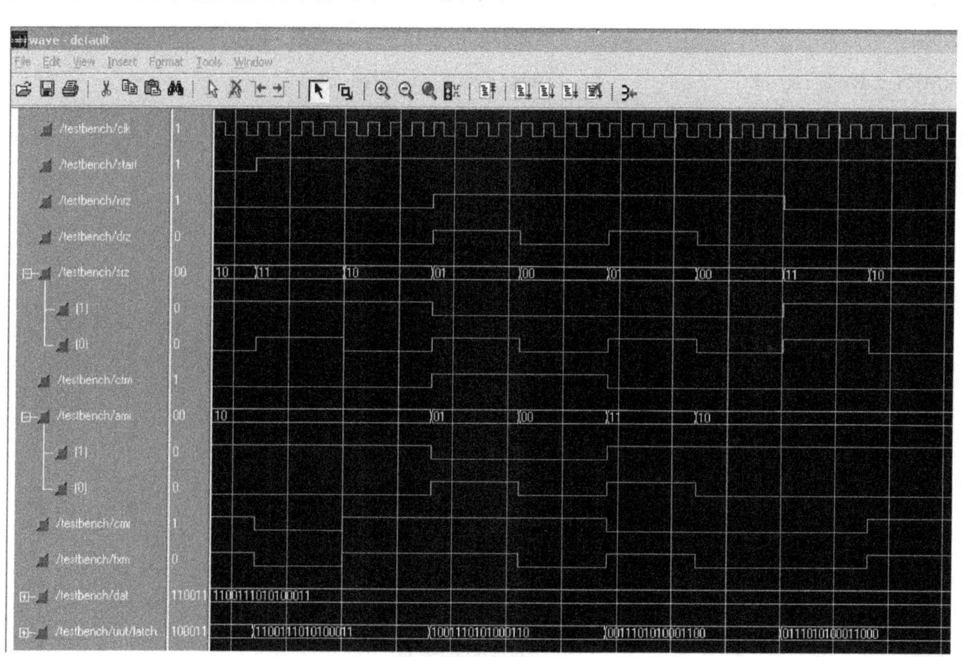

图 8.87　常用基带码时序仿真波形图

如图 8.87 所示，当 start 到来一个高电平时，则启动二进制码与 NRZ 码转换。在第一个同步信号到来时，寄存器载入外部十六位数据，之后每来一个同步信号则将寄存器中最高位送出，码形转换器开始工作，将转换后的码形由相应的端口输出。与此同时，十六位寄存器中的低十五位数据向高位移动一位并且低位补零。

附录 A 文件的后缀

后缀名	文件类型
A	汇编文件
ACF	分配和配置文件
ACO	分配和配置输出文件
ADF	Altera 设计文件
APC	布局约束文件
ASM	汇编文件
ATM	微粒线网表文件(版本兼容数据库文件)
AMES_DRV_TBL	HardCopy II 文件
BDF	模块设计文件
BSD	BSDL 文件
BSF	模块图元符号文件
C	C 源文件
CDB	编译器数据库文件
CDF	链描述文件
CMD	命令文件
CMP	组件声明文件
CNF	编译网表文件
COF	变换设置文件(编程文件)
COLLECTIONS.SDC	HardCopy II 文件
CONSTRAINTS.SDC	HardCopy II 文件
CPP	C++源文件
CSF	编译设置文件
CSF.HTM	HTML 格式编译设置文件
CSF.HTML	HTML 格式编译设置文件
CSV	逗点分离值文件
CUR	鼠标指针文件
CVWF	以二进制格式压缩的矢量波形文件
DATASHEET	HardCopy 文件
DB	数据库文件
DB_INFO	数据库信息文件

DDB	PROTEL 设计数据库文件
DPF	设计协议文件
EDC	电子设计交换格式(EDIF)命令文件
EDF	电子设计交换格式(EDIF)输入文件
EDIF	电子设计交换格式文件
EDN	电子设计交换格式(EDIF)输入文件
EDO	电子设计交换格式(EDIF)输出文件
FCF	FLEX 链接文件
FIN	适配器输入文件
FRF	Quartus Ⅱ信息标志规则文件
FIT	适配文件
GDF	图形设计文件
H	C/C++包含文件
HC_OUTPUT_FILES	HardCopy Ⅱ文件
HCII_CLK.TXT	HardCopy Ⅱ文件
HCII_TA.TXT	HardCopy Ⅱ文件
HDB	层次数据库文件
HDBX	层次数据库输出文件(版本兼容数据库文件)
HEX	十六进制(Intel 格式)文件
HEXOUT	十六进制(Intel 格式)输出文件
HIF	分层结构内部链接文件
HLP	帮助文件
HST	历史文件
HTM	超级文本标记语言文件
HTML	超级文本标记语言文件
IBS	工业标准 I/O 缓冲器信息规范(IBIS)文件
IDX	长文件名映射文件
INC	AHDL 包含文件
INFO	信息文件
INI	软件初始化文件
IPS	I/O 引脚状态文件
IPX	IP 索引文件
ISC	在系统配置文件
JAM	jam 文件
JAR	JAVA 档案文件
JBC	jam 字节-代码文件
JCF	JTAG 链文件
JDI	JTAG 调试信息文件
JED	JEDEC 文件

JIC	JTAG 间接配置文件
LAI	逻辑分析仪接口文件
LIB	OrCAD 库文件
LICENSE.DAT	License 文件
LMF	库映射文件
LOG	日志文件
MACR	DSP 模块区域文件
MAP	存储器映射文件
MIF	存储器初始化文件
MIO	存储器初始化输出文件
MSG	消息文件
MTF	信息文本文件
NDB	节点数据库文件
PIN	器件引脚输出文件
PL	Perl 语言源程序文件
PLF	编程器日志文件
PM	Perl 语言模块文件
POF	编程器目标文件
PPF	引脚分配器文件
PRB	探针和源分配文件
PS	PostScript 语言文件
PTF	外围设备模板文件
PT.TCL	HardCopy II 文件
QAR	Quartus II 档案文件
QARLOG	Quartus II 档案日志文件
QDF	Quartus II 默认设置文件
QIP	Quartus II IP 文件
QMSG	QMSG 文件
QPEF	HardCopy II 文件
QPF	Quartus II 工程文件
QREF	HardCopy II 文件
QSF	Quartus II 设置文件
QUARTUS	Quartus II 工程文件
QUD	Quartus 用户定义器件文件
QWS	Quartus II 工作空间文件
QXP	Quartus II 输出分割文件
RBF	未处理二进制文件
RCF	布线约束文件
RDB	报告数据库文件

RPD	未处理可编程数据文件
RPT	报告文件
SAF	信号活动文件
SBF	串行比特流文件
SCF	波形(仿真)信道文件
SCH	OrCAD 原理图设计文件
SDC	Synopsys 设计约束文件
SDO	标准延时格式输出文件(HardCopy 文件)
SH	shell 文件
SIF	仿真器初始化文件
SIM.RPT	仿真报告文件
SLDB	合成库数据库文件
SMF	状态机文件
SNF	仿真网表文件
SOF	SRAM 目标文件
SOPCINFO	SOPC 信息文件
SP	HSPICE 仿真平台文件
SPF	源和探针文件
SRF	Quartus II 信息抑制规则文件
STP	SignalTap II 文件
SUMMARY	摘要
SVF	串行向量格式文件
SYM	符号文件
TAN.SUMMARY	文本格式定时概要文件
TAO	定时分析输出文件
TBL	向量表输出文件
TCL	工具命令语言文件(HardCopy、HardCopy II 文件)
TDB	时序数据库文件
TDF	文本设计文件
TDK	文本设计备份文件
TDO	文本设计输出文件
TDX	文本设计输出文件
TED	记号文件
TIMING_INFO	HardCopy II 文件
TTF	表格文本文件
TOK	记号文件
TXT	文本文件(制表符分隔值文件)
V	Verilog HDL 设计文件，HardCopy II 文件
VCD	值信息更换文件

VEC	矢量文件
VERILOG	Verilog HDL 设计文件
VH	Verilog HDL 设计文件
VHD	VHDL 设计文件
VHDL	VHDL 设计文件
VHO	VHDL 输出文件
VHT	VHDL 测试工作台(Test Bench)文件
VLG	Verilog HDL 设计文件
VMO	VHDL 存储模式输出文件
VO	Verilog 输出文件(HardCopy 文件)
VQM	Verilog Quartus 映像文件
VT	Verilog 测试工作台(Test Bench)文件
VWF	矢量波形文件
WDF	波形设计文件
WSF	波形设置文件
XML	XML(可扩展表示语言)文件
XNF	Xilinx 网表文件
XRF	交叉引用文件

附录 B 相关网址检索

PLD 器件公司网址

Actel	http://www.actel.com
Altera	http://www.altera.com http://www.altera.com.cn
Atmel	http://www.atmel.com
Cypress	http://www.cypress.com
Lattice-Vantis	http://www.latticesemi.com http://www.latticesemi.com.cn
Quicklogic	http://www.quicklogic.com
Xilinx	http://www.xilinx.com http://www.xilinx-china.com

第三方工具软件公司网址

Altium	http://www.altium.com/
Cadence	http://www.cadence.com
Mentor	http://www.mentor.com
Synopsys	http://www.synopsys.com

Altera AMPP 网址

Alcatel-Lucent	http://www.alcatel-lucent.com
AMIRIX Systems Inc.	http://www.amirix.com
CAST, Inc.	http://www.cast-inc.com
CommStack, Inc.	http://www.commstack.com
D'Crypt Pte. Ltd.	http://www.d-crypt.com
DCM Technologies	http://www.dcmtech.com
Digital Core Design	http://www.dcd.pl
Dolphin Integration	http://www.dolphin.fr
Eureka Technology Inc.	http://www.eurekatech.com
Frontier Design	http://www. frontierdesign.com
KTech Telecommunications, Ltd.	http://www.ktechtelecom.com
Mentor	http://www.mentor.com/products/ip/
Modelware	http://www.modelware.com

NXP Semiconductors	http://www.cn.nxp.com
NComm, Inc.	http://ncomm.com
Northwest Logic, Inc.	http://www.nwlogic.com
Nova Engineering, Inc.	http://www.nova-eng.com
Palmchip Corporation	http://www.palmchip.com
PLD Applications	http://www.plda.com
Silicon Image, Inc.	http://www.siliconimage.com
Synopsys	http://www.synopsys.com
Tensilica Corporation	http://www.tensilica.com
VinChip Systems, Inc.	http://www.vinchip.com
Wipro Technologies	http://www.wipro.com

PLD 专业设计网址

可编程逻辑器件中文网站	http://www.fpga.com.cn http://www.pld.com.cn
EDA 中国门户网站	http://www.edacn.net
EDA365	http://www.eda365.net
FPGA 开发板网	http://www.fpgadev.com
FPGA 论坛	http://www.fpgaw.com/
PCB 论坛网	http://www.pcbbbs.com/
PCB88 技术论坛网	http://ctpcb.uueasy.com/
21IC 电子工程师社区	http://bbs.21ic.com/301.html
百思论坛	http://www.baisi.net
柏树塘学习网	http://bbs.baishutang.cn/
电子开发社区	http://www.dzkf.net
电子技术交流论坛	http://bbs.cepark.com/forum-43-1.html
电子设计应用论坛	http://bbs.eaw.com.cn/bbs/
电子工程师论坛	http://bbs.eetzone.com/
电子工程世界论坛	http://bbs.eeworld.com.cn
电子工程师之家	http://www.eehome.cn/thread-htm-fid-56.html
骏龙科技有限公司	http://www.cytech.com
我爱研发网	http://www.52rd.net
研学论坛	http://bbs.matwav.com
中国 EDA 技术网	http://www.51eda.com
中科院计算所 EDA 中心	http://eda.ict.ac.cn/
Circuit Sage, Inc.	http://www.circuitsage.com/
Forum for Electronics	http://www.edaboard.com/
RF Engineer Network	http://rfengineer.net/
The Designer's Guide Community	http://www.designers-guide.org/Forum/

参 考 文 献

[1] http://www.altera.com

[2] http://www.cytech.com

[3] http://www.fpga.com.cn

[4] http://www.xilinx-china.com

[5] http://www.actel.com

[6] http://www.latticesemi.com

[7] 杜慧敏，李宥谋，赵全良. 基于 Verilog 的 FPGA 设计基础. 西安：西安电子科技大学出版社，2006

[8] 王诚，吴继华，等. Altera FPGA/CPLD 设计(基础篇). 北京：人民邮电出版社，2005

[9] 吴继华，王诚，等. Altera FPGA/CPLD 设计(高级篇). 北京：人民邮电出版社，2005

[10] 李辉. PLD 与数字系统设计. 西安：西安电子科技大学出版社，2005

[11] [美]Michael D.Ciletti. Verilog HDL 高级数字设计. 张雅绮，李锵，等译. 北京：电子工业出版社，2005